新・英和/和英 水産学用語辞典

日本水産学会創立85周年記念出版

日本水産学会編

恒星社厚生閣

序

　社団法人日本水産学会が『水産学用語辞典』を出版したのは 1989 年のことです．日本水産学会が『水産学用語辞典』の編纂に取り組んだのは，必ずしも統一のとれていない水産学専門用語の表記法を標準化することが，研究成果の効率的普及と利用のために極めて重要と考えたからです．『水産学用語辞典』は約 1600 語を収録し，それぞれの用語に比較的詳細な解説を付しました．それから 12 年後の 2001 年に日本水産学会は創立 70 周年を迎え，その記念事業の一環として『英和・和英水産学用語辞典』が上梓されました．この辞典は水産学のみならず，関連する海洋学，生物学，生化学，食品学などの諸学問領域から幅広く用語を収録し，必要に応じて簡潔な解説を付すことを基本方針としました．見出し語は約 9800 語からなり，さらに巻末には『水産学用語辞典』で好評を博した主要水産動植物名一覧を一層充実した形で掲載しました．

　時はさらに流れ，2011 年に公益法人化した日本水産学会は，2017 年に創立 85 周年の節目を迎えます．創立 85 周年記念事業の一環として，『英和・和英水産学用語辞典』の内容をさらに充実し，装いも新たにデジタル版水産学用語辞典を編纂することとなりました．『英和・和英水産学用語辞典』をベースに，収録用語を再度吟味し，さらに新たな用語を加え，その結果，用語数は 1 万語を超えました．内容がさらに充実した『新・英和和英水産学用語辞典』は従来の冊子体での出版に加え，パソコンやスマホなどの端末で簡単に用語の検索ができるオンライン辞典としても利用できます．Web 版『新・英和和英水産学用語辞典』は必要に応じて用語の追加や説明の修正が可能で，読者・利用者のフィードバックで成長を続ける辞典と言っても過言ではありません．しかしオンライン辞典にはインターネットを活用するが故のジレンマもあります．パソコンに向かって Web 版『新・英和和英水産学用語辞典』で用語を検索することになると，この辞典を使わなくてもインターネットの検索機能で用語を調べることもできてしまいます．そこで，『新・英和和英水産学用語辞典』

の独自性と有用性を高めるため，編纂に当たっては水産学に特化した用語を重点的に説明することを心掛けました．たとえば，定置網の「運動場」をネットで検索しても定置網に関連する説明はまず出てきません．このように水産学用語に特化することで，水産学およびその関連分野の学生・教員・研究者等にとって利便性の高いものを目指しました．また，視覚的な理解の手助けになるよう新たに図を導入したことも，『新・英和和英水産学用語辞典』のこれまでにない特徴です．装いを一新した『新・英和和英水産学用語辞典』が，この分野のますますの発展に少しでも寄与できればこれに勝る喜びはありません．

　最後に，編纂・執筆に携わって編集委員・執筆者各位に厚く感謝申し上げるとともに，編集・出版にご尽力くださった恒星社厚生閣の小浴正博氏と河野元春氏に厚く御礼申し上げます．

　　　2017 年 9 月

　　　　　　　　　　　　デジタル版水産学用語辞典編集委員会
　　　　　　　　　　　　　委員長　金　子　豊　二

デジタル版水産学用語辞典編集委員会

委 員 長　金子豊二
副委員長　吉崎悟朗
幹　　事　渡邊壮一

委　　員　秋山清二（漁具・漁法担当）　　山下　洋（生態担当）
　　　　　渡邊良朗（資源管理担当）　　　良永知義（増養殖・魚病担当）
　　　　　矢田　崇（生理担当）　　　　　吉崎悟朗（遺伝育種担当）
　　　　　松永茂樹（化学・生化学担当）　大迫一史（利用・加工担当）
　　　　　髙橋一生（水圏環境担当）　　　八木信行（経済・社会担当）
　　　　　佐野光彦（水産生物名担当）

執筆者一覧

　（漁具・漁法担当）
　　　秋山清二　　　塩出大輔　　　藤森康澄　　　松下吉樹　　　宮本佳則
　（生態担当）
　　　千葉　晋　　　富永　修　　　冨山　毅　　　山下　洋
　（資源管理担当）
　　　岡村　寛　　　平松一彦　　　山川　卓　　　渡邊良朗
　（増養殖・魚病担当）
　　　良永知義
　（生理担当）
　　　日下部　誠　　清水宗敬　　　棟方有宗　　　矢田　崇
　（遺伝育種担当）
　　　矢澤良輔　　　吉崎悟朗
　（化学・生化学担当）
　　　潮　秀樹　　　尾島孝男　　　落合芳博　　　柿沼　誠　　　豊原治彦
　　　細川雅史　　　松永茂樹　　　山下倫明
　（利用・加工担当）
　　　大泉　徹　　　大迫一史　　　桑原浩一　　　小坂康之　　　谷本昌太
　　　塚正泰之　　　豊原治彦
　（水圏環境担当）
　　　髙橋一生
　（経済・社会担当）
　　　八木信行
　（水産生物名担当）
　　　佐野光彦　　　田中次郎　　　土屋光太郎

2001年　英和・和英水産学用語辞典編集委員会

委員長	木村　茂				
委　員	有元貴文	糸洌長敬	小野征一郎	佐野光彦	鈴木　譲
	田中栄次	中田英昭	渡部終五		
幹　事	石田真巳				

海洋環境部門
　　　木暮一啓　　田辺信介　　中田英昭　　藤原建紀　　古谷　研
　　　松田　治　　門谷　茂

漁業生産部門
　　　秋山清二　　有元貴文　　稲田博史　　小島隆人　　清水　晋
　　　東海　正　　長谷川英一　深田耕一　　不破　茂
　　　フランク・ショパン　　山口恭弘

資源管理部門
　　　田中栄次　　松田裕之　　松宮義晴

水産工学部門
　　　糸洌長敬　　酒井久治　　武内智行　　武田誠一　　古澤昌彦
　　　宮本佳則　　山越康行

水産養殖部門
　　　尼岡邦夫　　荒井克俊　　飯田貴次　　上田　宏　　植松一真
　　　小川和夫　　黒倉　寿　　鈴木　譲　　竹内俊郎　　田中次郎
　　　林　勇夫　　渡辺良朗

化学利用部門
　　　阿部宏喜　　天野秀臣　　伊東　信　　潮　秀樹　　大島泰克
　　　尾島孝男　　木村　茂　　坂口守彦　　示野貞夫　　福田　裕
　　　藤井建夫　　山下倫明　　和田　俊　　渡部終五

経済社会部門
　　　榎　彰徳　　大塚秀雄　　小野征一郎　島　秀典　　多屋勝雄
　　　中居　裕　　服部　昭　　濱田英嗣　　増井好男　　婁　小波

水産生物名部門
　　　佐野光彦　　田中次郎　　土屋光太郎

凡　例

1. 用語（見出し語）の収録範囲
1. 漁具・漁法，生態，資源管理，増養殖・魚病，生理，遺伝育種，化学・生化学，利用・加工，水圏環境および経済・社会の諸分野から，水産学に関連の深い用語を収録した．
2. 生物名は原則として水産動植物を除き，微生物のみとした．水産動植物は，付録として一覧表にしてまとめた．

2. 表記・配列
「第1部　英和」，「第2部　和英」とも，見出し語はゴシック体で表記した．
また，省略しても可能な語については〔　〕を付し，読みが難しいと思われる語には読みを（　）内に示した．

【第1部　英和】
1. 語の配列は原則としてアルファベット順とした．
2. 二語以上からなる語は，区切りを無視して配列した．
3. 化合物の異性体または結合の位置を表す D-, L-, *N*-, *O*- など，および数字，ハイフン，アポストロフィなどは無視して配列した．
4. ギリシャ文字の接頭記号をもつ語については，α = a, β = b, γ = g, π = p, χ = c, ω = O として配列し，それぞれの先頭に配列した．
5. 日本固有の言葉でローマ字綴りが外国にも通用するもの（surimi など）はローマン体（立体）で示し，必要に応じて，その後に = で英語の解説を付した．
6. 同じ英語に二つ以上の日本語訳がある場合は，1), 2)……として示した．また，説明が複数になる場合は，①，②……として示した．
7. 用語が限定した範囲で用いられている場合は《　》で示した．
8. = と → は，それらの後の語が見出し語と同義であることを示す．

【第2部　和英】
1. 語の配列は原則として五十音順とした．長音はその直前の母音の繰り返し音とみなして配列した．
2. 日本語に対応する英語が収録されているページを（　）で示した．ページの左欄は a，右欄は b で示す．

3. 付録　水産生物名一覧
   1. 学問上および産業上に必要な種類をできる限り多く収録した．
   2. この一覧表は魚類，魚類以外の水産動物，および水産植物からなり，和名，学名，英名のいずれからも検索できるようにした．但し，英名に対応する和名または学名は，全て列挙されているわけではない．
   3. 限られた地域で使用されている水産植物の英名については，（　）内に地域名を記した．

4. 付録　図録
   1. 図表は基本的に恒星社厚生閣出版物から転載した．それ以外は出典を明記した．

Web 版『新・英和和英水産学用語辞典』について
　日本水産学会のホームページから利用することができる．

第1部　英　和

A

α fetoprotein αフェトプロテイン：胎児性血清タンパク質の一種．

α-glucosidase α-グルコシダーゼ：麦芽糖やマルトオリゴ糖などのα-グルコシド結合を加水分解し，ブドウ糖を遊離する酵素．

α-helix α-ヘリックス：タンパク質の二次構造の一つ．3.6アミノ酸残基で一巻きする右巻きのらせん構造．

α-ketoglutaric acid α-ケトグルタル酸：= 2-oxoglutaric acid.

α-starch α-デンプン：糊化デンプン．= gelatinized starch.

A → anal fin

abalone herpesvirus infection アワビヘルペスウイルス感染症：マラコヘルペスウイルスによるアワビ類の感染症．

abandoned firshing gear 廃棄漁具：経年劣化，破網・破損によって使用不能になり廃棄される漁具．

abbreviated diphycercal tail 略式両尾

ABC → allowable biological catch, acceptable biological catch

Abderhalden's reaction アブデルハルデン反応：= ninhydrin reaction.

abdomen 腹部

abdominal 腹位〔の〕

abdominal cavity 腹腔

abdominal meat 腹肉：通称は「はらす」．

abdominal sac 膨張囊（のう）

abdominal vertebra 腹椎

abducens nerve 外転神経：脳神経の一つ．第Ⅵ脳神経のこと．眼球の外側水平方向の運動を制御する．

abductin アブダクチン：二枚貝靭帯の弾性タンパク質．

abductor profundus 深外転筋

abductor superficialis 浅外転筋

abeam 真横に《船の》

ABIC → Akaike's Bayesian information criterion

abnormal climate 異常気象：異常高温，大雨，日照不足，冷夏などの通常とは異なる気象の総称．climateは長期的な気象条件をさす．

abnormal pigmentation 体色異常

abnormal sea condition 異常海況：高水温，低水温などの通常とは異なる海況の総称．

abnormal sea level 異常潮位：数十日単位で発生する潮位の異常のこと．潮汐，高潮，津波とは別の現象で，海流の変動や暖水渦が直接の原因．

abnormal weather 異常気象：異常高温，大雨などの通常とは異なる気象の総称．weatherは短期的な天気をさす．

aboral nervous system 反口側神経系

aboral pole 反口極：口極(oral pole)は動物の体軸の口のある方の極．反口極はその反対側の極．

abscess 膿瘍：組織の壊死によって膿（うみ）が局所的に溜まること．

absolute growth 絶対成長：一定期間内における個体の体サイズ（体長・体重）の増加．相対成長は個体内の複数形質の相対的な変化（成長）．

absolute measurement 絶対測定：測定すべき量を構成するいくつかの基本量を直接測定し，その値から計算によって測定値を求める方法．

absolute specific gravity 真比重：多孔質の空隙部分を除いた実質のみの比重．

absorbance 吸光度：光学密度ともいう．= optical density.

absorbing boundary 吸収境界：正則境

界の一つで，熱または確率が吸収される境界．

absorption attenuation　吸収減衰：音波が伝播中に海水の硫酸マグネシウムなどに吸収されて減衰すること．

absorption spectrum　吸収スペクトル：連続スペクトルをもつ光または放射線が物体を通過する際，この物体による吸収のために連続スペクトルの各所に現れる暗黒の部分．

abundance　1)資源量：資源の量的な水準のことで，個体数または生物量で表す．2)豊度．

abundance estimation　資源量推定：調査や漁業データから資源量を推定すること．

abundance index　資源量指数：資源量(または密度)の相対的な大きさを表す指標．CPUEなど．= index of stock abundance.

abyssal　深海〔の〕

abyssobenthic zone　深海底帯

abyssopelagic zone　深層帯

Acanthocephala　鉤(こう)頭虫類：後生動物の一門．成体は全て脊椎動物の消化管内に寄生する．

accelerated generation　世代促進：品種改良を効率的に進めるために，個々の世代の経過を短縮する操作．

acceptable biological catch　生物学的許容漁獲量，略号ABC：= allowable biological catch.

acceptance region　受容域：帰無仮説を受け入れる領域．

accessible boundary　到達可能境界：拡散方程式などにおける境界条件の一つで，理論的に到達可能な境界．

accessory pigment　補助色素

access right to the beach　入浜(いりはま)権：市民が海岸で遊ぶなど，浜辺の環境を利用する権利．わが国では法制度として未確立．

accidental error　偶然誤差

acclimation　1)順応：環境に応じて生物の性質がより適した方向へ変化する様相．数日から数週間という比較的短期間で起こる変化．順化ともいう．2)馴致．

accommodation　貸付金

account classification method　費目別精査法：総経費の実績データを費目ごとに変動費と固定費に帰属させる方法．

accumulated water temperature　積算水温：日間の平均水温の積算値．

accuracy　正確さ：母数からの偏差の大きさ．精度とは異なる．

acetic acid bacterium　酢酸菌

acetone body　アセトン体：= ketone body.

acetylcholine　アセチルコリン：神経伝達物質の一種．

acetyl-CoA　アセチルCoA：補酵素Aのアセチル化誘導体でアセチル基の供与体．

acetyl coenzyme A　アセチル補酵素A：= acetyl-CoA.

***N*-acetylgalactosamine**　*N*-アセチルガラクトサミン：ガラクトースの2位の水酸基がアセトアミド基で置換された単糖．

***N*-acetylglucosamine**　*N*-アセチルグルコサミン：グルコースの2位の水酸基がアセトアミド基で置換された単糖．

***N*-acetylneuraminic acid**　*N*-アセチルノイラミン酸：= sialic acid.

acetylornithine cycle　アセチルオルニチン回路：オルニチンを合成する回路．

Achlya　ワタカビ：卵菌類ミズカビ科の一属．

Achromobacter　アクロモバクター：魚類病原菌を含むグラム陰性桿菌の一属．

aciculum　足刺：多毛類の付属肢(いぼ

足)の内部にある黒褐色の針状構造.

acid-base balance 酸塩基平衡：pHを一定範囲に調節する働き．

acid food 酸性食品：食品自体が酸性を呈する食品．

acidic glycosaminoglycan 酸性グリコサミノグリカン：酸性を示すコンドロイチン硫酸などのグリコサミノグリカン．酸性ムコ多糖と同義．

acidic mucopolysaccharide 酸性ムコ多糖：= acidic glycosaminoglycan.

acidic protein 酸性タンパク質

acid-induced gel 酢じめゲル：酢じめかまぼこ．

acidosis アシドーシス：体液，特に血液のpHが酸性となった状態．

acid rain 酸性雨：pH 5.6以下の降雨．

acid residue food 酸性食品：無機成分組成が塩基を生じるものよりも酸を生じる成分に富む食品のこと．

acid value 酸価：油脂中の遊離脂肪酸量を示す指標．

acid volatile sulfide 酸揮発性硫化物

acoustic conditioning 音響馴致：放音と給餌を繰り返し，やがて放音のみで魚群が集まるように学習させること．

acoustic Doppler current profiler 多層ドップラー潮流計，略号ADCP：超音波流速計の一種．海中の散乱体エコーのドップラー効果から多層の流速を測る装置．

acoustic fishing method 音響漁法：音で魚を威嚇したり，誘引したりする漁法．

acoustic nerve 聴神経：内耳から聴覚と平衡覚を伝える感覚神経．

acoustico-lateralis system 聴側線系：内耳の耳石で音圧感知する聴覚系と，遊離感丘内で水粒子変位を感知する側線系の総称．

acoustic survey 音響調査：魚群探知機などを用いて魚群や海底地形を調査すること．

acquired behavior 獲得的行動：動物が後天的に獲得した行動様式．

acquired immunity 獲得免疫：抗原刺激によって後天的に得られる免疫．

ACTH → adrenocorticotropic hormone

actin アクチン：真核生物の収縮性タンパク質の一種．筋肉に多い．

actin filament アクチンフィラメント：アクチン分子が会合して作る二本鎖の繊維状会合体．

actinin アクチニン：筋肉の微量調節タンパク質の一種．

actinomycetes 放線菌類：放線菌目に属するグラム陽性細菌の一群で，菌糸を作る．重要な抗生物質を産生する種を含む．

actinospore 放線胞子：粘液胞子虫類の一発育段階．かつては，独立した綱に属する動物と考えられていた．

actinosts 射出骨

actinotrichia 線状鰭(き)条

activated clay 活性白土：モンモリロナイトを主成分とする酸性白土を酸処理して脱色能，吸着能および触媒能を著しく向上させた粘土．アルミナ・シリカを主成分とし，油脂の製造において脱色のために用いられる．

activated sludge 活性汚泥：微生物による有機物分解作用の強い汚泥．

activated sludge process 活性汚泥法：微生物による有機廃棄物の処理法．

activation 活性化

active center 活性中心：酵素中で基質と特異的に結合し触媒反応が行われる部位．

active electrode 関極《電気生理学の》

active gear 能動漁具：移動させて使用する漁具．

active immunity 能動免疫：抗原の刺激によって獲得した免疫．

active immunization 能動免疫〔処理〕

active oxygen 活性酸素：普通の酸素分子（三重項酸素）に比べて活性化されて反応性の高い状態にある酸素．その分子種としてスーパーオキシド，一重項酸素，ヒドロキシラジカル，過酸化水素などが含まれる．また，脂質酸化の際に生じるペルオキシラジカル，アルコキシラジカル，ヒドロペルオキシドをこの範疇に入れる場合がある．

active rudder アクティブラダー：推進器付の舵（かじ）．

active site 活性部位：酵素が基質を結合し触媒作用を示す領域．活性中心と特異性決定部位からなる．

active sonar アクティブソナー：自身が音を発射し，そのエコーを捉える方式のソナー．

active transport 能動輸送：細胞内外の電気・化学ポテンシャルの勾配に逆行した物質の取り込みまたは排出の機構．細胞膜などの生体膜でみられる．

activin アクチビン：卵胞刺激ホルモンの分泌を促進するペプチドホルモン．赤芽球分化誘導因子でもある．

actomyosin アクトミオシン：筋原線維とタンパク質組成は同じであるが，アクチンフィラメントに単量体ミオシンが結合した状態．= natural actomyosin.

actual cost 実際原価

Acute hepatopancreatic necrosis disease 急性肝膵臓壊死症，略号 AHPND：クルマエビ類の細菌感染症の一種．病原体は特定のプラスミド型の *Vibrio parahemolyticus*.

acute toxicity 急性毒性：1 回の投与（暴露）または短期間の複数回投与によって短期間（終日～2 週間程度）に生じる毒性のこと．

acyl-CoA アシル CoA：脂肪酸が補酵素 A と結合した化合物．

acylglycerin アシルグリセリン：= acylglycerol.

acylglycerol アシルグリセロール：グリセロールに脂肪酸がエステル結合した脂質．3 分子の脂肪酸が結合したトリアシルグリセロールのほかに，1 分子または 2 分子の脂肪酸が結合したモノアシルグリセロール，ジアシルグリセロールが含まれる．

ADAPT → adaptive framework for the estimation of population size

adaptability 適応能力

adaptation 適応：生態学的には，環境に応じて性質がより適した方向に変化する様相のうち，世代を超えた変化をさす．順応と同じ意味で用いられる場合も多々ある．

adaptation syndrome 適応病：外部ストレスに対して生物の体内に現れる病状．

adaptive framework for the estimation of population size 適応型資源量推定，略号 ADAPT（アダプト）：CPUE，産卵量などの指数の推移が資源尾数の推移と合うように，未知パラメータを推定する VPA の一種．チューニング VPA．

adaptive learning 順応学習

adaptive management 順応的管理：将来の不確実性を前提とした生物や生態系の管理手法．作業仮説に基づいた目標設定を行い，モニタリング評価を通して作業仮説の見直しを行う．適応的管理ともいう．

adaptive sampling 適応的標本抽出：対象個体が発見された時にその周辺を追加調査する方法．個体数の少ない生物の標本調査で用いる．

ADCC → antibody-dependent cell-mediated cytotoxicity

ADCP → acoustic Doppler current profiler

additive genetic variance 相加遺伝分散：遺伝分散のうち対立遺伝子が置換することにより生じる分散.

additive model 加法モデル

adductor mandibula 閉顎筋

adductor muscle 閉殻筋

adductor profundus 深内転筋

adductor superficialis 浅内転筋

adenine アデニン：プリン塩基の一種.

adenohypophysis 腺性下垂体：下垂体を構成し，ホルモンを腺性分泌する器官．発生学的には内胚葉由来で，外胚葉由来の脳の一部である神経下垂体とは起源が異なる.

adenosine アデノシン：アデニンとリボースからなるヌクレオシド.

adenosine 5'-diphosphate アデノシン 5'-二リン酸，略号 ADP

adenosine 5'-monophosphate アデノシン 5'-一リン酸，略号 AMP：アデノシン 5'-三リン酸から一つのリン酸基がはずれたもの．アデニル酸と同義.

adenosine 5'-triphosphatase アデノシン 5'-トリホスファターゼ，略語 ATP アーゼ：ATP を加水分解する酵素.

adenosine 5'-triphosphate アデノシン 5'-三リン酸，略号 ATP：生体内の主要なエネルギー源で，高エネルギーリン酸化合物の一つ.

adenylate charge アデニル酸エネルギーチャージ：= energy charge.

adenylate cyclase アデニル酸シクラーゼ：ホルモンまたは神経刺激に応じて活性化し，ATP を環状 3'-5'-AMP (cAMP) に変換する酵素.

adenylate energy charge アデニル酸エネルギーチャージ，略号 AEC：= energy charge.

adenylic acid アデニル酸：= adenosine 5'-monophosphate

adequate stimulus 適刺激

ADESS → automatic data editing and switching system

ADH → alcohol dehydrogenase

adhesion アドヒージョン：缶詰などの蓋に大小の肉片が付着している状態.

adhesive egg 粘着卵

adhesive protein 接着性タンパク質

adipose eyelid 脂瞼（けん）

adipose fin 脂鰭（あぶらびれ）

adjuvant アジュバント：抗原とともに投与し，抗原に対する免疫応答を増強する物質.

ad libitum 自由食：魚に給餌する際に食べる量だけ与える方法.

ADMB → AD model builder

admiralty chart 英版海図：英国海軍省発行の海図.

admittance アドミタンス：電流の通りやすさ．単位 S（ジーメンス）.

AD model builder AD モデルビルダー，略号 ADMB

adoptive immunity 養子免疫：免疫の成立した生体から分離した感作リンパ球を移入することにより導入された免疫.

ADP → adenosine 5'-diphosphate

adrenal cortex 副腎皮質

adrenal gland 副腎

adrenaline アドレナリン：副腎髄質においてチロシンから生合成されるカテコールアミンの一種．ストレス下で各器官に酸素とエネルギーを調達するホルモンとして分泌されるが，神経伝達物質でもある．エピネフリンと同一物質.

adrenal medulla 副腎髄質

adrenocortical hormone 副腎皮質ホルモン：副腎皮質が分泌するステロイドホルモンの総称.

adrenocorticotropic hormone 副腎皮質刺激ホルモン，略号 ACTH

adult fish　成魚

adult stock　親魚資源

advanced very high resolution radiometer　改良型超高解像度放射計，略号 AVHRR：気象軌道衛星「NOAA」に搭載された走査型の放射計．

advance money　前渡金

advection　移流：流体の平均流による物質の水平方向への移動．

AEPM → annual egg production method

aequorin　エクオリン：オワンクラゲ（*Aequoria victoria*）由来の Ca^{2+} 受容性発光タンパク質．

aeration apparatus　曝気装置：上下層の鉛直混合促進のため，気泡幕，かく拌などによって水中の溶存酸素を増すための装置．

aerial alga　気生藻：水分が著しく少ない岩盤や土壌，樹皮，人工物などに生息する藻類．

aerial survey　航空機調査

aerobe　好気性生物：生育に分子状酸素を必要とする生物．酸素がないと生育できない絶対好気性生物とそうでない条件好気性生物に分けられる．

aerobic bacterium　好気性細菌：生育に分子状酸素を必要とする細菌および微生物．酸素がないと生育できない絶対好気性細菌(菌)とそうでない条件好気性細菌(菌)に分けられる．好気性生物や微生物に含まれる．

aerobic catabolism　好気呼吸：酸素を最終電子受容体として用いた異化によりATPを産生する過程．ATP産生効率がよい．

aerobic decomposition　好気的分解：好気性生物が，有機物を分子状酸素を用いて酸化分解すること．

aerobic metabolism　好気的代謝：糖質，アミノ酸，脂質など物質を分子状酸素を消費して酸化的分解することでエネルギーを獲得する代謝形式．

aerobic microorganism　好気性微生物：生育に分子状酸素を必要とする微生物．酸素がないと生育できない絶対好気性微生物とそうでない条件好気性微生物に分けられる．好気性生物に含まれる．

Aeromonas　エロモナス：食中毒細菌や魚病細菌を含むビブリオ科の一属．

aerosol　エアロゾル：気体中に浮遊する微小な液体または固体の粒子．煙霧質，煙霧体ともいう．

aestivation　夏眠：生物が暑熱の季節を休眠して過ごすこと．= estivation.

afferent　求心性〔の〕：末梢から中枢へ向かう方向性．

afferent branchial artery　入鰓(さい)動脈

affix shopkeeper　付属営業人：卸売市場内に店舗をもち，市場の業者および買出人に業務運営の便宜を図る補助的業務者．

aflatoxin　アフラトキシン：糸状菌が産生するカビ毒で強い発癌性を示す．

AFLP → amplified fragment length polymorphism

agar　寒天：テングサやオゴノリなどの紅藻類の細胞壁に含まれる粘質多糖．主成分であるアガロースとアガロペクチンからなる．ゲル化作用があり，食品や培地に用いられる．

agaran　アガラン：= agarose.

agarase　アガラーゼ：アガロースを分解する酵素．

agarobiose　アガロビオース：寒天中の反復単位で，D-ガラクトースと3,6-アンヒドロ-L-ガラクトースからなる二糖類．

agaropectin　アガロペクチン：寒天の多糖成分の一つ．

agarose　アガロース：寒天の主要な多

糖成分.

agar plate 寒天平板〔培地〕

age at complete recruitment 完全加入年齢：ある年級群の全ての個体が漁獲対象として加入した時の年齢. = age at full recruitment.

age at first capture 漁獲開始年齢： = age at entry to exploited phase.

age at maturity 性成熟年齢：初めて性成熟・産卵する年齢.

age at recruitment 加入年齢：漁獲対象資源に加入する年齢.

age character 齢形質：加齢に伴って形成される計数形質.

age class 年齢群

age composition 齢組成：齢構成ともいう.

age determination 齢査定：齢形質による齢決定. 年代測定ともいう.

age distribution 齢分布

age group 齢階層

ag[e]ing 加齢

ag[e]ing error 齢査定誤差

ag[e]ing in drying process あん蒸：食品の乾燥工程の一つ. 乾燥を中断して, 冷蔵庫内に食品を積み重ねるなどし, 水分の内部均一化を図る工程.

ag[e]ing phenomenon 高齢化

age-length key 年齢体長相関表

Agenda 21 アジェンダ21：1992年の地球サミットで採択された行動計画.

age of tide 潮齢：大潮時からの経過日数.

age-specific fecundity 年齢別産卵量

age-specific mortality rate 年齢別死亡率

age-specific pregnancy rate 年齢別妊娠率

age structure 齢構成

age-structured population model 齢構成個体群モデル：齢構成に基づいて個体群動態を表すモデル.

agglutination 凝集反応

agglutination titer 凝集価

agglutinin 凝集素：細胞表面の抗原に結合し, 細胞凝集反応を起こす抗体.

agglutinin titer 凝集素価

aggregation 1) 群がり：方向, 個体間隔などのまとまりの弱い魚群. 2) 凝集.

aggregation of fish 魚類の蝟(い)集

aglomerular kidney 無糸球体腎：糸球体を欠き, 細尿管だけのネフロンからなる腎臓.

agmatine アグマチン：アルギニンの脱炭酸で生じるアミン.

AGP test AGPテスト： = algal growth potential test.

Agreement for the Establishment of the Indian Ocean Tuna Commission インド洋まぐろ類委員会の設置に関する協定

agricultural waste water 農業廃水：農業活動により生じる廃水. 肥料や農薬などが含まれる.

Agriculture, Forestry and Fisheries Finance Corporation 農林漁業金融公庫

AHPND → Acute hepatopancreatic necrosis disease

AIC → Akaike's information criterion

air bladder 気胞《植物の》：ホンダワラなどでみられるガスを含む小胞. これにより生じる浮力で藻体を水中で直立させる. 魚類の鰾(うきぶくろ)をさす場合もある. = swim bladder.

air blast freezing エアブラスト凍結：送風凍結ともいう. 冷やした空気を使う凍結方法.

air breathing 空気呼吸：外呼吸の一様式. 大気中より肺や皮膚などの呼吸器官を通して二酸化炭素を排出し, 酸素を取り入れること.

air bubble curtain 気泡幕：水中に気泡

を幕状に発生させたもの．魚群の行動を制御する効果をもつ．

air circuit breaker 気中遮断器：発電機‐母線間にある遮断器．

air conditioning unit 空気調和装置

air drying 通風乾燥：常圧における通風による乾燥法．乾燥機に送る空気の温度が高い場合を熱風乾燥，常温よりやや高い場合を温風乾燥，常温よりも低い場合を低温乾燥または冷風乾燥という．風乾と略称されることもある．

air freezing 空気凍結

air lift system 空気揚網法：圧縮空気の浮力を利用する定置網の揚網方法．

air press method 空気採卵法

air reservoir 空気溜〔め〕：圧縮空気を溜める空気槽．

air spawning 空気採卵法《サケ科魚類など》：圧縮空気を体腔内に注入することにより体腔内に排卵されている卵を体外に産卵させること．

Akaike's Bayesian information criterion 赤池のベイズ型情報量規準，略号ABIC：赤池情報量規準のベイズ統計学版．

Akaike's information criterion 赤池情報量規準，略号AIC：統計モデルのデータへの適合度のよさを表す指標の一つ．予測誤差を最小にするモデルを選択する時の指標．

akinete アキネート：藍藻類または緑藻類の栄養細胞の壁が厚くなり，休眠胞子のようになる生殖細胞．

akoya oyster disease アコヤガイ赤変病：1990年代に発生した原因不明のアコヤガイの感染症．

alanine アラニン，略号Ala, A：中性アミノ酸で，タンパク質構成アミノ酸の一つ．

alanine aminotransferase アラニンアミノトランスフェラーゼ，略号ALT：グルタミン酸ピルビン酸トランスアミナーゼと同義．グルタミン酸とピルビン酸を，α-ケトグルタル酸とアラニンに相互変換する酵素．

alanopine アラノピン：オピン類の一種．

alarm call 警戒音

alarming color 警戒色

alarm substance 警報物質

Alaska Stream アラスカ海流：カナダおよびアラスカ海岸に沿いアリューシャン列島まで，北西および西に流れる海流．

albedo アルベド：天体の外部からの入射光に対する，反射光の比である．反射能（はんしゃのう）ともいう．

albinism 白化：①皮膚，毛などが色素を欠く異常現象．②サンゴが共生する褐虫藻を失い白くなること．

albino 白子(しらこ)：白化した個体．アルビノともいう．

albumen gland 卵白腺

albumin アルブミン：硫安50％飽和で沈殿しない水溶性球状タンパク質の総称．

albuminoid degeneration タンパク〔質〕様変性

alcohol dehydrogenase アルコールデヒドロゲナーゼ，略号ADH：NAD(P)$^+$を補酵素とし，アルコールとアセトアルデヒドの間の酸化・還元を触媒する酵素．アルコール脱水素酵素ともいう．

alcoholic fermentation アルコール発酵

alcoholysis 加アルコール分解

aldolase アルドラーゼ：= fructose-bis-phosphate aldolase．

aldosterone アルドステロン：鉱質コルチコイドの一種で，副腎皮質にて合成・分泌され，電解質バランスを司るホルモン．魚類では一部を除いてほとんど検出されない．

Aleutian Current アリューシャン海流：北太平洋のアリューシャン列島の南，列島と亜寒帯海流との間を西流する幅狭い海流で，アラスカ海流の一分派．

Aleutian low アリューシャン低気圧：北太平洋のアリューシャン列島付近で，冬季に発生する低気圧のこと．

Alexandrium アレキサンドリウム：渦鞭毛藻綱の一属で麻痺性貝毒を生産する種がある．

alfalfa meal アルファルファミール：アルファルファ（ムラサキウマゴヤシ：植物）から作った飼料タンパク質原料．

alga (*pl.* algae) 藻（も）

algae 藻類

algal bloom 藻類増殖：水圏において，藻類が急激に増殖，あるいは集積する現象．多くの場合微細藻類の大増殖をさす．

algal growth potential test 藻類生産潜在能力試験，略語 AGP テスト：富栄養化の程度などを試験藻類の増殖量から評価する方法．

algal polysaccharide 藻類多糖：藻類に存在する多糖類の総称．

algicide 1) 殺藻：生物または薬剤による藻類の死亡作用．2) 殺藻剤．

alginate lyase アルギン酸リアーゼ：アルギン酸のグリコシド結合を β 脱離機構で切断する酵素．反応により，生成物糖鎖の非還元末端の C4-C5 位が二重結合となった不飽和糖が生成する．

alginic acid アルギン酸：褐藻類の粘質多糖．D- マンヌロン酸と L- グルロン酸からなる．

algology 藻類学

alignment アライメント：複数の塩基配列やアミノ酸配列をお互いに比較し，同じ配列をもつ領域をまとめて整列させる作業．

alimentary canal 消化管

alkaline leaching アルカリ晒し：アルカリ塩水晒しとも呼ばれる．特に，赤身魚のすり身製造で行われる工程．

alkalinity アルカリ度：水がもつ酸に対する緩衝能力．溶存しているイオンの電荷のバランスを保つための過剰の塩基のことを全アルカリ度と呼ぶ．

alkali refining アルカリ精製：油脂から遊離脂肪酸を分離する過程．

alkane 飽和炭化水素

alkenylglycerylether アルケニルグリセリルエーテル：グリセロールに脂肪鎖がビニルエーテル結合した脂質．

alkenylphospholipid アルケニル型リン脂質：アルケニルグリセリルエーテルの 2 位に脂肪酸，3 位にリン酸 - 塩基が結合したリン脂質．代表的なものとしてプラズマローゲンが挙げられる．

alkylglycerophospholipid アルキルグリセロリン脂質：グリセリルエーテルの 3 位にリン酸 - 塩基が結合したリン脂質．通常，2 位に脂肪酸がエステル結合するが，加水分解されて OH 基の物質もある．

alkylglycerylether アルキルグリセリルエーテル：グリセロールのヒドロキシル基とアルコールがエーテル結合した化合物．

allantoic sac 尿嚢（のう）

allantois 尿膜：胚発生に伴い生じる胎膜の一つ．魚類では顕著ではない．

Allee effect アリー効果：個体群サイズや密度の減少（増加）により適応度が低下（上昇）する効果．

allele 対立遺伝子：遺伝学用語見直しの流れの中では，訳語として「アレル」を用いるという提案がなされている．

allelochemics 他感作用物質

allelopathy アレロパシー：植物が含有あるいは放出する化学物質（アレロケ

ミカル)が，他の植物，動物，微生物などに阻害的または促進的に作用を及ぼすこと．多くの海藻類で知られる．多感作用ともいう．

allergen アレルゲン：アレルギー状態を誘導する抗原物質．

allergy アレルギー：生体に有害で過敏な抗原抗体反応．

allergy-like food poisoning アレルギー様食中毒：赤身魚で起こりやすい食中毒．細菌によるヒスタミン蓄積が原因となる．ヒスタミン中毒，サバ類似魚中毒ともいう．

all female population 全雌集団：XY型の性決定の場合では性転換雄(XX)を正常雌(XX)と交配して全雌とした養殖集団．

all female triploid 全雌三倍体：三倍体魚の全雌化によって，不妊を確実にした養殖集団．

All Japan Confederation of Fishermen's Union 全国漁船労働組合同盟

All Japan Fishing Ports Association 全国漁港協会

All Japan Seamen's Union 全日本海員組合

all male population 全雄集団：XY型の性決定の場合では性転換雄(XY)と雄(XY)の交配や，雄性発生によって生じた超雄(YY)を正常雌(XX)と交配して全雄とした養殖集団．

alloantigen アロ抗原：同種異系の抗原で，細胞表面抗原はその一例．

allochthonous 外来性

allochthonous resource 他生性資源：異なる生態系から輸送される有機物や無機栄養物．

allometry アロメトリー

allophycocyanin アロフィコシアニン：藍色細菌や紅藻に存在するフィコビリタンパク質の一つ．光合成に関与するが，蛍光を発する性質が組織観察などに利用される．

allopolyploid 異質倍数体：複数種の染色体セットで構成される倍数体．

allosteric effect アロステリック効果：本来のリガンド(基質)とは立体構造上異なる部位への低分子エフェクターの結合によりタンパク質の高次構造が変化し，その機能が調節される現象．

allosteric enzyme アロステリック酵素：アロステリック効果を示す酵素．

allosterism アロステリズム：= allosteric effect.

allotetraploid 異質四倍体：複数種の染色体セットで構成される四倍体．複二倍体(amphidiploid)ともいう．

allotriploid 異質三倍体：複数種の染色体セットで構成される三倍体．

allowable biological catch 生物学的許容漁獲量，略号 ABC：対象魚種の資源状態に基づいて決定される生物学的に許容される漁獲量．目標の設置の仕方によってこの数値は変わる．

allozygous 異祖接合：ホモ接合体を形成する二つの相同遺伝子が同じ型ではあるが祖先遺伝子が異なる場合をさす．

allozyme アロザイム：アイソザイムの一種．同一遺伝子座の異なる対立遺伝子の組合せ(遺伝子型)に由来する酵素群．

all products listed 一括上場：卸売市場内で委託された物品を一括して上場すること．

ALT → alanine aminotransferase.

alternate branching 互生分枝

alternate haul method 交互操業試験法：選択性を求める比較試験法の一つ．1隻の船で異なる網を交互に替えて操業する方法．

alternating current 交流《電気の》

alternation 交代

alternation of heteromorphic generations 異形世代交代

alternation of isomorphic generations 同形世代交代

alternative [complement] pathway 代替経路：補体活性化経路の一つ．

alternative hypothesis 対立仮説：帰無仮説以外の仮説．

alternative protein source 代替タンパク質源

alternator 交流発電機

Alteromonas アルテロモナス：グラム陰性桿菌の一属．海洋細菌は現在，*Pseudoalteromonas* に分類されている．

altitude 高度：海水面からの高さ．

altricity 晩成[性]：幼仔が長く親の保護と給餌を受ける性質．晩熟[性]ともいう．

altruistic behavior 利他行動：自分の子の数を減らし，他個体の子の数を増やすような行動．

aluminum alloy アルミニウム合金

amacrine cell アマクリン細胞：脊椎動物の網膜において，横の神経連絡を担う無軸索細胞．

ambicoloration 両側有色現象

ambient noise 背景雑音：音感知能力に関連して，信号音に対する環境中のさまざまな周波数成分を含む雑音．

Ambiphrya アンビフリア：魚類に寄生する繊毛虫の一属．

ambulacrum 歩帯：棘皮動物の体表で管足のある帯域．

ambush 待ち伏せ型：餌生物を待ち伏せて捕らえる捕食方法の型．

AMEDAS → Automated Meteorological Data Acquisition System

American Fisheries Promotion Act 米国漁業促進法

amine アミン

amino acid アミノ酸：アミノ基とカルボキシル基の両方をもつ有機化合物の総称．タンパク質の構成成分．

amino acid balance アミノ酸バランス：摂取タンパク質のアミノ酸組成，特に必須アミノ酸の必要量に対する相対比を示す．

amino acid imbalance アミノ酸インバランス：食物中のアミノ酸組成の偏り．栄養障害の原因となる．

amino acid metabolism アミノ酸代謝

amino acid sequence アミノ酸配列：= primary structure.

amino acid sequence analyzer アミノ酸配列分析機：= protein sequencer.

amino acids per essential amino acids ratio A/E 比：タンパク質の栄養指標の一つ．全必須アミノ酸 1 g 中の個々のアミノ酸の mg 数．= A/E ratio.

amino acid supplementation アミノ酸補足

amino-carbonyl reaction アミノ-カルボニル反応：かつお缶詰などで発生する褐変原因の一つ．= Maillard reaction.

amino group transfer アミノ基転移：あるアミノ酸から α-ケト酸にアミノ基が転移され，対応する α-ケト酸とアミノ酸が生じる反応．

aminopeptidase アミノペプチダーゼ：ペプチド鎖の N 末端のペプチド結合を加水分解し，アミノ酸を 1 つずつ遊離させる酵素．

aminotransferase アミノトランスフェラーゼ：アミノ基転移酵素と同義．アミノ酸のアミノ基を α-ケト酸に転移する酵素．トランスアミナーゼともいう．

ammocoetes アンモシーテス[幼生]：ヤツメウナギ類の幼生．

ammonia アンモニア：化学式 NH_3．

ammonia oxidizing bacterium アンモニア酸化細菌：アンモニアを酸化して亜硝酸を生成する細菌．硝化の一端を担う．

ammonium nitrogen アンモニア態窒素，略号 NH_3-N：窒素成分のうちアンモニウム塩であるもの．

ammonium sulfate fractionation 硫安分画：硫酸アンモニウムによる沈殿反応（塩析）を利用したタンパク質精製法の一つ．

ammonotelic animal アンモニア排出動物

ammonotelism アンモニア排出

amnesiac shellfish poison 記憶喪失性貝毒：ドウモイ酸を含む貝の摂取を原因とする食中毒．

amnion 羊膜：動物の胚を直接におおう膜．

amoeba (*pl.* amoebae) アメーバ：原生動物の一種．

amoebocyte アメーバ様細胞：変形細胞ともいう．

amoeboid アメーバ様の

AMOVA → analysis of molecular variance

AMP → adenosine 5'-monophosphate

amphidiploid 複二倍体

amphidromic point 無潮点：潮汐による海面の昇降がない点．

amphidromous migration 両側回遊：生活史の決まった時期に淡水と海との間を移動し，産卵とは直接関係しない回遊．

amphistylic type 両接型：頭蓋（がい）と顎部の接合様式の一つ．

amplified fragment length polymorphism 増幅断片長多型，略号 AFLP：DNA を制限酵素消化の後，断片の端にプライマーと相補的なアダプターを接続し，PCR によって多型を検出する手法．

amplifier 増幅器

amplitude modulation 振幅変調：入力信号の電位変化によって，搬送波の波高を変化させる変調方式．

ampulla 瓶嚢（のう）

ampullary organ 瓶器：水生動物の体表にある電気受容器の一種．

amylase アミラーゼ：デンプンやグリコーゲンのグリコシド結合を切断し，マルトオリゴ糖やブドウ糖を生じる酵素．ジアスターゼと同義．

amyloodiniosis アミルウージニウム症：渦鞭毛虫 *Amyloodinium ocellatum* の寄生による海水魚の感染症．

Amyloodinium アミルウージニウム：魚類に寄生する鞭毛虫の一属．

amylopectin アミロペクチン：デンプンの主要な多糖成分．D-グルコースが $\alpha(1\to 4)$ 結合と $\alpha(1\to 6)$ 結合した枝分かれ構造をもつ中性多糖．

amylose アミロース：デンプンの主要な多糖成分．D-グルコースが $\alpha(1\to 4)$ 結合した中性多糖．

amyotrophia 筋萎（い）縮症：何らかの原因で筋肉がやせる疾病．

anabolic pathway 同化：代謝のうち，合成する反応のことをいう．

anabolism 同化作用：生体物質を合成したり，エネルギーを蓄積する作用を示す．合成代謝ともいう．

anadromous fish 遡（そ）河性回遊魚：遡河回遊を行う魚類．

anadromous fish stock 遡（そ）河性魚類資源

anaerobe 嫌気性生物：エネルギー獲得および増殖に分子状酸素を必要としない生物．

anaerobic 嫌気性〔の〕：無酸素の状態で生存や活動できる性質〔の〕．

anaerobic bacterium 嫌気性細菌：無酸素の状態で生育できる細菌．酸素の存

在下で生育できない偏性嫌気性細菌と酸素が存在する状態でも生育可能な通性嫌気性細菌に分けられる．

anaerobic catabolism 嫌気呼吸：酸素を最終電子受容体として用いない異化によりATPを産生する過程．ATP産生効率は悪いが酸素非存在下で行える．

anaerobic decomposition 嫌気的分解：微生物が分子状酸素を必要とせず有機物を分解すること．

anaerobic metabolism 嫌気的代謝：エネルギー代謝の中で酸素を使用しない代謝のこと．

anal fin 臀鰭(き)，略号 A

analog signal アナログ信号：情報を連続的な量の大きさで表す信号．

analog to digital converter AD変換器：アナログ信号を対応するデジタル信号に変換する機器．

analysis of covariance 共分散分析，略号ANCOVA：分散分析の一種で，効果が独立変数の関数である時に用いる．

analysis of molecular variance 分子分散分析，略号 AMOVA：集団間の遺伝的差異を定量化する分析手法の一つ．変異性を分割することにより遺伝的変異が集団内の個体の変異に由来するか集団間の際に由来するかを算出する手法．

analysis of variance 分散分析，略号ANOVA：異なる条件で観測を繰り返した時，それらの平均値などの差を統計的に検出する方法．

anaphylatoxin アナフィラトキシン：アナフィラキシーを引き起こす補体のポリペプチド断片．

anaphylaxis アナフィラキシー：アレルギー反応のうち，抗体によって引き起こされる激しい即時型過敏反応．

anatoxin アナトキシン：藍藻類が産生する神経毒の一種．

anchor 錨(いかり)：船の停泊または漁具の固定のため，ロープまたは鎖の先端に取り付けて水底に投下する爪状構造をもつ重鎮．アンカーともいう．

anchorage 錨(びょう)地：船が錨(いかり)を下ろして停泊する所．停泊地．

anchor holding power 把駐力：アンカー(錨)が船舶の移動を止める力．

anchoring 停係泊：船舶が運航を止め，錨，浮標，桟橋などを用いて港湾内または海面の1ヶ所に泊まること．

anchor position 錨(びょう)位：錨を投入した位置．

anchor rope 錨(いかり)綱

anchovy sauce アンチョビーソース：カタクチイワシに類似の小魚を原料とする魚醤油の一種．

ANCOVA → analysis of covariance

androgen アンドロゲン：C19 ステロイドで，雄性ホルモンの総称．

androgenesis 雄性発生：精子核のみで発生が進む発生様式．また，遺伝的に不活性化した卵を受精に用いることで人為的に誘起される．この場合，半数体では致死のため，卵割阻止によって二倍性の回復が図られる．雄核発生ともいう．

androsporangium 精子体胞子囊(のう)

androspore 精子体胞子

androstenedione アンドロステンジオン：雄性ホルモンの一種．

androsterone アンドロステロン：雄性ホルモンの代謝産物の一種．

anemia 貧血

anesthesia 麻酔

aneuploid 異数体

angiotensin アンギオテンシン：アンジオテンシンとも呼ばれるペプチドの一種．アンジオテンシンⅠの分解によって生成されるアンジオテンシンⅡは，血管壁を収縮させ，強い血圧上昇作用をもつ．

angitis 血管炎

angle of encounter 出会い角：波の進行方向と船の進行方向がなす角.

angler 1) 釣人. 2) アンコウ《魚》.

angler fish アンコウ《魚》

angling 釣：釣漁具を用いる漁法.

angling gear 釣漁具：釣針と釣糸からなる漁具.

angling of eel in holes ウナギ穴釣漁業

Anguillicola アンギリコラ：ウナギの鰾内に寄生する線虫の一属. 鰾線虫症の原因となる.

anguilliform ウナギ形：ウナギに代表される体形のこと.

angular bone 角骨

3,6-anhydro-D-galactose 3,6-アンヒドロ-D-ガラクトース：カラゲナンの構成単糖の一種.

3,6-anhydro-L-galactose 3,6-アンヒドロ-L-ガラクトース：寒天の構成単糖の一種.

animal fat and oil 動物油脂

anisakiasis アニサキス症：海産魚の生食で感染するアニサキス属線虫による寄生虫病.

annual algae 一年生藻類

annual egg production method 年間総産卵量法, 略号 AEPM：年間総産卵量に基づく産卵親魚資源量推定法.

annual life cycle 生活年周期

Annual Report on State of Fishery 漁業白書

Annual Report on the Family Income and Expenditure Survey 家計調査年報

Annual Statistical Report of Fisheries and Aquaculture Production 漁業養殖業生産統計年報

Annual Statistics of Fishery Products Marketing 水産物流通統計年報

annual survey 年次検査

annular cartilage 環状軟骨

annulus formation 年輪形成

anomaly 平年差：観測値と長期間の平均値との差.

anorexia 食欲不良

ANOVA → analysis of variance

anoxia 酸素欠乏症：酸素の欠乏によって生じる窒息症状.

anoxic 無酸素〔の〕：完全に酸素が消費され尽くした状態.

anoxic layer 無酸素層：有機物の分解などによって, 水中の酸素がなくなった層.

anoxic water 無酸素水：有機物の分解により完全に酸素が消費され尽くした水.

anoxic water mass 無酸素水塊：有機物の分解などによって, 酸素がなくなった水塊.

anoxygenic photosynthesis 非酸素発生型光合成：水以外の物質を還元剤として利用する光合成. 光合成細菌にみられる.

ANP → atrial natriuretic peptide

anserine アンセリン：β-アラニンとメチルヒスチジンからなるジペプチドの一種.

Antarctic Circumpolar Current 周南極海流：南極大陸のまわりを西から東へ時計回りに流れる環流.

Antarctic Circumpolar Water 周南極水：南極を囲んで存在する水塊. 水温 0～0.8℃, 塩分 34.6～34.7 で水深数百～2000 m まで広がる.

Antarctic convergence 南極収束線：南極を一周する南極海流と亜熱帯海流の間に形成される海洋前線(フロント).

Antarctic Ocean 南極海：南極大陸のまわりを囲む, 南緯 60 度以南の海域.

anteiso acid アンテイソ酸：メチル末端から 3 番目の炭素に分枝をもつ脂肪酸.

antennal gland 触角腺

anterior cardinal vein 前主静脈

anterior cone 前向錐(すい)

anterior flagellum 前鞭毛

anther 葯(やく)：雄ずいの一部で，花粉を作る袋状器官.

antheraxanthin アンテラキサンチン：藻類を含め広く植物にみられるキサントフィルの一種で，黄色を呈する．光合成に関与する.

antheridium 造精器

antherozoid アンセロゾイド：ツボカビ類の雄性配偶子(精子).

antibacterial action 抗菌作用：微生物の発育や増殖を阻止する静菌作用と，微生物を死滅させる殺菌作用のこと.

antibacterial spectrum 抗菌スペクトル：種々の微生物に対する各抗菌物質の有効な範囲を一覧にしたもの.

antibacterial substance 抗菌物質：抗菌性を示す物質．抗生物質と合成抗菌剤に分けられる．= antimicrobial substance.

antibiotics 抗生物質：生物が産生する抗菌作用などをもつ化合物の総称.

antibody 抗体：抗原と特異的に結合する血清タンパク質.

antibody-dependent cell-mediated cytotoxicity 抗体依存性細胞傷害, 略号 ADCC：抗体の付着した標的細胞に，その抗体を介して結合したリンパ球，食細胞などが標的細胞を傷害する反応.

antibody-forming cell 抗体産生細胞：B細胞のうち細胞質が発達し，抗体を大量に産生しているもの.

antibody-sensitized erythrocyte 感作赤血球, 略号 EA：抗体を結合させた赤血球.

antibody titer 抗体価

anticodon アンチコドン：tRNA の中にあるコドンを認識する三塩基連鎖.

anticollision system 衝突予防装置

anticorrosive coating 防食塗装

anticyclone 高気圧：風が北半球で時計回り，南半球で反時計回りに回転しながら，外側に向かって吹き出している.

antidiuretic hormone 抗利尿ホルモン

antifouling coating 防汚塗装：鋼船では船底の腐食を防ぎ，生物の付着を防止して，船の推進抵抗の増大を抑制するために，また木船では生物の付着およびキクイムシ，フナクイムシの害を防ぐために用いられる塗料.

antifreeze protein 不凍タンパク質：凍結を防止する機能をもつタンパク質の一群.

antifungal substance 抗カビ物質：カビに対して抗菌作用を示す物質.

antigen 抗原：動物に与えた時，抗体の産生を刺激する物質.

antigen-antibody complex 抗原抗体複合体：抗原と抗体が反応して形成される抗原と抗体の複合体.

antigen-antibody reaction 抗原抗体反応

antigenic determinant 抗原決定基：抗体が認識する抗原の一部分で抗原性のための最小単位．通常，一つの抗原には複数の抗原決定基が含まれる．= epitope.

antigenicity 抗原性

antigen presenting cell 抗原提示細胞：取り込んだ抗原を細胞表面上に発現し，リンパ球に抗原情報を提示する細胞．マクロファージに代表される.

antiinflammatory substance 抗炎症物質

antimicrobial 抗菌性〔の〕：抗生物質が静菌作用や殺菌作用を示す性質のこと.

antinutrient 抗栄養因子

antioxidant 抗酸化剤：脂質酸化を防止する物質のこと．酸化防止機構として，ラジカル捕捉，活性酸素消去，ヒドロペルオキシドの分解および金属イオンの不活性化などがある．酸化防止剤と

もいう.

antiseptic 防腐剤：保存料ともいう. = preservative.

antiserum 抗血清

antitumor substance 抗腫瘍〔性〕物質

antiviral substance 抗ウイルス物質

anus 肛門

aorta 大動脈

Aphanomyces アファノマイセス：魚類寄生種を含む卵菌類の一属.

aphotic zone 無光層：有光深度よりも深く，光の到達しない層.

apical cell 頂端細胞

apical growth 頂端成長

Apiosoma アピオソーマ：魚類に寄生する繊毛虫の一属.

aplanogamete 不動配偶子

aplanogamy 不動配偶子接合：藻類の一部でみられる不動配偶子同士の接合.

aplanospore 不動胞子

apoenzyme アポ酵素：活性型のホロ酵素から補因子を除いた不活性型の酵素.

apogamy 無配生殖

apogean tide 遠地点潮：月が遠地点に位置する時に生じる潮汐. 干満の差は小さい.

apohemoglobin アポヘモグロビン：ヘモグロビンのタンパク質部分のこと.

apolipoprotein アポリポタンパク質：リポタンパク質から脂質を除いたもの.

apomeiosis 非減数分裂：アポマイオシスともいう.

apomixis アポミクシス：無配偶生殖とも呼ばれるクローン生殖の一種. アポミキシスともいう.

apoprotein アポタンパク質：複合タンパク質のタンパク質部分.

apoptosis アポトーシス：発生, 成長, 老化などに伴って，細胞自らが内在するプログラムに従って引き起こす細胞死.

apospory 無胞子生殖

apparent density 見かけ密度：多孔質などの空隙部分も構成要素とした時の密度.

apparent digestibility 間接消化吸収率

apparent specific gravity 見かけ比重：多孔質などの空隙部分も構成要素とした時の比重.

apparent wave height 見かけ波高：不規則波中の個別波の波高.

appendage 付属肢：甲殻類, 多毛類などの体節ごとに1対ずつある運動器官.

appendicular skeleton 付属骨格

APT → automatic picture transmission

aquaculture 養殖

aquaculture and fishing port engineering 水産土木：水産の生産基盤を整備するための土木. 漁場造成整備および漁港・海岸整備のための施設などの開発と改良.

aquaculture farm 養殖場

aquaculture in farm pond 溜池養殖：農業用溜池など，人工水面を利用した養殖.

aqualung アクアラング：潜水用自給式呼吸装置の商品名.

Aquaran アクアラン：アブラツノザメの卵を凍結乾燥した生物餌料用強化剤.

aquatic animal fat and oil 水産動物油脂

aquatic fern 水生シダ

aquatic fungus 水生真菌：水中に生息する菌類の総称. 水かびとして魚病の原因となることも多い.

aquatic macrophyte 大型水生植物

aquatic microorganism 水生微生物：水中微生物ともいう.

aquatic plant　水生植物

arachidonate cascade　アラキドン酸カスケード：プロスタグランジンなどの生理活性物質がアラキドン酸から段階的に生合成される経路．

arachidonic acid　アラキドン酸，略号 20:4 n-6：シス二重結合を 4 個もつ C20 の n-6 系高度不飽和脂肪酸で，広義の必須脂肪酸の一つ．

Archaea　アーキア：古細菌のドメイン名．

archaebacterium　古細菌：原核生物だが生化学レベルで真正細菌と区別され，真正細菌および真核生物とともに生物界を構成する 3 大グループ（ドメイン）の一つとして扱われる．メタン細菌，好熱菌などを含む．Archaea（アーキア）ともいう．

archeocyte　原始細胞

archibenthic　中深海〔の〕

archipterygium　原鰭（き）：魚類で最も原始的な鰭形態．

Arctic Ocean　北極海：ユーラシア大陸，グリーンランド，北アメリカ大陸などによって囲まれた海．

area scattering strength　面積散乱強度《魚の》，略号 SA：単位海面面積当りの魚の分布密度とターゲットストレングスの積．

arginine　アルギニン，略号 Arg，R：塩基性アミノ酸で，タンパク質構成アミノ酸の一つ．

arginine phosphate　アルギニンリン酸：無脊椎動物の高エネルギーリン酸化合物の一種．ホスホアルギニンと同義．

arginine vasotocin　アルギニンバソトシン：下垂体後葉ホルモンの一種．

Argulus coregoni　チョウモドキ：冷水性淡水魚の体表に寄生する甲殻類（鰓尾類）の一種．

Argulus japonicus　チョウ：魚類の体表に寄生する甲殻類の一種．

ARIMA process　ARIMA 過程：= autoregressive-integrated moving average process.

Aristotle's lantern　アリストテレスの提灯：ウニ類の口部に存在する咀嚼（そしゃく）器．

arithmetic mean　算術平均

ARMA process　ARMA 過程：= autoregressive-moving average process.

armour concrete block　堤防被覆コンクリートブロック：波を減殺したり，堤防を保護するために用いるブロック．

armouring　外網：刺網の三枚網のうち，外側の 2 枚の網．= outer net.

arms race　軍拡競走：植物と寄生虫などの共進化の過程で，化学物質などによる生体の防御機構と，それに対抗する解毒作用などの機構のどちらもが特殊化する過程．

aromatase　アロマターゼ：アンドロゲンであるテストステロンをエストロゲンであるエストラジオールに変換する作用をもつ芳香化酵素．

ARPA → automatic radar plotting aids

AR process　AR 過程：= autoregressive process.

Arrhenius plot　アレニウスプロット：活性化エネルギーの算出法．

arrowhead structure　矢じり構造

arsenobetaine　アルセノベタイン：海産動物に含まれる代表的な有機ヒ素化合物．毒性はほとんどない．

arsenocholine　アルセノコリン：海産動物に含まれる有機ヒ素化合物の一種．毒性はほとんどない．

arteriovenous anastomosis　動脈-静脈吻（ふん）合

artery　動脈

articles of special resolution　特別決議事項：漁協の決定事項のうち，出席組合

員の 2/3 以上の賛成によって決定される事項.

articular bone 関節骨

articulated coralline red alga 有節サンゴモ：紅藻綱サンゴモ目のうち，基質から直立して節と枝をもつ一群.

artificial bait 疑似餌：木，毛，羽，金属，プラスチックなどで作った釣に用いる餌．通称は「ばけ」．

artificial coloring 合成着色料：食品を着色する目的で添加される化学的合成品のこと.

artificial fish reef 人工魚礁

artificial fish shelter 人工魚礁

artificial habitats 人工生息場：魚介類の生息に適するように造成・整備した場所.

artificial insemination 人工授精

artificial nourishment 人工養浜：人工的に砂を投入し，海浜を保護または造成すること.

artificial propagation 人工増殖

artificial radionuclide 人工放射性核種

artificial sea bottom 人工海底：藻場造成などのため，海底を嵩(かさ)上げしたり，海中に棚を人工的に設置したもの.

artificial seawater 人工海水

artificial selection 人為陶汰

artificial stonebed 投石床：石を海中に投入して造成した水産動植物の生息場.

artificial tideland 人工干潟：人工的に造成した干潟.

artificial upwelling 人工湧昇流：海底に構造物などをおいて人工的に起こした湧昇流.

artisanal fishery 職商的漁業：生産と販売が未分離で，零細な漁業形態の一つ.

ascites 腹水

asconoid type アスコン型：海綿動物の最も単純な水溝系の型.

A scope A スコープ：魚探機のエコー表示方式の一つ．深度軸に対してエコー振幅を表す.

ascophyllan アスコフィラン：褐藻綱アスコフィラム属が産生する粘質多糖の主成分.

ascorbate アスコルビン酸塩：= L-ascorbic acid.

L-ascorbic acid L-アスコルビン酸：ビタミン C と同義．抗壊血病因子でもある．還元性を示すため，酸化防止剤として広く加工食品に使用される.

asexual generation 無性世代

asexual reproduction 無性生殖

ash content 灰分〔含量〕：生体組織，食品などを強熱して灰化した時に生じる残留物〔の含量〕．特殊なものを除いてほぼ無機質(ミネラル)の量に相当する.

ash of kelp 海藻灰：褐藻類を焼いて得られる灰．以前はヨウ素とカリウムの製造原料として用いられた.

ash-treated and dried wakame 灰干〔し〕わかめ：養殖または天然のわかめに草木灰を混合した後に天日乾燥し，灰がついたままで製品としたもの．灰の原料としてシダやススキが用いられる.

Asp → aspartic acid

asparagine アスパラギン，略号 Asn, N：アスパラギン酸のアミド.

aspartate aminotransferase アスパラギン酸アミノトランスフェラーゼ，略号 AST：グルタミン酸とオキサロ酢酸を，α-ケトグルタル酸とアスパラギン酸に相互変換する酵素．グルタミン酸オキサロ酢酸トランスアミナーゼと同義.

aspartic acid アスパラギン酸，略号 Asp, D：酸性アミノ酸の一種．タンパク質構成アミノ酸の一つで，うま味を呈す.

aspartic protease アスパラギン酸プロテアーゼ：活性中心にアスパラギン酸を含むプロテアーゼ．カルボキシルプロテアーゼ，酸性プロテアーゼと同義．酸性域に至適 pH を示す．

aspect ratio 縦横比：オッターボードの幅に対する高さ(縦長さ)の比．

Aspergillus アスペルギルス：コウジカビとも呼ばれ，アスペルギルス属に分類される菌の一種は，魚醤油の製造に活用される．

asphyxia 窒息．

asporogenic bacterium 胞子非形成〔細〕菌：無芽胞〔細〕菌ともいう．

assimilatory filament 同化糸：褐藻類モズクなどの偽柔組織体を形成する色素体のある細胞糸．

Association of Marine Fish Culture 全国海水養魚協会

assortative mating 選択交配

astaxanthin アスタキサンチン：サケ・マス類の筋肉，マダイなどの体表，エビ・カニ類の甲羅などに存在する赤色のカロテノイド(キサントフィル)．遊離状態のほか，タンパク質と結合して存在する．

asteriscus 星状石：魚類の耳石の一種．

astern output 後進出力：後進時における主機の最大出力．

asterospondylous vertebra 星椎性脊椎

astronomical navigation 天文航法：天体の高度測定(天測)によって船の位置を定める航法．

astronomical tide 天文潮：月と太陽の引力による平衡潮汐．

astronomical twilight 天文薄明(はくめい)：太陽の上縁が水平線下 6～18 度にある時に起こる薄明現象．

asymptotic efficiency 漸近的有効性《統計》

asymptotic length 極限体長：Bertalanffy 成長曲線のパラメータ．成長量は体長増加に応じて線形に減少するという仮定の下で，成長が停止した時の計算上の体長．

asymptotic normality 漸近的正規性《統計》

asymptotic theory 漸近理論《統計》

asymptotic weight 極限体重

asynchronous 非同期式〔の〕

ataxia 運動失調

Atlantic Ocean 大西洋：世界第二の大洋．ヨーロッパ・アフリカ・南極・南アメリカ・北アメリカ大陸に囲まれる．

Atlantis アトランティス：オーストラリアで開発されたさまざまな要因を扱う生態系モデル．

atlas アトラス：第 1 腹椎骨(魚類)．第 1 頸椎(哺乳類)．

atmospheric correction 大気補正：衛星に到達する電磁波から，大気による雑音を除去すること．

atmospheric pressure 気圧：気体の圧力のこと．

atmospheric window 大気の窓：大気成分による吸収が少ない電磁波の波長域．

atoke アトーク：環形動物多毛類にみられる生殖に関与しない体前部体節．

atoll 環礁：礁湖を抱いている環状のサンゴ礁脈．

atomic absorption spectrophotometer 原子吸光分光光度計：重金属などの原子吸光分析に用いる機器．

ATP → adenosine 5'-triphosphate

ATPase ATP アーゼ：= adenosine 5'-triphosphatase.

ATP related compounds ATP 関連化合物：ATP の代謝中間体．

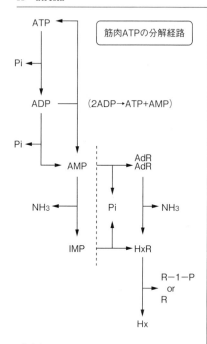

筋肉ATPの分解経路とK値（魚の低温貯蔵と品質評価法，1986）

$$K値(\%) = \frac{HxR+Hx}{ATP+ADP+AMP+IMP+HxR+Hx} \times 100$$

アデノシン 5'-三リン酸(ATP),アデノシン 5'-二リン酸(ADP),アデノシン 5'-一リン酸(AMP,アデニル酸),イノシン 5'-一リン酸(IMP,イノシン酸),イノシン(HxR),ヒポキサンチン(Hx),リボース一リン酸(R-1-P),リボース(R),無機リン酸(Pi),アデノシン(AdR)

atresia 濾胞閉鎖：= follicular atresia.
atrial natriuretic peptide 心房性ナトリウム利尿ペプチド，略号 ANP：心房から分泌されるホルモン．ナトリウム利尿活性ならびに血圧降下作用がみられる．
atrial siphon 出水管《ホヤ類の》
atripore 出水孔：ホヤ類とナメクジウオの囲鰓腔からの水の排出孔．= atrial aperture.
atrium 心房：心臓の一部位．収縮によって体内を循環した血液を心室に送る機能をもつ．
atrophy 萎(い)縮
attached algae 付着藻類
attached bacterium 付着〔細〕菌
attached diatom 付着珪藻：= benthic diatom.
attached organism 付着生物
attachment 付着
attack angle 迎〔い〕角：流れの中におかれた物体の面が流れに対してなす角度．
attenuated vaccine 弱毒ワクチン：不活化ワクチンと同義．
attenuation 弱毒化
attenuation by sailing 航走減衰：航走方向と船速の組合せにより音響減衰を生じること．
attenuator 減衰器
attractant 誘引物質
attraction 誘導：漁法の要素の一つ．餌料，光などの人為的刺激で魚を導き集めること．
atypical cellular gill disease 異形細胞性鰓病《アユ》：アユのポックスウイルス様ウイルスによる感染症．
auction せり取引き
auctioneer せり人
auction shed 荷さばき場：= market hall.
audiogram 聴覚閾(いき)値図：横軸に周波数，縦軸に音圧レベルをとって周波数別の可聴閾値をプロットした図．
auditory capsule 耳殻
auditory ossicle 耳小骨：四足動物の中耳に存在する小骨．魚類には存在しない．
auditory sense 聴覚：= hearing sense.
auditory system 聴覚系
auditory threshold 聴覚閾(いき)値：ある周波数の音に対して感知可能な最小音圧レベル．

auricularia オーリクラリア〔幼生〕：棘皮動物ナマコ類の浮遊幼生.

author 1) 著者. 2) 命名者《学名の》.

authorized buyer 売買参加人

authorized watch 認定当直部員：船舶の運航または機関の運転に4年以上の経験をもつ認定講習会の修了者. 航海当直職務を遂行できる.

autochthonous 土着の

autochthonous resource 自生性資源：同一の生態系から輸送される有機物や無機栄養物.

autoclaving 加圧減菌：微生物実験における滅菌法の一種. 高圧蒸気滅菌.

autocolony 自生群体

autocorrelation 自己相関

autocrine 自己分泌：細胞が自らの細胞表面の受容体に作用するホルモン様物質を分泌する現象.

autogamy 自家生殖

autointerference 自己干渉：動物細胞を高濃度のウイルスで感染させると, 低濃度感染の場合に比べて, 増殖率が低下すること.

autolysis 自己消化：生物の死後, 生体成分が自身の酵素作用で分解する現象. 自己分解ともいう.

automated meteorological data acquisition system 地域気象観測システム, 略号 AMEDAS(アメダス)：日本各地に配置した約1300の観測所から, 毎時の気象観測データを取得するシステム.

automatic angling machine 自動釣機

automatic data editing and switching system 自動データ編集中継システム, 略号 ADESS：世界各地の気象データを地域と種類に分けて自動編集する装置.

automatic feeding machine 自動給餌器：設定した時間や量に従って自動的に給餌する給餌機.

automatic feeding system 自動給餌システム

automatic picture transmission 自動送画方式, 略号 APT：画像データの送信方法の一つ.

automatic radar plotting aids 自動衝突予防援助装置, 略号 ARPA：他船などの物標の位置をレーダー・プロッティングすることによりその将来位置を予測し, 危険かどうかをコンピュータで自動処理する装置.

automatic set net 自動定置網：空気揚網法によって揚網を自動化した定置網.

automatic squid jigging machine 自動イカ釣機：釣糸の繰り出しと巻き取りを自動化したイカを釣る装置.

automatic tide gauge station 自動験潮所：潮位または水位の自動記録器械を設置してある観測所.

automatic voltage regulator 自動電圧調整装置：電源電圧の変動を抑えて, 自動的に電圧を一定に保つようにした装置.

autonomic nervous system 自律神経系：末梢神経系の一つであり, 呼吸や消化, 循環を自律的に調節する. 同じく末梢神経系である体性神経系と対比される.

autophagic vesicle オートファジー小胞

autophagosome オートファゴソーム

autophagy オートファジー

autopollution 自家汚染：養殖に伴う残餌, 糞などが海底に堆積し, 環境汚染を引き起こすこと. = self-pollution.

autopolyploid 同質倍数体：同種の染色体セットで構成される倍数体.

autopurification 自浄作用：自然のもつ浄化作用.

autoradiography オートラジオグラ

フィー：試料を感光剤に密着させ，放射性同位体の分布位置を記録する測定法．

autoregressive-integrated moving average process 自己回帰和分移動平均過程，略語 ARIMA 過程：状態変数の階差を自己回帰移動平均過程で表す定常過程．

autoregressive model 自己回帰モデル：現在の値を過去の自分自身の値から予測するためのモデル．

autoregressive-moving average process 自己回帰移動平均過程，略語 ARMA 過程：現在の状態変数が過去の状態変数および確率変動項の線形結合で表される定常過程．

autoregressive process 自己回帰過程，略語 AR 過程：現在の状態変数が過去の状態変数と一つの確率変動項の線形結合で表される定常過程．

autosome 常染色体：性染色体（X または Y）を除く全染色体．

autospore 自生胞子

autostylic 〔全接型〔の〕：頭蓋（がい）と顎部の接合様式の一つ．

autotetraploid 同質四倍体：同種の染色体セットで構成される四倍体．

autotomy 自切：動物が危機に瀕した際に，体の一部を自ら切断して放棄する現象．

autotriploid 同質三倍体：同種の染色体セットで構成される三倍体．

autotroph 独立栄養生物：炭素源を無機化合物（二酸化炭素など）とし，体外の有機物には依存しない生物．光合成独立栄養生物と化学合成独立栄養生物に分けられる．

autotrophic bacterium 独立栄養〔細〕菌

autotrophy 独立栄養

autoxidation 自動酸化：空気中の酸素によって常温で起こる酸化反応．不飽和脂肪酸は自動酸化されやすく，品質劣化の要因となる．

autozooid 通常個虫：コケムシ類の栄養機能をもつ個虫．

autozygous 同祖接合：ホモ接合体を形成する二つの相同遺伝子がある一つの祖先遺伝子に由来している場合をさす．

autumn spawning population of chum salmon 秋サケ：秋に産卵するサケ（シロザケ）の系統群の呼称．

auxiliaries 付属小鱗

auxiliary cell 助細胞：紅藻類の果胞子体形成過程で，受精した造果枝から複相の細胞核を受け取る細胞．

auxiliary engine 補助機関：主機以外の原動機．一般には発電機関．

auxiliary vessel for purse seine 旋（まき）網付属船

auxospore 増大胞子：小型化しすぎた珪藻類の個体を増大させるため，有性生殖によって形成される胞子．

availability 利用可能度《資源の》：ある海域に存在する（資源の）利用可能な度合い．

available lysine 有効性リシン：動物が栄養として利用できる化学形態のリシン．

average generation length 平均世代時間

average heterozygosity 平均ヘテロ接合体率：1 遺伝子座当りのヘテロ接合体の相対頻度，あるいは任意の個体におけるヘテロ遺伝子座の割合．

average number of allele per locus 平均対立遺伝子数：1 遺伝子座当りの対立遺伝子数の平均．

average target strength 平均ターゲットストレングス《魚の》：主に魚の姿勢に対して平均されたターゲットストレングス．

AVHRR → advanced very high resolution radiometer

avicularia 鳥頭体：コケムシ類の異形個虫の一つ．群体の防御と清掃機能をもつ．

avoidance 忌避

aw → water activity

axial cell 中軸細胞

axial gland 軸腺：棘皮動物（ナマコ類を除く）のリンパ腺様組織．

axial sinus 軸洞：棘皮動物の水管系・血洞系に属する．

axial skeleton 中軸骨格

axil 腋（えき）部

axillary gland 腋（えき）下腺

axillary scale 腋（えき）鱗

axon 軸索：神経細胞体から伸びる長い突起であり、神経細胞体で生じた興奮をその末端にあるシナプスに伝える．通常は髄鞘でおおわれている．

ayu fry 稚アユ

azimuth 方位角

azoic zone 無生物層：一定の水深より深い海底に存在するとされた生物が生息できない領域．19世紀半ばにエドワード・フォーブスによって提唱されたが、後にチャレンジャー号探検などにより否定された．

azulene アズレン：濃青色を呈する有機化合物で、グアイアズレンなどが刺胞動物や魚類の体色に関わる．

B

β-alanine β-アラニン：タンパク質を作らないβ-アミノ酸の一種．

β-barrel β-バレル

β-carotene β-カロテン：代表的なカロテノイドで、プロビタミンAの一つ．黄色を呈する．

β-mannan β-マンナン：D-マンノースがβ(1→4)結合した中性多糖．

β-mannosidase β-マンノシダーゼ：= mannanase.

β-oxidation β-酸化《脂質の》：脂肪酸のβ位が酸化された後に炭素数が2つ短い脂肪酸とアセチルCoAが生じる反応が繰り返し起こることにより、脂肪酸からATPが産生される反応．

β-sheet structure β-シート構造：= β-structure.

β-structure β-構造：タンパク質の二次構造の一つ．平行および逆平行の折り畳みからなる．

B0 B0：①初期資源量．②漁業がないとした時の（理論的な）資源量．

B$_1$ 戻し交雑第一代

bacillus 桿（かん）菌

Bacillus バシラス：グラム陽性の大型桿菌バシラス科細菌の一属．好気性または通性嫌気性の細菌．バチルスともいう．

Bacillus cereus セレウス菌：食中毒細菌の一種．

back bone 中落ち：魚体を3枚におろした時の背骨を含む部分．

back[-]calculated length 逆算体長：鱗や耳石などの年輪の半径と体長の関係式を用いて逆算される、若齢時の魚類の体長．

backcross 戻し交雑：交雑で生じた雑種とその両親のいずれかとの交配．

background algae バックグランドアルジェー：水中照度の調節と水質の安定を目的として、仔稚魚の飼育水槽に加える微細藻類．

back rope 幹縄：= main line.

backscattering 戻り散乱：音波が対象によって散乱され、入射と逆の方向に

戻る現象．後方散乱ともいう．

backward elimination 変数減少法：回帰分析のモデル選択を行う過程で，最大数の説明変数から一つずつ減少させて最適モデルを選択する方法．

backwash 引き波：打ち寄せた後に海へ戻る波．= backrush.

bacteremia 菌血症：本来無菌である血液内に細菌が存在する疾病．

bacteria 細菌類：bacterium の複数形，細菌．

Bacteria バクテリア：真正細菌のドメイン名．

bacterial count 細菌数：生菌数ともいう．

bacterial enteritis 細菌性腸管白濁症《ヒラメ》：細菌 *Vibrio ichthyoenteri* の腸管感染症(ヒラメ)．

bacterial food poisoning 細菌性食中毒：細菌に汚染された飲料水，食品を介して引き起こされる食中毒のこと．

bacterial gill disease 細菌性鰓(えら)病《サケ科魚類・アユ》，略号 BGD：細菌 *Flavobacterium branchiophilum* の感染症．

bacterial hemolytic jaundice 細菌性溶血性黄疸《ブリ》：ブリにおける細菌 *Ichthyobacterium seriolicida* 感染症．

bacterial hemorrhagic ascites 細菌性出血性腹水症《アユ》：アユにおける細菌 *Pseudomonas plecoglossicida* 感染症．

bacterial kidney disease 細菌性腎臓病《サケ科魚類》，略号 BKD：グラム陽性の短桿菌 *Renibacterium salmoninarum* によるサケ科魚類に特有の慢性または亜急性の疾病．

bacterial sliminess 細菌性白雲症《コイ》：細菌 *Pseudomonas* sp. 感染症(コイ)．

bacterial toxin 細菌毒素：ボツリヌス菌や黄色ブドウ球菌などが産生する毒素のこと．

bactericide 殺菌剤：殺菌に使用する薬剤．

bacterin 死菌ワクチン：細菌を殺して作製したワクチン．

bacteriochlorophyll バクテリオクロロフィル：光合成細菌の葉緑素．

bacteriolysis 溶菌反応：細胞壁が崩壊して細菌の細胞が死滅する現象．

bacteriophage バクテリオファージ：細菌に感染し，細胞内で繁殖するウイルス．

bacterioplankton 細菌プランクトン：浮遊性の細菌．

bacteriostasis 静菌作用

bacterium (*pl.* bacteria) 細菌：原核生物に属する単細胞生物．

baculoviral midgut gland necrosis バキュロウイルス性中腸腺壊(え)死症，略号 BMN

baculovirus バキュロウイルス：二本鎖 DNA をもつ動物ウイルスの一科．

bag 1) 魚捕部：漁獲物を最終的に集約して取り込む網漁具の部位．2) 箱網：漁獲物を最終的に蓄積して採捕する定置網(落し網)の箱形の網．3) 袋網：漁獲物を最終的に蓄積する袋状の網．

bag net 身網：箱網や袋網ともいう．= bag.

bag section 魚捕部：= bag.

bait 餌：= fishing bait.

bait fishing 餌釣：餌を用いる釣．

baiting machine 自動餌付〔け〕機：延縄漁具の釣餌装着を自動化した装置．

baitless angling 空釣：餌を用いない釣．

bait tank 活魚餌料槽

balanced harvest バランスをとった漁獲：全体から満遍なく間引くことで生態系への影響を小さくする漁獲(という考え方)．

balance sheet 貸借対照表

balance sheet of food 食料需給表：農林水産省が日本における生産から消費に至るまでの食料の総量，栄養量，自給率などをまとめた表．

baleen ひげ板《クジラの》：皮膚が爪のような板になり，その先が細長く何本にも分かれた餌をこしとる器官．

balenine バレニン：β-アラニンとメチルヒスチジンからなるジペプチドの一種．

ballast water バラスト水：船舶を安定させるために船底近くに積み込む水．

balloon net バルーンネット：エビトロール網のデザインの一つ．

ball roller ボールローラ：網や綱を船上に引き揚げる機械．

ball sinker 玉型錘（おもり）：釣漁具用錘の一種．

bamboo screen pound 簀建〔て〕：浅海に簀（竹を粗く編んだもの）を迷路状に建てめぐらし，干潮時に簀の中に残った魚を漁獲する定置網の一種． = fish fence.

banding バンディング

band-shaped chloroplast 帯状葉緑体

band sharing index バンド共有度指数，略号 BSI：二つの個体に共通な DNA 断片（バンド）の割合．

bandwidth 帯域幅

bang-bang control バンバン制御

bank 1) 浅瀬：大陸棚あるいは島棚の上で特に浅くなっているが船の航行には支障のないところ．2) 堆：比較的浅く，やや平坦な頂をもつ海底の隆起部．

banking 築堤：= embankment.

bank sinker 胴突〔き〕型錘（おもり）：釣漁具用錘の一種．

bar 1) 脚《網目の》：= leg. 2) 砂洲：= sand bar.

Baranov model バラノフ〔の〕モデル：資源量を体長別個体数と体長別個体重量の積で表し，年級群の成長・残残の時間的変化を追いながら資源量や漁獲量の推移を記述するモデル．

barb あぐ（逆鉤）：釣針の先端に逆向きの戻しをつけ，針が外れにくくする部位．「返し」と同義．

barbel 触鬚（しゅ）

barbless あぐ（逆鉤）なし：「あぐ」を付けないこと．

bar code バーコード：商品の光学識別に用いる縞模様の線で，包装紙に印刷された商品コード．販売管理システムの一つ．

bar length 脚長：網目を構成する脚の長さ． = bar size.

baroclinic 傾圧〔の〕：流体中で等圧面と等密度面（等温面）が一致しない状態．

barophilic bacterium 好圧〔性細〕菌：= barophile.

barophilic microorganism 好圧微生物

barotolerant bacterium 耐圧〔性細〕菌

barotropic 順圧〔の〕：流体中で等圧面と等密度面が一致した状態にあること．

barrel swivel 樽型サルカン（猿環）：釣漁具用撚（よ）り戻しの一種．

barren of rocky shore 磯焼け：海藻が種々の環境変化によって枯死し，磯が焼け野原のようになる現象． = seaweed withering phenomenon on beach.

barrier net 建〔て〕干網：潮汐を利用して漁獲を行う定置網の一種．

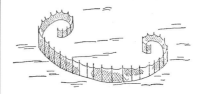

建干網（新編水産学通論，1977）

barrier reef 堡(ほ)礁：潟湖の海面をはさんで海岸線に平行して発達したサンゴ礁.

bar style agar 角寒天：冬季の寒冷な気候を利用して製造される天然寒天の中で棒状の形状のものをいう．原藻から得られた抽出液を凍結・融解・脱水により生産される．長野県で製造される．

basal diet 基本飼料

basal growth 基部成長

basalia 基底軟骨：軟骨魚類などの鰭基部に発達する軟骨群の総称．鰭(き)基骨，鰭趾(きし)骨ともいう．

basal metabolism 基礎代謝：恒温動物において安静時の代謝レベルをさす．変温動物では一般に温度に比例して代謝量が増加する．

basal plate 基底板

basal system 基部組織

base 1)基底《組織の》：鰭などの付け根の部分. 2)塩基《核酸の》.

Basel Convention バーゼル条約：有害廃棄物の移動およびその処分の管理に関する国際条約.

base line 基線：双曲線航法方式などにおける主局と従局の間を結んだ線.

base of skull 頭蓋(がい)骨基底

base population 基礎集団

base substitution 塩基置換：= nucleotide substitution.

basibranchial bone 基鰓(さい)骨

basic protein 塩基性タンパク質

basidorsal 底背の

basioccipital bone 基後頭骨

basionym 基礎異名：学名の組替えが行われた場合の以前の学名．旧名，バシオニムともいう．

basis cranii 脳底部

basisphenoid 基蝶形骨

basiventral 底腹の

basket 1)籠：枠組みに網地を張ったり，竹などを編んだ陥穽漁具．筌(せん)ともいう．= pot, skep. 2)縄鉢：①延縄の幹縄，枝縄および釣針を収容する容器．②延縄漁具の分割単位で，隣り合う浮子間にある幹縄と枝縄部分.

basket trap 筌(せん)：= basket, trap.

basopodite 基節

batch culture バッチ培養：処理単位に分けて行う培養.

batch fecundity バッチ産卵数：1尾の雌が1回の産卵で産み出す卵の数.

batch spawning 多回産卵：= multiple spawning.

bath treatment 薬浴：治療目的で薬液の中に浸すこと.

bathyal 中深海〔の〕

bathybenthic zone 漸深海底帯

bathymetric map 水深図：水域の深さを示す平面図.

bathypelagic zone 漸深層帯

bathythermograph 水深水温計，略号BT：水温の鉛直分布を測定する機器．バシサーモグラフともいう.

bating 1)背網：トロール網の上面となる網地のうち，グランドロープの直上より後方の部分. 2)減らし目：編網過程で網目を減らし，網地幅を減ずる方法．落〔と〕し目ともいう.

Baume degree ボーメ度：ボーメ比重計の示度．°Béで表す.

Bayesian information criterion ベイズ情報量規準，略号 BIC：統計モデルのデータへの適合度のよさを表す指標の一つ.

Bayesian method ベイズ法：統計的推定法の一つ．事前の確率がデータを得ることによって更新される事後確率で推論を行う.

Bayesian statistics ベイズ統計学：ベイズの定理を積極的に取り入れた統計

学.

Bayesian synthesis ベイズ合成：多様な観測項目に矛盾がないように同時に推定を行うベイズ統計学的推定方法.

Bayes' theorem ベイズの定理

Bban Bban：それ以下の水準では禁漁が必要であるとする資源量 B の閾値.

BCD → binary coded decimal

B cell B 細胞：リンパ球のうち抗体を産生する細胞.

B-chromosome B 染色体：過剰染色体. 通常の染色体を A 染色体と呼ぶのに対する用語.

Bdellovibrio デロビブリオ：プロテオバクテリア綱の一属.

beach erosion 海岸浸食：海岸から海流などにより土砂が流出, もしくは海岸への河川などからの土砂供給が減少することにより海岸線が後退する現象.

beach seine 地曳(じびき)網：海岸を引き上げ点として操業する底曳網の総称.

beam 1) 桁(けた)：曳網を水平に展開するために用いる棒状の部品. 2) ビーム：音波または電磁波が送波と受波の際に方向的に収束されたもの.

beam axis 指向性主軸：音波などが最大の指向性をもつ方向.

beam pattern ビームパターン：音波または電波の指向特性.

beam trawl 桁網：桁を用いて網口を開く曳網. ビームトロールともいう.

beam width ビーム幅：ビームの開き方の指標.

bearing resolution 方位分解能：対象を方位方向に分離できる最小角度.

beat うなり《波の》：波動の振幅が周期的に変化すること.

Beaufort scale of wind force ビューフォート風力階級：風速を目安として海上などの状況を示す国際的な気象コードの一つ.

BED → bycatch excluder device

Beggiatoa ベジアトア：プロテオバクテリア綱滑走細菌の一属. 糸状の集合体を作る硫黄細菌.

behavior experiment 行動実験

beko disease べこ病：微胞子虫類の筋肉感染による筋肉融解症.

belly 腹網：トロールの袋網を構成する網地面の一つ. 4面のうちの下面.

bench mark 水準標石：水準原点の高さを基準として, 標高が定められた点.

bend 曲がり：釣針の一部位.

Benedenia ベネデニア：海産魚に体表や鰭に寄生する単生類の一属.

benthic algae 底生藻類

benthos 底生生物

benzene hexachloride ベンゼンヘキサクロリド, 略号 BHC：= hexachlorocyclohexane

Bergmann's rule ベルクマンの法則：哺乳類と鳥類の北方型は同じ種の南方型に比べて大きいこと.

Bering Sea ベーリング海：太平洋最北部にある縁海の一つ. シベリア, アラスカ, アリューシャン列島に囲まれた海域.

Bernoulli trial ベルヌーイ試行《確率》：成功と不成功のように二つの事象のうち, 一つだけが起こる実験.

berth 停泊場所

Bertlett test バートレットの検定：複数のデータ系列の分散均一性を検定する方法.

bester ベステル：オオチョウザメ(*Huso huso*)の雌とコチョウザメ(*Acipenser ruthenus*)の雄の交雑種.

best linear unbiased estimator 最良線形不偏推定量《統計》, 略号 BLUE：分散を最小にする線形不偏推定量.

best linear unbiased prediction method

BLUP 法：個体の育種価を推定する手法の一つ．血縁情報や年次や季節の影響を取り除き，異なる飼育環境下での個体を用いた推定が可能．

beta distribution ベータ分布《確率》：二つの独立なガンマ分布の変数の比で定義される確率密度を表す分布．

betaine ベタイン：正電荷と負電荷を同一分子内の隣り合わない位置にもち，正電荷をもつ原子には解離し得る水素原子が結合しておらず，分子全体としては電荷をもたない化合物．グリシンベタインをベタインと呼ぶことがある．

bet-hanging 二またかけ戦略：危険分散によって平均適応度を高める生活史戦略．

bet hedging 両賭け戦略：変動する環境で繁殖の失敗を最小化するために，表現型を確率的あるいはランダムに切り替える戦略．

between groups sum of squares 級間変動

between strata variance 層間分散

Beverton and Holt model ベバートン・ホルト〔の〕モデル：再生産関係の一つ．加入量があるレベルに漸近していく．

BGD → bacterial gill disease
BHA → butylhydroxyanisol
BHC → benzene hexachloride
BHT → dibutylhydroxytoluene
bias 偏り
BIC → Bayesian information criterion
bicuspid 二尖（せん）頭
biennial algae 二年生藻類
bilateral symmetry 両側相称
bilayer membrane 二分子膜：脂質分子の親水性部分が外側に位置し，疎水性部分が内側に向かい合うように自己集合して形成された二重層膜．リン脂質よりなる生体膜の基本構造．

bile 胆汁：肝臓の分泌物．脂肪を乳化して，その消化を助ける．

bile acid 胆汁酸：胆汁に含まれる C24 のステロイド．主成分はコール酸．

bile canaliculus 胆細管：肝細胞の細胞間隙．集合して胆管，さらに集合して肝管となり，胆囊（のう）につながる．

bile pigment 胆汁色素：ヘムタンパク質のヘム部分の分解産物．

bilge ビルジ：船底に溜まった油性混合物．

bilge separator 油水分離装置：油水分離装置：ビルジに含まれる油分の分離除去装置．

bilin ビリン：ヘムが代謝されて生成する胆汁色素のことで，生物界に広く存在する．ビリベルジン，ビリルビン，フィコビリンなどがある．

bilirubin ビリルビン：胆汁色素の一種であり，ビルベルジンから酵素的還元により生成する．尿や胆汁の色調に関与する．

bilirubinemia 高ビリルビン血症

biliverdin ビリベルジン：ヘムが代謝されて生じる．緑色を呈し，魚類の表皮，ウナギ血清などの色調に関与する．

bimodal breather 両式呼吸動物：水と空気のどちらをも呼吸媒質として，外呼吸を行うことのできる動物．

binary coded decimal BCD コード，略号 BCD：10 進数 1 桁を 2 進数 4 桁で表す方法．

binary fission 二分裂
binary number 2 進数
binder 粘結剤
binocular vision 両眼視
binocular visual field 両眼視野：両眼の視野が重なり，最もはっきりとみえる範囲．魚では前方約 30 度．

binomial distribution 二項分布《確率》：ベルヌーイ試行を繰り返した時，一方

の事象が起こる回数の確率分布.

binomial〔nomenclature〕 二〔命〕名法:種の学名をラテン語によって属名と種小名の2語で表す命名法.

bioassay バイオアッセイ:生物を用いて生理活性の検定を行うこと. = biological assay.

biochemical oxygen demand 生〔物〕化学的酸素要求量,略号 BOD:水中の好気性微生物の呼吸作用などによって消費される酸素量.水の汚濁指標の一つ.

biochemistry 生化学

bioconcentration 生物濃縮:生体内の化学物質濃度が食物連鎖を通じて高まること. = bioaccumulation.

biodegradability 生〔物〕分解性:微生物による化学物質の分解性.

biodiffusion 生物拡散:生物のランダム運動による分布域の時間的な増大.

biodiversity 生物多様性:生態系や生物集団における種数や対立遺伝子の数の多寡.

bioeconomic model 生物経済モデル

bioeconomics 生物経済学

bioenergetics model 生物エネルギーモデル:エネルギー量を用いて,個体の成長や再生産を記述・予測するモデル.

biofilm 生物膜

biofiltration 生物濾過

biogenic amine 生体アミン:生体内でみられるアミン化合物の総称.ドーパミンやセロトニンなどがある.ホルモンや神経伝達物質として働く.

biogeochemical cycle 生物地球化学的循環:生態学や地球科学において,生態系の生物や無生物を循環する元素や分子の循環をさす用語.

bioinformatics バイオインフォマティクス

biologging バイオロギング:生物に小型のビデオカメラやセンサーを取り付けて画像やデータを記録し,行動や生態を調査する研究手法.

biological buffer function 生物学的緩衝作用

biological clock 生物時計:生物が体内にもっている時間測定の機構.

biological containment 生物学的封じ込め:組換え DNA 実験において,危険な生物〔試料〕を生物学的手段で封じ込め,外部環境に拡散しないようにすること.

biological half-life 生物学的半減期:生体内のある物質が代謝と排泄によって半分量に減少する時間.

biological indicator 生物指標:環境変化の程度を診断するのに用いる生物現象.

biological minimum size 生物学的最小形:性成熟可能な最小体サイズ.

biological oxygen demand 生物学的酸素要求量,略号 BOD:= biochemical oxygen demand.

biological point zero 生物学的零度:対象生物において発生,成熟,成長などが全く進まない温度.

biological production 生物生産

biological pump 生物ポンプ:海洋において鉛直方向の炭素輸送を担う生物活動.

biological reference point 生物学的管理基準,略号 BRP:資源管理の生物学的な参照基準.漁獲率一定方策,獲り残し資源量一定方策,漁獲量一定方策などに基づき,資源状態の健全さ,または漁獲の強度を示す.

biological rhythm 生物リズム:生体リズムまたはバイオリズムともいう.

biological transport 生物輸送:遊泳力に乏しいプランクトン,魚卵,仔稚魚などの流れによる輸送.

biological value 生物価：タンパク質の相対的栄養価. = biological score.

bioluminescence 生物発光

biomass バイオマス：①ある時点にある空間内に存在する生物の量. 生物量と同義. ②エネルギー源としての生物体.

biometrics 生物測定学

biophilic element 親生元素：地球の生物圏に多く見出される元素. 生物体内に比較的多量に存在する元素のほか, 微量ではあっても生物体に必須の元素をも含める.

bioreactor バイオリアクター：酵素などの生体反応を用いる工業プロセスのための装置.

bioremediation 生物的環境浄化：微生物の能力を用いて, 有害物質で汚染された自然環境(土壌汚染の状態)を, 有害物質を含まないもとの状態に戻す処理のこと. 環境修復. バイオレメ(ミ)ディエーションともいう.

biorhythm バイオリズム：= biological rhythm.

biosensor バイオセンサ：酵素, 抗体などの生体触媒がもつ分子識別機能を用い, 化学物質を計測する装置.

biosonar バイオソナー：イルカなどの生物がもつ音響探知能力.

biosphere 生物圏

biosurfactant バイオ系界面活性剤：生物由来の界面活性剤.

biosynthesis 生合成：生体がその構成成分である生体分子を作り出すことをいう.

biota 生物相

biotechnology 生物工学：バイオテクノロジーともいう.

biotelemetry バイオテレメトリー：発信器を装着して, 生物の位置, 行動, 生理などを遠隔的に測定する方法.

biotic community 〔生物〕群集：ある一定区域に分布する種個体群の集まり.

biotic environment 生物的環境：①種内関係(同種の個体間)にある要因(異性間の関係・親子間の関係・種内競争など). ②種間関係(異種の生物間)にある要因(捕食・寄生・共生など).

biotic integrity 生物保全性

biotic pesticide 生物農薬：生態的防除を行うための対象生物の天敵.

biotic resistance 生物抵抗：人為かく乱の少ない自然生態系がもつ外来種に対するなんらかの抵抗性.

biotope ビオトープ：干潟, 川底などのように, 特定の生物群集が生活できる限られた場所. 小生活圏ともいう.

bioturbation 生物かく乱：底生動物によって水底がかき混ぜられること.

biotype 生物型

bipinnaria ビピンナリア〔幼生〕：棘皮動物ヒトデ類の浮遊幼生.

biplane otterboard 複葉型オッターボード

bipolar 双極〔の〕

bipolar cell 双極細胞：視細胞と水平細胞からの光情報をアマクリン細胞または視神経節細胞に伝える細胞.

bird scaring line 鳥おどしライン：= tori line.

birnavirus ビルナウイルス：二本鎖RNAをもつ動物ウイルスの一科.

birth and death process 出生死亡過程：出生率と死亡率の両方を確率的に扱って, 個体数の状態の時間的変化を表すマルコフ過程.

birth process 出生過程：単位時間当りに子孫が生まれる割合を確率的に扱って, 個体数の状態の時間的変化を表すマルコフ過程.

birth rate 出生率

bisexual 両性〔の〕

bisexual reproduction 両性生殖：精子,

卵子などの配偶子の受精によって個体発生が始まる生殖様式.

bisporangium 二分胞子嚢(のう)

bispore 二分胞子

bit ビット：コンピュータで使われる情報の最小単位. 2進数の1桁に相当し, 0か1で表す.

bits per second ビット／秒, 略号 bps

Bivagina ビバギナ：海産魚の鰓に寄生する単生類の一属.

bivalent chromosome 二価染色体

BKD → bacterial kidney disease

black discoloration 黒変現象：= darkened deterioration.

black gill disease 鰓黒(えらぐろ)病：*Fusarium* 属真菌の寄生によって, 養殖クルマエビの鰓が黒化する疾病.

black spot disease 黒点病：*Metagonimus* 属など吸虫のメタセルカリア寄生によって, 淡水魚の体表に小黒点が現れる病気.

black spots 黒群〔れ〕：船または上空からの観察で, 黒色または暗色にみえるカツオなどの浮魚の表層沈下群.

bladder 気胞

bladder fish 有鰾(ひょう)魚

bladderless fish 無鰾(ひょう)魚：鰾(うきぶくろ)をもたないカツオ, ヒラメなどの魚.

blade 葉状部：= lamina.

blanching ブランチング：= bleaching.

blastocoel 卵割腔

blastomere 割球：卵割により生じた細胞のこと. おおよそ桑実胚までの呼称.

blastula 胞胚

bleach 退色

bleaching 1)漂白：色を除去すること. 脱色ともいう. 2)ブリーチング：①クジラ類が水面上に飛ぶこと. ②ノリ・サンゴなどでみられる退色現象.

bleeding 血抜〔き〕：漁獲魚の鮮度保持のために刺殺直後に血液を抜く処理. 脱血ともいう.

Blimit Blimit：それ以下の水準では乱獲状態にあり, 資源回復が必要であるとする資源量 B の閾値.

blind angle 死角

blind gut 盲腸

block freezing ブロック凍結

block quota 海域別期間別割当て量《漁獲量の》

blood 血液

blood-brain barrier 血液脳関門：血液から脳への物質の透過を特異的に制限する障壁.

blood cell 血球〔細胞〕

blood cholesterol 血中コレステロール

blood fluke 住血吸虫：宿主の血管内に寄生する吸虫類.

blood glucose 血糖：血液中のグルコース. 脊椎動物では血糖値は主にインスリン(血糖値低下効果)とグルカゴン(上昇効果)により一定範囲に維持されている.

blood group 血液型：赤血球の細胞膜に存在する凝集原と呼ばれる各種抗原の組合せを示したもの. AOB 式型や Rh 式型などの分類がある.

blood pressure 血圧

blood sinus 血洞：①軟体動物と節足動物の体組織の間に発達する腔所. 血体腔ともいう. ②血管系の拡大した腔所.

blood-testis barrier 血液精巣関門

bloom-forming blue-green alga アオコ：= cyanobacterial bloom.

blowhole 噴気孔：クジラ類の外鼻孔.

blown sand 飛砂：砂が風によって飛ばされる現象, または飛んだ砂.

blubber oil 海獣油：アザラシなどの海産哺乳類(海獣)を原料として製造された油.

BLUE → best linear unbiased estimator

blue discoloration　青変：カニ肉缶詰の青変で，加熱処理で生じる異常品．= blue meat.

blue-green algae　藍藻類：シアノバクテリアの旧名．= cyanobacteria.

blue meat　ブルーミート《かに缶詰の》：かに缶詰にみられるカニ棒肉の青変および青色の斑点が生じること．加熱処理で生じる異常品．ヘモシアニンが関与する．

blue tide　青潮：硫化物を含む底層の無酸素水が水面に浮上し，酸素と反応して青白い色を呈する現象．= milky water.

blue tourism　ブルーツーリズム：漁村の自然と文化を生かし，漁家民宿などによる滞在型の旅行形態．= marine tourism.

blue whale unit　シロナガスクジラ単位，略号 BWU：かつて国際捕鯨委員会で採用されていた捕鯨可能枠の基準単位．

B lymphocyte　B リンパ球：= B cell.

BMN → baculoviral midgut gland necrosis

Bmsy　Bmsy：最大持続生産量(MSY)を実現する資源量 B.

boat harbor　船溜〔り〕

boat seine　船曳網：中層または表層を1隻または2隻の漁船で曳網する漁具・漁法．

boatswain　ボースン：船の甲板長または水夫長．

bobbin　糸巻き：トロール網のグランドロープを構成する円筒形の錘．ボビンともいう．

BOD → biochemical oxygen demand, biological oxygen demand

body axis　体軸

body depth　体高

body kidney　体腎：魚類の腎臓のうち，頭腎以外の部分．排泄機能を営む．

body length　体長：魚類では吻の前端から尾鰭基底(下尾骨と尾鰭条の関節点)までの長さを標準体長 standard length とし，尾鰭末端までの長さを全長 total length とする．

body net　身網：網漁具の主要な構成部位．縁網に対応する用語．= main net.

body temperature　体温：体内の温度．代謝(もしくは運動)による熱産生や外部の熱を吸収・放射することにより上下する．

body width　体幅：体の最も幅広い部分の水平幅．

Bohr effect　ボーア効果：二酸化炭素分圧の上昇または pH の低下により，酸素がヘモグロビン分子から容易に解離する現象．

boiled and dried fish　煮干し品《魚の》：5〜10 cm のイワシ類を食塩水で煮熟し，乾燥させたものをさす場合が多いが，他の魚でも作られる．

boiled and dried sea cucumber　いりこ(海参)：ナマコの煮干し品．干しなまこもいう．ナマコの内臓を除去して煮熟した後に乾燥した煮干し品．= trepang.

boiled and dried small sardine　いりこ：イワシ類の幼魚の煮干し品．

boiled and dried whitebait　しらす干し：シラスの煮干し品．

boiled and flaked fish flour　でんぶ：魚肉または畜肉を粉砕し水分を除去した佃煮の一種．

boiled and loosened fish meat　そぼろ：魚肉を湯煮または焙焼した後，筋線維をほぐしたもの．

boiled fish ball　つみれ：魚肉をミンチ状にし，加熱したもの．

boiled small fish　釜あげ：塩水などで短時間煮熟した小魚．釜あげしらすや釜あげさくらえびがある．

boiled, smoke-dried and molded fish 節〔類〕：煮熟した魚を焙乾してカビ付けした乾製品およびこれを薄片に削ったものの総称．最近はカビ付けを省くこともある．そのまま fushi とも表記される．

boiled, smoke-dried and molded skipjack tuna かつお節：カツオを原料とした節（ふし）．そのまま katsuobushi とも表記される．

boiler ボイラー

boiling 湯煮

boiling school 白沸き：カツオなどの浮魚が表層の餌生物を捕食するため，水面が沸き立つように群がった状態．= boilers.

bolch line 添え綱：トロール網のグランドロープに網地を取り付けるために用いる細い綱．ボルチラインともいう．

bolsh line 添え綱：= bolch line

bone deformity 骨異常

bone meal 骨粉

bony layer 骨質層

bony plate 骨質板

book keeping 簿記

booster 追加免疫：ブースターともいう．

booster effect 追加免疫効果：体内で作られた免疫機能が，再び抗原に接触することによって，免疫機能がいっそう高まること．

bootstrap method ブートストラップ法：推定結果を用いた人工データの生成とそれを用いた推定を繰り返すことによって，推定値の誤差を評価する方法の総称．

bore ボア：河口などの浅水域を水の壁が進んで行く形の波．段波ともいう．満潮時，潮汐によって起こされるものをタイダル・ボアと呼ぶ．

bosom ボゾム：曳網類のヘッドロープまたはグランドロープが網口中央で形成する湾曲部．ミトロ（ぐち）ともいう．

bosophil 好塩基球：塩基性色素により濃染される顆粒をもつ白血球．

botany 植物学

Bothriocephalus acheiloginathi 吸頭条虫

both-sided test 両側検定：対立仮説が帰無仮説の両側にある時，棄却域を両側に設けて行う検定．

bottled food 瓶詰〔食品〕

bottleneck effect ボトルネック効果：生物集団における個体数変動において，集団が小さい時に遺伝子が機会的に消失あるいは固定し，遺伝子頻度が変化する現象．

bottom current 底層流：海底付近の流れ．= bottom layer flow.

bottom drift net 底流し網：海底上を流す流し網．

bottom friction 海底摩擦：海水と海底の間に働く摩擦．

bottom gill net 底刺網：固定式刺網のうち，海底に仕掛けられる刺網．

bottom locked expansion 海底固定拡大：海底を水平に表す魚探機の表示方法の一つ．底魚などの探知に有効．

bottom longline 底延（はえ）縄：底生魚を対象として水底に設置する方式の延縄．

bottom sediment 底質：水底を構成している堆積物および岩石の性状．

bottom sediment pollution 底質汚染：= sediment contamination.

bottom set net 底建〔て〕網：身網の一部または全部を海底付近に設置した定置網．底層定置網ともいう．

bottom slope 海底勾配：海底の傾斜の程度．

bottom tillage 海底耕耘（うん）：浅海の海底または干潟を耕し，底質の軟化と還元層の酸化を促進すること．

bottom trawl 底曳網：海底上を曳くトロール網あるいはその漁業.

bottom-up approach ボトムアップアプローチ

bottom-up control ボトムアップ制御：生態系の低次の栄養段階によって，高次の栄養段階の生産が制御されること.

botulism ボツリヌス菌食中毒：ボツリヌス菌が産生するエンテロトキシンによる毒素型食中毒.

boundary condition 境界条件：拡散方程式などを解く時に課せられる，状態空間の境界における性質.

bound water 結合水：食品中の炭水化物やタンパク質などの成分の官能基と水素結合することで束縛された状態にあり自由に動くことができない水のこと．蒸発や凍結しにくく，微生物の増殖や酵素反応の場として利用されな

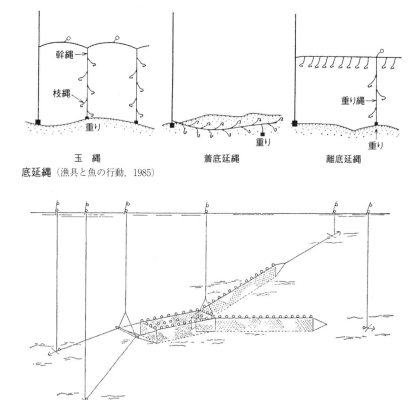

底延縄（漁具と魚の行動，1985）

底建網（新編 水産学通論，1977）

い．水和水ともいう．

bowline knot　もやい結び：結索の一種．

Bowman's capsule　ボーマン囊(のう)：腎臓の糸球体を取り囲む，細尿管の起点となる構造．

bow sea　斜め向い波：船の進行方向に対し，斜め前方から向かってくる波．

bps → bits per second

brachiolaria　ブラキオラリア〔幼生〕：棘皮動物ヒトデ類のビピンナリア幼生に続く幼生．

bracket　ブラケット：オッターボードのほぼ中央部にある三角形の金具．

brackish water　汽水：沿岸域で河川水と海水が混合した状態の水．

brackish water alga　汽水藻

brackish water fish　汽水魚

brackish water fisheries　汽水漁業

brackish water lake　汽水湖：淡水中に海水が侵入している湖沼．

bradycardia　徐脈：心拍動のリズムが抑制され，心拍数が減少している状態．

braiding　編網：網糸から網目を編み出すこと．主に手結き編網をさす．= beating, weaving.

brailer　魚汲み網：①魚汲みに使う台形の網具(あぜ網またはまくり網ともいう)．②円形枠の付いた袋網(手網ともいう)．

brailing　魚汲み：旋(まき)網または定置網の魚捕り部に集めた漁獲物を汲み上げ，魚艙に取り込む作業．

brail net　魚汲み網：= brailer.

brain　脳：動物の頭部にある神経系の一部．脊椎動物では脊髄とともに中枢神経系を構成する．

brain-gut peptide　脳腸ペプチド：脳と消化管に広く分布する生理活性ペプチドの総称．

brain wave　脳波

brake horse power　制動馬力：内燃機関の出力．

branched chain amino acid　分枝アミノ酸：分岐した側鎖をもつアミノ酸．イソロイシンなど．

branched chain fatty acid　分枝脂肪酸：炭素鎖に枝分れのある脂肪酸．

branched ray　分枝軟条

branchial canal　鰓(さい)管

branchial heart　鰓(えら)心臓：頭足類の鰓の基部にある心臓の補助器官．

branchial lamella　鰓桁(えらけた)《ナメクジウオ類の》

branchial pump system　鰓(えら)ポンプ系：口腔の加圧ポンプと鰓腔の吸引ポンプを連動させて鰓を換水し外呼吸を行うこと．

branchial respiration　鰓(えら)呼吸：呼吸器官である鰓を用いてガス交換を行うこと．

branching　分枝：= ramification.

branching process　分枝過程：特定の属性をもつ個体群が確率的に増殖する過程を表すマルコフ連鎖．

Branchiomyces　ブランキオマイセス：魚類に寄生する真菌の一属．

branchionephritis　鰓(えら)腎炎《ウナギの》：1970年代に流行した冷たい水温期の原因不明のウナギの病気．

branchiostegal membrane　鰓(さい)膜：= gill membrane.

branchiostegal ray bone　鰓(さい)条骨

branch line　1) 枝糸：立て縄と延(はえ)縄の釣針，籠漁具などを幹縄に取り付ける糸またはロープ．2) 枝縄：延縄の構成要素の一つ．先端に釣針を付け，幹縄に等間隔で結ぶ縄．

brand　ブランド

brand transaction　銘柄取引き

BRD → bycatch reduction device

breaker zone　砕波帯：= surf zone.

break even point　損益分岐点

breaking force 破断強度:破断試験における破断点の応力.ねり製品の物性評価の指標.

breaking point 砕波点:波が海底の影響を受けて砕ける点.

breaking spinal cord 脊髄破壊:脊髄を一気に破壊して即殺すること.

breaking strain 破断ひずみ:繊維などが破壊する時の伸び率.

breaking strength 破断強度:繊維などを破壊するのに必要な引張加重.

breaking stress 破断応力:繊維などが破壊する時の応力.

breaking wave 砕〔け〕波:波が水深の浅い所に進行してきて砕けること,または砕けた波.= breaker.

breakwater 防波堤

breast 1)胴立〔つ〕:網漁具の両側端.2)胸.

breastline 絞り綱:胴立つ環を貫通する綱.

breast ring 胴立〔つ〕環:= small purse-ring.

breed 品種

breeding 育種:生物の生産性を高めるために生物の遺伝的制御を行う技術.繁殖ともいう.

breeding by heterosis ヘテロシス育種:交雑によりヘテロシスを示す性質を利用する育種.F_1のみを利用する.

breeding by introduction 導入育種:優良形質をもつ生物種(品種)を輸入し,そのまま,あるいは新たな育種素材として利用する育種.

breeding by mutations 突然変異育種:自然または人為による突然変異体を発見して育成し,それらを素材として利用する育種.

breeding by polyploidy 倍数体育種:倍数性にみられる特殊な形質を利用する育種.

breeding ground 繁殖場

breeding management 育種管理:養殖集団,半野生(放流種苗)集団,および野生集団の遺伝的組成を育種目的に応じて維持するための遺伝的制御.

breeding program 育種計画:ある育種目標を達成するために行う交配や選抜,その世代数をどの程度行うか,の計画.

breeding season 繁殖期

breeding value ゲノム育種価:育種価が個体に対して定義される値であるのに対してゲノム育種価は各マーカー座の遺伝子型に対して定義され,それぞれの個体のゲノム育種価は各マーカー座の育種価の和となる.

brevetoxin ブレベトキシン:渦鞭毛藻綱ギムノジニウム属が産生する梯子型ポリエーテル化合物.神経性貝中毒の原因物質.

bridle 1)ブライドル:①旋(まき)網の網裾と環を連結する綱または鎖.②曳網類の袖端と曳綱またはオッターボードを連結する綱または鎖.2)股縄:延(はえ)縄または籠一連の両端のロープ.

bridle chain ブライドルチェーン:オッターボードの付属索具.ワープとハンドロープを接続する鎖.

brightness temperature 輝度温度:放射されたマイクロ波域のエネルギーを温度に換算した値.

brine ブライン:蒸発器で蒸発した冷媒の冷凍力を冷凍品に伝えるための液体.

brine freezing ブライン凍結:冷却した溶液に食品を漬け込んで凍結する方法.

brine salting 塩水漬〔け〕:魚介類を食塩溶液に浸して,食塩を浸透させる加工法.立塩漬〔け〕ともいう.

brine shrimp ブラインシュリンプ:甲

殻類の一種．種苗生産魚の餌料として多用される．

broaching ブローチング：追波を受ける船舶において，可能な限りの操舵を行っても針路から急激に離れる現象．

broad submerged breakwater 人工リーフ：広い天端を有する潜堤．= artificial barrier reef.

broiled and dried fish 焼き干し品《魚の》：内臓を除去した魚体を焼いてから乾燥させたもので，出汁の材料などに使用される．

broiled eel 白焼き《ウナギの》

broiling 焙焼

broiling and drying 焙乾

broken stone 砕石：砕いた石．

brood parasitism 托卵寄生：一方の種が営巣し子育てをする過程に，他種が侵入・産卵して侵入者の子が餌を奪って育ち，営巣種の子を排除してしまうこと．

brood pouch 育児嚢（のう）：= marsupium.

brood stock culture 親魚養成

brown algae 褐藻類

brown body 褐色体

brown fish meal 沿岸魚粉：赤身魚粉．日本沿岸での漁獲物由来の魚粉はサバ・イワシなど赤身魚からなるため，沿岸魚粉と呼称される．褐色魚粉ともいう．

browning 褐変：食品を加工・貯蔵した結果，色が褐色に変化する現象．アミノ基とカルボニル基の反応であるアミノカルボニル反応による褐変をさす場合が多いが，ミオグロビンの酸化，ポリフェノールの酵素的褐変，クロロフィルの分解およびカラメル化によっても褐変が引き起こされる．

BRP → biological reference point

brush wood 柴：山野に生える小さな雑木．

brush wood shelter 柴漬〔け〕：湖沼や浅海などに柴を設置して生物を集め，網などで漁獲する漁法．

BSI → band sharing index

BT → bathythermograph

buccal bulb 口球：軟体動物（二枚貝綱を除く）の口腔を囲む筋肉質の塊．

buccal cavity 口腔

buccal membrane 周口膜

budding 芽生

buffer 緩衝液

buffer action 緩衝作用

buffering capacity 緩衝能

Buffon's needle problem ビュッフォンの針の問題《確率》

bulbous arteriosus 動脈球

bulbous bow 球状船首：船首の水面下の部分を球状にした構造．

Bulganin Line ブルガーニンライン

bulk net 建〔て〕切網：潮汐を利用して漁獲を行う定置網の一種．

bull trawl 二艘（そう）曳き底曳網：2隻の船で一つの網を曳航する底曳網．= pair trawl.

bulwark ブルワーク：船外への転落防止，甲板上への海水打〔ち〕込み防止などのため，暴露甲板の舷側に設けた高さ1mほどの囲い．

bunker oil C重油：JIS規格によって動粘度により3種に分類されている軽油の一種．低質重油と同義．

bunt 1) 魚捕部：旋（まき）網などの漁具において，最後に船上に回収される部分あるいは漁獲物が集約される部分．2) 奥袖《トロールの》：曳網の袖網が身網に接続する網地部分．

bunt end 魚捕側：一般旋（まき）網の魚捕り部のある部位またはその端部．

bunt end line 手網：= messenger rope.

buoy 1) 浮子（あば）：漁具に浮力を与

え，展開状態を保つための浮き．2) 浮標：漁具の敷設位置または航路を示す標識．ブイともいう．= dan buoy.

浮子（提供：トーホー工業株式会社）

buoyage system 浮標式：浮標と立標の形状，色などを定めた国際的様式．

buoyancy 浮力

buoyancy control 浮力調節

buoy line 1) 浮子（あば）綱：漁具と浮子をつなぐ綱．瀬縄，浮標縄，浮漂網と同義．2) ブイライン《旋（まき）網の》：旋網の魚捕り部に取り付け，投網終了後に魚捕り側の浮子綱と環綱を網船に取り込むための綱．単船式操業の時に使用される大手綱．

buoy tracking ブイ追跡

burnt meat 焼け肉《マグロの》：キハダなどの肉が高体温と低 pH のために赤い色調を失い，灰褐色で不透明な色に変化する現象．= burnt tuna.

burnt tuna 焼け肉：= burnt meat.

burst speed 突進速度：魚類の普通筋による高速の遊泳速度．

bus 母線：複数の発電機と電気負荷とを接続する金属製電路．

business consultation 経営診断

business out of operating area 兼業業務：主に卸売業者が営む開設区域外の卸売業務．

butt 竿尻：釣竿の手元側．

butylhydroxyanisol ブチルヒドロキシアニソール，略号 BHA：酸化防止剤の一種．

buy-back scheme 買戻し制度

buyers' market 買い手市場

BWU → blue whale unit

bycatch 混獲：対象としない生物の漁獲．商用とならない種や未成魚だけでなく，海鳥，ウミガメ，海棲哺乳類を含めていう場合もある．

bycatch excluder device 混獲排除装置，略号 BED：= bycatch reduction device.

bycatch reduction device 混獲防除装置，略号 BRD：混獲物を排除・排出するために漁具に取り付けられる装置．

byproduct 副産物

byssus 足糸：二枚貝の足から出るコラーゲン性の強靭な線維の束．

byssus gland 足糸腺

byte バイト：コンピュータで使われるデータ量の基本単位の一つ．1 バイトは 8 ビット．

C

χ^2 (chi-square) distribution カイ二乗分布《確率》

χ^2 (chi-square) goodness-of-fit test カイ二乗適合度検定：多項分布などの適合度を検定する時に用いる統計的検定法の一つ．

χ^2 (chi-square) test カイ二乗検定：正規母集団の分散の検定，尤（ゆう）度比検定などに用いる統計的検定法．

cabelling キャベリング：水温と塩分の異なる等密度の水塊の混合によって，相対的に密度の大きい水ができて沈降する現象．

cadaverine カダベリン：リシンの脱炭酸で生じるポリアミン．

Ca^{2+}-dependent protease カルシウム依存性プロテアーゼ：＝Ca^{2+}-activated protease, calpain.

cadherin カドヘリン：細胞表面に存在する細胞接着に関与するタンパク質．

cadmium カドミウム，元素記号Cd

caecum 1）盲腸．2）盲嚢（のう）：消化管に存在する盲管の総称．

caffeine カフェイン

cage culture 生簀（いけす）〔式〕養殖：小割式養殖ともいう．

cage roller 三方ローラー：舷側に据え付け，綱類の巻き取りと繰り出しの方向を変える装置．＝molgogger．

calcareous spicule 石灰質骨片

calciferol カルシフェロール：ビタミンDと同義．

calcification 石灰化

calcitonin カルシトニン：血中のカルシウム濃度を低下させるペプチドホルモン．

calcium-activated neutral protease カルシウム依存性中性プロテアーゼ，略号CANP：＝calpain．

calcium pump カルシウムポンプ：生体膜を通してCa^{2+}を能動的に輸送する系．膜酵素のCa^{2+}-ATPアーゼが担う．

CalCOFI → California Cooperative Oceanic Fisheries Investigations

caldesmon カルデスモン：平滑筋と非筋肉細胞に分布する主要なカルモジュリン結合タンパク質．アクチン側調節因子の一種．

calibration 較正

California Cooperative Oceanic Fisheries Investigations カリフォルニア漁業調査協力，略号CalCOFI

California Current カリフォルニア海流：米国，カリフォルニア州沖合約700 kmを中心として南下する水温，塩分の低い寒流．

Caligus カリグス：魚類に寄生するカイアシ類の一属．

call sign 呼出符号：船舶などの識別符号．無線通信の呼び出しなどに用いる．

callus induction カルス誘導：植物組織片に不定形の脱分化した細胞塊を形成させること．

calmness 静穏度：漁港，漁場などにおける防波堤外の進行波高に対する堤内波高の比．

calmodulin カルモジュリン：各種酵素活性の調節に関わるカルシウム結合タンパク質の一種．

calorie to protein ratio カロリー－タンパク質比，略語C/P比：飼料の栄養指標の一つ．飼料1 kg当たりのカロリー量（kcal）をタンパク質含量（％）で割った値．

calpain カルパイン：カルシウムで活性化される中性システインプロテアーゼの一つ．カルシウム依存性プロテアーゼおよびカルシウム依存性中性プロテアーゼと同義．

calpastatin カルパスタチン：カルパインの特異的阻害タンパク質．

Calvin-Benson cycle カルビン・ベンソン回路：光合成の過程で行われる暗反応の経路．

Calvin cycle カルビン回路：＝Calvin-Benson cycle.

calyculin カリクリン：カイメン由来の細胞毒性物質でプロテインホスファターゼ1および2Aの選択的阻害剤．

calyx 萼（がく）部：ウミユリ類の体骨格の中心部．

camber ratio 反り比：オッターボードの翼弦長に対する膨らみの最大値の比．

cAMP → cyclic adenosine 3', 5'-monophosphate

cAMP-dependent protein kinase cAMP依存性プロテインキナーゼ：細胞外情報に応じて合成されたcAMPにより活性化され，さまざまな細胞内基質のリン酸化することにより細胞応答をもたらす酵素の一つ．Aキナーゼと同義．

camptotrichia 軟質鰭(き)条

Campylobacter カンピロバクター：食中毒細菌を含むグラム陰性微好気性桿菌の一属．

canal organ 管器：水生動物の皮下に埋没している管状の感丘．

canal system 水溝系

canine 犬歯

canned food 缶詰〔食品〕：食品を缶に詰めて密封した後，加熱殺菌することで長期の保存性を付与した食品．つくだ煮のように，煮熟後，直ちに缶に詰め，余熱で殺菌する食品も含まれる．

canned food in brine 水煮缶詰

canned food in oil 油漬缶詰

cannibalism 共食い

canonical correlation analysis 正準相関分析：多変量解析の一つ．回帰分析と異なり，従属変数も複数種ある場合に用いる方法．

CANP → calcium-activated neutral protease

canthaxantin カンタキサンチン：キサントフィルの一種で，緑藻，甲殻類などにみられ，一部の魚類にも餌を通じて蓄積される．アスタキサンチンとともに養殖魚などの色揚げに用いられる．

capacitance 静電容量：電荷をため込む能力．

capacitation 受精能獲得

capillary wave 表面張力波：復元力が表面張力に起因する波長1.7 cm以下の波．

capital 資本

capital breeder 蓄積栄養依存型産卵魚：体に蓄積したエネルギーを用いて再生産を行う魚種．

capital equipment ratio 資本装備率：固定資本を最盛期の海上作業従事者数で割った金額．

capitalistic fisheries 資本制漁業：家族労働が中心の漁家に対し，雇用者に基盤をおく漁業経営．

capital productivity 資本生産性

capitulum 球状細胞

capsid カプシッド：ウイルス粒子の遺伝子を包むタンパク質の殻．

capstan キャプスタン：巻き取り胴を備えた綱類の巻き揚げ装置の一種．

capsule 夾(きょう)膜：細菌の菌体外を取り巻く粘質物の外被．主に多糖類からなる．

captain 船長

capture process 漁獲機構：漁具によって魚が漁獲される過程．

capture-recapture method 捕獲再捕法：標識再捕法と同義．

carapace 甲殻：背甲，頭胸甲ともいう．

carbamate pesticide カルバミン酸系殺虫剤

carbohydrate availability 糖〔質〕利用能：糖質を消化・吸収し，代謝する能力．魚類は一般的に糖利用能が低いとされる．

carbohydrate metabolism 糖〔質〕代謝：グルコースを起点に，解糖，クエン酸回路，電子伝達系および酸化的リン酸化によりATPを作り出す一連の化学反応．

carbonate dehydratase 炭酸デヒドラターゼ：二酸化炭素と重炭酸イオンの平衡反応を触媒する酵素．藻類におけるrubiscoの炭酸固定反応の増大に関与．

carbon cycle 炭素循環

carbon dioxide assimilation 炭酸同化：

carbon dioxide dissociation curve 二酸化炭素解離曲線

carbon dioxide fixation 炭酸固定：環境中の二酸化炭素を取り込み，炭素化合物として留めること．炭酸同化ともいう．

carbon dioxide gas 炭酸ガス

carbon dioxide partial pressure 二酸化炭素分圧

carbon equilibrium 炭素平衡

carbonic anhydrase カルボニックアンヒドラーゼ：= carbonate dehydratase.

carboxydismutase カルボキシジスムターゼ：= ribulose-bisphosphate carboxylase.

carboxylesterase カルボキシルエステラーゼ：カルボン酸エステルを，アルコールとカルボン酸に加水分解する酵素．

carboxyl protease カルボキシルプロテアーゼ：= aspartic protease.

carboxymethyl cellulose カルボキシメチルセルロース，略語 CM-セルロース，略号 CMC：食品の増粘剤，飼料の粘結剤，陽イオン交換体などに利用する多糖類の一種．

carboxypeptidase カルボキシペプチダーゼ：ペプチド鎖のC末端のペプチド結合を加水分解し，アミノ酸を一つずつ遊離する酵素．

carboxysome カルボキシソーム：原核藻類の細胞質に存在する顆粒で，rubiscoが集積している．

cardia 噴門：胃と食道の境界．

cardiac muscle 心筋：心臓壁の大部分を構成する特殊な横紋筋．不随意筋．

cardiac output 心拍出量：心臓が1分間当りに拍出する血液の量．

cardiac potential 心臓電位：体表面または囲心腔から導出される心臓の活動に伴う電位変化．

cardiac reflex 心臓反射：身体に加えられる刺激に応答して心臓に生じる変化．

cardiac stomach 噴門胃：十脚甲殻類，ヒトデ類などの胃は前後二部に分けられるが，その前方の部位．

cardial kudoosis 心臓クドア症：*Kudoa*属粘液胞子虫の囲心腔への感染症．囲心腔クドアともいう．

Ca^{2+} release カルシウムイオン放出

carina 峰板：フジツボ類の殻を構成する殻板のうち，後端部に位置するもの．

carino-lateral 峰側板

carnitine カルニチン：脂肪酸をミトコンドリア内へ運ぶのに必要なビタミン様物質．魚の成長促進物質といわれる．

carnivore 肉食動物

carnivorous 肉食性〔の〕

carnosine カルノシン：β-アラニンとヒスチジンからなるジペプチド．

carotene カロテン：カロテノイドと同義．

carotenoid カロテノイド：カロチノイドともいう．テルペノイドに属し，動植物に広く分布する脂溶性色素で，赤，黄，橙などの色調を呈する．酸素原子を含まないカロテンと，含むキサントフィルに大別される．光合成，動植物の特有の色調に関与する．抗酸化性を示す．アスタキサンチンはエビ，カニ，サケに含まれるキサントフィル類に属するカロテノイド．

carotenoprotein カロテノイド-タンパク質複合体：甲殻類や棘皮動物にみられ，エビ・カニ類をゆでると赤く変色するのは，加熱に伴うタンパク質部分の構造変化による．

carotid artery 頸（けい）動脈

carp culture in farm pond 溜池養鯉（り）

carp culture in paddy field 稲田養鯉（り）

carp fry 青仔：コイの種苗用稚魚．

carpogonial branch 造果枝

carpogonium 造果器：紅藻類の雌性生殖細胞．

carpospore 果胞子：紅藻類の果胞子体に形成される胞子．

carposporophyte 果胞子体

carpus 腕節

carrabiose カラビオース：カラゲナン中の反復単位．D-ガラクトースと3,6-アンヒドロ-D-ガラクトースからなる二糖類．

carrageenan カラゲナン：紅藻類の粘質多糖で，構造は寒天に類似するガラクタンの一種．カラゲニンと同義．

carrageenin カラゲニン：= carrageenan．

carrier 保菌動物：発症しないまでも，他の個体に伝搬可能な病原体を体内に有している状態の宿主．

carrier boat 運搬船：旋(まき)網船団に属する漁獲物運搬船．一般に漁獲物輸送船をさすこともある．

carrier phase 搬送波位相

carrying capacity 環境収容力：ある海域(空間)で特定の種が維持できる最高の生物量水準．

carry over 繰越し制度：ある年の割当て量の取り残し分を翌年に回せる制度．

Cartagena Protocol on Biosafety カルタヘナ議定書：生物の多様性に関する条約のバイオセーフティに関するカルタヘナ議定書．生物多様性の保全や自然環境の持続可能な利用に対する悪影響を防止するために，遺伝子組換え生物(LMO)などの国境を越える移動に関する手続きなどを定めた国際的な枠組み．2000年に生物多様性条約特別締約国会議で採択．

cartilage bone 軟骨性硬骨

caruncle 肉阜(ふ)：ミツクリエナガチョウチンアンコウ科魚類の背鰭軟条部の前部にある肉質突起．

casing ケーシング：包装〔材〕．主にソーセージの表皮部分をさす．

caspase カスパーゼ：細胞にアポトーシスを誘導する一群のシステインプロテアーゼ．

caspidated 尖(せん)頭状

casting キャスティング：竿を振って釣針を投げ入れること．

cast net 投網：淡水または浅海で用いる掩(かぶせ)網の一種．

CA storage CA貯蔵：= controlled atmosphere storage.

catabolism 異化作用：生体内で分子を分解することでエネルギーを得る作用．分解代謝ともいう．

catadromous fish 降河性回遊魚：生活史の中で海域と淡水域(河川)の両方を利用し，産卵のために川から海へと降る魚．

catalase カタラーゼ：2分子の過酸化水素を，2分子の水と1分子の酸素に分解する酵素．過酸化水素分解酵素ともいう．

catamaran 双胴船：二つの船体で構成される船舶．カタマランともいう．

CAT assay CATアッセイ：= chloramphenicol acetyltransferase assay.

catch 漁獲〔量〕：= catch of fish, harvest, yield.

catchability〔coefficient〕 漁具能率〔係数〕：①1尾の魚が単位努力量当りに漁獲される割合または確率．②単位努力量当りの漁獲係数．

catchability tuning 漁具能率チューニング：計算される毎年の漁具能率の値がなるべく一定になるように調節するチューニングVPA．

catchable population 漁獲対象資源

catch accounting for fishing unit 属人統計《漁獲量の》：生産者の所在地(漁船の登録地)を漁獲物の産地とする統計方法．

catch accounting for landing place 属地統計《漁獲量の》：生産物の水揚地を漁獲物の産地とする統計方法．

catch and release キャッチアンドリリース：遊漁で釣った魚をもち帰らずに放流すること．

catch at age 年齢別漁獲尾数

catch contraction キャッチ収縮：二枚貝の平滑閉殻筋でみられる．省エネルギーの留め金収縮．

catch equation 漁獲方程式：ある時期の漁獲尾数を初期資源尾数と全減少(自然死亡と漁獲死亡)率(または係数)で表した式．

catch hauler キャッチホーラー

catching efficiency 漁獲効率：漁具に遭遇した対象生物の個体数に対する漁獲された個体数の割合．= fishing efficiency．

catch in number 漁獲尾数

catch in weight 漁獲重量

catchment area 集水域：= watershed．

catch muscle 制動筋：キャッチ筋，止め金筋ともいう．二枚貝の閉殻筋に代表される特徴をもつ筋肉．

catch per unit effort 単位努力[量]当り漁獲量，略号 CPUE：資源密度を推定するための間接的な指標．水産資源の場合，漁獲漁船数，操業日数，漁具数，曳網時間などから単位当りの密度に換算する．

catch per unit of effort → catch per unit effort．

catch quantity 漁獲高

catch rate 漁獲率：①漁具当りの漁獲量(尾数)．釣漁具の場合は釣獲率を用いる．②資源量に対する漁獲量の割合．

catch statistics 漁獲統計

catecholamine カテコールアミン：副腎髄質ホルモンまたは神経伝達物質として作用するチロシン由来のアミンの総称．

catenin カテニン：カドヘリンの細胞内領域に結合する細胞内タンパク質．

cathepsin カテプシン：酸性域に至適 pH をもつリソソーム由来の一群のプロテアーゼ．

cathode ray tube 陰極線管，略号 CRT

Cauchy distribution コーシー分布《確率》

caudal artery 尾動脈

caudal fin 尾鰭(き)，略号 C

caudal keel 尾鰭(き)隆起縁

caudal peduncle 尾柄(へい)部

caudal pit 尾鰭凹窩(びきおうか)

caudal skeleton 尾骨

caudal spine 尾棘(きょく)

caudal vertebra 尾椎

caulerpicin カウレルピシン：アオサ藻綱イワヅタ目藻類に含まれる毒性成分．

Ca^{2+} uptake カルシウムイオン取り込み

causal analysis 因果分析法：多変量解析の一つ．相関関係をもとに因果関係の推論を行う方法の総称．

caviar キャビア：チョウザメの卵粒の塩蔵品．

cavitation キャビテーション：空洞現象ともいわれ，液体の流れの中で圧力差により短時間に泡の発生と消滅が起きる物理現象．

cavitation noise キャビテーション騒音：プロペラなどに発生したキャビテーションの後端で，気泡の破壊時に発生する高周波騒音．

C-band C バンド：染色体のヘテロクロマチン部分を特異的に染め分ける技法，またはこの技法で染まる部位．

CBB → Coomassie Brilliant Blue
CBD → Convention on Biological Diversity
CCAMLR → Commission for the Conservation of Antarctic Marine Living Resources
CCK → cholecystokinin
CCS → constant catch strategy
CCSBT → Convention for the Conservation of Southern Bluefin Tuna
C4 cycle　C4回路：= C4-dicarboxylic acid cycle.
CD → circular dichroism
C4-dicarboxylic acid cycle　C4-ジカルボン酸回路：葉緑体でCO_2を捕捉する回路．ハッチ・スラック回路またはC4回路と同義．
cDNA → complementary DNA
celestial sphere　天球：地球の中心を中心とする半径無限大の球面．天体は全てこの球面上にあるとみなす．
cell　細胞：生物の構造と機能の基本単位．細胞内の構造の違いから，原核細胞と核をもつ真核細胞に分けられる．
cell culture　細胞培養
cell differentiation　細胞分化
cell division　細胞分裂
cell fractionation　細胞分画
cell fusion　細胞融合：生体防御に関与する間葉由来の貪食細胞の総称．
cell line　細胞系〔統〕
cell membrane　細胞膜：細胞質の最外層にある生体膜．脂質二重層とそれに埋め込まれた膜タンパク質から構成される．
cell plate　細胞板：植物細胞の細胞分裂に伴いみられる構造物．分裂後には細胞壁になる．
cellular immunity　細胞性免疫：抗体産生を介さない生体防御機構．
cellular injury　細胞障害
cellulase　セルラーゼ：セルロースのβ-1,4-グリコシド結合を加水分解する酵素の総称．セルロース分解酵素ともいう．
cellulose　セルロース：グルコースのみからなる植物の構造多糖．繊維素ともいう．
cell wall　細胞壁：植物細胞や細菌の最外側にある被膜．
cell wall degrading enzyme　細胞壁分解酵素：プロトプラスト調製のために植物の細胞壁分解に用いられる酵素．
CELSS → controlled ecological life support system
cement gland　セメント腺：輪虫類の足部末端に開く腺．一時的に他物に付着するための粘液物質を分泌する．
census of fisheries　漁業センサス：漁業経営体，漁業就業者などを調査する5年ごとの全数統計．
central buying system　集中仕入方式：本社が一括して商品を仕入れ，チェーン展開する店舗へ供給する方式．
central cell　中心細胞
Central Cooperative Bank for Agriculture and Forestry　農林中央金庫
Central Fishery Adjustment Council　中央漁業調整審議会
central limit theorem　中心極限定理：標本平均の確率分布は標本数が増大すると正規分布に近づくという，統計学の基本定理．
central nervous system　中枢神経系，略号 CNS
central wholesale market　中央卸売市場
Central Wholesale Market Consolidation Project　中央卸売市場整備計画
centric diatom　中心珪藻：細胞が放射相称の珪藻．
centrifugal pump　遠心ポンプ
centromere　動原体：分裂の時に紡錘体が付着する染色体領域．染色体の運動と分配の制御に必須．

centroplasm　中心質：藍藻類の細胞の中心部で無色に近い部分．中心体ともいう．

centrum　椎体：脊椎骨の中央にある円筒状部分．

cephalacantha larva　セファラカンサ幼生：ホシセミホウボウの幼生．

cephalic fin　頭鰭（き）

cephalic sensory canal　頭部感覚孔

ceramide　セラミド：スフィンゴシンのアミノ基に脂肪酸が酸アミド結合した化合物．N-アシルスフィンゴシン．

ceratobranchial bone　角鰓（さい）骨

ceratohyal bone　角舌骨

Ceratothoa verrucosa　タイノエ：マダイの口腔壁に寄生する等脚類の一種．= *Rexanella verrucosa*.

ceratotrichia　角質鰭（き）条：軟骨魚類にみられる角質の鰭条．

cerebellum　小脳

cerebral ganglion　脳神経節

cerebroside　セレブロシド：スフィンゴ糖脂質の一種で，セラミドに糖が結合した化合物．

cerebrospinal fluid　脳脊髄液

ceroid　セロイド：変性脂肪色素の一種．

certificate of ship's nationality　船舶国籍証書：船舶の国籍を証明する公文書．船舶書類の一つ．

certificate of ship's survey　船舶検査証書：定期検査に合格した船舶に交付される証書．

certification　証明《産地の》

CES → constant escapement strategy

Cestoda　条虫類：扁形動物門の一綱．成体は主に脊椎動物の腸に寄生する．

Ceylon moss　天草：紅藻の一種．寒天の原料となる．

CFC → chlorofluorocarbon

CFP → common fisheries policy

Chaetoceros　キートセロス：中心珪藻類の一群．海洋における浮遊珪藻の最重要種群の一つ．

chafer　摺（す）れ当て：底曳網の一部．摩耗防止のために取り付ける網地．

chain　1) 連鎖《反応の》. 2) 鎖．

chain belly　チェーン製腹網：鎖で構成した底曳網の腹網．

challenge test　攻撃試験

changes in ratio method　比率変化法，略語 CIR 法：雌雄のうち雄だけを捕獲し，捕獲頭数と性比の変化の関係から資源量を推定する方法など．

channel　水道：海峡よりも幅の広い水路．

chaperone　シャペロン：= molecular chaperone.

chaperonin　シャペロニン：分子シャペロンと同義．

Chapman-Kolmogorov's equation　チャップマン・コルモゴロフの方程式：拡散方程式の一つ．

character　形質

character displacement　形質転換：分布域が重複する近縁種において，種間の形態あるいは生態的差異が変化する現象．

characteristic　特性

characteristic function　特性関数《統計》

character of light　灯質：航路標識に用いる灯光の様式．他の灯光との区別と識別のためのもの．

chart　海図：航海のために必要な水路の水深，底質，海岸地形，海底危険物，航路標識などが正確にみやすく表現されている．

chart datum　基本水準面：= standard sea level.

charter boat　1) 仕立て船：遊漁を目的とする釣船．2) チャーター船：傭（よう）船．貸し切られて運行する船舶．

chart symbols and abbreviations　海図図

式：海図に記載されている記号と略語を解説したもの.

chasing 追跡型：餌生物を追跡して捉える捕食方法の型. = pursuing.

Chattonella シャットネラ：ラフィド藻綱の一属.

cheek 頬（ほお）

cheek scale 頬（ほお）鱗数

chelate compound キレート化合物：金属イオンに配位した環状化合物.

cheliped 鉗（かん）脚：十脚甲殻類の鋏状に変形した第1歩脚.

chemical agar 化学寒天. = industrial agar.

chemical buffer function 化学的緩衝作用

chemical migration 化学物質移動

chemical oxygen demand 化学的酸素要求量，略号COD：水中の有機物を酸化剤によって処理する際に消費される酸素量. 水の汚濁指標の一つ.

chemical score ケミカルスコア，略号CS：タンパク質の栄養価の尺度. 化学価ともいう.

chemical seasonings 化学調味料：グルタミン酸ナトリウムなどのうま味調味料.

chemical sense 化学的感覚

chemolithotrophic bacterium 化学合成無機栄養〔細〕菌：無機化合物の酸化によって生育に必要なエネルギーを得る細菌. 独立栄養〔細〕菌と同義.

chemoorganotrophic bacterium 化学合成有機栄養〔細〕菌：有機化合物の酸化によって生育に必要なエネルギーを得る細菌. 従属栄養〔細〕菌と同義.

chemoreception 化学受容：味，においなどの化学刺激を受容すること.

chemoreceptor 化学受容器：味，においなどの化学刺激を受けて，求心性神経インパルスを発生する受容器.

chemosynthesis 化学合成：化学的暗反応でエネルギーを生成すること.

chemotactic factor 走化性因子

chemotaxis 走化性：媒質中の化学物質の濃度差を感知することによって起こる走性. 化学走性ともいう.

chemotaxonomy 化学分類：含まれる化合物の種類に基づいて生物種の同定を行う方法.

chemotherapy 化学療法：抗癌剤を用いて行う癌の治療法.

chewiness 咀嚼（そしゃく）性

chewing pad 咀嚼（そしゃく）台

chiasma (*pl.* chiasmata) キアズマ：減数分裂中に起こる染色分体間の可視的交叉.

chief engineer 機関長

chilled food チルド食品：$+0.5 \sim -0.5$℃付近で流通する食品.

chilled storage 氷温貯蔵

chilling-induced contraction 氷冷収縮

Chilodonella キロドネラ：淡水魚に寄生する繊毛虫の一属.

chimera キメラ：複数の接合子（受精卵）に由来する遺伝的に異なる細胞が一つの個体を構成している生物.

chin 頤（おとがい）：下顎縫合部の直後の部分.

chinook salmon embryo-214 CHSE-214細胞：マスノスケの胚細胞から樹立された培養細胞.

chitin キチン：N-アセチル-D-グルコサミンが$\beta(1 \rightarrow 4)$結合した直鎖状の中性グリコサミノグリカン. D-グルコサミンも多少含まれている. 節足動物，軟体動物，菌類などの主要な構造多糖.

chitinase キチナーゼ：キチン（ポリ（β-1, 4-N-アセチルグルコサミン））のグリコシド結合を加水分解し，キトオリゴ糖とN-アセチルグルコサミンを

生じる酵素．キチン分解酵素と同義．

chitin degrading enzyme キチン分解酵素：= chitinase.

chitinous ring 角質環：イカの吸盤に存在する角質性のリング状構造物．

chitosan キトサン：キチンの脱アセチル化物．

chloramphenicol acetyltransferase assay クロラムフェニコールアセチルトランスフェラーゼアッセイ，略語 CAT アッセイ：CAT 遺伝子をレポーター遺伝子として用いる転写活性測定法．

chlordane クロルデン：有機塩素系殺虫剤の一種．

Chlorella クロレラ：クロロコックム目に属する単細胞緑藻．

chloride cell 塩類細胞：= ionocyte.

chlorination 1)塩素化：付加または置換反応によって有機化合物に塩素を結合すること．2)塩素処理：塩素の酸化作用と殺菌作用を利用し，汚濁物質などを分解して無害化すること．

chlorinity 塩素量：海水 1 kg 中のハロゲンの全量を当量の塩素のグラム数で示した値．

chlorofluorocarbon クロロフルオロカーボン，略号 CFC：フッ素と塩素を含む低分子量の炭化水素．オゾン層破壊の原因物質．フレオンまたはフロンと同義．

chlorophyll クロロフィル：植物の葉緑体に存在し，光合成に関与する緑色のポルフィリン系色素．全ての光合成生物に分布する．

chlorophyll *a* クロロフィル *a*：全ての藻類に共通して存在する主要な光合成色素．

chlorophyll *b* クロロフィル *b*：緑藻や陸上植物に存在する光合成補助色素．

chlorophyll *c* クロロフィル *c*：褐藻に存在する光合成補助色素．

chlorophyllide クロロフィリド：クロロフィルからフィトール基を除いたもの．

chloroplast クロロプラスト：葉緑体のこと．緑色植物の細胞中に存在する色素体．光合成および二酸化炭素固定を行う．

choanocyte 襟（えり）細胞

choanocyte chamber 鞭毛室：海綿動物の内壁に存在する鞭毛をもつ細胞．

chochin-byo チョウチン病：アユの背鰭前部の皮膚が円形に剥げて潰瘍を呈する原因不明の疾病．

cholecystokinin コレシストキニン，略号 CCK：十二指腸が分泌する消化管ホルモンの一種．

cholera コレラ：コレラ菌によって起こる急性の感染症．

cholera toxin コレラ毒：コレラ菌の産生する毒性タンパク質．

cholesteric liquid crystal コレステリック液晶

cholesterol コレステロール：動物の最も代表的なステロール．細胞膜の常成分で，胆汁，性ホルモン，ビタミン D などの前駆体．

cholesterol side-chain cleavage enzyme コレステロール側鎖切断酵素：ミトコンドリア局在性シトクロム P-450 の一つで，コレステロールの側鎖を切断しプレグネノロンを生成する酵素．ステロイドホルモンの生合成に関与．

cholic acid コール酸：胆汁酸の主成分．ステロールの一種で，タウロコール酸やグリココール酸の成分．

choline コリン：ビタミン B 複合体の一種．リン脂質，神経伝達物質などの構成成分．

chondrocranium 軟骨性頭蓋（がい）

chondroitin コンドロイチン：グリコサミノグリカンの一種．

chondroitin sulfate コンドロイチン硫酸：グリコサミノグリカンの一種で，軟骨に多い．

chondroitin sulfate B コンドロイチン硫酸 B：= dermatan sulfate.

choriogenin コリオゲニン：魚類において，エストロゲンの作用で雌魚の肝臓で合成され，雌特異タンパクとして血中に分泌される卵膜（コリオン）タンパク前駆物質．

choroid membrane 脈絡膜：眼球血管膜の一つ．

CHR → constant harvest rate strategy

chromaticity type S-potential C 型 S 電位：極性が光の波長によって反転する S 電位．

chromatid 染色分体

chromatin クロマチン：真核生物の核内にある DNA-ヒストン複合体を主成分とする好塩基性物質．染色質ともいう．

chromatofocusing クロマトフォーカシング：= isoelectric chromatography.

chromatophore organ 色素胞器官：頭足類の体表に存在し，体色の発現に関わる色素を産生する器官．

chromoprotein 色素タンパク質：色素を含む複合タンパク質．

chromosome 染色体

chromosome aberration 染色体異常

chromosome elimination 染色体削減：染色体放出ともいう．染色体削減の方が一般的．

chromosome engineering 染色体工学

chromosome manipulation 染色体操作：体細胞分裂または減数分裂の阻止，配偶子の遺伝的不活性化などにより，染色体の数と組合せを統御する技術体系．= chromosome set manipulation.

chromosome polymorphism 染色体多型

chronic toxicity 慢性毒性

chum 撒〔き〕餌：魚を集めるために撒く餌，または餌を撒くこと．= scattering bait.

chum can 撒〔き〕餌籠：釣針と道糸の間に取り付け，撒餌を入れる容器．

chunk チャンク：ドレスまたはパンドレスを厚く輪切りにした形状の魚肉．

chylomicron キロミクロン：血漿中の大型リポタンパク質．トリアシルグリセロールの主要な運搬体．

chyme 消化管内容物：消化管内の粥状内容物．= digesta.

CI → corporate identity

CIF → cost, insurance and freight price

ciguatera シガテラ：サンゴ礁海域の毒魚によって起こる食中毒．死亡率は低いが，特有の神経障害を引き起こす．底生性渦鞭毛藻の *Gambierdiscus toxicus* が生産したシガトキシンが，食物連鎖によりサンゴ礁内の魚類に蓄積することが原因．

ciguatoxin シガトキシン：シガテラの主要な原因物質で梯子型ポリエーテル構造をもつ．

ciliary process 毛様突起

Ciliophora 繊毛虫類：アルベオラータに属する原生動物類の一門．

cilium (*pl.* cilia) 繊毛：繊毛虫類などの体表または繊毛上皮にみられる繊維状小器官．基本構造は真核生物の鞭毛と同じ．

circadian rhythm 概日リズム：概ね 1 日の周期で変化する生命現象．

circle hook ねむり針：先がくき（茎）の方へ丸く湾曲した釣針．ウミガメの混獲削減に有効とされる．

circle-net type 網囲い式

circular dichroism 円偏光二色性，略号 CD：不斉分子が示す，左右の円偏光に対するモル吸光係数が異なる現象．低分子化合物の絶対配置の決定や，タ

ンパク質の立体構造の予測に用いられる．円二色性ともいう．
circular vessel 環状血管：= ring vessel.
circulation system 循環式
circulatory disturbance 循環障害
circumentertic nerve ring 周腸管神経環
CIR method → changes in ratio method
cirri 触毛：小さい毛状の皮質突起．
cirrus 蔓（まん）脚：フジツボ類の蔓（つる）状の付属肢．
CITES → Convention on International Trade in Endangered Species of Wild Fauna and Flora
citric acid クエン酸：有機酸の一種．
citric acid cycle クエン酸回路：糖，脂肪酸および多くのアミノ酸を酸化的に異化して CO_2 と H_2O にするエネルギー代謝の中心的反応系．トリカルボン酸回路，TCA 回路またはクレブス回路と同義．
citrulline シトルリン：尿素回路中のアミノ酸代謝中間体の一種．
civil twilight 常用薄明（はくめい）：太陽の上縁が水平線下 6 度にある時までに起こる薄明現象．
CK → creatine kinase
cladogram 分岐図
clarification 浄化：汚れを取り除いて，きれいにすること．
clarifier 清浄機：液体中の固形物を除去する遠心分離機．= purifier.
clarifying efficiency 浄化効率：水から有害物質を取り除き浄化する効率．
clasper 交差器：= copulatory organ.
class 綱《分類学の》
classical〔complement〕pathway 古典経路：補体活性化経路の一つ．第一経路，主経路ともいう．
classical conditioned reflex 古典的条件反射：生得的反射が新たな刺激の反復によって，その刺激のみで誘発されること．

classification 分類
Classification Society 船級協会：船舶などの設計，構造および保持に関わる独自の安全基準を定め，検査と安全の認証を行う機関．
classified Fisheries Cooperative Association by type of fisheries 業種別漁協
clavicle bone 鎖骨
clavus 舵鰭（かじびれ）
clay pot 素焼〔き〕壷《タコ用》
clay treatment 白土処理
cleavage 卵割
cleavage furrow 分裂溝：細胞分裂の際，収縮環によって生じる溝．
cleithral spine 擬鎖骨棘（きょく）
cleithrum 擬鎖骨
clicks クリックス：イルカなどの鳴声の一種で，周波数の高いパルス状の音波．
climax 極相：植物群落の遷移過程を通して，最終的に形成される植生．植物以外の群集に対して用いられることも稀にある．
cline 地理的勾配
cloaca 総排出腔
clonal reproduction クローン生殖
clone クローン：無性生殖または細胞・遺伝子の単離で生じる同一遺伝子情報をもつ個体，細胞または遺伝子の集団．
cloning クローニング：多種類のクローンの中から単一のクローンを得るための操作．特定の細胞，染色体または遺伝子を対象とする．クローン化ともいう．
Clonorchis sinensis 肝吸虫：肝臓胆管内に寄生する吸虫の一種．肝吸虫症の原因．以前は肝臓ジストマと呼称された．
closed ecological recirculating aquaculture system 閉鎖生態系循環式養殖シ

ステム：食物連鎖を利用して，魚を閉鎖循環式で養殖するシステム．
closed population (stock) 閉〔鎖〕個体群〔資源〕：外部からの出入り（移入，逸散）のない個体群（資源）．
closed season 禁漁期
closed-type nuclear division 閉鎖型核分裂《細胞の》：アオサ藻綱ミドリゲ目にみられる分裂様式．
closed water area 閉鎖〔性〕海域：地理的条件や流域の水理状況により水の出入りが悪く，滞留時間の長い内湾・内海などの海域．
closest point of approach 最接近点，略号 CPA：他船と自船が最も接近した際の 2 船間の距離．
closing net 閉鎖ネット：任意の深度で網口を閉鎖することのできるネット．層別区分採集などに使用する．
closing seine 縛り網：旋（まき）網の一種．

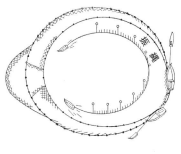

縛り網（魚の行動と漁法，1978）

Clostridium クロストリディウム：多くは嫌気性胞子形成細菌で，バシラス科の一族．食中毒細菌としては，強い毒素を産生するボツリヌス菌が属する．
Clostridium botulinum ボツリヌス菌：土壌および湖沼あるいは海洋の底泥に生息する偏性嫌気性の食中毒細菌．
Clostridium perfringens ウェルシュ菌：食中毒細菌の一種．
cloud amount 雲量：空の全天に占める雲の割合．
cloud form 雲形：雲をその形状により分類したもの．雲級（うんきゅう）ともいう．
cloudy swelling 混濁腫（しゅ）脹
clove hitch 巻き結び：結索の一種．
club cell 棍（こん）棒細胞：魚類表皮にみられる細胞の一つ．
clupeotoxism クルペオトキシズム：熱帯水域で散発するニシン科魚類の喫食による死亡率の高い食中毒．
cluster analysis クラスター分析：多変量解析の一つ．個体間または標本間の類似性を指標として，全体をいくつかのグループに類型化する方法の総称．
cluster sampling 集落標本抽出：母集団をいくつかの集落に分け，選ばれた集落を非復元で全数調査する標本抽出法．
CMC → carboxymethyl cellulose
cnidocil 刺細胞突起
C/N ratio C/N 比：炭素と窒素の量比．主に海洋生物学の分野で用い，生物のタンパク質含量の目安となる．
CNS → central nervous system
CoA → coenzyme A
coagulant 1)凝集剤．2)血球凝集素
coagulation necrosis 凝固壊（え）死
coarse fish 雑魚（ざこ）：商品価値の低い魚．ざつぎょとも読む．
CoASH → coenzyme A
coastal 沿岸〔の〕：海岸〔の〕ともいう．
coastal area 沿岸域：= coastal region,

coastal zone, neritic province.
coastal ecosystem　沿岸生態系
coastal engineering　海岸工学
coastal fisheries　沿岸漁業
Coastal Fisheries and Others Promotion Law　沿岸漁業等振興法
Coastal Fisheries Promotion Council　沿岸漁業等振興審議会
Coastal Fishery Structure Improvement Program　沿岸漁業構造改善事業
Coastal Fishing Ground Development Works　沿岸漁場整備開発事業：沿岸漁場整備開発法に基づき，魚礁・漁場の造成などを行う事業．
coastal forest　海岸林：海岸の砂地・岩石地などに発達する林．防風，飛砂防止などの機能がある．
coastal front　沿岸フロント：沿岸域に生じる，異なる水塊の境目．潮目，沿岸前線ともいう．
coastal levee　海岸堤防：海岸を波浪または高潮から守るために築造する堤防．= sea bank.
coastal navigation　沿岸航海：海岸線に沿って航海を行うこと．
coastal plain　海岸平野：海岸線と山または台地の間に広がる低地．
Coastal Project Five-year Plan　海岸事業五ヶ年計画
coastal protection　海岸保全
coastal sea　沿岸海域
coastal structure　海岸構造物：海岸付近に設置する構造物．
coastal upwelling　沿岸湧昇：風などの作用に伴って，沿岸の下層水が上昇する現象．
coastal water　沿岸水：外洋水に対比して用いられる言葉で，沿岸近くの海水の総称．一般に河川水などが混じるため塩分が低く，透明度が低い．
Coastal Waters Activities Coordination Council　海面利用協議会
coastal zone color scanner　沿岸水色走査放射計，略号 CZCS：クロロフィルの観測に適した波長域の電磁波を観測するセンサで，人工衛星 1NIMBUS-72 に搭載された．
coasting line　沿岸航路
Coast Law　海岸法
coast preservation area　海岸保全区域：海岸法に基づき，保全すべき海岸として指定された区域．
cobble stone　玉石：丸みを帯びた自然石．直径 6～30 cm のもの．= boulder.
coccolith　円石：ハプト藻類の細胞表面にみられる石灰質の鱗片．
coccus (*pl.* cocci)　球菌：球状の細菌の形態的通称．
〔Cochran's〕Q-test　〔コックランの〕Q検定：一元配置分散分析のノンパラメトリック版．変数値が 2 種類しかなく，かつ観測値が要因間で対応している場合に用いる．
Cochran's theorem　コックランの定理《統計》
cocked hat　誤差三角形：3 本の位置の線で位置を求める時，誤差のために生じた三角形．
COD → chemical oxygen demand
codend　コッドエンド：曳網後端の魚が集積・蓄積される部位．魚捕り部と同義．
Code of Conduct for Responsible Fisheries　責任ある漁業のための行動規範
Codex Alimentarius　国際食品規格：食品規格を国際的に統一するために食糧農業機構（FAO）と世界保健機構（WHO）が合同で設立した国際食品規格委員会（Codex Alimentatius Commission）が設定した規格のこと．
cod line　コッドライン：コッドエンド後端部を閉じるためのロープ．

codominance　共優性：対立遺伝子に優劣関係がなく，ヘテロ接合体において各対立遺伝子の形質が完全に発現されること．

codominant　共優性：＝codominance.

codon　コドン：DNAの中で1個のアミノ酸を決める3塩基連鎖．遺伝暗号ともいう．

coefficient of determination　決定係数：従属変数全体の変動のうち，モデルで説明できる変動の割合．

coefficient of gene differentiation　遺伝子分化指数，略号 Gst：ある生物のゲノム全体について，分化の程度を表す尺度．

coefficient of relationship　血縁係数：個体間における血縁関係の遠近を表す尺度．父親とその子の間で，子は父親から半分の遺伝子をもらっているので0.5となる．

coefficient of variation　変動係数：平均値に対する標準偏差の比．誤差の相対的な尺度．

coelenteron　腔腸

coeliac artery　内臓動脈

coelomocyte　体腔細胞

coenobium　定数群体：複数の単細胞生物が1個体のごとく一定の体制をもち，無性生殖で同様の娘群体をつくる連絡体．緑藻綱ボルボックス目およびクロロコックス目にみられる．

coenocyte　1) 多核管状体．2) 囊(のう)状体．

coenosarc　共肉：群体性の刺胞動物の各個虫をつなぐ部分．

coenzyme　補酵素：酵素のタンパク質部分(アポ酵素)と可逆的に結合し，共同して触媒機能を発現する化合物．狭義の補酵素と補欠分子族からなる．助酵素ともいう．

coenzyme A　補酵素A，略号 CoA，CoASH：アシル基転移の補酵素．助酵素Aともいう．

coevolution　共進化：種間や雌雄間において，一方に起こった遺伝的変化がきっかけで起こる対抗的な進化．寄生関係，捕食・被食関係，擬態，配偶者の選択などで起こる．

coexistence　共存

cofactor　補助因子

cohort　コホート：年級群，同期発生群または同時期出生集団ともいう．＝ year class.

cohort analysis　コホート解析：仮想個体群解析(VPA)の別称．＝ virtual population analysis.

cohort life table　齢別生命表

colcemid　コルセミド

colchicine　コルヒチン：有糸分裂阻害剤として利用される植物アルカロイドの一種．

cold blast drying　冷風乾燥：20℃前後の冷却除湿空気による乾燥．乾燥中のタンパク質の変性や色調の劣化などを抑えるため，干物などで活用される．

cold chain　コールドチェーン：生産者から消費者まで，生鮮食料品を所定の低温に一貫して保ちながら流通を図る機構．低温流通機構ともいう．

cold rigor　寒冷硬直：魚などを低温に保存することにより死後硬直が早く進む現象．

cold shortening　冷却収縮

cold smoked product　冷燻品

cold smoking　冷燻法

cold storage　冷蔵〔室〕

cold storing facilities　冷蔵施設：陸揚げした水産物などを冷蔵するための施設．

cold water disease　冷水病：滑走細菌 *Flavobacterium psychrophilum* の感染によって，サケ科仔稚魚やアユの体表や

口部が潰瘍化する疾病.

cold water fish 冷水魚

cold water narcosis 寒冷昏睡

coliform bacteria 大腸菌群

collagen コラーゲン：三重らせんを基本構造とする動物の結合組織の主要構造タンパク質．魚肉の食感に影響を及ぼす．変性によってゼラチンとなる．

collagenase コラゲナーゼ：生理的条件下でらせん状コラーゲンを分解するプロテアーゼ．マトリクスメタロプロテイナーゼの一つ．コラーゲン分解酵素ともいう．

collection of cargo on buying 買い付け集荷

collection of cargo on consignment 委託集荷

colloid コロイド：物質が微粒子となって，溶媒中に均等に分散した状態．膠質ともいう．ゾルと同義．

colloid degeneration 類膠変性

colonization すみつき

colony 群体：無性生殖で増殖した個体の集合．隣り合う個体(個虫)同士の体の一部に連絡がみられる．

coloration 色揚げ：アスタキサンチンなどのカロテノイドを飼料に添加し，養殖魚の体色を改善する方法．

color change 体色変化：刺激に応じて体色を変化させること．細胞の増殖や分化により長期的に行われる形態学的体色変化と色素顆粒の移動などにより短時間で行われる生理的体色変化に分かれる．

color developer 発色剤

color echo sounder カラー魚群探知機：エコーの強度をカラーで表示する魚探機．

coloring agent 着色料

color perception 色知覚

color variant 色彩変異体

color vision 色覚：色彩視覚ともいう．

columella 軸柱

columella auris 耳小柱：耳小骨の一つ 鐙骨の爬虫類・鳥類での呼称．

columnaris disease カラムナリス病：滑走細菌 *Flavobacterium columnare* の感染によって，淡水魚の鰓，鰭，皮膚などの表面が壊(え)死して崩壊する疾病.

column scattering strength カラム散乱強度

co-management 協力〔体制型〕管理：産官が協力して行う資源管理の形態．

combinatio nova 新組合せ：属名が変更された場合の新たな学名．

combination rope コンビネーションロープ：ワイヤーまたは鉛線を片子糸に入れず，綱の中心に芯として入れたロープ．

comb-like tooth 櫛(くし)状歯：魚類の歯の形状タイプの一つ．アユなどが有する．

commensalism 片利共生：他の個体を傷つけることなく，一方の利益だけのために営む異種個体の共同生活．偏利共生ともいう．

commercial quota 商用漁獲割当て量

commercial size 出荷サイズ：= marketable size．

commercial sterilization 商業的殺菌：商業的貯蔵条件下で発育可能な全ての微生物が死滅し，残存菌があっても通常の保存条件では有害作用がなく，内容物の品質が保持される加熱処理．

commercial whaling moratorium 商業捕鯨モラトリアム：商業捕鯨の一時停止．

Commision for the Conservation of Southern Bluefin Tuna みなみまぐろ保存委員会，略号 CCSBT

commission for cooperative fish selling

共販手数料《魚の》

Commission for the Conservation of Antarctic Marine Living Resources　南極の海洋生物資源の保存に関する委員会，略号 CCAMLR

commissure　神経連鎖

common fisheries policy　共通漁業政策，略号 CFP：欧州連合（EU）の漁業政策．漁獲可能量による漁業管理，加盟国の漁業交渉権限などを定める．

common fisheries right　共同漁業権：漁協に免許される組合管理漁業権の一つ．地先における一定の水面を共同利用する権利．

common fishing ground　入会（いりあい）漁場：入漁権設定の契約を結んだ漁場．

common pool resource　共有資源

common property　共有財産

common property system of fishing ground　漁場総有制：百姓（村民）による共有漁場または入会漁場として成立した近世の漁場利用制度．

community　群集：同所的に生息する複数の種から構成される生物の集合．

community-based management　地域〔共同体〕主体型管理：地域を管理の単位とする資源管理の形態．

community respiration　群集呼吸

commutator motor　整流子電動機

company system　単数制：卸売市場において，単数の卸売業者が業務を行う制度．

comparative fishing experiment　比較操業実験：異なる仕様の漁具を用いた操業結果から，漁具の特性を比較する実験．

compass　羅針盤：磁気コンパスのこと．

compensation　補償〔作用〕

compensation depth　補償深度：補償光度に対応する水深．

compensation irradiance　補償光量：補償光度の光量．

compensation light intensity　補償光度：植物の瞬間の光合成速度が呼吸速度と等しくなる光の強さ．

compensation method　補償法

compensation point　補償点：= compensation light intensity.

competition　競争

competitive exclusion principle　競争的排除則：同一の生活様式をもった2種は競争の結果，共存できないという法則．ガウゼの法則ともいう．

competitive inhibition　競争阻害：拮抗阻害ともいう．

complement　補体：複数の血漿タンパク質からなる生体防御因子．

complementary DNA　相補的 DNA，略号 cDNA：mRNA を鋳型として逆転写酵素で合成される一本鎖 DNA.

complement fixation test　補体結合反応

complete dominant　完全優性：2種類のホモ接合個体を交配させた時，雑種第一代で一方の形質しか観察されない時，観察される形質を観察されない形質に対して優性（完全優性）であるという．

complete mesentery　完全隔壁

complexity　複雑さ

complex lipid　複合脂質

complex wax　複合ワックス

composed rope　複合ロープ：外履をポリエチレンまたはナイロンで被覆し，内部の繊維を並べて熱硬化性樹脂で接合したロープ．

composite breakwater　混成堤：捨石で築いた緩やかな勾配のマウンド堤の上に，直立式防波堤を設置したもの．

composite hypothesis　複合仮説：2点以上の母数からなる統計的仮説．

compound colony　複合性群体

compound eye　複眼：多数の個眼から

なる視覚器. 節足動物, 二枚貝などにみられる.

compound rope コンパウンドロープ:綱を構成する片子糸の中心に, ワイヤーまたは鉛線を入れたロープ.

compressed 側扁〔の〕

compressiform 側扁形

compressor 圧縮機

computer aquaculture パソコン養殖

concentration factor 濃縮係数:生物濃縮の程度を示す係数. 環境中の濃度に対する生物体内濃度の比.

conceptacle 生殖巣

conception date 妊娠日

concessionaire コンセ:小売専門店が量販店, 百貨店などの売場の一部を一定期間の契約で借用して営業する形態.

conchiolin コンキオリン:貝殻と真珠層の主要タンパク質.

conchocelis 糸状体:紅藻綱アマノリ属の糸状の体で, これから放出された殻胞子が発芽してノリ葉状体となる.

conchospore 殻胞子:紅藻類アマノリ属の胞子体であるコンコセリス世代上に形成される無性胞子.

condenser 凝縮器

conditional likelihood 条件付き尤(ゆう)度

conditional probability 条件付き確率:ある事象が起こったという条件のもとでの確率.

conditioned reflex 条件反射:個体が学習によって後天的に獲得した反射.

condition factor 肥満度:体重を体長の三乗で除した値で, 栄養状態の指標.

conditioning 条件付け:経験を通して, 動物の行動または反応をある条件と結び付ける過程.

condition ring コンディション輪:体成長が一時停滞した時に鱗に生じる輪紋.

conductance コンダクタンス:直流回路での電流の流れやすさ. 交流ではアドミタンスの実数部. 電気伝導力ともいう.

conductimetry 電気伝導度法

conduction 伝導《興奮の》

conductivity-temperature-depth meter 電気伝導度水温深度計, 略号 CTD

cone 錐体:脊椎動物の網膜を構成する視細胞の一型. 外節と内節からなり, 昼間視(明視)と色覚に関与する.

confidence interval 信頼区間:母数がある信頼度(確率)で含まれる範囲.

confidence limit 信頼限界:信頼区間の上下限.

confidence region 信頼領域:＝confidence interval.

confocal laser microscope 共焦点レーザー顕微鏡:レーザーを励起光源とする蛍光顕微鏡の一種.

confounding design 交絡法:3因子以上の多因子による交互作用が無視できる場合に用いる実験計画法.

congealed food 煮凝(にこご)り〔食品〕:煮魚などを冷却し, 溶出したゼラチンを凝固させた食品.

conger pot アナゴ籠

conger tube アナゴ筒

congestion うっ血:血流の障害で静脈内に血液が溜まった状態.

conical tooth 円錐(すい)歯

conjugated fatty acid 共役脂肪酸:多価不飽和脂肪酸のうち, 共役二重結合をもつもの.

conjugated protein 複合タンパク質:アミノ酸以外の成分を含むタンパク質.

conjugation 接合

connectance 結合度《群集の》:群集の複雑さの尺度.

connectin コネクチン:横紋筋筋原線維の分子量約 300 万の弾性タンパク質.ミオシンフィラメントをサルコメア中央に保持する.タイチンと同義.

connecting cell 連絡細胞

connecting channel 連結経路

connection filament 連絡糸:紅藻類の果胞子体形成過程において,造果器から伸びる細胞糸.

connective tissue catch 結合組織キャッチ:棘皮動物の結合組織が瞬時に硬さを変え,棘,体壁などの機能に関係する現象.グリコサミノグリカンの関与が知られている.

connective tissue protein 結合組織タンパク質:コラーゲン,エラスチンなど,結合組織を構成するタンパク質.= stroma protein.

conotoxin コノトキシン:イモガイのペプチド性神経毒.

consensus building and mutual surveillance 合意形成・とも詮議

conservation 保全

conservation area 保護水面:①保全水域.②水産資源保護法によって規定され,水産動物が産卵し稚魚が成育し,または水産動植物の種苗が発生するのに適している水面であって,その保護培養のために必要な措置を講ずべき水面として都道府県または農林水産大臣が指定する水域.

conservation biology 保全生物学

conservation of reproduction 繁殖保護

conservative property 保存性:生成と消滅がなく,時間的に一定に保たれること.

consignment fee 委託手数料:市場委託手数料と同義.

consignment transaction 委託取引き

consistency 一致性:標本数を大きくすると,推定値が漸近的に母数に一致すること.

consistent estimator 一致推定量:一致性がある推定量.

constant catch strategy 漁獲量一定方策,略号 CCS:資源管理の基本戦略の一つ.

constant escapement strategy 獲り残し資源量一定方策,略号 CES:資源管理の基本戦略の一つ.

constant flow 恒流:残差流(residual current)のこと.

constant harvest rate strategy 漁獲率一定方策,略号 CHR:資源管理の基本戦略の一つ.

constant rate drying 恒率乾燥

constant rate period of drying 恒率乾燥期間:乾燥初期において内部から水が十分に拡散し,表面蒸発が促進されている期間.乾燥速度は一定.

constriction 狭窄(さく):分裂期の染色体に現れるくびれ.

construction of fishing port 漁港建設

consumer 消費者:物資を消費する人,動物.

Consumer Affairs Agency 消費者庁

consumption 消費〔量〕

consumption rate 消費速度

contact freezer コンタクトフリーザー:冷凍媒材が循環している金属板や金属ベルトと食品が直接接触することで効率的に冷凍する装置.

contact freezing コンタクト凍結:接触凍結ともいう.主に冷凍すり身の凍結工程で活用される.

contact receptor 接触受容器

container dealing コンテナ扱い

containment 封じ込め

contig コンティグ:ゲノム解析においては,各リードにより得られた DNA 配列を重ね合わせたコンセンサス配列.

contiguous zone 接続水域：密輸防止，公安などの必要から設定された自国の領海に接続する水域．国連海洋法条約では24海里以内．

continental shelf 大陸棚：海岸線から大陸斜面まで広がる大陸縁辺部．= shelf.

continental shelf edge 大陸棚縁：= shelf edge.

continental shelf fishery stock 大陸棚漁業資源

continental slope 大陸斜面：大陸棚と大洋底の間に存在する急斜面．

contingency table 分割表《統計》

continuous culture 連続培養

continuous filament 長繊維：糸または綱を構成する単糸のうち，切断箇所まで連続する合成繊維．

continuous rating 連続定格：エンジンなどが連続運転できる使用条件．

continuous recruitment 逐次加入

continuous service output 常用出力：= normal output.

continuous spectrum 連続スペクトル

contour facilities 外郭（かく）施設：漁港などの外郭を構成する防波堤，護岸などの施設．= exterior facilities, fringe facilities.

contour line 等値線

contractile vacuole 収縮胞

contraction 収縮《筋肉の》：筋肉などが縮むこと．

contra-rotating propeller 二重反転プロペラ：プロペラの後に，水流で反対方向に回転するもう1基のプロペラをもつ推進器．

contribution margin ratio 貢献利益率：売上高に占める貢献利益（売上高から変動費を引いたもの）の割合．

controllable pitch propeller 可変ピッチプロペラ：羽根の角度（ピッチ）を自在に変えることができるプロペラ．

controlled atmosphere storage CA貯蔵：庫内の酸素量を減らし，二酸化炭素量を増やして低温貯蔵することで青果物を長期間保持する方法．

controlled ecological life support system 閉鎖生態系生命維持システム，略号CELSS：閉鎖生態系内で動植物の飼育栽培とヒトの生活を可能にするシステム．

conus arteriosus 心臓球

convection 対流：熱せられて軽くなった流体が上昇して生じる流れ．

convenience food 簡便食品：消費者や外食産業にとって簡便に流通，調理，貯蔵などを簡便に行うことのできる食品．コンビニエンスフードともいい，インスタント食品，缶詰，冷凍食品などが含まれる．

Convention between the United States of America and the Republic of Costa Rica for the Establishment of an Inter-American Tropical Tuna Commission 全米熱帯まぐろ類委員会の設置に関するアメリカ合衆国とコスタ・リカ共和国との間の条約，略号 IATTC

Convention for the Conservation and Management of Highly Migratory Fish Stocks in the Western and Central Pacific Ocean 西部及び中部太平洋における高度回遊性魚類資源の保存及び管理に関する条約

Convention for the Conservation of Anadromous Stocks in the North Pacific Ocean 北太平洋における遡河性魚類の系群の保存のための条約

Convention for the Conservation of Southern Bluefin Tuna みなみまぐろの保存のための条約，略号 CCSBT

Convention on Biological Diversity 生物多様性条約，略号 CBD：生態系，生

物種および遺伝子の各レベルで多様性の保護を目的とした条約.

Convention on International Trade in Endangered Species of Wild Fauna and Flora 絶滅の恐れのある野生動植物の種の国際取引に関する条約, 略号 CITES（サイテス）：通称はワシントン条約. = Washington Treaty.

Convention on the Conservation and Management of Pollock Resources in the Central Bering Sea 中央ベーリング海におけるすけとうだら資源の保存及び管理に関する条約：略称はベーリング公海漁業条約（CCBSP）.

Convention on the Conservation of Antarctic Marine Living Resources 南極の海洋生物資源の保存に関する条約, 略号 CCAMLR

convergence 1)収束：空気や水がぶつかる現象. 2)収斂：異なる系統の複数の生物が，類似の形質を個別に進化させること.

convergence in distribution 法則収束《確率》

convergence in probability 確率収束《確率》

conversion efficiency 転換効率

converted deep sea trawl fishing vessel 転換トロール漁船

converter コンバータ：直流から直流または交流から直流を発生させる電力変換機.

convolution 1)回旋. 2)たたみこみ：二つの独立な確率変数の和の確率分布.

cooked food flavoured with ginger and soy sauce 時雨煮：しょうがなどで辛味を強めた佃煮. = shigureni.

Coomassie Brilliant Blue クーマシーブリリアントブルー, 略号 CBB：タンパク質の高感度染色色素. ゲル電気泳動で分離したタンパク質の検出に用いる.

cooperation 共同

co-op supermarket 生協スーパー

copepods カイアシ類：カイアシ亜綱に属する小型甲殻類. 8000種以上が知られ，大半は浮遊性だが，底生性や寄生性も多い. 海洋プランクトン群集においてしばしば優占する. 仔稚魚の餌生物として重要.

Cope's rule コープの法則：進化によって大型化する法則など.

coplanar PCB コプラナー PCB：2個のベンゼン環が平面構造をとる PCB. 強い毒性をもち，広義のダイオキシンの一種.

copulatory organ 交尾器：交尾の際に精子や精子が含まれる物質（精包など）を雌に渡す器官. 交接を行う生物種では交接器という.

copy food コピー食品：人工イクラ，かに風味かまぼこなどがある.

coracoid 烏(う)口骨：脊椎動物の胸帯を形成する骨の一つ.

coralline alga 石灰藻

coralline red alga 石灰紅藻

coral reef サンゴ礁：サンゴ類を主体とする石灰岩の堆積によって形成した岩礁.

core fisherman in fishery household 基幹的漁業従事者：個人経営体の世帯員のうち，海上作業従事日数が最多の世帯員.

core market 拠点市場：= basic market.

core sampler 柱状採泥器

Cori cycle コリ回路：グリコーゲンを分解し，再合成する一連の反応系.

Coriolis' force コリオリの力：地球自転の効果によって生じる見かけの力.

cornea 角膜

Cornish pot コーンウォール式籠

corn starch コーンスターチ：トウモロ

コシから分離されたデンプン.
corona 繊毛環:輪形動物の頭部にある繊毛をもつ輪状の運動・摂食器官.
coronal spine 額棘(きょく)
corporate identity 会社識別, 略号 CI:企業イメージを統一し, 自社の経営理念を明確にして社内の活性化を図る活動.
corpuscles of Stannius スタニウス小体:硬骨魚類の腎臓内にあるスタニオカルシンを分泌する内分泌器官.
corpus luteum 黄体:排卵後の胎生脊椎動物卵巣の卵胞壁から形成される黄色の組織塊で, 黄体ホルモンを分泌する.
correction 補正
correlation 相関
correlation coefficient 相関係数
corridor 回廊:飛び石のようなパッチを連結する帯状の通路で, 種の分散経路の役割を果たす.
corselet 胸甲
cortex 皮層
cortical alveoli 表層胞
cortical cell 皮層細胞
corticoid コルチコイド:= adrenocortical hormone.
corticosterone コルチコステロン:糖質コルチコイドの一種.
corticotropin-releasing hormone 副腎皮質刺激ホルモン放出ホルモン, 略号 CRH
cortisol コルチゾル:糖質コルチコイドの一種.
cortisone コルチゾン:糖質コルチコイドの一種.
cosmoid scale コスミン鱗:古生代の肺魚類, 総鰭類, 現在のシーラカンスなどにみられる鱗.
costal scute 肋甲板:カメの背甲のうち, 縁甲板に接し, かつ体軸正中線上に存在しない甲板.
cost, insurance and freight price CIF 価格, 略号 CIF:輸出貨物の本船引渡価格に仕向地までの運賃と保険料を含めた価格.
cost of fishery management 漁業経営費
cost of reproduction 繁殖のコスト:繁殖への投資のために, 他の生理機能に負の影響が出る現象.
cost of sales 売上原価
cotidal chart 等潮時図:同潮時線により潮汐の位相や潮浪の進行状況を描いた地図. 同潮時図ともいう.
cotidal hour 等潮時:月が特定の子午線を通過してから高潮となるまでの平均時間を太陰時で表したもの. 同時潮時ともいう.
cotidal line 等潮時線:同時刻に満潮・低潮になる場所をつないだ線. 同潮時線ともいう.
countercurrent 1)反流:ある海域で卓越する海流とは反対方向に流れる海流. 2)対向流:奇網血管系などでみられる対向した血液の流れ.
course 針路
courtship behavior 求愛行動
covariance 共分散
covariates 1)独立変数. 2)共変量.
cove 浦:海または湖が陸地に入り込んでいる小湾.
coverage 被度
cover cell 保護細胞
covered codend method 覆い網試験法:漁具の外側に網目の細かな袋網を装着し, そこから抜けた魚を回収する試験法.
cover net 覆い網:曳網類のコッドエンドや籠の網目選択性を調べるため, 漁具をおおう細目網地.
cover sand 覆砂:海底を砂でおおい, 海底からの溶出などを制限する底質改

善工法の一種.

coxa 底節《甲殻類の》

CPA → closest point of approach

CPE → cytopathic effect

C/P ratio C/P 比：= calorie to protein ratio.

CPUE → catch per unit [of] effort

CR → critically endangered [species]

crab meat-like kamaboko かに[足]風味かまぼこ：食感や風味をかに足に似せたかまぼこ．crabsticks(kanikama)ともいう．

crab pot カニ籠

crab pot longliner カニ籠漁船

Cramer-Rao inequality クラメール・ラオの不等式：不偏推定量の分散の下限値を示す不等式．

cranial bone 頭蓋(がい)骨

cranial cartilage 頭蓋(がい)軟骨

cranial nerve 脳神経：脳から出る末梢神経系の総称．

cranial spiking 延髄刺殺：延髄を切断することにより魚介類を即殺する方法．

crash 崩壊

C reactive protein C 反応性タンパク質, 略号 CRP：炎症などで現れる血漿タンパク質の一種．肺炎双球菌の C 多糖体と反応する．

creatine クレアチン：グアニジノ化合物の一種．多くはクレアチンリン酸として存在．

creatine kinase クレアチンキナーゼ, 略号 CK：ATP からクレアチンへのリン酸基転移およびその逆反応を触媒する酵素．クレアチンホスホキナーゼと同義．

creatine phosphate クレアチンリン酸：脊椎動物の高エネルギーリン酸化合物の一種．ホスホクレアチンと同義．

creating water streams by wave overtopping 越波導入工：越波を利用して海水を池，水路などに導入する工法．水質の維持・改善工法の一つ．

creatinine クレアチニン：クレアチンが脱水により環化した化合物．

credit 信用

credit business 信用事業

Credit Federation of Fisheries Cooperative Associations 信用漁業協同組合連合会, 略語信漁連：漁協の都道府県段階における上部組織で信用事業のみを行う．

creel 籠《かまぼこ型の》

creep クリープ：一定の応力下で物体の塑性変形が徐々に増大する現象．ゲル物性評価法の一つ．「ずり」ともいう．

crest line 1)波峰線：波の進行方向(波線)と直交する波の峰線．2)波面：波動の同じ位相にある連続した点を順に結んでできる面．

crest width 天端幅：堤防などの頂端の幅．

crew list 海員名簿

CRH → corticotropin-releasing hormone

crib 魚捕部：= bag.

CRISPR/Cas9 クリスパー / キャス 9：ゲノム編集技術の一つ．ガイド RNA 鎖と Cas9 タンパク質の複合体がゲノム DNA 上の任意の塩基配列を認識し切断することを利用して，ゲノム DNA 上の任意の場所にノックインあるいはノックダウンをすることが可能となる．

critical band 臨界帯域：帯域雑音が純音をマスクする時に，聴覚閾値が変わらない下限の帯域．

critical day length 臨界日長：産卵期の開始または終了などの光周性反応において，半数の個体が反応を起こす明期の長さ．

critical depth 臨界深度：1 日の水柱を

積分した光合成(総生産)量と呼吸量が釣り合う深度.

critical function 検定関数:帰無仮説を棄却する時の有意確率.

critical fusion frequency 臨界融合周波数

critically endangered 絶滅危惧IA, 略号CR:IUCN(国際自然保護連合)のレッドリストにおけるカテゴリーの一つ.

critically endangered species 近絶滅種:狭義ではIUCNレッドリスト「絶滅危惧IA」をさす. = critically endangered.

critical period 危機的期間:ヨルトの仮説における死亡率の大きい仔魚期.

critical ratio 臨界比:信号音と雑音のスペクトルレベルの比.

critical region 棄却域:= rejection region.

critical revolution 危険回転数:軸系のねじり振幅が局所的に増大する回転数域.

critical swimming speed 臨界遊泳速度

crop そ嚢(のう)

cross 交雑:遺伝的組成の異なる3個体が交配し,雑種を形成すること.

cross breeding 交雑育種:遺伝的に異なる2系統の個体を交配し,得られた雑種第一代をさらに一方の系統の個体と交配させる.これを繰り返すことによりある系統の形質をもう一方の系統に取り込む育種法. = breeding by crossing.

crossing 交配:①2個体間で受粉,接合または受精すること.②遺伝的に異なる系統や個体を用いて雑種を形成すること.

crossing over 交差:相同染色体間で起る部分的な交換現象.交叉または乗換えともいう.

crosslinked myosin heavy chain ミオシン重鎖多量体:肉糊のゲル化の過程で生成するミオシン重鎖の重合体.共有結合に匹敵する強い結合によって形成される.

crosslinking 交差結合:ジスルフィド結合などの共有結合などによるタンパク質分子間で生じる結合.トランスグルタミナーゼによるミオシンの交差結合がかまぼこの坐りに関わるとされている.架橋結合ともいう.

cross-reaction 交差反応

cross-sectional area of flow 通水断面:水が流通する部分の断面.

cross-section method 断面法:耳石の年輪の読み方の一つ.

cross-validatory method クロスヴァリデーション法:一部を除いたデータから推定したモデルが,残りのデータを再現できるかを確認することによって推定値の評価を行うこと.

crown クラウン:= bosom.

crow's nest 見張台:魚群監視のため,陸上や船上の高所に設置する櫓(やぐら)状の構造物.魚見台と同義. = watchman chamber.

CRP → C reactive protein

CRT → cathode ray tube

cruciate tetrasporangium 十字状四分胞子嚢(のう)

crude protein 粗タンパク質:全窒素量から算出したタンパク質.不純物を含む.

cruising speed 巡航速度:燃料の消費効率が最もよい状態で移動(巡航)できる値.

crushed ice 砕氷:小さい不定形の氷片で,鮮魚の氷蔵に用いられる.

crustacyanin クラスタシアニン:甲殻類にみられるカロテノイド-タンパク質複合体の一種.カロテノイド本来の色調と異なり,暗青色を示すことがある.

cryoalgae 氷雪藻類:= ice algae.

cryogenic freezing　液化ガス凍結
cryopreservation　凍結保存
cryopreserved sperm　凍結精子：成熟雄親魚より採取した後，凍結保存した精子．
cryoprotectant　凍結変性防止剤：筋原線維タンパク質の冷凍変性を防止する物質．ソルビトールなどの糖類化合物．凍結保護剤，冷凍変性防止剤ともいう．
cryptic species　隠蔽種：他の種から生殖的に隔離されているが，外観がほとんど同じ種．
cryptostoma (*pl.* cryptostomata)　毛巣：遊離する糸状の細胞糸が密生する部分．
cryptoxanthin　クリプトキサンチン：キサントフィルの一種で，動植物に広く存在する．プロビタミン A．
crystalline cone　水晶錐体：節足動物の複眼を構成する各個眼の表面付近に存在し，レンズの働きをするガラス体．
crystalline style　晶桿(かん)体：二枚貝の消化管にあり，多量の消化酵素を含むゼラチン質の棒状体．
CS → chemical score
C start　C スタート：マウスナー細胞を介する逃避反射のこと．同細胞の活動によって，魚体が瞬間的に C 字型を呈するためにいう．
CTD → conductivity-temperature-depth meter
CTE → cytotoxic effect
ctenidium　櫛鰓(しつさい)：軟体動物の鰓の基本型で，扁平な鰓軸に櫛歯が並ぶ．
ctenii　小棘(きょく)
ctenoid [**scale**]　櫛(しつ)鱗：円鱗とともに硬骨魚類に普通にみられる鱗．基本的構造は円鱗と同じであるが，露出部に小棘を備えることが多い．
cultivar　栽培品種

cultivating fisheries　栽培漁業：= stock enhancement.
cultivation　耕耘(うん)《干潟の》：干潟の固まった表土を破砕し，土壌を柔らかくすること．土中に水や酸素がより入り込みやすくすることを目的として実施される．
culture　1) 培養．2) 養殖：= aquaculture.
cultured cell　培養細胞
cultured fish　養殖魚
culture in reservoir　溜池養殖：= aquaculture in farm pond.
culture in stagnant water　止水式養殖：= still water pond culture.
culture pond　養殖池
cumulative temperature　積算温度
cupula　クプラ：内耳，側線器官などの有毛細胞の感覚毛を包む寒天様の構造．
curd　カード：サケ，サバなどの水煮缶詰の内面に付着した豆腐状の凝固物．
cured fish with rice bran　糠(ぬか)漬け《魚の》：サバ，イワシ，フグなどの魚を糠とともに漬けた発酵食品．へしこはサバの糠漬けで，若狭地方および丹後半島の伝統料理．
current chart　海流図：海流の方向，強さ，幅などを示した図．
current detecting cord　潮見糸：流況を把握するため，水中に垂下する錘付きの糸．= current wire.
current direction　流向：流れの向かう方向．
current meter　流速計：流体の速度を測定する機器．
current pattern map　流況図：海流の流れを海図上に表した図．
current ratio　流動比率
current rose　流配図：流向別の流速頻度分布を示す図．
current velocity　流速：流体が流れる速

度.

curve of extinction 減衰曲線:自由動揺する船などの一揺れごとの揺れ角減少量と平均揺れ角の関係を示す曲線.

cutching カッチ染〔め〕:漁網綱の防腐のため,樹皮から抽出したタンニンエキスで褐色に染めること.

cuticle クチクラ:動物の上皮細胞または植物の表皮細胞が体表面に分泌する,比較的硬質の膜様構造物.角皮ともいう.

cuttlefish basket trap イカ籠

Cuvierian duct キュビエ〔氏〕管:前主静脈と後主静脈の血液を静脈洞を経て心臓に送り込む左右一対の太い静脈.キュビエ管,キュビエ静脈,総主静脈と同義.

Cuvierian organ キュビエ器官:ナマコが外敵に襲われた際に放出する,粘着性のある糸状の器官.

cyanobacteria シアノバクテリア:藍色細菌とも呼ばれる細菌の一群であり,光合成によって酸素を生み出す酸素発生型光合成を行う.

cyanobacterial bloom アオコ:シアノバクテリアを主とする淡水産プランクトン類が大発生し,青藍色の粉(青粉)のようにみえる状態.

cyanobacterial toxin 藍藻毒:シアノバクテリアが産生する有毒物質.

Cyanobacterium シアノバクテリウム属:藍色細菌の一属.

cyanopsin サイアノプシン:= porphyropsin.

cyclic adenosine 3', 5'-monophosphate サイクリックアデノシン 3', 5'-一リン酸,略号 cAMP:多くのホルモンの第2メッセンジャーとして機能する.サイクリック AMP ともいう.

cyclic AMP サイクリック AMP:= cyclic adenosine 3', 5'-monophosphate.

cyclin サイクリン:細胞周期の進行に関与するタンパク質.

cycloid 〔**scale**〕 円鱗:櫛(しつ)鱗とともに硬骨魚類,特に真骨類に一般的な鱗.

cyclomorphosis 形態輪廻:ワムシ,ミジンコなどの形態が環境の影響を受けて季節的に著しく変化し,やがてもとに戻る現象.

cyclone サイクロン:①インド洋に発生する猛烈な威力をもつ熱帯性低気圧.②大竜巻.

cyclospondylous vertebra 環椎性脊椎

cylindrical pot 円筒籠

Cymothoa eremita ウオノエ:海水魚に寄生する等脚類の一種.

cyphonautes キフォノーテス〔幼生〕:触手動物コケムシ類の裸喉類の浮遊幼生.

cypris キプリス〔幼生〕:節足動物甲殻綱蔓脚類のゾエア期幼生.

cyst 1) シスト:生物が生活史の一部で,一時的に小さな細胞体や幼生が厚い膜を被って休眠状態に入ったような状態を示す.嚢子または胞嚢《藻類の》ともいう.2) 嚢(のう)胞:組織中で結合組織などからなる固有の膜で囲まれた嚢.

cysteic acid システイン酸:システインのチオール基がスルホ基に置換した化合物.

cysteine システイン,略号 Cys,C:SH 基をもつ含硫アミノ酸の一種.

cysteine protease システインプロテアーゼ:活性中心にシステインをもち,その SH 基を活性基とする一群のプロテアーゼ.チオールプロテアーゼまたは SH プロテアーゼと同義.

D-cysteinolic acid D-システノール酸:緑藻アオサ属などに多く含まれるアミノスルホン酸の一種.血栓防止効果や中性脂肪低下作用をもつ.

cystine シスチン：システインの2分子がS-S結合で結びついた2価アミノ酸.

cystocarp 嚢(のう)果：紅藻類の果胞子体および果胞子を包む嚢状構造.

cystoma 嚢腫(のうしゅ)：腺上皮細胞から発生する腫瘍の一種.

cytochalasin B サイトカラシンB

cytochrome シトクロム：電子伝達系を構成するタンパク質の一群．分子内ヘム鉄の酸化・還元による電子伝達機能を担う．チトクロムまたはサイトクロムともいう．

cytochrome c oxidase シトクロムCオキシダーゼ：ミトコンドリア呼吸鎖の末端に位置，還元型シトクロムCから受容した水素により酸素を還元して水を生じる酵素.

cytochrome P-450 シトクロムP-450，略号P-450：COとの結合で450 nmの付近に吸収極大を示すプロトヘム含有タンパク質の総称．多岐にわたる生理作用をもつ.

cytogenetics 細胞遺伝学

cytokine サイトカイン：リンパ球，マクロファージ，繊維芽細胞などが産生する免疫調整物質の総称.

cytopathic effect 細胞変性効果，略号CPE：細胞に形態学的変化を誘導する．一般には，培養細胞に対して用いられる.

cytoplasm 細胞質

cytosine シトシン：ピリミジン塩基の一種.

cytoskelton 細胞骨格：真核細胞における線維状の構造．微小管，中間径フィラメントおよびアクチンフィラメントの3種類とその結合タンパク質からなる.

cytotoxic effect 細胞毒性効果，略号CTE

cytotoxic substance 細胞毒性物質

CZCS → coastal zone color scanner

D → aspartic acid, dorsal fin.

Dactylogyrus ダクチロギルス：魚類に寄生する単生類の一属.

dactylozooid 指状個虫：群体の個虫の中で他動物を攻撃したり，天敵からの防御を行うもの.

dactylus 指節：節足動物の付属肢の末端から第1関節までの部分.

daily age 日齢

daily egg production method 1日当り総産卵量法，略号DEPM：1日当りの総産卵量に基づく産卵親魚資源量推定法.

daily growth rate 日間成長率：1日当りの体重増加量をパーセント表示したもの.

daily ring 日輪：魚類の耳石や頭足類の平衡石に1日に1本の速度で形成される輪紋.

dam 種雌

dan anchor 浮標錨(いかり)

dan buoy 浮標ブイ：= buoy.

Danish seine かけまわし網：長い綱を打ち廻して網を水平方向に展開し，綱を巻き揚げて網を船に引き寄せる底曳網の一種.

Danish seine fishing method かけまわし漁法

dan leno [stick] 手木：曳網の袖網前端に取り付け，その高さを保つための部品.

dan line 浮標網：= buoy line.

DAPI → 4′, 6-diamidino-2-phenylindole

dark adaptation 暗順応

darkened deterioration 黒変現象：酸化酵素による甲殻類の黒変と，硫化水素と金属イオンの反応による缶詰の黒変がある（sulfide deterioration）. = black discoloration.

dark meat 血合肉：魚類の背部および腹部の体側筋の接合部付近に分布し，赤褐色または暗赤色の筋肉. 回遊性魚類によく発達する. この色はミオグロビンによる.

dark muscle 血合筋：魚類の背部および腹部の体側筋の接合部付近に分布し，赤褐色または暗赤色の筋肉. 回遊性魚類によく発達する. この色はミオグロビンによる.

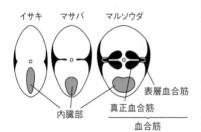

魚類血合筋の分布（水産利用化学の基礎, 2010）

dart 銛（もり）: = harpoon.

database データベース：ある目的をもって集められた一つ以上のファイルの集合.

data collection system データ収集システム，略号 DCS：海上の標識浮標などが観測したデータを人工衛星によって収集するシステム.

data communication equipment 通信装置，略号 DCE：通信網と端末装置をつなぐ通信網側のインターフェイスを構成する装置.

data deficient 情報不足，略号 DD：IUCN（国際自然保護連合）のレッドリストにおけるカテゴリーの一つ.

data deficient species 情報不足種：狭義では IUCN レッドリスト「情報不足」をさす. = data deficient.

data mining データマイニング

data terminal equipment 端末装置，略号 DTE：データ通信用端末装置の通称.

datum 測地系：地球上での緯度，経度および高さの基準.

datum level 基準面，略号 DL：潮位の基準となる水平面. = reference level.

daughter coenobium 娘定数群体

daughter colony 娘群体

daylight 昼光

daylight vision 昼間視

DCE → data communication equipment

DCS → data collection system

DDT → p, p'-dichlorodiphenyltrichloroethane

dead color meat 青肉：= green meat.

dead reckoning position 推測位置《船の》：海潮流の影響などを無視し，針路と航程のみで算出した位置.

dead rise 船底勾配

dealings in future 先物取引き

death process 死亡過程：1 個体が単位時間当りに死亡する割合を確率的に扱って，個体数の状態の時間的変化を表すマルコフ過程.

debris 投棄物

decarboxylase デカルボキシラーゼ：脱炭酸酵素ともいう. 有機化合物からカルボキシル基を除去あるいは付加する反応を触媒する酵素.

decimal number 10 進数

decision making 意思決定

decision theory 決定理論

deck equipment 甲板設備

deck hands 甲板員：漁船や商船などの

船舶の乗組員.

deck machinery 甲板機械

deck wetness 海水打〔ち〕込み

declaration inward vessel 入港届

declination 赤緯：天球上における星の位置を，赤道を基準として表した座標の一つ.

decomplementation 非働化：血清の熱処理またはザイモサン処理により，補体活性を消失させること.

decomposer 分解者

decomposition layer 分解層：有機物の分解が生産を上回る層.

deep freezing 深温凍結

deep-fried kamaboko 揚げ蒲鉾：油で揚げたかまぼこ.

deep-frozen nori net 冷凍網《ノリの》

deeply chilled food 氷温食品：凍結点付近の−1.5〜−3℃の温度範囲で冷蔵した食品.

deep scattering layer 深海散乱層，略号 DSL：深海性のマイクロネクトンに由来する音波散乱層.

deep-seated dark muscle 深部血合筋：魚体の中心部付近に分布する血合筋.

deep sea trawl 深海トロール：深海を漁場とする底曳網およびそれを用いる漁業.

deep sea trawlers converted to North Pacific Ocean 北転船：操業海域を日本近海から北太平洋海域に転換した遠洋底曳網漁船. 主にスケトウダラを漁獲する.

deep seawater 深層水：①資源利用の対象とする約200 m以深の海水. ②数千 m以深の海水. = deep ocean water.

deep water wave 深海波：水深が波長の 1/2 より大きい場合の海面を伝わる重力波. 波長が海底の影響を受けない. 深水波ともいう.

defense mechanism 生体防御機構

defensin ディフェンシン：抗微生物オリゴペプチド.

defensive behavior 防衛行動

deficiency 欠失

deflection factor 偏り係数

deflection method 偏位法

deformity 変形

degradation of fish〔meat〕paste gel 戻り：塩ずり肉を加熱する時，坐りで生じたゲル構造が 50〜70℃の温度帯を通る際に劣化する現象. 火戻りと同義. そのまま modori とも表記される.

degree of freedom 自由度《統計》

dehydration 脱水

dehydrogenase デヒドロゲナーゼ：脱水素酵素ともいい，基質から水素を除去する反応を触媒する. 水素が付加される方向に反応が偏っている場合には還元酵素とも呼ばれる.

delay-difference method 遅延差分法：成長，生残，加入を明確に記述した単純な個体群モデル. 余剰生産モデルと年齢別モデルの中間的なもの.

delayed convulsion 遅延性けいれん（痙攣）

delayed type hypersensitivity 遅延型過敏症：アレルギー反応のうち，感作 T リンパ球によって引き起こされる過敏症. 数時間後に反応が始まる.

deleterious gene 有害遺伝子：生物が生存する上で障害となるような形質を発現する遺伝子の総称.

delicatessen デリカテッセン：調理済み食品およびその販売店.

delivered horse power 伝達馬力：プロペラに伝達される馬力.

delta method デルタ法：非線形モデルなどで用いる推定値の誤差評価の一つ.

delta plate 三つ目板：トロール網のネットペンネントとハンドロープを接続す

る三角形の鉄板.

DeLury's method デルーリー法：除去法による資源量推定法の一つ．漁期内での漁獲の進行に伴うCPUEの低下を，累積努力量または累積漁獲量の関数で表し，初期資源尾数（量）と漁具能率を推定する方法．レスリー法と同義．

demand for business 業務用需要

demarcated fishery right 区画漁業権：日本の漁業権の一つで，養殖業を営む権利．

demarsal longline 底延（はえ）縄：= bottom longline.

deme ディーム：個体群の内部構造．

demersal egg 沈性卵

demersal fish 底魚（そこうお）：海底部への依存度が相対的に高い生活型をもつ魚類の総称．管理型漁業の対象種が多い．底生魚ともいう．

demersal fish stock 底魚（そこうお）資源：底層または近底層を生息域とする資源．

Deming sampling デミング〔の〕標本抽出：推定値の分散に加え，標本抽出の費用も考慮した標本抽出法．

demodulation 復調：送信された電波などから情報を変換する方法．

demographic variability 人口学的変動：環境変動に由来する個体数の変動ではなく，出生または死亡が確率的であることによる変動．

denaturation 変性：タンパク質などの一次構造は変化せず，高次構造のみが破壊される現象．アンフォールディングともいう．

dendrite 樹状突起：神経細胞体から伸びる突起の一つであり，多くは細胞体から短く枝分れして樹枝状に広がり，他のニューロンの軸索終末とシナプスを形成する．

dendrobranchiate gill 根鰓（さい）：クルマエビ類を特徴づける鰓．

dendrogram 樹状図：階層的構造を木の枝状に表現した図．枝分れ図またはデンドログラムともいう．

denitrification 脱窒素作用：細菌が硝酸または亜硝酸を窒素ガスに変えて放出する作用．

denitrifying bacterium 脱窒〔細〕菌：脱窒素作用を行う嫌気性菌．

de novo assembly デノボアッセンブリ：次世代シーケンサーにより得られた断片的な塩基配列データから，近縁種や同一種の塩基配列情報を用いずに，未知のゲノム配列あるいは転写産物配列を再構築する方法．

dense aquaculture 密殖：過密養殖ともいう．= dense culture.

dense culture 密殖

densitometry デンシトメトリー：電気泳動ゲルまたは薄層板中の試料による光の吸収または反射を測定し，試料の検出と定量を行う方法．

density 密度

density current 密度流：海水の密度差によって生じる流れ．

density dependency 密度依存性：個体数増減に関わる要因の作用の強さが個体群密度に関連して変化すること．密度従属性ともいう．

density dependent effect 密度依存的効果

density dependent factor 密度依存的要因：密度依存性を示す要因．

density dependent growth 密度依存的成長

density dependent mortality 密度依存的死亡

density dependent regulation 密度依存的調節：密度依存的要因によって，個体数がほぼ一定の水準に保たれる現

象.

density effect 密度効果

density gradient 密度勾配:鉛直あるいは水平方向に生じる海水密度の勾配.

density independency 密度独立性

dental formula 歯式

dentary 歯骨

denticle 小歯

denticular 歯板

deodorization 脱臭

11-deoxycorticosterone 11-デオキシコルチコステロン,略号 DOC:鉱質コルチコイドの一種.

6-deoxygalactose 6-デオキシガラクトース:= fucose.

deoxygenizer 脱酸素剤

deoxyribonuclease DNA 分解酵素,略号 DNase:デオキシリボ核酸(DNA)のホスホジエステル結合を加水分解する酵素. DNase I は 5' 末端側にリン酸基をもつオリゴヌクレオチド, DNase II は 3' 末端側にリン酸基をもつオリゴヌクレオチドを生じる.

deoxyribonucleic acid デオキシリボ核酸,略号 DNA:デオキシリボースを含む核酸. 遺伝子の本体.

D-2-deoxyribose デオキシリボース:DNA を構成するペントース.

departure 東西距離

dependency on fisheries 漁業依存度

depensation 非補償

depletion level 枯渇率:初期資源量または環境収容力に対する現在資源量の割合.

DEPM → daily egg production method

depolarization 脱分極

depreciation 減価償却

depressed 縦扁〔の〕

depressiform 縦扁形

depressor 潜行板:曳縄に用いる釣針の曳航水深調整用の板. 潜行板ともいう.

depressor muscle 下制筋

depth meter 深度計:水深を測る器械.

depth of caudal peduncle 尾柄(へい)高

depth of frictional influence 摩擦深度:エクマンの吹送流の流向が表面と逆になる深さ.

derelict 遺棄船

derived lipid 誘導脂質:単純脂質または複合脂質を加水分解して得られる物質のうち,脂質の性質をもつ成分.

dermal bone 皮骨

dermal denticle 皮歯:= placoid scale.

dermal nematodosis 皮膚線虫症《コイ》:*Philometroides cyprini* の皮下寄生.

dermatan sulfate デルマタン硫酸:グリコサミノグリカンの一種. コンドロイチン硫酸 B と同義.

dermis 真皮

Dermocystidium デルモシスチジウム:淡水魚に寄生する真菌の一属.

derrick デリック:船上で漁具や重量物を吊り上げ,移動させる装置.

descriptive statistics 記述統計学

designated fisheries 指定漁業:大臣許可漁業のうち,政令で具体的に指定された漁業.

designated fishing port 指定漁港

designated fishing vessel 指定漁船

designated wholesaler of cooperative fish selling 共販指定商《水産物の》:漁協系統の指定を受けた販売業者.

design condition 設計条件:構造物などを設計する時に用いる波浪,潮位,流速,荷重,地盤特性などの条件.

design load 設計荷重:構造物などの設計に用いる荷重条件.

design wave 設計波:構造物などの設計に用いる波浪条件. 目的に応じて有義波,最大波などを用いる.

desmin デスミン:横紋筋のサルコメ

アのZ線にαアクチニンとともに存在するアクチンフィラメントの架橋タンパク質.

desmosine デスモシン：弾性タンパク質に存在するリシン由来の架橋アミノ酸の一種.

despotism 独裁制：最上位の順位が明瞭で，他の個体は同順位である生物群の秩序.

destination 仕向〔け〕地：船が航海の目的としている場所．または魚など貨物の送付先.

detached ray 遊離軟条

detached spine 遊離棘（きょく）：単一の鰭において鰭膜で接続しない棘．離棘ともいう.

detection limit 検出限界

detection probability 探知確率

detector tube method 検知管法

determinate growth 限定成長

determinate spawner 産卵数事前決定型産卵魚：1産卵期における産卵数が，産卵期前に決定している成熟産卵様式をもつ魚種.

determinate spawning 限定産卵：産卵期前に産卵数の上限が決まっている産卵様式.

deterministic model 決定論モデル：自然現象に関して，ある時点の状態からそれ以降の状態が一意に決まる数学模型.

detoxication 解毒

detritivorous デトリタス食性

detritus デトリタス：生物の遺骸，糞，落葉などの粒状物およびそれらの分解産物.

detritus food chain 腐食連鎖：生食連鎖から排出された動植物の死骸や排泄物などの有機物を，バクテリアや菌類が摂取することから始まる食物連鎖．デトリタス食物連鎖あるいは腐食食物連鎖ともいう.

deuterocoel 真体腔

deuterostomes 後口動物：初期胚に形成された原口が成体の肛門となり，口が原腸の末端に形成される動物．新口動物ともいう.

development and import scheme 開発輸入

development work 修築事業：漁港施設の整備と改良をするための事業.

deviance 逸脱度：一般化線形モデルで用いるモデルの当てはまりのよさを示す指標.

deviation 自差：磁気子午線と磁気コンパスの示す南北線との差.

dewatering 脱水

dewaxing 脱ろう（蠟）

DFT → discrete Fourier transform

DG → diacylglycerol

DGPS → differential global positioning system

DHA → docosahexaenoic acid

DHP → $17\alpha, 20\beta$-dihydroxy-4-pregnen-3-one

diacylglycerin ジアシルグリセリン：= diacylglycerol.

diacylglycerol ジアシルグリセロール，略号DG：グリセロールに2分子の脂肪酸がエステル結合した脂質．1, 2(2, 3)-ジアシルグリセロールと1, 3-ジアシルグルセロールがある.

diadinoxanthin ディアディノキサンチン：褐藻類や珪藻類などに存在するキサントフィルの一種.

diadromous fish 通し回遊魚：生活史において，必ず海水と淡水の双方を規則的に利用して生活する発育段階を有する魚.

diadromous migration 通し回遊：海と川を往復する回遊.

diallel cross ダイアレルクロス：多数の

系統や品種の中からヘテロシスが最も強く現れる組合せを探すための総当り交配.

dialysis 透析

4', 6-diamidino-2-phenylindole 4', 6-ジアミジノ-2-フェニルインドール,略号DAPI：DNAに強く結合する蛍光物質で,細胞核染色試薬として広く用いられる.

diamond mesh 菱目：菱形をした網目.

diandric 複雄性：雌が性転換した雄と遺伝的雄とが,一個体群の中に同時に存在する現象.

diarrheal disease of Norwalk's virus ノーウォークウイルス下痢症：小型球形ウイルスによる食中毒.カキの生食によって起こることが多い.

diarrhetic shellfish poison 下痢性貝毒：渦鞭毛藻を摂食した二枚貝に蓄積される.オカダ酸群などのポリエーテル化合物.

diarrhetic shellfish poisoning 下痢性貝中毒,略号DSP：二枚貝を摂食して起こる下痢,嘔吐および腹痛を主徴とする食中毒.

diastase ジアスターゼ：= amylase.

diatom aceous earth 珪藻土：珪藻の遺骸を主成分とする多孔質の珪酸質岩石.

diatoms 珪藻類：上下に分かれた珪酸質の被殻を有する単細胞藻類.殻面の模様によって,中心珪藻と羽状珪藻に大別される.

dibenzofuran ジベンゾフラン：ダイオキシン類であるポリ塩化ジベンゾフランの略称として用いられる.

dibutylhydroxytoluene ジブチルヒドロキシトルエン,略号BHT：酸化防止剤の一種.

diced, seasoned and cooked〔skipjack〕tuna 角煮：カツオまたはマグロの煮熟肉を1～2cm程度のサイコロ状に裁断し,醤油,砂糖などの濃厚な調味液で煮熟した佃煮の一種.生肉をサイコロ状に裁断し,調味煮熟した"生炊き角煮"や生肉を練り固め裁断し,調味煮熟した"練り角煮",角煮を乾燥し,一個ずつ個別包装した"乾燥包装角煮"がある.

dichotomous branching 二叉分枝

dieldrin ディルドリン：有機塩素系殺虫剤の一種.

diel vertical migration 日周鉛直移動

diencephalon 間脳

diesel electric propulsion ディーゼル電気推進：ディーゼル機関駆動の発電機と推進用電動機を組合せた推進装置.

diesel engine ディーゼル機関：空気の圧縮熱によって点火する原理の内燃機関.

diesel oil 1)軽油：原油から精製される石油製品の一種.主としてディーゼルエンジンの燃料.ディーゼル油ともいう.2)A重油：JIS規格によって動粘度により1種に分類されている軽油の一種.

dietary fiber 食物繊維

dietary history 食事歴

difference limen 弁別限：生物にとって刺激の変化を認知できる確率が50％の時,その刺激の変化割合.

difference spectrum 差スペクトル

differential display ディファレンシャルディスプレイ法：PCRやハイブリダイゼーションなどの技術を利用し,異なる条件のサンプル間で発現量に差のある遺伝子あるいはタンパク質を探索する方法.

differential global positioning system ディファレンシャルGPS,略号DGPS：基準局からの補正情報を受信し,GPSの測位精度を向上させる方法.

differential medium　鑑別培地：分離された細菌の属種を鑑別するために用いる培地.

differential rent　差額地代

diffuse growth　分散成長

diffusion　拡散：微小スケールのランダム運動による物質または運動量の輸送.

diffusion coefficient　拡散係数：拡散による物質の輸送量は濃度勾配に比例する．その比例定数のこと．

diffusion process　拡散過程：状態変数の時間的変化が平均と確率変動の和で表される確率過程．

digesta　消化管内容物：消化管内で消化途中の食物．消化管内の異物は指さない．

digestibility　消化吸収率：摂餌した栄養素がどの程度まで消化され，体内に吸収されたかを示す尺度(%)．

digestible energy　可消化エネルギー

digestion　消化

digestive cell　消化細胞：刺胞動物の内皮細胞層にあり，細胞外で消化された栄養分を取り込み，最終的に消化と吸収を行う細胞．

digestive enzyme　消化酵素

digestive gland　消化腺

digestive organ　消化器官

digital signal　デジタル信号：情報を離散的な数値と符号で表す信号．ふつうは0と1で表す．

3, 4-dihydroxyphenylalanine　3,4-ジヒドロキシフェニルアラニン，略号DOPA（ドーパ）：接着性タンパク質などに存在するチロシン由来のアミノ酸．

17α, 20β-dihydroxy-4-pregnen-3-one　17α,20β-ジヒドロキシ-4-プレグネン-3-オン，略号DHP：硬骨魚類の卵成熟および排精を誘起するステロイドホルモンの一種．

dimethylamine　ジメチルアミン，略号DMA：第二級アミンの一つ．

dimethyl sulfide　ジメチルスルフィド：磯の香，さけ缶詰の異臭などの原因物質．

dimethyl sulfoxide　ジメチルスルホキシド

dimethyl-β-propiothetin　ジメチル-β-プロピオテチン：緑藻類，紅藻類，海産植物プランクトンなどに多く含まれるジメチルスルフィドの前駆物質．

DIN → dissolved inorganic nitrogen

dinogunellin　ジノグネリン：ナガズカの魚卵中毒の原因物質．AMPが高度不飽和脂肪酸およびアスパラギンと結合した化合物．

Dinophysis　ディノフィシス：渦鞭毛藻綱の一属．下痢性貝毒の原因種を含む．

dinophysistoxin　ディノフィシストキシン：渦鞭毛藻綱ディノフィシス属が産生するオカダ酸の誘導体で，オカダ酸とともに下痢性貝中毒の原因物質．

diode　ダイオード：整流，検波などの機能をもつ半導体部品．

dioecious　雌雄異株

dioxin　ダイオキシン：全てのポリ塩素化ジベンゾ-*p*-ジオキシンとポリ塩素化ジベンゾフランの総称．毒性が強く，重要な環境汚染物質の一群．

DIP → dissolved inorganic phosphate

diphycercal tail　双尾

Diphyllobothrium nihonkaiense　日本海裂頭条虫

dipleurula　ディプリュールラ〔幼生〕：棘皮動物の左右相称型幼生の基本型として想定された架空の幼生．

diplont　1）二倍体：生活環において，相同または異種の染色体2組をもつ時期の細胞．2）複相植物：体が胞子体(2n)のみの生活環様式をもつ植物．

dip net　1）魚汲み網：= brailer. 2）叉手

(さで)網:水中に設置し,魚が乗網したら引き揚げて捕らえる抄い網の一種. 3)抄(すく)い網. = scoop net.

dipsey sinker　ナス型錘(おもり):釣漁具用錘の一種.

dirby type fishery　競争的(オリンピック方式)漁業

direct buying　直荷引き:主に仲卸業者が生産者団体,出荷業者または他市場から直接に集荷すること.

direct current　直流《電気》

direct financing　直扱い:信漁連が組合員と直接に信用取引を行うこと.

direct immunofluorescence　直接蛍光抗体法:蛍光色素で標識した抗体を用いた抗原の検出法.

directional spectrum　方向スペクトル:(波などの来る)方向ごとの確率分布を表したもの.

directivity　指向性:音波または電波の送受における感度の方向性.

directivity index　指向〔性〕係数:音波または電波が指向性によって方向的に絞られる度合を示す指標.

direct measurement　直接測定

direct sales　直販

direct sequencing　直接シークエンス法:DNA塩基配列決定法の一つ.

disaster restoration　災害復旧〔工事〕:被災した構造物または施設を復旧すること.

discard　投棄:洋上において,漁獲物のうち商品とならない魚介類を捨てること.

discard rate　投棄率:漁獲物のうち,投棄されたものの割合.

discharged lamp　放電灯

discoid chloroplast　円盤状葉緑体

discoloration of water　水変〔わ〕り:池中の植物プランクトンの増殖不良,種組成の変化,被捕食などのために起きる水質の急変.

discolored part of katsuobushi　しらた:かつお節の表面部位に近いところが灰白色になる変色現象.

discontinuity layer　躍層:物理学的および化学的な性状が鉛直的に急に変化する層.

discounted net revenues　割引後純利益

discount rate　割引率:資源などの将来価値を現在価値に換算して評価する際の,将来価値の経時的減少率.利子率や資源の増殖率,将来に関する不確実性の存在などに起因する.

discount store　ディスカウントストア

discrete Fourier transform　離散フーリエ変換,略号DFT:離散的な信号系をフーリエ変換するための方法.

discriminant function　判別関数:個体を特徴づける複数個の変数の関数で表される,グループ間の境界.

discrimination　感度限界

discriminatory analysis　判別分析:①優良企業と不良企業を識別する分析基準を判別関数で表し,企業を評価する方法. ②多変量解析の一つ.判別関数を用いて個体をいくつかのグループに分ける方法.

disinfection　消毒:病原菌を殺し感染を防止すること.

disjunction　分離:染色体が分裂の過程で二つの染色分体に分かれる現象.

disk　体盤

disk length　体盤長:アンコウ類では頭長と同じ.エイ類では吻端から胸鰭の末端までの長さ.

disk width　体盤幅:アンコウ類では頭幅と同じ.エイ類では両胸鰭間の最大幅.

dismissed fisherman　漁業離職者

dispersal rate　分散率

dispersion parameter　ディスパージョ

ンパラメータ：一般化線形モデルで使われるオーバーディスパージョンの係数.

displacement loop　置換ループ：DNAが複製される初期に形成されるループ状の構造. = D-loop.

disposable income　可処分所得《漁家の》：漁業所得から租税公課諸負担を控除したもので，漁家が任意に処分できる所得.

dissimilation　分解代謝：= catabolism.

dissipation factor　損失係数

dissolved inorganic nitrogen　溶存無機〔態〕窒素，略号 DIN

dissolved inorganic phosphate　溶存無機〔態〕リン酸，略号 DIP

dissolved material　溶存物質：水中に溶解しているガス性以外の物質.

dissolved organic carbon　溶存有機〔態〕炭素，略号 DOC：およそ $0.5\ \mu m$ より小さい水中に溶存している有機態炭素. 炭水化物，タンパク質，アミノ酸，有機酸など多様な物質が含まれる.

dissolved organic matter　溶存態有機物，略号 DOM

dissolved organic nitrogen　溶存有機〔態〕窒素，略号 DON

dissolved organic phosphate　溶存有機〔態〕リン酸，略号 DOP

dissolved oxygen　溶存酸素，略号 DO：水中に溶解している酸素分子.

distal pterygiophore　遠位担鰭(き)骨

distance of CPA　最接近距離：観測者と他船などの目標物との相対位置が最も近づいた時の距離.

distance sampling　距離採集法：対象物に対する距離データから発見確率を推定して個体数を算出する方法.

distance table　距離表：主たる港を基準に，二つの港間の距離を示した表.

distant receptor　遠隔受容器

Distant Water Fishery Promotion Act　遠洋漁業奨励法

distant water trawl fisheries　遠洋底曳網漁業

distilling plant　蒸留装置《海水の》：清水を作る装置.

distortion　歪(ひずみ)

distribution　1)分布. 2)流通.

distributional margin　流通マージン：流通過程で生じる売買価の開き. 通称は利ざや.

distribution at outside wholesale market　市場外流通：卸売市場内における取引きを経由しない流通. 漁業者と小売業者が卸売市場を通さないで取引きすれば比率は高まることになる.

distribution market　集散〔地〕市場

distributor　流通業者

disturbance　かく乱：既存の生態系が外的な要因によって破壊される現象.

disulfide bond　ジスルフィド結合：2つのシステイン残基側鎖の SH 基が酸化されて形成した SS 基による架橋結合. S-S 結合ともいう.

dithiothreitol　ジチオトレイトール，略号 DTT：タンパク質中の S-S 結合を2つの SH 基に変換させる還元試薬.

diurnal　昼行性〔の〕

diurnal inequality　日潮不等：1日に2回起こる満潮(または干潮)の水位が等しくないこと.

diurnal rhythm　日周リズム：= diel rhythm, circadian rhythm.

diurnal tide　日周潮：ほぼ1日周期の分潮. K_1 分潮, O_1 分潮などがある.

div. → division

divalent metal transporter　二価金属イオン輸送体：二価の金属イオンの輸送に関係するタンパク質.

diver　潜水士

divergence 1) 発散. 2) 分岐：進化において系統枝が分裂後, 形質の差異が大きくなっていくこと.

diversity index 多様度指数：生物群集の多様度を示す指数.

diving apparatus 潜水器

diving board 潜航板：= depressor.

diving fisher 海士（あま）

diving fisheries 潜水漁業

division 門《植物分類の》, 略号 div.

DL → datum level

D-loop D ループ〔領域〕：DNA の複製開始領域周辺に形成される輪状となる部分. ミトコンドリアでは突然変異の確率が高く, 系統解析に用いられる. = displacement loop.

DMA → dimethylamine

DNA → deoxyribonucleic acid

DNA barcoding DNA バーコーディング：短い遺伝子マーカーを利用して DNA の配列から種を特定する手法.

DNA double strand break DNA 二本鎖切断

DNA fingerprinting DNA フィンガープリント法：ミニサテライト DNA をプローブとしたサザンブロット法. 個体識別などに利用する.

DNA microarray DNA マイクロアレイ：多数の DNA 断片をプラスチックやガラスなどの基板上に高密度に配置した分析器具. 既知の塩基配列を基にした一本鎖 DNA を多数配置することで, 特定のサンプル中の遺伝子発現パターンを網羅的に解析することが可能となる.

DNA polymerase DNA ポリメラーゼ：一本鎖 DNA を鋳型としてその相補鎖を合成する酵素.

DNase → deoxyribonuclease

DNA vaccine DNA ワクチン：免疫反応を誘導する抗原をコードする DNA.

DNA virus DNA ウイルス

DO → dissolved oxygen

DOC → 11-deoxycorticosterone, dissolved organic carbon

docosahexaenoic acid ドコサヘキサエン酸, 略号 DHA, 22:6 n-3：シス二重結合を 6 個もつ C22 の n-3 系高度不飽和脂肪酸. 魚油に多い.

docosapentaenoic acid ドコサペンタエン酸, 略号 DPA, 22:5 n-3；22:5 n-6：シス二重結合を 5 個もつ C22 の高度不飽和脂肪酸. n-3 系と n-6 系がある.

doliolaria ドリオラリア〔幼生〕：① = vitellaria. ②棘皮動物ナマコ類のオーリクラリア期に続く幼生.

dolphin sonar イルカのソナー：イルカのもつバイオソナー. クリックスのエコーによって餌魚などを探知する.

DOM → dissolved organic matter

domain 1) ドメイン：分類学の界(kingdom)よりも上位の階級として, 古細菌, 真正細菌および真核生物に対して提唱されている名称. 2) 領域.

domestic alien species 国内外来種：日本国内のある地域から, もともといなかった地域にもち込まれた外来種.

domesticating fishery 飼い付け漁業：一定の場所に餌を撒き続けて餌付けして成長させ, 魚を集めた後に漁獲する漁業.

domestication 養殖化《魚の》：家魚化ともいう. 野生魚を完全養殖化し, 継代育種を繰り返すことにより, 人工飼育環境下での飼育・繁殖が容易かつ有用な形質を備えさせること.

domestic waste water 生活廃水：一般的な人間の生活に伴って生じ, 排出される水. 家庭廃水ともいう.

dominance 1) 優位：動物集団の中にお

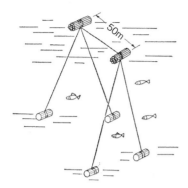

飼い付け漁業（魚の行動と漁法，1978）

ける順位の優位．2)優性：対立形質をもつ両親の交配で F_1 に現れる形質．3)優占度：植物集団内で，どの種が量的に優勢または劣勢かの程度を表す尺度．

dominance deviation 優性偏差：各遺伝子型の育種価を推定した場合，観察値とはずれが生じる．その際の各遺伝子型における差異をさす．

dominance effect 優性効果：ヘテロ型の遺伝子型値が両方のホモ型の中間値からずれる現象．

dominance genetic variance 優性遺伝分散，略号 VD：ある集団における遺伝分散のうちヘテロ型が両方のホモ型の中間値から外れることにより生じる分散をさす．優性分散とも呼ぶ．

dominance hierarchy 順位：動物集団の構成員相互間の優位と劣位の序列．順位制ともいう．

dominant 優性〔の〕：ヘテロ接合となった時表現型として発現する．

dominant species 優占種：生物群集において数量的にまさっている種．卓越種ともいう．

dominant year class 卓越年級群：加入まで生き残った個体数が他の年に比べて特別に多い年級群．

domoic acid ドウモイ酸：紅藻ハナヤナギに含まれる駆虫成分．珪藻も産生し記憶喪失性貝毒の原因となった．カイニン酸の類縁化合物．

DON → dissolved organic nitrogen

Donaldson strain ドナルドソン系：L.R. ドナルドソンが集団選択をした高成長・高生産性のニジマス系統．

door オッターボード：= otterboard.

DOP → dissolved organic phosphate

DOPA → 3, 4-dihydroxyphenylalanine

dopamine ドーパミン

Doppler current meter ドップラー潮流計：プランクトンなどによる超音波パルスの散乱波のドップラー効果から潮流を測る装置．

Doppler effect ドップラー効果：波源または観測者が動くことによって，波源の振動数とは異なった振動数の波が観測される現象．

Doppler log ドップラーログ：船底の送波器から海底に向けて超音波を発射し，海底からのエコーに含まれるドップラー効果によって船速を測定する装置．

dorsal aorta 背大動脈

dorsal aspect target strength 背方向ターゲットストレングス《魚の》：音波が魚の背方向から入反射する時のターゲットストレングス．

dorsal fin 背鰭(き)，略号 D

dorsal intercalary plate 背間挿板

dorsal lamina 背膜

dorsal light response 背光反射

dorsal midline 背中線

dorsal muscle 背筋

dorsal root 背根：後根ともいう．

dorsal splitting 背開き：魚を背側から包丁で切り開く方法．= back cutting.

dorsal vessel 背行血管

double bag net 二段箱網：入網魚の逸出防止と操業の合理化を目的とし，2個の箱網を連結したもの．

double hook 二本針：2本の釣針のくき(茎)を一つにまとめ，腰から先を二股にした釣針．

double immunodiffusion 二重免疫拡散法

double-linked set net 二階網：二つの定置網を海陸方向に連結した定置網．

double sampling 二重標本抽出：母集団から比較的大きな標本を抽出し，そこからより小さい標本を抽出する方法．二相標本抽出ともいう．

double seamer 二重巻締機

double sheet bend 二重蛙又結び：結索の一種．

double tagging 二重標識：標識の脱落率を推定するため，1個体に二つの標識をつけて放流する実験．

double trap net 二段落〔と〕し網：二段箱網をもつ落網．

down regulation 下方調節：成熟過程において，一部の卵母細胞が再吸収され，孕(よう)卵数が減少する現象．

downrigger 潜航索具：曳縄に付けた釣針の曳航水深を調節するための索具．

downstream 川下《流通の》：商品の流れを川に例えた場合，消費者に近い小売段階のこと．外食産業を含む．

downstream migration 降河回遊：海で生まれて川で成長し，繁殖のために海に下る回遊行動． = catadromous migration.

DP → dry pellet

DPA → docosapentaenoic acid

DPS → dynamic positioning system

drag coefficient 抗力係数：流体抵抗の抗力成分を表す指数．

drag combed-hook 文鎮漕(こ)ぎ：多数の空針を付けた鉄棒で海底を引き廻し，底生魚を引っ掛ける漁法．

drainage basin 集水域：= watershed.

dredge 1)浚渫(しゅんせつ)：航路維持などのため，所定の水深まで掘り下げること．2)ドレッジ：鉄製の方形枠に袋網を取り付けて海底を曳航し，主に貝類を採捕する桁網の一種．

dredging 浚渫(しゅんせつ)

dressed fish ドレス：内臓，鰓および頭を除去した魚体．

dried bonito wing meat of ventral part 雌節：大型カツオのフィレーを背側と腹側に縦断し，腹側から作った節．背側は雄節となる．カツオは skipjack, skipjack tuna とも呼ぶ． = katsuobushi of abdominal fillet.

dried herring 身欠きにしん

dried mackerel サバ節：主にゴマサバが用いられ，削り節または出汁の原料として使用される．

dried nori 乾し海苔：スサビノリやアサクサノリなどの紅藻類に属する海藻を紙を漉くのと同様の方法で薄い板状に乾燥したもの． = dried laver.

dried product 乾製品：魚介類を乾燥することにより貯蔵性をもたせた食品の総称．

dried round cod 棒だら：タラの素干し品で，骨つき棒だらと骨抜き棒だらがある．

dried round fish 丸干し：原形のまま(丸)の魚を塩漬けにした後に乾燥したもの．

dried seafood 干物《魚介類の》：魚介類を乾燥した加工品．製法の違いにより素干し，塩干し，焼き干し，煮干し，みりん干しなどに分けられる．

dried shark fin ふかひれ：サメ類の鰭(ひれ)を乾燥したもの．鰭の筋糸(エラストイジン)が中華料理で珍重され

dried split fish 開き干し《魚の》：魚の干物の中で，処理方法として魚を開いた状態で乾燥させたもの．

dried squid するめ：イカの素干し品．

dried wakame 乾〔し〕わかめ：採取したわかめを天日干しや機械乾燥させたもの．素干しわかめともいう．

drift 1)ドリフト：浮動，または「ふかれ」ともいう．海流および送風にまかせて移動すること．2)漂流：押し流されること．

drift bottle 海流瓶：流れを調べるために放流する漂流瓶．

drift gill net 流し刺網：= drift net.

drifting seaweed 流れ藻：海表面を浮遊している海草藻類．= floating seaweed.

driftline 1)浮き延(はえ)縄：水面から垂下して設置する延縄で，表層魚を対象とする漁具．= floated longline, pelagic longline. 2)樽流し釣：立て縄を浮標に付け，船から流して操業する方法．

drift net 流し網：錨などで固定せず，風または潮流で流して使う刺網．流し刺網ともいう．

drip ドリップ：凍結魚肉または冷凍食品を解凍した時に流出する液汁．

drive-in net 追い込み網：魚群を威嚇して網の中に追い込んで捕らえる漁具・漁法．

drogue 海流板：流れを調べるために放流と追跡をする漂流ブイの抵抗板．

dropper 枝糸：= branch line.

dropsy 腹水症

drug-metabolizing enzyme system 薬物代謝酵素系：体内での薬剤代謝に係る酵素群．

drug registered for fishery use 水産用医薬品

drug resistant bacterium 薬剤耐性〔細〕菌：特定の薬剤に対して耐性をもつ細菌．

drug sensitivity 薬剤感受性：特定の薬剤によって殺菌，静菌される性質．

drum seine ドラムセイン：船尾に装備した網ドラムを利用して投網と揚網を行う旋(まき)網．

dry and smoking ドライスモーク

dry deposition 乾性降下物：大気汚染物質が，水を媒介とせずにエアロゾルやガスとして地表に沈着したもの．広義では湿性降下物とともに酸性雨に含められる．

dry icing 揚げ氷法：魚体に砕氷を直接にふりかけて保蔵する方法．

drying 乾燥：食品などの物質に含まれる水分を除去すること．食品を乾燥することで，自由水が減少し貯蔵性が付与されるとともに重量減少により輸送性が向上する．自然乾燥と人工乾燥に分けられる．水産物の乾燥品として，素干し，煮干し，塩干し，焼き干し，みりん干しなどの干物がある．

drying up 魚締め：旋(まき)網または定置網の揚網終盤に入網魚の収容容積を縮小し，魚捕り部を浅くして魚汲みを容易にする作業．

dry method 乾導法：サケ，マスなどの水産動物の卵を人工授精する時，卵と精子をよく混合した後に淡水または海水を加える方法．

dry pellet ドライペレット，略号 DP：固形乾燥飼料．

dry precipitate 乾性降下物：= dry deposition.

dry salting 撒き塩漬〔け〕：振り塩漬けともいう．魚介類の表面や腹腔内に塩を散布する塩蔵方法．

DSL → deep scattering layer

DSP → diarrhetic shellfish poisoning

DTE → data terminal equipment

DTT → dithiothreitol

dual-beam method デュアルビーム方式：計量魚探機でターゲットストレングスを測る場合，広狭二つのビームのレベル差から指向性補正を行う方式．

dumb card ダムカード：コンパスによる方位測定が困難な時などに用いる方位盤．

dummy variable 疑似変数

duodenum 十二指腸

duplex retina 二重性網膜：視細胞として錐体と桿体の両方を備える網膜．

duplicate loci 重複遺伝子座

duration 持続時間

Durbin-Watson ratio ダービン・ワトソン比：重回帰分析などで残差の相関を検出する方法．

Dutch pot オランダ式籠

D value D値：ある濃度の微生物を一定条件で殺菌した際に，菌数が1/10に減少するのに要する時間(分)．

dwarfism 短軀症

dwarf male 矮(わい)雄：雌雄異体の動物において，雌に比べて著しく小型である雄．

dyad 二分染色体

dynamical system 力学系：物理学または生物学のシステムなどの時間的変化を表現する数学的模型．

dynamic equilibrium 動的平衡：微視的には動いているが，巨視的には静止している系の状態．

dynamic height 力学的高度《海面の》：同一ポテンシャル面から測った海面の高さ．

dynamic MEY 動的MEY：利子率などによる価値の時間的減少を考慮した最大[純]経済生産量．

dynamic pool model 成長残存モデル：資源量を年齢別個体数と年齢別個体重量の積で表す資源動態モデルの総称．

Baranovにはじまり，Beverton and Holtによって体系づけられた．

dynamic positioning system 自動船位保持装置，略号DPS：船を一定の位置に自動的に保つための制御装置．

dynamic viscoelasticity 動的粘弾性

dynamo 直流発電機

dynein ダイニン：繊毛と鞭毛のATPアーゼ．モータータンパク質の一種．

E_2 → estradiol-17β

EA → antibody-sensitized erythrocyte

EAA index EAA指数：= essential amino acid index.

Eadie-Hofstee plot イーディー・ホフステーのプロット：酵素反応速度と基質濃度の関係を示す，ミカエリス・メンテン式の変形式を用いるプロット法の一つ．

EAF → ecosystem approach to fisheries

ear plug 耳垢(じこう)栓：ヒゲクジラの外聴道に特有の固形分泌物で，脂質に富む．年齢形質の一つ．

Earth Observation Research Center 地球観測センター，略号EORC：JAXAの人工衛星データ受信施設．

earth observation satellite 地球観測衛星，略号EOS：地球観測を目的とする人工衛星．

East China Sea 東シナ海：太平洋西部の縁海．南西諸島とユーラシア大陸ではさまれた海域．

Eastern Boundary Current 東岸境界流：大陸の東岸に沿って流れる海流．

ebb 引き潮：潮汐に基づく海面変動で，満潮から干潮までの間で海面が下降し

つつある状態. 下げ潮, 落潮ともいう.

ebb current 引き潮流：引き潮に伴い生じる流れ. 下げ潮流ともいう.

EBFM → ecosystem-based fisheries management

ecdysone エクジソン：甲殻類の脱皮を促すステロイドホルモン. Y器官と呼ばれる腺性内分泌器官で合成される. 標的器官に作用するのは活性型の20-ヒドロキシエクジソンである.

ECG → electrocardiogram

echinopluteus エキノプルテウス〔幼生〕：ウニ類のプリズム幼生.

Echinostoma 棘(きょく)口吸虫

echo エコー：音波または電磁波が対象物によって反射されて戻ってきた信号. 反響ともいう.

echo counting エコー計数方式：エコー数を計測し, 疎に分布する魚の分布密度を測る方式.

echogram エコーグラム：経過時間または航走距離と深度に対する魚群, 海底などのエコー表示.

echo integration method エコー積分方式：エコーの平均強度から魚の分布密度を測る方式. 主な音響資源調査方法.

echo location エコーロケーション：イルカなどのバイオソナー能力をもつ生物が音波探知すること. 音響探知ともいう.

echo sounder 音響測深機：船底の送受波器から垂直に音波パルスを発し, 海底によるエコーによって測深する装置.

echo trace エコートレース：魚探機などの表示上に現れる魚群と個々の魚のエコーの連なり.

eco-label エコラベル

ecological efficiency 生態効率：生態系の栄養段階ごとの転送効率.

ecological environment 生態環境：生態系の視点からみた環境.

ecological pyramid 生態学的ピラミッド：生態系の栄養段階構成(量的関係)の比喩的表現. 一般に, 栄養段階が高いほど生物量が少ないので, これを積み上げ式に表示すればピラミッドのようにみえることから, その名がある.

ecological release 生態的解放：侵入した生物に競争関係がない状態.

economic business 経済事業

economic recovery movement of agriculture, forestry and fisheries village 農山漁村経済更生運動

economies of scale 規模の経済：製品の単位当り費用が企業規模の拡大に応じて低下すること.

Ecopath エコパス：生態系全体を扱う生態系モデルの一つ.

Ecosim エコシム：エコパスを拡張して漁獲量の影響評価を行うシミュレーション.

ecosystem 生態系

ecosystem approach to fisheries 漁業への生態系アプローチ, 略号 EAF

ecosystem-based fisheries management 生態系に基づく漁業管理, 略号 EBFM

ecosystem function 生態系機能：生態系内の相互作用による物質の生産・分解・循環に代表されるプロセス.

ecosystem management 生態系管理

ecosystem model 生態系モデル

ecosystem process 生態系過程

ecosystem service 生態系サービス：生態系機能に由来して人類にもたらされる非経済的恩恵(サービス). 供給, 調整, 文化, 基盤, 保全の各サービスに大別される.

ecotechnology 生態工学：生物の生態と生態系に配慮した工学.

ecotone 推移帯：隣接する生物群集が混成し, 群集の境界を連続的につなぐ

区域.移行帯,エコトーンともいう.
= transition zone.

ectocarpin エクトカルピン:褐藻綱シオミドロ目の性フェロモン.

ectoderm 外胚葉

ectoparasite 外部寄生体:体表,鰭(ひれ),鰓(えら)の上など環境水に接した寄生部位の寄生体.

ectoplasm 周辺質

ectopterygoid 外翼状骨:真骨魚の頭骨の一部.

ectotherm 外温〔性〕動物:体温を主に外界の熱エネルギーによって維持している動物.

eddy 渦:= vortex.

eddy diffusion 渦拡散:渦の不規則運動による拡散.

eddy diffusivity 渦拡散率:渦拡散の強度を表す係数.

eddy viscosity 渦粘性:渦の不規則運動による粘性.

edema 浮腫(しゅ):皮下組織に組織液が病的に貯留した状態.

edge effect 際縁効果:多様な種,特有の変異型などが推移帯で出現する現象.

edible oil 可食油:食用に適する油.日本では植物油脂のこと.

edible pigment 食用色素:食品を着色する目的で添加される食品添加物.

edible portion 可食部:魚介類から骨,内臓,皮などの不可食部位を除去した部分.

Edman〔degradation〕method エドマン〔分解〕法:フェニルイソチオシアネートを用いて,ペプチドのN末端からアミノ酸配列を分析する方法.

EDTA → ethylenediaminetetraacetic acid

Educational Aid Society for Orphans of Fishermen 漁船海難遺児育英会

eductor エダクタ:駆動水によって他の液体を吸引し排出する器械.

eel aquaculture 養鰻(まん):ウナギの養殖.

eel comb ウナギ掻(か)き:ウナギを引っ掛けて獲る鉤引具.

eelgrass bed アマモ場:比較的静穏な内湾の水深2〜5m付近に形成されるアマモやコアマモの群落.

eel trap ウナギ籠

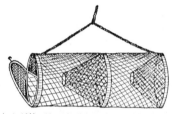

ウナギ籠(魚の行動と漁法,1978)

EEZ → exclusive economic zone

effective accumulated water temperature 有効積算水温:日間の平均水温から対象生物の生物学的零度を減じた値の積算値.

effective fishing effort 有効漁獲努力量

effective horse power 有効馬力《船の》:船を前進させるのに必要な馬力.

effectiveness of effort 努力の有効度

effective〔overall〕fishing intensity 有効漁獲強度

effective search width 有効探索幅:= effective strip width.

effective size of population 1)集団の有効な大きさ:自然集団において,一世代当りの繁殖に成功する個体数の平均値.2)集団の有効な大きさ《遺伝学の》:ある集団を理想集団に置き換えた時の集団の大きさ.集団の中で次世代へ遺伝的に影響を与える個体の数.

effective value 実効値:測定値の二乗平均の平方根.

effect of prior residence　先住効果：先住者が侵入者より闘争において有利になる現象.

effector　エフェクター：酵素活性を促進または阻害する物質. 修飾因子ともいう.

efferent　遠心性〔の〕：中枢から末梢へ向かう方向性.

efferent branchial artery　出鰓動脈

efficiency　有効性

efficient estimator　有効推定量：クラメール・ラオの不等式の下限値に等しい分散をもつ不偏推定量.

effluent　1) 排水. 2) 流出水. 3) 溶出液.

effluent standard　排水基準

effort　努力〔量〕《漁獲の》：= fishing effort.

egg　卵

egg and larval transport　卵・仔魚輸送：流れによる魚卵と仔魚の輸送.

egg membrane　卵膜

egg production　産卵数：= fertility.

egg quality　卵質

egg sinker　ナツメ型錘(おもり)：釣漁具用錘の一種. = albumen.

egg white　卵白

EHEC → enterohemorrhagic *Escherichia coli*

EIA → environmental impact assessment, enzyme immunoassay

EIBS → erythrocyte inclusion body syndrome

eicosapentaenoic acid　エイコサペンタエン酸, 略号 EPA：= icosapentaenoic acid.

EIEC → enteroinvasive *Escherichia coli*

eisenine　アイゼニン：アラメ由来のトリペプチドの一種.

ejaculation　放精：射精ともいう.

Ekman layer　エクマン層：エクマンの吹送流の流速が表面の 1/e になる深さまでの層.

Ekman motion　エクマンの吹送流：海面の風の応力によって生じる流れ. エクマンによって理論化された.

Ekman spiral　エクマンらせん：エクマンの吹送流が深さとともにらせん状に流向を変えながら急速に減衰すること.

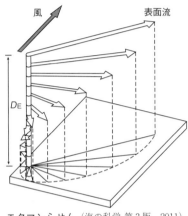

エクマンらせん (海の科学 第3版, 2011)

Ekman transport　エクマン輸送：エクマンの吹送流による水の輸送.

elastase　エラスターゼ：エラスチンを特異基質とするセリンプロテアーゼの一種.

elastic constant　弾性率

elasticity　弾性

elastin　エラスチン：腱, 皮膚, 動脈などの伸縮性結合組織に多く含まれる弾性タンパク質.

elastoidin　エラストイジン：サメ鰭(ひれ)の角質性コラーゲン線維. 筋糸ともいう.

electric fish　電気魚

electric fishing　電気漁法：水生動物が電流に感応して起こす麻痺, 仮死, 逃避行動などを利用する漁法.

electric organ 発電器〔官〕

electric propulsion 電気推進：電動機によって推進器（スクリュープロペラ，ウォータージェット推進器）を駆動する方式．

electric stimulus 電気刺激

electrocardiogram 心電図，略号 ECG：心臓の運動によって発生する電気的変化を記録した図．

electrode 電極

electro-magnetic sense 電磁感覚：神経系によってとらえられる感覚の一種．特に電磁的刺激（光・熱）に対する応答．

electromyogram 筋電図，略号 EMG：筋肉の運動によって発生する活動電位を記録した図．

electron acceptor 電子受容体

electron carrier 電子運搬体

electron donor 電子供与体

electron transport system 電子伝達系：細胞膜または細胞小器官で，電子が一連の酸化還元反応によって移動する系．

electroolfactogram 嗅覚電図，略号 EOG：嗅覚器官の働きによって生じる活動電位を記録した図．

electrophoresis 電気泳動〔法〕

electrophysiology 電気生理学

electroporation エレクトロポレーション法：DNA を含む細胞の浮遊液に高電圧をパルスで与え，細胞内に外来 DNA を導入する方法．

electroreception 電気受容

electroreceptor 電気受容器

electroretinogram 網膜電図，略号 ERG：網膜が光を受けて発生する活動電位を記録した図．

electrostrictive transducer 圧電振動子：圧力と電圧の相互変換器で，送受波器に使用する．

elemental analysis 元素分析

ELISA → enzyme-linked immunosorbent assay

elittoral 亜沿岸〔の〕

El Nino(Niño) エルニーニョ：東風の貿易風が弱まり暖水プールが太平洋赤道海域東部に滞留し海面水温が上昇する現象．南方振動との関係から，エルニーニョ・南方振動（ENSO）とも呼ばれる．

El Nino-Southern Oscillation エルニーニョ・南方振動，略号 ENSO

elongation 伸張：伸びともいう．

eluviation 溶脱〔土壌の〕：蒸発や降雨などを通じて土壌中物質が地下水などに流出すること．

elver シラスウナギ：レプトセファルス幼生から変態したウナギの稚魚で体色素が少ないもの．= glass eel.

elver with pigmentation くろこ：シラスウナギの次の成長段階にある黒い体色の稚魚．

elytron 背鱗

EM algorithm EM アルゴリズム：= estimation-maximization algorithm.

embankment 築堤：堤防を築くこと．

Embden-Meyerhof〔-Parnas〕pathway エムデン・マイヤーホフ〔・パルナス〕経路，略語 EMP 経路：= glycolytic pathway.

embolism 塞（そく）栓症：血栓，異物などが脈管内に流れ込み，管腔を閉塞する現象．

embryo 1) 胎児．2) 胚．

embryonic stem cell 胚性幹細胞，略語 ES 細胞：全能性をもつ樹立細胞株．

emergency entry to the territorial waters 緊急入域：海難事故，傷病者の治療などのため，船舶が緊急に外国の領水に入ること．国際的慣行の一つ．

emergency repair 応急復旧：被災を受けたり，破損した部分を応急的に修理

して復旧すること.

EMG → electromyogram

emigration 逸散

empirical distribution 経験分布

employee 雇われ

employment situation 雇用状況

EMP pathway EMP 経路：Embden-Meyerhof〔-Parnas〕pathway

emulsification 乳化：= emulsifying.

emulsifying agent 乳化剤：= emulsifier.

emulsion エマルジョン：乳濁液ともいう.

EN → endangered〔species〕

encapsulation 包囲化

encephalitis 脳炎

encircling gill net 巻き刺網：対象生物を包囲して網目に刺させたり，網地に絡(から)ませて捕獲する漁具・漁法.囲い刺網ともいう.

enclosed 閉鎖性〔の〕

enclosed water 閉鎖〔性〕海域：= closed water area.

enclosure aquaculture 築堤式養殖：堤防で仕切って作った水面で養殖を行うこと.

enclosure aquaculture by net partition 網仕切り養殖

endangered 絶滅危惧 IB, 略語 EN：IUCN(国際自然保護連合)のレッドリストにおけるカテゴリーの一つ.

endangered species 絶滅危惧種：狭義では IUCN レッドリスト「絶滅危惧 IB」をさす. = endangered.

endemic 1)固有種〔の〕. 2)風土性〔の〕.

endocarditis 心内膜炎

endochondral ossification 軟骨骨化：骨形成において，まず軟骨による原型が作られ，それが硬骨によって徐々に置き換わっていくこと.

endocrine 内分泌

endocrine disrupting chemicals 内分泌かく乱〔化学〕物質：= endocrine disruptor.

endocrine disruptor 内分泌かく乱物質：生物の内分泌系機能をかく乱する外来性の物質. 通称は環境ホルモン.

endocrine organ 内分泌器官

endocrinology 内分泌学

endocuticle 内クチクラ

endocytosis エンドサイトーシス：細胞が飲食運動によって液体または粒子を取り込む現象.

endoderm 内胚葉

endogenous 内因〔性〕の

endogenous branch 内生枝

endogenous opioid 内因性オピオイド：間脳視床下部や下垂体から分泌される鎮痛作用のあるオピオイドの総称. 内因性鎮痛ペプチドともいう.

endogenous protease 内在性プロテアーゼ：魚肉に内在するプロテアーゼの総称. 自己消化に関与し，魚肉の食感に影響を及ぼす.

endolithic 岩内生〔の〕：岩石の中に入り込んで生きるの意.

endomitosis エンドマイトーシス：核膜の消失を伴わない有糸分裂. 核内有糸分裂のこと. 核内分裂《細胞の》ともいう.

endoparasite 内部寄生体

endoplasmic reticulum 小胞体：タンパク質合成，脂質代謝および細胞内物質輸送などを担う細胞小器官.

endopodite 内肢

endoreduplication 核内倍化

endorphin エンドルフィン：内因性鎮痛ペプチドの一種.

endoskeleton 内部骨格

endospore 内生胞子：細胞内に形成される胞子.

endostyle 内柱《原索動物の》

endotherm 内温動物：体温を主に代謝

熱によって維持している動物. 温血動物ともいう.

endozoic 動物内生〔の〕: 動物の体内に生息することをさす.

end plate 終板: 運動神経と筋線維の接合部で筋線維の側にみられる板状構造. 中枢からの興奮がここに入ると筋肉の活動が生じる.

end-plate potential 終板電位: 中枢からの刺激が終板を通して筋細胞膜に伝わる際に生じる活動電位.

end rope 捨て縄: 延縄または籠一連の両端のロープ. 浮き縄または錨綱に接続する.

end sac 終末嚢(のう)

enemy release 天敵解放: 外来種の個体群成長を抑える天敵(捕食者, 寄生者, 植食者など)がいないこと. そのため, 侵入に成功すること.

energy budget エネルギー収支

energy charge エネルギー充足率: ATP-ADP-AMP系に占める高エネルギーリン酸基の割合を示す値. アデニル酸エネルギーチャージともいう.

energy efficiency エネルギー効率: 食物連鎖の各栄養段階で, 前段階のエネルギー量の何%が利用されたかを示す効率.

energy flow エネルギーフロー: 生態系におけるエネルギーの受け渡しの流れ.

energy retention エネルギー蓄積率

enforcement 監視取り締まり

engine room 機関室

engine trial 機関試運転

enhancer エンハンサー

enkephalin エンケファリン: 内因性鎮痛ペプチドの一種.

enmeshed rate 羅網率: 刺網において, 対象生物が網に掛かる割合.

enrichment 栄養強化

enrichment culture 高密度培養

ENSO → El Nino-Southern Oscillation

entangled 絡(から)んだ: 刺網において, 対象生物が網に絡まること.

entangling 羅網: 刺網において, 対象生物が網に掛かること.

enteric bacterium 腸内細菌

enteric red mouth disease レッドマウス病《サケ科魚類》: 細菌 *Yersinia ruckeri* のサケ科魚類への感染症.

enteric septicaemia of catfish エドワジエラ敗血症《ナマズ類》: ナマズ類における細菌 *Edwardsiella ictaluri* 感染症. エドワジエラ・イクタルリ感染症とも呼称.

enteritis 腸炎

enterobacteriaceae 腸内細菌科

Enterococcus エンテロコッカス: ヒト腸内の常住細菌を含む球菌の一属.

enterohemorrhagic *Escherichia coli* 出血性大腸菌, 略号 EHEC: 細菌性食中毒の原因菌の一つ. 腸管出血性大腸菌ともいう.

enteroinvasive *Escherichia coli* 侵襲性大腸菌, 略号 EIEC: 細菌性食中毒の原因菌の一つ. 組織侵入性大腸菌ともいう.

enteropathogenic *Escherichia coli* 病原性大腸菌, 略号 EPEC: 腸管出血性大腸菌, 毒素原性大腸菌, 腸管侵入性大腸菌, 腸管病原性大腸菌, 腸管凝集性大腸菌, 分散接着性大腸菌が含まれ, 細菌性食中毒の原因となる. 下痢原性大腸菌または腸炎起病性大腸菌ともいう.

enterotoxin エンテロトキシン: 細菌が産生する毒素のうち腸管(特に哺乳類)に影響を及ぼすものの総称.

entopterygoid 内翼状骨: 魚類の頭骨の一つ.

entrance 端口: 定置網の運動場に設け

られる魚群の入口となる開口部.

entrance boundary 流入境界：到達不能境界の一つで，外部から熱などの流入がある境界．

entropy エントロピー：微視的にみた系の無秩序の度合を表す値．

enucleation 除核

environmental arrangement project in fishing community 漁業集落環境整備事業

environmental capacity 環境容量：自然の自浄作用によって，環境に悪影響が生じない汚染物質の収容限界．

environmental conservation 環境保全：漁業資源などの利用を排除しない保全をさし，環境保護とは区別されて用いられる．

environmental estrogen 外因性女性ホルモン様物質：環境中に放出され，動物の体内に取り込まれるとエストロゲン受容体と結合して生体反応を起こす化学物質の総称．

environmental gradient 環境傾度：環境条件（非生物要因）の変化の程度．

environmental impact assessment 環境影響評価，略号 EIA：環境の汚染と破壊を未然に防止するため，開発行為の影響を事前に調査，予測および評価すること．環境アセスメントともいう．

environmental indicator 環境指標：環境診断をするために用いる生物または現象．

environmental monitoring 環境監視：一定の地域を定め，その環境変化の有無を診断・評価すること．

environmental protection 環境保護：漁業資源などの利用を排除した保護をさし，環境保全とは区別されて用いられる．

environmental remediation 環境修復：微生物の能力を用いて，有害物質で汚染された自然環境（土壌汚染の状態）を，有害物質を含まないもとの状態に戻す処理のこと．

environmental resistance 環境抵抗：集団の個体数が増大することにより，個体数の維持に関して環境から受ける負の影響．

environmental standard 環境基準：公害防止対策の一環として，国，地方自治体などが定めた目標．

environmental variance 環境分散，略号 VE：表現型分散のうち，集団内における個体のおかれている環境変化に起因するもの．

environment analysis logic 環境要因評価法：種々の環境要因について生物の生息との因果関係を評価し，寄与の高い要因とその条件を抽出する方法．

enzymatic browning 酵素的褐変：野菜，果実などでみられる酸化酵素による褐変現象．

enzymatic characteristics 酵素特性：酵素の有する性質．

enzymatic hydrolysis 酵素分解：酵素による加水分解反応．

enzymatic modification 酵素修飾：加水分解酵素や転移酵素などを用いて，タンパク質や糖類の機能を改変すること．

enzymatic specificity 酵素の特異性：それぞれの酵素が，どのような化合物を基質とし，それを何に変化させるかが決まっていること．

enzyme 酵素：化学反応を触媒する生体高分子の総称．ほとんど全ての酵素がタンパク質またはタンパク質を主体とする高分子であるが，RNA の場合もあり，リボザイムと呼ばれる．

enzyme activity 酵素活性：酵素の触媒能力の大きさ．酵素活性の単位として"単位（Unit）"が一般的に用いられる．

enzyme cascade 酵素カスケード：一つの酵素反応が引き金となり，それに続く酵素反応がカスケード（連なった小滝）のように連続して活性化する現象．

enzyme immunoassay 酵素免疫定量法，略号 EIA：抗原抗体反応を利用し，酵素反応で発色させて定量する方法．

enzyme induction 酵素誘導：誘導物質の加入時に，それを代謝する酵素が細胞内で合成される過程．

enzyme inhibitor 酵素阻害物質：インヒビターともいう．

enzyme kinetics 酵素反応速度論：酵素特性の評価および反応機構の解明を目的とした動力学的解析方法．酵素と基質の親和性，最大反応速度，反応効率，ターンオーバー数などの数値に基づく．

enzyme-linked immunosorbent assay 固相酵素免疫定量法，略号 ELISA：抗原または抗体をマイクロタイタープレートなどに固相化した酵素免疫定量法．

enzyme precursor 酵素前駆体：= zymogen.

enzyme-substrate complex 酵素-基質複合体，略語 ES 複合体：酵素の活性中心に基質が可逆的に結合した複合体．

EOC → earth observation center

EOG → electroolfactogram

EOS → earth observation satellite

eosinophil 好酸球：好酸性顆粒をもつ顆粒白血球の一種．好エオジン球ともいう．

EPA → eicosapentaenoic acid

epaxial muscle 背側筋

EPC → epithelioma pappillosum cyprini

EPEC → enteropathogenic *Escherichia coli*

ephyra エフィラ〔幼生〕：刺胞動物鉢クラゲ類の有性生殖世代（クラゲ期）の幼生．

epicarditis 心外膜炎

epicentral bone 上椎体骨

epicingulum 上帯殻

epicuticle 上クチクラ

epidemic 伝染性の

epidemic prevention 防疫：地域への病原体の侵入や蔓延を防ぐこと．

epidemiology 疫学

epidermal hyperplasia 表皮増生

epidermis 表皮

epigenetics エピジェネティクス：生物が有する DNA の配列変化によらない遺伝子発現あるいは細胞表現型の変化を伝達するシステムおよびその学術分野．

epihyal bone 上舌骨

epilithic 着岩性〔の〕

epinephrine エピネフリン：= adrenaline

epineural bone 上尾骨：上神経骨ともいう．

epiotic bone 上耳骨

epipelagic 遠洋表層の

epipelagic zone 遠洋表層帯

epipelic 水表生〔の〕

epiphysis 上生体：= pineal body.

epiphytic 植物着生〔の〕

epipleural bone 上肋骨

epipodite 副肢

epistasis エピスタシス：異なる遺伝子座間での相互作用が単一の形質に影響を及ぼすこと．

epistatic effect → epistasis

epistatic genetic variance 上位性遺伝分散

Epistylis エピスチリス：淡水魚に寄生する繊毛虫の一属．

epitheca 上被殻

epithelial potential 上皮電位

epitheliocystis エピテリオシスチス：ク

ラミジアに属する細菌による魚類の疾病の一種.

epitheliocystis-like disease エピテリオシスチス類症

epithelioma 上皮腫(しゅ):上皮組織にできる腫瘍.

epithelioma pappillosum cyprini EPC 細胞,略号 EPC:コイの上皮腫瘍組織から樹立された株化細胞.

epithelium 上皮

epitoke エピトーク:環形動物多毛類の生殖期に,著しく変形した体後部体節.

epitope エピトープ:抗原の抗体結合部位.抗原決定基ともいう.= antigenic determinant.

epivalve 上殻《珪藻類の》

epizootic hematopoietic necrosis 流行性造血器壊(え)死症《レッドフィンパーチ・ニジマス》:レッドフィンパーチ・ニジマスのウイルス感染症の一種.病原体は,epizootic hematopoietic necrosis virus(EHNV).

epizootic ulcerative syndrome 流行性潰瘍症候群,略号 EUS:各種の魚類における淡水性卵菌 *Aphanomyces invadans* の感染症.真菌性肉芽腫と同一の疾病.

equation of time 均時差:実在の太陽(視太陽)と仮空の太陽(平均太陽)の日周運動によって定まる2種の時の差.

Equatorial convergence 赤道収束線:南北両半球の貿易風が合流する帯状の境界.熱帯収束帯.

Equatorial Countercurrent 赤道反流:北緯3度から10度くらいまでの間の赤道無風帯を赤道に沿って西から東へ流れる海流.

Equatorial front 赤道前線:南北両半球の貿易風が合流する帯状の境界.熱帯収束帯.

Equatorial Undercurrent 赤道潜流:赤道直下の海域で水面下を西から東へ流れる海流.

equilibrium catch 平衡漁獲量:持続生産量ともいう.= equilibrium yield, sustainable yield.

equilibrium dialysis〔**method**〕 平衡透析〔法〕:透析平衡〔法〕ともいう.

equilibrium point 平衡点

equilibrium state 平衡状態:= steady state.

equistasis 等位:変化するものの値が等しい点.

equivalence 等量主義《漁獲の》:当該国が同量ずつ漁獲し合うこと.

equivalent 等価〔の〕

equivalent beam width 等価ビーム幅:指向性に関する係数.実際と等価な効果を与える円錐ビームの開角.

erect filament 直立糸

erector muscle 起立筋

erect thallus 直立藻体

ERG → electroretinogram

Ergasilus エルガシルス:魚類に寄生するカイアシ類の一属.

ergosterol エルゴステロール:酵母などの菌類に含まれるステロール.プロビタミン D_2 ともいう.

erosion 浸食〔作用〕

error of the first kind 第1種の過誤:帰無仮説が正しいにもかかわらず,それを棄却する誤り.

error of the second kind 第2種の過誤:対立仮説が正しいにもかかわらず,それを棄却する誤り.

errors in variable model 変数誤差モデル:従属変数ばかりでなく,独立変数にも誤算がある統計モデル.

erythrocyte inclusion body syndrome 赤血球封入体症候群,略号 EIBS:未同定のウイルスによる赤血球感染症(サケ科魚類).

erythrophore 赤色素〔細〕胞

esca 擬餌状体

escapement 残存資源:サケ類などで漁獲を免れた資源.

escape vent 脱出口:底曳網または籠に設置し,特定の種と大きさの対象生物を逃がすための開口部. = escape gap.

ES cell ES 細胞:= embryonic stem cell.

Escherichia coli 大腸菌

Escherichia coli **O-157:H7** 大腸菌 O-157:H7:腸管出血性大腸菌の一種.

ES complex ES 複合体:= enzyme-substrate complex.

esophageal gland 食道腺

esophageal sac 食道囊(のう)

esophagus 食道

ESS → evolutionary stable strategy

essential amino acid 必須アミノ酸

essential amino acid index 必須アミノ酸指数,略語 EAA 指数

essential element 必須元素:生物体に不可欠な元素.

essential fatty acid 必須脂肪酸:生体内で生合成できないため,摂取が必要な脂肪酸.哺乳動物では α-リノレン酸,リノール酸およびアラキドン酸である.魚類の必須脂肪酸要求性は種によって多様で,海産性の仔稚魚ではDHA を要求するものが多い.

essential nutrient 必須栄養素

essential texture of fish〔meat〕paste products 足:ねり製品の硬さ,弾力性,歯切れなどの物性的特性を総合した嗜好的な好ましさ. ashi とも表記.

established cell line 株化細胞:無限に継代が可能になって株として確立された培養細胞.

establisher 開設者《卸売市場の》:卸売市場で関係業者に市場取引きを行わせ,市場管理業務を行う者.

esterase エステラーゼ:エステルを酸とアルコールに加水分解する酵素.

ester value エステル価:油脂 1 g をけん(鹼)化するのに要する KOH の mg 数.

esthetascs 嗅毛《甲殻類の》:嗅上皮粘膜にみられる感覚毛であり,においを感じ取る.

estimate 推定値:推定量の実現値.

estimated family wages 見積り家族労賃:漁業経営に投下された自家労働を労賃として見積った金額.

estimated interest of capital invested to fisheries 漁業見積り資本利子

estimated position 推定位置《船の》:海潮流の影響などを推定して推測位置を修正したもの.

estimation 推定

estimation error 推定誤差:モデル内のパラメータ推定の誤差.

estimation-maximization algorithm 推定-最大化アルゴリズム,略語 EM アルゴリズム:欠測値などの不完全データの解析において,補完しながら統計的推定を行う方法の一つ.

estimation of parameters パラメータ推定

estimator 推定量:未知パラメータを推定するための統計量.

estradiol-17β エストラジオール-17β,略号 E_2:卵巣で分泌される主要な雌性ホルモン.

estriol エストリオール:雌性ホルモンの一種.

estrogen エストロゲン:雌性ホルモンの総称.

estrone エストロン:雌性ホルモンの一種.

estuarine front 河口フロント:河口域において,河川から流入する淡水の前面にできる海洋前線.

estuary 河口域

estuary port 河口港：海または湖に注ぐ河川口に立地する港. = river mouth port.

ether phospholipid エーテル型リン脂質：グリセロールに脂肪鎖がエーテル結合したリン脂質. アルキルグリセロリン脂質とアルケニルグリセロリン脂質などが含まれる.

ethmoid 篩(し)骨：鼻腔の天井にある骨.

ethology 行動学

ethylenediaminetetraacetic acid エチレンジアミン四酢酸. 略号 EDTA

eubacteria 真正細菌

Eubacterium ユウバクテリア：魚病細菌を含むグラム陰性桿菌の一属.

Eucarya ユーカリア：真核生物のドメイン名.

eucaryote 真核生物：核が核膜におおわれた細胞をもち, 有糸分裂を行う生物. = Eucarya.

eukaryotic cell 真核細胞：真核生物の細胞. 二重の生体膜で構成された核を有し, 核内に染色体を含む.

eulittoral 真沿岸帯〔の〕

euneritic 上浅海〔の〕

eupelagic 真性表層性〔の〕

euphotic zone 真光層：1日当りの光合成量と呼吸量が釣合う状態である光補償深度より上の層.

euryhaline 広塩性〔の〕：広い塩分範囲に耐えられる性質.

eurythermal 広温性〔の〕：広い温度範囲に耐えられる性質.

EUS → epizootic ulcerative syndrome

eusociality 真社会性：個体間で分業体制が成立し, 集団の統合性と内部分化に著しいもの.

eutectic point 共晶点：魚肉の体液などの塩類溶液が凍結を完了する温度.

eutrophic 富栄養の：窒素, リンなど栄養塩類の濃度が高い.

eutrophic area 富栄養〔水〕域：窒素, リンなどの栄養素に富んで, プランクトンなどが多い生物生産の盛んな水域.

eutrophication 富栄養化：窒素, リンなど栄養塩類の濃度が増加すること.

eutrophic lake 富栄養湖：窒素, リンなどの栄養素に富んで, プランクトンなどが多い生物生産の盛んな湖.

evaporation 蒸発：液体の表面から気化が起こる現象.

evaporator 蒸発器

evenness 均等度：種の多様性を数的に示す尺度の一つ. 群集内における種ごとの個体数の相対量. 均等度が高いほど, 種の多様性が高い.

event 事象

eviscerated fish 腹抜き《魚の》：内臓をとった魚.

evolutionarily stable state 進化的安定状態

evolutionary distance 進化距離：相同遺伝子の塩基配列やタンパク質のアミノ酸配列などに生じた変化量. 変化の程度と進化の時間に正の相関があると仮定し, 統計学的な系統関係の推定に用いられる.

evolutionary ecology 進化生態学

evolutionary stable strategy 進化的安定戦略. 略号 ESS

EW → extinct in the wild

EX → extinct〔species〕

excess capacity 1) 過剰設備. 2) 過剰〔漁獲〕能力：漁獲努力量が過剰に投入されていること.

exchange of divided areas for aquaculture 漁場割替え：漁業生産力の平等化などを図るため, 養殖業者間で定期的に漁場を変更すること.

excitation-contraction coupling 興奮収

縮連関

exclusive economic zone　排他的経済水域，略号 EEZ：沿岸国が天然資源の探査，開発，保存および管理に関して主権的権利をもつ水域．

exclusive fishery right　専用漁業権：水面を専用して漁業を行う旧漁業法による権利．慣行専用漁業権と地先水面漁業権があった．

exclusive fishery zone　漁業専管水域：漁業に関する管轄権を行使できる水域で，一般には 200 海里以内．近年では EEZ の語を用いる．

exclusive right to use　占有使用権

excrement　糞：= feces.

excretion　1) 排泄：体内の老廃物を固体または液体の形で一定量排出すること．通常，発汗や蒸散，呼吸に伴う二酸化炭素の放出などは含まれない．2) 排出．

exercise regulation for fishery right　漁業権行使規則

exhalant canal　流出溝

exhalant chamber　上鰓（さい）腔

exhalant siphon　出水管：二枚貝類とホヤ類の体内の水を体外へ排出する管．

exhaust gas economizer　排ガスエコノマイザ：ボイラの給水を機関の排気ガスで予熱する加熱器．

exit boundary　流出境界：到達可能境界の一つで，内部から熱，確率などの流出がある境界．

exoccipital bone　外後頭骨

exocoriation　すれ：魚体表面の擦過症．

exocrine　外分泌

exocuticle　外クチクラ

exocytosis　エクソサイトーシス：細胞が排出運動によって液体または粒子を放出する現象．

exogenous　外因〔性〕の

exogenous branch　外生枝

exon　エキソン

exophthalmus　眼球突出

exopodite　外肢

exoskeleton　外部骨格

exospore　外生胞子

exotic species　外来種：それまで分布していない地域に侵入した生物種．

expander pellet　エクスパンダー飼料：エクスパンダーを通過した原料を他の原料とともにスティームペレットに成型した飼料．

expansion valve　膨張弁

expectation　期待値

expected price　希望価格：= asked price.

expendable bathythermograph　使い捨て水深水温計，略号 XBT

experience curve　経験曲線《養殖生産の》：養殖魚の累積生産量が倍増すると，単位当りのコストが 60 〜 90％に低下すること．

experimental design　実験計画：分散分析など統計的な検定を目的とした実験の組合せの計画．

experimental management　実験的管理

exploitable stock　漁獲可能資源

exploitation　搾取

exploitation rate　漁獲率：漁期初めの資源量（尾数）に対する漁獲量（尾数）の割合．

exponential distribution　指数分布《確率》：確率分布の一つ．

exponential growth　対数増殖

export production　移出生産：表層で生産された有機物のうち，有光層以深へ輸送される部分．

expressed sequence tag　EST

exsosome　エキソソーム

extension piece　足し身網：トロールの身網とコッドエンドの間に装着する円筒形の網．

extensive culture　粗放的養殖

external budding　外部出芽
external diseconomy　外部不経済
external fertilization　体外受精
exteroceptor　外受容器：体表などから外的刺激を受け入れる器官.
extinct　絶滅, 略号 EX：IUCN（国際自然保護連合）のレッドリストにおけるカテゴリーの一つ.
extinct in the wild　野生絶滅, 略号 EW：IUCN（国際自然保護連合）のレッドリストにおけるカテゴリーの一つ.
extinct in the wild species　野生絶滅種：狭義では IUCN レッドリスト「野生絶滅」をさす. = extinct in the wild.
extinction　絶滅
extinction coefficient　消散係数：水中の光の消散の度合を示す係数.
extinction curve　絶滅曲線
extinct species　絶滅種：狭義では IUCN レッドリスト「絶滅」をさす. = extinct.
extracellular matrix　細胞外マトリックス：多細胞生物において細胞間に存在する基質. コラーゲンなどがこれに当たる. 細胞外基質ともいう.
extractive nitrogen　エキス窒素：エキスに含まれる遊離アミノ酸, ペプチド, アミン, 尿素など窒素成分の総称.
extracts　エキス〔成分〕：食品または生物組織の除タンパク質抽出液. = extractive component.
extramortality due to tagging　標識死亡
extrapair copulation　つがい交尾
extreme environment　極限環境：一般的な動植物, 微生物の生育環境から逸脱する環境.
extremophile　極限環境微生物：好熱性, 好圧性など, 多くの生物が生息できない環境で生育する微生物の総称.
extruder　エクストルーダ：1本または2本のスクリューのかみ合わせによる粉砕, 混合, 加圧および成形が連続的に行われる食品加工機械.
extruder pellet　エクストルーダー飼料：原料をエクストルーダーでペレットに成型した飼料.
exudative inflammation　滲（しん）出性炎
eye　1）環：釣針の根元側に糸または縄を結ぶための環状構造物. 2）漏斗枠. = hoop. 3）漏斗. = funnel. 4）眼.
eyecup　眼杯
eye diameter　眼径
eyelid　眼瞼（けん）：通称は「まぶた」.
eye line　漏斗張り綱：籠の漏斗状の入口を伸張するためのロープ.
eye splice　アイ：舫い綱などの先に設けられた環. 索眼ともいう.
eye spot　眼点：下等動物における小型で単純な構造の光受容器. = stigma.
eye stalk　眼柄（ぺい）

F

f. → forma
$F_{0.1}$　エフ〔ゼロ〕ポイントワン：加入量当り漁獲量による資源管理基準の一つ. 漁獲係数 F に対する加入当り漁獲量 YPR の大きさを表す曲線において, 原点における傾きの 1/10 の傾きを実現する F.
F_1 → first filial generation
F_2 → second filial generation
face bone　顔骨
facial lobe　顔面葉
facial nerve　顔面神経
facilities for freshwater pisciculture　淡水養魚施設
factor analysis　因子分析：多変量解析の一つ. 各変数の変動を少数の共通因

子と変数固有の変動部分に分解して全体の変動を説明する方法.

factor loading 因子負荷:因子分析における共通因子それぞれの寄与の大きさ.

facultative 1)通性〔の〕. 2)条件的〔な〕.

facultative anaerobic bacterium 通性嫌気性〔細〕菌

facultative pathogen 条件性病原体:発症や感染に環境因子や宿主の生理状態が強く関与する病原体. 水産分野にほぼ限定して使用されることが多い. 日和見病原体ともいう.

FAD → fish aggregating device, flavin adenine dinucleotide

FADH$_2$ → flavin adenine dinucleotide

Fa fragment Faフラグメント:免疫グロブリンGの酵素消化で生じる二つの断片のうち, 抗原結合部位をもつもの.

falciform process 鎌状突起:真骨魚眼球内に存在する構造物. 血管系に富み, 網膜組織への栄養供給に関与している.

falling rate period of drying 減率乾燥期間:乾燥の進行に伴い内部からの水の拡散が表面蒸発に追いつかず, 乾燥速度が低下する期間.

fallout 放射性降下物:= radioactive fallout.

fall to the seas 海中転落

false color 疑似カラー:濃淡画像の濃度を色彩変化としてみやすく表す方法. = pseudo color.

false echo 疑似エコー:魚探機などで観察される本来のエコーとは異なり, 海底の多重反射などによるエコー.

fam. → family

family 科《分類学の》, 略号 fam.

family selection 1)家系選択:さまざまな同系交配によって生ずる家系を別々に飼育し, 家系間で選抜を行う方法. 2)家系選抜:選抜を行う際, 家系の平均値を基準に個体を選択する選抜法.

famine 飢餓:= starvation.

FAO → Food and Agricultural Organization of the United Nations

farm fatting 蓄養:漁獲した魚類を養殖場で消費サイズまで飼育すること(マグロなど).

far seas fisheries 遠洋漁業:自国の排他的経済水域外などの遠方の漁場で操業する漁業. 日本においては, 指定された漁業種類によって定義される. = distant water fisheries.

far seas purse seine fishery 海外旋(まき)網漁業

far sound field 遠距離音場:音波が到達する音場のうちで, 圧力変化による影響が水粒子変位よりも大きい範囲.

fast Fourier transform 高速フーリエ変換, 略号 FFT:離散フーリエ変換の対称性に基づき, 演算量を低減した手法.

fasting 絶食:通常の摂餌スケジュールを越えて食物を摂取しないこと.

fasting station 漬け場《ウナギの》:収穫して出荷までの間, ウナギを短期間絶食させるための場所. 立て場ともいう.

fast muscle 速筋

fathom ひろ(尋):主に水深を測る単位. 1ひろは6フィート(約1.83 m).

fat necrosis 脂肪壊(え)死

fat-soluble vitamin 脂溶性ビタミン:水に不溶性のビタミン群. ビタミンA, D, E, Kがある.

fatty acid 脂肪酸:一般に脂質が加水分解されて生じる長鎖アルキル基を基本構造とするモノカルボン酸.

fatty acid composition 脂肪酸組成:脂肪を構成する脂肪酸の構成比率.

fatty acid metabolism 脂肪酸代謝:脂肪酸は, β酸化, クエン酸回路および

電子伝達系を経て，アセチル CoA に変換された後，クエン酸回路に送られ，二酸化炭素へと酸化される．

fatty acid synthesis 脂肪酸合成：脂肪酸合成酵素によって，アセチル CoA とマロニル CoA から脂肪酸が合成される過程．炭素数 16 前後の脂肪酸まで生合成される．不飽和化反応や n-3 および n-6 脂肪酸の変換反応は他の酵素によって進む．

fatty degeneration 脂肪変性：細胞質内に形態学的に観察可能な脂肪滴が出現している状態．

fatty liver 脂肪肝

fatty meat of tuna とろ：マグロの脂身．

fauna 動物相

Fave Fave：過去数年間の漁獲係数 F の平均値．

favorable water temperature 好適水温：生息に適した水温．

FBP → fructose 1, 6-bisphosphate

Fc fragment Fc フラグメント：免疫グロブリン G の酵素消化で生じる二つの断片のうち，オプソニンとして働くもの．

Fcurrent Fcurrent：現状の漁獲係数 F．

F-distribution F 分布《確率》：二つの独立な χ^2 変数の比の確率密度関数で，分散分析などで用いる．

feather jig 毛針：= fly．

fecal pellet 糞粒

feces 排泄物：体内から固体または液体の形である程度まとまった量で排泄される老廃物．

feces and urine 尿(し)尿

fecundity 1)抱卵数：雌 1 個体が卵巣に形成する卵の数．2)孕(よう)卵数：一定期間内に産む卵数のこと．

feed 飼料：餌料ともいう．

feed additive 飼料添加物

feedback 1)フィードバック：入力に対して応答が戻り，その情報を基に入力を制御すること．2)帰還．

feedback control フィードバック制御

feedback inhibition フィードバック阻害：代謝系の最終産物が経路分岐点の最初の調節酵素を阻害し，生合成を調節する機構．

feedback management フィードバック管理

feed conversion 増肉係数：給餌量を体重増加量で割った値．= feed gain ratio．

feed conversion efficiency 飼料転換効率

feed efficiency 飼料効率：体重増加量を給餌量で割った値(%)．飼料転換効率ともいう．

feedforward control フィードフォワード制御

feeding 給餌

feeding attractant 摂餌誘因物質

feeding behavior 摂餌行動：動物などが自己の活動のために生物や溶存態・懸濁態物質，堆積物を捕捉する行動．

feeding culture 給餌養殖

feeding frequency 摂餌頻度

feeding habit 食性：餌の摂食様式．植食性や肉食性，雑食性など．また，消化管内容物から推定される餌生物種をさすこともある．

feeding migration 索餌回遊：索餌海域へ向かう，あるいは索餌海域内における回遊．

feeding point 餌場

feeding stimulant 摂餌促進物質

feeding strength 摂餌強度

feed intake 飼料摂取：= food consumption．

feed oil フィードオイル：スケトウダラ精製肝油などの養魚飼料用添加油．

feed wholesaler 餌問屋

female diver 海女(あま)：海で素潜り漁をする女性の漁業者．

female ferrule 雌継〔ぎ〕口《釣竿の》

female gamete 雌性配偶子

female pronucleus 雌性前核：精子の核と合一する前の卵子の核．卵核ともいう．

female sex hormone 雌性ホルモン

female-specific protein 雌特異タンパク：雌の血中に特異的に出現するタンパク質で，魚類ではビテロゲニンやコリオゲニンがよく知られる．

fence net 垣網：= leader net.

fender 防げん材：船などが接触しても損傷を受けないように，岸壁に設置されたゴムなどの緩衝材．

fermentation 発酵：有機物，特に糖質が微生物によって無酸素的に分解され，有用な物質を生じる現象．

fermentation with rice bran 糠漬け：原料を塩漬けにした後，糠漬けにしたもの．魚介類ではサバやイワシが有名．

fermented crucian carp with rice ふなずし：フナを塩漬けした後，米に漬け込んだもの．

fermented fish paste 魚味噌：魚を原料として用いた味噌．

fermented food 発酵食品

fermented seafood 水産発酵食品：漁獲した魚介類の長期保存を目的とした食品．乳酸菌などを利用する．ふなずし，くさや，塩辛，魚醬油など．

fermented seafood with rice なれずし：塩漬けした魚を米飯に長く漬け込み，乳酸発酵させた「すし」の総称．

fermented squid sauce いしる：イカの内臓を原料とした魚醬油で，石川県能登の特産品．

fermented trepang viscera このわた：ナマコの腸を洗浄して砂と汚物を除き，食塩を添加して熟成した塩辛．

ferritin フェリチン：肝臓などに存在する鉄貯蔵タンパク質．

fertility 1) 産卵数：発生能力を有する卵の放出数．有効繁殖力のこと．2) 稔性：生物が有性生殖可能であること．

fertilization 1) 受精：卵と精子が結合して接合子が形成されること．2) 施肥：水産有用種の増殖を目的に，特定の水域に栄養塩類の添加などを行って肥沃化を図ること．

fertilization membrane 受精膜

fertilization wave 受精波

fertilizer based aquaculture 施肥養殖

fetch 吹送距離：風波の発生地点からある地点まで，風向に沿って計った距離．

fetus 胎児

FFT → fast Fourier transform

FFT analyzer FFTアナライザ：高速フーリエ変換を行う解析装置．

Fhigh Fhigh：高い方から10％の再生産成功率RPSの逆数となる加入当り産卵親魚量SPRに対応する漁獲係数F．

FHM エフエッチエム：淡水魚ファットヘッドミノーの組織から樹立した株化細胞．

F_1 hybrid 一代雑種

fiber glass reinforced plastic ship FRP船：ガラス繊維強化プラスチック船．

fibrillary layer 線維板層

fibrin フィブリン：フィブリノーゲンの限定分解によって生ずる難溶性の線維状タンパク質．血液凝固に関与する．線維素ともいう．

fibrinogen フィブリノーゲン：血液凝固に関与する血漿タンパク質．線維素原ともいう．

fibrinoid degeneration 類線維素変性

fibrinous inflammation 線維素性炎

fibroblast 線維芽細胞：コラーゲンなどの結合組織成分を主に合成する細胞．

fibroma 線維腫(しゅ)
fibronectin フィブロネクチン：細胞の接着，伸展などに関与する糖タンパク質の一種.
fibrous protein 線維性タンパク質
Fick's principle フィックの原理：動脈血と静脈血の酸素含量および酸素消費量から，毎分の心拍出量を求める式の原理.
fictitious demand 仮需要：近い将来における消費と利用を見越して発生する需要.
fictive swimming 仮想的遊泳：筋弛緩剤で不動化した動物の中枢神経系または摘出した中枢神経系が行う，動きを伴わない遊泳時の神経活動.
figure of eight knot 8字結び：結索の一種.
filamentous 糸状の
fillet フィレー：魚体の頭部を切り落とし，3枚におろした時の2枚の片身.
filleting 〔into three pieces〕 〔三枚〕おろし：魚の頭と内臓を除き，魚体を上身，中骨および下身の3枚に切り離すこと.
filleting 〔into two pieces〕 〔二枚〕おろし：魚の頭と内臓を除き，魚体を2枚の肉片に切り離すこと．一方の片身には中骨が付いている.
filter feeder 濾過食者
filter feeding 濾過食性
filtrable microorganism 濾過性微生物
filtration 濾過
filtration equipment 濾過装置
filtration rate 濾過速度：単位時間当りに濾過材断面を通過する液体の速度．流量を濾過材の断面積で割ることで計算される.
fin 鰭(ひれ)：水生脊椎動物が水中を泳ぎ，体の平衡を保つための器官.
final maturation 最終成熟：排卵前の過程であり，卵母細胞において核が動物極側の卵門直下へ移動し，隔膜が消失する．これと並行して油球の融合，吸水などが認められる.
final trap キンコ：定置網の箱網から狭い通路を経て設置する小型の箱網．二重落〔と〕し網ともいう．金庫とも表記する.
fine square netting 綟子(もじ)網：縦糸を2本の横糸ではさみ捉って構成する正方形の細目網地.

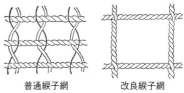

普通綟子網　　　改良綟子網

綟子網（漁具材料，1981）

fin formula 鰭(き)式
fingerling 幼魚：サケ・マス類で使用されることが多い.
fin height 鰭(き)高
finite correction 有限補正
finite population 1) 有限集団．2) 有限母集団.
fin length 鰭(き)長
fin-let 小離鰭(き)：離鰭ともいう.
fin membrane 鰭(き)膜
fin ray 鰭(き)条
fin spine 鰭棘(ききょく)
fireballs 発光群：夜光虫などの生物発光によって，光ってみえる水面下の魚群.
firing 発火：閾値を越えるような強い刺激を受け，活動電位を発生すること.
first bag net 第一箱網：二段箱網の2個の箱網のうち，魚群が最初に入る運動場側の網.
first filial generation 雑種第一代，略号

F_1

first meiotic division　第一減数分裂：成熟第一分裂.

first passage time　最初の到達時間：確率過程において，ある状態から別のある状態に初めて到達するまでに要する時間.

first polar body　第一極体

fish aggregating device　魚類蝟(い)集装置，略号 FAD：魚を集めるための魚礁などの装置．集魚装置ともいう.

fish and shellfish keeping　蓄養：出荷するまで魚，貝類，エビなどを短期間飼育すること.

fish and shellfish remains　魚介類残滓：魚市場や水産加工工場などで廃棄されるもの．魚の内臓，頭部など.

fish attracting lamp　集魚灯：= fishing light.

fish ball　フィッシュボール：魚の塩ずり肉を主原料とし，ボール状にして湯煮したねり製品.

FishBase　フィッシュベース：魚資源の基本情報のデータベース.

fish basket　びく(魚籠)：釣人が釣った魚を入れる袋網または籠.

fish block　フィッシュブロック：魚のフィレー，落し身または挽き肉を凍結パンに入れて凍結したもの.

fish box　とろ箱

fish carrier　漁獲物運搬船

fish court　運動場：定置網の構成要素の一つ．垣網で誘導された魚群が最初に入る囲い網に囲われた部位．= playground, pound.

fish culture by fertilization　施肥養魚

fish culture in running water pond　流水式養魚

fish culture with warmed water　加温式養魚：養殖池の水温をボイラなどで加温し，養成魚の生残率と成長を高めようとする養殖方式.

fish disease　魚病

fish-domestication　家魚化：= domestication.

fish egg　魚卵：チョウザメのキャビア，サケのイクラ，ボラのからすみ，ニシンのかずのこなどさまざまな加工品がある.

fisheries　漁業：漁業法では「水産動植物の採捕または養殖の事業」とされる．FAO 統計では capture(漁業)と aquaculture(養殖業)を区分している.

Fisheries Agency　水産庁

fisheries agreement by private sector　民間漁業協定

Fisheries Agreement of Japan and the People's Republic of China　日中漁業協定

Fisheries Agreement of Japan and the Republic of Korea　日韓漁業協定

Fisheries Association　漁業会：旧漁業法によって漁業権を所有していた統制機関.

fisheries based on fishery right　漁業権漁業

fisheries controlled for resource management　資源管理型漁業：日本での水産政策用語の一つ．漁業の主役である漁業者が主体となって，地域や魚種ごとの資源状態に応じた資源管理を機動的に行うとともに，漁獲物の付加価値向上や経営コストの低減などを図ることにより，将来にわたって漁業経営の安定と発展を目指す漁業.

Fisheries-Cooperation Agreement of Japan and USSR　日ソ漁業協力協定：1985 年に日本と旧ソ連との間で発効した協定であり，現在はロシアが旧ソ連に代わって当事国となっている．これに基づき日本とロシアはサケマスなどの資源管理を議論している.

Fisheries Cooperative Association 漁業協同組合，略語漁協：個人漁業者（自営と雇われ）と一定規模以下の漁業を営む法人を組合員とする協同組織．

Fisheries Cooperative Association Merger Promotion Law 漁業協同組合合併助成法

Fisheries Cooperative Association of Coastal Zone 沿岸地区漁協

Fisheries Cooperative Association of Inland Waters 内水面地区漁協

Fisheries Cooperative Associations Law 水産業協同組合法

fisheries cooperative credit system 系統金融《漁協の》：漁協の信用事業が単位組合，都道府県の信漁連および農林中央金庫という系統型組織を形成していること．

fisheries coordination office 漁業調整事務所

fisheries echo sounder 魚群探知機，略語魚探機：音波パルスを水中に垂直に送波し，そのエコーを受信して魚群を検知する装置．= fish finder.

fisheries engineering 水産工学：水産分野における工学技術．水産土木，漁船，漁具・漁法，水産計測・情報処理技術などを含む．

fisheries examination boat 漁業試験船

fisheries expenditures 漁業支出

fisheries experimental station 水産試験場

fisheries experimental vessel 漁業試験船

fisheries exports 水産物輸出高

fisheries extension service officer 水産改良普及員

fisheries forecasts 漁況予測：漁場形成や漁獲の豊凶に関する将来予測．

fisheries guidance boat 漁業指導船

fisheries guidance station 水産指導所

fisheries high school 水産高校

fisheries income 漁業収入

fisheries industrial accident 漁業労働災害

Fisheries Law 漁業法

fisheries license 漁業許可：一般には禁止している漁業を特定の場合にのみ許可すること．

fisheries managed by Japanese in far east Russia 露領漁業

fisheries oceanographic information by satellite 衛星利用水産海洋情報：人工衛星が観測した海流や海水温などのデータをもとにした漁況予報．

fisheries oceanography 水産海洋学：水産業（漁業 fisheries）に関わる諸科学よって海洋を認識する学術領域で，物理海洋学や生物海洋学と並列する．レジームシフトは水産海洋学から得られた認識．

fisheries product processing process 漁獲物処理工程

fisheries profit 漁業利益

Fisheries Reconstruction Improvement Special Measure Law 漁業再建整備特別措法法：国際環境などの変動に対処するため，中小漁業の経営再建を目的とした法律．

fisheries research boat 漁業調査船

Fisheries Resource Protection Act 水産資源保護法

Fisheries Science フィッシャリーズサイエンス：日本水産学会が編集する英文の学術雑誌．

fisheries sonar 漁業用ソナー：ビームを走査して面的に魚群を探知する装置．

fisheries training boat 漁業練習船

fisheries training system 漁業研修制度：国際研修協力機構（JITCO）が窓口となり，地方自治体が行う外国人の漁業研修制度．

fisheries waste 水産廃棄物：魚市場や

水産加工工場などで廃棄されるもの．魚の内臓，頭部など．

Fisher information フィッシャー情報量：観測値に含まれる平均的な情報量．

fisherman 漁業者

fisherman's bend 錨（いかり）結び：結索の一種．

Fisherman's Production Association 漁業生産組合：7名以上の組合員が自ら漁業生産を行うための協同組合．なお平成27年からこの要件が3人に緩和された特区もできた．

fisherman's training center 水産研修所

Fishermen's Association 漁業組合：漁協の前身．明治漁業法において漁業権を所有する組合．

Fisher's exact probability test フィッシャーの正確確率検定：事象の確率分布が二項分布で表される時に用いるノンパラメトリック検定の一つ．

Fisher's score method フィッシャーのスコア法：最尤（ゆう）法の数値解を求める時に用いる繰り返し計算の方法．

fishery adjustment 漁業調整

Fishery Adjustment Commission 漁業調整委員会

fishery and agriculture household 半農半漁

fishery business management plan 営漁計画：資源管理型漁業とともに，経営の合理化などを自主的に推進する実践活動．

fishery company 漁業企業体：使用する動力漁船が10トン以上および大型定置網漁業を営む経営体．

Fishery Conservation and Management Act 漁業保存管理法：1976年制定の米国漁業関連法．200海里規制などを定めている．

fishery conversion 漁業転換

fishery disaster 漁業災害

fishery employee 漁業従事者：自営ではない「漁業雇われ」のこと．

fishery establishment 漁業経営体

fishery extension project 水産業改良普及事業

fishery fee 漁業手数料

fishery fire 漁業火災

fishery fixed capital per person engaged normally in fisheries 漁業固定資本装備率：漁業経営に投下した固定資本を最盛期の海上作業従事者数で割った値．

fishery fuel policy special fund 漁業用燃油対策特別資金

fishery household 漁業世帯：漁業を営む個人経営世帯（自営）と漁業従事者世帯（雇われ）に大別される．漁家ともいう．

fishery household economy survey 漁家経済調査

fishery household members 漁業世帯員

fishery income 漁業所得

fishery income excluding taxes 税引漁業所得

fishery income produced 漁業生産所得

fishery inspection boat 漁業監視船

fishery management 漁業管理：＝fisheries management.

fishery management analysis 漁業経営分析

fishery materials distribution regulation 漁業資材配給規則

fishery modernization fund 漁業近代化資金：漁協系統資金を原資とし，利子の財政補助によって漁業者に低利借入を可能にする資金．

Fishery Modernization Fund Aid Law 漁業近代化資金助成法

fishery mutual relief insurance 漁業共済保険

fishery operator 漁業就業者：自営漁業者

と漁業雇われの両方.漁業者ともいう.

fishery patrol boat　漁業取締船：密漁などを防止・摘発し水産資源を保護することを目的に,監督機関が所有または備船して運用する船舶.

fishery production cost　漁業生産費用：漁業経済調査において,漁業経営が雇用者と借入資本で行われたと仮定した時の費用総額.

fishery production value　漁業生産額

Fishery Products Control Ordinance　水産物統制令：戦後のインフレ期に水産物の価格と配給を統制した政令.1950年に廃止.

fishery products price index　水産物価格指数

fishery regulation　漁業規制

fishery related industries　漁業関連産業

fishery resource management　水産資源管理

fishery right　漁業権：公共水面で排他的に漁業を営む権利.知事が免許し,定置,区画および共同の3種がある.

fishery right bond　漁業権証券：漁業制度改革の際,旧漁業権を補償するために交付した約180億円の証券.

fishery right collateral loan　漁業権担保金融

fishery right given to fisheries cooperative　組合管理漁業権：漁協に優先的に免許される特定区画漁業権および漁協が専有する共同漁業権.

fishery right given to private enterprise　経営者免許漁業権：現在営んでいる漁業者または漁業従事者に優先的に免許される定置漁業権および真珠養殖の区画漁業権.

fishery structure reorganization fund　漁業構造再編整備資金：国際規制などで経営困難な魚種の漁業者の固定化債務を整理する長期資金.

fishery supervising public official　漁業監督公務員：漁業監督官または漁業監督吏員の総称.

fishery supervisor　漁業監督官：違反操業が行われていないか海域を監視する水産庁所属で特別司法警察職員として指名された者.

fishery trouble　漁業紛争

fishery worker's household　漁業従事者世帯

fishery worker wages　漁業労働賃金

fish farm　魚類養殖場

fishfarm　1) 養魚場.2) 養殖場(魚類の) = fish farm.

fish farming　養魚

fish finger　フィッシュフィンガー：凍結魚肉を長方形で20g程度の大きさに成形したもの,またはこれにパン粉などをつけたもの.

fish-gathering forest　魚付保安林：魚類の繁殖と保護を目的に残されている,あるいは設けられた海岸林.通称は魚付き林.

fish girth　魚体胴周長：魚体の胴回りの長さ.

fish glue　魚膠(こう)：魚の頭,骨,皮などを水とともに加熱して得られる粗製ゼラチン.

fish ham　魚肉ハム：魚肉の塩漬けに,食肉の塩漬け,植物性タンパク,つなぎなどを加えるなどして,さらに調味料などで調味し,食品添加物などを加えて混ぜ合わせたものをケーシングに充てんし,加熱したもの.

fish hold　魚艙：漁船の漁獲物収容区画.魚倉ともいう.

fishing　1) 漁業：= fisheries.2) 漁労：水産生物を捕獲すること.3) 釣：= angling.

fishing area　漁区：漁業が行われる水域.一般に,各種規定により漁獲量,漁期,

漁具・漁法，漁船数などについて一定の制限が設けられる．

fishing bait 釣餌

fishing bank 魚礁：岩礁，堆（たい）など海底の隆起部で，漁場として利用される場所． = fishing reef, fish reef.

fishing boat 漁船

fishing boat insurance 漁船保険

Fishing Boat Law 漁船法

fishing boat registration number 漁船登録票

fishing capacity 漁獲能力：漁業による潜在的に可能な最大の漁獲量．

fishing circle 最大胴周長：トロール網の腹網前縁部を含む身網断面における網地の引張り長さ．

fishing community 漁業集落：漁業世帯の数が10戸以上または比率が30％以上の区域．

fishing community development plan 漁村〔開発〕計画

fishing condition 漁況：漁獲量の時間的な変化の状況．同一年内の短期間でも変動する．

fishing down 漁業下落：乱獲のために，食物網における漁獲対象の低次化が生じること． = fishing down the 〔marine〕food web.

fishing effort 漁獲努力〔量〕：漁獲のために投下した努力量をさす概念．年間総費用，延べ出漁日数，総曳網回数など．

fishing fee 入漁料：= access fee.

fishing gear 漁具：水生生物を採捕する道具．

fishing gears drying ground 漁具干〔し〕場

fishing ground 漁場：魚介類の分布密度が高く，漁業の対象となる水域．

fishing ground ownership and fisheries regulation system 漁業制度

fishing ground planning 漁場計画：水面の総合利用と維持発展のために行う漁場利用の事前計画．漁業権免許の基礎資料．

fishing ground reclamation 漁場造成：漁獲向上などを目的とし，魚礁などを設置して新たな漁場を造成すること．

fishing intensity 漁獲強度：資源に加えられる漁業の圧力を表す量．

fishing lamp 集魚灯：fishing light

fishing light 集魚灯：集魚のために用いられる灯具．

fishing line 1）筋縄：曳網の構成網地の縫合部分に沿って取り付ける綱．2）釣糸．3）フィッシングライン：曳網漁具でグランドロープが取り付けられる網下端部がなす線のこと．

fishing master 漁労長

fishing master system 漁労長制度

fishing method 漁法：水産生物を採捕する方法．

fishing〔mortality〕coefficient 漁獲〔死亡〕係数：1尾の魚が単位時間に漁獲される割合または確率．

fishing net supply and demand adjustment outline 漁網需給調整要綱

fishing oil allocation implementing outline 水産用石油割当実施要綱

fishing pole 釣竿：= fishing rod

fishing pond 釣堀

fishing port 漁港：海上の漁業生産と陸上の流通加工を結びつけるための漁業基地．

fishing port area 漁港区域

fishing port facilities 漁港施設：漁港に設ける施設．外郭施設のほか，水産物の保管・流通施設，漁村の環境整備施設などを含む．

fishing port improvement and maintenance 漁港整備

fishing port improvement plan 漁港整備

計画：漁港法に基づいて策定する漁港の整備計画．

Fishing Port Law 漁港法

fishing port long-term development plan 漁港整備長期計画

fishing port mending project 漁港修築事業

fishing port reconstruction project 漁港改修事業

fishing power 漁獲性能：漁業または漁具が対象生物を獲る能力を示す一般的用語．特定の定義はなく，単に漁獲量，単位努力〔量〕当り漁獲量などで表すこともある．

fishing reef ground 魚礁漁場：漁場として利用される海底の隆起部，または人工魚礁を用いて造成した漁場．

fishing rod 釣竿

fishing season 漁期：漁業が行われる時期をいい，通常対象とする生物の漁獲に好適な時期．

fishing season employment 漁期間雇用

fishing shape 漁業形象物：昼間に操業中の漁船が表示する黒色の円錐形信号具．

fishing tackle 釣道具：遊漁に用いる釣漁具の総称．

fishing torch 漁火（いさりび）：集魚のために漁船で焚く火．

fishing unit 漁労体：漁業を営むための漁労の単位．

fishing vessel crew 漁船員

Fishing Vessel Crews' Wage Insurance Law 漁船乗組員給与保険法

fishing vessel damage compensation system 漁船損害補償制度

fishing vessel registration regulation 漁船登録規則

fish ladder 魚梯：= fish way.

fish louse ウオジラミ：甲殻類鰓尾類 *Argulus* 属．

fish meal 魚粉：多獲性小型魚，雑魚および加工残滓を原料とし，蒸煮，圧搾，乾燥および粉砕を行った粉末状製品．フィッシュミールともいう．

fish meat collecting machine 採肉機：頭，内臓を除去した魚体から筋肉部を分取する機械．

fish〔meat〕paste 肉糊：3％ほどの食塩を加えて擂潰（らいかい）した魚介肉．塩ずり肉ともいう．= surimi paste.

fish〔meat〕paste product 魚肉ねり製品：魚肉を主原料として食塩やその他副原料を加えて擂潰（らいかい）後，整形して蒸煮や焙焼などにより加熱することでゲル化させて製造．= surimi-based product, surimi seafood.

fish meat protein 魚肉タンパク質

fish oil 魚油：イワシやサバなどの油を多く含む魚から煮熟後に圧搾することで製造された油．EPAやDHAなどの高度不飽和脂肪酸を多く含むが，酸化しやすい．

fish pathogens transmittable to human 人魚共通病原体：魚から人に伝搬することが可能な病原体．

fish population analysis 魚類個体群解析：ある魚種個体群の個体数やその増減に関する解析．

fish population dynamics 魚類個体群動態：系内におけるある魚種の個体数増減の挙動．

fish pot びく（魚籠）

fish pound 簗（やな）：主に河川に敷設し，魚を竹簀などに強制的に陥れて漁獲する仕掛け．

Fish Price Stabilization Fund 魚価安定基金：魚価安定のため，水産物の調整保管事業に補助金の交付などを行う機関．

Fish Processors' Cooperative Association 水産加工業協同組合

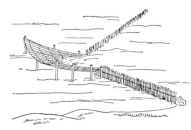

やな（魚の行動と漁法，1978）

fish product cured in koji 麹（こうじ）漬け《魚の》：塩蔵した魚を麹と調味料で漬け込んだもので，塩蔵した青カブラにはさみ込んで漬けたものはかぶらずしと呼ばれる．= fish preserved in malted rice.

fish product cured in sake lees 粕漬け《魚の》

fish protein concentrate 魚肉タンパク質濃縮物，略号 FPC：人が消費する目的で魚肉から製造されたタンパク質の濃縮物．

fish pump フィッシュポンプ：網内や魚艙内の魚を汲み上げて移送するポンプ．

fish sauce 魚醬油：未加熱の魚介類を高濃度の食塩とともに仕込み，1〜数年間熟成させることで製造される液体調味料．魚介類の自己消化酵素によりタンパク質が分解し，遊離アミノ酸が生成する．「しょっつる」，「いしる」，「イカナゴ醬油」が日本の3大魚醬．ぎょしょう，うおじょうゆともいう．タイのナンプラー，ベトナムのニョクナムなどもこれに当たる．

fish sausage 魚肉ソーセージ：魚肉のひき肉（すり身）に食肉のひき肉を加えたりしたものを，調味料などで調味後，これにデンプンなどの結着材料，その他食品添加物を加えてねり合わせたものをケーシングに充てんし，加熱したもの（脂肪含有量が2％以上）．

fish scrap 魚粕：魚粉と同様の原料と工程で製造するが，粉砕を行わない製品．荒粕と身粕を含む．

fish scrap made with non-edible portion 荒粕：魚の頭・骨・内臓などの加工残滓を用いて製造された魚粕であり，魚粉の原料となる．

fish solubles フィッシュソリュブル：フィッシュミールなどの製造工程中に排出する煮汁の濃縮液．フィッシュミールに再添加して利用．

fish species 魚種

fish stick フィッシュスティック：魚のフィレーまたはフィッシュブロックを1×4×6 cm くらいの大きさに切った調理素材．

fish storehouse 魚艙：= fish hold.

fish tail 潮切〔り〕：底曳網の袖網前端で，V型をしている部分．

fish way 魚道：魚群が常に通る道，またはダムの近くで自力で自由に登り降りできる水路（魚梯）．= fish ladder.

fitness 適応度：自然淘汰に対する個体の有利または不利を次代に寄与する子の数で表した尺度．

five kingdoms 五界説：生物の分類体系の一つ．モネラ，原生動物，真菌（菌類），植物および動物の五界からなる．

five points plan 五ポイント計画：総司令部（GHQ）が漁業経営危機に対して，日本政府に勧告した漁業の抑制・制限政策．

fixation index 固定指数，略号 F_{ST}：特定遺伝子座における集団間の遺伝子頻度のばらつきで，遺伝的分化程度を示す尺度．

fixed assets 固定資産：漁船などの有形固定資産および漁業権などの無形固定資産からなる．

fixed assets ratio 固定資産比率：自己

資本に対する固定資産の割合.

fixed capital　固定資本：固定資産(漁船,土地など)に投下された資本.

fixed charge system　定率手数料制

fixed cost　固定費：生産高の変動とは無関係に生じる必要経費.

fixed debt　固定負債：償還が次年度以降の債務. 長期負債ともいう.

fixed gear　固定漁具：水中に固定して設置される漁具.

fixed gill net　固定式刺網：錨などにより海底に固定して用いる刺網.

fixed net　定置網：= set net.

fixed pay　固定給

fixed pitch propeller　固定ピッチプロペラ：羽根の角度(ピッチ)が固定されたプロペラ.

fixed point　不動点

fixed pound net　大謀(だいぼう)網：矩形または楕円形の身網と垣網からなる旧式の定置網の一種.

fjord　フィヨルド：氷河の浸食作用により形成された,両岸が急傾斜し,陸地の奥深く入り込んだ湾・入り江のこと. 峡湾ともいう.

flag buoy　ぽんでん：浮きまたは旗竿による漁具標識.

flagellar antigen　鞭毛抗原

flagellum (*pl.* flagella)　鞭毛：ある種の細菌,鞭毛虫類,藻類と菌類の配偶子,後生動物の精子と鞭毛上皮などにみられる運動性の小器官.

flag line　浮標綱：= buoy line.

flag of convenience ship　便宜置籍船,略号 FOC：実質上の船主の国籍とは異なる国に登録された船舶.

flag pole　ぽんでん竿：浮標につける旗竿.

flake　フレーク：蒸煮肉の剝片. 崩れ肉ともいう.

flaked fish　魚肉フレーク：サケを原料とした瓶詰めのさけフレークが一般的. 蒸煮した魚肉をほぐして,乾燥・調味した加工品.

flakes of dried bonito　削り節：花かつおともいわれ,節類を薄片状に削ったもの. カツオ以外の原料の場合もある. カツオは skipjack, skipjack tuna とも呼ぶ.

flame cell　焰細胞：無脊椎動物の原始的な排出器官である原腎管を構成する管系の末端に存在し,老廃物の排出に関わる細胞. 炎(ほのお)細胞とも表記する.

flapper　1)返し：= funnel. 2)漏斗網：= funnel net.

flat knot　本目：結索の一種. = reef knot.

flat pot　平形籠

flatted shank　つぶし：平たく成形した釣針の柄.

flattened and dried squid　のしいか：するめを味付けしのばしたもの.

flavin adenine dinucleotide　フラビンアデニンジヌクレオチド,略号 FAD(還元型：$FADH_2$)：酸化還元酵素の補酵素の一つ.

flavin mononucleotide　フラビンモノヌクレオチド,略号 FMN(還元型：$FMNH_2$)：酸化還元反応の補酵素の一種.

Flavobacterium　フラボバクテリウム：魚病細菌を含む滑走細菌の一属.

flavonoid　フラボノイド：植物に存在する複素環式化合物で,青,赤,黄などの色調を呈する. 抗酸化性のほか,さまざまな生理作用を示す.

flavor　風味

flavoring agent　着香料

flexor dorsalis　背側屈筋

flexor dorsalis superior　浅背側屈筋

flexor ventralis　腹側屈筋

flexor ventralis externus　外腹側屈筋：

いわゆる腹筋の一つ．腹直筋・内腹斜筋・腹横筋らとともに，肋骨部から骨盤部へと走行する．

flicker 点滅

Flimit Flimit：限界管理基準 (limit reference point：LRP) の一つで，資源の乱獲を避けるために設定する漁獲係数Fの上限値．

flipper 1) 胸鰭 (き)《クジラ類の》．2) フリッパー：膨張缶の一種．

float 1) 浮子 (あば)：＝buoy．2) 浮き：釣糸につける小型の浮体．

floated FAD 浮き魚礁：＝floated fish aggregating device.

floated fish aggregating device 浮き魚礁：＝floating fish aggregator.

floated longline 浮き延 (はえ) 縄：＝driftline.

float-free life raft 自動浮上型救命筏 (いかだ)：本船に固定された状態で沈没した場合，自動離脱装置が水深2～3mの水圧で作動し，固縛ワイヤともやい綱が開放されてコンテナは浮上し，自動膨張する筏．

floating breakwater 浮き消波堤：浮体式の消波構造物．浮体，係留装置および標識灯からなる．

floating capital 流動資本：原料，補助材料などに投下された資本．固定資本と対をなす用語．

floating debt 流動負債：請求があれば支払うべき債務および支払期日が2年以内の債務．短期負債ともいう．

floating drift net 浮き流し網：流し網のうち，海面表層を流すもの．

floating egg 浮上卵

floating egg ratio 浮上卵率

floating facility 浮き式施設

floating fish aggregator 浮き魚礁：表・中層魚を対象に，海面または海中に係留した魚礁．

floating gill net 浮き刺網：固定式刺網のうち，表中層に仕掛けられる刺網．

floating 〔system〕 cultivation 浮き流し〔式〕養殖

float line 浮子 (あば) 綱：＝buoy line.

floc 凝集物

flood 満ち潮：干潮から満潮までの間．潮が満ちてくること．上げ潮ともいう．

flood current 上げ潮流：満ち潮に伴い生じる潮流．

flood fisheries 洪水漁業：洪水の後にできた三日月湖などで行う漁業．養殖の起源の一つ．

flora 植物相

floridean starch 紅藻デンプン：紅藻類の光合成によりつくられるデンプンで細胞質に蓄積する．

floridoside フロリドシド：ガラクトースがグリセロールに結合したグリセロールガラクトシドの一種．2-グリセロール-α-D-ガラクトピラノシド．紅藻アマノリ属に多い．

flotsam 流れ物：魚群の存在指標となる漂流物．

Flow Flow：低い方から10％の再生産成功率RPSの逆数となる加入当り産卵親魚量SPRに対応する漁獲係数F．

flow chart 流れ図：思考，検討，処理などの過程を示した図．

flow cytometry フローサイトメトリー：液体中に懸濁する細胞などの生物粒子の数と性状を計測する技術．流動細胞計測法ともいう．

flow meter 濾水計：ネットが実際に濾過した水量を測定する小型の流量計．

flow-through system 流水式

fluke〔s〕 1) 尾鰭 (き)《クジラ類の》．2) 吸虫．

fluorescence antibody technique 蛍光抗体法：組織・細胞内の抗原を特異的に認識する蛍光抗体を用いてその抗原の

分布を調べる観察方法.

fluorescence *in situ* hybridization　蛍光 *in situ* ハイブリダイゼーション：プローブのラベリングに蛍光色素を用いる *in situ* ハイブリダイゼーション．クローン化された遺伝子や DNA 断片をプローブとして標的となる遺伝子の染色体上の位置を探索する技術に用いられる．

fluorescence microscope　蛍光顕微鏡：試料中の蛍光物質を励起し，その蛍光像を観察する顕微鏡．

fluorescent lamp　蛍光灯

flux　流束：流れ場，あるいはベクトル場の強さを表す量．フラックスともいう．

fly　蚊針：毛または羽を用いて作る擬餌針．毛針と同義．

fly fishing　蚊針釣：蚊針を用いる釣．フライフィッシング．

fly reel　蚊針釣用リール

FM → frequency modulation

Fmax　Fmax：加入量当り漁獲量が最大の時の漁獲係数．

Fmed　Fmed：再生産成功率 RPS の中央値（メジアン）の逆数となる加入当り産卵親魚量 SPR に対応した漁獲係数 F．

FMN → flavin mononucleotide

FMNH₂ → flavin mononucleotide

Fmsy　Fmsy：最大持続生産量（MSY）を実現する漁獲係数 F．

FOC → flag of convenience ship

focus　中心

fog signal　霧中信号：霧で視界が悪い時，事故防止のために船舶や灯台が発する音響信号．

fold　皮褶（しゅう）：皮膚が盛り上がってできる筋．

foldable pot　折りたたみ式籠：= collapsible trap．

folding test　折り曲げテスト：かまぼこなどを折り曲げた時の亀裂の有無で判定するゲル物性評価法．

follicle cell　濾胞細胞：卵原細胞に由来し，卵細胞の発育を助ける細胞．

follicle-stimulating hormone　濾胞刺激ホルモン：下垂体前葉から分泌されるタンパクホルモンで，卵胞または精子形成を刺激する．黄体形成ホルモンおよび甲状腺刺激ホルモンと祖先を同一にし，共通の α サブユニットを有する．

follicular atresia　濾胞閉鎖：濾胞が卵母細胞の発達を停止して再吸収すること．

food acclimatization　餌付け

food additive　食品添加物：原材料以外で食品を製造，加工または保存する際に添加されるもの．

Food and Agricultural Organization of the United Nations　国連食糧農業機関，略号 FAO

food availability　餌利用可能度

foodborne infection　感染型食中毒：細菌性食中毒の中で，細菌が腸管内で増殖することで感染する食中毒．腸管内の粘膜を侵すことで発症する感染侵入型と増殖により産生された毒素により発症する感染毒素型（生体内毒素型）に分けられる．

foodborne intoxication　毒素型食中毒

food chain　食物連鎖：一次生産者を起点とした群集内の食う-食われるの関係．食物網と同義的に扱われることもあるが，群集内の一部の種間に着目した 1 本のエネルギーの流れをさすことが多い．

food density　餌密度

food groove　食溝：無脊椎動物の摂食器官で，捕捉された食物粒子が口に達する通路．

food irradiation　食品照射

Food Labeling Act　食品表示法：食品の

表示に関する包括的かつ一元的に規定する法律.

food mileage フードマイレージ：食品輸送が地球環境に与える負荷を，食料の輸送距離と輸送量から定量的に表したもの.

food organism 餌料生物

food poisoning bacterium 食中毒〔細〕菌

food preservative 食品保存料

Food Sanitation Act 食品衛生法：食品衛生に関して基盤となる法律.

food schedule 餌料系列

food selection 食物選択

food wastes 食物残渣

food web 食物網：群集における食物連鎖の総体で，食う‐食われるの関係におけるエネルギーの流れが網目状で現れる.

food web fueled by methane-derived carbon メタン食物連鎖：メタン資化（酸化）細菌が生産した有機物に依存する食物連鎖.

footline 沈子（ちんし）網：= sinker line.

footrope グランドロープ：= groundrope.

foraging 採餌

foramen magnum 大孔：頭蓋腔と脊柱管をつなぐ孔．大後頭孔ともいう.

forecasting of fishing and oceanographic conditions 漁海況予報：海況の予測を基礎として漁場の形成や漁獲の良否を予報すること.

forehead 前頭部

foreign crew 外国人船員

fore-leg 前肢

Forel's scale フォーレル水色階級：海水の水色を判定するために用いる比色標準液の階級.

forestomach 前胃

fork length 尾叉長：頭の前端から尾鰭湾入部の内縁までの長さ.

forma 品種《分類学の》，略号 f.

formaldehyde ホルムアルデヒド：固定液として用いられるアルデヒド化合物．エソやタラでは，肉中のトリメチルアミンオキシドから生成される．ホルムアルデヒドの生成は，筋原線維タンパク質の変性を促進する大きな要因である.

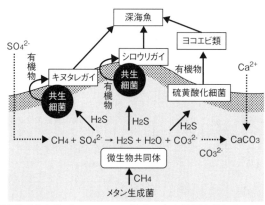

メタン食物連鎖（生命誌ジャーナル 75 号（JT 生命誌研究館）(http://www.brh.co.jp/seimeishi/journal/075/research_2.html) を改変.)

formalin ホルマリン：ホルムアルデヒドの37％水溶液.

formation of attaching substrate 人工面造成

formation of tideland 干潟造成

formula feed 配合飼料：= artificial diet, compounded diet, formulated diet.

form vision 形態視：対象物が「何であるか」を識別する視覚の機能.

forward genetics フォワードジェネティクス：特定の表現型を示す生物のゲノムを詳細に調べて原因遺伝子を同定していく解析法.順遺伝学.

forwarding 転送

forward selection 変数増加法：回帰分析のモデル選択を行う過程で，最小数の説明変数から1ずつ増加させて最適モデルを選択する方法.

fouling organism 汚損生物：船舶などに付着する有害生物.

founder effect 創始者効果：少数個体からなる生物集団が，もとの集団と異なる遺伝子頻度をもち，新たな集団の創始者となること.

four-angle dip net 四つ手網：矩形の小型敷網の一種.

four-stroke cycle engine 四サイクル機関：エンジンの動作周期の間に4つの行程を経る，4ストローク/1サイクルエンジン.

fovea centralis 中心窩（か）《網膜の》

Fox model フォックス〔の〕モデル：密度効果による資源の自然増加量の変化を対数関数で表した余剰生産モデル.ガランド・フォックス〔の〕モデルと同義.

FPC → fish protein concentrate

fractional crystallization 分別結晶：異なる融点をもつ化合物を冷却し，高融点成分から順次結晶化して分離する操作.

fragment vaccine 成分ワクチン

framework 1) 側（がわ）張り：定置網や生簀（いけす）を所定の形に展張するための骨格となる係留系，2) 枠組み.

Frec Frec：資源量の回復（recovery）のために低めに設定する漁獲係数F.

free access 自由参入

free amino acid 遊離アミノ酸：タンパク質またはペプチドに組込まれていないアミノ酸.

free fatty acid 遊離脂肪酸：カルボキシル基が遊離型の脂肪酸.

free fisheries 自由漁業：漁業権や漁業許可によらずに自由に操業できる漁業．釣漁業や小規模の延縄漁業など.

freeing port 放水口：甲板に打ち込んだ海水などを排水するために，ブルワークの下端付近に設けた開口.

free-living bacterium 自由遊泳型細菌

free neuromast 遊離感丘：水生動物の体表に離散的に分布する感丘.

free on board price FOB価格：輸出貨物を船に積んでから引き渡すまでの全費用および危険負担費用の合計価格.

free radical フリーラジカル：不対電子をもつ不安定な化学種．不飽和脂肪酸の自動酸化の連鎖反応などを起こす.

free radical scavenger 遊離基捕捉剤：= scavenger.

free running rhythm 自由解放周期：環境要因に関係なく，自らの固有の周期で振動している生物リズム.

free water 自由水：食品中の結合水以外の束縛度の弱い水．微生物が利用できる.

freeze concentration 凍結濃縮

freeze dry 凍結乾燥：= vacuum freeze dry.

freezer burn 冷凍焼け：凍結品の表面が乾燥するとともに，脂質の酸化で変色する現象．凍結焼けともいう.

freezing 凍結

freezing capacity 凍結能力

freezing curve 凍結曲線

freezing denaturation 凍結変性：冷凍変性ともいう．

freezing expansion 凍結膨張

freezing pan 凍結パン：凍結する品物を入れる皿状容器．= freezing tray.

freezing point 凍結点

freezing rate 凍結速度

freezing time 凍結時間

French pot フランス式籠

Freon フレオン：メタンまたはエタンの水素をフッ素と塩素に置換した化合物の商品名．冷媒などに用いるが，オゾン層の破壊に関与する．フロン類と一般に呼称されるがこれは和製英語．= chlorofluorocarbon.

frequency counter 周波数カウンタ：電子回路で発生している周波数を表示する測定機器．

frequency-dependent selection 頻度依存淘汰：少数派または多数派が有利になる自然淘汰．

frequency discrimination 周波数弁別：複数の周波数成分を含む合成音または純音に関して，周波数の異なる音を違う音として識別すること．

frequency modulation 周波数変調，略号FM：入力信号の振幅に対して，搬送波の波長を $\varDelta F$ だけ変化させる変調方式．

frequency shift keying 周波数偏移変調：周波数変調において，デジタル信号を送信するのに用いる方法．

fresh 生鮮な

fresh fishery products 生鮮魚介類

freshness 鮮度

freshness assessing method 鮮度判定法

freshness index 鮮度指標

freshwater 淡水：真水(まみず)のこと．塩分が低く，陸水生物が生息可能な水をさす．

freshwater bath 淡水浴：寄生虫の駆除法の一種．

freshwater bloom 淡水赤潮：淡水域において発生する植物プランクトンによる水の着色現象．

freshwater culture 淡水養殖

freshwater fish 淡水魚

freshwater fisheries 淡水漁業

freshwater pisciculture 淡水養魚

Friedman test フリードマンの検定：二元配置分散分析のノンパラメトリック版．順位を用いて分布の平均的な位置の差の検出に用いる方法．

fringing reef 裾(きょ)礁：サンゴ礁の一種．岸サンゴ礁ともいう．島または陸地の裾(周縁)に接して発達するものをさす．

front 前線

frontal bone 前頭骨

frontal clusper 前頭交接器

frontal eddy フロント渦：海洋フロント周辺において擾乱に伴い発生する渦．前線渦ともいう．

frontal spine 前頭骨棘(きょく)

frozen fish 1) 凍結魚．2) 冷凍魚．

frozen fish paste 冷凍すり身：= frozen surimi.

frozen food 冷凍食品：凍結食品ともいう．

frozen history 凍結履歴：凍結は場合によっては品質低下につながるため，凍結履歴の有無が食品の価値を左右することがある．

frozen product 冷凍品：凍結品ともいう．

frozen storage 冷凍貯蔵：凍結貯蔵ともいう．

frozen surimi 冷凍すり身：水晒し後の魚肉を糖類とともにかく拌混合して凍

結し，凍結耐性を付与したねり製品の中間原料．

fructose フルクトース：ケトヘキソースの一種．還元性を示す．単糖として果実やはちみつに含まれ，スクロースの構成糖である．甘味度は，スクロースの約1.5倍．果糖ともいう．

fructose 1, 6-bisphosphate フルクトース1,6-ビスリン酸，略号FBP

fructose-bisphosphate aldolase フルクトースビスリン酸アルドラーゼ：フルクトース1,6-ビスリン酸を，ジヒドロキシアセトンリン酸とグリセルアルデヒド3-リン酸に開裂する解糖系酵素の一つ．

frustule 被殻：珪藻類の上下の殻全体．= lorica.

fry 稚魚

frying 油ちょう：油で揚げること．

frying noise てんぷらノイズ：水中で音を収録する際によく聞かれるテッポウエビの発音．てんぷらを揚げる時のようなパチパチという音．

Fsim Fsim：シミュレーションにより管理目標を達成する漁獲係数F．

Fst → fixation index

Fsus Fsus：現状の資源量水準を維持する漁獲係数F．

Fτ Fτ：それ以下では絶滅に至る水準の加入当り産卵親魚量SPR（SPRτ：補償SPR）に対応する漁獲係数F．

Ftarget Ftarget：目標管理基準（target reference point：TRP）の一つで，資源管理の目標とする漁獲係数F．

F-test F検定：分散分析などで用いる代表的な検定法の一つ．

fucan フカン：= fucoidan.

fucan sulfate フカン硫酸：= fucoidan.

fucoidan フコイダン：褐藻類に含まれる粘質多糖．硫酸化フコース，硫酸化ガラクトース，ウロン酸などからなる．フカン，フカン硫酸またはフコイジンと同義．

fucoidanase フコイダン分解酵素：フコイダンを分解する酵素．

fucoidin フコイジン：= fucoidan.

fucosan フコーサン：褐藻類の細胞内に存在するタンニン様の物質．

fucose フコース：ガラクトース由来のデオキシ糖．= 6-deoxygalactose.

fucoxanthin フコキサンチン：主として褐藻類にみられるキサントフィルの一種．脂肪燃焼促進，抗腫瘍活性などの生理機能が見出されている．

fuel consumption 燃料消費量：単位時間における出力当りの燃料消費量(g)．

fuel oil 燃料油

fugu poisoning フグ中毒：= puffer poisoning.

full-life cycle aquaculture 完全養殖：生活史の全ての発育段階を人的環境下で飼育繁殖させる養殖．

full sibs 完全同胞：両親を共有する同胞（兄弟姉妹）．全きょうだいともいう．

full-time fishery household 専業漁家

functional hermaphroditism 機能的雌雄同体現象：雌雄同体が正常である個体において，両性生殖器が同時に機能を現す現象．

functional ingredient 機能性成分：ヒトの健康機能の増進につながる食品成分のこと．

function generator 周波数発振器：任意の周波数信号を発生できる機器．

fundamental theorem of natural selection 自然淘汰の基本原理

fungi 真菌類：カビ，キノコおよび酵母類の総称．菌類ともいう．単数形fungus.

funiculus 胃緒：コケムシ類の胃の最下端と虫室底部を連絡する紐状構造．

funnel 漏斗：① 鉢ポリプの口盤面のく

ぽみ，櫛クラゲの胃，頭足類の外套腔内からの水・墨汁の噴出口，環形動物などの腎管から体腔への開口部など．②定置網，曳網，籠などの網漁具に入った漁獲物の逸出を防ぐため，網口などに設置する漏斗状の構造物．返しともいう．

funnel net 漏斗網：網地で作った漏斗．返し網ともいう．

funoran フノラン：紅藻フノリ類に含まれる粘質多糖．D-ガラクトース，3,6-アンヒドロ-L-ガラクトースからなる．アガロースに似た構造であるが硫酸基含量が多い．

funorin フノリン：= funoran.

furunculosis せっそう病：細菌 *Aeromonas salmonicida* の感染によって，サケ科魚類の体表に血膿を含む膨隆を生じる疾病．

Fusarium フサリウム：不完全菌類に属する真菌の一属．

fusiform 紡錘形〔の〕

fusion cell 融合細胞《紅藻類の》：造果枝または助細胞が融合して一つになった細胞．

fuzzy control ファジー制御

F value F値：一定の温度で，一定の菌数の微生物を死滅させるのに必要な最小の加熱時間のこと．レトルト食品や缶詰の殺菌条件の指標．

Fx% SPR Fx% SPR：漁獲がない状態における加入当り産卵親魚量 SPR の x% に相当する SPR を実現する漁獲係数 F．

fyke net 張り網：長嚢（ぶくろ）網ともいう．袋状の網漁具を流れのある水底に固定・拡張して漁獲する定置網の一種．

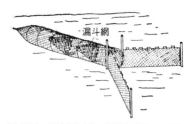

張り網，長嚢網（魚の行動と漁法，1978）

γ-aminobutyric acid γ-アミノ酪酸，略号 GABA：神経伝達物質の一種．

γ distribution ガンマ分布《確率》：確率密度関数の一つ．

γ-globulin ガンマグロブリン：免疫グロブリンに富む血清タンパク質の一群．

G6P → glucose 6-phosphate

G6PDH → glucose 6-phosphate dehydrogenase

GABA → γ-aminobutyric acid

gable 力網：曳網の縫合部に沿わされるロープのこと．縁（ふち）網ともいう．= lastridge line.

gaff 手鉤（かぎ）：手にもって魚を引っ掛ける道具．ギャフともいう．

galactan ガラクタン：D-ガラクトースで構成される多糖類の総称．寒天，カラゲナンなど．

galactosamine ガラクトサミン：ガラクトース由来のアミノ糖．

galactose ガラクトース：ヘキソースの一種．

D-galactose 3,6-アンヒドロ-D-ガラクトース：カラゲナンの構成単糖の一種．

L-galactose 3,6-アンヒドロ-L-ガラク

トース：寒天の構成単糖の一種.

galacturonic acid　ガラクツロン酸：ガラクトース由来のウロン酸.

galanin　ガラニン：神経ペプチドホルモンの一種.

gall bladder　胆嚢(のう)

game fish　遊漁対象魚

gametangium　配偶子囊(のう)

gamete　配偶子：染色体数が半分の成熟した生殖細胞.

gamete attractant　配偶子誘引物質

game theory　ゲーム理論：複数の参加者の戦略的な意思決定を取り扱う数学的理論.「共有地の悲劇」はゲーム理論のもとで定式化される.

gametogenesis　配偶子形成

gametophyte　配偶体：配偶子を作って生殖する世代の生物体.

gammule　芽球

gangen　1) 枝縄：= branch line.　2) てぐす (天蚕糸)：= snood.

gang hook　錨(いかり)針：3本の釣針のくき(茎)を一つにまとめ，腰から先を3方向に拡げた釣針. = treble hook.

ganglion　神経節

ganglion cell　神経節細胞

ganglioside　ガングリオシド：シアル酸を含むスフィンゴ糖脂質の総称.

ganoid　硬鱗：チョウザメ類と全骨類ガーに特有の硬い鱗. 真珠のように輝くガノイン層があることからガノイン鱗ともいう.

gap　1) ギャップ《ゲノム配列の》：ゲノム解析において，決定された塩基配列同士の間に存在する塩基配列が未確定な領域.　2) 口裂：= gape.

gape　1) 口裂.　2) 懐(ふところ)：釣針の湾曲部.

gas bubble disease　ガス病：水中の窒素または酸素が過飽和状態に溶存する時，魚の体内に気泡が発生して起こる障害. 気泡病ともいう.

gas chromatography　ガスクロマトグラフィー：食品などの試料中の成分を気化させてカラムを通し，固定相との相互作用の違いをもとに成分を分離させる方法である. 加熱により気化するものが試料として用いられる. 相互作用の種類には吸着や分配などがある. 検出法として FID や MS などさまざまな方法がある.

gas chromatography-mass spectrometry　ガスクロマトグラフィー - 質量分析法，略号 GC-MS

gas chromatography-olfactometry　ガスクロマトグラフィー・オルファクトメトリー，略号 GC-O：ガスクロマトグラフィーにより分離した化合物のにおいを分析者自身が鼻で嗅ぎ分析することで，食品などに含まれるにおいに重要な成分を同定する.

gas flush packaging　ガス充填包装：包装容器内部に不活性ガスを充填する包装方法. かつお削り節では，窒素ガスを充填する.

gas gland　ガス腺：鰾の内腔に酸素を放出する機構をもつ細胞群.

gas liquid chromatography　気液クロマトグラフィー，略号 GLC

gas oil　ガソリン：沸点が摂氏30℃から220℃の範囲にある石油製品.

gasoline engine　ガソリン機関：燃料であるガソリンと空気の混合気を圧縮し点火，燃焼・膨張させるという往復行程を繰り返し，運動エネルギーを出力する内燃機関.

gastolith　胃石

gastric filament　胃糸

gastric gland　胃腺

gastric pouch　胃囊(のう)

gastric respiration　腸呼吸：ドジョウなどが腸内腔に接する上皮細胞を通じて

補助的にガス交換を行う現象. = intestinal respiration.

gastric shield　胃楯(じゅん)：二枚貝と巻貝にみられる胃壁の肥厚部.

gastrin　ガストリン：胃液分泌を促す消化管ホルモンの一種.

gastrodermis　内皮細胞層《刺胞動物の》

gastrointestinal hormone　消化管ホルモン：消化管で産生されるペプチドホルモンの総称.

gastrozooid　栄養個虫：群体の個虫のうち，栄養摂取機能をもつ個虫.コケムシ類では通常個虫という. = autozooid.

gastrula　原腸胚

gas turbine　ガスタービン：内燃機関の一種であり，その基本的運動がガソリン機関と異なり回転運動である.

gas vacuole　ガス胞：水中生活をする紅色細菌，藍藻類などにみられるガスを蓄積した空胞.

Gause's law　ガウゼの法則：同一の生活様式をもった2種は競争の結果，共存できないという法則.競争的排除則ともいう.

Gaussian distribution　ガウス分布：正規分布のこと.

Gauss-Markov theorem　ガウス・マルコフの定理《統計》

gavel　胴立〔つ〕：旋(まき)網漁具の両側端部

GC content　GC含量：核酸の全塩基数に対するグアニン(G)とシトシン(C)の和の比.一般にモル比(％)で表す.

GC-MS → gas chromatography-mass spectrometry

GC-O → gas chromatography-olfactometry

GDP → guanosine 5'-diphosphate

gear avoidance　漁具回避：生物が漁具を回避する行動.

gear saturation　漁具の飽和：魚が漁具にかかりすぎて飽和状態になること.このような状態の記録は資源量の指数にはならない.

gear selectivity　漁具選択性：漁具が有する特定のサイズ範囲の生物を漁獲するという性質およびその特性.

GEK → geomagnetic electrokinetograph

gel　ゲル：ゾル(コロイド)がある条件下でゼリー状に固化した状態.

gelatin〔e〕　ゼラチン：コラーゲンの変性産物.

gelatinization　1)糊化：デンプンが水と熱の作用で糊状になること.α化ともいう.2)ゼラチン化：コラーゲンが水と熱の作用でゼラチンになること.

gelatinized starch　糊化デンプン：α-デンプンのこと.

gelatinolysis　ゼラチン分解

gelation　ゲル化：ゲル形成ともいう.

gel chromatography　ゲルクロマトグラフィー：= gel filtration.

gel diffusion test　ゲル内拡散法：寒天などのゲル内で可溶性の抗原と抗体を反応させ，ゲル内に沈降線を形成させる方法の総称.

gel filtration　ゲル濾過：多孔性担体を充填したカラムを用いて溶質を分子量に基づいて分離する方法.分子篩(ふるい)クロマトグラフィーまたはゲルクロマトグラフィーと同義.

gel-forming ability　ゲル形成能：魚肉が有する加熱ゲル(主にかまぼこ)を形成する能力.魚種によって異なる.

gel stiffness　ゲル剛性：破断強度を破断凹みで除した値.ねり製品の物性評価の指標.

gel strength　ゲル強度

gen. → genus (*pl*. genera)

gene　遺伝子：生物において次世代へ形質の特性，遺伝情報を伝える担体.

gene annotation　遺伝子アノテーショ

ン：塩基配列のもつ機能について解釈を加えること．

gene bank ジーンバンク：産業生物の遺伝資源と遺伝育種の情報の検索，収集，分類，保存などのための総合的管理利用システムまたはその事業．

gene-centromere recombination rate 遺伝子-動原体間組換え率，略語 G-C 組換え率：相同染色体の遺伝子座と動原体間の組換え頻度．これらの間の遺伝地図上の相対的距離を示す．

gene cloning 遺伝子クローニング

gene dosage 遺伝子量

gene duplication 遺伝子重複：遺伝子を含む染色体のある領域が重複する現象．その原因としては，遺伝的組換えの異常，染色体の一部の重複転座，染色体全体の重複などがある．真骨魚と哺乳類の祖先が分岐した後に，真骨魚の系列で全ゲノム重複が1回は起きたと考えられている．サケ類やコイ類の祖先では，さらなる全ゲノム重複が起きたと考えられている．

gene flow 遺伝子流動：二つの集団間での遺伝子(個体)が移動すること．

gene frequency 遺伝子頻度：ある集団中の与えられた遺伝子座におけるそれぞれの対立遺伝子の割合．

gene knockdown 遺伝子ノックダウン：RNAiやモルフォリノアンチセンスオリゴなどにより，対象となる遺伝子の転写量の抑制あるいは翻訳の阻害により，当該遺伝子の機能を抑制あるいは欠損させる技術．

gene library 遺伝子ライブラリー：任意の生物種，組織，細胞などの染色体DNA断片をベクターに結合した組換えDNA分子の集団．

gene mapping 遺伝地図作成

gene pool 遺伝子給源：メンデル集団に属する全ての個体が有する遺伝子の総量．

gene probe 遺伝子プローブ

general combining ability 一般組合せ能力：ある系統と他のいくつかの系統を組合せた場合，平均的に発揮される能力．

general composition 一般成分：水分，粗タンパク質，粗脂肪，灰分および炭水化物．

generalist 汎食者：広範な餌生物を利用できる種．

generalized exponential model 一般化指数モデル：誤差を指数族で表す統計モデル．

generalized infection 全身感染

generalized least squares method 一般化最小二乗法：残差に相関がある場合に適用される最小二乗法．

generalized linear model 一般化線形モデル，略号 GLM(グリム)：指数族で表される誤差モデルを用いた線形統計モデル．

generalized surplus production model 一般化余剰生産モデル：＝ Pella-Tomlinson model.

generalized variance 一般化分散：二つ以上の変数のばらつきを示す指標．

general merchandise store 総合スーパー：食料，衣料などの生活雑貨を総合的に品揃えして販売する大規模店舗の小売業態．

general trading company 総合商社

generation 世代

generation time 世代時間：ある世代が次世代の子を産出するまでの時間．

generator 発電機

generator engine 発電機関

generator potential 発電機電位

gene substitution 遺伝子置換

gene targeting 遺伝子ターゲッティング：相同組換えを利用して標的とする

内在性の遺伝子を破壊あるいは改変する技術.

genetically modified organism 遺伝的改変生物，略号 GMO：遺伝子組換え技術によって作り出された個体および集団.

genetic background 遺伝的背景：ある目的とした遺伝子(群)以外の遺伝子の構成.

genetic constitution 遺伝的組成：遺伝子座ごとの遺伝子型頻度および遺伝子頻度で表現される集団の特性.

genetic correlation 遺伝相関：二つの形質間の相関のうち遺伝要因によるもの．育種価間の相関.

genetic differentiation 遺伝的分化：遺伝子レベルで観察される個体間や集団間での差異.

genetic distance 遺伝的距離：二つの集団間の遺伝的差異を定量化したもの.

genetic diversity 遺伝的多様性：ある個体群や個体において対立遺伝子やその組合せの数の多寡.

genetic drift 遺伝的浮動：標本抽出誤差に基づく集団の世代間における遺伝子頻度の偶然的変動.

genetic engineering 遺伝子工学：遺伝子を人為的に操作する技術.

genetic gain 遺伝獲得量：人為選抜の前後における，問題とする形質の平均値の差．選択反応と同義.

genetic inactivation 遺伝的不活性化

genetic load 遺伝的荷重

genetic map 遺伝地図

genetic marker 遺伝的標識

genetic pollution 遺伝的汚染：純系や独特の遺伝的組成を示す地域集団に他系統や他地域の遺伝子が混ざること.

genetic polymorphism 遺伝的多型：同一集団中に遺伝的に異なる型が2種類以上共存する現象.

genetic resources 遺伝資源：①生物全般が有する遺伝的多様性の全て．②育種素材としての野生種〔集団〕の遺伝的多様性．③品種の起源となる野生種〔集団〕．完成された品種や系統も含む.

genetics 遺伝学：生物の遺伝現象を研究する学問.

genetic trend 遺伝的趨勢：集団の遺伝的レベルの変化傾向.

genetic variability 遺伝的変異性：遺伝要因によって生じた変異を定量化した値.

genetic variance 遺伝分散：ある集団における個体間の形質のばらつきのうち遺伝要因による分散.

genetic variation 遺伝的変異：表現型で観察される変異のうち遺伝要因によって生じた変異.

gene transfer 遺伝子導入

genital papilla 生殖突起

gen.nov. → genus novum

genome ゲノム：生物が個体として生存するために必要十分な遺伝情報の一組.

genome browser ゲノムブラウザ：アノテーションが付加された遺伝子のゲノム上の位置やその周辺領域の閲覧が可能なソフトウェア.

genome database ゲノムデータベース

genome editing ゲノム編集：人工ヌクレアーゼなどを用いて，個体のゲノムDNA 上の任意の位置に，削除，置換，挿入などの遺伝子改変を誘導する技術.

genome-wide association study ゲノムワイド関連解析，略号 GWAS：ゲノム全体をカバーする一塩基多型の遺伝子型を決定し，一塩基多型の頻度と量的形質との関連を統計的に調べる方法.

genomic breeding value 育種価：ある個体と集団から無作為に抽出した多くの個体とを交配することにより得られた子の平均と集団平均の偏差の2倍がその個体の育種価に相当する．ある個体が集団平均をどの程度変化させ得るかを示す，個体の能力を表す値．

genomic *in situ* hybridization ゲノミック *in situ* ハイブリダイゼーション，略号 GISH

genotype 遺伝子型：遺伝子座における対立遺伝子の組合せの型．いくつもの遺伝子座における組合せの型を示すこともある．遺伝学用語改訂の流れの中では「遺伝型」が提唱されている．

genotype-environment interactions 遺伝子型・環境相互作用，略号 GXE

genotype-phenotype correlation 遺伝子型・表現型相関

genotypic frequency 遺伝子型頻度：特定の遺伝子座をもつ個体がある集団の中に占める割合．

genus novum 新属《分類学の》，略号 gen.nov.

genus (*pl.* genera) 属《分類学の》，略号 gen.

geographical isolation 地理的隔離

geographic information system 地理情報システム，略号 GIS：地図データと種々の情報を含むデータベースを構築して検索・解析するシステム．

geomagnetic electrokinetograph 電磁海流計，略号 GEK：地磁場によって生じた電位差を測り，海流の流速を測定する計器．

geometric distribution 幾何分布：確率分布の一つ．

geometric fishing intensity 幾何学的漁獲強度：漁場面積に対する総掃過面積の比．この比が大きければ資源の間引き率が高くなる．

geometric mean 幾何平均

geometric scattering 幾何散乱：対象の寸法が波長より大きく，幾何学的な取り扱いが可能な散乱．

geostationary meteorological satellite 静止気象衛星，略号 GMS：気象観測を目的とする静止衛星「ひまわり」．

geostatistics ジオスタティスティックス：音響資源調査結果の解析などに用いる空間統計学の一種．

geostrophic current 地衡流：圧力の水平勾配とコリオリ力が釣合っている流れ．

geostrophic wind 地衡風：気圧の水平勾配とコリオリ力が釣合っている大気の流れ．

geosynchronous satellite 静止衛星：地球の自転周期と等しい周期で赤道面上を回る人工衛星．

geotaxis 走性：走性の一種．重力(地面の方向)に向かうのを正の走地性，遠ざかるのを負の走地性という．重力走性ともいう．

gephyrocercal 橋(きょう)尾：真の尾鰭を欠き，体の後端は背鰭と臀鰭の変形物で支持される尾鰭．マンボウなどにみられる．

GEQ → group effort quota

germ cell bank 生殖細胞バンク：さまざまな生物資源の収集・保全を目的として，始原生殖細胞や精原細胞などの未分化生殖細胞の凍結保存したコレクション．魚類では，凍結保存した未分化生殖細胞を用いた代理親魚技法により，当該種の復活が可能である．

germinal vesicle 卵核胞

germinal vesicle breakdown 卵核胞崩壊，略号 GVBD

germination 発芽

germ line 生殖細胞系列

germ line transmission 生殖系列伝達：

親のハプロタイプが生殖細胞を通じて次世代へと遺伝すること.

germling　発芽体

germ tube　発芽管

GFP → green fluorescent protein

GH → growth hormone

ghost fishing　ゴーストフィッシング：紛失した刺網や籠などの漁具が，生産につながらない生物捕獲を続けること.

GHRH → growth hormone-releasing hormone

GI → gonad index

giant axon　巨大軸索：イカ類で特有の動物界で最大の軸索．この細胞が脳からの刺激を素早く筋肉に伝えることで，ジェット水流の発射による逃避行動を可能としている.

gig　1）引っ掛け針《釣の》．2）やす：= spear.

gigantism　ギガス性

gigartinine　ギガルチニン：ある種の紅藻に含まれるシトルリンのアミジノ化誘導体.

gill　鰓（えら）：水生動物に最も普通にみられる呼吸器官．排出と浸透圧調節の機能もある．= branchia.

gill arch　鰓（さい）弓：鰓弁を支持する弓状の骨組織．真骨魚類では通常左右4対ずつある.

gill cavity　鰓（さい）腔：= branchial cavity.

gill circulation　鰓（えら）循環：鰓呼吸する脊椎動物の血液循環.

gill congestion　鰓（えら）うっ血症：ウイルス性血管内皮壊（え）死症の通称として用いられることが多い.

gill cover　鰓蓋（さいがい）：= operculum.

gilled　1）鰓（えら）がかり〔の〕：「目がかり」と同義とされる場合もある．刺網において鰓に網糸が引っ掛かることで魚が漁獲されること．2）目がかり〔の〕：網において魚体が網目に刺さった状態をさす．特に，鰓蓋（さいがい）付近で刺さった状態をいう.

gill filament　鰓（さい）弁

gill fluke　エラムシ：魚類の鰓に障害を起こす「エラムシ症」の原因となる単生類寄生虫（さまざまな属や種が存在）.

gilling　1）鰓（えら）がかり：「目がかり」と同義とされる場合もある．刺網において鰓に網糸が引っ掛かることで魚が漁獲されること．2）目がかり：網において魚体が網目に刺さった状態をさす．特に，鰓蓋（さいがい）付近で刺さった状態をいう.

gill net　刺網：対象生物を網目に刺させたり，網地に絡（から）ませて採捕する漁具・漁法．= tangle net.

gill opening　鰓（さい）孔

gill pouch　鰓嚢（さいのう）：円口類の各鰓裂の途中が袋状に拡張して形成された器官.

gill raker　鰓耙（さいは）：硬骨魚類などの鰓弓の咽頭側にある結節状の突起．餌などの固形物と水を分離する.

gill ray　鰓（さい）弁条

gill slit　鰓（さい）裂：ホヤ類とナメクジウオの鰓嚢（さいのう）の側壁に列状に並ぶ孔．= stigmata.

gill ventilation rate　鰓（さい）換水率

GIPME → Global Investigation of Pollution in the Marine Environment

girdle　1）肢帯：魚類の肩帯と腰帯の総称．2）帯殻《植物》.

girdle lamella　周辺ラメラ：葉緑体の内部のラメラを取り囲むように配列するラメラ.

girdle view　帯面観：珪藻類の細胞殻の周囲を帯面からみた構造.

girth　胴周長《魚体の》

GIS → Geographic Information System

GISH → genomic *in situ* hybridization

give-way vessel　避航船：衝突の恐れのある場合，法律の規定によって他の船舶の進路を避けなければならない船舶．

gizzerosine　ジゼロシン：フィッシュミール作成中の加熱により生成するヒスタミン誘導体で，鶏の胃潰瘍の原因物質．

gland　腺：特定の物質を産生する細胞また器官．

gland cell　腺細胞

glass transition　ガラス転移：食品などは特定温度以下で分子拡散が起こりにくいガラス状態となる．この状態変化のこと．

glaze　グレーズ：= ice glaze.

GLC → gas liquid chromatography

gleaning　繰越原料

glia cell　グリア細胞：神経系を構成する神経細胞ではない細胞の総称．神経膠細胞．

gliding bacterium　滑走細菌：滑走運動することを特徴とするグラム陰性細菌の一群．

GLM → generalized linear model

Global Investigation of Pollution in the Marine Environment　海洋環境汚染全球調査，略号 GIPME：ユネスコ政府間海洋学委員会（IOC）が実施する海洋環境保全に関する活動の一つ．

Global Maritime Distress and Safety System　全世界海上遭難安全システム，略号 GMDSS：海上における遭難および安全に関する世界的な制度．

Global Ocean Ecosystem Dynamics　地球規模海洋生態系変動研究，略号 GLOBEC

global positioning system　全世界測位システム，略号 GPS：複数の人工衛星からの電波を受信し，瞬時に地球上の三次元的位置を求めるシステム．

global warming　地球温暖化：温室効果ガスが原因で地球表面の大気や海洋の平均温度が長期的に上昇する現象．

GLOBEC → Global Ocean Ecosystem Dynamics

globin　グロビン：ヘモグロビン，ミオグロビンなどからヘムを除いたタンパク質部分．

globular protein　球状タンパク質

globulin　グロブリン：硫安 50% 飽和で沈殿する塩溶性球状タンパク質．

glochidium　グロキディウム〔幼生〕：魚類寄生性の二枚貝幼生．

glomerular filtration　糸球体濾過

glomerulus　腎糸球体

glossohyal bone　咽舌骨

glossopharyngeal nerve　舌咽神経：口腔，咽頭の味覚，鰓弓由来の筋を支配する脳神経．

glucagon　グルカゴン：膵臓の A 細胞から分泌されるアミノ酸 29 個からなるペプチドホルモン．主に肝臓に作用してグリコーゲン分解と糖新生を促し，血糖値を上げる役割をもつ．

glucan　グルカン：D- グルコースを唯一の構成糖とする多糖類の総称．

glucitol　グルシトール：= sorbitol.

glucocorticoid　糖質コルチコイド：副腎皮質が分泌するステロイドホルモンの一群．

gluconeogenesis　糖新生：乳酸，ピルビン酸，アミノ酸，プロピオン酸などから，おおむね解糖を逆行して D- グルコースをつくる経路．グルコース新生ともいう．

glucosamine　グルコサミン：グルコースの 2 位の水酸基がアミノ基に置換された単糖．キチンやプロテオグリカンの構成糖．

glucose　グルコース：ヘキソースの一種．ブドウ糖ともいう．

glucose 6-phosphate グルコース6-リン酸，略号 G6P

glucose 6-phosphate dehydrogenase グルコース6-リン酸デヒドロゲナーゼ，略号 G6PDH

glucose tolerance 糖耐性

glucose tolerance test グルコース負荷試験，略号 GTT：グルコース耐性試験ともいう．

glucuronate pathway グルクロン酸経路：= uronate cycle.

glucuronic acid グルクロン酸：グルコース由来のウロン酸．

glue 膠(にかわ)：コラーゲンを煮て得られる粗製の濃厚ゼラチン溶液．

Glugea グルゲア：魚類に寄生する微胞子虫の一属．かつては原虫類に分類されたが現在は真菌類に属する．

glutamate-oxaloacetate transaminase グルタミン酸オキサロ酢酸トランスアミナーゼ，略号 GOT：= aspartate aminotransferase.

glutamate-pyruvate transaminase グルタミン酸ピルビン酸トランスアミナーゼ，略号 GPT：= alanine aminotransferase.

glutamic acid グルタミン酸，略号 Glu, E：酸性アミノ酸で，タンパク質構成アミノ酸の一つ．コンブなどに含まれ，うま味を呈す．

glutamic-oxaloacetic transaminase グルタミン酸オキサロ酢酸トランスアミナーゼ，略号 GOT：= aspartate aminotransferase.

glutamic-pyruvic transaminase グルタミン酸ピルビン酸トランスアミナーゼ，略号 GPT：= alanine aminotransferase.

glutamine グルタミン，略号 Gln, Q：グルタミン酸のアミド．

glutathione グルタチオン，略号 GSH：システインを含むトリペプチドの一種．生体内の抗酸化剤，補酵素などとなる．

glyceride グリセリド：= acylglycerol.

glycerin グリセリン：= glycerol.

glyceroglycolipid グリセロ糖脂質：グリセロールに脂肪酸とガラクトースなどの糖が結合した脂質の総称．

glycerol グリセロール：リン脂質の構成部分となる炭素数3の3価アルコール．グリセリンともいう．

glycerol garactoside グリセロールガラクトシド：ガラクトースがグリセロールに結合した配糖体．紅藻アマノリ属にはフロリドシドやイソフロリドシドが存在する．

glycerolipid グリセロ脂質：グリセロールを含む脂質の総称．

glycerophospholipid グリセロリン脂質：グリセロールに脂肪酸とリン酸が結合した脂質の総称．ホスファチドと同義．

glycerophosphonolipid グリセロホスホノ脂質：C-P 結合をもつグリセロリン脂質．

glycine グリシン，略号 Gly, G：最も単純なアミノ酸で，タンパク質構成アミノ酸の一つ．甘みを呈す．

glycinebetaine グリシンベタイン：グリシンのアミノ基がトリメチルアンモニウム基に置換されたもの．無脊椎動物に多く含まれ，浸透圧調節に関与する．ベタインと呼ぶことがある．

glycogen グリコーゲン：グルコースのみからなる動物の貯蔵多糖．

glycogen degeneration 糖原変性

glycogenolysis グリコーゲン分解

glycogen synthase グリコーゲン合成酵素：グリコーゲンの非還元末端の C4-OH 基に UDP-グルコースを転移する酵素．

glycolipid 糖脂質：分子内に水溶性の糖鎖を含む脂質の総称．スフィンゴ糖脂質とグリセロ糖脂質に大別される．

***N*-glycolylneuraminic acid** *N*-グリコリルノイラミン酸：= sialic acid.

glycolysis 解糖：グルコースの嫌気的異化．

glycolytic enzyme 解糖系酵素：解糖系経路を構成する一群の酵素．

glycolytic intermediate 解糖中間体：解糖経路に含まれる一群の代謝中間体．

glycolytic pathway 解糖経路：グルコースをピルビン酸などの有機酸に分解し，グルコースに含まれる高い結合エネルギーを生物が使いやすい形に変換していくための代謝過程．

glycoprotein 糖タンパク質

glycosaminoglycan グリコサミノグリカン：アミノ糖を含む粘質多糖の総称．動物の結合組織に存在し，ムコ多糖ともいう．

glycosidase グリコシダーゼ：糖や配糖体のグリコシド結合を加水分解する酵素．グリコシドヒドロラーゼあるいは糖加水分解酵素ともいう．

glycoside hydrolase グリコシドヒドロラーゼ：= glycosidase.

glycosyltransferase 糖転移酵素：多糖やオリゴ糖の加水分解酵素のうち，分解に共役した新たなグリコシド結合の形成により分解物の糖を基質に転移する酵素．リテイニング型グリコシダーゼなどにみられる．

GMDSS → Global Maritime Distress and Safety System

GMO → genetically modified organism

GMP → guanosine 5′-monophosphate

GMS → geostationary meteorological satellite

gnathopod 咬（こう）脚：端脚類の特化した付属肢の一つで，食物などの捕捉に用いる．

GnIH → gonadotropin release inhibiting hormone

GnRH → gonadotropin-releasing hormone

GNSS compass GNSSコンパス：GPSなど衛星測位シスムを利用して方位を示す計器．

goblet cell 杯細胞：脊椎動物粘膜の上皮に混在する粘液分泌細胞．杯状（はいじょう）細胞ともいう．

goldfish culture 金魚養殖

Golgi body ゴルジ体：扁平な袋状の膜構造が重なる細胞小器官．細胞外へ分泌されるタンパク質の糖鎖修飾やリボソームを構成するタンパク質のプロセシングに機能する．

Gompertz growth equation ゴンペルツの成長式：成長曲線を表す数式の一つ．

gonad 生殖腺

gonad index 熟度指数，略号GI：体長と体重の相対成長式から計算される成熟度を表す指数．生殖腺重量を体長の三乗で除するなどして計算される．

gonad nematodosis 生殖腺線虫症：*Philometra* 属線虫の魚類生殖腺への寄生．

gonadotropic hormone 生殖腺刺激ホルモン，略号GTH：生殖腺の活動を支配するペプチドホルモンの総称．

gonadotropin release inhibiting hormone 生殖腺刺激ホルモン放出抑制ホルモン，略号GnIH：生殖腺刺激ホルモンの放出を抑制する神経ペプチド．

gonadotropin-releasing hormone 生殖腺刺激ホルモン放出ホルモン，略号GnRH

gonadosomatic index 生殖腺体指数，略号GSI：生殖腺重量を体重で除した値で，性成熟の度合いを示す指数．= gonosomatic index.

gongrine ゴングリン：ある種の紅藻の

含有成分．γアミノ酪酸のカルバモイル誘導体がアミジノ化された化合物．

gonidia ゴニディア：①不動の無性生殖細胞．②緑藻ボルボックスの娘定数群体をつくる細胞．

gonimoblast ゴニモブラスト：受精後に発達して果胞子体を形成する紅藻類の生殖細胞糸．造胞糸ともいう．

gonochorism 雌雄異体性

gonopodium 生殖脚

gonotheca 生殖体包

gonozooid 生殖個虫：群体の個虫のうち，有性生殖に関わるもの．

gonyautoxin ゴニオトキシン：渦鞭毛藻が産生するサキシトキシンの同族体群．麻痺性貝中毒の主要な原因物質．

good catch 豊漁：平均を上回る漁獲．

goodness of fit 適合度：モデルのデータへの当てはまりの程度．

Gordon-Schaefer model ゴードン - シェーファーモデル

gorge 直針(ちょくばり)：両端を尖らせた爪楊枝のような釣針．はりす(鉤素)を中央に結んで用いる．

GOT → glutamic-oxaloacetic transaminase

Gourdon creel ゴードン式籠

gourd-shaped set net 猪口(ちょこ)網：主にイワシ類を対象とする定置網の一種．身網の形状が瓢または猪口に似る．瓢(ひさご)網ともいう．

government ordinance 政令

government owning system of the sea 海面官有制：明治政府が 1875 年に宣言した海面の官有制度．翌年には廃止され，従来の漁業慣行が継承された．

government supporting loan 制度金融：政策的な助成措置を受けている資金の総称．

government vessel 官公庁船

governor licensed fishery 知事許可漁業

G protein Gタンパク質

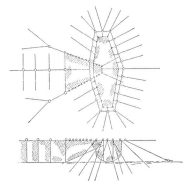

瓢網 (新編 水産学通論, 1977)

GPS → global positioning system

GPT → glutamic-pyruvic transaminase

GQ → group quota

gradation 階調：次第に移行すること．

grader 選別器：漁獲された魚などのサイズ選別をする器具または機器．

gradient analysis 傾度分析

graft-versus-host reaction 移植片対宿主反応，略号 GVHR：移入されたリンパ球が宿主に対して細胞性免疫反応を起こすこと．

grain size 粒径

grain-size analysis 粒度分析：底泥または堆積物の粒径組成の分析．

grammistin グラミスチン：ヌノサラシ科魚類のペプチド性体表粘液毒．

Gram-negative bacterium グラム陰性〔細〕菌：グラム染色で陰性を示す細菌．

Gram-positive bacterium グラム陽性〔細〕菌：グラム染色で陽性を示す細菌．

Gram stain グラム染色：細菌細胞の染色法の一つ．細菌の細胞壁の構造の違いを利用して細菌の分類を行うための細菌の染色法．染色により紫色に染まるグラム陽性菌と赤色に染まるグラム陰性菌の大きく二つに分けられる．

granted fishery 免許漁業

granular cell 顆粒細胞：微小な粒子（顆粒）を多く含む細胞の総称．

granulocyte 顆粒白血球：顆粒球ともいう．

granuloma 肉芽腫（しゅ）

granulomatous inflammation 肉芽腫（しゅ）性炎

granulosa cell 顆粒膜細胞

grasping spine 顎（がく）毛：＝ hook.

grate グレイト：＝ grid.

gravity 重力：地球上に静止している物体が地球から受ける力．主に地球の万有引力．

gravity field 重力場

gravity-type quay wall 重力式岸壁：波力に対し，自重によって安定を保つ形式の岸壁．

grazing むしり取り型：植物をむしり取って食べる摂餌の型．

grazing food chain 生食連鎖：一次生産者を動物が摂食するところから始まる食物連鎖．生食食物連鎖ともいう．

great circle 大圏：地球表面に描いた大きな円で，地球上の2点間を結ぶ最短経路となる線．

great circle sailing 大圏航法：大圏に沿って航海する時の航法．

green algae 緑藻類：広義には光合成色素としてクロロフィル a と b を含んでいる藻類を広くさし，単細胞性から大型海藻を含む．狭義には緑色植物亜界緑藻植物門緑藻綱に属する藻類をさす．

green discoloration 緑変

green fluorescent protein 緑色蛍光タンパク質，略号 GFP

green house culture ハウス養殖

green house effect 温室効果：大気中の水蒸気および二酸化炭素が地表からの赤外放射を吸収することによる効果．地球温暖化の原因．

green liver 緑肝

green meat 1）青肉：マグロを蒸煮した時に生じる青緑色の変色肉．加熱時に筋肉色素のミオグロビンがトリメチルアミンオキシドとスルフィド基の作用を受けて肉が青緑色に変色する．グリーンミートともいう．2）緑変肉：凍結メカジキなどに発生する変色肉．

green oyster 緑カキ：珪藻で緑化したカキ，または銅の沈着で食中毒を起こすカキ．

grid グリッド：漁具に取り付ける格子状の選別器．

grinding 擂潰（らいかい）：魚肉などをすり潰すこと．

groove 溝条：鱗の表面の骨質層上に中心から放射状，前後あるいは上下方向に走る溝（みぞ）．

gross energy 総エネルギー

gross production 総基礎生産：植物による有機物合成の全量．

gross tonnage 総トン数：船の大きさを表すための主たる指標．重量を表すものではなく容積を表す指標．

ground line 1）幹縄：＝ main line. 2）錨（いかり）綱：＝ anchor rope.

ground rope 1）グランドロープ：曳網漁具の下端部に取り付けられるロープ状の部品．2）沈子（ちんし）綱《底曳網の》．

ground speed 対地速度

ground water 地下水：地下の岩石の割れ目や，地層中の間隙を満たしている水．

group effect 群れ効果：少数の個体が集まることによって生じる込み合い効果．

group effort quota グループ努力量割当，略号 GEQ

group fishing right 集団漁業権

group quota グループ割当，略号 GQ

group velocity 群速度：わずかに異なった周期をもつ一群の成分波が全体として伝搬する速度．

growth coefficient 成長係数：成長の速さを示す値．

growth curve 1) 成長曲線：成長過程（年齢と体長の関係）を表す曲線．2) 増殖曲線．

growth factor 増殖因子《細胞の》：細胞の増殖，分化および成長を促すペプチド・タンパク質性の物質．成長因子ともいう．

growth hormone 成長ホルモン，略号 GH：体，特に長骨の成長を促すタンパク質ホルモン．

growth hormone-releasing hormone 成長ホルモン放出ホルモン，略号 GHRH

growth line 成長線

growth overfishing 成長乱獲：小型若齢期からの過大な漁獲圧によって中大型魚が著しく少ないために，加入当り漁獲量が低い状態．

growth rate 1) 成長率．2) 増殖速度．

growth selective mortality 成長選択的死亡

growth zone 成長帯

GSH → glutathione

GSI → gonad-somatic index

Gst → coefficient of gene differentiation

G-test G 検定：適合度検定の一つで，4 分割表の検定などに用いる．

GTH → gonadotropic hormone

GTP → guanosine 5'-triphosphate

GTT → glucose tolerance test

guanidino compound グアニジノ化合物：アルギニンなどのグアニジン基をもつ化合物の総称．

guanine グアニン：核酸を構成するプリン塩基の一種．サケ科魚類やサンマの体表にも分布し，体色の銀白色化に関係する．

guanosine グアノシン：グアニンとリボースからなるヌクレオシド．

guanosine 5'-diphosphate グアノシン 5'-二リン酸，略号 GDP：グアノシン 5'-三リン酸から一つのリン酸基が外れたもの．

guanosine 5'-monophosphate グアノシン 5'-一リン酸，略号 GMP：グアノシンをもつヌクレオチドの一種．グアニル酸ともいう．

guanosine 5'-triphosphate グアノシン 5'-三リン酸，略号 GTP：グアノシンをもつヌクレオチドの一種．高エネルギーリン酸結合を有する．

guanylic acid グアニル酸：= guanosine 5'-monophosphate.

guaranteed minimum pay 最低保障給

guarding ガーディング：= selvedge.

guidance business 指導事業

guide net 垣網：= leader net.

guild ギルド：同じ栄養段階に属し，ある共通の資源を利用している複数の種または個体群．

Gulf Stream 〔メキシコ〕湾流：北大西洋の亜熱帯循環の西端に形成される狭く強い暖流．ガルフストリームともいう．

Gulland-Fox model ガランド・フォックス〔の〕モデル

gullet 溝：クリプト藻の細胞内の前方にみられる消化管様の構造．

guluronic acid グルロン酸：グロース由来のウロン酸で，アルギン酸の構成糖の一つ．

gum ガム質

gussets 三角網：トロール網の一部．腹網（下網）の前縁の両端部に取り付ける三角形の網地．

gustatory organ 味覚器〔官〕

gustatory sensation test 呈味試験

gut 1)てぐす(天蚕糸)：= snood. 2)澪(みお)：= water-route.

guy 張り綱：吊るした漁網と漁獲物を安定させる綱，およびデリックなどを支える綱．支え綱と同義．

guyot ギヨー：頂部が比較的平坦で200 m よりも深い海山．平頂海山ともいう．

GVBD → germinal vesicle breakdown

GVHR → graft-versus-host reaction

GWAS → genome-wide association study

GXE → genotype-environment interactions

Gyairo compass ジャイロコンパス：高速回転するコマの運動を用いて方位を示す計器．

Gymnodinium ギムノジニウム：渦鞭毛藻綱の一属．貝毒の原因物質を生産するものがある．

gynandromorph 雌雄モザイク：一つの動物体内で雌性部分と雄性部分が明白な境界をもって混在すること．

gynogen 雌性発生体

gynogenesis 雌性発生：受精後に精子核遺伝子が排除され，卵核のみで発生が進むこと．雌核発生ともいう．魚類ではある系統のフナなどにみられる．また，遺伝的に不活性化した精子で受精することでも人為的に誘起される．この場合，半数体では致死のため，極体放出阻止や卵割阻止によって二倍性の回復が図られる．

gyre 環流：海水循環の規模の大きなもの．

Gyrodactylus ギロダクチルス：魚類に寄生する単生類の一属．

H

h → haplotypic diversity

h^2 → heritability

habitat 生息場所

habitat degradation 生息地劣化

habitat loss 生息地損失

habitat model 生息地モデル

habitat segregation すみわけ

habitat selection すみ場所選択

Habitat Suitability Index 生息地適合度指数，略号 HSI

habituation 慣れ

HACCP → Hazard Analysis Critical Control Point System

hadobenthic zone 超深海底帯

hadopelagic zone 超深層帯

hair 毛

hair cell 有毛細胞：内耳の管腔に分布し，聴覚および前庭感覚を受容する細胞．

Haldane effect ホールデン効果：血液が保持できる二酸化炭素量が，血液中の酸素分圧が高いほど少なくなる現象．

half and timber hitch 曳(えい)索結び：結索の一種．

half-dried fish 一夜干し：現在では乾燥の浅い干物全般をさす．= semi-dried fish.

half-dried fushi なまり節：1 回目の焙乾を終えた水分の多い節．= semi-dried fushi.

half hitch ひと結び：結索の一種．

half-life 半減期：指数関数的に減少する物質がもとの量の1/2 になる時間．

half sibs 半きょうだい：雌親，あるいは雄親が共通でもう一方の親が異なる血縁関係．半同胞ともいう．

Haliphthoros ハリフトロス：鞭毛菌類に属する真菌の一属．

Halocrusticida ハロクラスチシダ：卵菌類に属する真菌の一属．

halocynine ハロシニン:ホヤ筋膜体に存在するベタイン類の一種.

halogen lamp ハロゲン灯:ハロゲンガスを微量封入した白熱電球のこと.

halophilic bacterium 好塩[細]菌:食塩水の濃度が 0.2 モル以上でよく増殖する細菌(微生物).好塩菌の例として,食品衛生上重要な黄色ブドウ球菌がある.

halotolerant microorganism 耐塩[性]微生物

Hamiltonian ハミルトン関数:一つの力学系の全エネルギーを表す関数.

handiwork kamaboko 細工かまぼこ:食用または装飾用のかまぼこで,切り出し,刷り出し,一つ物に大別される.

handle 柄

handline 手釣具:釣糸を直接に手で扱い,釣竿を用いない一本釣具. = hook and line.

hand rope 手綱:曳網の袖網と曳綱の間に用い,対象生物を網口方向に追い集める威嚇綱.オッターボードとトロール網をつなぐ索具のこと.ハンドロープともいう.

hand stripping method 搾採卵法:魚の体側を手で圧迫して熟卵を採取する採卵方法.

hang-in 縮結(いせ)《内割の》:網地の長さを基準にした縮結.

hanging 縮結(いせ)《欧米式》:網地を縁綱に付ける時,網地より短い縁綱を用いてたるませる割合.網目の開きは縮結の割合によって変化する.

hanging aquaculture with longline 延(はえ)縄式養殖:カキ養殖に代表される養殖様式.

hanging coefficient 縮結(いせ)係数

hanging culture 垂下式養殖

hanging line 添え綱:= bolch line.

hanging ratio 縮結(いせ)割合《欧米式》:= hanging coefficient.

hanging type facilities for culture 垂下式養殖施設:種苗を水中に懸垂させて養殖する施設.

hang-out 縮結(いせ)《外割の》:縁綱の長さを基準にした縮結.

H antigen H 抗原:細菌の鞭毛抗原.

haploid 1) 半数体の:染色体数が半分の細胞または個体. 2) 単相の.

haploid syndrome 半数体症候群:魚類を含む下等脊椎動物の半数体に特徴的にみられる小頭,小眼,歪体,矮躯などの奇形.

haplont 単相植物:生活環において,染色体一組をもつ単相の配偶体のみが発達した植物.

haplostichy 単列形成

haplotype ハプロタイプ:ある遺伝子または DNA 領域のさまざまな塩基配列の異なる型のうちの一つ.

haplotypic diversity ハプロタイプ多様度,略号 h:mtDNA の変異性の指標.RFLPs(制限酵素断片長多型)の組合せの多さの程度を示す.

hapten ハプテン:それ自身では抗体を産生することはできないが,産生した抗体とは反応する物質.

hapteron (*pl.* haptera) 付着根

haptonema ハプト鞭毛:ハプト藻類がもつ鞭毛の一種.

haptophyte ハプト藻類:ハプト鞭毛をもつ微細藻類.

harbor 港湾

Harbor Law 港湾法

harbor limit 港界:船舶が出港あるいは入港したと認定される境界線.

harbor master 港長:港則に関する法令の施行を司る者.

harbor speed 港内速力:船舶が港内を安全に航行するために,設定された最高速力.

hardened oil 硬化油：高度不飽和脂肪酸を多く含む魚油などを触媒の存在下で水素添加することで不飽和度を下げ融点を高めた油．水素添加油ともいう．

hard lure ハードルアー：プラグ，ジグなどの硬質構造をもつ擬餌針．

hardning 抑制《カキの》：採苗したカキ種苗を潮間帯のカキ棚におき，抵抗力のある種苗を選抜すること．

Hardy-Weinberg equilibrium ハーディ・ワインベルグ平衡：遺伝子型頻度と対立遺伝子頻度が世代を経ても不変であること．

Hardy-Weinberg law ハーディ・ワインベルグの法則：世代間での遺伝子と遺伝子型の頻度分布に関する法則．

harem ハレム：1個体の雄と多数の雌からなる集団．

harmful algal bloom 有害藻類の増殖：有害な藻類の大増殖．

harmful plankton 有害プランクトン：水産被害または健康障害を引き起こすプランクトン．

harmonic analysis 調和分析：潮汐の実測値から調和定数を求めること．

harmonic constant 調和定数：潮汐の各分潮ごとの振幅と位相のずれ（遅角）を示す定数．

harmonic lake 調和型湖沼：溶解成分のバランスがとれた水質の湖沼．

harpoon 1) 銛（もり）：大型の魚類と海獣類に用いる投射型の刺突漁具．突〔き〕ん棒ともいう．2) 捕鯨銛（もり）．

harvest control rule 漁獲制御ルール

harvesting 1) 収穫．2) 摘採：取り上げともいう．

hatch 孵化

hatch date 孵化日

hatchery 孵化場：種苗生産場ともいう．

hatching enzyme 孵化酵素

hatching gland 孵化腺

hatching pond 孵化池

Hatch-Slack cycle ハッチ・スラック回路：= C4-dicarboxylic acid cycle.

hauling 1) 網起〔こ〕し：定置網に入った魚を船上に収容するために行う揚網作業．2) 揚網：魚を獲るために網を引き揚げること．

Hazard Analysis Critical Control Point System 危害分析重要管理点方式，略号 HACCP：食中毒，異物混入などの危害を未然に防止するための食品衛生管理システム．

hazard function ハザード関数：ある時間まで生存したという条件で，その瞬間に死亡する確率を表す関数．

hazardous waste 有害廃棄物：人の健康を害する恐れのある廃棄物．

hazard rate function ハザードレート関数

hazard rate model ハザードレートモデル：ハザード関数を用いた生存モデル．

Hb → hemoglobin

HCH → hexachlorocyclohexane

H chain H鎖：免疫グロブリン，ミオシンなどの重鎖．

HDL → high-density lipoprotein

head 頭

head depth 頭高

head kidney 頭腎：魚類の腎臓最前部に位置する造血・内分泌器官．

headland ヘッドランド：海岸線と直角方向に延びた突堤状構造物と，それに直交する消波構造物を組合せた人工岬．

head length 頭長：吻（ふん）または上唇の前端からサメ・エイ類では最後の鰓（さい）孔後端まで，ギンザメ類と硬骨魚類では主鰓蓋（さいがい）骨の後端までの長さ．

headline 浮子（あば）綱：= buoy line. ヘッドラインともいう．

headline stacker 浮子(あば)繰り機：揚網機と網捌き機を通過した浮子綱を，投網しやすく積み上げる補助装置．

head rope 1)浮子(あば)綱：刺網で浮子が固定されている綱．= buoy line. 2)ヘッドロープ：曳網類の網口上端部に沿って取り付けられるロープ．

head tide set 逆張り：旋(まき)網の中央部が操業位置の主潮流の上手になるように投網する方法．= setting against current.

head ulcer disease 頭部潰(かい)瘍病：非定型の *Aeromonas salmonicida* の寄生によって，養殖ウナギの頭部から吻部にかけて潰瘍を生じる疾病．

head width 頭幅：頭の最大幅．= head breadth.

health of crew 船員衛生

hearing ability 聴覚能力

heart 心臓：血液循環の中心器官．硬骨魚類では直列に並ぶ静脈洞，心房，心室，動脈球の4つの部位からなる．

heart beat interval 心拍間隔：心臓の拍動と拍動の間の間隔．

heart beat rate 心拍数：心臓が1分間当りに拍動する回数．

heat budget 熱収支：ある領域内に含まれる熱量の収支．

heat contracture 熱拘(こう)縮：新鮮な魚の切り身をやや高い温度で短時間処理すると，著しく収縮して硬化する現象．

heat increment 熱量増加

heat labile antigen 易熱性抗原：細菌種判別に用いる抗原のうち，熱変性を受け，抗体反応性が変化するもの．

heat shock protein 熱ショックタンパク質，略号HSP：高温接触やストレスにより誘導される一群のタンパク質．変性タンパク質や新生タンパク質の正しい折りたたみを介助する分子シャペロンとして働く．

heat stability 熱安定性

heat stable antigen 耐熱性抗原

heavy chain 重鎖

heavy meromyosin ヘビーメロミオシン，略号HMM：プロテイナーゼによるミオシンの加水分解で生成する水溶性の分子断片の一種．ミオシンの頭部と尾部の一部を含む．

heavy metal 重金属：比重が4以上の金属．白金・金・水銀・銀・鉛・銅・鉄・クロム・マンガン・コバルト・ニッケルなど，一般に体内に蓄積する傾向があり有害なものが多い．

heavy metal pollution 重金属汚染：重金属による環境汚染．

heavy oil 重油：原油の常圧蒸留によって塔底から得られる残油，あるいはそれを処理して得られる重質の石油製品でガソリン，灯油，軽油より沸点が高く，重粘質である．

hectocotylus 交接腕：雌へ精包を渡すために変形した頭足類の雄に特有の腕．

hedoro ヘドロ：河口，沼，湾などの底に堆積した軟弱な泥．= sludge.

heel angle 傾角：水中におけるオッターボードの前後方向の傾斜角度．

height of eye 眼高

height of run up 遡(そ)上高：波が構造物，斜面または海浜の上を這い上がった高さ．

helper T cell ヘルパーT細胞：Tリンパ球の一種で，免疫反応を誘導する細胞．

hemagglutination test 赤血球凝集試験

hemal arch 血道弓門

hemal canal 血道溝

hemal rib 血道肋骨

hemal spine 血管棘(きょく)

hemapophysis 血管突起

hematocrit value ヘマトクリット値：血液中に占める血球の割合(％).

hematological characteristics 血液性状：= blood characteristic.

hematoma 血腫(しゅ)

heme ヘム：鉄-ポルフィリン複合体.

heme protein ヘムタンパク質：ヘムを構成成分とするタンパク質の総称. = hemoprotein.

hemibathyal 亜深海〔の〕

hemibranch 片鰓(さい)

hemicellulose ヘミセルロース：植物の細胞壁からペクチンを除いた後, 強アルカリで抽出される多糖混合物.

hemipelagic 半遠洋性の

hemisphere 半球《地球の》

hemizygote 半接合体：ヘミ接合体ともいう.

hemocoel 血体腔

hemocyanin ヘモシアニン：軟体動物と節足動物の血リンパ液に溶存する呼吸色素タンパク質. 分子中の銅原子に酸素が結合すると青色を呈する.

hemoglobin ヘモグロビン, 略号 Hb：脊椎動物の赤血球に含まれる鉄を含むヘムとグロビンタンパク質とからなる複合タンパク質. 酸素と可逆的に結合し, 血中での酸素を運搬する役割をもつ. 酸素結合型は鮮紅色, 酸素非結合型は暗赤色を示す. 赤血球中のヘモグロビンはαとβヘテロ四量体を形成する.

hemolysis 溶血〔現象〕：細胞膜が崩壊して赤血球が死滅する現象.

hemolytic anemia 溶血性貧血

hemolytic complement activity 溶血性補体活性

hemorrhage 出血

hemorrhagic anemia 出血性貧血

hemorrhagic inflammation 出血性炎

hemosiderosis 血鉄症

Henneguya ヘネグヤ：魚類に寄生する粘液胞子虫の一属.

heparan sulfate ヘパラン硫酸：グリコサミノグリカンの一種.

heparin ヘパリン：血液凝固阻止作用をもつグリコサミノグリカンの一種.

hepatic caecum 肝盲嚢(のう)

hepatic lobule 肝小葉

hepatitis A virus A 型肝炎ウイルス：糞口感染する肝炎ウイルス. 貝類が汚染されていることがある.

hepatoma ヘパトーマ：肝細胞の癌.

hepatopancreas 肝膵臓

hepatosomatic index 比肝重値

herbivore 草食動物

herbivorous 草食性〔の〕：植食性〔の〕ともいう.

herding 駆集：漁法の要素の一つ. 威嚇刺激によって対象生物を追い集めること.

heritability 遺伝率, 略号 h^2：ある集団における個体間の形質のばらつきのうち遺伝要因によるばらつきの割合. 遺伝分散が全分散に占める割合.

hermaphroditism 雌雄同体性：生物1個体の一生で雄および雌の両方の機能を有する性質. 同時的雌雄同体と隣接的雌雄同体に大別される.

herpesviral hematopoietic necrosis ヘルペスウイルス性造血器壊(え)死症

herpesvirus ヘルペスウイルス：二本鎖DNA をもつ動物ウイルスの一科.

Hertwig effect ヘルトウィッヒ効果：精子に照射する紫外線量の増加で受精卵の生存率が低下し, ある線量以上で逆に生存率が上昇する現象.

heshiko へしこ：主に北陸や山陰地方で生産されているサバやイワシの糠漬け品. 塩漬けしたサバなどを米糠とともに長期間発酵・熟成して製造される. それらの品質には, 乳酸菌が深く関与

する.

Heteraxine ヘテラキシネ：ブリ類の鰓（えら）に寄生する単生類の一属.

Heterobothrium ヘテロボツリウム：フグ類の鰓（えら）および口腔壁に寄生する単生類の一属.

heterocercal tail 不正尾

heterochrony 異時性

heterocyst ヘテロシスト：正常細胞と形態が異なる細胞．藍藻では特に窒素固定担当細胞をさす．異質細胞または異型細胞ともいう.

heterogamety 異型配偶子性：精子と卵といった異なる配偶子を介した配偶様式を有する性質.

heterogamy 異型配偶：精子と卵といった異なる配偶子を介した配偶様式.

heterogeneity 不均一性：遺伝的異質性：同じ表現型を示すが遺伝支配，関与する遺伝子座が異なる状態.

heterokaryon 異核共存体：遺伝子型を異にする複数の単相核が共存している細胞または胞子．ヘテロカリオンともいう.

heteromorphic 異型〔の〕

heterophyid trematodes 異形吸虫類：異形吸虫科の吸虫類．人体有害種を含む．寄生を受けた汽水魚の生食によりヒトの腸管に寄生する.

heteroplasmy ヘテロプラスミー：3種類以上の細胞質遺伝子またはDNAの型が同じ細胞に共存する状態．ヘテロプラズモン性ともいう.

heteroscedasticity 分散不均一《統計》

Heterosigma アカシオモ属：ラフィド藻綱に属する単細胞性藻類の属名．しばしば赤潮を形成し魚介類に被害を与える．＝ヘテロシグマ.

heterosis ヘテロシス：遺伝的に異なる系統を交配した時，雑種第一代が両親系統のいずれよりも強健になる現象．両親の中間値以上の値を示した場合をさすこともある．＝ hybrid vigor.

heterotrichy 異形糸状性《褐藻類の》：褐藻類が示す異型配偶子性のこと.

heterotroph 従属栄養生物：エネルギー源を有機物に依存する生物．有機栄養生物と同義．＝ organotroph.

heterotrophic bacterium 従属栄養〔細〕菌：＝ chemoorganotrophic bacterium.

heterotrophic nanoflagellate 従属栄養性微小鞭毛虫類

heterotrophy 従属栄養：エネルギー源を有機物に依存する栄養形式．他律栄養ともいう.

heterozooid 異形個虫：コケムシ類の防御，清掃および有性生殖を担う個虫の総称.

heterozygosity ヘテロ接合度：集団中のある座位におけるヘテロ接合体の頻度.

heterozygote 異型接合体

hexachlorocyclohexane ヘキサクロロシクロヘキサン，略号HCH：かつて利用されたが，現在では農薬としての使用が禁止されている有機塩素系殺虫剤.

hexa-decimal number 16進数

hexagonal mesh 亀甲（きっこう）網目：＝ hexamesh.

hexamesh 六角網目：六角形状をした網目．＝ hexagonal mesh.

Hexamita ヘキサミタ：魚類に寄生する鞭毛虫の一属.

hexaploid 六倍体

hexokinase ヘキソキナーゼ：ヘキソースのリン酸化を触媒する酵素.

hexose 六炭糖

hexose monophosphate shunt ヘキソースーリン酸側路：＝ pentose phosphate pathway.

high-density lipoprotein 高密度リポタ

ンパク質，略号 HDL：血漿リポタンパク質の一種．

higher intertidal zone　潮間帯上部

higher-order structure　高次構造：タンパク質などの一次構造に対する二次構造以上の構造のこと．

higher production　高次生産：食物連鎖または食物網において，大型魚や海生哺乳類など総体的に上位の栄養段階に属する従属栄養動物による生産をさす．

high-frequency wave thawing　高周波解凍：マイクロ波の電界に食品をおいて急速に解凍する方法．

highgrading　高品質化《漁獲物の》：漁獲物を海上で選別し，低価格魚を投棄して高価格魚をもち帰ること．不合理漁獲の一種．

highly migratory fish stock　高度回遊性魚類資源：排他的経済水域の内外を問わず広く回遊するマグロなどの魚類資源．

highly unsaturated fatty acid　高度不飽和脂肪酸：二重結合を 4 個以上もつ不飽和度の高い脂肪酸の総称．

high-performance liquid chromatography　高速液体クロマトグラフィー，略号 HPLC：高性能液体クロマトグラフィーともいう．

high pressure processing　高圧加工：食品材料に数千気圧をかけることで加熱と似た殺菌効果やタンパク質変性効果を得る加工法．色や香り，栄養成分などを保つ．

high resolution picture transmission　高分解送画方式，略号 HRPT：デジタル信号で高分解能の画像を送信する方法．

high retort processing　ハイレトルト殺菌

high seas　公海：特定国家の主権または主権的権利の及ばない海洋．おおむね 200 海里以遠の海域．

high seas stock　公海資源

high-speed craft　高速艇：通常の船舶より高速で航行できる船舶の一般的呼称．

high temperature short time sterilization　高温短時間殺菌法，略語 HTST 殺菌法：高温短時間で微生物を死滅させる方法．食品成分の分解などを最小限に抑える効果がある．

high water　高潮：満潮時の最高水位．満潮ともいう．

himodori　火戻り：戻りの別名．

hind-leg　後肢

hinge plate　鉸(こう)板：二枚貝の左右の殻がかみ合う部分．蝶番が存在する部分．

hirame rhabdovirus　ヒラメラブドウイルス：ラブドウイルスの一種．主にヒラメのほかに，クロダイやメバルなどにも感染する．

histamine　ヒスタミン：ヒスチジンの脱炭酸で生じるアミン．アレルギー様食中毒の原因物質．

histamine poisoning　ヒスタミン中毒：= allergy-like food poisoning.

histidine　ヒスチジン，略号 His, H：塩基性アミノ酸の一種．

histidine decarboxylase　ヒスチジンデカルボキシラーゼ

histocompatibility antigen　組織適合抗原：= major histocompatibility antigen.

histogram　度数分布図：特性値の出現回数を級別に表した図．

histone　ヒストン：真核細胞の染色体中に存在し，DNA と結合してヌクレオソームを形成する塩基性タンパク質．

hit　あたり(魚信)：魚が釣針に食いついた時の手応え．

Hjort's hypothesis ヨルトの仮説：摂餌開始期の仔魚に起こる大量死亡の程度が資源への新規加入量水準を決定するという仮説.

HMM → heavy meromyosin

hockey-stick stock-recruitment relationship ホッケースティック型再生産曲線

hodograph 潮流図表：潮流を2点からのベクトルで表示し，その先端を順次線で結んだ速度図．ホドグラフともいう．

holdfast 付着部

Holling's disk equation ホリングの円盤方程式：寄主と寄生者の2種間の数量変動モデルの一つ．

hollow reed 筒《ウナギ用の》

ウナギ筒（魚の行動と漁法，1978）

holobranch 全鰓（さい）：鰓隔膜が退縮して，鰓弁の後端が鰓隔膜より著しく外方に延長している鰓.

holoenzyme ホロ酵素：触媒活性をもつタンパク質-補欠分子族複合体.

holoplankton 終生プランクトン：生活史の全てを浮遊生活で過ごすプランクトン．

holothurin ホロスリン：ニセクロナマコに含まれるトリテルペノド配糖体．抗真菌活性を示す．

holotoxin ホロトキシン：マナマコに含まれるトリチルペノイド配糖体．抗真菌活性を示す．

holotype 完模式標本：学名の客観的基準となる標本の一種．種または亜種の命名の際に指定された単一の標本．

homarine ホマリン：N-メチルピコリン酸の通称．ベタイン類の一種．

home delivery system 宅配便運送

homeostasis 恒常性：外環境の変化にかかわらず生体内の生理状態をある一定範囲内に維持すること．ホメオスタシスともいう．

homeotherm 恒温動物：温度環境に関わらず体温を一定に保つ動物．

homeotic gene ホメオティック遺伝子：ホメオドメインをもつ転写調節因子をコードする遺伝子群．発生過程で前後軸に沿い，領域特異的な発現を示す．

home range 行動圏

homing 回帰：生まれたところに戻ること．

homing ability 回帰性：動物が主たるすみ場所や生まれた場所に戻る習性・性質・能力．帰巣性ともいう．

homing migration 回帰回遊

homocercal tail 正尾：多くの硬骨魚類のもつ尾鰭で，外見的には上下両葉は相称的であるが，解剖学的には不相称で，脊梁の末端部は歪尾の場合と同様に上方に曲がっている．

homoeologous chromosome 同祖染色体

homogamety 同型配偶子性：同型の配偶子を介した配偶様式を有する性質．

homogenize 均一化する

homologous chromosome 相同染色体

homology 相同性

homonym 同名：同じ学名をもつ異なった生物に付けられた分類名．

homoscedasticity 分散均一性《統計》

homozygote ホモ接合体：同じ型の対立遺伝子の組合せ．同型接合体ともいう．

honey-comb ハニカム：マグロなど大型魚を蒸煮した時に発生する異常肉．ハチの巣状の小孔をもつ．

hood 頭被：頭帽ともいう．

hook 1) 顎（がく）毛：毛顎動物の頭部にあるキチン質の捕食器官．2) 鈎（こう）引具：引っ掛けて獲る雑漁具．3) 釣針．

hooking 針がかり：釣針が魚に掛かること．= strike．

hooking rate 釣（ちょう）獲率：釣針数に対する釣獲尾数の割合．

hooking ratio 釣（ちょう）獲割合：= hooking rate．

hook selectivity 釣針選択性：延（はえ）縄や釣り漁具に用いられる釣針の選択性．

hook stripper 針外し具：魚から釣針を外す道具．

hoop 漏斗枠：漏斗状の網の形状を保つための枠．丸枠ともいう．

hooped cover 丸枠付き覆い網：魚捕部に接触しないように丸枠を付けた覆い網．

hoop net trap 壺網：桝網と同じ，または桝網の囲い網の周囲に取り付ける円錐形の袋網．

hootchie タコベイト：タコの形状を模したビニール製の擬餌．

Hopkins test ホプキンスの検定：個体間の距離のデータを用い，空間分布のランダム性を検定する方法．

horizon 水平線

horizontal band 横帯

horizontal blotch 横斑

horizontal cell 水平細胞

horizontal distribution 水平分布：水域では，特定の水深や潮位における個体群，種，群集組成，あるいは物質の分布様式をさす．また，同緯度内での分布様式を含むこともある．

horizontal fin 水平鰭（き）：胸鰭と腹鰭のこと．対鰭（ついき）ともいう．

horizontal mixing 水平混合：水塊が水

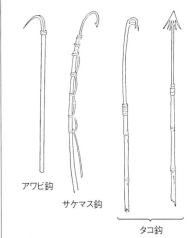

鈎引具 （新編 水産学通論, 1977）

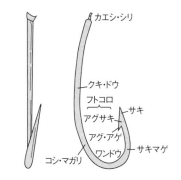

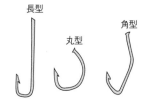

釣針 （新編 水産学通論, 1977）

平方向に混合する現象.

horizontal septum 水平隔壁

horizontal tow 水平曳き：プランクトンの採集方法の一つで，水深に対してネットを水平に引くこと．

horizontal transmission 水平感染：ウイルスが同世代の宿主間で伝播すること．

hormocyst 厚膜連鎖体《藍藻類の》

hormogone 連鎖体：糸状藍藻類の栄養増殖に関与する数個からなる細胞糸．ホルモゴンともいう．

hormone ホルモン：内分泌腺で産生され，体液を介して細胞間の情報伝達に関わる化合物．

hormospore 厚膜胞子：＝chlamydospore.

horny tooth 角質歯：円口類に存在する口腔上皮が角質化して形成される歯．

host-parasite system 宿主‐寄生者系

Hotelling's T^2 test ホテリングのT^2検定：t検定の多変数版で，平均値ベクトルの差の検出に用いる．

hot gas drying 熱風乾燥：＝direct drying.

hot smoked product 温燻品：温燻によって製造される加工品．

hot smoking 温燻法：燻煙温度を30～80℃とする燻製法．保存性の向上ではなく風味をつけることが目的．

hour angle 時角：天頂および天底を通る時圏(天の子午線)と，天体を通る時圏とが天の極においてなす角．

hour circle 時圏：天球上の天の両極を通り赤道と直交する大圏．

house 包巣：尾索動物尾虫類の体を包むゼラチン質の外被構造．

housekeeping gene ハウスキーピング遺伝子：細胞の生存に必要な基本的タンパク質をコードする遺伝子．

HPLC → high-performance liquid chromatography

HRPT → high resolution picture transmission

HSI → Habitat Suitability Index

HSP → heat shock protein

H-test H検定：＝Kruskal-Wallis test.

HTST → high temperature short time sterilization

hull efficiency 船体効率：スラスト馬力と有効馬力の比．

human disturbance 人為的かく乱

human parasites 人体寄生虫

Humboldt Current フンボルト海流：＝Peru Current.

humeral spine 上膊棘(はくきょく)

hum noise ハムノイズ：外部雑音の中で，漏洩電流，静電誘導および電磁誘導に起因する交流誘導によるかく乱．

humoral immunity 体液性免疫

hyaline cell 1)硝子様細胞：透明細胞ともいう．2)無顆粒細胞：無脊椎動物にみられる血球の一種．

hyaline zone 透明帯：耳石に現れる帯状の透明帯．

hyaluronic acid ヒアルロン酸：グリコサミノグリカンの一種で，巨大な直鎖多糖．

hybrid 雑種：異種または異品種間など遺伝的形質で区別できる集団間での交配の結果，両者の形質を保有する子孫．

hybrid inviability 雑種致死：交雑種において異質ゲノムの不適合により，当該種が発生過程で致死となること．

hybridization 交雑：遺伝的に異なる二種類の細胞や配偶子が合体すること．雑種形成，ハイブリッド形成ともいう．

hybridogenesis 雑種発生：異種である両親のゲノムをもつ雑種が，卵形成の際に父親のゲノムを排除し，母親のゲノムのみを伝える生殖様式．半クローン生殖ともいう．魚類ではスジアイナメとその近縁種間などでみられる．

hybrid sterility 雑種不妊：交雑種にお

いて異質ゲノムの不適合により，当該種が不妊となること．

hybrid vigor　雑種強勢：同一世代内での個体における遺伝的多様性の増大に伴い生じる強勢の増加に用いられる．ヘテロシスが一代限りの強勢をさすのに対して雑種強勢は世代にとらわれない．= heterosis.

hydration　水和：水溶液中の溶質分子に，水分子が引きつけられる現象．

hydraulic model experiment　水理模型実験：時空間規模を小さくして現象を水槽内で再現し，水理的な特性を把握するための実験．

hydraulic-oil actuator　油圧アクチュエータ：油圧エネルギーを機械エネルギーに変換する油圧機器の総称．

hydraulic-oil cylinder　油圧シリンダ

hydraulic-oil motor　油圧モータ

hydraulic-oil power unit　油圧ユニット

hydraulic-oil pump　油圧ポンプ

hydrocarbon　炭化水素：炭素と水素のみからなる有機化合物．

hydrocaulus　ヒドロ茎

hydrocolloid　ハイドロコロイド：水を加えるとゲルになる物質またはそのゲル．

hydrodynamics　流体力学：流体の変形や応力を扱う物理学の一分野．

hydrogenated oil　水素添加油：= hardened oil.

hydrogenation　水素添加

hydrogen bacterium　水素〔細〕菌

hydrogen sulfide　硫化水素：硫黄と水素の無機化合物．無色の気体で，腐卵臭に似た特徴的な強い刺激臭を放つ．

hydrogen value　水素価：不飽和化合物の不飽和度を示す指標の一つ．

hydrographic observation　海洋観測：海洋の性状を測量船，人工衛星，海底係留装置，漂流ブイなどにより調査すること．

hydrographic phenomenon　海象：海で発生する自然現象の総称．気象に加え海流，波や潮汐の状況も含む．

hydrography　海況学：海洋物理学の一分野．海水の環境的見地からその状態を物理的手法で究明する．

hydrolase　ヒドロラーゼ：ペプチド結合やグリコシド結合，エステル結合などの化学結合を加水分解する酵素の総称．加水分解酵素ともいう．

hydrology　水文学：地球上の水の状態と変化を水の循環の立場から研究する学問分野．

hydrolysis　加水分解：酸またはアルカリの存在下，1分子の水が付加した形でアミド結合やエステル結合が切断される化学反応．

hydrometer　比重計：単位質量の物質の温度を1℃上げるのに必要な熱量．

hydroperoxidase　ヒドロペルオキシダーゼ

hydroperoxide　ヒドロペルオキシド：官能基 -OOH をもつ化合物．酸化力に富み，酸化剤として用いる．

hydrophilic group　親水基

hydrophilicity　親水性

hydrophobic bond　疎水結合：疎水的相互作用ともいう．

hydrophobic group　疎水基

hydrophobicity　疎水性

hydropolyp　ヒドロポリプ：ヒドロ虫類のポリプ形．

hydropsy　水腫（しゅ）

hydrorhiza　ヒドロ根

hydrosphere　水圏：地球の表面上で水によって占められている部分．海，湖沼，河川などが該当する．他の部分は気圏，岩石圏に区別される．

hydrotheca　ヒドロ包

hydrothermal vent　熱水噴出孔：大洋底

のプレート境界などに形成される孔.そこから排出される硫化物は化学合成細菌に利用される.

hydroxyindol-*O*-transferase　ヒドロキシインドール-*O*-トランスフェラーゼ：セロトニン(5-hydroxytryptamine)からメラトニンを合成する酵素.

hydroxylysine　ヒドロキシリシン，略号 Hyl：コラーゲンに特徴的な構成アミノ酸の一つ.

hydroxyproline　ヒドロキシプロリン，略号 Hyp：コラーゲンに特徴的で，しかも主要な構成イミノ酸の一つ.

hygrometer　湿度計：湿度を測る装置.

hyoid arch　舌弓

hyomandibular bone　舌顎骨：魚類の硬骨性舌弧のうちで最後端にある軟骨性硬骨.

hyomandibular cartilage　舌顎軟骨：軟骨魚でみられる顎軟骨の一つ.

hyostylic type　舌接型：頭蓋(がい)と顎部の接合様式の一つ.

hypaxial muscle　腹側筋

hyperbolic line　双曲線：2点からの距離の差が一定な点の軌跡.

hyperbolic navigation system　双曲線航法：2局から発射された電波が，観測点(船上)まで到達した時に生じる電波伝播時間差から位置を定める航法.

hypercoracoid　上烏(う)口骨

hyperemia　充血

hypergeometric distribution　超幾何分布《確率》

hyperglycemia　過血糖症：グルコースの血中濃度が高すぎる症状.

hyperosmotic infiltration　高張液浸漬処理法：浸漬免疫法の一つ．環境水より濃い塩分濃度に魚を浸漬し，その後に抗原液に浸漬する方法.

hyperparameter　超パラメータ：事前分布のパラメータ.

hyperparasitism　超寄生：寄生者にさらに寄生者が存在すること.

hyperplasia　過形成：細胞分裂が頻繁に起こり，組織の容積が増す現象．増生ともいう.

hyperploid　高倍数体：基本数の整数倍の倍数体よりも1本以上の染色体を多くもつ個体または細胞.

hyperpolarization　過分極：細胞膜の分極(内部：負，外部：正)が静止状態以上に大きくなること.

hypersensitivity　過敏症

hyperthermophile　超好熱〔性細〕菌

hypertonic urine　高張尿：環境水より高浸透圧な尿.

hypertrophy　1)過剰栄養：= overnutrition. 2)肥大《心臓，臓器の》.

hypervitaminosis　ビタミン過多症

hypha　1)菌糸. 2)細胞糸《藻類の》.

hypnospore　休眠胞子

hypnozygote　不動接合子

hypobranchial bone　下鰓(さい)骨

hypobranchial gland　鰓(さい)下腺

hypochloremia　低クロール血症

hypochlorite　次亜塩素酸塩：次亜塩素酸イオンの化合物で，殺菌剤，漂白剤として用いられる.

hypocingulum　下帯殻《珪藻類の》

hypocoracoid　下烏(う)口骨

hypodermis　皮下組織

hypogynous cell　器下細胞：紅藻類の生殖細胞の一型.

hypohyal bone　下舌骨

hyponeural nervous system　口下側神経系

hypoploid　低倍数体

hyposensitization　減感作：除感作ともいう.

hypostasis　下位

hypotaurine　ヒポタウリン：システインの酸化によって，タウリンが生じる

時の中間体.

hypothalamo-hyphysial gonadal axis 視床下部 -〔脳〕下垂体 - 生殖腺系

hypothalamus 視床下部

hypotheca 下被殻《珪藻類の》

hypothesis test 仮説検定：データから計算される帰無仮説の実現確率が有意水準より小さい時，その仮説を棄却する手続き．

hypotonic urine 低張尿：血漿より低浸透圧な尿．

hypovalve 下殻《珪藻類の》

hypoxanthine ヒポキサンチン：イノシン酸の分解によって生じるプリン塩基．

hypoxia 低酸素：酸素が不足している状態．

hypural bone 下尾骨

hypurapophysis 下尾骨側突起：尾骨側突起ともいう．

hysteresis 履歴効果：系の変化が生じる時の環境条件の閾値と系がもとに戻る時の閾値が異なる現象．ヒステリシスともいう．

hystricinella larva ヒストリキネラ幼生：アマシイラの幼生．

IATTC → Inter-American Tropical Tuna Commission, Convention between the United States of America and the Republic of Costa Rica for the Establishment of an Inter-American Tropical Tuna Commission

IBM → individual-based model

IC → integrated circuit

ICCAT → International Convention for the Conservation of Atlantic Tunas, International Commission for the Conservation of Atlantic Tunas

ice accretion 着氷

ice algae アイスアルジー：海氷を終生または一時的な生活場所とする光合成独立栄養の微細藻類．主に珪藻類で構成される．海氷藻類ともいう．

ice-barrier 防氷堤．= ice-dyke.

iceberg 氷山：陸氷から分離して海面を漂う氷塊．

ice-block freezing 水張り凍結

icebreaker 砕氷船

ice condition chart 海氷図：海氷の状況を海図上に示した図．

ice crystal ratio 氷結率

iced storage 氷蔵

ice edge 氷縁：海氷域と開放水面との境界．

ice fishing 氷下漁業：氷の下の生物を採捕する漁業．

ice floe 氷盤：定着氷以外の単独の海氷．

ice foot 氷脚：極地でみられる海岸に沿った氷の壁．

ice glaze アイスグレーズ：凍結貯蔵中の魚または食品の乾燥と酸化を防ぐため，それらの表面に付ける薄い氷の膜．氷衣ともいう．

ice making plant 製氷施設

ICES → International Council for the Exploration of the Sea

ice shelf 棚氷：氷河や氷床が海に押し出され，陸上に連結したまま洋上にある氷．

ice slush 氷泥

Ichthyobodo イクチオボド：魚類に寄生する鞭毛虫の一属．

Ichthyophonus イクチオフォヌス：魚類に寄生する真菌の一属．

ICNAF → International Commission for the Northwest Atlantic Fisheries

icosapentaenoic acid イコサペンタエン酸，略号 20:5 n-3：エイコサペンタエン酸(EPA)とも呼ばれる．シス二重結合を5個もつ C20 高度不飽和脂肪酸．魚油に多く含まれ，血小板凝集抑制作用などを示す．

ICP-MS → inductivity coupled plasma mass spectrometer

ICSEAF → International Commission for South East Atlantic Fisheries

identification 同定：生物種名または化合物名を検索する作業．

IFQ → individual fishing quota

Ig → immunoglobulin

IGF → insulin-like growth factor

ignition loss 強熱減量：物質を強熱した場合に，燃焼と気化によって減少する重量．

IGOSS → integrated global ocean service system

IHHN → infectious hypodermal and hematopoietic necrosis

IHN → infectious hematopoietic necrosis

ikameshi いか飯：内臓を取り除いたイカの胴肉(つぼ抜き)に，もち米とうるち米を混ぜた米を詰め込み，醤油などの調味汁で炊き上げた加工品．

IKMT net IKMT ネット：定量採集用の中層トロール漁具．= Isaacs Kidd midwater trawl.

IL → interleukin

ileo-rectal valve 直腸弁

ileus 腸閉塞(そく)

illegal, unreported and unregulated Fishing 違法，無規制，無報告漁業，略語 IUU 漁業

illicium 誘引突起

illogical catch 不合理漁獲：経済的に不合理な漁獲．資源の先取り競争などのため，漁業投資が不適切になること．

illuminance 照度：光放射量に関する物理量．単位面積当りに入射する光束のエネルギー量．光の強さ．単位はルクス．

ILO → International Labor Organization

image analysis 画像解析

imbalance 不均衡

imidazole compound イミダゾール化合物：ヒスチジンなどのイミダゾール基をもつ化合物の総称．

imitation 模倣

immature fish 未成魚

immersion freezing 浸漬凍結

immersion immunization 浸漬免疫：浸漬ワクチンにより免疫状態にすること．

immersion vaccine 浸漬ワクチン：ワクチン液に魚を浸すことによるワクチン．

immigration 移住《個体群の》

immittance イミッタンス：インピーダンスとアドミタンスの総称．

immobilized enzyme 固定化酵素：酵素を何らかの方法で一定のスペースに固定したもの．固定化の方法として担体結合法，架橋法，包括法がある．酵素の再利用や連続使用できることや酵素の安定化などの利点がある．

immobilized plant cell 固定化植物細胞

immune 免疫〔の〕

immune complex 免疫複合体

immune memory 免疫記憶

immune response 免疫応答

immune surveillance 免疫監視機構：生体内でできる腫瘍細胞を生体防御機構によって排除し，健康を保っていると考えられる機構．

immune tolerance 免疫寛容：特定の抗原に対して免疫応答が失われている状態．

immunity 免疫：動物体内の内因性および外因性の異物を生理的に認識して

排除する機構.

immunoactivator 免疫賦活剤：非特異的な免疫作用を高める作用をもつ薬剤.

immunoblotting 免疫ブロット法：= Western blot.

immunoelectrophoresis 免疫電気泳動〔法〕：電気泳動した抗原を抗体との反応で沈降線を形成させて検出する方法.

immunofluorescence 免疫蛍光〔法〕：蛍光色素で標識した抗体を用いて抗原を検出する方法.

immunogen 免疫原

immunogenicity 免疫原性

immunoglobulin 免疫グロブリン，略号 Ig：抗体とその関連タンパク質の総称.

immunomodulator 免疫調整剤：免疫系の機能を活性化あるいは抑制する薬剤.

immunopotentiator 免疫増強剤：免疫反応を増強する目的でワクチンに添加される物質.

immunosuppression 免疫抑制

IMO → International Maritime Organization

IMP → inosine 5'-monophosphate

impedance インピーダンス：交流における電気抵抗・電気の通りにくさ．単位はΩ（オーム）.

impermeable groin 不透過堤：波または流れを完全に通さない堤防.

implementation error 実行誤差：資源管理の実行時に生じる誤差.

imposex インポセックス：雌が成長するにつれて，雄の生殖器ができる現象.

impounding net 囲い網：定置網の運動場の周りを囲う網.

imprinting 刷り込み：動物の生後のごく早い時期に生じる特殊な学習.

improvement of bay entrance 湾口改良：海水交流を確保して水質の保全と改善を図るため，湾または湖の口の形状改良または新たに口を設けること.

improvement of bottom materials 底質改良：覆土，耕耘(うん)，浚渫(しゅんせつ)などによって，底質の環境条件を改良すること.

improvement of fishery community 漁村整備

impulse インパルス：神経の一部を強く刺激した時に発生する活動電位.

IMTA → Integrated Multi-Trophic Aquaculture

inaccessible boundary 到達不能境界：拡散方程式などにおける境界条件の一つで，理論的に到達できない境界.

inactivated vaccine 不活化ワクチン：殺すなどして感染能力をなくした病原体によるワクチン.

inactivation 不活化：生物活性または生理活性を消失させること，およびその操作.

inboard engine 船内機〔関〕：機関が船内に据え付けられた駆動システム.

inboard-outdrive engine 船内外機〔関〕：機関が船内にあり，プロペラ駆動装置が船外にある駆動システム.

inbred line 近交系：きょうだい交配を20世代以上繰り返し，遺伝的にほぼ均一となった系(個体群).

inbreeding 近親交配：血縁関係のある個体同士の交配．交配する2個体の家系をさかのぼった時共通祖先が存在する場合の交配.

inbreeding coefficient 近交係数：ある個体の相同遺伝子が共通の祖先遺伝子に由来する確率．= coefficient of inbreeding.

inbreeding depression 近交弱勢：近親交配によって生じる形質の劣化，弱勢.

incandescent lamp 白熱灯

incidental catch 副次漁獲物：主要対象生物以外の漁獲物. = bycatch

incident wave 入射波：構造物に向かってくる，または水域に進入してくる波.

incinerator 焼却装置

incisor 門歯：切歯《鰭脚類の》ともいう.

inclinator 傾斜筋

inclusion body 封入体：ウイルス感染した宿主，組換え体などの細胞内にみられる顆粒状の構造体.

inclusive fitness 包括適応度

income breeder 摂取栄養依存型産卵魚：産卵期中に摂取するエネルギーを用いて再生産を行う魚種.

income elasticity 所得弾力性：所得の変化率に対する需要の変化率の割合.

income of fishery household 漁家所得

incomplete dominance 不完全優性：ヘテロ型が両方のホモ型の形質の間の形質を示すこと.

incomplete mesentery 不完全隔壁

increasing meshes 増し目：編網の時に，幅（網目の数）を次第に増していくこと. = creasing, false meshes.

incubator 孵化器

incurrent canal 流入溝

independent business by Fisheries Cooperative Association 漁協自営事業

indeterminate growth 非限定成長

indeterminate spawner 産卵数非事前決定型産卵魚：1産卵期における産卵数が，産卵期前に決定していない成熟産卵様式をもつ魚種.

indeterminate spawning 非限定産卵：産卵期中に新たな卵母細胞群が発達するため産卵期前に産卵数が決定していない産卵様式.

index number of agriculture, forestry and fishery product 農林水産業生産指数

index number of consumer price 消費者物価指数

index number of fishery production 水産業生産指数

index number of prices 物価指数

index number of terms of trade 交易条件指数

index number of wholesale price 卸売物価指数

index of relative importance 相対重要度指数，略号 IRI：餌生物種の重要度を表現するために考案された指数. 胃（消化管）内容物中での出現頻度，数，体積（または重量）を組合せて得られる.

Indian Ocean インド洋：世界三大大洋の一つ，アジアの南，アフリカとオーストラリアの間に位置し，南は南極大陸に及ぶ.

Indian Ocean Tuna Commission インド洋まぐろ類委員会，略号 IOTC

indicated horse power 指示馬力：蒸気往復動機関の出力.

indicator bacterium 指標〔細〕菌：汚染指標，ファージの力価測定などに用いる細菌. 指示菌ともいう.

indicator bacterium of fecal pollution 糞便汚染指標〔細〕菌：大腸菌，大腸菌群など.

indicator organism 指標生物：指標種とほぼ同義だが，種を限定しない場合に用いられる.

indicator plankton 指標プランクトン：水質や海流などの水塊を推定する際の指標となるプランクトン.

indicator species 指標種：環境に対する耐性や要求の幅が狭く，特定の環境にのみ生息するが稀少ではない種. その環境を推察する際の指標となる.

indifferent electrode 不関極《電気生理学の》

indigoid インジゴイド：紫色を呈し，腹足類の鰓下腺から得られたものは貝

紫として古くから染料として用いられてきた.

indirect fluorescence antibody technique 間接蛍光抗体法：免疫蛍光法の一つ．抗原に特異抗体を反応させ，次にその抗体に対する標識抗体を反応させる方法．

indirect hemagglutination 間接血球凝集反応：可溶性抗原を赤血球に吸着させ，抗体との反応を凝集反応として観察する方法．

indirect measurement 間接測定：測定量と一定の関係にあるいくつかの量を測定し，測定値を導き出す方法．

individual-based model 個体ベースモデル，略号 IBM

individual effort quota 個別努力割当て量：個々の漁業者に割り当てられる努力量．

individual fishing quota 個別漁獲割当て，略号 IFQ

individual quick freezing 急速ばら凍結，略号 IQF：個別急速凍結法ともいう．小型の食品を個別に急速冷凍する方法．

individual quota 個別割当て量，略号 IQ：漁獲可能量のうち，個々の漁業者に割り当てられた部分．

individual quota system 個別漁獲量割当て制度：個別に漁獲量を割り当てる制度．

individual selection 個体選択：集団内における個体の性質の差に由来する淘汰．個体選抜または個体淘汰ともいう．選抜は産業的に意味のある個体を選別する場合に用いられることが多く，淘汰は自然条件による個体の選別をさすことが多い．

individual transferable quota 個別譲渡可能割当て量，略号 ITQ：譲渡可能性（transferability）を付与した個別漁獲割当て量（IQ）．

individual vessel quota 船別割当て量，略号 IVQ：許容漁獲量のうち，個々の漁船に割り当てられた部分．ノルウェーなどでみられる方式．

indole インドール：トリプトファンを構成する芳香族複素環で，不快臭に関与する．

inductance インダクタンス：コイルに交流を流した時の抵抗の大きさ．

induction motor 誘導電動機：交流電動機の代表例．固定子の作る回転磁界により，電気伝導体の回転子に誘導電流が発生し滑りに対応した回転トルクが発生する．

inductivity coupled plasma mass spectrometer 誘導結合プラズマ質量分析計，略号 ICP-MS：元素分析に用いられる機器．高感度・多元素分析が可能．

industrial agar 工業寒天：化学寒天または粉末寒天ともいう．工場の機械設備により通年生産される．

industrial waste water 工場廃水：工場から排出される汚水．工業廃水ともいう．工場排水を公共用水域に放流する時は水質汚濁防止法の排水基準の規制を受ける．下水道に放流することも認められるが，この場合は下水道法の規制を受ける．

inert gas system 不活性ガス装置：タンク内の爆発を防止するための不活性ガス発生装置．

inertia circle 慣性円：慣性運動をする流体粒子が描く軌跡．北半球では時計回り．

inertial oscillation 慣性振動：慣性力とコリオリ力の釣合いによって生じる流体の運動で，等速円運動を行う．

inertial term 慣性項：流体の運動方程式において，流速の場所的な違いによって生じる流れを表す項．

infarct 梗塞(そく)：動脈が塞がれることで生じる周辺組織の壊(え)死.

infauna 埋在動物：水底の堆積物中で生活する水生動物.

infection 感染

infectious disease 感染症

infectious hematopoietic necrosis 伝染性造血器壊(え)死症，略号 IHN：サケ科魚類稚魚のウイルス病の一種．病原体は infectious hematopoietic necrosis virus (IHNV).

infectious hypodermal and hematopoietic necrosis 伝染性皮下・造血器壊(え)死症《クルマエビ類》，略号 IHHN：クルマエビ類のウイルス感染症の一種．病原体は infectious hypodermal and hematopoietic necrosis virus (IHHNV).

infectious pancreatic necrosis 伝染性膵臓壊(え)死症，略号 IPN：サケ科魚類稚魚のウイルス病の一種．病原体は infectious pancreatic necrosis virus (IPNV).

infectious salmon anemia 伝染性サケ貧血症《サケ科魚類》，略号 ISA：サケ科魚類のウイルス感染症の一種．病原体は infectious salmon anemia virus (ISAV).

infinite population 無限母集団

inflammation 炎症：有害刺激に対する生体の自然の防衛反応．組織の変質，充血と滲出，組織の増殖を併発する複雑な病変.

inflammatory cell 炎症細胞：炎症を引き起こしたり悪化させる，好酸球，Tリンパ球，肥満細胞(マスト細胞)，好中球，好塩基球などの細胞.

inflated lifeboat 膨張型救命艇：FRP 製コンテナに格納された状態で装備され，炭酸ガスなどにより膨張する救命艇.

inflowing load 流入負荷：川などに流れ込むさまざまな有機物や栄養物質のこと.

influence quantity 影響量

information matrix 情報量行列《統計》

information service 通報業務：気象，漁海況などを利用者に提供する事業.

information theory 情報理論

information update 情報更新

infraclass 下綱《分類学の》

infraorbital canal 下眼窩(か)管：頭部に配列する側線管器のうち，眼窩下部を通って吻(ふん)部に達するもの．眼下管ともいう.

infraorbital spine 眼下棘(きょく)

infrapharyngobranchial bone 内咽鰓(さい)骨

infrared imagery 赤外線画像：赤外線領域の電磁波を測定して作成した画像.

infrared radiometer 赤外放射計：赤外線領域の放射エネルギーを測定するセンサ.

infrared ray 赤外線：可視光よりも長波長で，電波より短波長の光.

ingredient 副原料

inhalant siphon 入水管《二枚貝の》

inheritor of fishery household 漁業後継者

inhibin インヒビン：卵胞刺激ホルモンの分泌を抑制するペプチドホルモン.

inhibition 抑制《行動の》

inhibitor 阻害剤

initial feed 初期餌料

initial management stock 初期管理資源：国際捕鯨委員会で用いられていた資源状態の分類の一つで，開発初期段階の量的水準にある資源.

initial stage of decomposition 初期腐敗：食品中の菌や酵素によって品質が劣化して，腐敗と判定される初期段階をいう.

initial stock 初期資源：= virgin stock.

injection vaccine 注射ワクチン：ワク

チン液を注射することによるワクチン.

injector 噴気ポンプ：ボイラに給水を圧入するポンプ.

ink 墨(すみ)：多くの頭足類，特にイカ類は外敵または刺激に対して，墨汁嚢(のう)の墨を噴出する．黒色色素のメラニンを含み，調理素材として珍重される．

ink sac 墨汁嚢(のう)：頭足類に固有の器官で，墨を貯える．イカ類にはよく発達している．

inkwell pot 半球型籠

inland sea 内海：陸地にはさまれ，外洋と狭い海峡によって繋がっている海域．

inland waters culture 内水面養殖：= inland aquaculture.

inland waters fisheries 内水面漁業

Inland Waters Fishing Ground Management Commission 内水面漁場管理委員会

inlet 入江：海や湖が陸地に入り込んでいる地形．

in-line engine 直列形機関

INMARSAT → International Maritime Satellite Organization

innate behavior 生得的行動：動物が先天的にもつ行動様式．

innate releasing mechanism 生得的解発機構《行動の》

inner ear 内耳

inner funnel 内昇(り)網：定置網の昇網の一部で，箱網内に突き出た部分．

inner nuclear layer 内顆粒層《網膜の》

inner plexiform layer 内網状層《網膜の》

inner segment 内節：視細胞(錐体と桿体)の一部位で，ミトコンドリアなどを含む．

inorganic phosphate 無機リン酸，略号 Pi

inosine イノシン

inosine 5'-monophosphate イノシン 5'-一リン酸，略号 IMP：AMP の脱アミノ化物で，魚肉のうま味成分の一つ．イノシン酸と同義．

inosinic acid イノシン酸：= inosine 5'-monophosphate.

inositol イノシトール

input control 入口管理：資源管理のために，漁業の入口側での投入(漁獲努力など)に関して量的または質的な規制を行うこと．漁獲努力量制限，漁具の網目制限など．投入量制限ともいう．

insemination 媒精：受精のために精子と卵を同じ液体の媒質中におくこと．授精または助精と同義．

inshore leader net 磯垣網：定置網の身網から陸側に展張する垣網で，通常は単に垣網という．

in situ 現場〔で〕：本来の場所〔で〕の意味もある．

***in situ* hybridization** *in situ* ハイブリダイゼーション

***in situ* target strength** 自然状態ターゲットストレングス《魚の》：自然に泳いでいる魚のターゲットストレングス．

instant killing 即殺

instinct 本能

instore marking インストアマーキング：POS の読み取りのために小売店段階で商品コードを付けること．

instrumental conditioned reflex 道具的条件反射：ある刺激で起こる条件反射のうちの一つのみに報酬を与え続けると，その反射が誘発されやすくなること．

insulin インスリン：膵臓やブロックマン小体(真骨魚類)の B 細胞から分泌されるペプチドホルモン．細胞内へのグルコースの取り込みを促進し，血糖

値を下げる役割をもつ.

insulin-like growth factor インスリン様成長因子, 略号 IGF: プロインスリンと構造的に似たペプチドホルモン. 成長ホルモンにより肝臓で合成され, その作用を仲介する. また, ほぼ全ての組織で産生され, 細胞の増殖因子としても働く.

Insurance System of Medium-and-small Scale Fishery Loan Guarantee 中小漁業融資保証保険制度

intact stability 非損傷時復原性: 損傷を受けない状態の船舶の復原性.

integrated analysis 統合的解析: 体長組成などの生データに近いデータを多数用いて統合的に資源評価を行う stock synthesis などの解析手法.

integrated circuit 集積回路, 略号 IC: 複数の電子素子を一つの基盤上に高密度に集積した回路.

integrated global ocean service system 全世界海洋情報サービスシステム, 略号 IGOSS: ユネスコの政府間海洋学委員会が推進する海洋調査・研究の計画.

Integrated Multi-Trophic Aquaculture 複合養殖, 略号 IMTA: 同一区画において海藻, ベントス, 魚類など異なる栄養段階の生物を養殖すること.

integrated service digital network デジタル総合サービス網, 略号 ISDN

integration layer 積分層: エコー積分方式において, 積分処理を行う深度層.

integration period 積分周期: エコー積分方式において, 積分処理を行う周期. 時間と航走距離の 2 種がある.

integration time 積分時間

integrin インテグリン

integument 外皮: = tegument.

intelligence 知能

intensive culture 集約的養殖

interaction 1) 交互作用《統計》: 分散分析などで, 主効果のほかに現れる相乗効果. 2) 相互作用.

interambulacrum 間歩帯

Inter-American Tropical Tuna Commission 全米熱帯まぐろ類委員会, 略号 IATTC: 東太平洋におけるマグロの資源管理の国際機関.

interbranchial septum 鰓(さい)隔膜

intercalar bone 間在骨

intercellular matrix 細胞間マトリックス: = extracellular matrix.

interchange of sea water 海水交流: 湾口, 湖口などのある断面を通して, 海水が行き来する現象.

interclass variance 級間分散

interdorsal〔fin〕 背鰭(き)間隔: 両背鰭の間の部分.

interface インターフェイス: コンピュータと周辺機器または各種の機器間を接続するための方式または機構.

interference 干渉

interference filter 干渉フィルター: 透明薄膜による干渉を利用し, 特定の波長域の光だけを通過または反射するフィルター.

interferon インターフェロン: 種特異的抗ウイルス作用をもつタンパク質の一群.

intergeneric hybrid 属間雑種

Intergovernmental Panel on Climate Change 気候変動に関する政府間パネル, 略号 IPCC

Intergovernmental Science-Policy Platform on Biodiversity and Ecosystem Services 生物多様性及び生態系サービスに関する政府間プラットフォーム, 略号 IPBES

interhemal spine 血管間棘(きょく)

interhyal bone 間舌骨

interleukin インターロイキン, 略号 IL: 免疫担当細胞が産生するタンパク

質性生理活性物質の総称.

intermediary metabolism　中間代謝：諸種物質の生体内での代謝過程の総称.

intermediate　中間体

intermediate aquaculture　中間育成：幼生や仔魚（種苗）の生産後あるいは採苗後から種苗放流前まで育成すること.

intermediate culture　中間育成：＝ intermediate aquaculture.

intermediate filament　中間径フィラメント：細胞骨格を構成するフィラメント成分の一つ．アクチンフィラメントと微小管の中間の太さのもの.

intermediate host　中間宿主：寄生虫において幼生期の虫体のみが寄生して発育する宿主.

intermediate muscle　中間筋

intermediate speed　中間速度：魚類の遊泳速度のうち，持続速度と突進速度の中間的なもの．＝ prolonged speed.

intermediate water　中層水：上層と深層の中間に存在する数百 m の水塊.

intermittent sound　断続音

intermuscular bone　肉間骨

internal budding　内部出芽

internal fertilization　体内受精

internal friction　内部摩擦：物質内でひずみエネルギーが熱に変わること.

internal jump　内部跳水：成層流中で生じる跳水現象.

internal limiting membrane　内境界膜《網膜の》

internal nares　内鼻孔

internal seiche　内部静振：湖または内湾における内部波の固有振動.

internal tide　内部潮汐：密度の異なる成層流体の内部に生じる波動現象で，周期が潮汐周期のもの.

International Commission for South East Atlantic Fisheries　南東大西洋漁業国際委員会，略号 ICSEAF：SEAFO の前身の地域漁業管理機関.

International Commission for the Conservation of Atlantic Tunas　大西洋まぐろ類保存国際委員会，略号 ICCAT

International Commission for the Northwest Atlantic Fisheries　北大西洋漁業国際委員会，略号 ICNAF

International Convention for the Conservation of Atlantic Tunas　大西洋のまぐろ類の保存のための国際条約，略号 ICCAT

International Convention for the Regulation of Whaling　国際捕鯨取締条約

International Council for the Exploration of the Sea　国際海洋探査協議会，略号 ICES

International Labor Organization　国際労働機関，略号 ILO

international load line certificate　国際満載喫水線証書

International Maritime Organization　国際海事機関，略号 IMO：海運と造船に関する技術的・法律的問題を協議する国連の専門機関.

International Maritime Satellite Organization　国際海事衛星機構，略号 INMARSAT

international observer scheme　国際監視員制度

International Organization of Standardization　国際標準化機構，略号 ISO：科学分野の規格統一を目的に設立された非政府系の国際機関.

International Pacific Halibut Commission　国際太平洋オヒョウ委員会，略号 IPHC

International Scientific Committee for Tuna and Tuna-like Species in the North Pacific Ocean　北太平洋まぐろ類国際科学委員会，略号 ISC

International Tribunal for the Law of the Sea　国際海洋法裁判所

International Union for the Conservation of Nature and Natural Resources　国際自然保護連合，略号 IUCN

International Whaling Commission　国際捕鯨委員会，略号 IWC：鯨資源の保存および捕鯨産業の秩序ある発展を図ることを目的として設立された国際機関．

interneural spine　神経間棘（きょく）：鰭の基部を支える薄い骨．種判別に用いられる．

interneuron　介在ニューロン：神経回路への入出力を制御または修飾する機能をもつ神経細胞．

internode　節間

interopercle bone　間鰓蓋（さいがい）骨

interorbital space　両眼間隔：頭頂部における左右の眼の間の部分．

interorbital width　両眼間隔幅：両眼間の最も狭い部分の幅．

interpelvic process　腹鰭（き）間突起

interradialis　鰭（き）条間筋

interrenal　間腎：= interrenal tissue.

interrenal cell　間腎細胞

interrenal tissue　間腎：哺乳類の副腎皮質に相当する魚類の器官．

intersex　間性：雌雄異体の種において，性の形質が雌雄の中間的な異常を示す性質．

intersexual competition　異性間淘汰

intership calibration　船間較正：2隻以上の船がほぼ同じ魚群の体積散乱強度を測定し，比較する較正方法．

interspecific competition　種間競争

interspecific hybrid　種間雑種

interspecific relationship　種間関係

interstitial cell　間細胞：ある組織に固有の細胞に混在する比較的未分化な細胞．

intertentacular organ　触手間器官

intertidal　潮間帯の

intertidal zone　潮間帯：満潮時の海岸線と干潮時の海岸線との間の帯状部分．

interval estimate　区間推定値：未知母数がある確率で含まれる区間の上下限の値．

intestinal microbiota　腸内細菌叢：腸管内に定着する細菌生態系．腸内フローラともいう．

intestinal microflora　腸内フローラ：= intestinal microbiota.

intestine　腸

intraclass variance　1）級内分散．2）層内分散．

intrasexual selection　同性内淘汰

intraspecific competition　種内競争

intrinsic rate of natural increase　内的自然増加率：制約のない環境下における個体数の増加速度．

introgressive hybridization　移入雑種形成

intron　イントロン：介在配列ともいう．

invasion　侵入

invasional meltdown　侵入溶融：外来生物どうしの相乗効果で，在来生態系への悪い影響が強められる現象．

invasive alien species　特定外来生物：農林水産業，人の生命・身体，生態系へ被害を及ぼすおそれがある侵略的外来種の中から，外来生物法に基づき指定された生物．

inverse sampling　逆標本抽出：稀な事象が起こる確率を推定する時に用いる標本抽出法．

inversion　逆位

inversion method　インバース法：多くの結果を観測し，それらに矛盾のないように要因を求める方法．逆解法ともいう．

invertebrate　無脊椎動物

inverter　インバータ：交流から交流ま

たは直流から交流を発生させる電力変換機.

inverting amplifier 反転増幅器

invested capital for fisheries 漁業投下資本額

***in vivo* fluorescence** 生体内蛍光

invoice 送り状：輸出者が作成する貿易上の必要書類で，商品の明細，運送方法などを明記したもの.

involucre 包枝

iodine value ヨウ素価：油脂の不飽和度を示す指標の一つ．不飽和脂肪にハロゲンを作用させた時に吸収されるハロゲンの量を，ヨウ素に換算して脂質100 g に対する g 数で表す.

ion channel イオンチャネル：特異的なイオンの受動輸送を担う生体膜貫通タンパク質の一群.

ionic strength イオン強度

ionocyte 塩類細胞：真骨魚類の鰓に存在する浸透圧調節を担うイオン輸送細胞の総称.

ionophore イオノフォア：生体膜のイオン透過性を高める脂溶性物質で，主に抗生物質.

IOTC → Indian Ocean Tuna Commission

IPBES → Intergovernmental Science-Policy Platform on Biodiversity and Ecosystem Services

IPCC → Intergovernmental Panel on Climate Change

IPHC → International Pacific Halibut Commission

IPN → infectious pancreatic necrosis

IQ → individual quota

IQF → individual quick freezing

iridophore 虹色素〔細〕胞

iridovirus イリドウイルス：両生類，魚類，節足動物を自然宿主とする DNA ウイルス．マダイなどで病原性をもつものが知られる.

iris 虹彩：眼球の角膜と水晶体の間にある収縮性隔壁.

iris lappet 虹彩皮膜

irradiance 放射照度：= illuminance.

irradiation 照射：①放射線を物質に当てることで，食品では殺菌・殺虫の目的で使用されるほか，日本ではジャガイモの発芽防止に利用されている．②日光などが照りつけること.

ISA → infectious salmon anemia

Isaacs Kidd midwater trawl アイザックスキッド中層トロール：= IKMT net.

ISC → International Scientific Committee for Tuna and Tuna-like Species in the North Pacific Ocean

ischium 座節《甲殻類の》

ISDN → integrated service digital network

ishinagi poisoning イシナギ中毒：イシナギ（ハタ科魚類）の肝臓による食中毒．ビタミン A の過剰摂取が原因．= jewfish poisoning.

isinglass アイシングラス：チョウザメの鰾を原料とした魚膠.

island breakwater 島式防波堤：沖合に設置する独立した防波堤.

island type fishing port 島式漁港：沿岸の漂砂の影響を避け，また漂砂に影響を与えないように，沖合に島状に建設した漁港.

islet of Langerhans ランゲルハンス島：脊椎動物の膵臓に島状に点在する内分泌細胞の集合体．インスリンやグルカゴンを分泌する．真骨魚類ではブロックマン小体としても存在する．膵島ともいう．= pancreatic islet.

ISO → International Organization of Standardization

isobar 等圧線：同じ気圧の地点を結んだ線.

isobaric surface 等圧面：気圧・水圧が一定である面.

isobath 等深線：= isobathymetric line.

isocercal tail 同形尾

isocline アイソクライン：自律力学系を定義する微分方程式がゼロとなる曲線．曲線群の交点が平衡点となる．

isodesmosine イソデスモシン：デスモシンの異性体．

isoelectric chromatography 等電点クロマトグラフィー：分子を等電点の差に基づいて分離する手法．クロマトフォーカシングともいう．

isoelectric point 等電点

isoelectric point purification 等電点回収

isofloridoside イソフロリドシド：ガラクトースがグリセロールに結合したグリセロールガラクトシドの一種．1-グリセロール-α-D-ガラクトピラノシド．紅藻アマノリ属に多い．

isogamy 同形配偶：同型の配偶子を介した配偶様式．

isogenic 同質遺伝子的：ある個体群が遺伝的に同じ状態．ホモクローンやヘテロクローンなど．

isohaline 等塩分線：海洋のある断面において塩分の等しい点を結んだ線．

isolate 隔離集団

isolation amplifier 絶縁型増幅器：入力回路の雑音に影響されずに入力信号を増幅する装置．

isoleucine イソロイシン，略号 Ile, I：中性アミノ酸で，タンパク質構成アミノ酸の一つ．

isomerase イソメラーゼ：基質分子に作用し，異性体に変換する酵素．異性化酵素ともいう．

isomerization 異性化

isometry アイソメトリー

isopleth イソプレット：縦軸に海水特性要素の分布，横軸に時間をとって，諸量の分布の時間変動を示した図．

isoprenoid イソプレノイド：= terpene.

isopycnal 等密度線：海洋のある断面において密度の等しい点を結んだ線．

isosteric surface 等比容面：比容（密度の逆数）が等しい面．

isotach 等流速線：横断面内で流速の等しい位置を等高線のように結んだ線．

isotherm 等温線：海洋のある断面において温度の等しい点を結んだ線．

isotherm map 等温線図

isotocin イストシン：硬骨魚類の平滑筋の収縮を引き起こすペプチドホルモン．

isotonic method 等張授精法：魚類の人工授精法の一つ．等張液に卵を浸して精子を媒精する方法．

isotope アイソトープ：同じ原子番号（陽子数）をもつが，質量数の異なる核種．同位元素または同位体ともいう．

isotope effect 同位体効果：同位体元素の質量の違いで生じる物理的および化学的な特性の違い．

isotope fractionation 同位体分別：同位体比の異なる物質間や同じ物質の2相間で同位体が分配されること．

isotopic turnover rate 〔安定〕同位体の回転率（速度）：摂食した餌の安定同位体比を反映して体組織の安定同位体比が変化する速度．代謝と成長の速さに依存する．

isozyme アイソザイム：同じ化学反応を触媒するが，分子量や一次構造の異なる酵素．狭義では別の遺伝子に由来するものをさす．イソ酵素ともいう．

isthmus 地峡《チリモ類の》：体細胞の中央にある「くびれ」．

item アイテム：商品管理上における最小単位．品目ともいう．

iteroparity 繰り返し繁殖：複数の産卵期にわたって繰り返し行われる繁殖．

ITQ → individual transferable quota

IUCN → International Union for the Con-

servation of Nature and Natural Resources
IUU fishing　IUU漁業：= illegal, unreported and unregulated fishing.
ivory shell poisoning　バイ中毒：小型巻貝のバイによる食中毒で，ネオスルガトキシンなどが原因物質．
IVQ → individual vessel quota
IWC → International Whaling Commission
I_δ **index**　I_δ指数：生物分布の集中度を表す指数．

J

jackknife method　ジャックナイフ法：全データから一つだけデータを除いて新たな推定値を作る操作を，データ数だけ繰り返して推定値の誤差評価を行う方法．
Japan Agricultural Standard　日本農林規格，略号 JAS(ジャス)
Japan Coast Guard　海上保安庁
Japanese dietary style　日本型食生活：和食を基本とした低カロリーな食事．循環器系疾患などいわゆる成人病になりにくい食事として注目されている．
Japanese Fishing Vessel Owner's Association　漁船船主労務協会
Japanese Pharmacopoeia　日本薬局方，略号 JP
Japan Exports and Imports　日本貿易月表
Japan External Trade Organization　日本貿易振興会，略号 JETRO(ジェトロ)
Japan Fisheries Association　大日本水産会，略号 JFA：水産関係の会社，団体および個人を会員として，1882年創立以来の伝統をもつ漁政団体．
Japan Industrial Standard　日本工業規格，略号 JIS(ジィス)
Japan International Cooperation Agency　国際協力事業団，略号 JICA(ジャイカ)
Japan Recreational Fishing Boat Association　全国遊漁船協会
Japan-Republic of Korea joint fisheries regulation water　日韓共同規制水域
Japan Sea　日本海
JARPN → Plan for the Japanese Whale Research Program under Special Permit in the Northwestern Part of the North Pacific
JAS → Japan Agricultural Standard
JAXA　宇宙航空研究開発機構
jelly meat　ジェリーミート：粘液胞子虫，産卵などの影響で崩壊・軟化した魚肉．キハダ，ヒラメ，サケなどに起こる．
jelly strength　ジェリー強度：ジェリーの強さを示す数値．
jet pump　ジェットポンプ：土砂を掘削しかく拌するため，高圧水を供給するポンプ．
JETRO → Japan External Trade Organization
jet ski　ジェットスキー：推進力としてウォータージェット推進を用いる小型ボート．
jetty　突堤：波，流れおよび漂砂の制御などのため，岸または防波堤から突き出した形で設置する堤防．= groin, seashore levee.
JFA → Japan Fisheries Association
JICA → Japan International Cooperation Agency
jig　擬餌針：錘を餌に擬して釣針を取り付けた釣漁具．ジグまたは角(つの)ともいう．
jigging　擬餌針釣：擬餌針を上下にしゃくって釣る漁法．
JIS → Japan Industrial Standard
JIT → just in time

jobber 仲卸業者：卸売市場内に店舗をもち，荷受〔卸売業者〕から仕入れた商品の仕分け，分荷および販売を行う業者．

joining wire 連結ワイヤー

joint management 共同経営

joint probability density distribution 結合確率密度分布：二つ以上の事象が同時に起こる確率密度．

joint probability distribution 結合確率分布：二つ以上の事象が同時に起こる確率．

joint sales 共同販売

joint venture ジョイントベンチャー，略号 JV：合弁事業ともいう．

Jolly-Seber method ジョリー・シーバー法：標識放流と漁獲を繰り返し，資源量，死亡率などを同時に推定する方法の一つ．

JP → Japanese Pharmacopoeia

jugular 咽喉部の

jugular plate 喉板

juiciness 多汁性

jumpers 跳ね群れ：水面上に跳ね出る個体がみえる魚群．

junk boat 作業艇

just in time ジャストインタイム，略号 JIT：製造工程の間に緩衝在庫をおかない生産方式．

juvenile fish 稚魚：魚類の発達段階の一つ．鰭や骨などについてその種の形態的特徴をほぼ示すが，成魚とは体表の模様などが異なる発育段階．仔魚の後．

juxtaglomerular apparatus 傍糸球体装置

K

K₁ constituent K_1 分潮：潮汐の分潮の一つである日月合成日周潮．

kainic acid カイニン酸：紅藻マクリ（カイニンソウ）に含まれグルタミン酸チャネルに結合する神経毒．

Kanagawa phenomenon 神奈川現象：腸炎ビブリオの病原性株の判定法の一つ．我妻培地上での溶血反応のこと．

K antigen K抗原：細菌の莢膜抗原．

karyogamy 核融合《細胞の》：細胞質が融合した2つの細胞由来の細胞核が合体すること．核合体ともいう．

karyokinesis 核分裂《細胞の》：= nuclear division.

karyomere 染色体胞

karyotype 核型：染色体の数，形などの諸特徴を合わせた性質．

karyotype analysis 核型分析

katsuobushi of abdominal fillet 雌節：= dried bonito wing meat of ventral part.

katsuobushi of dorsal fillet 雄節：大型カツオのフィレーを背側と腹側に縦断し，背側から作った節．腹側は雌節となる．

katsuobushi without molding 荒節：節類の製造工程において，焙乾を終了したカビ付け前のもの．削り節の原料となる．

keddle net 台網：垣網と袋網，またはこれらに囲い網を加えた構成の定置網．大敷網と大謀網を含む．

kelp 大型褐藻

kelp meal ケルプミール：褐藻類オニワカメまたはコンブの粉末．

Kendall rank correlation coefficient ケ

ンドールの順位相関係数：二つの標本間の相関を順位で計算した係数.

kenozooid 空個虫：コケムシ類の群体のうち，内部構造を失った個虫．群体の根茎部を構成して群体を支持する.

keratan sulfate ケラタン硫酸：グリコサミノグリカンの一種．ケラト硫酸ともいう.

keratin ケラチン：S-S 結合に富む繊維性タンパク質で，毛，表皮などの主成分.

keris stage ケリス期：テングハギ属魚類の幼期名.

kernel 推定核《統計》

ketone body ケトン体：アセト酢酸, β- ヒドロキシ酪酸およびアセトンの総称．脂肪酸およびアミノ酸の不完全代謝物．アセトン体ともいう.

ketosis ケトーシス：血液中のケトン体濃度が異常に高値である状態.

11-ketotestosterone 11- ケトテストステロン, 略号 11-KT：雄性ホルモンの一種.

key enzyme 律速酵素：代謝調節上で決め手となる重要な酵素．鍵酵素ともいう.

key production 基礎生産

key species かぎ(鍵)種：個体数または生物量が多く，生態系の中心的存在となっている生物種.

KHD → koi herpesvirus disease

kidney 腎臓

kidney enlargement disease 腎腫大《キンギョ》：キンギョにおける粘液胞子虫 *Hoferellus carassii* の腎臓感染症.

kidney unit 腎単位：= nephron.

killer T cell キラー T 細胞：T リンパ球の一種で，細胞性免疫の担い手．標的細胞に抗原特異的に付着し，細胞傷害活性を示す.

kinase キナーゼ：ATP などの高エネルギーリン酸化合物のリン酸基を基質分子に転移する酵素．リン酸化酵素と同義.

kinesin キネシン：モータータンパク質の一種.

kinetic energy 運動エネルギー

kingdom 界《分類学の》

King's law キングの法則：価格弾力性の低い商品は供給不足が激しくなると，価格が暴騰するという法則.

Kingstone valve キングストン弁：海水を船内に取り入れるための船体付弁.

kinocilium 動毛：感丘の有毛細胞にある 1 本の感覚毛．運動方向と神経の興奮に関与する.

kirbied point 捻(ひね)り：釣針の形状の一種．先曲げに捻りを加えて，針がかりしやすくしたもの.

kite カイト：トロールの網口につけて揚力を生み出す柔軟な拡網体.

Kjeldahl method ケルダール法：生体化合物の一般的な窒素定量法．窒素含量から粗タンパク質含量を算出する.

K_m → Michaelis constant

knife-edge selection ナイフエッジ型選択性：ある大きさ以上の対象生物を全て漁獲するという理想的な選択性.

knot 1) 結節：網目を構成する四角形または六角形の頂点に当たる網糸の結び，または交叉部分. 2) ノット：船舶の速度を表す単位. 1 knot は 1.852 km/h.

knotless net 無結節網：結節を作ることなく網糸の片子糸を撚(よ)り合わせたり，交叉貫通させて網目を構成する網地.

knotted net 結節網：蛙又，本目などの結節で網目を構成する網地.

knotting 結索：ロープ類の結び方. = knots of rope, knot tying.

koi herpesvirus disease コイヘルペスウイルス病, 略号 KHD：コイのウイル

貫通式　　　千鳥式　　　亀甲式

無結節網（漁具材料，1981）

ス感染症の一種．病原体は cyprinid herpesvirus 3（CyHV-3 = koi herpesvirus (KHV)）．

Kolmogorov-Smirnov test コルモゴロフ・スミルノフ検定：観測値と理論値の分布型が一致するか否かを検定する時に用いるノンパラメトリック検定の一つ．

Krebs cycle クレブス回路：= citric acid cycle.

Kruskal-Wallis test クラスカル・ウォリスの検定：一元配置分散分析のノンパラメトリック版で，順位を用いて検定する方法．H 検定ともいう．

K-selection K- 選択

11-KT → 11-ketotestosterone

Kudoa クドア：海水魚に寄生する粘液胞子虫の一属．

Kudoa amamiensis 奄美（あまみ）クドア：粘液胞子虫．

Kudoa septempunctata クドアセプテンプンクタータ：ヒラメの筋肉中に胞子が寄生する原虫．この原虫が大量に寄生したヒラメを生で食することで食中毒を発症する．食後数時間で一過性の嘔吐や下痢の症状を示すが，軽症である．

kudoosis amami 奄美（あまみ）クドア症：粘液胞子虫 *Kudoa amamiensis* の寄生によって，養殖ブリの筋肉に多数のシストが形成される疾病．

Kullback-Leibler information カルバック・リーブラーの情報量：データの確率［密度］関数とモデルの確率［密度］関数の近さを測る統計量．

Kupffer cell クッパー細胞：肝臓に常在するマクロファージ．魚類では一部の魚種を除き存在しない．

Kuroshio 黒潮：日本列島の南岸に沿って北上する海流．亜熱帯循環の一部．

Kuroshio Countercurrent 黒潮反流：黒潮の沖側に，黒潮とは逆方へ向かう幅の広い弱い流れ．

Kuroshio Extension 黒潮続流：黒潮が銚子沖で離岸後，東経 160 度付近まで狭い強流帯を保持しつつ東進する流れ．

Kuroshio frontal eddy 黒潮前線渦：黒

   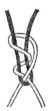 

本目　　蛙又　　蛙又　　二重蛙又　　二重本目
　　　　　　　（ヨーロッパ式）

結節（漁具材料，1981）

潮前線の擾乱に伴って黒潮の内側縁辺に発生する低気圧性の渦.

Kuroshio meander 黒潮〔の〕蛇行：黒潮が紀伊半島のあたりで一旦沖に離れ, 関東のあたりで再び岸近くに戻ってくる流路パターン. 規模の大きいものを大蛇行と呼ぶ.

kusaya gravy くさや汁：「くさや」の製造に繰り返し用いる塩汁. 特有の臭気と抗菌作用をもつ.

kusaya gravy-salted and dried fish くさや：クサヤモロなどを原料とする発酵食品の一種. 伊豆諸島の特産品の塩干し品. そのまま kusaya とも表記される.

K value K 値：ヌクレオチドの分解生成物を指標とする魚肉鮮度判定法.

kynurenine キヌレニン：トリプトファンから代謝されるアミノ酸の一種. サクラマスでは雄の性行動を促進するリリーサーフェロモン様作用をもつ.

kyucho 急潮：外洋系水が急激に沿岸域に流入し, 流れ, 水温, 塩分, 水色などが急変する現象.

L

labial cartilage 唇(しん)軟骨
labial gland 上唇(しん)腺
labial palp 唇(しん)弁
labium 下唇(しん)
labor agreement 労働協約：労使間で雇用, 労働条件などを定めた協約.
labor expenses ratio to fisheries income 労賃率：漁業収入に対する労働費(雇用労賃に見積り家族労賃を加えたもの)の割合.

labor of employee 雇用労働力
labor of family worker 家族労働力
labor productivity 労働生産性
Labor Relations Commission for Seafarers 船員労働委員会
labor saving 省力化：ロボットなどの導入により人手による作業を減らすこと.
Labrador Current ラブラドル海流：グリーンランド西岸からカナダ東岸に沿って南下する寒流.
labrum 上唇(しん)
labyrinth 前庭器：聴覚, 平衡感覚および角加速度の感覚に関与する内耳の器官.
labyrinth organ 迷路器官：魚類の第二鰓(さい)弓上皮が発達した補助的空気呼吸器官.
lacing 縫い合〔わ〕せ：糸または綱を通し, あるいはこれらでかがって網地の縫い合わせと補強を行う方法.
lacquered can 塗装缶
lactate 乳酸塩：乳酸の塩.
lactate dehydrogenase 乳酸デヒドロゲナーゼ, 略号 LDH：ピルビン酸から NAD^+ などの補酵素の存在下で水素を除去し, 乳酸を生成するする酵素. 乳酸脱水素酵素ともいう.
lactic acid 乳酸：ヒドロキシ酸の一種
Lactobacillus ラクトバチルス：乳酸桿菌の一属. 糖を発酵して乳酸を生成する細菌の総称. 水産漬け物の品質に関与する.
Lactococcus ラクトコッカス：魚病細菌を含むグラム陽性菌の一属.
ladder-like nerve system 梯子(はしご)状神経系
lagena 壷嚢(のう)：内耳迷路を形成する耳石器官の一つ. 内部に星状石をもつ. ラゲナともいう.
Lagenidium ラゲニジウム：鞭毛菌類に

属する真菌の一属.
lagoon 潟(せき)湖:海面の一部が砂嘴(し),砂洲,沿岸洲などによって囲い込まれた湖で,海跡湖の一種.礁湖も含む.ラグーンともいう.
lake fisheries 湖沼漁業
lamella ラメラ:葉緑体内の膜状構造.光合成に関与する電子伝達系を含む.また薄板状形態を示す生体組織の構造をさす際に使われる.
lamellar bony layer 板骨層:原始的な硬骨魚の鱗でみられる積層構造の一つ.
lamellibranchia 弁鰓(さい)
lamina circularis 円形骨質板
laminaran ラミナラン:褐藻類の貯蔵多糖である水溶性グルカン.β-1,3 グルカンが主成分.ラミナリンと同義.
laminar boundary layer 層流境界層:層流域と乱流域の境界となる層.
laminarin ラミナリン:= laminaran.
laminarinase ラミナリナーゼ:ラミナリン(褐藻のβ-1,3-グルカン)のグリコシド結合を加水分解する酵素.ラミナラナーゼともいう.
laminarioligosaccharide ラミナリオリゴ糖:ラミナラン由来のオリゴ糖.
laminate chloroplast 板状葉緑体
laminin ラミニン:①基底膜を構成する主要な糖タンパク質の一種.②褐藻綱コンブ目などに含まれるベタインの一種で,血圧低下作用をもつ.
lampara net ランパラ網:中央に魚捕り部のある有囊(のう)旋(まき)網で,旋網の起源の一つ.
lampbrush chromosome ランプブラシ染色体:多数のループ状突出物をもつ染色体.
LAN → local area network
landed catch 水揚物(ぶつ):陸揚げした漁獲物.

landed quantity 水揚量
land for fishing port facilities 漁港施設用地:漁港の付属施設を設置するための陸上用地.
land information system 地理情報システム,略号 LIS:= geographic information system.
landing 水揚げ
landing market 産地市場
landing value per person per day 一人一日当り水揚げ金額
landlocked form 陸封型
land mark 陸標:陸上に設けた簡単な航路標識.
land-processed frozen surimi 陸上すり身:陸上で製造された冷凍すり身.
land reclamation by drainage 干拓:海,湖沼,河口域などの浅い所で堤防工事を行い,排水して陸地化すること.
land remote sensing satellite 地球観測衛星,略号 LANDSAT:米国が打ち上げた資源探査と環境調査を目的とする人工衛星.
LANDSAT → land remote sensing satellite
landscape 景観:階層的またはモザイク状に隣接して分布する異質な空間の生態系システムをさす.
landscape ecology 景観生態学:隣接する生態系を統合して考える学問分野.
Langmuir circulation ラングミュア循環:海面上を吹く風によって発生する風の方向に平行な軸をもったらせん状の渦.
La Nina (Niña) ラニーニャ:エルニーニョと逆に,太平洋赤道海域東部の海面水温が平年よりも低下する現象.
lantern net 提灯(ちょうちん)網:魚の上にかぶせて捕る掩(かぶせ)網の一種.
lanyard 1)枝糸:= branch line. 2)てぐす(天蚕糸):= snood.

lapillus 礫(れき)石：魚の通嚢(のう)にある耳石.

large-and medium-scale purse seine fishery 大中型旋(まき)網漁業

large-meshed drift net 大目流し網：カジキ・カツオ・マグロ類を主対象とする目合の大きな流し網.

large-meshed net 荒手網：底曳網の袖網先端部の目合が大きな部分.

large-scale fishery company 大規模漁業会社：海面漁業を営む資本金 1 億円以上の会社.

large-scale integration 大規模集積回路, 略号 LSI

large-scale set net 大型定置網：身網の設置水深が 27 m 以上の定置網.

Large trawl in East China sea 以西底曳網漁業：政令で東経 128 度 29 分 53 秒以西と定められている底曳網漁業.

larval migrans 幼虫移行症

larva (*pl.* larvae) 1) 仔魚：魚類の発育段階の一つ. 孵化してから骨格や鰭など, それぞれの種の基本的な体制を整えるまでの期間. 稚魚よりも前の発育段階であり成体とは形態が異なる. 2) 幼生.

lastridge line 力綱：= gable.

latent infection 潜伏感染：病原体が未発症のまま宿主に感染している状態.

lateral 側板《フジツボ類の》

lateral branch 側枝

lateral branching 側生分枝

lateral canal 側水管

lateral display 側面誇示：魚類が互いの身体を見せ合うようにして並んで泳ぐこと.

lateral ethmoid 側篩(し)骨：鼻腔の天井にある骨の一つ.

lateral fin 側鰭(き)

laterality 左右性

lateral labial teeth 側唇(しん)歯

lateral line 側線：魚類の体表に遊離感丘として存在, または皮膚内に管器として埋没する機械的振動の受容器.

lateral line organ 側線器官：側線に分布する機械受容器. 側線器.

lateral line sense 側線感覚

lateral muscle 体側筋

lateral pouch 側嚢(のう)

lateral side of body 体側

Latin square design ラテン方格：実験計画を立てる上での実験配置法の一つ.

latitude 緯度：赤道に平行して地球の表面を南北の方向に測る座標. 赤道を 0 度とし, 南北は各々 90 度に至る.

latitude by Polaris 北極星緯度法：北極星の高度に適当な改正を施すことによって簡単に観測地の緯度を求める方法.

Laver Supply and Demand Adjustment Council ノリ需給調整協議会

Law concerning Special Measures for Conservation of the Environment of the Seto Inland Sea 瀬戸内海環境保全特別措置法

law of dominance 優性の法則：メンデルの法則を構成する法則の一つ. 二つの異なる形質をもつ系統を交雑した場合, 雑種第一代にはどちらか一方の形質のみが現れる. 現れる形質を優性, 現れない形質を劣性と呼ぶ. 例外として不完全優性や共優性がある.

law of independence 独立の法則：メンデルの法則を構成する法則の一つ. 異なった遺伝子に支配される形質はお互いに独立に遺伝するという法則. 連鎖などの例外もある.

law of large numbers 大数法則《確率》

law of segregation 分離の法則：メンデルの法則を構成する法則の一つ. 劣性対立遺伝子が雑種第一代で表現型とし

て観察できなくなっていても雑種第二代で劣性のホモ接合体として出現する. その際の比率は優性形質3に対して劣性形質1となる.

Law of the Sea 海洋法

Law relating to the Prevention of Marine Pollution and Maritime Disaster 海洋汚染防止法

layer of pigment epithelium 色素上皮層《網膜の》

layer of rods and cones 桿(かん)体-錐体層《網膜の》:網膜のうち, 視細胞である桿体細胞, 錐体細胞が存在する層.

lay system 代(しろ)分け制:平均的漁業従事者の労働力を1代とし, これを基準に他の労働力, 漁船などの代数を求めて配分する制度.

lazyline ブイライン:= buoy line.

LBL → long base line

LC → least concern

L chain L鎖:免疫グロブリン, ミオシンなどの軽鎖.

LD → lymphocystis disease

LDH → lactate dehydrogenase

leaching 水晒し:すり身製作時に, ゲル形成に阻害的に働く筋形質を除去するために行う工程.

lead 1) 錘(おもり)《釣漁具の》:= sinker. 2) 鉛, 元素記号 Pb.

lead-cored line 鉛綱

leader ハリス:釣針と道糸を結ぶ糸. 釣元(ちもと)または先糸ともいう.

leader knot リーダーノット:ハリスを道糸に接続する結び. てぐす(天蚕糸)結びともいう.

leader net 垣網:定置網の周辺に来遊した魚群を身網へ誘導するため垣根状に設置する網.

leading light 導灯:通航困難な水道などにおいて航路を示す灯火.

leading mark 導標:通航困難な水道などにおいて航路を示す陸標.

leadline 沈子(ちんし)綱:= sinker line.

leadline stacker 沈子(いわ)繰り機:揚網機と網捌き機を通過した旋(まき)網の沈子綱を, 投網しやすく積み上げる補助装置.

learning 学習:過去の経験により行動が変化すること.

least concern 軽度懸念, 略号 LC:IUCN (国際自然保護連合)のレッドデータブックにおけるカテゴリーの一つ.

least concern species 低危険種:狭義では IUCN レッドリスト「軽度懸念」をさす. = least concern.

least squares estimation 最小二乗法:観測値とモデル値との残差の二乗和を最小にするように, 未知パラメータの値を推定する方法.

least squares estimator 最小二乗推定量, 略号 LSE

lecithin レシチン:元来はホスファチジルコリンの通称であったが, 最近ではリン脂質を含む脂質製品のことを総称してレシチンと呼ぶ場合がある. = phosphatidylcholine.

lectin レクチン:生物界に広く存在する糖結合性タンパク質の一群.

lectin complement pathway レクチン経路《補体の》:補体活性化経路の一つ.

LED → light-emitting diode

Lee's phenomenon リー現象:若齢魚の計算体長が高年齢魚になるほど小さくなる現象. その反対を逆リー現象という.

lee tide set 潮張り:旋(まき)網の浮子(あば)綱の中央部が操業位置の主潮流の下手になるように投網する方法. = setting with current.

leg 1) 脚《網目の》:網目を構成する四角形または六角形の辺に当たる網糸の部分. 2) 脚.

legal infectious disease 法定伝染病
legal size limit 法的制限体長
length at recruitment 加入体長：資源加入時の体長．
length class 体長階級
length frequency distribution 体長組成
length of branchial region 鰓(さい)域長：第1鰓孔から最後の鰓孔までの長さ．
length of caudal peduncle 尾柄(へい)長：臀鰭(き)の最後の鰭条の基底から尾鰭基底の中央までの長さ．
length of depressed anal fin 倒状臀鰭(き)長：臀鰭第1条基底から鰭を後方に倒した時の後端までの長さ．
length of depressed dorsal fin 倒状背鰭(き)長
length of lower jaw 下顎長：下顎の先端からその最後端(後関節骨の後端)までの長さ．
length of orbit 眼窩(か)長：眼窩を横切る最大の水平径．眼窩径と同義．
length-weight relationship 体長体重関係
lens 水晶体
lepidotrichia 鱗状鰭(き)条：硬骨魚類にみられる骨質の鰭条．
leptin レプチン：白色脂肪細胞により産生されるタンパクホルモン．哺乳類では血中量は脂肪蓄積量を反映し，中枢神経系に作用して食欲を低下させる．しかし，魚類における役割は不明な点が多い．
leptocephalus (*pl.* leptocephali) レプトセファルス：ウナギ目魚類とカライワシ目魚類の葉型幼生．
leptocercal tail 葉形尾
leptoid scale 葉状鱗
Lernaea cypriniacea イカリムシ：淡水魚に寄生する寄生性カイアシ類．
Leslie matrix レスリー行列：年齢別の死亡率と再生産率を要素とする行列．時間離散的な個体群動態モデルで用いる．
Leslie method レスリー法：= DeLury's method.
lethal gene 致死遺伝子：致死形質を発現する遺伝子．不稔(遺伝的致死)も致死遺伝子の一つ．
leucine ロイシン，略号 Leu, L：中性アミノ酸の一種．
leuconoid type リューコン型：海綿動物の水溝系のうち，最も複雑な水流経路を示す型．
Leuconostoc ロイコノストック：乳酸球菌の一属．
leucophore 白色素〔細〕胞
leucoplast 白色体：藻類の細胞内にみられる色素を欠く色素体．葉緑体の前駆体を含む．
leukemia 白血病：白血球の癌性疾病．
leukocyte 白血球：細菌の侵入を食作用で排除し，生体を感染から守る細胞．
leukotriene ロイコトリエン：アラキドン酸またはEPAを前駆体とし，気管支収縮作用などに関わる生理活性物質群．
levator operculi 鰓蓋(さいがい)挙筋
leveling 水準測量：標高の差を求めるための測量．
Leydig cell ライディッヒ細胞：脊椎動物の精巣にある雄性ホルモンを分泌する細胞．
LH → luteinizing hormone
liberation 再放流：再捕を目的とする放流に用いることが多い．
license 許可
licensed fisheries 許可漁業：①日本において，水産資源の保護あるいは漁業調整のために一般には禁止しているが，一定の条件の下で特定の者に解除する漁業．②諸外国において，ライセ

ンス(許可)の必要な漁業.
license holder　許可所有者
license system　許可制度
life cycle　生活環
life history　生活史
life history polymorphism　生活史多型：複数の異なる生活史を種内でもつこと.
life history strategy　生活史戦略：個体の適応度を最大化するために，生活史における成長，生残，繁殖などの量的な諸形質を総合的に調整すること．
life jacket　救命胴衣：着用者を水上に浮かせ，頭部を水面上に位置させる救命用具．ライフジャケット，ライフベストとも呼ばれる．
life raft　救命筏(いかだ)：船舶の遭難時に使用する，ゴム，ナイロンあるいは FRP 製の筏．膨脹式と固型式がある．
life-saving appliances　救命設備
life table　生命表：一群の同種個体が出生の後，死亡して減少する過程を記載した統計表．
lifetime reproductive success　生涯繁殖成功度：生物1個体が生涯を通して残す子の数．
lift coefficient　揚力係数：流体力の揚力成分を表す指数．
lift net　敷網：海中または海底に敷設した網の上に生物を集魚灯などで誘集した後に揚網する漁具・漁法． = blanket net.
ligament　靱(じん)帯：①骨を相互に結合する弾力のある結合組織．②二枚貝の左右2枚の貝殻を連絡する膠質の帯状構造．
ligand　リガンド
ligase　リガーゼ：ATP などの高エネルギーリン酸結合の分解と共役して新たな結合または分子を作る反応を触媒する酵素．
light adaptation　明順応
light alloy vessel　軽合金漁船
light attenuation coefficient　光減衰係数：光消散係数．
light buoy　灯浮標：水底の定位置に係留した浮体で，灯光を発するもの．
light chain　軽鎖． = L chain.
light-emitting diode　発光ダイオード，略号 LED：ダイオードの一種で，電流を流すと発光するもの．
lighter's wharf　物揚げ場：漁港において，船から水産物を陸上に揚げるための岸壁施設． = inclined wharf.
light extinction coefficient　光消散係数：光の強度が，大気中の分子やエアロゾル粒子によって吸収および散乱し，減衰する割合．
lighthouse　灯台：岬の先端や港内に設置された，船舶の航行目標「航路標識」の一種で，その外観や灯光によって位置を示す「光波標識」の中の夜標．
lighting boat　灯船(ひぶね)：船上灯，水中灯などの集魚灯を装備した漁船．主に旋(まき)網船団に属する． = light boat.
light-meat tuna　ライトミート：油漬缶詰に用いるマグロ類(ビンナガを除く)の蒸煮肉．淡い桃黄色を呈する．
light meromyosin　ライトメロミオシン，略号 LMM：プロテイナーゼによるミオシンの加水分解で生成する水に不溶の分子断片の一種．ミオシンの尾部の一部(カルボキシ末端側)でフィラメント形成能をもつ．
light signal　発光信号
light stimulus　光刺激：動物の行動や生理的変化，植物の生長などを促進する光による刺激．
lignumvitae　リグナムバイタ：船尾管に使用する軸受として用いられる木

材.

likelihood 尤(ゆう)度：データが実現する確率.

likelihood equation 尤(ゆう)度方程式

likelihood function 尤(ゆう)度関数：統計モデルを用いて表した尤度.

likelihood ratio 尤(ゆう)度比，略号LR：二つの異なる統計モデルの尤度の比.

likelihood ratio test 尤(ゆう)度比検定，略号LRT：尤度比の大きさで二つの統計モデルの選択を行う方法.

Liman Current リマン海流：ロシアの沿海州北部から間宮(タタール)海峡を抜け日本海をシベリア大陸沿いに南下する寒流.

limited entry 参入制限

limiting danger line 危険界線：船舶の喫水を鑑みて，安全運行の限界を海図上に描いた線.

limit price 指〔し〕値：出荷者が卸売業者に販売委託を行う場合に指示する価格.

limit reference point 限界管理基準，略号LRP：乱獲の閾値となる基準.

limnology 湖沼学：陸水学の一分野で，湖沼のさまざまな性質を総合的に研究することを目的とする.

line 索(さく)：綱や縄，釣り糸のこと.

LINE → long interspersed nuclear element

linear estimator 線形推定量《統計》

linear programming 線形計画法

line fishing 手釣：釣竿を用いない一本釣.

line hauler ラインホーラー：縄や綱を船上に引き揚げる機械. 揚縄機ともいう.

line of position 位置の線：船が確かに位置すると考えられる海図上の線.

line transect sampling ライントランセクト標本抽出：標本調査法の一つで，調査線付近の生物の密度などを測定する方法.

linetransect sampling ライントランセクト法：ライン上を調査して発見した対象物を記録する資源量調査法.

Lineweaver-Burk plot ラインウィーバー・バークプロット：酵素反応の解析に用いる基質濃度と反応速度の両逆数プロット.

lingual cartilage 舌軟骨

linkage 連鎖

linkage disequilibrium 連鎖不平衡：連鎖不均衡ともいう. 集団において，複数遺伝子座の対立遺伝子の間に相関がある状態.

linkage group 連鎖群

linkage map 連鎖地図

linkage mapping 連鎖マッピング：連鎖解析を用いてゲノム上の位置づけを行うこと.

link function 連結関数：一般化線形モデルで，独立変数と従属変数を関係づける関数. ロジットモデル，プロビットモデルなどを含む.

linoleic acid リノール酸，略号 18:2 n-6：シス二重結合を2個もつ C18 の n-6系不飽和脂肪酸で，必須脂肪酸の一つ.

linolenic acid リノレン酸，略号 18:3 n-3；18:3 n-6：シス二重結合を3個もつ C18 の不飽和脂肪酸. n-3系列のα-リノレン酸(必須脂肪酸)と n-6系列のγ-リノレン酸がある.

lint 内網：刺網の三枚網のうち，内側の網. = inner net.

lip 口唇(しん)

lipase リパーゼ：トリアシルグリセロールなどのグリセロールエステルを加水分解し，脂肪酸を遊離する酵素.

lipid 脂質：水に不溶で，有機溶媒に溶ける物質の総称. 加水分解により脂肪

酸を生成する物質以外に，ステロイドやカロテノイド，脂溶性ビタミンを含むことがある．タンパク質，糖質に対応する物質の一群．単純脂質，複合脂質，誘導脂質などがあり，エネルギー値は 9 kcal/g 前後と高い．

lipid bilayer 脂質二重膜：リン脂質から構成され，半透膜としての性質を有する．

lipid class 脂質組成：脂質を構成する中性脂質，リン脂質，誘導脂質などの構成比率．

lipid metabolism 脂質代謝：生体内において生体自身の活動として行われる脂質の化学的変換をいう．

lipid peroxidation 脂質過酸化：フリーラジカルによって段階的に引き起こされる脂質の酸化反応で過酸化脂質が生成される．

lipid peroxide 過酸化脂質：脂質ヒドロペルオキシド（脂質の過酸化物）のこと．脂質の自動酸化や一重項酸素による酸化で生じる．不安定で分解してラジカルを生成．脂質酸化の一次生成物．

lipofection リポフェクション法：陽性荷電脂質などからなるリポソームと外来の核酸（DNA あるいは RNA）と電気的な相互作用により複合体を形成させ，エンドサイトーシスや膜融合により細胞に取り込ませる方法．

lipogenesis 脂質〔生〕合成

lipogenic enzyme 脂質合成系酵素：アセチル CoA からの脂肪酸生合成に関与する一連の酵素．リポゲニック酵素ともいう．

lipolysis 脂質分解：脂質がリパーゼやホスホリパーゼ，化学触媒によって分解され，アルコールと脂肪酸が生成すること．

lipophilic group 親油基
lipophilicity 親油性

lipopolysaccharide リポ多糖：脂質 - 多糖複合体．

lipoprotein リポタンパク質：脂質 - タンパク質複合体．

liposome リポソーム：人工のリン脂質小胞．

lipovitellin リポビテリン：卵黄の高密度リポタンパク質．

lipoxygenase リポキシゲナーゼ：不飽和脂肪酸にヒドロペルオキシド基を導入する酵素．

liquefactive necrosis 融解壊（え）死
liquefied natural gas 液化天然ガス
liquefied petroleum gas 液化石油ガス

liquid assets 流動資産：正常な営業活動で 1 年以内に換金，転売または消費される資産．現金および預金．

liquidation company 代払い機関：＝ clearing house.

liquid chromatography 液体クロマトグラフィー：移動相が液体であるクロマトグラフィー．

LIS → Land Information System

Listeria monocytogenes リステリアモノサイトゲネス：通性嫌気性の桿菌で動物由来感染症原因菌．食品が感染源となり，髄膜炎などを引き起こす．

listing of all on the same day 即日全量上場

lithotroph 無機栄養生物：無機化合物の酸化によって生育に必要なエネルギーを得ている〔微〕生物．独立栄養生物ともいう．

littoral 沿岸〔の〕

littoral current 沿岸流：波が海岸線に斜め方向から入射する時，砕波帯に発生する海岸線に平行な流れ．海浜流の一種．＝ coastal current.

littoral drift 漂砂：海岸付近で波または流れによって砂などの底質が輸送される現象，または輸送される底質．＝

drift sand, sand drift.

littoral forest　海岸林：= coastal forest.

littoral zone　沿岸帯：沿岸から水深30〜40mまでの海域.海藻が繁茂する.

live bait　活〔き〕餌：釣餌に用いる生きている動物.

live fish　活魚：調理の直前まで生きた状態で流通させた魚介類のこと.泳ぎ物ともいう.生産者の中には活け締めした魚もこれに含めている場合がある.

live fish carrier　活魚運搬船：魚を活かして運搬する船舶.

liver　肝臓：代謝の中枢.胆汁の生成・分泌や解毒も行う.飢餓状態では糖新生によりグルコースを産生.多くの血漿タンパク質を合成する.

liver oil　肝油：種々の魚介類の肝臓から製造された油.

live vaccine　生ワクチン：起病性をなくしたり,低下させた生きたままの病原体をワクチンとしたもの.

live well　活魚槽：漁獲物や餌を活かしておく魚槽.

living expenditure　家計費

LMM → light meromyosin

load　負荷量

lobe　1)葉(よう)：臓器が溝によって分画された部分.2)ローブ：指向特性における極小,極大および極小からなる感度の一区切り.

lobster pot　イセエビ籠

local area network　ローカルエリアネットワーク,略号LAN(ラン)：限られた地域で構成される通信網.構内情報通信網ともいう.

local population　局所個体群：メタ個体群を構成する個々の個体群.局所個体群間で個体の交流はあるが,基本的に独立性を保っている.

local potential　局所電位

local stability　局所安定性

local wholesale market　地方卸売市場

location parameter　位置母数

locule　室：雄ずいの葯(やく),雌ずいの子房などにある空所.

locus (*pl.* loci)　遺伝子座：座位ともいう.

logger　ロガー：各種センサからの信号を記録する装置.

logistic curve　ロジスティック曲線：個体または個体数の成長を表すS字状曲線.ロバートソンの成長式はこの曲線と同じ.

logit model　ロジットモデル：オッズ比の対数で,二項回帰モデルにおける連結関数の一つ.

log〔-〕normal distribution　対数正規分布《確率》

loin　ロイン：マグロ・カツオ類のドレスを背部2本と腹部2本に切り分けたもの.

London Dumping Convention　ロンドン・ダンピング条約：廃棄物などの海洋投棄を規制する「廃棄物その他の物の投棄による海洋汚染の防止に関する条約」の通称.

long base line　長基線,略号LBL：基地局と移動局の間の距離(基線)が測定範囲よりも長いもの.

long-chain base　長鎖塩基：スフィンゴ脂質の構成成分であるスフィンゴシン塩基を一般にいう.

long-chain fatty acid　長鎖脂肪酸：炭素数12以上の脂肪酸.化学的には炭素数11以上の脂肪酸をさすことがある.

longevity　寿命

Longicollum pagrosomi　クビナガ鉤(こう)頭虫：マダイの腸管に寄生する鉤頭虫.

long interspersed nuclear element　長い散在反復配列《塩基の》,略号LINE

longitude 経度：英国グリニッジ天文台を通る子午線を基点として，東西方向に測る座標．東西は各々180度に至る．

longitudinal scale row 縦列鱗

longline 延(はえ)縄：1本の幹縄に釣糸の付いた多数の枝縄を等間隔に付け，海中へ水平方向に長く延ばして用いる釣漁具．

longline fisheries 延(はえ)縄漁業

longliner 延(はえ)縄漁船

long-period tide 長周期潮：日周潮よりも長い周期をもつ分潮．日周潮は含まない．

longshore current 並岸流：波浪が岸に接近し，砕けて発生する岸に並行な流れ．= alongshore current.

long-term ayu culture 長期養成《アユの》

long-term forecast 長期予報

long-term variation 長期変動

long wave 長波：波長が水深または鉛直スケールに比べて十分に長い波．

lophophore 触手冠：外肛動物(コケムシ類)，箒虫動物，腕足動物などの口の周りをとり囲む触手の集まり．

loran ロラン：双曲線航法の原理を利用する電波航法システムの一つ．

lordsis 脊椎前湾症

Lorenzini's ampulla ロレンチニ瓶：軟骨魚類の電気受容器として働く皮膚感覚器の一種．側線器の変形．

loss function 損失関数：意思決定に用いる基準の一つ．ものごとの望ましくない程度を示す損失を表す関数．

loss rate ロス率：売上高に占めるロス高の比率．

lost gear 逸失漁具：海中に取り残された漁具．

Lotka-Volterra equation ロトカ・ボルテラの方程式：捕食者と餌動物の2種間の数量変動モデル．

low-density lipoprotein 低密度リポタンパク質

lower intertidal zone 潮間帯下部

lower panel 下網：2枚構成のトロール網のうち，下側の網地．

lower pharyngeal bone 下咽頭骨

lower trophic level 低次栄養段階

low-speed engine 低速機関

low temperature long time pasteurization 低温長時間殺菌法，略語LTLT殺菌法：60～70℃で30分間程度の殺菌．食品成分の変性を抑え，食品の本来の味などの保持を目的とする．

low temperature pasteurization 低温殺菌

low temperature storage 低温貯蔵

low water 低潮：潮の干満により海面が最も低下した状態．干潮ともいう．

LR → likelihood ratio

LRP → limit reference point

LRT → likelihood ratio test

LSE → least squares estimator

LSI → large-scale integration

LTLT → low temperature long time pasteurization

L type rotifer L型ワムシ：汽水性のシオミズツボワムシ．*Brachionus pliticalis* s.s. をはじめとした複数の種が含まれている．

lubricating oil 潤滑油：機械の歯車などを，効率よく潤滑するために使われる油．

luciferase ルシフェラーゼ：生物発光を触媒する酵素．

luciferin ルシフェリン：生物発光の原因となる低分子化合物．

lumbar vertebra 腰椎

luminance 輝度：発光体の単位面積当りの明るさ．

luminescent bacterium 発光〔細〕菌

luminosity type S-potential L型S電位：

光の波長とは無関係に過分極性の応答を示すS電位.

luminous organ 発光器〔官〕：＝photophore.

lunar period 月齢周期：月の満ち欠けを基準とした太陰周期に応じた生物活動の周期.

lunar tide 太陰潮：潮汐の分潮のうち，太陰周期に対応するもの.

lung 肺

lure 1)疑似餌：＝artificial bait. 2)擬餌針：＝jig.

luring おびき寄せ型：餌生物をおびき寄せて捉える捕食方法の型.

lutein ルテイン：キサントフィルの一種で，動植物に広くみられる．動物では卵黄や脂肪組織に多い．淡水魚の主要なカロテノイド.

luteinizing hormone 黄体形成ホルモン，略号LH

luteotropic hormone 黄体刺激ホルモン

lyase リアーゼ：二重結合形成を伴う反応により基質からある基を脱離する，あるいは逆に二重結合部位に置換基を導入する酵素．シンターゼともいう.

lymphocystis disease リンホシスチス病，略号LD：イリドウイルス科のDNAウイルスの感染によって，ヒラメなどの皮膚または鰭に水疱様の膨隆（リンホシスチス細胞）を生じる疾病.

lymphocyte リンパ球：無顆粒白血球の一種．リンパ組織，血液などに分布して細胞免疫に関与し，外来細胞を排除する.

lymphokine リンホカイン：リンパ球が産生するサイトカイン.

lymphoma リンパ腫（しゅ）

lyngbyatoxin リングビアトキシン：藍藻 *Lyngbya majuscula* の産出するインドールアルカロイド．遊泳者の皮膚炎の原因物質の一つ.

lyophilization 真空凍結乾燥：被乾燥物を凍結した後，三重点以下の真空下で潜熱を与え昇華を利用して乾燥する方法.

lysine リシン，略号Lys, K：塩基性アミノ酸の一種.

lysobisphosphatidate リゾビスホスファチジン酸塩：リゾホスファチジルグリセロールのグリセロール残基に1分子の脂肪酸がエステル結合した脂質．ビス（モノアシルグリセリル）リン酸.

lysogenic bacterium 溶原〔細〕菌：ファージに感染しても溶菌が起こらず感染が維持されている状態の細菌.

lysogeny 溶原性：ファージに感染しても溶菌が起こらず感染が維持されている状態.

lysophospholipase リゾホスホリパーゼ：リン脂質の1位または2位から脂肪酸が除かれたリゾリン脂質に残存した脂肪酸エステル結合を加水分解する酵素.

lysophospholipid リゾリン脂質：グリセロリン脂質の1位または2位の脂肪酸のいずれかが加水分解されて生ずるモノアシル型の脂質.

lysosome リソソーム：細胞内外の物質の加水分解と消化に関わる細胞小器官．真核細胞に存在し，内部は酸性に保たれる.

lysozyme リゾチーム：細菌の細胞壁を加水分解する酵素．白血球に多く，体液中にも含まれる.

M₂ constituent M_2分潮：潮汐の分潮の

一つである主太陰半日周潮.

MA → Millennium Ecosystem Assessment

MAB → Man and Biosphare Programme

MacArthur Line マッカーサーライン：第二次世界大戦後の占領期に，連合国総司令部(GHQ)によって設定された日本漁船の操業可能水域．初代最高司令官の名前に因む．

machine learning 機械学習

MacNemar test マクネマーの検定：2種の観測値の平均値を比較するt検定のノンパラメトリック版で，変数値が2種類しかない時に用いる．

macrolide マクロライド：大環状ラクトン構造をもつ化合物の総称．抗菌性などの多様な生理活性を示すものが多い．

macrophage マクロファージ：単球に由来し，種々の組織に定着または滲出した食細胞．

macrophage activating factor マクロファージ活性化因子

macrophage migration inhibition factor マクロファージ遊走阻止因子

macrophage migration inhibition test マクロファージ遊走阻止試験：感作Tリンパ球が抗原刺激によって産生するサイトカインを検出することにより，細胞性免疫の成立を調べる方法．

macrothallus 巨視的藻体

madreporite 多孔体

magnetic compass 磁気コンパス：地磁気を利用して方位を示す計器．

magnetic resonance imaging 磁気共鳴イメージング，略号MRI

magneto-strictive transducer 磁歪振動子：磁気と歪の相互変換関係を利用した振動子．主にフェライト振動子．

magnetotactic bacterium 走磁性〔細〕菌

magnetotaxis 走磁性：走性の一種．磁力によって生じる走性．

magnet sensor 磁気センサ

Mahalanobis' generalized distance function マハラノビスの汎距離関数：判別分析などで用いる距離の一つ．

MAIC → minimum Akaike's information criterion

Maillard reaction メイラード反応：糖とアミノ酸が反応して褐変する現象．アミノカルボニル反応と同義．

main effect 主効果：分散分析で検出される要因の固有の効果．交互作用を含まない．

main engine 主機〔関〕：推進器を駆動する原動機．

main float 台浮子(あば)：定置網の身網を固定するため，その両端に設置する大型の浮子．

main lateral line canal 躯体管：側線管器のうち，体側部を通るもの．

main line 1)幹縄：延縄または籠の枝縄を取り付ける主要ロープ．2)道糸：釣糸の主要部で，竿先の先端からはりす(鉤素)までの部分．

main lobe メインローブ：アンテナまたは送受波器の指向性において，最も感度が高い方向を含むローブ．

main rope 幹縄：= main line.

main stomach 主胃

maintenance and stabilization fund for fishery establishments 漁業経営維持安定資金：中小漁業者の経営再建のために融資する資金．

maitotoxin マイトトキシン：渦鞭毛藻 *Gambierdiscus toxicus* が産生する分子量が3000を超えるポリエーテル化合物．非タンパク質としては最強のマウス致死活性をもつ．

major fishing season 盛漁期

major gene 主働遺伝子：ごく少数の遺伝子がある形質を決定している場合，それらの遺伝子を主働遺伝子と呼ぶ．

major histocompatibility antigen 主要組織適合抗原，略号 MHA：免疫学的自己を決定している細胞表面抗原．

major histocompatibility complex 主要組織適合〔遺伝子〕複合体，略号 MHC

maker-assisted selection マーカーアシスト選抜，略号 MAS：対象となる形質を有する個体を選別可能な DNA マーカーを指標とした選抜育種法．

malate dehydrogenase リンゴ酸デヒドロゲナーゼ，略号 MDH：クエン酸回路に関わる酵素．

male ferrule 雄継ぎ口《釣竿の》

male gamete 雄性配偶子

male pronucleus 雄性前核：卵子の核と合一する前の精子の核．精核ともいう．

male sex hormone 雄性ホルモン：アンドロゲンと総称される性ステロイドホルモン．テストステロンはその一つであるが，アロマターゼと呼ばれる酵素によりエストロゲン（雌性ホルモン）に転換される．

malformation 奇形

malignant tumor 悪性腫（しゅ）瘍：一般には癌という．

malnutrition 栄養不良：低栄養ともいう．

Malthusian growth マルサス型増殖：個体数増加を妨げる要因のない時の幾何級数的な個体数増加の型．

Malthusian parameter マルサス係数：個体群の成長式における瞬間増加率．

malt protein flour 麦芽タンパク質粉末：ビール粕から精製した粉末状の麦芽タンパク質で，養魚飼料の原料．

mammary gland 乳腺

management area 管理海区

management objective 管理目的

management policy 管理政策

management procedure 管理方式，略号 MP：漁業や調査のデータから TAC を決定する予め定められた手順．特に事前にシミュレーションによる検討で合意されているものを称する．

management strategy 管理戦略

management strategy evaluation 管理戦略評価，略号 MSE：シミュレーションにより管理方式を評価すること．

management tactics 管理戦術

Man and Biosphare Programme 人間と生物圏計画，略号 MAB

manca マンカ〔幼生〕：節足動物軟甲綱薄甲類の幼生．

mandible 大顎《甲殻類の》：下顎ともいう．

mandibular arch 顎弓

manganese nodule マンガン団塊

mangrove マングローブ：熱帯と亜熱帯の河口域に生える常緑の植物またはその植生．紅樹林ともいう．

mannanase マンナナーゼ：β-マンナンおよびマンノオリゴ糖の糖鎖末端 β-マンノシド結合を加水分解，β-D-マンノースを遊離する酵素．

mannit マンニット：= mannitol.

mannitol マンニトール：マンノース由来の糖アルコール．

mannose マンノース：ヘキソースの一種．

mannuronic acid マンヌロン酸：マンノース由来のウロン酸の一種で，アルギン酸の主要な構成糖の一つ．

Mann-Whitney U-test マン・ホイットニーの U 検定：二つの母集団の中央値の差を検出するためのノンパラメトリック検定で，順位変数を用いる．

mantle 外套〔膜〕：軟体動物の体表の全部または一部をおおう膜．

mantle cavity 外套腔：外套膜が形づくる空所．

mantle line 套線《二枚貝の》

manubrium 口柄（こうへい）：クラゲ

の下傘面の中央に位置する口を取り巻く柄状構造. 把(とっ)手細胞ともいう.

manufacturing fishery マニュ的漁業：内地沖合漁業の戦前の発展形態. 工業のマニュ段階(手工業段階)に対応させた漁業の規定.

MA packaging MA 包装：= modified atmosphere packaging.

MA process MA 過程：= moving average process.

map unit 図単位：連鎖遺伝子の間の距離を表す単位：センチモルガン(cM). 1 cM は 1％の組換え頻度に相当する.

marginal cost 限界費用

marginal distribution 周辺分布

marginal growth 1)縁辺成長《耳石や鱗の》. 2)限界成長《経済の》.

marginal probability distribution 周辺確率分布

marginal production 限界生産

marginal scute 縁甲板：カメの背甲のうち最も辺縁部に位置する甲板.

marginal sea 縁辺海：大陸に接し, 大洋につながっている半閉鎖性の海.

marginal value theorem 臨界値の定理：生物のある形質と行動に対する投資は, 単位投資当り利益の増分が一定以上である限り継続されるという定理.

marginal yield 限界生産

margin of safety 安全率《売上の》：現在の売上高が損益分岐点をどのくらい超過しているかを示す指標.

mariculture 海面養殖

mariculture ground reclamation 養殖場造成：消波堤などの設置によって, 適切な静穏度と水質を確保し, 養殖場に適した海面にすること.

marina マリーナ：小型船舶とヨットのための港湾施設.

marine accident relief 水難救済

Marine Accidents Inquiry Agency 海難審判庁

marine afforestation 海中林造成：付着基質の設置などによって, 大型海藻の藻場を造成すること.

marine animal oil 海産動物油：動物体から採取される油脂の中で, 魚やクジラから得られる油脂. 水産動物油ともいう.

marine bacterium 海洋細菌：海洋または汽水域で増殖可能な細菌.

marine biotechnology 海洋バイオテクノロジー：海洋(水圏)生物における生物工学的技術.

marine chlorella 海産クロレラ：ワムシの餌料として用いられる真正眼点藻類に属する微細藻類. = *Nannochloropsis oculata*.

marine debris 海洋投棄物：海洋廃棄により処分される廃棄物. 法律の定めにより浚渫(しゅんせつ)物や下水汚泥など一部の品目に限って例外として厳格な条件下で投棄が許可されている.

marine diesel oil 舶用軽油

marine disaster 海難

marine eco-label 海のエコラベル：海洋環境や資源保護を考慮して漁獲された水産物に与えられる認証. マリンエコラベルともいう.

marine ecology 海洋生態学

marine ecosystem 海洋生態系

marine engine 舶用機関

marine fish 1)海産魚. 2)海水魚.

marine forest 海中林：アラメ, カジメ, コンブなど大型の褐藻類が繁茂している所.

marine mammal 海棲哺乳動物

marine microorganism 海洋微生物

marine observation satellite 海洋観測衛星, 略号 MOS：日本が打ち上げた地球観測衛星の一つ. 通称は「もも」.

marine optics 海洋光学：海中や海面に

おける光の挙動を研究する学問分野.

marine park　海浜公園

marine pollution　海洋汚染：海域や海水が人間活動によって排出された物質（廃棄物）で汚染されること.

marine pollution monitoring　海洋汚染監視

Marine Pollution Treaty　マルポール条約：船舶による汚染防止のための国際条約に関する議定書. = MARPOL Treaty.

marine products　海産物：海でとれる魚介類や海藻などの産物とそれらの加工品.

marine protected area　海洋保護区, 略号 MPA：人間活動に対する制限を定めた海域.

marine ranching　海洋牧場：一定海域を人為的に保全し, 種苗放流などによって資源の増大を図る事業.

marine recreational fishery　海洋性遊漁

marine reserve　禁漁区：漁業活動を禁止している海域.

marine resort　マリンリゾート

marine resources　海洋資源

mariners' labor inspector　船員労務官

marine sanctuary　海洋保護区：= marine protected area.

marine sediments　海底堆積物：海水により運搬され沈積した堆積物.

marine snow　マリンスノー：海中で降雪のようにみえる懸濁物.

marine soap　海水用石けん

marine sports　マリンスポーツ

Marine Stewardship Council　海洋管理協議会, 略号 MSC：持続的な漁業の認証制度を実施・運営する機関（非営利団体）の一つ.

marine tourism　マリンツーリズム：= blue tourism.

marine traffic control　海上交通管制：航路の効率的運用と安全性を向上させるために, 航行船舶の自由な行動を人為的に制限すること.

marine yeast　海洋酵母

marinovation　マリノベーション：漁村・漁港の環境整備と再開発, 水産資源の増大などを総合的に計画して水産業の発展を図る開発構想.

maritime labor science　海上労働科学

mark　標識《鰭抜去などの》

marker buoy　浮子（あば）：= buoy.

marker gene　標識遺伝子：ある形質を決める対立遺伝子と密接に連鎖し, 形質を決める遺伝子を直接調べなくとも形質や遺伝子型を推定できる関係にある遺伝子.

marker line　浮標綱：= buoy line.

market approach　マーケットアプローチ

market distribution　市場流通

market hall　荷さばき場：水揚げした水産物を展示して競売するための施設.

market in consuming area　消費地市場

marketing mix　マーケティングミックス：価格, 販売促進などの諸活動を総合的に組合せた企業戦略.

marking　マーキング

marking experiment　標識放流実験：= tagging experiment.

Markov chain　マルコフ連鎖：確率過程の一種であるマルコフ過程のうち, とり得る状態が離散的なものをいう. 各時刻において起こる状態変化（遷移, 推移）が過去の状態によらず, 現在の状態のみに依存する.

Markov chain Monte Carlo　マルコフ連鎖モンテカルロ法, 略号 MCMC：ある確率分布からデータを生成する方法. 複雑な確率分布を扱える.

Markov process　マルコフ過程：未来の状態が過去の歴史とは無関係で, 現在

の状態にのみ関係する確率過程.

mark-recapture experiment 標識放流再捕実験

marks on scale 鱗紋

markup 価格決定力

[Marrows'] Cp statistic 〔マロウズの〕Cp統計量：重回帰分析において，最適な説明変数の組合せを選択する時の基準の一つ．

marrow sheath 髄鞘（しょう）

marsh 沼

marsupium 育児囊（のう）：卵や幼生を育てる袋状の保育器官．保育囊と同義．= brood pouch.

maru ship 丸シップ：日本籍船を外国人に貸して外国人船員を乗せ，再び日本船主がチャーターバックする運行形態．

Marutoku net まるとくネット：プランクトン採集用の口径45 cmの円錐型ネット．

MAS → maker-assisted selection

mash 粉末飼料

masking effect マスキング効果：曳網の選択性試験において，覆い網とその漁獲物が魚捕り部の網目を塞いでしまう効果．

mask matching マスクマッチング：標準的図形と入力図形を重ね合せ，類似の度合いによって識別を行う手法．

mass potential 集合電位：生体電気信号を導出する際，双極誘導を用いてより広範囲から電位を集めること．

mass selection 集団選択：相当数の個体を選んで，集団として次代の選択を繰り返す方法．

mastax 咀嚼囊（そしゃくのう）

mast cell 肥満細胞：体組織中に分布する遊離細胞でヒスタミンなどを含み，即時型過敏症に関与する．

master station 主局：送信局群のうち，全体を制御する局．

mastigoneme マスティゴネマ：黄色植物の鞭毛に側生する小毛．

mastigopus マスティゴプス〔幼生〕：クルマエビ類の着底期幼生．

MA storage MA貯蔵：= modified atmosphere storage.

match-mismatch hypothesis マッチ-ミスマッチ仮説：仔稚魚の生残が餌生物生産との時期的な一致に依存するとする仮説．

mate 航海士：船長の命を受けて乗組員の指揮監督，貨物の受け渡し，船橋当直などを行う船舶の職員．海技士（航海）の免許を必要とする．

mate choice 配偶者選択

material budget 物質収支：ある領域内にある特定の物質の収支．

material cycle 物質循環：炭素，窒素などの物質が生態系内を移動・循環すること．= material circulation.

maternal immunity 母仔免疫：母親からの抗体による免疫．

maternal inheritance 母性遺伝

maternal mRNA 母性mRNA：卵の細胞質に貯蔵されているmRNA．初期発生でタンパク質合成に利用される．母系mRNAともいう．

mathematical statistics 数理統計学

mating 交配：有性生殖において一組の雌雄を用いて次世代を作成すること．

mating behavior 配偶行動

mating system 婚姻形態：配偶システムともいう．

matrix 1）行列《数字》．2）マトリックス《生態学》：パッチと回廊を含む全空間．3）マトリックス《生物学》：生体のある構造の周囲を満たして支える物質の総称．基質ともいう．

matrix metalloproteinase マトリックスメタロプロテイナーゼ，略号MMP：

コラーゲンなどの細胞外マトリックスを分解する一群の金属プロテアーゼ．活性中心に亜鉛をもつ．

maturation division 成熟分裂

maturation inducing substance 卵成熟誘起物質，略号 MIS

maturation promoting factor 卵成熟促進因子，略号 MPF

Mauthner cell マウスナー細胞：魚類の延髄に左右一対ある大型のニューロン．逃避運動を引き起こす．

maxilla 1) 主上顎骨：= maxillary bone. 2) 小顎《節足動物の》．

maxillary bone 主上顎骨

maxillary gland 小顎腺

maxilliped 顎脚

maximum continuous output 連続最大出力

maximum entropy method 最大エントロピー法，略号 MEM：観測現象のスペクトルを極めて短い測定時間内に，高い分解能で推定できる方法．

maximum equilibrium catch 最大平衡漁獲量：最大持続生産量と同義．= maximum sustainable yield.

maximum likelihood estimation 最尤（ゆう）推定：尤度が最大になるように未知パラメータの値を決める統計的推定方法．

maximum likelihood estimator 最尤（ゆう）推定量，略号 MLE

maximum likelihood method 最尤（ゆう）法：データが得られる確率を大きくするようにパラメータの推測を行う統計的手法．

maximum〔net〕economic yield 最大〔純〕経済生産量，略号 MEY：資源から持続的に得られる利潤の最大値．

maximum permissible concentration 最大許容濃度：有害物質に連続的に暴露されても悪影響の出ない濃度．

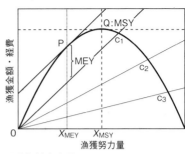

最大経済生産量
(水圏生物科学入門，2009)

maximum principle 最大原理：非線形力学系における最適制御のための必要条件．

maximum sustainable yield 最大持続生産量，略号 MSY：持続生産量の最大値で，許容漁獲量の基準の一つ．最大平衡漁獲量と同義．

maximum sustainable yield level 最大持続生産量水準，略語 MSY 水準，略号 MSYL：環境収容量に対する MSY の時の資源量の比．

maximum sustainable yield rate 最大持続生産量率，略語 MSY 率，略号 MSYR：MSY の資源量に対する MSY の比．

maximum swimming speed 瞬間最大遊泳速度

maximum target strength 最大ターゲットストレングス：物体への音波の入射方向を変えた時のターゲットストレングスの最大値．

Mb → myoglobin

MCH → melanin-concentrating hormone

MCMC → Markov chain Monte Carlo

MDH → malate dehydrogenase

MDS → multidimensional scaling

meander 蛇行

mean high water 平均高潮面：長期間の満潮水位を平均した高さ．

mean low water 平均低潮面：長期間の干潮水位を平均した高さ．

mean sea level 平均海面：平均的な海水面の高さ．平均潮位ともいう．「静穏な水位」すなわち潮汐，風，波によって常に変化する海水面の一定期間の平均として求められる．

mean square error 平均二乗誤差，略号 MSE

mean tide range 平均潮差：長期間の潮差を平均したもの．

measurement 測定：実験的手法によってある物理量を数値と単位で表す操作．偏位法，補償法，零位法，置換法などがある．

measurement error 測定誤差

meat chopper 肉挽（ひき）機

meat grinder 擂潰（らいかい）機

meat meal 肉粉

meat paste 肉糊

meat separator 採肉機：= fish meat collecting machine.

meat stuffer 肉詰機：= meat packer.

mechanical injury 機械的傷害

mechanoreceptor 機械的受容器：水の振動を受容する聴覚 - 側線感覚系．

Meckel's cartilage メッケル軟骨

median 中央値

median axis 正中線

median eminence 正中隆起

median pterygiophore 間担鰭（き）骨

median septum 中央隔壁

mediated transaction 斡旋取引き：= conciliation transaction.

Mediterranean Sea 地中海：ヨーロッパ，アジア，アフリカの三大陸に囲まれた，東西に細長い内海．

medium chain triglyceride 中鎖トリグリセリド

medium diameter 中央粒径：底質の粒径組成の特性値の一つ．

medulla 髄層

medulla oblongata 延髄：脊椎動物の脳の最下部にあり，脊椎に続く中枢神経系の一部．味覚，聴覚，側線感覚などに関与する．

megalopa メガロパ〔幼生〕：節足動物真軟甲類のゾエア期に続く幼生．

megaplankton メガプランクトン：大きさが 20 mm 以上の巨大プランクトン．

meiosis 減数分裂：2 回の連続した有糸分裂により，染色体数が半分となる核分裂．成熟分裂と同義．

meiosporangium 減数胞子嚢（のう）

meiotic hybridogenesis 減数分裂雑種発生：三倍体において観察され，3 セットの染色体セットのうち 2 セットの間で減数分裂を経て配偶子が形成される生殖様式．

melanin メラニン：黒色～褐色の色素で，チロシンなどのフェノール化合物から一連の酵素反応により生成する．動物の体色，頭足類の墨汁の色に関与するほか，エビ・カニ類の貯蔵中の黒変の原因物質ともなる．

melanin-concentrating hormone メラニン凝集ホルモン，略号 MCH：神経下垂体から分泌される．体表の黒色素胞に作用し，その中のメラニン顆粒を凝集させることで体色を明化させる．食欲の調節にも関係する．

melanoidin メラノイジン：糖アミノ反応の結果，非酵素反応により生じる高分子量の褐色物質．水産食品の貯蔵，加工中にも生じ，製品の色変の原因となることがある．

melanophore 黒色素〔細〕胞：メラニン色素を細胞内に多量に含む色素細胞．

melanophore-stimulating hormone 黒色素胞刺激ホルモン，略号 MSH：腺下垂体（中葉）から分泌される．体表の黒

色素胞に作用し，その中の色素顆粒を増加あるいは拡散させることで体色を暗色化させる．食欲の調節にも関係する．

melatonin メラトニン：脳の一部である松果体から分泌され，生殖機能制御と概日リズムに関係するホルモン．生理活性アミンの一種．

MEM → maximum entropy method

member of Fisheries Cooperative Association 漁協組合員

membrane bone 膜骨

membrane potential 膜電位：筋，神経などの電気的活動性をもつ細胞膜（興奮膜）の内外の電位差．

membrane process 膜処理

membrane protein 膜タンパク質：細胞，細胞小器官などの生体膜に付着しているタンパク質．

membrane transport 膜輸送：細胞内における生体膜を隔てた物質の移動．

Mendelian population メンデル集団：有性生殖で結ばれた同種個体が一つの繁殖社会を形成している集団．最大のメンデル集団は種である．

Mendel's laws メンデルの〔遺伝〕法則：メンデルによって発見された遺伝の法則．優性の法則，独立の法則，分離の法則からなる．

meningitis 髄膜炎

mercator sailing 漸長緯度航法：漸長図の構成原理に従って進路，航程などを定める航法．

merchandising マーチャンダイジング：商品企画から消費者に販売するまでの全ての活動．商品化計画ともいう．

mercury 水銀，元素記号 Hg

mercury lamp 水銀灯

merger of Fisheries Cooperative Association 漁協合併

meridian 子午線：両極を通って赤道に直交する大圏．子は北，午は南の意．

meridian passage 子午線正中：天体が天の子午線に重なった状態．

meridional 経度方向の

meristem 分裂組織

meroplankton 一時プランクトン：生活史のある段階でプランクトン生活を送るもの．

merus 長節：節足動物の付属肢の末端から第3関節と第4関節の間の部分．

mesencephalon 中脳

mesentery 1）隔壁《刺胞動物の》．2）懸腸膜《多毛類などの》．

mesethmoid 中篩（し）骨：鼻腔の天井にある骨の一つ．

mesh 網目：網の最小構成単位．脚と結節で囲まれた網地の空間．

mesh bar 目板：編網に用いる目合調節用の板．

mesh gauge 網目ゲージ：網目の大きさを測定するための板．

mesh length 目合外径：目合のメートル表示における2脚2結節の長さ．網目外径ともいう．

mesh opening 目合内径：目合のメートル表示における2脚1結節の長さ．網目内径ともいう．

mesh perimeter 網目内周：網目内径の2倍の長さ．あるいは，目合の2倍の長さ．

mesh regulation 網目規制：資源保護などの理由から漁獲対象生物のサイズを調節するために設けられる網目サイズの規制．

mesh selectivity 網目選択性：網漁具などが有する特定のサイズ範囲の生物を漁獲するという性質およびその特性．

mesh selectivity curve 網目選択性曲線：網目選択性を対象生物の体長別漁獲効率で定量的に表した曲線．

mesh size 目合〔い〕：伸長状態での網目

の大きさ．メートル表示と節表示がある．

mesh size regulation 網目制限：網目規制と同義．

mesocoracoid 中烏(う)口骨

mesoderm 中胚葉

mesoglea 間充ゲル

mesonephros 中腎：脊椎動物の発生過程で前腎の後方に現れる腎器官．魚類では中腎が体腎として発達し，腎機能を担う．

mesoneritic 真沿岸帯〔の〕

mesopelagic zone 中深層帯

mesophilic bacterium 中温〔性細〕菌

mesophilic microorganism 中温〔性〕微生物

mesoplankton メソプランクトン：0.2～2 mm 程度の大きさの中型プランクトン．

mesopterygium 1) 中趾(し)骨．2) 中担鰭(き)軟骨．

meso-scale eddy 中規模渦：数十 km から数百 km の水平規模の渦.

messenger RNA メッセンジャー RNA, 略号 mRNA：アミノ酸配列を含む遺伝情報が転写されてできる一本鎖 RNA．伝令 RNA ともいう．

messenger rope 1) 手綱：旋(まき)網の投網終了時に，魚捕り端の環綱を投網艇から網船に受け渡すための連結綱．= bunt end line．2) とったり：漁具を引き揚げる際に使うロープ．= riding rope．

metabolic adaptation 代謝適応

metabolic compensation 代謝補償

metabolic disturbance 代謝障害

metabolic intermediate 代謝中間体：= metabolite．

metabolic nitrogen 代謝性窒素：糞と尿に排泄される窒素のうち，食物に由来しないもの．

metabolic pathway 代謝経路

metabolic regulation 代謝調節

metabolic response 代謝応答

metabolic turnover 代謝回転

metabolism 代謝：生体内の物質やエネルギーのやり取り．エネルギーを使ってより複雑な化学物質を作り出す同化と複雑な化学物質を分解してエネルギーを取り出す異化に分けられる．

metabolizable energy 代謝エネルギー：物質内に化学的に捕捉されている位置エネルギーで，異化によって取り出される．

metagenesis 真正世代交代：両性生殖世代と無性生殖世代の交代．

Metagonimus takahashii 高橋吸虫

Metagonimus yokogawai 横川吸虫：扁形動物門吸虫綱の一種．寄生を受けた淡水魚の生食によりヒトの腸管に寄生する．

metal halide lamp メタルハライド灯：水銀とハロゲン化金属の混合蒸気中のアーク放電による発光を利用したランプ．

metalloenzyme 金属酵素：金属イオンを活性中心にもつ酵素．

metalloprotein 金属タンパク質

metallothionein メタロチオネイン：重金属によって発現誘導され，約 30 %の高いシステイン含量を示す低分子量の金属タンパク質．

metamerism 体節制

metamorphosis 変態：生活史の中で起こる急激で不可逆的な形態的，生理学的および生態学的変化．

metanephridium 腎管《軟体動物の》：軟体動物の主要な排出器官．腎臓と呼称することもある．

metanephros 後腎：哺乳類・鳥類・爬虫類の個体発生の際に腎臓へと発達する器官．魚類にはない．

metapopulation メタ個体群：個体の移動によって相互に関係し合っている複数の局所個体群 local population の集まり．局所個体群の絶滅と移住のバランスによって全体の個体群が維持されている．

metapterygium 後担鰭(き)軟骨

metapterygoid 後翼状骨：頭骨を構成する骨の一つ．

metastasis 転移

metatroch 口後繊毛環：トロコフォア幼生の口周辺における繊毛の一つ．

metazoea メタゾエア〔幼生〕

metencephalon 後脳

meteoric water line 天水線：雨水や河川水などの水素安定同位体比と酸素安定同位体比の間にある一定の関係．

meteorological tide 気象潮：気象の影響によって起こる潮汐と同じ周期（1日周期または1年周期）をもつ水位変動．

methane メタン：C1 の飽和炭化水素．最も単純な有機化合物で，天然ガスの主成分．

methanethiol メタンチオール

methanogen メタン〔細〕菌：有機物と炭酸ガスを嫌気的にメタンに還元して生育する古細菌の総称．

methanolysis メタノール溶媒分解

methemoglobinemia メトヘモグロビン血症《ウナギ》：水中の高濃度の亜硝酸イオンに起因するウナギの病気．

methionine メチオニン，略号 Met, M：含硫アミノ酸の一種で，ヒトの必須アミノ酸の一つ．

4-*O*-methyl-D-glucosamine 4-*O*-メチル-D-グルコサミン：イカの包卵腺ムチンに存在するメチル化アミノ糖．

methylhistidine メチルヒスチジン：ヒスチジンのイミダゾール基の1の位置もしくは3の位置がメチル化されたもの．

methylmercaptan メチルメルカプタン

metmyoglobin メトミオグロビン：ヘム鉄が2価から3価に酸化した褐色のミオグロビン．

metmyoglobin percent メト化率《ミオグロビンの》：生成したメトミオグロビン量を総ミオグロビン量で除した値（％）．カツオ・マグロ肉の変色の指標．

metric multidimensional scaling 計量的多次元尺度〔構成〕法：類似度を用いる多次元尺度〔構成〕法．

MEY → maximum [net] economic yield

MHA → major histocompatibility antigen

MHC → major histocompatibility complex

Michaelis constant ミカエリス定数，略号 Km：酵素反応速度が最大速度の1/2 を示す基質濃度．

Michaelis-Menten equation ミカエリス・メンテン式：酵素反応速度と基質濃度の関係を示す酵素反応速度論の基本式．

microaerophilic bacterium 微好気性〔細菌〕

microaerophilic microorganism 微好気性微生物

microalgae 微細藻類：単細胞性の藻類の総称．

microbial contamination 微生物汚染：繁殖・感染性の高い微生物やそれらが生産する有害物質が意図せず混入すること．

microbial loop 微生物環：溶存有機物から細菌を経由し原生動物や動物プランクトンにつながる食物連鎖．

microbiota 細菌叢(そう)：特定の領域・環境で生息する細菌群の集合．

Micrococcus ミクロコッカス：単球菌ミクロカッカス科の一属．

microcosm マイクロコズム

microcystin ミクロシスチン：アオコを

形成する藍藻が産生する環状ペプチドの一群．強い肝臓毒性をもつ．

microencapsulated diet　マイクロカプセル飼料

microenvironment　微環境：一般的な生息域内に存在する，より小さく特異的な生息環境．

microfilament　ミクロフィラメント：細胞運動に広く関与する太さ $5 \sim 7$ μm のフィラメント．主体は F-アクチン．

microflora　細菌叢（そう）= microbiota.

microfluorometry　顕微蛍光測光法

microinjection　顕微注入：先細の微小ガラス管を細胞内に刺入し，試料を直接導入する方法．顕微注射ともいう．

micromanipulation　顕微操作

micronekton　マイクロネクトン：運動力のあまり大きくない体長数 cm までの小型ネクトン．

micronutrient　微量栄養素

microorganism　微生物：顕微鏡でしかみえない微小な生物の総称．多くは単細胞であるが，カビ類など多細胞のものもいる．= microbe.

micro-particulate diet　微粒子飼料：= artificial micro-diet.

microphonic potential　マイクロホン電位：有毛細胞から生じる電位で，その本体は不明な点が多い．魚類の場合は小嚢（のう）斑で発生する．

microplankton　マイクロプランクトン：$20 \sim 200$ μm 程度の大きさの小型プランクトン．

micropyle　卵門

microsatellite DNA　マイクロサテライト DNA：核 DNA に散在する数塩基の極めて短い反復配列．遺伝的多型解析のマーカーとして利用する．

microspectrophotometry　顕微分光測定法

Microspora　微胞子虫：（真）菌類の一門．魚類・甲殻類に寄生する種も多い．かつては原生動物と考えられていた．

Microsporidium takedai　武田微胞子虫

microthallus　微小藻体

microtiter method　マイクロタイター法：マイクロプレートを使用する抗体価，ウイルスなどの微量定量法．

microtubule　微小管：真核細胞に存在する外径 25 nm の管状構造物．細胞骨格や鞭毛・繊毛運動に関わる．

microvillus (*pl.* microvilli)　微絨（じゅう）毛：動物細胞の自由表面に密生する小突起．

microwave heating　マイクロ波加熱：マイクロ波を利用して食品を内部から急速に加熱する方法．

microwave sensor　マイクロ波センサ：マイクロ波領域の電磁波を測定するセンサ．

mictic female　両性生殖雌虫：ワムシ類やミジンコ類の生活環のなかで両性生殖を行う雌．

middle-chain fatty acid　中鎖脂肪酸：炭素数 $8 \sim 12$ の脂肪酸．炭素数 12 の脂肪酸は長鎖脂肪酸に分類されることもある．

middle intertidal zone　潮間帯中部

middle latitude sailing　中分緯度航法：両地の緯度の平均緯度を使用して針路，航程などを定める航法．

middleman　産地仲買い人

midgut　中腸

midgut gland　中腸腺

mid-section　中継ぎ《釣竿の》

midstream　川中《流通の》：商品の流れを川に例えた場合，問屋などの中間段階のこと．食品製造業を含む．

midwater　中層〔の〕《海の》

midwater gill net　中層刺網：固定式刺網のうち，浮力と沈降力を調整して中層に仕掛けられる刺網．

midwater set net　中層定置網：身網の一部または全部を海中の中層付近に敷設する定置網.

midwater trawl　中層トロール：中層と海表面の魚群を対象とする曳網漁具・漁法.

migration　回遊：水生動物が集団で索餌・越冬・産卵のため定期的に移動しおおよそもとの生息場所に戻る行動.

MIH → MSH-inhibiting hormone

mile integration　距離積分：エコー積分において, 積分周期を航走距離で与える積分モード.

milky ice　白氷：水をかく拌しないで急速に凍結し, 気泡と塩類が混入して乳白色になった氷.

Millennium Ecosystem Assessment　ミレニアム生態系評価, 略号 MA

milt　しらこ：食用とする際の精巣の呼称. soft roe ともいう.

mimicry　擬態

Minamata disease　水俣病：チッソ水俣工場の排水に含まれるメチル水銀で汚染された魚介類に起因する疾病. 代表的な公害病の一つ.

minced fish meat　落〔と〕し身：採肉機でとった魚の細切肉.

mineral　無機質：一般的な有機物に含まれる4元素(炭素・水素・窒素・酸素)以外の元素. 灰分と同義.

mineral mixture　ミネラル混合物

mineralocorticoid　鉱質コルチコイド：副腎皮質が分泌するステロイドホルモンの一群.

minimax estimator　ミニマックス推定量：平均二乗誤差の最大値を最小にする推定量.

minimum Akaike's information criterion　最小赤池情報量規準, 略号 MAIC：統計モデルの選択の一つで, 赤池情報量規準を最小にする規準.

minimum landing size　最小水揚げ体長

minimum mesh size　最小目合：調査などで用いる複数の目合の網で構成された刺網における最も小さい目合をさす.

minimum variance unbiased estimator　最小分散不偏推定量：分散が最小になる不偏推定量.

Minimum Wage Act　最低賃金法

minisatellite DNA　ミニサテライトDNA：染色体 DNA に散在する 10～50 塩基の反復配列. 親子鑑別などに利用する.

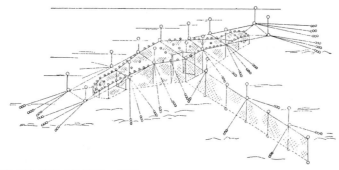

中層定置網（新編 水産学通論, 1977）

minister licensed fisheries 大臣許可漁業

Ministry of Agriculture, Forestry and Fisheries 農林水産省

Ministry of Education, Culture, Sports, Science and Technology 文部科学省

Ministry of the Environment 環境省：地球環境保全，公害防止，自然保護，原子力研究開発・利用における安全の確保を図ることなどを任務とする日本の中央省庁の一つ．

minor gene 微働遺伝子：形質に及ぼす影響が少ない遺伝子．

minute chromosome 微小染色体

mirabile net 小網膜

mirin-seasoned and dried fish みりん干し《魚の》：調味液漬けした後の乾燥した調味加工品．

MIS → maturation inducing substance

miscellaneous fishery 雑漁業：網漁業，釣漁業以外の漁業．

miscellaneous fushi 雑節：カツオ以外の雑多な魚を原料とした節類．

missing value 欠測値

mitigation ミティゲーション：開発事業の環境影響を緩和して軽減すること．

mitochondrial DNA ミトコンドリアDNA：細胞内器官であるミトコンドリアが独自に有する環状 DNA．母性遺伝をするため系統解析に用いられる．

mitochondrion (*pl.* mitochondria) ミトコンドリア：真核細胞において，主に呼吸に関与する細胞小器官．酸化的リン酸化によって ATP 合成を行う．

mitogen マイトジェン：細胞分裂を誘発する物質．非特異的にリンパ球を幼若化する．有糸分裂促進因子ともいう．

mitosis 有糸分裂：体細胞分裂ともいう．

mitral cell 僧帽細胞：脊椎動物の嗅球にある神経細胞．嗅覚系の一次中枢．

mixed cargo 混載《卸売市場の》：複数の出荷者の品目または異なる市場への品目を同一の輸送単位で流通させること．

mixed layer 混合層：海面と下層の水温に温度差が小さく，また風や波によって表層海水が混合した結果，水温，塩分などがほぼ一様となった層．

mixed manning ship 混乗船：日本人と外国人が同乗して運航，漁撈作業などを行う船．

mixed model equation 混合モデル方程式，略号 MME

mixed vaccine 混合ワクチン

mixing length 混合距離：流体塊が周囲水と混合するまでに移動する距離．乱流モデルで使う概念．

mixing zone 混合域：親潮前線と黒潮前線の間に形成される，両者の水塊が混合する海域．

mixotroph 混合栄養生物

mix triglyceride 混合トリグリセリド

mixture of distributions 混合分布：異なる確率〔密度〕関数の和として表される確率〔密度〕分布．

MLE → maximum likelihood estimator

MME → mixed model equation

MMP → matrix metalloproteinase

mobile gear 運用漁具：移動して使用する漁具．

model error モデル誤差：システムの動態を表すモデルの不適さ．

modelling モデル化

model selection モデル選択：複数の統計モデルの中から予測力の高いモデルを選ぶ方法．

modernizing fund on wholesale market 卸売市場近代化資金

modified atmosphere packaging ガス置換包装：容器内の酸素量を減らし，二酸化炭素量を増やした状態で封入する

包装方法.

modified atmosphere storage ガス置換貯蔵：ガス置換包装（MA 包装）した野菜などを低温貯蔵し，長期間保存する方法.

modified syconoid type 変形シコン型

modified χ^2 (chi-square) test 修正カイ二乗検定：期待値の代わりに部分的に実現値を用いるカイ二乗検定.

modori-inducing proteinase 戻り誘発プロテアーゼ：かまぼこ製造工程において，60℃付近の温度帯で活性化しゲルを脆弱化する（火戻りを起こす）と推定されるプロテアーゼ.

modulation 変調：情報を電波などで送信するための方法.

MOI → multiplicity of infection

moist pellet モイストペレット：生餌と粉末飼料を混合した軟質飼料.

moisture sorption isotherm 水分収着等温線：一定温度下での食品の関係湿度と平衡水分の関係を表した曲線.

molacanthus larva モラカンサス幼生：マンボウ類の幼生.

molacanthus stage モラカンサス期：マンボウ類の一発育段階名.

molar teeth 臼歯

mold カビ：＝ mould.

molded-case circuit breaker 配線用遮断器

molding カビ付け

molecular chaperone 分子シャペロン：熱ショックタンパク質のうち，タンパク質の高次構造および超分子構造の形成と修復に関与するタンパク質.

molecular diffusion 分子拡散：分子のブラウン運動による拡散.

molecular distillation 分子蒸留

molecular evolution 分子進化：分子レベル，特に DNA とタンパク質の進化現象.

molecular evolution rate 分子進化速度

molecular sieve chromatography 分子篩（ふるい）クロマトグラフィー：＝ gel filtration.

molting 脱皮：甲殻類においては，外骨格を脱ぎ捨てることにより成長する様式．エクジソンにより促進される.

molt-inhibiting hormone 脱皮抑制ホルモン：甲殻類の眼柄内 X 器官で合成されるペプチドホルモンで，脱皮を抑制する.

moment estimator モーメント推定量：モーメントから計算される推定量.

moment generating function モーメント母関数《確率》

momentum 運動量：質量と速度の積.

monoacylglycerin モノアシルグリセリン：＝ monoacylglycerol.

monoacylglycerol モノアシルグリセロール，略号 MG：グリセロールに 1 分子の脂肪酸がエステル結合した脂質．1(3)- モノアシルグリセロールと 2- モノアシルグリセロールがある.

monoaxial type 単軸型

monochromatic light 単色光

monoclonal antibody モノクローナル抗体：単一の抗原決定基のみに対する抗体．単クローン抗体ともいう.

monocular visual field 単眼視野：片眼でみえる範囲．魚では水平および上下とも 180 度よりやや狭い.

monoculture 単種養殖

monocyte 単球：無顆粒白血球の一種.

monoecious 雌雄同株の

monogamy 単婚

monohull 単胴船：一つの船体のみをもつ通常の船舶.

monokine モノカイン：単球またはマクロファージが産生するサイトカイン.

monolayer membrane 単分子膜：脂質

1分子の厚さの層からなる膜．単層膜ともいう．

mononuclear cell 単核球

monopodial branching 単軸分枝：最後まで一つの主軸が存在する分枝形態．

monosex culture 単性養殖：交雑，染色体操作および性統御の方法で全雌と全雄の集団をつくり，これらを養殖に利用すること．

monosomic 一染色体性の

monosporangium 単胞子囊(のう)：単胞子を形成する胞子囊．

monospore 単胞子：胞子囊(のう)内にただ1個生ずる不動胞子．

monostromatic 単層の

monovalnet vaccine 単価ワクチン

monsoon モンスーン：季節によって決まった方向から吹く風．インド洋および南アジア，東南アジアにおいて，夏季は南西から，冬季は北東から吹く季節風のことをさす場合もある．

Monte Carlo method モンテカルロ法：乱数を使った統計的実験．推定と模擬実験に用いる．

monthly mean sea level 月平均水位：月平均の海面の高さ．海面は潮位から天文潮の影響を取り除いたものとして定義され，気圧，風による吹き寄せ，海水密度の変化などに影響される．

mooring 係留：船をつなぎとめること．

mooring buoy 係留ブイ：海洋観測のため，海底などに係留したブイ．

mooring facilities 係留施設：船などを係留するための施設．

mooring post 係船柱

mooring system 係留系：流速観測などのため，海底に係留した計測システム．

mooring winch 係船ウィンチ：係船用の綱類を巻き揚げるウィンチ．

Moraxella モラキセラ：グラム陰性の小桿菌でナイセリア科の一属．

Morganella morganii モルガン菌：ヒスタミン生成細菌の一種．

Morgan unit モルガン単位：染色体上の遺伝子間の相対距離(= 地図単位)．1モルガンは100％組換え頻度を示す．

morphogenesis 形態形成

morpholino antisense oligonucleotide モルフォリノアンチセンスオリゴ：モルフォリノ環を付加したオリゴDNAでRNAに対する親和性が高いうえ，ヌクレアーゼ抵抗性が高いため生体内で安定．mRNAからの翻訳などの抑制により，標的遺伝子の発現を特異的に阻害できる(ノックダウン)．

mortality 死亡：減耗ともいう．

mortality in the early life stage 初期減耗：生活史初期に起こる大量の死亡．

mortality rate 死亡率

morula 桑(そう)実胚：多細胞動物卵の割球が桑の実のように集塊状になる時期の胚．

MOS → marine observation satellite

mosaic モザイク：一つの接合子(受精卵)に由来し，異なる遺伝子もしくは染色体構成の細胞からなる個体．

Moses test モーゼスの検定：二つの分布型の広がりの違いなどを統計的に検出するノンパラメトリック検定で，順位変数を用いる．

most probable number method 最確数法，略語MPN法：生菌数測定法の一つ．

mother river homing 母川回帰

mother-ship type fisheries 母船式漁業

motilin モチリン：消化管ホルモンの一種．消化管の運動やペプシン産生を促進する．

motility 運動性

motionless layer 無流層：水深が十分に深く，流れがないとみなす基準の層．地衡流の推算に用いる．= layer of no motion.

motoneuron 運動ニューロン：動物の骨格筋を支配する神経細胞. = motor neuron.

motor generator 電動発電機

motorization of fishing boat 漁船動力化

motor protein モータータンパク質：運動を起こすタンパク質.

mound breakwater マウンド堤：土，石，ブロックなどを小高く積み上げた形式の防波堤.

mouth 1) 口. 2) 端口：= entrance.

mouth brooding 口内保育

mouth cleft 口裂：魚類では口の開口部.

mouth width 口幅：口裂の最大幅.

movable bed model 移動床模型：洗掘と堆積を予測または再現するための模型. 砂，石炭灰などを用いる.

movement vision 運動視

moving average process 移動平均過程，略語 MA 過程：時系列解析で用いる定常過程の一つ. 現在の状態変数が過去の確率変動項の線形結合で表される過程.

MP → management procedure

MPA → marine protected area

MPF → maturation promoting factor

MPN method → most probable number method

MPO → myeloperoxidase

MRI → magnetic resonance imaging

mRNA → messenger RNA

MSC → Marine Stewardship Council

MSE → management strategy evaluation, mean square error

MSH → melanophore-stimulating hormone

MSH-inhibiting hormone 黒色素胞刺激ホルモン抑制ホルモン，略号 MIH：腺下垂体（中葉）からの黒色素胞刺激ホルモンの分泌を抑制する.

MSS → multispectral scanner

MS-VPA → multi-species VPA

MSY → maximum sustainable yield

MSYL → maximum sustainable yield level

MSY level MSY 水準：B0 に対する MSY における資源量の比.

MSYR → maximum sustainable yield rate

MSY rate MSY 率：MSY における資源量に対する MSY の比.

mucilagenous polysaccharide 粘質多糖

mucin ムチン：粘性に富む O-グリコシド型糖タンパク質.

mucopolysaccharide ムコ多糖：= glycosaminoglycan.

mucous cell 粘液細胞

mucous degeneration 粘液変性

mucous string 粘液糸

mucus 粘液

mud content 含泥率：底質におけるシルト・粘土分の割合. 泥分率ともいう.

multiaxial type 多軸型

multicellular 多細胞〔の〕

multi-cohort analysis 多年級群解析：複数の年級群を一括して扱う VPA の一種.

multicollinarlity 多重共線性：一つまたは複数の独立変数が別の独立変数に比例した動きをすること.

multi-component analysis 多成分分析

multi-cuspid 多尖（せん）頭

multidimensional scaling 多次元尺度〔構成〕法，略号 MDS：多変量解析の一つ. 類似度などの概念を用いてデータがもつ根源的情報を取り出すための手法. マーケティングなどでよく用いる.

multienzyme complex 多酵素複合体：一連の反応に関与する複数種の酵素が一つの複合体となったもの. それにより反応は効率的に進む.

multifrequency inversion method 多周波インバース法：多周波で体積散乱強度を測定し，インバース法で解析する

方法.

multihull 多胴船：複数の船体で構成される船舶.

multilayered structure 多層構造体：車軸藻の鞭毛装置構造.

multinomial distribution 多項分布《確率》

multiple correlation coefficient 重相関係数：観測値と予測値の相関係数で，重回帰分析で用いる.

multiple echo 群体エコー：個々の魚のエコーが合成されたエコー.

multiple mark release 多回標識放流：時間をおいて複数回の標識放流を行うこと. = multiple tag release.

multiple recapture 多回再捕：標識放流の後，時間をおいて複数回行う再捕.

multiple regression analysis 重回帰分析：2個以上の説明変数がある場合の回帰分析.

multiple spawning 多回産卵：追加される卵母細胞群による一産卵期中の複数回産卵.

multiplicative model 乗法モデル

multiplicity of infection 感染多重度，略号MOI：増殖中の細胞に感染したウイルスの数を細胞数で割った値.

multipurpose fishing 多目的漁業：複数の漁法を併用する漁業.

multispecies model 多種モデル

multispecies virtual population analysis → multi-speciea VPA

multi-species VPA 複数種VPA，略号MS-VPA：餌生物の自然死亡係数が捕食者の数量によって変化することなどを組み込んだ実質年級群解析.

multispectral scanner 多重スペクトル走査放射計，略号MSS：地球観測衛星「LANDSAT」に搭載されたセンサ.

multi-stage sampling 多段標本抽出：標本抽出法の一つ．集落標本調査で選ばれた集落のうちの一部を無作為抽出して調査する方法.

multivalent chromosome 多価染色体：二価染色体以上の染色体対合の総称.

multivalent vaccine 多価ワクチン

multivariate analysis 多変量解析：いくつかの個体が複数個の変数で特徴づけられる場合，その変数間の相互関係を分析する統計的手法の総称.

multivariate normal distribution 多変量正規分布：一つの個体の特徴を表す複数種の変数があって，その変数が正規分布であること.

multiway layout 多元配置：分散分析において，要因の種類が二つ以上あるタイプ.

murein ムレイン：= peptidoglycan.

muscle 筋肉

muscle cell 筋細胞

muscle contraction 筋収縮

muscle fiber 筋線維

muscle pigment 筋肉色素

muscular dystrophy 筋萎縮症：筋ジストロフィーともいう.

muscular kudoasis 筋肉クドア症：*Kudoa*属粘液胞子虫類が体筋に寄生する疾病.

muscular layer 筋肉層

muscular necrosis 筋壊（え）死症

muscular nematodosis 筋肉線虫症：線虫類が体筋に寄生する疾病.

mussel watch マッセルウオッチ：ムラサキイガイ，カキなどの生物濃縮作用を利用する沿岸域の環境監視.

mutagen 変異原性物質

mutant 突然変異体：変異型ともいう.

mutation 突然変異

mutation bias 突然変異の偏り

mutual aid business 共済事業

mutual compensation とも補償：自主的減船において，残存者が減船者に支

払う相互補償.
mutualism 相利共生
mutual relief for crew 乗務員厚生共済：漁船乗務員と漁業従事者を対象に，出漁中の労働災害事故などに対する漁協の共済制度．
mycotic granulomatosis 真菌性肉芽腫（しゅ）症：淡水性卵菌 *Aphanomyces invadans* 感染症．流行性潰瘍症候群と同一．
myelencephalon 髄脳
myeloperoxidase ミエロペルオキシダーゼ，略号 MPO：食胞内で過酸化水素と塩化物イオンから次亜塩素酸の生成を触媒する酵素．
myocarditis 心筋炎
myocommata 筋隔〔膜〕：＝ myoseptum.
myodome 動眼筋室
myofibril 筋原線維：筋肉の微細構造の構成単位で，筋肉細胞（筋線維）内をその長さの方向に走っている多数の微小線維．骨格筋や心筋などの筋収縮を担う．ミオシン線維やアクチン線維で構成．
myofibril-bound serine protease 筋原線維結合型セリンプロテアーゼ：魚類筋原線維に強く結合し，かまぼこの火戻りの原因酵素と推定されるセリンプロテアーゼの一つ．
myofibrillar protein 筋原線維タンパク質：筋原線維を構成するミオシン，アクチン，トロポニン，トロポミオシン，コネクチン，アクチニンなどのタンパク質．ねり製品のゲル形成において重要な役割をする．
myogen ミオゲン：＝ sarcoplasmic protein.
myoglobin ミオグロビン，略号 Mb：筋組織の酸素貯蔵タンパク質．赤身魚肉および畜肉の色調に関与する．
myokinase ミオキナーゼ：2ADP ⇆ ATP ＋AMP の反応を触媒し，ATP レベルの維持に関与する酵素．筋肉中に存在するものはミオキナーゼと呼ばれる．
myorhabdoi 筋骨竿（かん）：硬骨魚の体側筋に存在する肉間骨．小骨に相当するもの．
myosin ミオシン：筋肉の収縮にかかわるタンパク質．太いフィラメントを形成し ATP アーゼ活性とアクチンとの結合能を有する．かまぼこゲルの構造の主体をなす．
myosin B ミオシン B：＝ natural actomyosin.
myosin H chain ミオシン H 鎖：＝ myosin heavy chain.
myosin heavy chain ミオシン重鎖
myosin L chain ミオシン L 鎖：＝ myosin light chain.
myosin light chain ミオシン軽鎖
myosin S1 ミオシン S-1：＝ myosin subfragment-1.
myosin subfragment-1 ミオシンサブフラグメント -1，略語ミオシン S-1：プロテイナーゼによるミオシンの加水分解で生成する水溶性の分子断片の一種．ミオシンの頭部．
myotome 筋節：魚類骨格筋にみられる体節構造の単位．筋節はコラーゲンからなる筋隔膜によって互いに接合している．
mysis ミシス〔幼生〕：節足動物エビ類のゾエア期に続く幼生．
Myxidium ミキシジウム：魚類に寄生する粘液胞子虫の一属．
Myxobolus ミクソボルス：魚類に寄生する粘液胞子虫の一属．
Myxosporea 粘液胞子虫：ミクソゾア門粘液胞子虫綱．主として魚類に寄生する．
myxosporean emaciation disease 粘液胞子虫性やせ病《トラフグの》：トラフグにおける粘液胞子虫 *Enteromyxum leei*

および *Spaerospora fugu* の腸管感染症.

myxosporean encephalomyelitis 粘液胞子虫性脳脊髄炎《ブリ》：ブリにおける粘液胞子虫 *Myxobolus spirosulcatus* の脳感染症.

myxosporean scoliosis 粘液胞子虫性側湾症《ブリ》：粘液胞子虫 *Myxobolus acanthogobii*（= *Myxobolus buri*）の感染によって体が側湾する寄生虫病.

myxosporean sleeping disease 粘液胞子虫性眠り病《アマゴ・ヤマメ》：粘液胞子虫 *Myxobolus murakamii* による感染症.

n-3 unsaturated fatty acid n-3 不飽和脂肪酸：メチル基側から3番目の炭素に最初の二重結合をもつ不飽和脂肪酸. EPA, DHA などを含む.

n-6 unsaturated fatty acid n-6 不飽和脂肪酸：メチル基側から6番目の炭素に最初の二重結合をもつ不飽和脂肪酸. リノール酸, アラキドン酸などを含む.

Na$^+$, K$^+$-ATPase Na$^+$, K$^+$-ATP アーゼ：細胞膜上に存在し, ATP 加水分解と共役して Na$^+$ を細胞外に, K$^+$ を細胞内に輸送する酵素. Na$^+$/K$^+$ ポンプを駆動する.

nacreous layer 真珠層

NAD$^+$ → nicotinamide adenine dinucleotide

NADH → nicotinamide adenine dinucleotide

nadir 天底：地球上の観測者の位置に立てた鉛直線が足下において天球と交わる点.

NADP$^+$ → nicotinamide adenine dinucleotide phosphate

NADPH → nicotinamide adenine dinucleotide phosphate

NAFO → Northwest Atlantic Fisheries Organization

nagase ナガーゼ：= subtilisin.

Nag-*Vibrio* ナグビブリオ：O1 以外の血清型に入るコレラ菌で, 魚病菌と食中毒菌も知られている.

Nannochloropsis ナンノクロロプシス：真正眼点藻類に属する微細藻類の一属. ワムシの餌料として用いられる種を含む.

nanoplankton ナノプランクトン：2～20 μm の大きさの微小プランクトン.

Nansen bottle ナンセン採水器：メッセンジャーが当たると転倒し, 両端が閉じる仕掛けをもつ採水器.

nape 項：= nuchal.

nares 鼻孔：= nostril.

NASA → National Aeronautics and Space Administration

nasal bone 鼻骨

nasal spine 鼻棘（きょく）

Nash equilibrium ナッシュ均衡：ゲーム理論において, 各意思決定の主体にとって最適戦略である組の一つ.

National Aeronautics and Space Administration 米国航空宇宙局, 略号 NASA

National Federation of Fisheries Cooperative Associations 全国漁業協同組合連合会, 略語全漁連

National Federation of Inland Water Fisheries Cooperatives 全国内水面漁業協同組合連合会, 略語全内漁連

National Oceanic and Atmospheric Administration 米国海洋大気庁, 略号 NOAA

natural actomyosin 天然アクトミオシン：筋肉から抽出したアクチンとミオシンの複合体. トロポニン, トロポミオシンなどの調節系タンパク質を含

む．myosin B ともいう．

natural agar 天然寒天

natural antioxidant 天然酸化防止剤

natural boundary 自然境界：到達不能境界の一つで，特異でない境界．

natural enemy 天敵

natural immunity 自然免疫：= non-specific defense mechanism．

natural killer cell ナチュラルキラー細胞，略語 NK 細胞：非自己細胞に対して非特異的に細胞障害活性を示すリンパ球の一種．

natural mortality coefficient 自然死亡係数：水産資源評価の際に用いられる代表的な係数の一つで，1 尾の魚が単位時間当りに疾病，捕食などの漁獲以外の自然の要因で死亡する割合または確率を表す係数．

natural mortality rate 自然死亡率：資源量に対する自然死亡量の割合．

natural seasoning 天然調味料

natural selection 自然選択：ある個体に生じた遺伝的変異のうち，おかれた環境下で生存および繁殖に有利な性質が，繁殖を通して次世代に受け継がれていく様相．自然淘汰ともいう．

natural tag 自然標識

natural tocopherol 天然トコフェロール：ビタミン E とも呼ばれる脂溶性ビタミンの一種．酸化防止剤として広く加工食品に使用される．= tocopherol．

nauplian eye ノープリウス眼：甲殻類のノープリウス幼生の前端中央にある 1 個の眼．

nauplius ノープリウス〔幼生〕：甲殻類に共通の初期の幼生．

nautical almanac 天測暦：遠洋または近海区域に就航する船舶を対象とする航海用天体暦．

nautical mile 海里：日本における 1 海里は 1852.2 m．

navigation 航海

navigation light 航海灯：夜間航行時に使用する灯火．

navy navigation satellite system 海軍衛星航法システム，略号 NNSS

NCC → non-specific cytotoxic cell

neap tide 小潮：潮汐において干満の差が極小の期間をさす．大潮と対をなす．

near-infrared spectroscopy 近赤外分光法，略語 NIR 分析法

nearshore current 海浜流：砕波帯の内外で，波浪によって生起するほぼ定常的な流れ．沿岸流，向岸流および離岸流で構成される．

near sound field 近距離音場：音波が到着する音場の水粒子変位が圧力変化よりも大きく影響する範囲．

near threatened 準絶滅危惧，略号 NT：IUCN（国際自然保護連合）のレッドリストにおけるカテゴリーの一つ．

near threatened species 近危惧種：狭義では IUCN レッドリスト「準絶滅危惧」をさす．= near threatened．

nebulin ネブリン：脊椎動物骨格筋の筋原線維タンパク質の一種．

neck 頸（けい）部

necrosis 壊（え）死：生体の器官，組織の一部や細胞などが組織や細胞外の要因で死滅すること．

nectocalyx 泳鐘《管クラゲ類の》：最もクラゲ型に近い構造の個虫．

Needham's sac ニーダム嚢（のう）：頭足類の雄性生殖器官の一部で，精包を一時的に貯える場所．

negative binomial distribution 負の二項分布《確率》：確率分布の一つ．

negative feedback 負のフィードバック：フィードバック信号を入力側に戻すと，入力信号が以前より小さくなること．

negotiated transaction 相対（あいたい）

取引：売り手と買い手が話し合いによって，商品の数量と価格を取り決めて行う取引き．

Nei's genetic distance 根井の遺伝的距離：根井の式から算出した遺伝的距離．

nekton ネクトン：水中を自由に泳ぐ遊泳生物．遊泳〔性〕生物ともいう．

nematocyst 刺胞：刺胞動物に特徴的な細胞内小器官の一つで，刺胞嚢（のう）に針状の刺糸が格納されている．刺糸には毒性物質が含まれる．接触刺激により刺糸が発射され，捕食や他種からの攻撃回避に機能する．

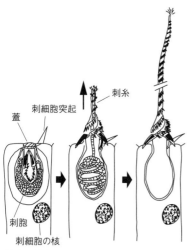

刺胞の放出過程（基礎水産動物学，2002）

nematocyst toxin 刺胞毒：刺胞動物の刺胞中に含まれる有毒物質．

NEMURO for Including Saury and Herring NEMURO.FISH：海洋物質循環モデルの一つ．低次生産モデルに捕食者である魚のモデルを組合せたもの．

Neobenedenia ネオベネデニア：海水魚の皮膚や鰭に寄生する単生類の一属．

neosaxitoxin ネオサキシトキシン：麻痺性貝中毒の原因物質の一つで，サキシトキシンの同族体．

neoteny ネオテニー：個体発達の遅延によって，祖先型の幼形を保持しながら成体になる現象．幼形成熟ともいう．

neoxanthin ネオキサンチン

nepheloid layer 高濁度層：海底直上の懸濁物を多量に含んだ層．

nephridiopore 外腎門：軟体動物や環形動物，扁形動物などの体表に開いた排出孔．

nephroblastoma 腎芽腫（しゅ）：腎臓の前駆細胞の腫瘍．

nephrocyte 腎細胞

nephron ネフロン：腎小体（ボーマン嚢（のう）と糸球体）と細尿管からなる腎臓の最小機能単位．腎単位ともいう．

nephrosis ネフローゼ：腎実質組織の非炎症性変性病変．

nephrostome 腎口

nereistoxin ネライストキシン：イソメから殺ハエ成分として単離された硫黄と窒素を含む化合物．殺虫剤開発のモデル化合物となった．

nerve cord 神経索：同一方向に走る神経線維の束．

nerve fiber layer 神経線維層

nerve plexus 1）神経網：神経線維が不規則に散在，相互に連絡する網状の構造．2）皮下神経網《腹足類の》．

nervous plexus 神経集網《棘皮動物の》

nervous system 神経系：神経組織からなる器官系の総称．神経細胞体や軸索，樹状突起を介して神経情報を伝える．

net 網

net avoidance 網回避：網を回避する魚の行動．

netbin 網台：円滑な投網ができるように，網具を収納する船尾甲板上の区画．

net cage 網生簀（いけす）：網地を用い

て作った生簀. = net pen.

net cage culture 網生簀(いけす)養殖

net change 網替え:海中浸漬によって汚損した漁網を,洗浄済みの漁網と交換する作業.

net cleaning 網洗い:海中浸漬によって汚損した漁網を洗浄する作業.

net depth 網丈:漁具設計上の網具の深さ方向の長さ.目数または網目の伸張状態の長さで表す.

net dying 網染め:漁網の防汚,防腐または染色のため,染料や塗料で網地を染めること.

net energy 正味エネルギー

net fouling 網汚れ:藻類や貝類などの付着によって生じる漁網の汚損.

net hauler 揚網機:漁網を引き揚げる装置の総称.ネットホーラーともいう.

net height 網口高さ:曳網のグランドロープとヘッドロープの間の高低差.

net income from fisheries 漁業純収益

net mouth 網口:底曳網の身網前縁部.

net panel 網地:網目が面状に連続したもので,結節の種類によって分類される.その面積と形状は縮結の入れ方で変化する. = netting panel.

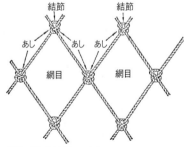

網地(漁具材料, 1981)

net pennant 網ペンネント:網漁具に付ける遊び綱.特にトロール網の袖端からハンドロープに接続する綱をさす.

net plan 網設計図

net plankton ネットプランクトン:プランクトンネットを用いて定量採集が可能なサイズのプランクトン.

net production 純生産:植物による有機物合成の全量(総生産)から呼吸による消費量を差し引いたもの.見かけの同化量.

net profit 経常利益:営業利益に事業以外の損益を加えたもの.企業の利益の指標.

net profit after tax 当期利益:経常利益に特別損益を加え,法人税と所得税を引いたもの.

net protein utilization 正味タンパク質利用率

net sonar ネットソナー:トロールの網口などに装着し,網口を輪切りにしたような観測を行う小型ソナー. = trawl sonar.

net sonde ネットゾンデ: = net depth meter.

net sounder トロール用魚群探知機:曳網のヘッドロープに取り付けられる魚群探知機.ネットサウンダーともいう.

net stacker 網捌(さば)き機:網台で整反(たん)するため,揚網機を通った網具を巻き揚げる移送装置. = net shifter.

net stacking 整反(たん):円滑に投網できるように,網台に網具を収納する作業.

netting gauge 目板:手結き編網の際に,目合を整えるために用いる板.

netting needle 網針(あばり):手結き編網および網地の縫合・修繕に使う糸巻きを兼ねた用具. = meshing needle, netting shuttle, webbing needle.

netting taper 落〔と〕し目:減らし目と

もいう. = bating.

nettling thread 刺糸:刺胞動物の刺胞を構成する細管状の糸.

neural arch 神経弓門:脊椎骨背側にある穴.脊髄損傷による魚類の処理に用いられる.

neural canal 神経溝:発生過程において神経板から神経管が形成される過程で観察される溝.

neural network ニューラルネットワーク,略号 NN

neural spine 神経棘(きょく)

neuraminic acid ノイラミン酸:マンノースアミンとピルビン酸が縮合した炭素数9の単糖.天然にはアシル誘導体のシアル酸として存在.

neuraminidase ノイラミニダーゼ:末端にシアル酸をもつ糖鎖から,加水分解によりシアル酸を遊離させる酵素.シアリダーゼともいう.

neurapophysis 神経突起:= neural process.

neurocranium 神経頭蓋(がい):脳と延髄を囲む骨.

neuroepithelial layer 神経上皮層

neuroglia 神経膠細胞:グリア細胞と同義.

neurohypophysis 神経性〔脳〕下垂体:下垂体後葉に相当する魚類の内分泌器官.

neuromast 感丘:水生動物の体表にある側線器の受容器官.ニューロマストともいう.

neuromodulator 神経修飾物質

neuromuscular junction 神経-筋接合部

neuron 神経細胞:神経系を構成する細胞.神経細胞体,他の神経細胞体からの情報を入力する樹状突起,他の神経細胞体に情報を送る軸索からなる.ニューロンともいう.

neuropeptide 神経ペプチド:神経伝達とその修飾を担う生理活性ペプチドの総称.ニューロペプチドともいう.

neuropeptide Y 神経ペプチドY,略号 NPY:両末端にチロシン(Y)をもつことが多い神経ペプチドの一種.

neurosecretion 神経分泌:神経細胞がシナプスを介さずにホルモンや神経伝達物質を分泌すること.

neurosensory cell 神経感覚細胞

neurotensin ニューロテンシン:脳腸ペプチドの一種.

neurotoxic shellfish poison 神経性貝毒:ブレベトキシン類を含む貝の摂取を原因とする食中毒.神経系に症状が現れることを特徴とする.

neurotransmitter 神経伝達物質

neuston ニューストン:水表面の直上または直下に生息する生物の総称.水表生物ともいう.

neuter 中性:生殖腺をもたない個体.

neutral density filter 中性フィルター

neutral fat 中性脂肪:脂肪酸とグリセロールのエステルよりなる脂質.モノアシルグリセロール,ジアシルグリセロール,トリアシルグリセロールをいう.

neutralization 中和

neutralizing antibody 中和抗体

neutral lipid 中性脂肪:= neutral fat.

neutrally-buoyant float 中立ブイ:中層の海水の動きを測定するため,海水と同じ密度に調節した漂流ブイ.

neutral oil 中性油

neutral theory 中立説:分子進化説の一つ.分子レベルでの遺伝的変異は自然選択に対して中立であるとする説.

neutral value 中和価

neutrophil 好中球:主に骨髄で作られる顆粒白血球の一種.

New Management Procedure 新管理方

式,略号 NMP:国際捕鯨委員会で 1975 年からモラトリアムまでの約 10 年間に用いられていた捕獲頭数の規制方式.MSY モデルの発想に基づく方式となっている.

new production　新生産:系外から供給される窒素化合物(硝酸塩など)を利用した,海洋植物プランクトンによる基礎生産.

Newton-Raphson method　ニュートン・ラフソン法:数値解の探索方法の一つ.

next generation sequencing　次世代シークエンス,略号 NGS

Neyman factorization theorem　ネイマン〔の〕因子分解定理《統計》

Neyman-Pearson fundamental theorem　ネイマン・ピアソンの基本定理《統計》

Neyman sampling　ネイマン〔の〕標本抽出:総標本数が一定の条件のもとで,平均値の分散を最小にするために層別標本数を定める抽出法.

NGO → non-governmental organization

NGS → next generation sequencing

NH_3-N → ammonium nitrogen

niche　ニッチ:群集内におけるある生物種の生態的役割.生態学的地位ともいう.

Nicholson-Bailey equation　ニコルソン・ベーリーの方程式:寄主と寄生者の 2 種間の数量変動モデルの一つ.

nicotinamide adenine dinucleotide　ニコチンアミドアデニンジヌクレオチド,略号 NAD^+(還元型:NADH):酸化還元反応の補酵素の一つ.

nicotinamide adenine dinucleotide phosphate　ニコチンアミドアデニンジヌクレオチドリン酸,略号 $NADP^+$(還元型:NADPH):酸化還元反応の補酵素の一つ.

nicotinamide coenzyme　ニコチンアミド補酵素

nictitating membrane　瞬膜:サメ類,爬虫類などに発達する薄い結膜のひだ.第 3 眼瞼と同義.

nidamental gland　包卵腺:卵を粘液に包んで産むイカ類の雌性生殖器官の一つ.粘液を分泌する.

night soil　屎(し)尿

night soil treatment　屎(し)尿処理

ninhydrin reaction　ニンヒドリン反応:ニンヒドリンによるアミノ基をもつ化合物の呈色反応.主にアミノ酸とペプチドの検出定量に用いる.アブデルハルデン反応と同義.

Nippon Suisan Gakkaishi　日本水産学会誌:日本水産学会が編集する和文の学術雑誌の英名.

NIR spectroscopy　NIR 分光法:near-infrared spectroscopy

nitrate　硝酸塩:1 個の窒素原子と 3 個の酸素原子からなる硝酸イオンをもつ塩.

nitrate nitrogen　硝酸態窒素,略号 NO_3-N:窒素成分のうち硝酸塩であるもの.

nitrate reducing bacterium　硝酸還元〔細〕菌:硝酸を還元して亜硝酸をつくる細菌.

nitrate reduction　硝酸還元:細菌が嫌気条件で硝酸イオンを電子受容体とし,電子伝達系を介して亜硝酸に還元すること.

nitric oxide　一酸化窒素

nitrification　硝化:微生物により,アンモニアから亜硝酸や硝酸を生ずる過程.

nitrifying bacterium　硝化〔細〕菌:アンモニアを亜硝酸を経て硝酸に酸化する細菌の総称.

nitrite　亜硝酸塩:亜硝酸 HNO_2 の塩.魚卵加工品の発色のために用いる食品添加物.血液中のヘモグロビンと反応してニトロソヘモグロビンを生成.

nitrite nitrogen 亜硝酸態窒素，略号 NO_2-N：窒素成分のうち亜硝酸塩であるもの．

nitrogenase ニトロゲナーゼ：ガス体窒素をアンモニアに還元する酵素．マメ科の根粒細菌やシアノバクテリアなどの窒素固定微生物にみられる．

nitrogen assimilation 窒素同化

nitrogen balance 窒素出納

nitrogen cycle 窒素循環：窒素とこれを含む構成要素が自然界を巡る過程．

nitrogen fixation 窒素固定：空気中の窒素からアンモニアなどの窒素化合物を生成する過程．

nitrogen fixing bacterium 窒素固定〔細〕菌：空気中の窒素分子を活性の高い窒素化合物に合成することのできる細菌．

nitrogenous extractive component 含窒素エキス成分：窒素を含んだエキス成分．

nitrogen oxide 窒素酸化物，略号 NOx：窒素の酸化物の総称．

***N*-nitrosodimethylamine** *N*-ニトロソジメチルアミン：亜硝酸とジメチルアミンの反応生成物で，発癌性をもつ．

NK cell NK 細胞：natural killer cell.

NMP → New Management Procedure

NMR → nuclear magnetic resonance

NN → neural network

NNSS → navy navigation satellite system

NO_2-N 亜硝酸態窒素：nitrite nitrogen.

NO_3-N 硝酸態窒素：nitrate nitrogen.

NOAA → National Oceanic and Atmospheric Administration

Nocardia ノカルジア：魚病細菌を含むグラム陽性桿菌の一属．

Noctiluca ヤコウチュウ：渦鞭毛藻綱の一属．発光能をもつ．

nocturnal 夜行性〔の〕

nodal line 節線：振動の節を連ねた線．

node 節（ふし）：①茎のうち，葉の付着点に当たる部分．②シャジクモ類の輪生枝の付け根．

nodularin ノジュラリン：汽水域でアオコを形成する藍藻が産生する環状ペ

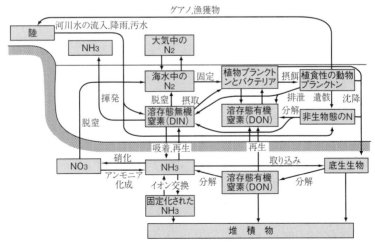

窒素循環（海洋科学入門，2014）

プチドの一群でミクロシスチンの類縁化合物. 強い肝臓毒性と発癌プロモーター作用をもつ.

nodule　結節：細胞の小集合体. 小節ともいう.

nodule formation　ノジュール形成：甲殻類の異物排除機構. 大型異物の周囲を血リンパが取り囲み, 結節を形成する.

noise　1)雑音. 2)ノイズ：観測対象由来の応答以外の信号・変化.

noise spectrum　雑音スペクトル：雑音を分析して得られるさまざまな周波数範囲のレベル.

noise spectrum level　雑音スペクトルレベル：単位周波数当りの雑音レベルを周波数に対して示したもの.

nomenclature　命名法

nominal fishing effort　名目漁獲努力量：標準化されていない漁獲努力量.

nominal horse power　公称馬力：機関メーカーが保証した連続最大出力.

nominal mesh size　呼称目合〔い〕：網の製造規格上の目合.

nomogram　ノモグラム：計算図表.

non-business expenditure　事業外支出

non-business income　事業外収入

noncentral F-distribution　非心 F 分布《確率》

noncentral t-distribution　非心 t 分布《確率》

noncentral χ² (chi-square) distribution　非心カイ二乗分布《確率》

non-combustible material　不燃性材料

noncompetitive inhibition　非拮抗阻害：阻害剤が酵素の活性部位以外に結合して, 最大反応速度を低下させる阻害様式. 非競争阻害ともいう.

nonconservative property　非保存性：生成と消滅によって時間的に一定に保たれないこと.

non-disjunction　不分離

non-drying oil　不乾性油

nonenzymatic browning　非酵素的褐変

non-equilibrium surplus production model　非平衡余剰生産量モデル

nonessential amino acid　非必須アミノ酸：体内で合成でき, 食物から取り入れる必要のないアミノ酸.

nonesterified fatty acid　非エステル化脂肪酸. ＝ free fatty acid.

non-feeding culture　無給餌養殖

non-fishery〔business〕expenditure　漁業外〔事業〕支出

non-fishery〔business〕income　漁業外〔事業〕収入

non-governmental organization　非政府組織, 略号 NGO

non-inverting amplifier　非反転増幅器

non-liberalized marine product　非自由化水産品目：国際貿易において, 輸入数量の割当などに基づいて輸入制限を受ける品目.

nonlinear least squares estimation　非線形最小二乗推定

non〔-〕Markov process　非マルコフ過程：未来の状態が過去の歴史と関係する確率過程.

non-metric multidimensional scaling　非計量的多次元尺度〔構成〕法：類似度の大きさの順位を用いた多次元尺度〔構成〕法.

non-parametric test　ノンパラメトリック検定：符号, 順位, 類別変数などの非連続的な数量のための仮説検定の総称.

non-point source pollution　非点源汚染

nonproteinous nitrogen　非タンパク質性窒素

non-renewable resources　非更新資源

non-return device　1)返し：＝ funnel. 2)返し網：＝ funnel net.

non-sampling error 非標本誤差

non-selective 非選択的〔な〕：漁具において種選択性あるいはサイズ選択性がみられないこと．

non-self-regulating resources 他律更新資源

non-specific cytotoxic cell 非特異的細胞傷害性細胞，略号 NCC：非特異的細胞傷害性細胞．哺乳類の NK 細胞に相当する魚類の血液細胞．

non-specific defense mechanism 非特異的生体防御機構：異物の侵入に対して生じる非特異的な生体防御反応．顆粒球，マクロファージ，ナチュラル・キラー細胞，樹状細胞などの免疫細胞が関与する．

non-store retailing 無店舗販売

nontuberculous mycobacterial infection 非結核性抗酸菌症，略号 NTM：結核菌群とらい菌を除く *Mycobacterium* 属の細菌による感染症．

nonylphenol ノニルフェノール：洗浄剤などに広く用いる芳香族化合物の一種．外因性内分泌かく乱化学物質でもある．

noon position 正午位置

NOR → nucleolus organizing region

noradrenaline ノルアドレナリン：副腎髄質や交感神経においてチロシンから生合成されるカテコールアミンの一種．神経伝達物質として働くとともにホルモンとしても分泌され，ストレス反応を引き起こす．

norepinephrine ノルエピネフリン：= noradrenaline.

nori のり(海苔)：アマノリ類を紙のようにすいて干した食品．

normal approximation 正規近似

normal distribution 正規分布《確率》：確率分布の一つ．

normal equation 正規方程式：回帰分析において，母数が満たすべき条件を示す方程式の組．

normalized target strength 規準化ターゲットストレングス《魚の》：ターゲットストレングスの線形量を体長の二乗で規準化した値．= reduced target strength.

NORPAC net 北太平洋標準ネット：表層付近の鉛直曳きによるプランクトン採集に用いる標準ネット．

norsel 吊糸：刺網などの網地と浮子(あば)綱を結ぶ糸．

North Equatorial Current 北赤道海流：北半球の熱帯海域を西に向かう海流．北東貿易風によって形成され表層で北に，下層で南に向かう弱い循環流を伴う．

Northern blot ノーザンブロット法：電気泳動で分離した特定 RNA を，標識化した DNA プローブを用いて検出する方法．

Northern hybridization ノーザンハイブリダイゼーション：= Northern blot.

North Pacific Anadromous Fish Commission 北太平洋溯河性魚類委員会，略号 NPAFC

North Pacific Ecosystem Model for Understanding Regional Oceanography NEMURO

North Pacific Fisheries Commission 北太平洋漁業委員会，略号 NPFC

North Pacific Marine Science Organization 北太平洋海洋科学機関，略号 PICES

North Pacific Ocean long line and gill net fishery 北洋延(はえ)縄-刺網漁業：指定漁業の一つ．東経170度以東の太平洋海域において動力漁船により延縄または刺網を使用して行う漁業．

Northwest Atlantic Fisheries Organization 北西大西洋漁業機関，略号 NAFO：

ICNAF の後継の地域漁業管理機関.

not evaluated 未評価, 略号 NE：IUCN (国際自然保護連合)のレッドリストにおけるカテゴリーの一つ.

not evaluated species 未評価種：狭義では IUCN レッドリスト「未評価」をさす. = not evaluated.

notice to mariners 水路通報：水路, 航路標識などの変更のほか, 最新の関連資料をまとめた印刷物.

notified fisheries 届出漁業：指定漁業と承認漁業を除き, 農林水産大臣に所定の届出を行って営む漁業.

notochord 脊索

notochord leukopathy 脊索白化症

NOx → nitrogen oxide

NPAFC → North Pacific Anadromous Fish Commission

NPFC → North Pacific Fisheries Commission

NPY → neuropeptide Y

NTM → nontuberculous mycobacterial infection

nuchal 1) 項(うなじ). 2) 頂骨板《ウミガメ類の》. 3) 背頭(けい)部.

nuchal organ 頸(けい)器官

nuchal spine 頸棘(けいきょく)

nuclear envelope 核膜：核を包含する二重膜構造.

nuclear localization signal 核移行シグナル

nuclear magnetic resonance 核磁気共鳴, 略号 NMR

nuclear power plant 原子力発電所：atomic power plant ともいう.

nuclear receptor 核内受容体

nuclear transplantation 核移植

nuclear wastes 核廃棄物：核反応に関連して発生する廃棄物.

nuclease ヌクレアーゼ：DNA や RNA のリン酸ジエステル結合を加水分解する酵素の総称. 核酸分解酵素ともいう.

nucleic acid 核酸：塩基と糖, リン酸からなるヌクレオチドがリン酸ジエステル結合で連なった生体高分子.

nucleo-cytoplasmic hybrid 核‐細胞質雑種：核ゲノムと細胞質を異なる種から受け継ぐ個体. = cybrid.

nucleolus organizing region 核小体形成域, 略号 NOR

nucleolus (*pl.* nucleoli) 核小体：全ての真核生物の核内にあるタンパク質と RNA からなる小球体. タンパク質合成に関与する. 仁ともいう.

nucleomorph 核様体

nucleoside ヌクレオシド：プリン塩基またはピリミジン塩基と D-リボースまたは D-2-デオキシリボースがグリコシド結合した化合物の総称.

5'-nucleotidase 5'-ヌクレオチダーゼ：5'-ヌクレオチドをヌクレオシドとリン酸に加水分解する酵素.

nucleosome ヌクレオソーム：染色質にみられる構造物. 球状になった塩基性タンパク質ヒストンの周りに DNA が巻きついたもの.

nucleotide ヌクレオチド：ヌクレオシドの糖部分がリン酸エステル化された化合物の総称.

nucleotide divergence 塩基多様度, 略号 π

nucleotide-related substance ヌクレオチド関連物質：核酸関連物質の総称.

nucleotide substitution 塩基置換：核酸配列中の塩基が別の塩基に置き換わること.

nucleus 核：真核生物の細胞を構成する細胞小器官の一つ. 細胞の遺伝情報の保存と伝達を行う.

nucleus insertion 核入れ：真珠母貝の殻を開いて, 核を挿入する養殖工程.

nuisance parameter 局外母数：推定しない母数.

null allele ヌル対立遺伝子：機能をもつ最終産物が生産できないため，劣性となる対立遺伝子.

null hypothesis 帰無仮説：仮説検定で計算される仮説を母数の値として表したもの.

null method 零位法

number of fishing days 出漁日数

number of recruits 加入尾数

number of revolution 回転数

number of vertebrae 脊椎骨数

number one oiler 操機長：機関部作業に従事する普通船員の首席.

numerical taxonomy 数値分類法《微生物の》

nuptial color 婚姻色

nurse cell ナース細胞：紅藻類の造果器が発達して果胞子体になる前に，癒合した造器に栄養を供給する細胞.

nursery culture pond 中間育成池：採苗あるいは種苗生産した仔稚を一定の大きさに人為管理下で育成するための池.

nursery ground 成育場：資源生物の幼稚仔を育成するのに適した場所，または育成するための場所．保育場または育成場ともいう.

nursery reef 育成礁：魚介類または海藻類を育成するために設置した礁.

nutricline 栄養塩躍層：海洋や湖において，栄養塩濃度が急激に変化する層.

nutrient 1)栄養塩：海洋生物学では特に植物プランクトンの生育に必要なリン，窒素および珪素をさす．2)栄養素：炭水化物，タンパク質，脂質，無機質，およびビタミン類．消化吸収された後，体成分となるか，エネルギー源として利用される.

nutrient availability 栄養素利用率

nutrient metabolism 栄養代謝：食物から得た栄養素を消化・吸収し，蓄積(同化)もしくは燃焼(異化)させる過程.

nutrition 栄養

nutritional anemia 栄養性貧血

nutritional cataract 栄養性白内障

nutritional deficiency disease 栄養性欠乏症

nutritional disease 栄養性疾病

nutritional disorder 栄養障害

nutritional myopathy syndrome 栄養性ミオパチー症候群：= sekoke disease.

nutritional requirement 栄養必要量：ヒトを含む動物が健康を保持して生活を営むために必要な，各栄養素の最低摂取量．生理的必要量ともいう.

nutritional state 栄養状態

nutritive filament 栄養細胞糸

nutritive value 栄養価

ω-yeast 油脂酵母

O antigen O抗原：グラム陰性菌の菌体抗原.

obesity 肥満症

objectionable odor fish 異臭魚

objective function 目的関数

obligation of propagation 増殖義務

obligatory pathogen 偏性病原体：環境要因や宿主の状態などとは関係なく，病原体の存在のみで病気を発症させる病原体.

obliquely striated muscle 斜紋筋：= oblique muscle.

oblique muscle 1)斜走筋：環形動物多毛類のいぼ足を制御する筋肉．2)斜紋筋：長軸に対して斜め方向の周期的縞

模様をもつ筋肉．頭足類，ホタテガイなどにみられる．= obliquely striated muscle.

oblique tow 傾斜曳き：プランクトンの採集方法の一つで，ネットの水面方向に傾けて引き上げる方法．

obridged nautical almanac 天測略暦：小型船舶などを対象とする航海用天体暦．精度は天測暦に比べて低い．

observed altitude 測高度：星の観測から得られる高度(高角)．

obsevation error 観測誤差：データの観測過程で生じる誤差．サンプリング誤差と測定誤差からなる．

occiput 後頭部

occupation of res nullius 無主物先占：採取的漁業における水産資源には所有者がなく，先に獲った者に所有権が生じること．

ocean basin 海盆：深海底の丸くくぼんだ所．

ocean color 海色：海洋から大気に放射または反射される可視光．

ocean color and temperature scanner 海色海温走査放射計，略号 OCTS：人工衛星「みどり」に搭載された海色海温の測定器．

ocean current 海流：地球規模で起きる海水の水平方向の流れの総称．一定方向に長時間流れることで潮汐流とは区別される．

ocean development 海洋開発

ocean dumping 海洋投棄：廃棄物などを海洋に投入処分すること．

oceanic front 海洋前線：異なる水塊の境界部にできる不連続線．潮境，潮目またはフロントと同義．

oceanic province 外洋域

oceanic water 外洋水：= offshore water.

oceanographic condition 海況：海洋の物理学，化学および生物学的諸要素の状態．= hydrographic condition, sea condition.

oceanography 海洋学：= oceanology.

ocellus 単眼：複眼と共存または複眼に代わる小型で単純な眼．

Ochroconis オクロコニス：不完全菌類に属する真菌の一属．

O_1 constituent O_1 分潮：潮汐の分潮の一つである主太陰日周潮．

octagonal lift net 八田(はちだ)網：複数の船で8本の揚綱を操作する敷網の一種．八手(やつで)網ともいう．

octavolateralis area 内耳側線野

octopine オクトピン：軟体動物の筋肉などに多く見出されるグアニジノ化合物で，オピンの一種．

octopus box タコ箱

octopus pot タコ壺

タコ壺，タコ箱（魚の行動と漁法，1978）

OCTS → ocean color and temperature scanner

oculomotor nerve 動眼神経：眼球運動を支配する脳神経．

OFCF → Overseas Fishery Cooperation Foundation

Office International des Epizooties 国際獣疫事務局，略号 OIE：World Organization for Animal Health の旧名．しかし，OIE という略語は定着しており，一般に使用されている．

official log book 公用航海日誌：船員法18条で，船内に備え付けるよう定め

られ，船の航行，停泊中の動静を記録する書類．

official number 登録番号《船舶の》：船体固有の番号であり，小型船舶の同一性を確認するために重要な項目として登録事項の一つ．番号の構成や打刻場所などについては国際的に規格化されている．

official standard 公定規格

offshore aquaculture 沖合養殖

offshore breakwater 離岸堤：汀線から少し離れた沖に，汀線にほぼ平行に設置する堤防．

offshore entrance set net 逆さ網：身網と垣網の位置関係が逆転した例外的な定置網．垣網は身網の沖側に位置し，端口は沖側に開く．

offshore fisheries 沖合漁業

offshore leader net 沖垣網：定置網の身網よりも沖側を通過する魚群を誘導するため，身網の沖側に設置する垣網．

offshore mariculture ground 沖合養殖場：波浪環境の厳しい沖合で魚類などを養殖する場所．

offshore trawler 沖合底曳網漁船

offshore trawl fishery 沖合底曳網漁業

offshore water 外洋水：沿岸水に対比して用いられる言葉で，河川水・陸水あるいは浅海での潮汐混合の影響を受けていない海水をさす．沖合水ともいう．

offshore whaling 近海捕鯨業

ohmic heating 通電加熱：食品の両端に電極をあてて交流電流を流し，食品自身の電気抵抗を利用して加熱する方法．熱効率がよく，急速に加熱できる．ねり製品などで活用される．ジュール加熱とも呼ばれる．

OIE → Office International des Epizooties

oil and fat 油脂：常温で流動性をもつ油(oil)と流動性のない脂(fat)を含む．

oil-degradation bacterium 油分解〔細〕菌：油分解能を有する微生物．油汚染土壌のバイオレメディエーションに用いられる．

oil droplet 油球

oil pollution 油汚染：油分の投棄と油の流出による海洋汚染．

oil slick 油膜：水面に浮いている油の薄い膜．

oil spill 油流出：液体の石油系炭化水素が自然環境に流出すること．

oil tank 油槽

oil tannage 油鞣(なめし)：皮を動植物の油脂を用いて革にすること．

okadaic acid オカダ酸：カイメンおよび渦鞭毛藻に含まれるポリエーテルの一種で，下痢性貝中毒の原因物質．

oleic acid オレイン酸，略号 18:1 n-9

olfactory bulb 嗅球：終脳の前端にある嗅覚神経系の一次中枢．嗅細胞が受容したにおい分子の情報を嗅覚中枢に伝

沖垣網（漁具と魚の行動，1985）

える．

olfactory capsule 鼻殻

olfactory cell 嗅細胞：嗅覚器官に分布し，においのもととなる化学物質を捕捉する．ここで生じた興奮は，嗅神経を介して中枢神経系に伝わる．

olfactory epithelium 嗅上皮：嗅細胞が分布する上皮組織．

olfactory glomerulus 嗅糸球体：嗅細胞から嗅球の僧帽細胞に達する嗅神経の終末．

olfactory lamellae 嗅板：嗅上皮でおおわれた板状の感覚器官．

olfactory lobe 嗅葉：脳の一部位．終脳とも呼ばれる．

olfactory nerve 嗅神経：嗅細胞から伸びる軸索．嗅球の糸球体層に達する．

olfactory organ 嗅覚器〔官〕：においの刺激を感じ取る器官．嗅細胞が分布し，においのもととなる化学物質を捕捉する．

olfactory rosette 嗅房：鼻腔内にある，嗅板が房状に集まった感覚器官．

olfactory sense 嗅覚：化学物質が嗅覚器の感覚細胞に捕捉されることで生じる感覚．

olfactory tract 嗅索：嗅覚の一次中枢である嗅球内の僧帽細胞の軸索からなる．終脳に達する．

oligonucleotide probe オリゴヌクレオチドプローブ：遺伝子クローニングなどに検索子として用いる10〜40塩基ほどのDNA重合体．合成DNAプローブともいう．

oligopeptide オリゴペプチド：アミノ酸残基数10個程度以下の短いペプチド．

oligosaccharide オリゴ糖：多糖に分類されない糖鎖数10個程度以下の糖類．少糖ともいう．

oligotrophic area 貧栄養海域：栄養塩類が乏しくて生物生産力の低い海域．

oligotrophic bacterium 低栄養細菌：貧栄養環境において生育可能な細菌．

oligotrophic lake 貧栄養湖：生物の成育に必要な栄養塩（リン，窒素など）の乏しい湖．

oligotrophy 貧栄養：生物の成育に必要な栄養塩類が乏しい状態．

Olympic game style of resource management オリンピック方式《資源管理の》：各々が自由に漁業活動を行い，漁獲量の合計が制限量に達すると終漁になる漁業管理方式．

OM → operating model

omission test オミッションテスト：合成エキスから特定の成分を除いた時の味の変化から，その成分の呈味上の役割を明らかにする方法．

ommatidium 個眼：複眼を構成する特殊な構造をもつレンズ眼．

ommochrome オンモクロム：黄色，赤色，褐色などを呈する色素で，トリプトファンから生合成される．頭足類の色素胞などにみられる．

omnivorous 雑食性

***Oncorhynchus masou* virus** OMV：サケ科魚類に感染するウイルスの一種．

one-sided test 片側検定：対立仮説が帰無仮説の片側にある時，棄却域を片側に設けて行う検定．

onshore current 向岸流：波によって生起され，岸に向かう流れ．海浜流の一種．

oocyte 卵母細胞

oocyte maturation 卵成熟

oogamous 卵生殖の

oogamy 卵生殖

oogenesis 卵形成

oogonium (*pl.* oogonia) 卵原細胞

oospore 卵胞子

ooze 軟泥：大洋底を広くおおう生物起

源の堆積物.

opaque zone 不透明帯:耳石に現れる帯状の不透明帯.

open-closing net 開閉ネット:網口の開閉操作が可能なプランクトンネット.層別の採集に用いる.MOCNESSネットなどが知られる.

opening area 開設区域《卸売市場の》

opening of fishing season 解禁:口開けともいう.

open population 開〔放〕個体群

open reading frame オープンリーディングフレーム,略号ORF:タンパク質をコードする塩基配列の枠組み.読み取り枠ともいう.

open sea〔fish〕stock 公海〔魚類〕資源:公海に分布する〔魚類〕資源.

open seas 外洋:公海ともいう.

open-type nuclear division 開放型核分裂《細胞の》

operating area 操業海区:漁業の実施が許可された海域の区画.

operating model オペレーティングモデル,略号OM:資源の動態を表す仮想現実モデル.資源評価から管理に至る一連の方法が適切に機能するか否かをシミュレーションにより試験する際に用いられる.

operating profit 営業利益:売上利益から販売費と一般管理費を差し引いた金額.営業活動の成果を表す指標.

operational amplifier オペアンプ:トランジスタなどを20個ほど使った増幅回路をIC化したもの.

operation days 操業日数:操業が行われた日数.努力量の指標の一つである.

opercle bone 1)鰓蓋(さいがい)骨.2)蓋(ふた):腹足類の貝蓋.

opercular flap 鰓蓋(さいがい)弁

opercular movement 鰓蓋(さいがい)運動:呼吸の際に鰓腔容積を変化させて吸引ポンプの役割をする運動.

opercular spine 鰓蓋骨棘(さいがいこつきょく)

operculo-mandibular canal 鰓蓋(さいがい)-下顎管:鰓蓋前部から下顎に伸びる感覚器官.側線器官の一種.

operculum 鰓蓋(さいがい):硬骨魚類の頭部の鰓腔の外側にある板状の部位.前鰓蓋骨,主鰓蓋骨,下鰓蓋骨,間鰓蓋骨で構成される.鰓の保護と水の流量の調節を行う.

ophiopluteus オフィオプルテウス〔幼生〕:棘皮動物クモヒトデ類の浮遊幼生.

opiate オピエート:鎮痛作用のあるアルカロイドの総称.

opine オピン:D-アラニンが他のアミノ酸とイミノ基を共有する化合物.

opine dehydrogenase オピンデヒドロゲナーゼ:無脊椎動物の解糖系の最終段階において,アミノ酸とピルビン酸からオピン類を合成することによりNADHを生成する酵素.

opioid オピオイド:鎮痛作用のあるアルカロイドやペプチドの総称.

opioid peptide 鎮痛ペプチド:鎮痛作用のあるペプチドの総称.

opisthotic bone 後耳骨

opportunistic infection 日和見感染:健全な個体であれば感染しないような弱毒性の病原体で引き起こされる感染.

opportunity of work 就労機会

opposed cylinder engine 水平対向型機関:1本のクランクシャフトをはさんでシリンダーを左右に水平に配置し,対になるピストン同士が必ず向かい合うように下降か上昇するエンジン.

opsin オプシン:視物質のタンパク質部分.

opsonin オプソニン:異物の表面に結合し,食細胞の食作用を受けやすくす

る物質の総称.

opsonization オプソニン作用：異物の表面にオプソニンが結合し，食細胞の食作用を受けやすくなること.

optical density 光学密度：吸光度ともいう．= absorbance.

optical purity 光学的純度

optic chiasma 視神経交叉：視神経の交叉．魚類では脳内に位置し，左右完全に交叉する．視交叉ともいう.

optic lobe 視葉：中脳背側面．魚類では視索がここに達する.

optic nerve 視神経：網膜に達する第2脳神経.

optic tectum 視蓋（がい）：中脳蓋部．魚類視覚系の一次中枢.

optic tract 視索：視神経が頭蓋（がい）に入り視神経交叉を通った後の名称.

optimal capacity 最適漁獲能力

optimal yield 最適生産量：特定の管理目的を達成するために最適化された生産量.

optimization 最適化

optimum catch 最適漁獲量：= optimal yield.

optimum density 最適密度

optimum length for being caught 最適漁獲体長：刺網などの釣鐘型の選択性曲線において，最大の相対効率を示す体長.

optimum pH 至適pH：酵素活性が最大となるpH．最適pHともいう.

optimum sustainable yield 最適持続生産量，略号OSY：特定の管理目的を達成するために最適化された持続生産量．必ずしもMSYやMEYとは限らない.

optimum temperature 至適温度：酵素活性が最大となる温度．最適温度ともいう.

optimum water temperature 最適水温：生息に最も適した水温.

Optional Fisheries Association 網組：定置漁業の経営組織．任意組合であるが，漁協自営と同じ要件を備える.

optomotor reaction 視運動反応：周囲の物体や視野が動く環境下において，網膜上の視野映像を一定に保つように追従する運動応答．魚類が水流に流されることを避けるため，視界の変化を打ち消すように移動する応答など.

oral aperture 入水孔

oral arm 口腕

oral cirri 口鬚（ひげ）：ナメクジウオなどでみられる口腔開口部の周囲にある触手状構造.

oral hood 口帽

oral nervous system 口側神経系

oral pole 口極：動物の体軸で口のある方の極.

oral siphon 入水管《ホヤ類の》

oral vaccination 経口免疫〔法〕：経口ワクチンによって免疫を付与すること.

oral vaccine 経口ワクチン：餌に混ぜて経口的に投与するワクチン.

orange meat オレンジミート：かつお缶詰にみられるメイラード反応による褐変肉.

orbit 眼窩（か）：眼球が収まっている頭蓋（がい）骨あるいは甲殻のくぼみ.

orbital satellite 軌道衛星：地球を周回する人工衛星.

orbit diameter 眼窩（か）径

orbitosphenoid 眼窩（か）蝶形骨

ord. → order

order 目《分類学の》，略号 ord

order of priority 優先順位

order test 順位検定：= rank test.

ordinary meat 普通肉：血合肉を除いた魚肉の通称．魚肉の大部分を占め，その色調は主に色素タンパク質のミオグロビンの含量による.

ordinary muscle　普通筋

Oregon moist pellet　オレゴン型モイストペレット：生餌と粉末飼料の混合比が1:1のモイストペレット．

orexin　オレキシン：食欲などに関係する神経ペプチド．

ORF → open reading frame

organelle　細胞小器官：細胞の内部で特に分化した形態や機能をもつ構造の総称．核，ミトコンドリア，葉緑体などゲノム DNA をもつもの，ゴルジ体，小胞体，リソソーム，ペルオキシソーム，液胞など膜構造をもつものがある．

organic carbon　有機〔態〕炭素：有機物に含まれる炭素．

organic matter loading　有機物負荷：水域に流入する有機物の負荷．外部負荷と，藻類・水生植物や底泥に由来する内部負荷に分けられる．

organic nitrogen　有機〔態〕窒素：有機物に含まれる窒素．

organic substance　有機物

organization　器質化

organochlorine compound　有機塩素化合物：炭素あるいは炭化水素に塩素が付加された化合物の総称．有機塩化物．

organoleptic test　官能検査：人間の感覚器官を使って食品の外観，風味およびテクスチャーを評価する方法．分析型官能検査と嗜好型官能検査がある．

organophosphorus compound　有機リン化合物：リン原子を含む有機化合物の総称．

organotin compound　有機スズ化合物：スズに1～4個のアルキル基またはアリール基が共有結合した化合物の総称．

organotroph　有機栄養生物：有機化合物の酸化によって生育に必要なエネルギーを得る生物．従属栄養生物と同義．

orientation　定位

original locality　基産地

origin deception　産地偽装：産地により市場価値が異なる商品の場合，偽って価格の高い産地を装うこと．

origin discrimination　原産地判別：産地偽装を防ぐために原産地を特定すること．遺伝子を用いた方法のほか微量成分分析なども提供される．

ornamental fish　観賞魚：= fancy fish.

ornithine　オルニチン：塩基性アミノ酸の一種で，尿素回路におけるアルギニンの代謝中間体．

ornithine cycle　オルニチン回路：= urea cycle.

oscillation　振動

oscilloscope　オシロスコープ：電気信号を時系列で波形として観測する測定器．

osmolality　浸透圧

osmoregulation　浸透圧調節：血液および体液の浸透圧をある一定の値に維持する働きのこと．

osmotic pressure　浸透圧：= osmolality.

osphradium　嗅検器：腹足類の外套膜や鰓の近傍に分布する化学受容器．

ossicle　骨片：= spicule, spiucule.

ostiole　果孔《紅藻類の》：果胞子の放出孔．

ostium　心門：節足動物などの開放血管系をもつ動物の心臓でみられる血液の流入口．細胞間を通ってきた血液を心臓に取り込む．

ostracion boops stage　ハコフグ型期：マンボウ類の変態前の幼期．

ostreid herpes virus 1 microvariant　カキヘルペスウイルス1型変異株感染症：カキヘルペスウイルス1型の特定の変異株(OsHV-1 μvar)による感染症．

OSY → optimum sustainable yield

otolith　耳石：魚類の内耳にある炭酸カ

ルシウムの石で,扁平石,礫石および星状石がある.感覚器官の一つ.輪紋(日輪および年輪)が形成され,輪紋幅は成長速度を反映する.耳石内の元素から生息場所の環境履歴が類推できる.

otolith daily ring　耳石日周輪:耳石日輪ともいう.= daily ring.

otolith organ　耳石器官:内耳のうち内部に耳石を含む部分をさす.魚類では前庭感覚を担い,視覚・側線感覚と協調して姿勢の平衡を保つほか,聴覚器官でもある.

otterboard　オッターボード:曳網の網口を水平に展開するため,曳網と袖網の中間に装着する板.網口開口板または拡網板ともいう.

otter pennant　オッターペンネント:オッターボードに連結される又網.

otter trawl　オッタートロール:オッターボードを使用する曳網.

オッタートロール(海洋科学入門,2014)

Ouchterlony double immunodiffusion method　オクタロニー二重免疫拡散法:抗原と抗体の反応性を調べるための寒天ゲル内免疫拡散法.

outboard engine　船外機〔関〕:機関とプロペラ駆動装置が船外にある駆動システム.

outbreak　大発生:ある生物種の個体群密度が著しく高くなる現象.

outer funnel　外昇〔り〕網:落網の昇網の一部で,箱網の外側にある部分.

outer limiting membrane　外境界膜《網膜の》

outer nuclear layer　外顆粒層《網膜の》

outer plexiform layer　外網状層《網膜の》

outer segment　外節:視細胞(錐体と桿体)の一部位で,視物質を含む.

outliers　異常値

output control　出口管理:資源管理のための漁獲量規制の総称.資源管理のために,漁業の出口側での産出(漁獲物)に関して量的または質的な規制を行うこと.漁獲量制限,体長制限など.

outside market　外郭(かく)市場

oval body　卵円体

oval gland　卵円腺

oval otterboard　円形オッターボード

ovarian cavity　卵巣腔

ovarian lamella　卵巣薄板

ovary　1)子房:雌ずいの基部にある胚珠を含む袋状器官.2)卵巣.

ovary enlargement disease　卵巣肥大症《マガキ》:パラミキシア類原虫 *Marteilioides chungmuensis* のマガキ卵巣への感染症.

overcapacity　過剰漁獲能力:= excess capacity.

overcapitalization　過剰投資:= overinvestment.

overdispersion　オーバーディスパージョン:いろいろな要因によって,実際のデータの分散が理論値より大きくなること.

over dominance　超優性:ヘテロ接合体が両方の対立遺伝子のホモ接合体よりも適応度が高いこと.

overfishing　乱獲:= overexploitation.

overflow　越流:水が堤防,護岸などの上を越えて流れること.

overhand knot　止め結び:結索の一種.一重結びともいう.

overload output 過負荷出力：連続最大出力を越えた出力.

overnutrition 過剰栄養：栄養が過剰に供給されている状態.

Overseas Fishery Cooperation Foundation 海外漁業協力財団, 略号 OFCF

Overseas Fishery Labor-Management Council 海外漁業船員労使協議会：漁業労使が外国人船員の乗船手続き, 労働条件などを協議する機関.

oversized eel ぼく《ウナギ》：商品サイズよりも大きく成長した成魚.

overtaking vessel 追越し船

overtide 倍潮：もとの分潮の整数倍の振動数をもつ分潮. 地形などの影響によって発生する.

ovicell 卵室

oviducal channel 輸卵溝

oviduct 輸卵管

oviparity 卵生

oviparous 卵生〔の〕

ovipositor 産卵管：卵を特定の狭い空間に産みつけるために, 産卵時に伸びる輸卵管. タナゴ類などが有する.

ovisac 卵囊(のう)

ovotestis 卵精巣

ovoverdin オボベルジン：ロブスター卵に含まれるカロテノイド-タンパク質複合体.

ovoviviparity 卵胎生：厳密には卵生に区分されるが, 母体内で受精卵自身の栄養により発生が進み, 孵化後に仔として産出される生殖様式.

ovoviviparous 卵胎生〔の〕

ovulation 排卵：成熟した卵が濾胞組織から離脱すること. 卵成熟誘起ホルモンの働きによって起こる.

ownerless property 無主物：= res nullius.

oxaloacetate オキサロ酢酸塩：オキサロ酢酸の塩.

oxaloacetic acid オキサロ酢酸：クエン酸回路の一員.

oxidase オキシダーゼ：酸化還元酵素のうち, 分子状酸素を電子受容体とする酵素. 酸化酵素ともいう.

oxidation 酸化：電子を奪われる化学変化のことで, 食品の品質劣化の主要因とされる.

oxidation-reduction potential 酸化還元電位：酸化力または還元力を表す指標. = redox potential.

oxidative phosphorylation 酸化的リン酸化〔反応〕：電子伝達系で遊離するエネルギーを用いて, ADP とリン酸から ATP を合成する反応.

oxidative rancidity 酸敗：= rancidification.

oxidized acid 酸化酸

oxidized oder 酸化臭：穀物の脂肪やアミノ酸が酸化されて生じるにおいのこと.

oxidized oil 酸化油：酸化した油のこと.

oxidoreductase 酸化還元酵素：電子あるいは水素原子の移動を伴う化学反応を触媒する酵素.

2-oxoglutaric acid 2-オキソグルタル酸：クエン酸回路の一員で, 重要な中間代謝物質. α-ケトグルタル酸と同義.

oxygen capacity 酸素容量：実際に溶けている酸素量の割合.

oxygen consumption 酸素消費量

oxygen content 酸素含量

oxygen debt 酸素債

oxygen demand 酸素要求量：水中の有機物の酸化に必要な酸素量.

oxygen-dependent bactericidal reaction 酸素依存性殺菌反応

oxygen depleted water 貧酸素水塊：水中の溶存酸素濃度が極めて低い水塊.

oxygen dissociation curve 酸素解離曲線：ヘモグロビンの酸素分圧を縦軸,

解離度を横軸にとった, S字状の酸素飽和度曲線.

oxygenic photosynthesis　酸素発生型光合成：水を還元剤として利用する光合成で, 副産物として酸素を生成する.

oxygen-independent bactericidal reaction　酸素非依存性殺菌反応

oxygen partial pressure　酸素分圧：混合気体中の酸素が全体積を占めたと仮定した時に示す圧力.

oxygen saturation　酸素飽和度：水中に溶存している酸素量を表す尺度. 水中に溶けることができる酸素量に対して, 実際に溶けている量を％で表す.

oxygen uptake　酸素摂取量

oxygen utilization　酸素利用率

oxyhemoglobin　オキシヘモグロビン：分子状酸素を結合したヘモグロビン.

oxytocin　オキシトシン：子宮〔筋〕収縮作用をもつ9残基アミノ酸からなるペプチドホルモン.

Oyashio　親潮：千島列島の東を南東に流れ, 北海道東方から三陸沖に南下する寒流.

Oyashio front　親潮フロント：低温と低塩分の親潮の南縁にできる海洋前線. 親潮前線ともいう.

oyster farm　カキ養殖場

ozone　オゾン：成層圏に存在する酸素の3原子同位体. 強い酸化力をもつ.

ozone layer destruction　オゾン層破壊：大気中に放出されたフロンガスなどが紫外線の作用で分解し, 塩素ラジカルを生成してオゾン層を破壊すること.

π → nucleotide divergence

P　P：F_1 世代の直接の親を示す記号. P_1 は父母を, P_2 は祖父母を示す.

P_1 → pectoral fin

P_2 → pelvic fin

P-450 → cytochrome P-450

pacemaker potential　ペースメーカー電位：心筋細胞, 一部のニューロンなどの自発的に興奮する細胞にみられる膜電位. リズムの生成に関わる.

Pacific Ocean　太平洋：世界三大大洋の一つ. アジア, オーストラリア, 南極, 南北アメリカの各大陸に囲まれる世界最大の海洋.

paddy field aquaculture　水田養殖

PAF → platelet-activating factor

PAGE → polyacrylamide gel electrophoresis

PAH → polyaromatic hydrocarbon

pahutoxin　パフトキシン：ハコフグ科魚類の体表粘液毒.

paired fin　対鰭 (ついき)：左右一対で存在する鰭. 魚類では胸鰭と腹鰭のこと. = horizontal fin.

paired gear test　対 (つい) 漁具比較法：二つの漁具を用いて同時に操業し, 結果を比較する方法.

palatal bone　口蓋 (がい) 骨

palatal organ　口蓋 (がい) 器官

palate　口蓋 (がい)

palatoquadrate cartilage　口蓋 (がい) 方形軟骨

paleoenvironment of ocean　古海洋環境：地質時代の海洋環境.

paleoniscoid scale　パレオニスカス鱗：軟質類の化石とポリプテルスにみられる鱗.

***Palmella* stage**　パルメラ世代：緑藻綱ヨツメモ目の一世代.

palmitic acid　パルミチン酸, 略号 16:0：C16 飽和脂肪酸.

palp　1) 髭 (ひげ)：動物の口部付近にあ

る比較的長い毛または毛状突起物で，感覚器官の一つ．2）副感触手：多毛類の前口葉にみられる肉質突起または触手状の構造．

palp proboscides　唇(しん)弁付属器

palytoxin　パリトキシン：C115 の非ペプチド毒で，イワスナギンチャクなどに分布．渦鞭毛藻に類縁化合物を生産するものがある．

pancreas　膵臓：消化酵素を分泌する外分泌腺とインスリンやグルカゴンなどを分泌する内分泌腺からなる器官．真骨魚類では散在した器官であるが，内分泌細胞が集合したブロックマン小体をもつ種が多い．

pancreatic islet　膵島：= islet of Langerhans.

pancreatic lipase　膵リパーゼ：膵液に含まれるリパーゼで，ステアプシンとも呼ばれる．トリアシルグリセロールの1,3位のエステル結合を加水分解する．

pan-dressed fish　パンドレス：魚の処理形態の一種で，ドレスから鰭を除いたもの．

panmixis (*pl.* panmixia)　任意交配：= random mating.

pantothenic acid　パントテン酸：ビタミン B 複合体の一つで，補酵素 A の構成成分．

papilla　乳頭状突起

papilloma　乳頭腫(しゅ)：上皮組織表面の乳頭状の腫瘍．

papula　皮鰓(さい)：ヒトデ類の表皮に散在する呼吸器官．

paracline　パラクライン

***paracolo* disease**　パラコロ病：腸内細菌科 *Edwardsiella tarda* の感染によって，養殖ウナギの肝臓と腎臓が膨張し，体側が赤く腫れる疾病．

paracrine　傍分泌：産生細胞から分泌されたホルモンなどの化学情報物質が血流を介することなく，近傍の細胞に作用すること．

paragnath　小顎片

Paragonimus miyazakii　宮崎肺吸虫：モクズガニから感染する寄生虫．稀に，イノシシ肉から感染することもある．ヒトでは，成虫となり虫嚢(のう)を形成することは稀で，幼虫移行期に腹腔を経由して胸腔から肺実質に侵入し，気胸を起こし，胸膜炎による胸水貯留が認められることが多くある．

Paragonimus westermani　ウエステルマン肺吸虫：肺吸虫症の原因寄生虫の一つ．淡水産カニなどを介して終宿主に移行する．

parallel sailing　距等圏航法：真東または真西(同一距等圏上)に航海する時の航法．

paralytic shellfish poison　麻痺性貝毒：渦鞭毛藻が産生する毒で，二枚貝に蓄積して死亡率の高い食中毒の原因となる．サキシトキシンとその同族体のこと．

parameter　母数《統計》：母集団の特性を示す数．

paramylon　パラミロン：ユーグレナ藻綱ミドリムシ属にみられる貯蔵多糖で β-1, 3- グルカンを含む．

paramyosin　パラミオシン：無脊椎動物の筋肉タンパク質の一種．

paraneuron　パラニューロン：ペプチド，アミンなどを分泌し，神経細胞に類似の性質をもつ内分泌細胞．

parapet　波返し：越波を防ぐため，堤防および護岸などの上面を海側に反らせ，波がはね返るようにした構造．胸壁ともいう．

paraphysis (*pl.* paraphyses)　側糸：生殖細胞と同時に形成される褐藻類の糸状細胞枝．

parapodium いぼ足:多毛類の体節の左右両側に一対ずつある肉質突起状の付属肢.

parapophysis 横突起:側突起ともいう.

parasite 寄生虫:寄生性の動物の総称.狭義にはヒトや有用動物に寄生する動物.寄生体または寄生者ともいう.

parasitic bacterium 寄生〔細〕菌:動植物に寄生する細菌の総称.時に魚病を引き起こすことがある.

parasitic castration 寄生去勢:寄生によって宿主の性機能が変化し,正常な生殖が行えない状態.

parasitic copepods 寄生性カイアシ類:キクロプス類,ソコミジンコ類,ツブムシ類,ウオジラミ類,モンストリラ類に分類される.魚類に寄生するグループはツブムシ類とウオジラミ類に多い.

parasitic crustaceans 寄生性甲殻類:寄生性の節足動物のグループの一つ.代表的な寄生性種だけでも,カイアシ類,等脚類,フジツボ類,端脚類,十脚類(エビ・カニ)などさまざまな分類群に属する.

parasitic isopods 寄生性等脚類:魚類へ寄生するウオノエ類,グソクムシ類,ウミクワガタ類や,十脚類(エビ・カニ)およびアミ類に寄生するヤドリムシ類やニセウオノエ類などが知られている.

parasitism 寄生:他の生物(宿主)の栄養や資源に依存して子孫を増やす生活様式.宿主への栄養的な依存がほとんどだが,一部の魚類で知られる托卵なども寄生の一部である.

parasphenoid 副蝶形骨:硬骨魚類の頭骨の一つ.

paraspore 枝胞子:紅藻類の生殖細胞の一形態.

parasympathetic nerve 副交感神経:自律神経系の一つ.交感神経と対比される.皮膚,血管,内臓,腺細胞などに伸びており,生体内にエネルギーを蓄積するように作用する.

parathormone パラトルモン:副甲状腺から分泌され,血中カルシウム濃度を上昇させるホルモン.

parathyroid gland 副甲状腺:陸生動物の甲状腺に隣接する器官.カルシウム代謝に関わる副甲状腺ホルモン(パラトルモン)を産生・分泌する.

parenchyme 柔組織:①無脊椎動物の器官の間を満たす軟組織.②植物の木部と節部の柔細胞からなる組織.

parhypural bone 準下尾骨

parietal bone 頭頂骨

parietal chloroplast 側生膜状葉緑体

parietal spine 頭頂骨棘(きょく)

pars distalis 下垂体前葉

pars intermedia 中葉:下垂体の前葉以外のラトケ囊(のう)由来部分.魚類では神経が陥入して神経中葉を形成する.

parthenogenesis 単為生殖:一般的には雌が雄の関係なしに発生する生殖様式で,単為発生または処女生殖ともいう.魚類では精子の刺激によって発生が開始するが,発生個体には雄のゲノムが関与しない生殖様式についても使われる.= sperm dependent parthenogenesis.

parthenospore 無配胞子

partial correlation coefficient 偏相関係数:従属変数と一つの独立変数との相関係数で,他の独立変数の影響は除かれている.

partial freezing パーシャルフリージング:氷結晶生成帯の-3℃で半凍結する氷温貯蔵法.

partial hydrogenation 部分水素添加

partial likelihood 部分尤(ゆう)度

partial pressure 分圧

partial recruitment 部分的加入

partial regression coefficient 偏回帰係数：従属および独立変数を平均0および分散1となるように基準化した後，回帰分析で推定される係数．

partial thawing 半解凍

particle counter 粒子計数器：懸濁粒子のサイズと数を測定する装置．

particle displacement 粒子変位：音源の振動で移動する水粒子の動き（変位）．

particle gun method パーティクルガン法：遺伝子導入技術の一つ．DNAでコーティングした金属微粒子を高速で細胞内に撃ち込む方法．遺伝子銃法ともいう．

particle-size analysis 粒子サイズ分析：底泥または懸濁物の粒径組成の分析．

particulate feeding ついばみ食性：粒子状の餌生物を1個体ずつ捉える捕食方法の型．

particulate matter 粒子状物質，略号PM：排気ガス中に含まれる煤（すす）などの微粒子物質．

particulate organic carbon 懸濁性有機〔態〕炭素：およそ $0.5\ \mu m$ 以上の粒状態有機態炭素．

particulate organic matter 懸濁態有機物

part-time fishery household 兼業漁家

party boat 仕立て船：= charter boat.

parvalbumin パルブアルブミン：魚類，爬虫類，両生類などの筋肉に存在するカルシウム結合タンパク質の一種．パーブアルブミンともいう．

pass analysis パス解析：因果分析法の一つ．変数間に特定の因果関係を想定したパスモデルを用いて分析を行う方法．

passive gear 受動漁具：対象生物を待ち受けて獲る漁具．

passive immunity 受動免疫：他の個体の産出した抗体を与えられ，免疫の状態となること．

passive immunization 受動免疫処理：他の個体の産出した抗体を与えられることにより免疫の状態とすること．

paste of salted sea urchin egg ねりうに

pasteurization 低温殺菌

patch パッチ：局所的に濃密に分布するプランクトンなどの生物の集群．

patchy distribution 集中分布

patent log 曳（えい）航測程器：船尾または舷側から索で曳航し，速力または航程を測定する器具．

paternity examination 父子鑑別

pathogen 病原体：宿主を病的状態にする能力を有する寄生体．

pathogenicity 病原性：宿主を病的状態にする能力．

PAV → penaeid acute viremia

PBR → potential biological removal

PCB → polychlorinated biphenyl

PCR → polymerase chain reaction

pearl 真珠

pectenotoxin ペクテノトキシン：渦鞭毛藻綱ディノフィシス属が産生する有毒物質で，Gアクチンと結合する．

pectoral fin 胸鰭（き），略号P1

pectoral fin length 胸鰭（き）長：最上または最前の鰭条の基底から鰭の先端までの長さ．

pectoral radials 胸鰭（き）輻射骨

pedal ganglion 足神経節

pedicellaria 叉棘（さきょく）：ウニ・ヒトデ類の体表にある鋏状の突起で，主に物を掴む機能をもつ．

pedigree 家系図：それぞれの個体の両親，および配偶個体とその子孫の記録．

Pediococcus ペディオコッカス：四連の乳酸球菌．

pediveliger ペディベリジャー〔幼生〕

peduncle disease　尾柄(へい)病：冷水病と同義．この名前は尾柄部にびらん(糜爛)または欠損が生じることに由来する．

pelagic　1)遠洋〔の〕．2)浮遊性〔の〕．

pelagic egg　浮遊卵

pelagic fish　浮魚(うきうお)：イワシ類やマグロ・カツオ類のような表層回遊性魚類の総称．

pelagic fish stock　浮魚(うきうお)資源

pelagic longline　浮き延(はえ)縄：= driftline.

pelagic trawl　表中層トロール：外洋の表中層を曳網する漁具・漁法．

pelagos　漂泳生物：水中または水表の浮遊生物と遊泳生物．ペラゴスともいう．

Pella-Tomlinson model　ペラ・トムリンソン〔の〕モデル：密度効果による資源の自然増加量の変化をべき乗式で表した余剰生産モデル．一般化余剰生産モデルと同義．

pellet　固形飼料

pelvic bone　腰骨：= pubic bone.

pelvic fin　腹鰭(き)．略号 P2：= ventral fin.

pelvic fin length　腹鰭(き)長：最外側または最前列の鰭条の基底から鰭の先端までの長さ．

pelvic girdle　腰帯

penaeid acute viremia　クルマエビ急性ウイルス血症(= ホワイトスポット病)．略号 PAV：= white spot desease.

penaeus monodon-type baculovirus disease　モノドン型バキュロウイルス感染症《クルマエビ類》：クルマエビのウイルス感染症の一種．病原体は Penaeus monodon-type baculovirus (PemoNPV).

penetration degree　針入度：針の侵入程度から硬さと粘稠(ちょう)性を測定する方法．魚肉乾製品など硬い食品の物性評価に利用．

penetration distance　破断凹み：破断試験における破断点までのプランジャーの進入距離．ねり製品の物性評価の指標．

Penicillium　アオカビ：ペニシリウムともいう．

penis　陰茎：動物の雄性生殖器官の一部．ペニスともいう．

pennant　遊び網：オッターボードの付属索具．曳網からハンドロープに接続しており，曳網中はたるんでいる．= back strop.

pennate diatom　羽状珪藻：細胞が左右相称の珪藻．

pentaploid　五倍体

pentose　五炭糖：炭素原子5個で構成されている単糖類．

pentose phosphate pathway　ペントースリン酸経路：グルコースの代謝経路の一つ．グルコース 6-リン酸から，ペントースを経由してフルクトース 6-リン酸，もしくはグルコース 6-リン酸にもどる経路．ペントースリン酸側路またはペントースリン酸回路と同義．

PEP → phosphoenolpyruvic acid

pepsin　ペプシン：胃で分泌される酸性プロテアーゼ．

peptide　ペプチド：ペプチド結合によるアミノ酸の重合体．

peptide hormone　ペプチドホルモン

peptidoglycan　ペプチドグリカン：ムラミン酸と D-アミノ酸を含む糖ペプチドで，原核生物の細胞壁に存在する．ムレインと同義．

peptone　ペプトン：タンパク質を酸またはアルカリで部分的に加水分解したアミノ酸とオリゴペプチドの混合物．微生物を培養する培地に栄養源として添加される．

perbranchial infection 経鰓(さい)感染：鰓を侵入門戸として感染すること．

percent gain 増重率

percent SPR パーセントSPR：ある漁獲係数の下でのSPRと漁獲なしのSPRとの比をパーセント表示したもの．漁獲の産卵資源への影響の指標値．

percutaneous infection 経皮感染：皮膚を侵入門戸として感染すること．

pereiopod 歩脚

perennial algae 多年生藻類

perforation 穿(せん)孔：生体に後天的に生じた孔．

performance measure 性能評価尺度

perfusion 灌(かん)流：摘出した器官または組織の血管にホルモン，栄養素，薬剤などを含む液を流通させる実験操作．

periarterial venous retia 静脈網

peribranchial cavity 囲鰓(さい)腔

pericardium 囲心腔：心臓全体を包む膜状の袋．

pericarp 果皮：種子植物の子房(果実)の外壁．周皮ともいう．= periplast.

pericentral cell 周心細胞：紅藻類の中軸〔細胞〕を取り囲む細胞．

peridinin ペリジニン：渦鞭毛藻に存在するキサントフィルの一種で，クロロフィルとともに光合成に関与する．

perigean tide 近地点潮：月が近地点に位置する時に生じる潮汐．干満の差は大きい．

perihemal system 囲血腔系

periodgram ピリオドグラム：スペクトル密度を推定するための統計量．フーリエ級数モデルによる時系列解析で用いる．

peripheral 1)周辺〔の〕．2)末梢〔の〕．

peripheral nervous system 末梢神経系

periplast 外被：= pericarp.

peristomium 囲口節

peritoneum 腹膜

peritonitis 腹膜炎

perivisceral coelom 囲臓腔

permeability 透過性

permeable groin 透過堤：波と流れの流通を配慮した堤防．

permutation 順列

permutation test 順列検定：順位を用いて二つの確率分布の位置の差などを検出する時に用いるノンパラメトリック検定．

peroral infection 経口感染：口腔経由で病原体が侵入して感染すること．

peroxidase ペルオキシダーゼ：電子受容体として過酸化水素を用いて基質を酸化する酵素．

peroxidative lipid intoxication 過酸化脂質中毒症：過酸化脂質中毒により体脂肪が黄変する病気(例：マダイの黄脂症)．

peroxide 過酸化物：ペルオキシ構造をもつ化合物の総称．不安定で，加熱や金属の存在で容易に分解し，ラジカルの生成や活性酸素の発生を起こす．

peroxide value 過酸化物価，略号PV：脂質中の過酸化脂質量で，脂質の酸化劣化の指標の一つ．油脂中の過酸化物によりヨウ化カリウムから遊離されるヨウ素量を測定し，油脂1kg当りのmg当量数として表す．比色法や蛍光法によっても求められる．

peroxisome ペルオキシソーム：真核細胞において，多様な物質の酸化反応を担う細胞内小器官．

perpendicular distance 縦距離

perse ring bar 環受け棒：旋(まき)網の円滑な投網のため，順に並べた環を通して収納する金属棒．

Peru Current ペルー海流：南アメリカ大陸西岸を北上する寒流．フンボルト海流ともいう．

pesticide 農薬：農業の効率化，あるいは農作物の保存に使用される薬剤の総称．

Petersen method ペーターセン法：1回の標識放流と1回の再捕記録から資源量を推定する方法．

PFK → phosphofructokinase

PFU → plaque-forming unit

PG → prostaglandin

phaeophycean hair 褐藻毛

phagocyte 貪（どん）食細胞：マクロファージなど食作用により異物を処理する能力を有する細胞の総称．食細胞ともいう．

phagocytic index 食作用係数：食細胞の貪（どん）食活性を表す係数．異物を貪食した食細胞1個当りの平均被貪食異物数の平均値．

phagocytic rate 貪（どん）食率

phagocytosis 貪（どん）食作用：細胞が固形物を外界から取り込む現象．食作用ともいう．

phagosome 食胞：細胞の食作用で生じる小胞．摂取した固形物を含む．

pharyngeal bone 咽頭骨

pharyngeal jaw 咽頭顎

pharyngeal nerve ring 咽頭神経環

pharyngeal pocket 口腔咽喉囊（のう）：下顎に発達する囊状構造．フクロウナギなどにみられる．

pharyngeal teeth 咽頭歯

pharyngobranchial cartilage 咽鰓（さい）軟骨

pharyngocutaneous duct 咽皮管：ヌタウナギ類の左体側に並ぶ鰓囊（さいのう）のうち最後部に存在するものの直後にみられる小管．

phase 1）位相：周期運動において，一つの周期中のある時点のこと．2）相．

phase angle 位相角

phase lag 位相のずれ

phase polymorphism 相的多型：個体群密度によって形態，行動，生理などに著しい変化が引き起こされる現象．

phase shift keying 位相変調：入力信号の振幅に応じて，搬送波の位相を時間軸でシフトする変調方式．

phase variation 相変異

phenodeviant 表現型ずれ：集団の表現型の分布から大きく外れること，またはその個体のこと．

phenology 生物季節学：生物が毎年繰り返す時間的現象を調べ，その進化的意義を研究する学問分野．

phenotype 表現型：外見や生物のもつ形態的および生理的な性質．遺伝子型と対比される用語．

phenotypic plasticity 表現型可塑性：環境に応じて表現型が変化する様相や能力．

phenotypic variance 表現型分散，略号 Vp：集団内での表現型のばらつき．

phenotypic variation 表現型変異：表現型で観察される個体間の差異．

phenylalanine フェニルアラニン，略号 Phe，F：芳香族アミノ酸の一種．

pheophorbide フェオフォルビド：マグネシウムとフィトール基がクロロフィルから除かれた化合物．

pheophytin フェオフィチン：クロロフィルからマグネシウムが除かれた化合物．

pheromone フェロモン：動物が体外に分泌し，同種の他個体に行動，生理などの変化を引き起こす化合物．リリーサーフェロモン（短期・行動）とプライマーフェロモン（長期・生理）がある．

phicobilisome フィコビリソーム：フィコビリンとタンパク質で構成される大きな複合体で葉緑体などに存在し，光合成において光エネルギーの捕集を行う．

phloroglucinol フロログルシノール：1,3,5-トリヒドロキシベンゼン．フロロタンニン（海藻ポリフェノール）の構成成分．

phlorotannin フロロタンニン：主として褐藻類に含まれるフロログルシノールを構成単位とする化合物の総称．= seaweed polyphenol.

Phoma ホーマ：不完全菌類に属する真菌の一属．

phosphagen ホスファゲン：高エネルギーリン酸化合物の総称．リン酸源ともいう．

phosphatase ホスファターゼ：各種のリン酸エステルとポリリン酸を加水分解する酵素．

phosphatide ホスファチド：= glycerophospholipid.

phosphatidic acid ホスファチジン酸：グリセロールの1位と2位に脂肪酸および3位にリン酸がエステル結合した化合物．

phosphatidylcholine ホスファチジルコリン：グリセロリン脂質のリン酸にコリンが結合したもの．代表的なグリセロリン脂質であり，哺乳動物組織の生体膜を構成する主要構成成分．レシチンともいう．

phosphatidylethanolamine ホスファチジルエタノールアミン：グリセロリン脂質のリン酸にエタノールアミンが結合したもの．

phosphatidylinositol ホスファチジルイノシトール：グリセロリン脂質のリン酸にイノシトールが結合した酸性脂質．

phosphatidylserine ホスファチジルセリン：グリセロリン脂質のリン酸にセリンが結合したもの．

phosphoarginine ホスホアルギニン：= arginine phosphate.

phosphocreatine ホスホクレアチン：= creatine phosphate.

phosphoenolpyruvic acid ホスホエノールピルビン酸，略号 PEP：糖代謝の中間体で，高エネルギー化合物の一種．

phosphofructokinase ホスホフルクトキナーゼ，略号 PFK：解糖系酵素の一つで，フルクトース 6-リン酸に ATP のリン酸を転移し，フルクトース 1,6-ビスリン酸を合成する．

phospholipase ホスホリパーゼ：グリセロリン脂質およびスフィンゴリン脂質の脂肪酸エステル結合を加水分解する酵素．作用するエステル結合の位置が異なる複数の酵素種がある．

phospholipid リン脂質：分子内にリン酸をもつ脂質の総称．グリセロリン脂質とスフィンゴリン脂質に分類される．

phosphonolipid ホスホノ脂質：C-P 結合をもつリン脂質．

phosphoprotein リンタンパク質

phosphorus cycling リン循環：生物と土壌または水中との間をリンが往復する過程．

phosphorylase ホスホリラーゼ：グリコーゲンやデンプンなどの α-1,4-グルカンを加リン酸分解し，グルコース-1-リン酸を生成する酵素．

phosphorylase kinase ホスホリラーゼキナーゼ：ホスホリラーゼをリン酸化し活性化する酵素．これにより，グリコーゲンの加リン酸分解が促進される．

phosphorylation リン酸化

photcapler フォトカプラ：発光素子と受光素子を対向させて一組にしたものの総称．

photic zone 有光層：生物が感知できる可視光線の到達する海水層．狭義には補償深度以浅をさす．

Photobacterium フォトバクテリウム：ヒスタミン生成細菌を含むビブリオ科の一属．

photometer 光度計：照度や放射照度を測定する測定機器のこと．

photon 光子：光の粒子．

photoperiodic response 光周反応：魚類の回遊や産卵，鳥類の渡り，植物の休眠といった，光周性に応じて起こる生体の反応．

photoperiodism 光周性：明期または暗期の長さの変化，すなわち日長の変化によって生じる生体の反応性．

photopic vision 明所視：明るい所で働く視覚．

photoprotein 発光タンパク質

photoreceptive cell 光受容細胞：網膜上にある桿体細胞や錐体細胞などの視細胞が知られている．ここで起こった感光色素の反応が視神経を介して脳に伝えられる．

photoreceptor 光受容器：光による刺激を神経の活動に変換する感覚受容器．脊椎動物では，網膜上の桿体細胞や錐体細胞によって形成される．

photosensitization disease 光（ひかり）過敏症：クロロフィル a の分解物を多量に含む食物による食中毒．アワビ内臓とクロレラが原因食物として知られる．

photosynthesis 光合成：光合成色素をもつ生物が光エネルギーを利用して二酸化炭素と水からショ糖などの有機化合物を合成すること．広義には水を利用しない光合成細菌による有機物合成も含まれる．

photosynthetic bacterium 光合成細菌：光合成を行う細菌の総称．

photosynthetic carbon reduction cycle 光合成的炭素還元回路：カルビン回路ともいう．葉緑体基質において，炭酸固定を担う主経路．

photosynthetic pigment 光合成色素：光合成のために光エネルギーを捕捉する色素．クロロフィルやカロテノイド，フィコビリンなどがある．

phototaxis 走光性：走性の一種．光源に向かうのを正の走光性，遠ざかるの

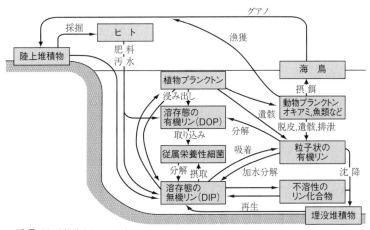

リン循環（海洋科学入門，2014）

phragmoplast 隔膜形成体：緑藻綱の細胞分裂時に生じる構造体の一つ.

phthalic compound フタル酸化合物：主にプラスチックの可塑剤に利用する. 環境汚染物質の一つ.

phycobilin フィコビリン：ポルフィリン類の代謝産物で, 開環型テトラピロール構造からなる. 光合成補助色素フィコビリタンパク質の色素部分.

phycobiliprotein フィコビリタンパク質：藍藻類, 紅藻類などに存在するフィコビリンを含む水溶性色素タンパク質の一群.

phycobiliviolin フィコビリビオリン：フィコビリンの一種で, 藍藻類のフィコエリスロシアニンの発色団.

phycocolloid 海藻コロイド：海藻に特有な多糖類の総称. 褐藻のアルギン酸やフコイダン, 紅藻の寒天やカラゲナンなど.

phycocyanin フィコシアニン：藍藻類, 紅藻類, 灰色藻, クリプト藻などに存在する青色の色素タンパク質. 光合成補助色素. 藍藻素または藻青素ともいう.

phycocyanobilin フィコシアノビリン：フィコビリンの一種で, フィコシアニンやアロフィコシアニンの発色団.

phycoerythrin フィコエリトリン：藍藻類や紅藻類に存在する紅色の水溶性色素タンパク質. 光合成補助色素. 紅藻素または藻紅素ともいう.

phycoerythrobilin フィコエリトロビリン：フィコビリンの一種で, フィコシアニンやフィコエリトリンの発色団.

phycoerythrocyanin フィコエリトロシアニン：藍藻類に存在する水溶性色素タンパク質. 光合成補助色素.

phycoplast フィコプラスト：藻類の細胞分裂の際, 分裂面に平行に並ぶ微小管群. 連結して細胞膜となる.

phycourobilin フィコウロビリン：フィコビリンの一種で, フィコエリトリンの発色団.

phyllobranchiate gill 葉状鰓(さい)

phyllosoma フィロソーマ〔幼生〕：節足動物イセエビ類のゾエア期幼生.

phylogenetic analysis 系統解析

phylogenetic tree 系統樹

phylogeny 系統発生

phylum 門《分類学の》

physical oceanography 海洋物理学：海洋の物理的な条件・状態および運動を記述・研究する学問分野.

physiological requirement 生理的必要量：= nutritional requirement.

physoclistous fish 無管鰾(ぴょう)魚：鰾原基に空気を満たす仔魚の一時期にだけ, 消化管と鰾をつなぐ気管をもつアジ, タラなどの魚. 閉鰾(ひょう)魚ともいう.

physoclistous swim bladder 無気管鰾(ぴょう)

physostomous fish 有管鰾(ぴょう)魚：鰾と消化管をつなぐ気管を生涯にわたってもつニシン, イワシなどの魚. 開鰾(ひょう)魚ともいう.

physostomous swim bladder 有気管鰾(ぴょう)

phytic acid フィチン酸：植物の有機リン酸貯蔵物質であるミオイノシトールヘキサリン酸エステル.

phytoplankton 植物プランクトン：独立栄養生物のプランクトンで, 光合成を行い有機物を生成する. 地球全体の一次生産の約半分を担い, 食物網の起点として海洋生態系の物質循環を駆動する.

Pi → inorganic phosphate

PI → propidium iodide

PICES → North Pacific Marine Science Or-

pickling in vinegar 酢漬〔け〕：もともとは水産物の長期保存を目的として開発された調理法．一旦，塩漬けし脱水した後，酢漬けにする．近年は，保存性より，味やテクスチャーを楽しむための調理法として活用されている．

pickling with salt water 立塩漬〔け〕

picoplankton ピコプランクトン：大きさ2 μm以下の極微小プランクトン．

pier 桟橋

pier fishing 防波堤釣

PIF → prolactin inhibiting factor

pigment 色素：物体に色を与える成分．

pigment cell 色素細胞

pilot 水先人：港，航路などで船長を補佐して操船する者．

pilot chart パイロットチャート：大洋の気象と海象の統計値，常用航路などを示した図．

pilus (*pl.* pili) 線毛：大腸菌など多くのグラム陰性菌と一部のグラム陽性菌の表面に生える繊維状構造体．運動性とは関係ない．

pinacocyte 扁平細胞：海綿動物の体表を上皮状におおう扁平な細胞．

pineal body 松果体：脊椎動物の間脳背面から出る小さな内分泌器官．上生体ともいう．= epiphysis.

ping ピング：魚探機などでパルスを発射すること．

pinger ピンガー：音響測位などの際に自動送信する音響標識．

pink muscle 桃色筋

pinnate branching 羽状分枝

pinnipeds 鰭脚（ききゃく）類

pinocytosis 飲作用：細胞が膜小胞を作って溶液状態の物質を外界から取り込む現象．

piperidine ピペリジン：魚皮に多く含まれる臭気成分．川魚の生ぐさ臭の主体．

piscary 入漁権《他人の漁区内への》：他の漁協がもつ漁業権漁場において，当事者以外がその漁業を営む権利．

Piscirickettsia ピシリケッチア：魚類に感染するグラム陰性菌の一属．

piscivorous 魚食性〔の〕

pistil 雌ずい：種子植物の雌性生殖器官．通称は「めしべ」．

piston corer ピストン式柱状採泥器

pit organ 孔器：魚類体表の側線器官（感丘）を構成する末梢器官の一つ．感覚器．

pituitary gland 〔脳〕下垂体：脊椎動物の間脳底から下垂する内分泌器官．= hypophysis.

PK → pyruvate kinase

placenta 1) 胎座：植物の胚珠が心皮に着生する部分．2) 胎盤：母体と胎児をつなぐ器官で，両者の間で栄養，ガス，老廃物などのやり取りを行う．

placoid scale 楯鱗：軟骨魚類に特有の鱗．真皮から突出した象牙質とそれをおおうエナメル質で構成される．皮歯ともいう．= dermal denticle.

planer 潜航板：= depressor.

Plan for the Japanese Whale Research Program under Special Permit in the Northwestern Part of the North Pacific 北西太平洋鯨類捕獲調査計画，略号JARPN

plankton 浮遊生物《水中の》：プランクトンともいう．

planktonic diatom 浮遊珪藻

planktonic larva 浮遊幼生：浮遊生活を送る幼生．

plankton net プランクトンネット：プランクトン採集のための網．

planozygote 動接合子

plant growth regulator 植物生長調節物質

planting 植林

planula プラヌラ〔幼生〕：刺胞動物が有性生殖によって産出する初期の幼生．

plaque-forming cell プラーク形成細胞：抗体産生細胞のこと．

plaque-forming unit プラーク形成単位，略号 PFU：ウイルス活性などの定量に用いる単位．

plasma 血漿：血液成分のうち，細胞成分(赤血球，白血球および血小板)を除いたもの．血液に抗凝固剤を加えて遠心分離して得る．

plasmablast 形質芽細胞

plasma cell 形質細胞：脾臓，腎臓などに分布する抗体産生細胞．

plasma lipoprotein 血漿リポタンパク質：血液中で脂質とアポリポタンパク質が結合したもの．密度の違いから，超低密度，低密度および高密度リポタンパク質に分類される．

plasmalogen プラスマローゲン：アルケニルアシル型リン脂質の一種．筋肉と神経の細胞膜に存在．

plasmid プラスミド：細菌の染色体とは独立に存在する比較的小さな遺伝物質(DNA)．

plasmodesma (*pl*. plasmodesmata) 原形質連絡：植物細胞および褐藻など一部の藻類でみられる細胞壁を隔てた細胞間での原形質移動を可能とする機構．

plasmogamy 細胞質融合

plasticizer 可塑(そ)剤

plastic pollution プラスチック汚染：プラスチック性廃棄物による汚染．

plastid 色素体：植物の細胞質にある色素体ゲノムをもつ細胞小器官．

plastron 腹甲

plate 殻板

plate culture method 平板培養法

platelet-activating factor 血小板活性化因子，略号 PAF：1-*O*-Alkyl-2-acetyl-sn-glycero-3-phosphorylcholine．エーテルリン脂質の一種で，血小板凝集能やアレルギーなどを含む多くの細胞機能の活性化物質．

pleasure boat プレジャーボート：スポーツまたはレクリエーションに用いるヨット，水上バイクなどの船舶の総称．遊漁船は除く．

pleiotropy 多面作用：一つの遺伝子が二つ以上の形質発現に関与すること．

pleopod 遊泳脚

Plesiomonas shigelloides プレジオモナスシゲロイデス：河川や湖沼に生息する通性嫌気性の短桿菌．淡水魚や貝類に付着して食中毒の原因となる．

plethysmothallus 無性葉状体：褐藻綱の小型の世代．

pleural 肋骨板

pleuron 側板：節足動物における各体節の外皮の左右側面を構成する構造体．

plug プラグ：擬餌針(ハードルアー)の一種．

plume プルーム：周囲水よりも軽い水が浮力によって広がったもの．

plummet 錘(おもり)《釣漁具の》

plunging breaker 巻波：磯波の一種．波全体が一度に砕ける時，前面が巻くものをさす．

plural companies system 複数制：複数の卸売業者が単一市場で業務を行う制度．

plurilocular sporangium 複子嚢(のう)

pluteus プルテウス〔幼生〕：棘皮動物ウニ・クモヒトデ類の浮遊幼生．

ply 撚(よ)り：撚り糸または綱の片子糸の撚り方，および撚り本数による太さの表示方法．

PM → particulate matter

pneumatic duct 気道：気道管または気

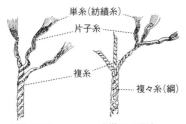

撚り（新編 水産学通論，1977）

管ともいう．

pneumatophore 気胞体：クラゲ類の浮遊性群体の浮遊器官．

poacher 密漁者

poaching 密漁

poach line 目通し糸：網地を綱に取り付ける際，破網を少なくするために縁網の網目を数目通して縛着する糸．

pocket beach ポケットビーチ：隣接する二つの岬の間に形成される小規模な海浜．

pocketed 袋がかり〔の〕：刺網の三枚網における小目網と大目網による特異的な魚の獲り方．

pod 魚団：威嚇された時などに，魚が団子状にまとまる集まり方．

poikilotherm 冷血動物：熱産生により体温を上昇させない動物．

poikilothermic animal 変温〔性〕動物：冷血動物と同義．

Poincare wave ポアンカレ波：地球の自転効果を受けた波の一種．慣性円運動と重力波の中間の性質をもつ．

point 先：釣針の先端部位．

point estimate 点推定

point of sales 販売時点情報管理システム，略号 POS：小売店頭のキャッシャーとコンピュータを連動した商品管理システム．

point process 点過程：状態変数の変化の時間間隔が確率的であるマルコフ過程．ポアソン過程など．

point source pollution 点源汚染：汚染源が明白な汚染．

point transect sampling ポイントトランセクト標本抽出：枠取り調査のように，調査地点周辺の生物の個体数などを調べる標本抽出法．

poison 毒〔物〕

poisoning 中毒

poisonous waste water 有毒廃水：有毒物質を含む廃水．

Poisson approximation ポアソン近似

Poisson distribution ポアソン分布《確率》：確率分布の一つ．

Poisson process ポアソン過程：ある瞬間に一つ上の状態に推移する確率が時間によらず一定であるマルコフ過程．

polar body 極体：卵母細胞の不等分裂で生じる二つの娘細胞のうち，核構造を含むもの．

polar front 極前線：寒帯または亜寒帯水と亜熱帯水の間の不連続線．

polarized light 偏光：電気・磁気ベクトルの分布に偏りのある光．

polar sea 極海：南極・北極周辺の高緯度地方の海．冬季に結氷する．

pole 1) 極．2) 竿：＝fishing rod.

pole and line 1) 一本釣．2) 竿釣．3) 竿釣具．

pole and line fishery 一本釣漁業

pole and line fishing vessel 竿釣漁船

Polian vesicle ポーリ嚢（のう）：ナマコ・ヒトデ類の環状水管に存在する袋状構造．

pollutant 汚染物質：＝contaminant.

polluted fish 汚染魚

pollution 汚染：＝contamination.

pollution by agricultural chemicals 農薬

汚染：農薬およびそれらの分解生成物質が，空気・土壌・作物などに残留・蓄積し，人畜の健康や生活環境に有害な状態をもたらすこと．

pollution index of water quality　水質汚濁指標：水質汚濁状況を示す指標．有機物，重金属，化学成分などの濃度のほか，生息する生物種や有機物酸化速度（BOD，COD など）も用いられる．

polyacrylamide gel electrophoresis　ポリアクリルアミドゲル電気泳動，略号 PAGE：ポリアクリルアミドゲルを支持体とした電気泳動．

polyamide　ポリアミド：アミド結合をもつ重合体（商品名ナイロン）．引張りと摩耗に強く，伸縮性と弾性に富む．

polyamine　ポリアミン：アミノ基，イミノ基などを二つ以上もつ化合物の総称．

polyandry　一妻多夫

polyaromatic hydrocarbon　多環芳香族炭化水素，略号 PAH

polychlorinated biphenyl　多塩素化ビフェニール，略号 PCB：電気絶縁体，熱媒体などに広く利用されたが，現在は製造禁止．代表的な環境汚染物質の一種．

polyculture　混養

polyedra　ポリエドラ：緑藻綱クロロコックム目の遊走子の休眠体．

polyenoic acid　ポリエン酸：＝ polyunsaturated fatty acid.

polyester　ポリエステル：テレフタル酸とエチレングリコールの共重合体（商品名テトロン）．引張りと弾性に優れ，伸縮性は小さい．

polyether compound　ポリエーテル化合物

polyethylene　ポリエチレン：エチレンの重合体．摩耗に強く，弾性に富む．

polygamy　複婚

polygene　ポリジーン：ある形質の変異に多数の効果の小さい遺伝子が関わっている遺伝様式．

polygyny　一夫多妻

polyhydric alcohol　多価アルコール

polymerase chain reaction　ポリメラーゼ連鎖反応，略号 PCR：プライマーと呼ばれる任意の DNA 断片にはさまれる区間の DNA 配列を特異的かつ指数関数的に増幅する技術．

polymorphic population　多型的集団

polymorphism　多型

polymorphonuclear cell　多核球

polynya　氷湖：流氷野の中に開けた広い海水面．

polyp　1）ポリープ：キノコ状に突出する腫瘍の総称．2）ポリプ：刺胞動物が固着性生活の際に示す形態．

polyphenolic protein　ポリフェノール性タンパク質：イガイ足糸の接着性タンパク質．

polyphosphate　重合リン酸塩：冷凍すり身に添加される食品添加物．pH 調整により糖類の筋原線維タンパク質に対する変性防止作用を強めるとともに，塩ずりにおいて筋原線維タンパク質の可溶化を促進する．

polypide　虫体：コケムシ類の群体を構成する個虫の別称．

polyploid　倍数体：整数倍のゲノムをもつ個体．ほとんどの魚介類は二倍体であるため，一倍体を半数体，三倍体以上を倍数体ということも多い．

polyploidy　倍数性

polypropylene　ポリプロピレン：プロピレンの重合体．引張りと摩耗に強い．

polysiphonous　多管〔の〕

polyspermy　多精

polyspore　多分胞子

polystichy　多列形成

polystromatic　多層の

polyunsaturated fatty acid　多価不飽和脂肪酸，略号 PUFA：分子内に二重結合を2個以上もつ不飽和脂肪酸の総称．特に，5個以上もつ不飽和脂肪酸を高度不飽和脂肪酸として区別する場合がある．

polyvinyl alcohol　ポリビニルアルコール：酢酸ビニルの重合体で，この合成繊維にはビニロンがある．摩耗に強くて伸縮性もあり，綿に類似の触感で扱いやすい．

POMC → proopiomelanocortin

pond culture　池中養殖

pontoon　ポンツーン：浮き桟橋に用いる直方体の浮体．

pony board　ポニーボード：手木の代わりに用いる小型のオッターボード．

pool account of fishing production　プール制《漁業生産の》：漁業者間で水揚高や利益を共同管理し，一定基準で平等配分する方法．

poor catch　不漁：平均を下回る漁獲．

Pope's approximation　Popeの近似式

population　1) 個体群：ある空間内に生息する同種の生物個体の集まり．遺伝学などの分野では集団ともいう．2) 個体数，資源．3) 母集団《統計》：分析の対象となる集団全体．

population density　個体群密度

population dynamics　個体群動態

population ecology　個体群生態学

population genetics　集団遺伝学

population parameter　資源特性値：ある資源の特性を示す生物学的な情報．

population size　資源量：= abundance.

population structure　集団構造

population viability analysis　個体群存続可能性分析：個体群の成立に関わるさまざまな生物および環境情報を用いて，その個体群が存続する確率を計算する分析方法．

pored scales in lateral line　側線有孔鱗

pores in lateral line　側線孔：管器から外界に通じる穴．

pore water　間隙(げき)水：堆積物または懸濁粒子の粒子間に存在する水．= interstitial water.

porosity　間隙(げき)率：底泥粒子の間隙の占める体積比率．

porous pellet　浮上性飼料：内部に気泡を含み，水中で浮上する飼料．多孔質飼料ともいう．

porphyran　ポルフィラン：紅藻アマノリ類に含まれる粘質多糖で，構造的にはカラゲナンに類似する．

porphyropsin　ポルフィロプシン：発色団としてレチナール2をもつ視物質．

portal of entry　侵入門戸：病原体が宿主体内に侵入する入口．

port authority　港湾管理者

POS → point of sales

positional cloning　ポジショナルクローニング：突然変異の支配遺伝子をクローン化する時に，染色体上の位置を目標に行うクローニング法．

position circle　位置の圏：船が確かに位置すると考えられる範囲．

positive feedback　正のフィードバック：フィードバック信号を入力側に戻すと，入力信号がより大きくなること．

postclavicle bone　後鎖骨

postcleithrum　後擬鎖骨

posterior cardinal vein　後主静脈

posterior cone　後向錐(すい)

posterior distribution　事後分布：データを得た後の確率分布．

posterior flagellar　後(こう)鞭毛

postlarva　後期幼生

post-mortem change　死後変化：動物の死後に起こるさまざまな変化．

postocular　眼後部〔の〕

postocular spine　眼後棘(きょく)

postorbital length 眼窩(か)後長：眼の後縁から主鰓蓋(さいがい)骨の後端までの長さ．

post stratification 事後層化：データを得た後に層化すること．

postsynaptic potential シナプス後電位：シナプスから分泌された神経伝達物質が別のシナプスの受容体に受容されることで生じる活動電位．

posttemporal bone 後側頭骨

posttemporal spine 後側頭骨棘(きょく)

post-translational modification 翻訳後修飾：翻訳後のタンパク質の化学的修飾．

pot 籠：＝basket．

potential biological removal 生物学的捕獲可能量，略号 PBR：米国国内法に定める海産哺乳動物の捕獲制限．

potential energy 位置エネルギー

potential fecundity 潜在孕(よう)卵数：一産卵期に産出される卵数の上限のことで，卵母細胞閉鎖などで下方修正されて実産卵数となる．

potential stock 潜在資源

potential temperature 温位：海水が断熱的に1気圧になった時に示す温度．

pot line 籠縄

pot strop 枝縄《籠の》：＝branch line．

pound net 1) 桝(ます)網：囲い網(運動場)と，その周囲に取り付けた円錐形の袋網および垣網からなる小型の定置網．＝hoop net trap．2) 壺網：桝網と同じ，または桝網の囲い網の周囲に取り付ける円錐形の袋網．

powdered agar 粉末寒天：＝industrial agar．

power 検出力：対立仮説が正しい時に帰無仮説を棄却する確率．

power block パワーブロック：油圧で回転する大型滑車を利用した吊り下げ式または固定式揚網機の総称．

power function 検出力関数

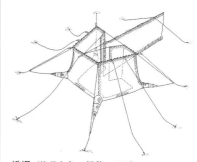

枡網 (漁具と魚の行動，1985)

power law べき乗則

power spectrum パワースペクトル《波の》：時間的に不規則に変動する量をフーリエ展開し，振幅の二乗平均を求めたもの．周波数ごとの変動強度を表す．

pox ポックス：ウイルスなどによって引き起こされる痘瘡(とうそう)の総称．

p,p'-dichlorodiphenyltrichloroethane p,p'-ジクロロジフェニルトリクロロエタン，略号 DDT：有機塩素系殺虫剤の一種で，代表的な環境汚染物質．

practice of marine technical license 海技資格訓練

prawn cage エビ籠

preanal length 臀鰭(き)前長：吻(ふん)端から臀鰭起部までの長さ．

preanus length 肛門前長：吻(ふん)端から肛門の中央までの長さ．

pre-approval system 事前承認制度

precaudal 前尾部〔の〕

precaudal vertebra 前尾椎骨

precautionary approach 予防的取組み：環境や資源に対して深刻あるいは不可逆的な打撃を与え得る時，情報不足などのために因果関係が科学的には完全に証明されていなくても予防的な保全措置を予め講じること．precautionary principle の方がより強制力が強い言葉

とみなされている.

precautionary principle 予防的原理:環境悪化の原因などに関する科学的な知見の欠如がその環境対策を遅延させる理由にならないよう,予防的措置を講じるべきとの文脈で使用される. precautionary approach よりも強制力が強い言葉であるとみなされている.

precipitating antibody 沈降性抗体:沈降反応に関与する抗体.

precipitation 1)沈降. 2)沈殿. 3)降雨:降雨(雪)または降雨(雪)量.

precipitation reaction 沈降反応:可溶性の抗原と抗体が反応し,沈降物を形成する抗原抗体反応.

precision 精度:母数と推定値の偏差の大きさ.

precocity 1)早熟[性]:最初の繁殖が早いこと. 2)早成[性]:幼仔が誕生後まもなく親の保護をあまり受けないで自立生活できる性質.

pre-cooling 予冷

precopulatory guard 交尾前ガード:繁殖期に,雄が他個体に配偶者を奪われないように防衛する行動. 甲殻類で多くみられる.

predation 捕食

predation pressure 捕食圧

predator 捕食者

predorsal bone 前背鰭(き)骨

predorsal length 背鰭(き)前長:吻(ふん)端から背鰭起部までの長さ.

preethmoid 前篩(し)骨:鼻腔の天井にある骨の一つ.

preference 嗜(し)好性:生物がある対象物を好んで選択しようとするかどうかの指標.

prefrontal bone 前額骨:= lateral ethmoid.

pregnancy rate 妊娠率

premaxillary bone 前上顎骨

premaxillary pedicel 前上顎骨柄(へい)状突起

premaxillo-ethmo-vomerine-plate 前上顎骨-篩(し)骨-鋤(じょ)骨板

premeiotic endomitosis 減数分裂前核内分裂

premium fish meal プレミア魚粉:チリ産アジを主原料とする品質の優れた輸入魚粉.

premolar 前臼歯

preoccupation 先取り:市場開設者が定めた販売開始時刻の前に行う売買行為.

preocular 前眼部

preocular spine 眼前棘(きょく)

preopercle bone 前鰓蓋(さいがい)骨:主鰓蓋骨の前部にある膜骨.

preopercular spine 前鰓蓋(さいがい)骨棘(きょく)

preoptic area 視索前野:間脳視床下部の視神経交叉の前方から上方の部位.

preoptic nucleus 視索前核:視索前野に存在する神経分泌細胞の集まり.

preorbital bone 眼前骨

preparation of rearing water 水作り:良質の養殖用水を作ること.

prepared and frozen food 調理冷凍食品

prepared food 調理食品

prepectoral length 胸鰭(き)前長:吻端から胸鰭第1条の基底までの長さ.

prepelvic clasper 前腹鰭(き)交接器:ギンザメ類の雄の腹鰭前方にある棘(とげ)のある軟骨突起

prepelvic length 腹鰭(き)前長:吻(ふん)端から腹鰭基部までの長さ.

present value 現在価値

preservative 保存料:防腐剤ともいう. = antiseptic.

preserve 禁漁区:= closed area.

pressure gradient 圧力勾配

preural vertebra 尾鰭(き)椎前脊椎骨

previous year comparison 前年比
prevomer 前鋤(じょ)骨
prey 被食者
prey-predator interaction 被食者‐捕食者関係
prezoea プレゾエア〔幼生〕
PRF → prolactin releasing factor
priapium 交接器《ファロステサス目魚類の》：雄の頭部腹面にみられる特異な交接器.
price at each marketing stage 流通段階別価格
price elasticity 価格弾力性：価格の変化率に対する需要の変化率の割合.
primary bone 一次性硬骨
primary culture 初代培養：生体から分離した細胞などを，体外培養に移してから植え継ぎを行うまでの操作.
primary immune response 一次免疫応答
primary male 一次雄
primary oocyte 第一次卵母細胞
primary pit connection 一次ピットコネクション：紅藻類でみられる細胞連絡.
primary pollution 一次汚濁
primary producer 基礎生産者：一次生産に関与する独立栄養生物．主に植物をさす．一次生産者ともいう.
primary production 基礎生産：光合成や化学合成により独立栄養生物が有機物を生産すること．一次生産と同義．植物による一次生産を特に基礎生産と呼ぶこともある.
primary spermatocyte 第一次精母細胞
primary structure 一次構造《タンパク質の》：タンパク質を構成する，直鎖状に連なったアミノ酸配列.
primary treatment 一次処理
primer プライマー：反応の開始に必要な構造または物質.
primer pheromone プライマーフェロモン：内分泌系に影響を与えて生理的変化を起こし，形態に変化をもたらすフェロモン．これに対して，行動に変化をもたらすフェロモンをリリーサーフェロモンと呼ぶ.
primordial germ cell 始原生殖細胞：多細胞動物の生殖細胞系列の初期の段階に属し，完成した生殖巣内に位置する以前の生殖細胞.
principal component analysis 主成分分析：多変量解析の一つ．全体の変動を少数の主成分と呼ばれる合成変数(変数の線形結合)で説明する手法.
principal component regression 主成分回帰：主成分を独立変数とした回帰分析.
principal ray 主鰭(き)条
principle of freedom of the seas 公海自由の原則：公海は万民共有物であり，いかなる国もこれを領有したり属地的な管轄権を行使することはできず，また国際法に従ってその使用の自由を享受できるという原則.
principles of sustainable development by Herman Daly ハーマンデイリーの持続可能な開発の原則
prior distribution 事前分布：データを得る前の確率分布.
prism 電気柱：多数の発電細胞が並び，1本の柱状となったもの.
private property 私有財産
PRL → prolactin
probability density 確率密度
probability distribution function 確率分布関数
probability function 確率関数
probability of extinction 絶滅確率
probability profile 確率プロファイル：プロファイル尤(ゆう)度から計算される確率.
probe プローブ：目的の遺伝子，遺伝

子産物またはタンパク質に特異的に結合し，その分離同定に用いる物質．探査子ともいう．

probit model プロビットモデル：累積正規分布の逆関数．一般化線形モデルにおける連結関数の一つ．

problem of ag[e]ing phenomenon 高齢化問題

proboscis 吻(ふん)：動物の口またはその周辺から突出した構造物．

procarp プロカルプ：紅藻類の有性生殖細胞のうち，造果器と助細胞が近接する細胞群．

processed fishery product 水産加工品

process error 過程誤差：同じものを繰り返して測定する時に生じる誤差．観測誤差ではない．

processing at the place of production 産地加工：水揚げされた場所の近くで加工すること．

prochlorophytes 原核緑色植物：原核生物の一分類群で，核・葉緑体などの細胞小器官を欠く藻類群．酸素発生型光合成を行い，光合成色素としてクロロフィル a および b をもつ．

procurrent caudal ray プロカレント尾鰭(き)条

procurrent fin プロカレント鰭(き)

procuticle 原クチクラ

production 生産〔量〕

production layer 生産層：基礎生産が行われる深度の通称．

production of algal bed 藻場造成：= seaweed bed construction.

production rate 生産速度：単位時間に単位面積当りの生産量．

productivity 生産性

proenzyme 酵素前駆体：= zymogen.

profile likelihood プロファイル尤(ゆう)度：一部の母数が与えられると，残りの母数の最尤推定値が定まる時，その一部の母数の関数として表した尤度．

profit and loss statement 損益計算書

profit from fishery enterprise 漁業企業利潤：漁業経済調査において，漁業経営に必要な資本を借り入れて労働力を雇用したと仮定して算出する利潤．

profit rate of total liabilities and net worth 総資本利益率：当期利益を使用総資本で割った比率．収益率の総合的な指標．

progenesis 幼形成熟：= neoteny.

progeny 後代：子孫ともいう．

progeny test 後代検定

progesterone プロゲステロン：黄体が分泌する $C21$ ステロイドで，雌性ホルモンの一種．

proglottid 片節：扁形動物条虫類の頭部に続く各節．

programmed cell death プログラム細胞死

progressive wave 進行波：媒質のある場所から他の場所にエネルギーを輸送する波．

prohibited gear 禁止漁具

prohibited species 漁獲禁止種

prohibition of fishery 禁止漁業

prohibition of fishing 禁漁

prohibition principle on rejection regarding business 受託拒否禁止の原則：卸売市場において，生産者と出荷者からの物品の販売委託を拒否できないという原則．

prohormone プロホルモン：プロセシングを受けて成熟型になる一段階前のタンパクホルモンをさす．

project for adjustment storage of fishery product 水産物調整保管事業：漁業者団体が共販体制にある水産物を魚価低迷時に買い入れ，調整保管して放出し，価格安定を目指す事業．

projector and hydrophone 送受波器：

音波を送ってエコーを受ける魚探機などの部分.

project to improve and create fishing ground 漁場改良造成事業

prokaryotic cell 原核細胞：原核生物である真正細菌と古細菌の細胞をいう. 核様体として染色体を含んでいる.

prolactin プロラクチン, 略号 PRL：脳下垂体前葉が分泌するタンパク質ホルモン. 黄体刺激ホルモン, 泌乳刺激ホルモンなどと同義.

prolactin inhibiting factor プロラクチン放出抑制因子, 略号 PIF：視床下部に存在し, 腺下垂体(前葉)からのプロラクチンの分泌を抑制する.

prolactin releasing factor プロラクチン放出因子, 略号 PRF：視床下部に存在し, 腺下垂体(前葉)からのプロラクチンの分泌を促進する.

proliferative inflammation 増殖性炎

proliferative kidney disease 増殖性腎臓病《サケ科魚類》：軟胞子虫 *Tetracapsuloides bryosalmonae* のサケ科魚類の腎臓感染症.

proline プロリン, 略号 Pro, P：ピロリジン環をもつアミノ酸(正確にはイミノ酸)の一種.

promiscuity 乱婚

promoter プロモーター：遺伝子の転写開始部位を決め, その頻度を直接的に調節する DNA 領域.

promotion of propagation 繁殖助長

prompt report 速報

pronephros 前腎：本来は個体発生の最初に現れる泌尿器系を意味するが, 成魚の排泄機能を失った頭腎部をさすこともある.

pronucleus 前核

proopiomelanocortin プロオピオメラノコルチン, 略号 POMC：副腎皮質刺激ホルモン, リポトロピン, 黒色素胞刺激ホルモンおよび β エンドルフィンの共通前駆体.

prootic bone 前耳骨：脳室の前部側壁を形成する軟骨性硬骨.

propagation 繁殖

propagule 胚芽：褐藻綱クロガシラ目の無性芽.

propeller プロペラ：船舶の推進器.

propeller efficiency プロペラ効率：プロペラ馬力とスラスト馬力の比.

propeller horse power プロペラ馬力：プロペラを回転させるのに必要な馬力.

propeller's law プロペラ則：機関出力がプロペラ回転数の三乗に比例するという法則.

proper oscillation 固有振動：外部から強制力のない状態での振動.

property right 私有財産権

prophenoloxidase プロフェノールオキシダーゼ《甲殻類の》, 略号 proPO：生体防御因子の一種で, フェノール酸化酵素の前駆体.

prophylaxis 予防

propidium iodide ヨウ化プロピジウム, 略号 PI：DNA に強く結合する蛍光物質で, 細胞核染色試薬として広く用いられる.

proPO → prophenoloxidase

propodus 前節：節足動物の付属肢の末端から第 1 関節と第 2 関節の間の部分.

proportional sampling 比例標本抽出：各層の大きさに比例させて標本を抽出する方法.

proportion of polymorphic loci 多型遺伝子座の割合：最大遺伝子頻度 0.95 以下を多型とした時の全遺伝子座当りの多型遺伝子座の割合. 変異性の指標となる.

propterygium 前趾(し)骨：前担鰭(き)

軟骨ともいう.

propulsive coefficient 推進係数：機関の発生馬力と有効馬力の比.

Prorocentrum プロロセントラム：渦鞭毛藻綱の一属.

prosencephalon 前脳：脊椎動物の個体発生における脳胞の最前部.

prostaglandin プロスタグランジン，略号 PG：アラキドン酸などから合成される生理活性脂質の一群.

prosthetic group 補欠分子族

prostomium 前口葉：環形動物の第1体節.

protamine プロタミン：多くの脊椎動物の精子核に存在し，DNA と結合する塩基性タンパク質．抗菌性を有し，保存料として使用される.

protandry 雄性先熟：隣接的雌雄同体種で，最初に雄として機能し，後に雌へ性転換する現象．ホッコクアカエビなどのタラバエビ類やマガキなどの無脊椎動物に多い．脊椎動物ではクロダイやクマノミ類などでみられる.

protease プロテアーゼ：タンパク質のペプチド結合を加水分解する酵素の総称．タンパク質〔加水〕分解酵素ともいう.

protease inhibitor プロテアーゼ阻害物質：タンパク質分解酵素または酵素-基質複合体と結合してタンパク質分解酵素の活性を低下させる物質.

protected stock 保護資源：国際捕鯨委員会で用いられていた資源状態の分類の一つで，資源量が捕獲禁止水準の資源.

protected waters 保護水面：①保全水域．②水産資源保護法によって規定され，水産動物が産卵し，稚魚が成育し，または水産動植物の種苗が発生するのに適している水面であって，その保護培養のために必要な措置を講ずべき水面として都道府県知事または農林水産大臣が指定する区域.

protective antigen 防御抗原：病原体の抗原のうち，その病原体による感染の防御能を高めることのできる抗原.

protective area 保護水面：= protected waters

proteinase プロテイナーゼ：プロテアーゼのうち，タンパク質のペプチド結合を分子の内部から切断する加水分解酵素．エンドペプチダーゼともいう.

protein efficiency ratio タンパク質効率

protein engineering タンパク質工学

protein metabolism タンパク質代謝：タンパク質が摂取されてから，代謝の最終産物になって排泄されるまでの化学的変化.

protein sequencer プロテインシーケンサー：タンパク・ペプチドのN末端側からアミノ酸を順に遊離させ，分析することでタンパク質のアミノ酸配列を同定する装置.

protein-sparing action タンパク質節約作用：糖質と脂質の摂取がタンパク質の異化を減少させ，蓄積を増大させる作用.

protein synthesis タンパク質合成：リボソームにおいて mRNA の配列に基づいてアミノ酸が重合してタンパク質が生合成されること.

protein turnover タンパク質代謝回転：体のタンパク質が合成され，分解されて常に新しいものに置き換えられている現象.

Proteocephalus 杯頭条虫

proteoglycan プロテオグリカン：グリコサミノグリカンとタンパク質が共有結合した化合物の一群．細胞外マトリックスの結合組織を形成する.

proteolysis タンパク質〔加水〕分解

proteolytic enzyme タンパク質〔加水〕

分解酵素：= protease.
protobranchia 原鰓(さい)類：二枚貝綱のうち原始的な分類群.
protocercal tail 原尾：魚類で最も原始的な尾部形態.
protogyny 雌性先熟：隣接的雌雄同体種で，最初に雌として機能し，後に雄へ性転換する現象．ハレムのような社会構造を有する魚類に見られる．ベラ類，ハタ類，ブダイ類などに多い．
proton プロトン：陽子．化学的には水素イオンをさすことが多い．
protonema (*pl.* protonemata) 原糸体：コケ植物などでみられる緑色糸状の配偶体．車軸藻類でもみられる．
protonephridium 原腎管：下等な動物でみられる排出器官．
protoplasm 原形質：細胞の核と細胞質のこと．細胞膜は除く．
protoplast プロトプラスト：細胞から細胞壁を除去した原形質体．
protostome 前口動物：成体の口が発生初期に形成される原口に由来する動物の総称．旧口動物ともいう．
prototroch 口前繊毛環：トロコフォア幼生の口周辺における繊毛の一つ．
provisional measures 暫定措置
provisional zone 暫定水域
provitamin プロビタミン
provitamin A プロビタミンA：動物体内で代謝されてビタミンA(レチノール)を生成するカロチノイド．
provitamin D_2 プロビタミン D_2：= ergosterol.
proximal pars distalis 前葉主部：魚類下垂体の中央内側部．成長ホルモン，甲状腺刺激ホルモン，生殖腺刺激ホルモンを分泌する．
proximal pterygiophore 近位担鰭(き)骨
proximate composition 一般組成

Pseudoalteromonas シュードアルテロモナス：腐敗細菌などを含むグラム陰性の海洋細菌の一属．
pseudobranchiae 擬鰓(さい)：主鰓蓋(さいがい)骨の裏面にある鰓状の構造物．
pseudocaudal 擬尾
pseudocillia 偽繊毛：緑藻類のパルメラ期の細胞にみられる 2～4本の繊毛状の細胞突起．
pseudocoel 擬体腔：中胚葉由来の真体腔とは異なり，体壁と消化管の間に形成された空所．偽体腔ともいう．線形動物や輪形動物などでみられる．
Pseudodactylogyrus シュードダクチロギルス：魚類に寄生する単生類の一属．
pseudodichotomy 偽二又分枝
pseudofecea 偽糞：二枚貝などが摂食行動を通じて収集した粒子状物質のうち，不可食物として消化管を経由せずに排出した塊．
pseudofin 擬鰭(き) = false fin.
pseudoflagellum 偽鞭毛
pseudogene 偽遺伝子：正常遺伝子と高い相同性を示すが，遺伝子としての機能を失ったDNA領域．
pseudohermaphroditism 擬雌雄同体現象：正常には雌雄異体である種のある個体が，先天的または後天的な原因によって雌雄同体現象を示すこと．
pseudokeratin 擬ケラチン：魚卵殻膜の主要タンパク質．
Pseudomonas シュードモナス：腐敗細菌，魚病細菌などを含むグラム陰性桿菌で，シュードモナス科の一属．
pseudoparenchyma 偽柔組織
pseudoramification 偽分枝
pseudo-ranges 疑似距離
pseudo-raphe 偽背線《珪藻類の》
pseudospine 擬棘(きょく)
Pseudoterranova シュードテラノーバ：海産哺乳類を終宿主とし，魚類と頭足

類を運搬宿主とする線虫の一属.

pseudotuberculosis 類結節症《ブリ》:細菌 *Photobacterium damsella* subsp. *piscicida* の感染によって,養殖ブリの脾臓と腎臓に小白点を形成する疾病.

pseudovacuole 偽胞:藍藻類の細胞内構造の一つ.

psychrophilic bacterium 好冷〔細〕菌:0℃付近で増殖できるか,20℃以下で最もよく増殖する〔細〕菌.

psychrotolerant bacterium 低温耐性〔細〕菌

psychrotrophic bacterium 低温〔性細〕菌

psychrotrophic microorganism 低温〔性〕微生物

pteridine プテリジン:生物界に広く分布する,環状の含窒素化合物で,薄黄色を呈する.

pterosphenoid 翼蝶形骨

pterotic bone 翼耳骨

pterotic spine 翼耳骨棘(きょく)

pterygiophore 担鰭(き)骨:鰭を支えている骨.

pterygoid bone 翼状骨

pterygopodium 1) 鰭(き)脚:= clasper. 2) 交接器:サメの交接器.= clasper.

puberty 春機発動期:動物の生殖腺が成熟し,二次性徴と三次性徴が現れ始める時期.

public employment security office for seamen 船員職業安定所

public property 公共財産

Public Waters Reclamation Act 公有水面埋立法

puerulus プエルルス〔幼生〕:イセエビ類の幼生.

PUFA → polyunsaturated fatty acid

puffer toxin フグ毒:= tetrodotoxin.

pulling out hawser 引出し網:網船が締環・揚網中に旋(まき)網の中央へ引かれる作用を抑え,揚網しやすい網成りを保つように曳船との間で使う索具.

pulse パルス:継続時間の極めて短い変調電波または電流.魚探機とレーダーではパルスの往復時間から距離を測る.

pulse duration パルス幅:パルスの継続時間.

pulse-echo method パルスエコー法:パルスを発射し,物体からのエコーを捉えて測距と探知を行う方式.

pulse fishery 瞬間的漁業:瞬間的(パルス的)に最大努力量を投下して行う(理論上の)漁業.

pulse repetition rate パルス繰〔り〕返し速度:魚探機などの送信パルスの発射間隔.

pump-jet ウォータージェット推進:後方に高圧の水流を噴出することで推進力を得る方式.

pump ventilation ポンプ換水:口腔と鰓腔の連動が引き起こす換水.

pupil 瞳孔:眼の虹彩の中央に開く孔.ひとみと同義.

pupillary reflex 瞳孔反射

purchase business 購買事業

purchase of all catch of a fishing boat 一船買い:商社などが冷凍マグロなどの漁獲物を船舶単位で契約して購買すること.

purchaser 買い出し人

pure culture 純粋培養

pure tone 純音:単一周波数の音.

purified test diet 精製試験飼料

purine base プリン塩基

Purkinje cell プルキンエ細胞:小脳皮質にあるγアミノ酪酸作動性のニューロン.

Purkinje's phenomenon プルキンエ現象:色光に対する視感度が明暗順応の状態によって異なる現象.

purple gland 紫汁腺:腹足類のアメフ

ラシなどが有する分泌腺の一つ．紫色の粘液物質を分泌する．

purse davit パースダビット：旋(まき)網の環綱を受け，パースウィンチで巻き取りやすい方向に向ける滑車が吊り下げられた柱．

purse ring 環：旋(まき)網の網裾に付ける多数の金輪．この環に環綱を通して網底を閉じる．= ring.

purse seine 1) 旋(まき)網：魚を網で包囲する漁具の総称．2) 巾(きん)着網：日本の沿岸・沖合漁業の代表的な漁具で，旋網の一種．

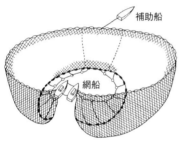

旋網（漁具と魚の行動，1985）

purse seine fleet 旋(まき)網船団：網船，探索船(灯船)および漁獲物運搬船(投網艇)からなる漁船団．

purse seiner 旋(まき)網漁船：= purser, seiner.

purse winch パースウインチ：旋(まき)網の環綱を巻き揚げる機械．

purse wire 環綱：旋(まき)網の網裾の環中を貫通して投網時に繰り出し，締環時に巻き揚げるワイヤー(綱)．= purse line.

pursing 環巻き：旋(まき)網の投網後に網裾を絞り締めるため，環を通る環綱を巻き揚げる過程．

push net 追い叉手(さで)網：魚を網の前面に追い立てて抄(すく)いとる大型の叉手網．

pustule disease of abalone 細菌性膿疱症《アワビ類》：アワビ類における細菌 *Vibrio furnissii* 感染症．

putrescine プトレッシン：ポリアミンの一種で，オルニチンの脱炭酸生成物．

PV → peroxide value

pycnocline 密度躍層：密度が鉛直的に急変化する層．

pygal bone 尾てい骨《ウミガメ類の》

pygidium 肛節

pyloric caecum (*pl.* caeca) 幽門垂：硬骨魚類の小腸始部に付随する小盲嚢(のう)．

pyloric gland 幽門腺

pyloric portion 幽門部

pyloric stomach 幽門胃：十脚甲殻類，ヒトデ類などの胃は前後二部に分けられるが，その後方の部位．

pylorus 幽門：胃と腸の境界部分．

pyrenoid ピレノイド：藻類の葉緑体に付随する細胞小器官．デンプンなどの貯蔵物質の殻に囲まれ，rubisco が集積している．

pyrheliometer 日射計：太陽から放射されるエネルギー量を測定するための機器．

pyridoxal ピリドキサール：ビタミン B_6 の一種．

pyridoxamine ピリドキサミン：ビタミン B_6 の一種．

pyridoxine ピリドキシン：ビタミン B_6 の一種．

pyrimidine base ピリミジン塩基：ピリミジン核を基本骨格とする塩基．

pyrophosphate ピロリン酸塩：重合リン酸塩の一種．2分子のリン酸が脱水縮合して生成する．

pyruvate kinase ピルビン酸キナーゼ，略号 PK：ホスホエノールピルビン酸

のリン酸基を ADP に転移して ATP を合成する解糖系酵素の一つ.

pyruvic acid　ピルビン酸：好気的条件下における解糖系の最終生成物.

QTL → quantitative trait loci

quadrat　方形枠：主にベントスの調査に用いる正方形の枠.

quadrate bone　方形骨

quadrate survey　枠取り調査：一定の大きさの枠を海底に設置し，その中の個体数，種類などを調査する方法.

quadrature amplitude modulation　直交振幅変調：90度の位相差をもつ二つの搬送波を独立に振幅変調して合成し，変調波を作る変調方式.

quadrivalent chromosome　四価染色体

qualification for a member of cooperative association　組合員資格《漁協の》

qualitative character　質的形質：= qualitative trait.

qualitative trait　質的形質：体色や血液型などのように形質が不連続に分布する形質.

quality control　品質管理

quantitative character　量的形質：= quantitative trait.

quantitative echo sounder　計量魚群探知機，略語計量魚探機：資源調査用に定量化されたエコー処理機能をもつ魚探機. = scientific echo sounder.

quantitative genetics　量的遺伝学

quantitative trait　量的形質：体長や体重などのように測定形質が連続分布する形質.

quantitative trait loci　量的形質遺伝子座，略号 QTL

quantity of fishery products deposited　水産物在庫量

quantity of fishery products deposited per month　水産物月間入庫量

quantity of fishery products released per month　水産物月間出庫量

quarter fillet　四つ割り：魚のフィレーを背側と腹側に縦断すること.

quartering sea　斜め追い波：船の進行方向に対し，斜め後方から向かってくる波.

quartermaster　操舵手：船の舵を操作して，一定の方向に進ませる人.

quarter rope　クオーターロープ：曳網類で魚捕り部（コッドエンド）を船内に取り込むために用いるロープ. 引き寄せ網ともいう.

quasi-Bayesian estimation　疑似ベイズ推定：疑似尤（ゆう）度を用いるベイズ推定.

quasi-geostrophic current　準地衡流：慣性周期（1日程度）よりも長い時間をかけてゆっくり変化する回転流体の流れ.

quasi-likelihood　疑似尤（ゆう）度：正規分布近似を用いる尤度.

quasi-member of cooperative association　准組合員《漁協の》

quasi-Newton method　準ニュートン法：数値解の探索方法の一つ.

quasi-propeller coefficient　準推進係数：伝達馬力と有効馬力の比.

quaternary ammonium base　第4級アンモニウム塩基：4つのアルキル基と結合し正に帯電した窒素原子を含む化合物.

quay　1) 岸壁. 2) 波止場. 3) 埠（ふ）頭.

quay crane　岸壁クレーン

quay of landing　船揚〔げ〕場：船を陸上に引き上げて保管するための場所.

quick assessment 迅速評価《資源の》：時間後れのない資源評価手法の総称.

quick freezing 急速凍結：最大氷結晶生成帯と呼ばれる−1℃から−5℃の間を急速に(30分以内に)通過する凍結方法．この方法で食品を凍結すると微細な氷結晶ができるので，品質への影響が少ない．

quick ratio 当座比率：流動負債(短期借入金など)に対する当座資産(現金など)の資産の割合で，短期的な支払能力の指標．

quota 割当て量《漁獲量の》

R

R → resistance

race 1)地域集団．2)地方品種．

racing 空転：プロペラが空気中に暴露して急回転する現象．

racon → radar beacon

radar レーダー：電波の発射によって物体を検知し，距離，方位などを測定する装置．

radar beacon マイクロ波標識局，略号 racon：レーダーからの信号を受け，レーダーに識別信号を返信する電波標識局．

radial canal 放射水溝

radial cleavage 放射卵割

radialia 輻射軟骨

radical scavenger ラジカル捕捉物質：脂質の自動酸化の過程で生成するラジカルを捕捉する物質．

radii 溝《鱗の》：鱗上に現れる溝状の構造．

radioactive contamination 放射能汚染：放射性物質の混入または中性子照射による放射化によって，放射能をもった状態になること．

radioactive fallout 放射性降下物：核兵器や原子力事故などで生じた放射性物質を含んだ塵．

radioactive waste 放射性廃棄物：放射性物質の製造と使用によって生じる廃棄物．

radioactivity 放射能：放射性物質の原子核が放射性壊変によって放射線を放出する性質．

radio beacon station 無線標識局：船舶が方位測定を行う際，特定の電波を発射する無線局(固定局)．

radio direction finder 無線方位測定機：レーダーからの信号を受け，レーダーに識別信号を返信する測定機．

radioimmunoassay ラジオイムノアッセイ，略号 RIA：放射性同位元素で標識した物質を用いて，抗体または抗原の濃度を測定する方法．

radioisotope 放射性同位元素：放射線を放出する同位元素．

radionuclide 放射性核種：放射能をもつ核種．

radius of deformation 変形半径：慣性円の半径．地球自転の効果が現れる指標となる長さ．

radius of otolith 耳石半径

radula 歯舌：二枚貝を除く軟体動物の口球に存在する小歯の列．小歯の列はリボン状で，摂食などで摩耗すると新しい列が前方へ押し出される．貝類の重要な分類形質でもある．

radula sac 歯舌嚢(のう)

raft culture 筏(いかだ)式養殖：木，竹などで組んだ筏から，種苗の付着した貝殻と細縄を垂下して行う養殖方式．

rainbow trout gonadal cell line-2 ニジマス生殖系培養細胞，略語 RTG-2 細胞：= RTG-2 cell.

raingauge　雨量計

rake　掘起〔こ〕し具：対象生物を掘り起こして捕らえる雑漁具.

RAM legacy database　ラムレガシーデータベース：資源評価のデータベース.

Ramsar Convention　ラムサール条約：水鳥などの生息地として国際的に重要な湿地に関する条約.

ram ventilation　ラム換水：口を開けたままの遊泳による換水.

rancidification　酸敗：油脂が加水分解や酸化を受け，産生物が酸味，不快臭などを呈する現象．変敗と同義．= rancidity, oxidative rancidity.

rancidity　変敗．= rancidification.

random amplified polymorphic DNA　ランダム増幅多型 DNA 法, 略号 RAPD：ランダムプライマーと PCR を用いる DNA 多型の検出法.

random distribution　ランダム分布

random interesterification　ランダムエステル交換：グリセリド中の脂肪酸の結合位置を無作為に変えること.

randomized blocks design　乱塊法：実験計画の一つ.

randomized test　確率化検定

random masonry　乱積み：石，コンクリートブロックなどを無作為に積み上げること．= random stone.

random mating　任意交配：交配の際，親の組合せが無作為に決まる交配様式.

random sampling　無作為標本抽出：母集団の全体から，くじ引きのような方法で標本を選び出すこと.

random variable　確率変数

random walk　ランダムウォーク《確率》：確率過程の一つ.

range resolution　距離分解能：距離方向に二つの物体を分離できる最小距離．

媒質中におけるパルスの長さの 1/2.

rank test　順位検定：順位を用いて2試料間の差と相関を検出するノンパラメトリック検定.

RAPD → random amplified polymorphic DNA

raphe　背線《珪藻類の》

Raphidophyte　ラフィド藻類：赤潮を形成する微細藻類の一群.

raptorial leg　捕脚

Raschel webbing　ラッセル網地：単糸でループを作りながら網糸を形成し，同時に隣り合う2本の網糸を絡（から）めて網目とした網地.

rate of fishery income produced　漁業生産所得率

rate of recovery　再捕率：標識放流した生物が再捕される割合．対象個体群の大きさの推定に用いる.

rate of return　1) 回帰率．2) 収益率．

rate of self-sufficiency　自給率

Rathke's pouch　ラトケ嚢(のう)：脊椎動物の発生過程で口蓋（がい）から背方に陥入する袋状部分．漏斗とともに腺性下垂体を形成する.

ratio estimation　比推定：密度の逆数で，単位重量当りの体積.

ratio of fishery income to family expenditure　家計費充足率：漁業所得を家計費で割った値.

ratio of profit to invested capital for fisheries　漁業投下資本利益率

ratio of profit to sales　売上高利益率

raw fish for fish paste　潰し物：魚市場における呼称で，ねり製品などの原料となる魚.

raw starch　生デンプン

ray　1) エイ《魚》．2) 光線：光のエネルギーの伝わる経路を表す線．3) 条：鰭を支持する鰭（き）条．= fin ray.

Rayleigh scattering　レイリー散乱：対

象の大きさが波長に比べて非常に小さい領域における散乱.

RBC → red blood cell

RB cell RB細胞：魚類および両生類の胚期と幼生期にのみ，脊髄背部に存在する大型の感覚ニューロン.

reactance リアクタンス：インピーダンスの虚数部.

reaction rate 反応速度

realized fecundity 実産卵数：一産卵期に実際に産出された卵数.

realized heritability 実現遺伝率：選択実験を行った結果から，与えた選択の強さとそれによる選択効果を比較して推定した遺伝率.

real-time PCR リアルタイムPCR：定量PCRの一つ. PCRの増幅量を蛍光試薬を用いてリアルタイムでモニターし，増幅率に基づいて鋳型となるDNA（遺伝子）を定量する方法. qPCRともいう.

real time reporting system on oceanic condition 海洋情報即時通報システム，略号 RTRSOC：宇宙ステーション上で観測データをリアルタイムに解析処理し，船舶または地上局に送信するシステム.

reared breeding fish 養成親魚

rearing of elver シラス養成

recapture 再捕

receiver 受信機

receiving sensitivity 受波感度：受波器の感度. 単位音圧当りの電圧などで表す.

receptacle 生殖場床

receptive field 受容野

receptor 1) 受容器：外界からの刺激情報を受け入れるための細胞または器官. これにより，視覚，聴覚，嗅覚，味覚，音感，痛覚，触覚といった種々の感覚が生じる. 2) 受容体：細胞外の物質などを情報として選択的に受容する細胞物質の総称.

receptor potential 受容器電位：受容器に分布する感覚細胞が刺激を受容して起こす電位変化のこと.

recessive 劣性〔の〕：ヘテロ接合となった時表現型として発現しない.

recessive deleterious gene 劣性有害遺伝子：有害遺伝子のうち野生型や他の対立遺伝子に対して劣性である遺伝子. ヘテロ型で集団中に存在することになる.

reciprocal crossing 正逆交雑：雌親の形質を雄のものとし，雄親の形質を雌のものとして行う交雑.

reciprocal hybrid 正逆雑種

reciprocating pump 往復動ポンプ

recirculation system culture 循環式養殖

reclamation 埋め立て：廃棄物や浚渫（しゅんせつ）土砂，建設残土などを大量に水域に投入し，人工的に土地を造成すること.

reclamation of fish enhancement ground 増殖場造成：魚礁などを設置し，魚類のすみ場と餌場を造成すること.

recognized fisheries 承認漁業：特定漁業が禁止されている海域（規制水域）で，農林水産大臣の承認を受けて営む漁業（平成20年3月までの呼称）. 現行の特定大臣許可漁業に相当する.

recombinant 組換え体

recombinant DNA 組換え〔体〕DNA：異種DNAまたは人工DNAをベクターに結合し，細胞内に導入して増殖させたもの.

recombination 組換え

recommended dietary allowances 栄養所要量：栄養必要量に安全量を加え，摂ることが望ましい量として，年齢，性別，労働強度などに応じて定められた栄養素の摂取量.

recreational fisheries 観光漁業：観光を目的とした地曳網,定置網などの漁業.

recreational fishing 遊漁：商業目的でない漁業活動.

recreational fishing boat 遊漁船

recreational fishing fee 遊漁料：＝ sport fishing fee.

recreational quota 遊漁用漁獲割当て量

recruited stock 加入資源

recruitment 加入：漁獲対象となる個体群に新しく成長した個体が加わること.

recruitment curve of Beverton and Holt type ベバートン・ホルト型再生産曲線：親と子の数量関係を表す曲線で,加入量がある水準に漸近する.

recruitment curve of Ricker type リッカー型再生産曲線：親と子の数量関係を表す曲線で,極大値をもつ.

recruitment overfishing 加入乱獲：親世代を多獲したために子世代の加入量が低下し,資源量および漁獲量が低下してしまう状態.

recruit per spawning 再生産成功率,略号 RPS

recruit spawner 初回産卵雌：初めて産卵する雌.

rectal gland 直腸腺：軟骨魚の直腸付近にある塩類排出器官.

rectangular curved otterboard 縦型湾曲オッターボード

rectangular flat otterboard 横型平板オッターボード：断面が直線の横型オッターボード.

rectangular V-section otterboard 横型V字オッターボード：断面がV字型の横型オッターボード.

rectum 直腸

red algae 紅藻類：水中で光合成を行う単細胞または多細胞の葉,茎,根の区別がない隠花植物である藻類の中で紅藻植物門に属するもの. アマノリ類やテングサ類など食品の原料として使用.

red blood cell 赤血球, 略号 RBC：＝ erythrocyte.

red coloration 赤変《肉の》

Red Data Book レッドデータブック：絶滅の恐れのある野生生物をランク付けし,種ごとにデータをまとめた本. ＝ Red List of Threatened Species.

red discoloration 赤変：塩蔵品が微生物の作用で赤くなること.

red disease 1)赤斑病：運動性 *Aeromonas* に属する細菌の感染によって,養殖コイの体表に出血斑を生ずる疾病. 2)鰭赤病《ウナギ》：ウナギにおける細菌 *Aeromonas hydrophila* の感染症.

redeposition 再堆積

Redfield ratio レッドフィールド比：植物プランクトンの炭素・窒素・リンの平均的原子比（C：N：P=106：16：1）.

red-flesh fish 赤身魚：筋肉に鉄タンパク質であるミオグロビンを多く含む魚種. 回遊魚に多い.

red gland 赤腺：閉鰾（ひょう）魚の鰾内にあるガス分泌器官. 毛細血管網（奇網）とガス腺からなる.

Red List レッドリスト：国際自然保護連合（IUCN）が絶滅の恐れのある動物の種名と分布域のみをまとめた表の通称.

Red List category レッドリストの区分

red meat 赤〔色〕肉

red muscle 赤〔色〕筋

redness 発赤

redox balance レドックス平衡：解糖系で消費される NAD^+ を経路の最終反応で再生すること. 酸化還元バランスともいう.

red seabream iridovirus マダイイリド

ウイルス：二本鎖 DNA をもつ大型動物ウイルスの一種.

red seabream irridoviral disease マダイイリドウイルス病：海産の温水魚・熱帯魚におけるウイルス感染症の一種．病原体は red sea bream iridovirus (RSIV).

red spot disease 赤点病：細菌 *Pseudomonas anguilliseptica* の感染によって，養殖ウナギの体表に点状出血を生じる疾病.

red tide 赤潮：プランクトンが異常に増殖して，海水が赤変する現象.

reducing layer 還元層：海底堆積物中の有機物が酸化され還元的な環境になった堆積層.

reduction body 還元体

reduction division 還元分裂

reduction gear 減速機：動力源の出力軸から得た動力を，ギヤ(歯車)の回転速度を減じて出力する装置.

reduction of the number of boats 減船

reductive pentose phosphate cycle 還元的ペントースリン酸回路：= Calvin-Benson cycle.

reef 礁：海面もしくは海面近くに突出する構造物．海面下に隠れてみえない岩を特に暗礁(sunken reef)と呼ぶ.

reef cleaning 岩面掃破

reef knot 1) 本結び：結索の一種．本目結びともいう．2) 本目結節：網目をつくる結節の一種．手結きで目揃いのよい網地を作りやすい.

reel リール：釣糸の繰り出しと巻き取りを行う装置.

reference material 標準物質

refined oil 精製油

refining treatment of casing film しわ伸ばし：ケーシング詰めかまぼこや魚肉ソーセージのフィルムのしわを伸ばす加熱処理のこと.

reflected wave 反射波：構造物などに衝突して進行方向を反対に変えた波. = catoptric wave.

reflecting boundary 反射境界：正則境界の一つで，熱または確率が反射される境界.

reflection coefficient 反射係数：海面，海底などの表面における反射の大きさの指標.

reflex 反射

refolding リフォールディング：= renaturation.

refracted index 屈折率：波動が二つの媒質の境界面で屈折する際における，入射角の正弦と屈折角の正弦との比.

refracted wave 屈折波：方向が水深の空間的変化に応じて曲がった波.

refractory period 不応期：生体がある刺激に反応した後，同じ刺激では反応しない期間.

refreezing 再凍結：一度解凍した後に凍結すること.

refrigerant 冷媒

refrigerated fish carrier 冷凍〔魚〕運搬船

refrigerated fish hold 凍結魚艙

refrigerated sea water 冷却海水，略号 RSW：魚艙内の漁獲物を保冷するため，船内で冷却した海水.

refrigerated warehouse 1) 冷蔵倉庫．2) 冷凍倉庫.

refrigeration 1) 冷蔵．2) 冷凍.

refrigerator 1) 冷蔵庫．2) 冷凍庫.

refuge 逃げ場所

refuge harbor 避難港：荒天時などに避難するための港.

regenerated production 再生生産：従属栄養細菌，原生動物，小型植物プランクトンなどを主体とする食物連鎖において，系内で有機物の無機化によって

再生された窒素化合物を利用して行われる基礎生産.

regenerated scale 再生鱗

regeneration 再生:欠損した生体部位が再び本来の形態・機能に戻ること.

regime shift レジームシフト:気候変動やかく乱などによって起こる生態系の機能や構造の大規模な変化.この変化により,漁獲対象種の種類や量に大きな変化が起こる.

Regional Fisheries Management Organization 地域漁業管理機関,略号 RFMO

Regional Fishery Management Council 地域漁業管理協議会:米国の漁業管理機構で,8 地域にある.

regional population 地域個体群

regression analysis 回帰分析:観測値が別の独立変数の関数と誤差の和で表される時,誤差の二乗和を最小にするように未知母数を推定する方法.

regressive change 退行性変化

regular boundary 正則境界:到達可能境界の一つで,境界の内側からも外側からも到達できる境界.

regulation for sports fishing 遊漁規制

regulatory enzyme 調節酵素:アロステリック効果などにより活性が調節される酵素.

rehabilitation 1)復旧.2)更生.

reinforcement 強化:補強の意味合いもある.

rejection 拒絶

rejection region 棄却域:帰無仮説が棄却される領域.

relative abundance 相対資源量

relative fecundity 相対孕(よう)卵数:体重当りの孕卵数.

relative fishing intensity 相対漁獲強度:SELECT モデルによって推定されるパラメータの一つ.資源解析における漁獲強度とは直接関係しない.

relative fishing power 相対漁獲性能:異なる漁具間の漁獲性能を相対的に表したもの.

relative growth 相対成長:体の全体またはある部位の成長に対する別の部位の相対的な成長.= allometric growth.

relative light intensity 相対照度:海表面に対する水中の照度.

relative measurement 比較測定

relative rotative efficiency プロペラ効率比:プロペラ馬力と伝達馬力の比.

relative selectivity 相対選択性:最大の効率を 1 として表した時の体長別相対効率.

relative vorticity 相対渦度:回転している地球を基準として測った相対的な渦度.

relaxation time 緩和時間

release 1)放流.2)溶出.

releaser 解発因《行動の》

release rate 溶出速度

releasing ground 放流場:生産した種苗を放流するための場所.

remaining stocks disposition 残品処理

remediation 環境修復:= environmental remediation.

remote sensing リモートセンシング:対象を遠隔から測定する手法.主に人工衛星や航空機など地上より離れたところから,陸上・海洋・大気など色々な現象を探るための技術をさす.遠隔探査ともいう.

removal method 除去法:資源量推定の一手法.漁獲によって資源量が減少し,日々の漁獲量も減少する関係を用いる方法の総称.

renal corpuscle 腎小体:細尿管の末端が膨大して糸球体を包む構造体.

renal tubule 細尿管:腎臓で原尿からの物質の再吸収および原尿への物質の排出を担う管構造.

renaturation 再生：変性した生体高分子化合物の高次構造が復元すること．リフォールディングと同義．

renewable resource 更新資源

renin レニン：腎臓が合成するタンパク質分解酵素の一種．

renin-angiotensin system レニン-アンジオテンシン系：血圧上昇作用に関与する系．

rent 地代

reovirus レオウイルス：二本鎖RNAをもつ動物ウイルスの一科．

repeatability 反復率：同一個体のある形質を複数回測定した場合の測定値にみられる再現性の程度．

repeat spawner 経産雌：産卵経験のある雌．

repellent substance 忌避物質：＝repellant.

repetitive sequence 反復配列：＝repeated sequence.

replacement yield 置換漁獲量，略号RY：資源量を一定に維持する漁獲量．

reporter gene レポーター遺伝子：プロモーターなどの転写活性を調べるため，DNAに組込む目印用の遺伝子．

reporting rate of recoveries 再捕報告率《標識の》

reproduction 再生産：動物が卵や子供を産むこと．

reproduction curve 再生産曲線：親と子の量的関係を表す曲線．＝stock-recruitment relationship.

reproductive cycle 生殖周期

reproductive effort 繁殖努力

reproductive isolation 生殖的隔離

reproductive potential 繁殖ポテンシャル，略号RP：ある年級群が，その時点以後の生涯の間に産み出すことのできる産卵量の期待値．

reproductive success 繁殖成功度

reproductive value 繁殖価：ある齢の個体が一生涯に産む仔が将来の個体群の大きさに寄与する割合．

reproductivity 再生産力：①親が子を産む能力．②生物資源の数量変動の中での資源の減耗に対する復元力．

reserved relative dealings 予約相対取引：卸売業者と仲卸売業者(または売買参加者)が予め契約して確保した商品を相対で売買する取引き．＝reserved negotiating business.

residence time 滞留時間：ある物質が特定の領域の中に留まっている時間．

residual 残差

residual analysis 残差分析

residual chlorine 残留塩素：塩素処理などによって水中に残留する塩素．

residual current 残差流：流速から潮流成分を除いた流れ〔の平均値〕．

residual plots 残差プロット

residual sum of squares 残差平方和，略号RSS

residue 1)残基．2)残渣(さ)：魚介類から有用部分を採取した後の不要部分．3)残留物．

resilience 1)弾性係数《資源の》：資源が回復しようとする時の再生産の強さを表す係数．2)レジリエンス《生態系の》：かく乱に対する生態系の弾力性や復元力．かく乱前の状態に戻るメカニズム(負のフィードバック)が働く場合，生態系の安定性は保たれるが，逆に促進するメカニズム(正のフィードバック)が働く場合，レジームシフトが起こる．

resistance 抵抗《電気》，略号R

resolution 分解能

resolution of riger 硬直解除：解硬，硬直融解ともいう．死後硬直がその後の貯蔵によって解けて，柔らかくなる現

象のこと．= rigor-off.
resource 資源
resource allocation 資源配分
respiration 呼吸：細胞呼吸と外呼吸に分けられる．細胞呼吸は，二酸化炭素を排出し酸素を取り込んで有機物を分解し，ATPを生合成すること．外呼吸は呼吸器官を通してガス交換をすること．
respiratory chain 呼吸鎖：酸素を電子受容体とする電子伝達系．= electron transport system.
respiratory pigment 呼吸色素
respiratory quotient 呼吸商：消費した酸素に対する放出した二酸化炭素の比率．
respiratory system 呼吸系
respiratory tree 呼吸樹（じゅ）
resting corner 憩(いこ)い場：屋外養鰻池の一隅を板などで囲い，注水口と排水口を設けた仕切り水面．
resting potential 静止電位：細胞膜の内外で非興奮時に生じている電位差．静止膜電位ともいう．
resting zone 休止帯
restriction endonuclease 制限エンドヌクレアーゼ：= restriction enzyme.
restriction enzyme 制限酵素：DNAの特定の塩基配列を識別して二本鎖を切断するエンドヌクレアーゼ．
restriction feeding 制限給餌
restriction fragment length polymorphisms 制限酵素断片長多型，略号RFLP：染色体DNAを制限酵素で切断する際にDNA断片の長さが種あるいは個体により異なる多型性を示すこと．
restriction site associated DNA sequence RAD-seq：NGS技術を用いてゲノムDNA上の制限酵素認識サイト近隣領域を解析する手法で，ゲノム全体から低コストかつ高効率でSNPsの探索が可能となる．
resuspension 再懸濁：一旦堆積した底泥粒子が再び浮上して懸濁状態になること．
retainer リテーナー《かまぼこ用》：板付け成型とプラスチック包装をしたすり身を蒸気加熱するための金属型枠．
retarded elasticity 遅延弾性：= delayed elasticity.
rete mirabile 奇網：血管が多数に分枝して形成した血管網．熱保持やガス交換の効率を上げるために発達する．マグロの筋肉では冷たい動脈が体の内部に循環する時に対向の暖かい静脈から熱を受け取って，熱のロスを少なくしている．
retention probability 保持率：= selection probability.
reticuloendothelial system 細網内皮系
retina 網膜：眼の最内層にあり，視神経を送り出す感覚上皮．
retinal レチナール：ビタミンAの末端構造がアルデヒドである化合物．レチノールからアルコールデヒドロゲナーゼによって産生される．
retinochrome レチノクローム：頭足類の網膜に存在する感光性タンパク質．
retinoic acid レチノイン酸：ビタミンAの末端構造がカルボキシル基である化合物．
retinol レチノール：ビタミンAの末端構造がアルコール性水酸基である化合物．
retinomotor response 網膜運動反応
retort 高圧殺菌釜：レトルトともいう．缶詰やレトルト食品の製造に用いられる大型の高圧殺菌装置．
retort burn レトルト焼け：食品をレトルトで殺菌加熱した時に，表面が酸化して変色する現象．

retort pouch レトルトパウチ：主にプラスチック系のフィルムからなり、レトルト殺菌が可能な袋状の食品容器．

retort-pouched food レトルト〔パウチ〕食品：レトルトパウチで密閉されレトルト殺菌された食品．

retort processing レトルト殺菌：レトルトを用いて100℃以上で殺菌する方法．

retroarticular bone 後関節骨

retroposon レトロポゾン：真核生物の進化過程で、逆転写によって生じたcDNAがゲノム中に挿入されたと推定される配列．

retrospective analysis レトロスペクティブ解析：資源量評価に関する感度テストの一つ．最近年から過去に遡って1年ずつ順にデータを欠落させていった時の推定値の変化傾向をチェックすることにより行われる．

return on equity 自己資本利益率，略号 ROE：当期利益を自己資本の平均有高で割った比率．株主からみた企業収益性の基本指標．

reverberation 反響

reverberation volume 残響体積：ある瞬間に散乱に寄与する物体の体積．

reversed heterocercal tail 逆異尾

reverse genetics リバースジェネティクス：特定の遺伝子を改変したりノックアウトし、表現型の変化を観察する解析法．逆遺伝学．

reverse phase chromatography 逆相クロマトグラフィー

reverse transcriptase 逆転写酵素：RNAを鋳型としてDNAを合成する酵素．

reverse transcription-PCR 逆転写 PCR，略号 RT-PCR

reversing thermometer 転倒温度計：海中の温度を測る棒状温度計の一種．転倒させることによって、測定した温度が記録される．

reversing water bottle 転倒採水器

reversion flavor 戻り臭：油脂の保存中に変敗に先立って生成するにおい．

revetment 護岸

revised management procedure 改定管理方式，略号 RMP：国際捕鯨委員会での捕獲頭数の管理方式．1982年のモラトリアム決定後、1992年に科学委員会がこの管理方式を完成させたが、政治的反対に遭い、総会では採択されていない．

Revised Management Scheme 改訂管理制度，略号 RMS

Reynolds number レイノルズ数：流体力学で用いる無次元数の一つ．流体の粘性力に対する慣性力の比．

Reynolds stress レイノルズ応力：乱流において、流体粒子の運動量輸送によって生じるせん断応力．

RFLP → restriction fragment length polymorphisms

RFMO → regional fisheries management organization

rhabdoid 棒状小体：扁形動物渦虫類の外皮細胞層に存在する棒状構造．体の保護と外敵の防御に関与する．

rhabdome 感桿（かん）：節足動物の複眼を構成する個眼の光刺激の感受部位．

rhabdovirus ラブドウイルス：一本鎖RNAをもつ動物ウイルスの一科．

rhamnan sulfate ラムナン硫酸：= sulfated glucronoxylorhamnan.

rheotaxis 走流性：走性の一種．流れに向かって泳ぐのを正の走流性，流れに従って泳ぐのを負の走流性という．向流性ともいう．

rhizoid 仮根：下等植物にみられる根と類似の単純な構造体．

rhodoic acid 紅藻酸：= tauropin.

rhodopsin ロドプシン：レチナールを発色団とする感光性タンパク質の一種.

rhombencephalon 菱（りょう）脳：脊椎動物の個体発生における脳胞の最後部.

rhopalium 触手胞

rhynchichthys larva リンキクチス幼生：イットウダイ科魚類の幼生.

rhynchoteuthion リンコトウチオン〔幼生〕

rhythmical behavior 周期行動

RIA → radioimmunoassay

rias coast リアス式海岸：侵食された山地が地殻変動などで海水の侵入を受け，複雑な海岸線をもつ海岸.

rib 肋骨：脊椎動物の椎骨に結合し，内臓を囲む体壁を支持する長骨.

riboflavin リボフラビン：ビタミン B_2 と同義. 補酵素の FAD と FMN の構成成分で，耐熱性成長促進因子でもある.

ribonuclease リボヌクレアーゼ，略語 RN アーゼ：RNA のリン酸ジエステル結合を加水分解する酵素．ヌクレオチド鎖末端に作用しモノヌクレオチドを生ずるエキソ型の酵素，ヌクレオチド鎖内部に作用しオリゴヌクレオチドを生じるエンド型の酵素，DNA-RNA ハイブリッド鎖の RNA 鎖を分解する RNaseH など，多種類が知られている. RNA 分解酵素ともいう.

ribonucleic acid リボ核酸，略号 RNA：リボースを含む核酸. タンパク質の生合成に関与する.

ribose リボース：ペントースの一種. 核酸の構成成分.

ribosomal RNA リボソーム RNA，略号 rRNA：rRNA をコードする遺伝子.

ribosome リボソーム：細胞小器官の一つ. タンパク質合成の場となる rRNA-タンパク質複合体.

ribozyme リボザイム：酵素様の触媒活性をもつ RNA.

ribulose-bisphosphate carboxylase リブロースビスリン酸カルボキシラーゼ，略号 rubisco（ルビスコ）：光合成に関与し，CO_2 をリブロースビスリン酸に付加し 2 分子の 3-ホスホグリセリン酸を生成する酵素．カルボキシジスムターゼと同義.

Richard growth equation リチャードの成長式：生物の成長を表す式の一つ. von-Bertalanffy 式およびその三乗式, logistic 式, Gompertz 式などを包含する.

Richardson number リチャードソン数：流体力学で用いる無次元数の一つ. 成層の強さと流速の鉛直勾配の強さの比.

rickettsia リケッチア：グラム陰性の桿菌または球菌で，通常の細菌よりも小さい.

ridge 1) 海嶺：海洋底の山脈. 2) 環状隆起線：鱗の表面に同心円状に並ぶ線状の隆起.

ridge regression リッジ回帰：多重共線を考慮した回帰分析の方法.

riding rope とったり：= messenger rope.

rig 1) 仕掛け《釣の》. 2) 仕立て：網地に縮結を入れながら綱とその他の付属品を取り付け，漁具として操業できる状態にすること.

right ascension 赤経：天球上における星の位置を，赤道を基準として表した座標の一つ.

right of common 入会（いりあい）権：一定地域の住民が慣習または法規により，その地方の一定の水域，山林などで共同に収益し得る権利.

right of transit passage 通過通航権：沿岸国にとって無害であるとの確認なしに，船舶または航空機が国際海峡にお

いて自由に通過し通航できる権利.

rigor complex 硬直複合体：筋肉の硬直期にみられるミオシン - アクチン間の不可逆的結合体.

rigor index 硬直指数：魚の死後硬直状態を簡便に測定・評価する方法．体長の半分を測定板にのせ，はみ出した魚体の垂れ下がりの程度を数値化して表す．完全硬直後の指数は100.

rigor mortis 死後硬直：動物の死後に弛緩した筋肉が収縮して体が硬化する現象.

rigor-off 硬直解除：解硬，硬直融解ともいう．死後硬直がその後の貯蔵によって解けて，柔らかくなる現象．= resolution of riger.

rigor resolution 解硬：死後硬直が解けることで，硬直した筋肉が時間がたつにつれて次第に軟化していく現象.

rimoportulae 唇（しん）状突起《珪藻類の》

ring canal 環状水管

ring stripper リングストリッパー：旋（まき）網の環と環ワイヤーを分離するため，締環終了後の環を受容する鋼製の棒またはパイプ.

rip current 離岸流：向岸流によって岸向きに運ばれた海水を沖に戻す流れ．海浜流の一種．= offshore current.

ripper 引っ掛け釣：引っ掛け針を用いる釣.

ripping hook 引っ掛け針：魚体に引っ掛けるための釣針.

ripple さざ波：風によって水面にできる細かい波.

ripple mark 砂紋：砂質の海底表面にできる波状の凹凸.

riprap work 捨石工

rip stopper 破れ止め：破網を止めるため，網地の接合部に入れる5〜20目の帯状の太糸網地.

rise うねり：風波が風域を出て進行しているもの．比較的長い波長と周期をもち規則的である.

risk assessment 危険性評価

risk aversion リスク回避的

risk communication 危険性周知

risk control 危険性制御

risk function 危険関数：一つの行動を選択した時に被る損失の期待値で，統計的意思決定などに用いる基準.

risk loving リスク愛好的

risk management リスク管理

risk neutral リスク中立的

river discharge 河川流量：河川水の単位時間当りの水量.

river fisheries 河川漁業

river mouth 河口：河川から海への移行部.

river mouth closing 河口閉塞（そく）：河口部に漂砂または流砂が堆積し，洲を形成して流水を阻害する現象.

river runoff 河川水の流出：河川における雨水の流出のこと.

r-K selection r-K 淘汰：内的自然増加率と環境収容力によって適応度を表すことのできる淘汰.

r-K strategy r-K 戦略：r-K 淘汰が作用する環境下において，適応度を高める生活史特性の組合せ.

RMP → revised management procedure

RMS → Revised Management Scheme

RNA → ribonucleic acid

RNA/DNA ratio 核酸比：RNA 量と DNA 量の比率であり，コンディションや成長速度の指標とされる.

RNAi → RNA interference

RNA interference RNA 干渉，略号 RNAi：二本鎖 RNA によって配列特異的に mRNA が分解されることを利用し，対象となる遺伝子の発現を抑制する技術.

RNA polymerase　RNAポリメラーゼ：DNAを鋳型としてRNAを合成する酵素.

RNase　RNアーゼ：= ribonuclease.

RNA-Seq　RNA-seq：NGS技術を用いて網羅的にmRNAやmiRNAの塩基配列を取得し，発現量の定量，新規転写配列の発見などを行う解析手法.

RNA virus　RNAウイルス

roasted and rolled kamaboko　伊達巻：塩すり身に卵黄を加えて製造される焼きかまぼこの一種.

roasted laver　焼き海苔：干しのりを焙焼したもの. = toasted nori.

roast flyingfish　焼きあご：トビウオを焼いて乾燥させた焼き干し品. 主に九州や山陰地方で，おでんなどさまざまな料理の出汁として使われる.

Robertson growth equation　ロバートソンの成長式：ロジスティック曲線を示す成長式.

Robertsonian translocation　ロバートソン転座：2本の単腕染色体が融合し，1本の両腕染色体を形成する転座. 動原体融合または前腕融合と同義.

robust estimation　頑健推定：仮説からのずれに対しても，望ましい性質を維持する推定.

rock blasting　岩礁爆破：藻類や無脊椎動物の生息場を造成するため岩礁を爆破すること. = reef blasting, shore reef blasting.

rock-dwelling species　磯根資源：岩礁域に生息する定住性の高い生物. 特に水産上有用な魚類，ウニ類，海藻類などをさす.

rocky shore　岩礁海岸

rocky shore fishing　磯釣

rod　1) 桿(かん)体：脊椎動物の網膜を構成する視細胞の一型. 外節と内節からなり，薄明視に関与する. 2) 竿 = fishing rod.

ROE → return on equity

rolled tangle with dried fish in it　昆布巻き：= tangle roll.

rolling hitch　枝結び：結索の一種.

roll-up　棒巻き：流し網の網地が波浪による過渡の上下動によって，浮子(あば)網に巻き着いて操業不能となること.

Root effect　ルート効果：CO_2分圧の上昇などにより，ヘモグロビンの酸素容量が減少する現象.

rope trawl　ロープトロール：袖網から身網前半部までがロープで構成された大型の中層トロール.

rosette forming cell　ロゼット形成細胞：細胞表面に抗体またはレセプターをもつ細胞.

rosette technique　ロゼット法：ロゼット形成細胞を感作赤血球などで検出する方法. ロゼットは「ふさ状」の意.

Rossby number　ロスビー数：回転流体で使われる無次元数の一つ. 慣性力とコリオリ力の比.

Rossby radius of deformation　ロスビー変形半径

Rossby wave　ロスビー波：回転流体としての波の一種. コリオリパラメータが緯度によって変わることで生じる. = planetary wave.

rostral　嘴(し)板：フジツボ類の殻を構成する殻板のうち，前端部に位置するもの.

rostral cartilage　吻(ふん)軟骨

rostral pars distalis　前葉端部：魚類下垂体の前端部. プロラクチン，副腎皮質刺激ホルモンを分泌する.

rostral plate　吻(ふん)骨板

rostro-lateral　嘴(し)側板

rostrum　額角：十脚甲殻類などの頭胸部前端から突出する角状突起.

rotary pump 回転ポンプ

rotational harvesting 輪採制：漁場利用の一形態で，漁場を数区域に区分し，禁漁期間を定め順番に捕獲すること．

rotational wave 回転性〔の〕波：弾性のある媒体中を進む波．媒体の体積を変えず変形を引き起こす．ねじれ波．

rotifer fed on chlorella クロレラワムシ：クロレラで培養したシオミズツボワムシ．

rotifer fed on chlorella and yeast 併用ワムシ：クロレラと酵母で培養したシオミズツボワムシ．

rotifer fed on yeast 酵母ワムシ：酵母を餌として培養したシオミズツボワムシ．

rotifer fed on ω-yeast 油脂酵母ワムシ

roughness 粗度

round fish 1) 丸(まる)：極端に側扁および縦扁しない体形の魚のこと．2) ラウンド：原形のままの魚体．= whole fish.

row-radial engine 星形機関：シリンダ配置が出力軸に対して放射状にある機関．

royalty 許可料

RP → reproductive potential

R plasmid R プラスミド：細菌がもつ薬剤耐性に関与するプラスミド．

RPS → recruit per spawning

r-r interval r-r 間隔：心電図における心拍間隔．

rRNA → ribosomal RNA

r-selection r- 選択

RSS → residual sum of squares

RSW → refrigerated sea water

RTG-2 cell RTG-2 細胞：ニジマス生殖腺から樹立された培養細胞．= rainbow trout gonadal cell line-2.

RT-PCR → reverse transcription-PCR

RTRSOC → real time reporting system on oceanic condition

rubber elasticity ゴム弾性

rubble 捨石：水中に投入する石．

rubble-mound breakwater 捨石防波堤

rubisco → ribulose-bisphosphate carboxylase

run 結(す)き下し方向：手結きで網地の結節を作っていく方向．

running average 移動平均

running water pond culture 流水式養殖

run test 連検定：観測値が無作為か否かを調べる時のノンパラメトリック検定で，順位変数を用いる．

Russell's equation ラッセルの方程式：資源量の変化を加入，成長，自然死亡および漁獲で表した資源動態の基本式．

rusting of oil 油焼け：凍結魚，魚類乾製品などの貯蔵中に，鰓蓋(さいがい)，腹部などが脂質の変色によって黄色または橙赤色に着色すること．

RY → replacement yield

S

 → sigma-t

SA → area scattering strength

saccular macula 囊(のう)斑：小囊の有毛細胞が島状に分布したもの．

sacculus 小囊(のう)：魚類の内耳を構成する耳石器官の一つ．音の感知を司る．

saccus vasculosus 血管囊(のう)：魚類の間脳底部に位置する血管が豊富に分布する器官．

saddle point 鞍(あん)点：曲面上の点で，その近傍が鞍状になっている点．

safe speed 安全速力：他の船舶との衝

突を避けるための適切で有効な動作がとれ,その時の状況に適した距離で停止できる速力.

sagitta 扁平石:魚類の小囊(のう)にある耳石.

sag ratio 短縮率:= shortening rate.

sailing directions 水路誌:航海,停泊などに必要な事項を収録したもの.

sale business 販売事業

sale by sample 見本取引

sale merchandise ratio 商品回転率

sale on consignment 委託販売:= consignment selling.

sale on purchased commodities 買い取り販売

sales per person 客単価

salinity 塩分:海水 1 kg に含まれる塩類のグラム数を千分率(パーミル)‰で表したものを絶対塩分,電気伝導度で測定したものを実用塩分と呼ぶ.実用塩分には単位を付さない.

salinity-temperature-depth meter 塩分水温深度計,略号 STD

salinocline 塩分躍層:塩分が鉛直的に急変化する層.= halocline.

salinometer 塩分計:海水の電気伝導度によって,塩分を測定する器械.

salivary gland 唾液腺

Salmincola サルミンコラ:サケ科魚類に寄生する甲殻類の一属.

Salmonella サルモネラ:食中毒細菌を含む腸内細菌科の一属.

Salmonella enteritidis ゲルトネル菌:サルモネラ食中毒細菌の一種.

Salmonella **food poisoning** サルモネラ食中毒:サルモネラ菌による感染型食中毒.

Salmonella typhimurium ネズミチフス菌:サルモネラ食中毒細菌の一種.

salmon longline fishery サケ・マス延(はえ)縄漁業

salmon louse サケジラミ:サケ科魚類などに寄生するカイアシ類 *Lepeophtheirus salmonis*.

Salpa サルパ:プランクトン性の尾索動物の一属.

saltatory conduction 跳躍伝導:有髄神経線維において,興奮が絞輪部のみの活動電位により髄鞘部を跳び越えて速く伝わる現象.

salt budget 塩収支

salt concentration 1)塩濃縮.2)塩濃度.

salt cured products 塩蔵品:食塩を用いて魚介類のほか,肉,野菜などの食品に貯蔵性をもたせた食品.代表的なものとして,サケ,ニシン,サバ,ブリなどの塩蔵品.

salt curing 塩蔵:食塩を用いて魚介類のほか,肉,野菜などの食品に貯蔵性をもたせること.食塩により自由水を減少させると同時に浸透圧を上昇させることで微生物の増殖を抑制する.また,塩素イオンの増加による防腐効果もある.製造方法は食塩水に浸漬する立塩法と食塩を直接食品にふりかける撒塩法に分けられる.

salted and dried cod fillet 抄(す)き身たら:スケトウダラの三枚おろし身から小骨,鰭および黒膜を除いて作る塩干し品.

salted and dried fish 塩干魚:塩干し品と同義.

salted and dried mullet roe からすみ:乾燥とあん蒸を1ヶ月程度繰り返したボラ卵巣の塩干し品.

salted and dried product 塩干し品:魚介類を塩漬けした後,乾燥した製品.塩干品ともいう.

salted and fermented ayu viscera うるか:アユ内臓の塩辛.卵巣,精巣,臓器などの原料に食塩を加え,1年くらい低温で熟成したもの.

salted and fermented guts of skipjack tuna　酒盗：カツオの幽門垂，胃，腸などを用いる塩辛．カツオは skipjack, bonito とも呼ぶ．

salted and fermented salmon kidney　めふん：サケ・マスなどの背骨の下にある腎臓を用いる塩辛．

salted and fermented seafood　塩辛：魚介類の筋肉，内臓などに食塩を加えて発酵させた食品．

salted and fermented sea urchin viscera　うに塩辛：ウニ生殖巣の塩蔵品．

salted and fermented squid with ink　黒作り《イカの》：イカの肉に肝臓と墨を加えた塩辛．

salted and fermented squid without skin　白作り：イカの皮剥ぎ肉に肝臓を加えた塩辛．

salted and fermented squid with skin　赤作り：イカの皮付き肉に肝臓を加えた塩辛．

salted guts of bonito　酒盗：= salted and fermented guts of skipjack tuna.

salted herring roe　〔塩〕かずのこ：ニシン卵巣の素干しあるいは塩蔵品．

salted or vinegared fish marinated between sheets of tangle　昆布締め：塩や酢で締めた魚の身を昆布にはさみ，昆布の風味を移すこと．また，その料理．

salted product　塩蔵品：塩蔵によって製造される加工品．

salted salmon　1)新巻：サケ塩蔵品の一種．2)塩さけ．

salted tangle　塩昆布：しおこんぶともいう．高級昆布を角切りして調味炊きし，乾燥の後にまぶし粉を付着させたもの．

salted wakame　塩蔵わかめ：ワカメを湯通しした後，塩もみして脱水した加工品．湯通し塩蔵わかめ．

salted walleye pollack roe　たらこ：スケトウダラ卵の塩蔵品．紅葉(もみじ)子ともいう．トウガラシで漬けた製品は辛し明太子という．

salted whole ovary of salmon　すじこ(筋子)：サケ・マス類の卵巣の塩蔵品．

salt gland　塩類腺：海鳥やウミガメなどの頭部に認められる，塩分(Na^+とCl^-)を排出する器官．塩類細胞に富む．

salt-ground and heated fish〔meat〕paste products　かまぼこ(蒲鉾)：魚肉に食塩を加えて擂潰(らいかい)した肉糊を加熱してゲル化させた加工品．そのまま kamaboko とも表記される．

salt-ground meat　塩ずり肉：食塩を添加して擂潰(らいかい)したすり身．塩すり身または肉糊ともいう．

salting　塩蔵：魚介類に食塩を加えて保蔵する加工法．

salting out　塩析：高分子電解質溶液に多量の塩類を加え，溶質を沈殿させること．タンパク質などの精製法の一つ．

salt marsh　塩性湿地：海水を含む水からなる湿地．

salt-soluble protein　塩溶性タンパク質：筋肉タンパク質のうち水に不溶で中性塩溶液に溶解するタンパク質．大部分が筋原線維タンパク質．

salt water lake　鹹(かん)水湖：1 L の水中に 0.5 g 以上の塩分が溶存する湖．汽水湖と同義．= brackish water lake.

salt wedge　塩水楔(くさび)：河口域において，海水が下層に楔型に侵入すること．

sample　1)試料：検査・分析などに供する物質や生物．2)標本．

sample correlation coefficient　標本相関係数

sample mean　標本平均

sample space　標本空間

sample variance　標本分散

sampling 1)試料採取.2)標本抽出.
sampling effort 標本抽出努力
sampling error 標本誤差
sampling fraction 標本抽出率
sampling inspection 抜き取り検査
sampling without replacement 非復元標本抽出:取り出した標本をもとの母集団に戻さずに標本抽出を行う方法.
sampling with replacement 復元標本抽出:取り出した標本をもとの母集団に戻して,再び標本抽出を行う方法.
sand bag 土嚢(のう):定置網,生簀(いけす)などの固定に用いる土,砂,石などを充填した袋.サンドバックともいう.
sand bank 砂堆:砂洲と同義.
sand bar 砂洲:波浪や沿岸流によってできた海岸および湖岸付近の砂の堆積構造.
sand overlaying 覆砂:干潟に砂を敷設すること.二枚貝類の着底を促進させる.
sanitary supervisor 衛生管理者:産業職場において,労働環境の調査と改善などの業務を担当する者.
saploregniasis ミズカビ病:淡水性卵菌類 *Saprolegnia*(ミズカビ)属の感染症.
saponification けん化:脂質のアルカリ加水分解.
saponin サポニン:植物由来のステロイドまたはトリテルペンの配糖体の総称.ヒトデおよびナマコにも含まれ,細胞膜溶解活性を示す.
Saprolegnia ミズカビ:狭義には卵菌類ミズカビ属をさす.水中でみられるカビ様生物の総称とする場合が多い.
saprophagous 腐食性〔の〕
sarcolemma 筋鞘(しょう)
sarcolemmal membrane 筋細胞膜
sarcoma 肉腫(しゅ):非上皮性の悪性腫瘍の一種.

sarcomere サルコメア:横紋筋筋原線維の収縮単位構造.Z線で区切られ,A帯,I帯,H帯からなる.筋節ともいう.
sarcoplasmic protein 筋形質タンパク質:筋細胞中の細胞液,すなわち筋形質(筋漿)に含まれるタンパク質.水あるいは低濃度の塩溶液に可溶でミオグロビンや各種酵素が含まれる.ねり製品の足を阻害することが多いため,水晒し工程で取り除かれる.赤身魚は白身魚に比べてこのタンパク質を多く含む.
sarcoplasmic reticulum 筋小胞体
sardine paper たたみいわし:イワシのしらすの素干し品の一種.体長1〜2 cmのしらすを四角い型枠に均等に広げて乾燥させたもの.
Sargasso Sea サルガッソ海:メキシコ湾流,北大西洋海流,カナリア海流,大西洋赤道海流に囲まれた海域.浮遊性の海藻 sargassum(ホンダワラ類)が多いことに由来.
sargassum bed ガラモ場:ホンダワラ類で構成された藻場.
sashimi 刺身:新鮮な魚介類の精肉部を適当な大きさに切り,薬味や醤油をつけて食する日本料理の一種. = slices of raw fish.
satellite 1)衛星雄:他の雄の繁殖努力に便乗して繁殖を行う雄の個体.サテライトともいう.2)人工衛星.
satellite DNA サテライト DNA:DNAを平衡密度勾配法で分画して得られる微量成分.
satellite imagery 衛星画像:人工衛星の観測結果から得られる画像データ.
satiation 飽食
satiation feeding 飽食給餌
satoumi 里海:広義には人と自然が共生する沿岸海域,狭義には人の手が加

わった状態で維持される沿岸海域をさす.

saturated alcohol 飽和アルコール：分子内に不飽和結合をもたないアルコール類.

saturated fatty acid 飽和脂肪酸：分子内に不飽和炭素 - 炭素結合をもたない脂肪酸類. $C_nH_{2n+1}COOH$ で示される.

saturation 飽和

saturation level 飽和水準

saxitoxin サキシトキシン：麻痺性貝中毒の代表的原因物質で化学兵器に指定されている. ナトリウムチャネルを介した Na^+ の細胞内への流入を阻害することにより，神経筋の刺激伝導を遮断する.

SBL → short base line

scaffold スキャフォールド：ゲノム解析においては，複数のコンティグをゲノム上と同様に整列させた塩基配列.

scale 1) 鱗. 2) 階級. 3) 尺度.

scale formula 鱗式

scale of swell うねり階級：うねりの状況を示す指標.

scale parameter 尺度母数

scale protrusion disease 立鱗病《コイ・キンギョ》：細菌 *Aeromonas hydrophyla* の感染. 鱗が立つという特徴的症状を有す.

scales above lateral line 側線上方横列鱗：側線から背鰭(き)基部までの鱗.

scales below lateral line 側線下方横列鱗：側線から臀鰭(き)基部までの鱗.

scales in lateral line 側線鱗

scaly appendage 付属鱗

scaly plate 鱗板

scaly sheath 鱗鞘(しょう)

scanning electron microscope 走査型電子顕微鏡，略号 SEM：試料表面の立体構造を電子ビームを用いて観察する顕微鏡.

scanning sonar スキャニングソナー：送波は一時に全方向へ行い，受波は鋭いビームを電子的に高速回転させる方式のソナー.

scaphognathite 顎舟(しゅう)葉

scapula 肩胛骨：肩帯を構成する骨.

scapula arch 肩胛弓

scatter 散乱

scatterer 散乱体

scatter-graph 分散グラフ

scattering coefficient 散乱係数：単位長さ当りの光の強さが散乱のために減衰する度合を示す係数.

scattering cross-section 散乱断面積：波動の散乱強度の指標の一つ.

scattering layer 散乱層：水温躍層やプランクトン量の影響などにより音波散乱がみられる層.

scavenger スカベンジャー：①化学反応性の高い遊離基と反応し，反応性の低い基または分子に変化させる物質. ②腐肉食者.

Schaefer model シェーファーモデル：代表的な余剰生産量モデル(production model). 密度効果に伴う資源の自然増加量の変化を放物線で表す.

Schnabel method シュナーベル法：標識放流を用いる資源量推定法の一つ. ピーターセン法では1回しか放流を行わないが，本法では放流と漁獲を繰り返す.

school 1) 魚群：群れ行動としてよくまとまった統一性のある魚の集まり方. 群れともいう. 2) なむら：カツオ，サバなどの回遊魚が同種のみで形成する群れ.

schooling behavior 群れ行動：水中動物が群れをなす行動.

scientific name 学名：万国命名規約に基づいてつけられる動植物の種および各分類群の名称.

scleroprotein 硬タンパク質：水，塩類溶液，希酸，希アルカリに溶けない単純タンパク質．コラーゲン，エラスチンなどがある．

scolex 頭節：扁形動物条虫類の最前端の節．

scoliosis 脊椎側湾症

scombroid fish poisoning サバ類似魚中毒：= allergy-like food poisoning.

scooping 掬抄(きくしょう)：魚を網で抄(すく)い揚げること．

scoop net 抄(すく)い網：袋状の網地の口縁に種々の形状の枠をはめ，魚を抄い獲る漁具．手網ともいう．

抄い網（新編 水産学通論，1977）

scoping 範囲設定

score スコア：尤(ゆう)度関数の自然対数の一次導関数．

scotopic vision 暗所視

scour 洗堀：流れが土砂礫などを洗い起こすこと．

scout boat 魚探船：魚群探知機またはソナーを装備して魚群探索を主とする漁船．

scraped tangle とろろこんぶ(昆布)：コンブを細線状に削った製品．

screening 篩(ふるい)分け

SCSI → small computer system interface

SCUBA → self-contained underwater breathing apparatus

scuba diving スキューバダイビング：自給気式呼吸装置を使用した潜水．

scutes 1)稜鱗：マアジなどの一部の鱗で，鋭い突起をもつ．2)鱗板《無脊椎動物の》．

scuticociliatosis スクーチカ繊毛虫症：繊毛虫 Scuticociliate 類の感染によって，ヒラメなどの海水魚の皮膚，筋肉，脳などに生じる疾病．

scutum 楯板：フジツボ類の殻の中央の蓋板を構成する 2 対 4 枚のプレートのうちの 1 対のプレート．表面の成長線の間隔に種間差がみられる．

scyphopolyp 鉢ポリプ：刺胞動物鉢クラゲ類のポリプ(無性生殖)世代．

Scytalidium スキタリジウム：不完全菌類に属する真菌の一属．

SDA → specific dynamic action

SDS → sodium dodecyl sulfate

sea area 海区：農林水産大臣が法律に基づいて指定した海面(一部の湖沼を除く)の区域．漁区ともいう．

Sea-area Fishery Adjustment Commission 海区漁業調整委員会：漁場の全体的見地から，漁業の禁止と制限を行う機構．

seabed sowing cultivation 地蒔式養殖

sea birds 海鳥類

sea casualty 海難

sea chest 海水箱

SEAFO → South East Atlantic Fisheries Organization

seagrass 海草：海中に生育する顕花植物(種子植物)の総称．

sea ice 海氷：海水の凍結によってできた氷．

sea ice disaster 海氷災害

sealer シーラー：個装・内装用機械の中で，封緘を行う機械のこと．

sea level 水位：= tide level.

sea level departure 潮位偏差：実際の水位と予報水位の差．

sea level rise 海面上昇：地球温暖化に伴い，海面水位が上昇すること．

seaman's competency certificate 海技免

状：海技士の保有を証明して交付される公文書.

Seaman's Employment Security Act 船員職業安定法

seaman's insurance 船員保険

Seaman's Law 船員法

seaman's pocket ledger 船員手帳

sea margin シーマージン：計画した船速を維持するため，機関の所要出力に上乗せする出力．

Sea of Okhotsk オホーツク海：北海道の北東に位置する，樺太，千島列島，カムチャッカ半島などに囲まれた海．

searching time 探索時間

search-light sonar サーチライトソナー：サーチライトのように，ビームが機械的に旋回するソナー．

search theory 探索理論

sea rescue 海難救助：= salvage.

sea-snail pot ツブ籠

seasonal change 季節変化：毎年規則正しく繰り返される気象状態の変化(季節)によって引き起こされる生物や環境の変化.

seasonal limitation 漁期制限

seasonal variation 季節変動：季節的な原因によって引き起こされる変動．

seasoned and cooked seafood 佃(つくだ)煮：魚介類を用いる調味加工品の一種．

seasoned and dried product 調味乾製品

seasoned nori 味付海苔

seasoned product 調味加工品

seasoned wakame 味付〔け〕わかめ

sea speed 航海速力：実際に貨物を積んで航海する時の最高速力．

sea spider infection カイヤドリウミグモ寄生《アサリなど二枚貝》：寄生性ウミグモ類カイヤドリウミグモ(*Nymphonella tapetis*)の寄生．

sea trial 海上試運転：海上公試とも呼ばれ，船舶建造の最終段階で行う性能試験．

sea urchin cage ウニ籠

sea urchin gonad cured in salt and alcohol 粒うに：ウニの生殖腺(卵巣と精巣)を塩とアルコールに漬けた塩辛．

sea-viewing wide field-of-view sensor 広域海色センサ，略号 SeaWiFS：米国の人工衛星に搭載された海色センサの一つ．

sea wall 防潮壁：高潮と津波を防ぐために海岸に設置する壁．

seawater adaptation 海水適応

seaweed 海藻：海中に生育する緑藻，褐藻，紅藻および一部の藍藻を含む定着性隠花植物の総称．

seaweed bed 藻場：大型海藻と海草類が繁茂する沿岸の浅海域．= algal bed, seagrass bed.

seaweed bed construction 藻場造成：藻場を新たに作ること．

seaweed drink 昆布茶：= tangle tea.

seaweed polyphenol 海藻ポリフェノール：= phlorotannin.

SeaWiFS → sea-viewing wide field-of-view sensor

seborrhea 脂漏症：脂質代謝異常症の一種．セボレアともいう．

sec. → section

Secchi disc セッキー板：直径 30 cm の白色円板で水中の透明度を測る道具．透明度板ともいう．

secondary bone 二次性硬骨

secondary gill lamella 二次鰓(さい)弁：= secondary lamella.

secondary immune response 二次免疫応答：免疫反応において，第二回目の抗原の進入に対して起こる免疫応答(抗体産生)では，免疫記憶により一次応答よりも強い免疫応答が起こることをいう．

secondary landing quantity 搬入量《水産物の》：漁港または産地市場の地区外から搬入される水産物の総量.

secondary male 二次雄

secondary metabolite 二次代謝産物

secondary pit connection 二次ピットコネクション：紅藻類の隣り合う細胞の一部が二次的に細胞質を共有する構造.

secondary pollution 二次汚染

secondary producer 二次生産者

secondary production 二次生産：細菌, 糸状菌, 動物など従属栄養生物の生物体生産.

secondary sexual character 二次性徴：性ステロイドの作用により発現する, 生殖腺以外の雌雄で異なる形態的特徴.

secondary station 従局：主局に制御される一群の送信局.

secondary structure 二次構造《タンパク質の》

secondary undulation あびき：潮位変化のうちの副振動をさす九州西岸地方での呼称.

secondary vessel system 二次血管系：魚類における血球に乏しいリンパ様循環系. 哺乳類のリンパ系とは異なり, 血管動脈と吻(ふん)合状血管により直結している.

second bag net 第二箱網：二段箱網の2個の箱網のうち, 魚群が最後に入る魚捕部をもつ網.

second dorsal〔fin〕 第二背鰭(き)

second filial generation 雑種第二代, 略号 F_2

second meiotic division 第二減数分裂：成熟第二分裂.

second-order echo 二次エコー：海底, 濃い魚群などの強いエコーが海面で反射され, 再びそれらで反射されたエコー.

second polar body 第二極体

secrete 分泌物

secretin セクレチン：膵液分泌を刺激する消化管ホルモン.

secretion 分泌

secretory antibody 分泌抗体：免疫グロブリンの一種.

secretory lobe 分泌葉

section 節《分類学の》, 略号 sec.

sector-scanning sonar セクタースキャンニングソナー：ある角度範囲でビームを走査するソナー.

secular variation 長期変動. ＝ long-term variation.

security money system 保証金制度

sediment 堆積物

sedimentation 1) 堆積. 2) 沈降.

sedimentation equilibrium method 沈降平衡法：高分子化合物の分子量, 会合様式などを測定する方法の一つ.

sedimentation rate 堆積速度

sedimentation velocity method 沈降速度法：高分子化合物の沈降定数などの測定法.

sediment contamination 底質汚染：堆積した土砂, 有機物などによる水底の汚染.

sediment sampler 採泥器：海洋や湖沼, 河川などで底質を採取する器具.

sediment transport 堆積物輸送

sediment trap セディメントトラップ：水中を沈降する粒子を捕集するための装置.

seed 種苗

seed collection 採苗：＝ spat collection.

seeding 種付け

seed production 種苗生産

seed quality 健苗性

segregation 1) すみわけ：＝ habitat segregation. 2) 分離：＝ disjunction.

segregative cell division 分離型細胞分裂：アオサ藻綱ミドリゲ目の細胞質がちぎれて分かれる細胞分裂の様式.

seiche 静振：全部または半ば閉じた湾などで起こる定常波振動.

seine 曳寄網：打ち廻して囲う網の一般的呼称.（地曳網，かけまわしなど）

seine skiff レッコボート：旋（まき）網の投網に使う搭載または曳航作業艇．スキフともいう．

sekoke disease 背こけ病：餌料中の酸化脂肪を摂取した養殖魚が筋萎縮を起こし，背部が瘦せてみえる病気．栄養性ミオパチー症候群ともいう． = nutritional myopathy syndrome.

selecting medium 選択培地

selection 1）選択． 2）淘汰．

selection curve 選択性曲線：魚の体長と相対的な漁獲効率（相対効率）の関係を表した曲線．

selection differential 選択差：親集団におけるある形質について，人為選択を受ける前後の平均値の差．

selection factor 選択係数：最適体長（紡錘型選択性曲線を示す漁具の場合）あるいは50％選択体長（S字型選択性曲線を示す漁具の場合）を目合で除した値．目合に対して漁獲される生物のサイズを相対的に表す指標．

selection intensity 選抜強度：選抜差を表現型標準偏差で割った値．選抜の強さを表す値．値が形質や尺度に依存しなくなるため，他形質や他集団との比較が可能となる．

50% selection length 50％選択体長：漁獲過程において，魚が漁具に保持（漁獲）される確率と逃避する確率が等しくなる魚の体長． = 50% retention length, 50% selection size.

selection ogive 選択性曲線《S字型の》：曳網などのあるサイズ以上を全て漁獲できる漁具の選択性曲線．

selection plateau 選択の限界：長世代の同方向への選択によって遺伝的に固定され，選択効果が現れないこと．

selection pressure 淘汰圧

selection probability 選択率：漁具に遭遇した対象生物のうち，漁獲された個体数の割合，あるいはそれをサイズ別に表したもの． = retention probability.

selection range 選択レンジ：選択性曲線において相対効率が25〜75％に相当する体長範囲．75％選択体長と25％選択体長の差．

selection response 選択反応： = genetic gain.

selection span 選択スパン：選択レンジと同義．

selective breeding 選抜育種

selective toxicity 選択毒性：毒物が生物種によって異なる活性を示す性質．

selectivity 選択性：漁具が有する特定の種やサイズ範囲の生物を漁獲するという性質およびその特性．

SELECT model SELECT（セレクト）モデル：比較操業実験で得られた漁獲物体長組成から，選択性曲線を求める解析手法． = share each length's catch total model.

self-contained underwater breathing apparatus スキューバ，略号SCUBA：潜水用の自給気式呼吸装置．

self-employed 自営〔の〕

self-governance 自主統治

self-purification capacity 1）自浄能力：汚濁物質を自浄作用で除去する能力. 2）自浄作用． = autopurification.

self-regulating resources 自律更新資源：鉱物資源や水資源などとは異なり，繁殖を通して常に更新されていく生物資源を意味する．再生可能資源とも呼ばれる．

self-sufficiency rate of food　食料自給率

sellers' market　売り手市場

selling and buying　買い付け処理：出荷者から委託された物品に残品が生じた時，卸売業者が買い付けた形で処理すること．

selling to the third party　第三者販売：卸売業者が当該市場における仲卸業者と売買参加者以外に物品の販売を行うこと．

selvedge　縁（ふち）網：網漁具の補強のため，身網よりも太い糸で編んだ網地の端の部分．縁（へり）網ともいう．

SEM → scanning electron microscope

semelparity　一回繁殖：生活史の中で1回だけ行う繁殖で，多くの場合産卵後に死亡する．

semen　精液．= seminal fluid.

semi air blast freezing　管棚凍結法

semicell　半細胞：車軸藻綱接合藻目における左右対称の体細胞の片方．

semicircular canal　三半規管：内耳の迷路上部を構成し，平衡感覚に関与する器官．

semi-closed water area　半閉鎖〔性〕海域：閉鎖性海域と比べ，海水の交換がやや多い海域の総称．

semi-diurnal tide　半日周潮：潮汐の分潮の中でほぼ半日の周期をもつもの．

semi-dressed fish　セミドレス：内臓と鰓を除去した魚体．

semi-dried fish → half-dried fish

semi-dried fushi → half-dried fushi

semidrying oil　半乾性油

semigranular cell　小顆粒細胞：甲殻類の血リンパの一種で，細胞内顆粒が少数認められる．半顆粒細胞ともいう．

seminal fluid　精液：精子を含む液．

seminal receptacle　受精囊（のう）：= thelycum.

seminal vesicle　貯精囊（のう）

seminiferous tubule　細精管

semi-surrounding seine　吾智網：縮結によって漁具の中央部が袋状になっている曳網漁具・漁法．かけまわしと類似の操業を行う．

senescence of culturing ground　漁場老化：養殖場として長年にわたって継続使用したため，浅海養殖場の生産性が低下すること．漁場劣化．

sensation level　感覚レベル

sense of equilibrium　平衡感覚：= static sense.

sense organ　感覚器〔官〕

sensitivity　感受性

sensitivity test　感度テスト

sensitization　感作：生体にある処置を行うと，何らかの反応性が増大すること．

sensor　センサ

sensory canal　感覚管

sensory cell　感覚細胞：味細胞，視細胞などのように一定の刺激に著しく反応し，対応する信号を出す細胞の総称．

sensory cilium　感覚毛《有毛細胞の》：有毛細胞にある機械的振動を感知する繊毛構造．不動毛と動毛があるが，感覚感知は不動毛が担う．= stereocilium.

sensory evaluation　官能検査：= organoleptic test.

sensory hair　感覚毛

sensory lobe　感覚葉

sensory pit　感覚窩（か）

sensory spot　触毛斑

sensory system　感覚系

sensory test　官能検査：= organoleptic test.

separable VPA　可分型 VPA：漁獲係数を年効果と年齢効果の積で表すモデルを用いる実質年級群解析．

separated and salted salmon roe　いくら：サケ・マス類の卵粒の塩蔵品．

separation disk　分離板：糸状の藍藻類が分裂して連鎖体となる時，間にでき

る隙間.

separation line 分離線：船舶の通航を他の通航と分けている線.

separation zone 分離帯：船舶の通航を他の通航と分けている帯状の区域.

septal filament 隔膜糸

septibranchia 隔鰓(さい)：二枚貝でみられる鰓の形態の一つ.

septicemia 敗血症：体内の感染病巣から持続的に病原菌が血液中に排出され，感染が全身に波及した状態.

septum 隔膜

sequential hermaphroditism 隣接的雌雄同体：一生涯のうち，まず一方の性で成熟し，その後に他方の性で成熟すること.

sequential population analysis 年級群解析：仮想個体群解析の別称. = virtual population analysis.

sequential sampling 逐次標本抽出：予め精度を定めて，その精度が達成されるように標本抽出の継続と中止を決める方式. 品質管理に用いる.

serial correlation 系列相関

serine セリン，略号 Ser, S：水酸基をもつアミノ酸の一種.

serine protease セリンプロテアーゼ：活性中心にセリン残基をもち，そのOH基を活性基とするプロテアーゼ.

serosa 漿(しょう)膜：脊椎動物の胚膜の一種. = chorion.

serotonin セロトニン：トリプトファンから合成される生理活性アミン. 5-ヒドロキシトリプタミン.

serotype 血清型

serous inflammation 漿(しょう)液性炎

Sertoli cell セルトリ細胞：脊椎動物の精巣にあり，精子形成過程の生殖細胞を支持して栄養を与える細胞.

serum 血清：血漿から凝固因子(フィブリノーゲン)を除いたもの. 採血し て血液を凝固させた後に得られる上澄み.

serum-free medium 無血清培地《細胞培養用の》：血清を含まない細胞培養用の培地.

sessile organism 固着生物：岩盤などに固着して生活する生物.

seston セストン：水中に懸濁する粒子状物質.

set 一連：刺網，延縄，籠などの一つなぎの漁具.

seta 剛毛：多毛類の各体節両側にみられるキチン質の毛状構造.

setline 底延(はえ)縄：= bottom longline.

set net 1) 定置網：垣網と身網からなり，一定の場所に長期間設置しておく網漁具. = stationary net. 2) 建網：定置網，底刺網などの固定式網漁具の総称，古称または地方名称.

set net fishery right 定置漁業権：漁業法によって規定された定置漁業を営む権利.

set net shape holding system 底張り：定置網の箱網が潮流によって変形するのを防ぐため，箱網の底部から海底に綱を張ること.

set net with both side traps 両落〔と〕し網：運動場の両側に昇網と箱網を設けた落網の一種.

set net with one side trap 片落〔と〕し網：運動場の片側に昇網と箱網を設けた落網の一種.

setting angle 縮結(いせ)角：縮結を与えた時，網目の2脚がなす角度.

setting of fish〔meat〕paste 坐り：室温における塩ずり肉のゲル化現象. 魚種，鮮度などによって異なり，ねり製品の弾力増強法の一つ. そのまま suwari とも表記される.

settlement inducing factor 着生誘導因

子
settling velocity 沈降速度
sewage 汚水：生活排水あるいは工業廃水のこと．
sewage treatment unit 汚水処理装置：汚水を環境中に排出できる基準まで浄化するシステム．
sewage water law 下水道法：下水道の整備を行い，都市の健全な発達，公衆衛生の向上および公共用水域の水質保全を図ることを目的とした法律．
sex chromosome 性染色体：雌と雄の間で，形態や数が異なる染色体．あるいは，形態的な差異がみられないものの，マスター性決定遺伝子が存在するなど，性決定に関わる染色体．哺乳類や鳥類はそれぞれ同祖的な性染色体をもつが，真骨魚類間には保存された性染色体はないと考えられている．
sex control 性統御：水産分野では，養殖上の理由から，全雌，全雄および不妊の集団をつくる技術体系をさす．

sex determination 性決定
sex differentiation 性分化
sex hormone 性ホルモン
sexing 性別判定
sex linkage 伴性
sex manipulation 性操作：性統御と意味は類似．
sex pheromone 性フェロモン：動物が体外に分泌し，同種の異性もしくは配偶パートナーに生殖に関わる行動，生理などの変化を引き起こす化合物．
sex ratio 性比：同一個体群内での雄と雌の個体数比．雌個体数1または100に対する雄個体数の割合で表すことがある．
sex reversal 性転換
sextant 六分儀：天体の高度などを測定するため，円弧に目盛りをつけた航海用の光学機器．
sexual dimorphism 性的二型
sexual generation 有性世代
sexual mature 性成熟

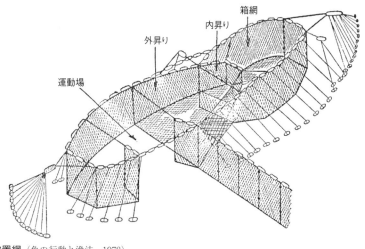

定置網（魚の行動と漁法，1978）

sexual reproduction　有性生殖
sexual selection　性淘汰
SFI → solid fat index
shadowing　シャドーイング
shaft horse power　軸馬力：蒸気タービン機関の出力.
shallow-water wave　浅水波：水深が波長の1/2より小さい場合の重力波.
shank　くき(茎)：釣針の糸を結ぶ部位から湾曲するまでの直線部分. 軸ともいう.
Shannon's diversity index　シャノンの多様度指数：シャノンの情報量を用いて種の多様性を表す指数.
Shannon's information　シャノンの情報量：情報の平均値（エントロピー）として定義される不確実さの尺度.
shape　形象物：船舶の状態を他に周知する目的で, 国際的に形状を定めた昼間信号具の総称.
shape of net　網成り：水中における網漁具の形状. = gear geometry, net geometry.
shared〔fish〕stock　分割所有〔魚類〕資源：複数の沿岸国の排他的経済水域に跨って分布する〔魚類〕資源.
shavings of katsuobushi　花かつお(鰹)：カビ付けしていないかつおの節(荒節)を用いた削り節.
shear　流速勾配：流体にずり変形を起こす形の流速勾配.
shear compliance　ずり変形：弾性体の上辺と下辺にそれぞれ逆向き水平の力を与えた時の変形. 剪(せん)断変形ともいう.
shear stress　ずり応力：流体の移動に対する抵抗力. 弾性体ではずり変形が起こる際の抵抗力. 剪(せん)断応力ともいう.
shear velocity　摩擦速度：水路壁または管壁に作用する剪(せん)断応力を密度で割り, その平方根をとった値. 流れを規定する重要な量の一つ.
sheath　鞘(さや)：①生物体または組織を包んで保護する構造物の総称. ②藍藻類などの細胞をおおう粘液層.
shed　上屋：貨物を船積みまたは陸揚げする仮置場.
sheep shank　縮め結び：結索の一種.
sheet bend　蛙又〔結び〕：結索の一種. 蛙又結節を意味することもある. = single sheet bend, trawler's knot.
shelf life　棚持ち：貯蔵期間と同義.
shelf sea　陸棚海域
shell　貝殻
shell epidermis　殻皮層
shellfish poison　貝毒：ホタテガイやカキなどの二枚貝が餌として有毒プランクトンを食べることで体内に一時的に蓄積すること. 蓄積した毒そのものや, これを食べた人の中毒症状をさすこともある.
shellfish poisoning　貝中毒：有毒物質を含む貝の摂取を原因とする中毒.
shelter　1)漬〔け〕：数本の竹を束ねて水面に浮かべ, 石俵などで定置して魚を集める装置. 2)百葉箱：観測中の気象機器を収納し, 取り付けている木製の箱.
Shewanella　シュワネラ：腐敗細菌を含むグラム陰性の通性嫌気性桿菌の一属.
shield cell　楯状細胞：車軸藻類の雄生殖器官を構成する細胞.
shigureni　時雨煮：しょうがなどで辛味を強めた佃煮. = cooked food flavoured with ginger and soy sauce.
shiners　光群れ：水面付近で体表を反射光で光らせている小魚の群. 捕食者に追われる場合によくみられる.
shiome　潮目：= oceanic front.
shiozakai　潮境：= oceanic front.

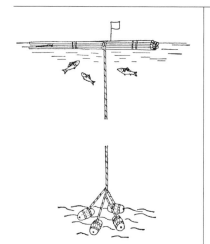

漬け（魚の行動と漁法, 1978）

ship bottom coat 船底塗料
shipment 1)出荷量. 2)船積み〔量〕.
shipment directly connected between consumer and producer 産地直送
shipper 出荷業者：= shipment merchant.
shipping agent 船宿
shipping through fisheries cooperative 系統出荷《水産物の》：漁連などの生産者組織を通じて行う共同出荷.
ship-processed frozen surimi 工船〔冷凍〕すり身：母船式底引網漁業船団の母船や遠洋トロール船上のようなすり身工船（船上, 洋上）で製造した冷凍すり身のこと.
ship's officer 1)海技士：海技免状をもつ者. 2)船舶職員.
ship's position 船位：船舶の位置. 通常, 緯度, 経度で示される.
Ship's Safety Law 船舶安全法
ship's time 船内時：船内で用いる標準時間.
shoal 1)浅瀬：= bank. 2)魚群：= school. 3)砂洲：= sand bar.

shoe 沓（くつ）金：①オッターボードの海底と接触する部分に取り付けられる鉄板. ②桁曳網の桁の両端に装着した金枠. = iron runner, trawl head.
shooting 1)投縄：操業開始時に延（はえ）縄などを投入すること. 2)投網：操業開始時に網漁具を投入すること.
shore line 汀（てい）線：海面と陸地が接する線. 海岸線ともいう.
shore protection facility 海岸保全施設：津波, 高潮, 波浪, 地盤の変動などによる被害から海岸を防護し, 国土保全に資するための施設.
short base line 短基線, 略号 SBL：基地局と移動局の間の距離（基線）が測定範囲よりも短いもの.
short-chain fatty acid 短鎖脂肪酸
shortening〔oil〕 ショートニング〔油〕：パンなどの加工に用いる油脂原料の一種.
shortening rate 短縮率：浮き延（はえ）縄の幹縄の垂れ下がりの割合.
short interspersed nuclear element 短い散在反復配列《塩基の》, 略号 SINE
short read mapping ショートリードマッピング：NGS によって得られる短い断片の塩基配列をバイオインフォマティクスによりリファレンス配列上に整列させる技術.
short tandem repeat 縦列型反復配列, 略号 STR：通常は略号を使う. = microsatellite DNA.
short-term ayu culture 短期養成《アユの》
short-term forecast 短期予報
shoulder girdle 肩帯：小骨からなる胸鰭を支持する構造.
SH protease SH プロテアーゼ：= cysteine protease.
shredded and dried squid さきいか
shrimp pot エビ籠

shrinkage 1) 縮結（いせ）．= hanging. 2) 収縮．物が縮むこと．

shrust horse power スラスト馬力：船のプロペラ軸に生じる軸方向への力（スラスト）と船速の積．

shucked shellfish むき身《貝の》

sialic acid シアル酸：ノイラミン酸のアシル誘導体の総称．N-アセチルノイラミン酸とN-グリコリルノイラミン酸を含む．

sialidase シアリダーゼ：= neuraminidase.

sib-analysis きょうだい分析

sibling species 同胞種：生殖的に隔離されているが，形態的には区別できない近縁種．

sib mating きょうだい交配：= sister-brother mating.

side lobe サイドローブ：指向特性におけるメインローブ以外のローブ．

side panel 脇網：4枚以上の網地で構成される曳網の側面をさす．

side roller サイドローラ：漁船の舷側に設置される揚網装置の一種．

side-scan sonar サイドスキャンソナー：舷側に扇状にビームを形成し，海底などを航空写真のような音響像として得るソナー．

side trawl サイドトロール：投揚網を舷側から行う曳網方法または使われる漁具のこと．

side wall net 側（がわ）網：定置網の身網のうち，海面から海底に向かって垂直に展張する網地．

sieve 篩（ふるい）

sieve plate 篩（し）板

sieve tube 篩（し）管：褐藻類の原形質を連絡する管．

sighting method 目視法：クジラなどの資源量推定法の一つ．

sighting potential 発見のポテンシャル

sigma-t シグマティー，略号 σ_t：海水密度を簡便に表したもの．

sigmoid curve S字曲線：個体群の成長を回帰する際によく用いられる曲線パターン．

signal lamp 信号灯

signal sequence シグナル配列：タンパク質のN末端に存在する特徴的な配列で，タンパク質をさまざまな細胞内小器官へ輸送する際の目印となり，輸送が完了すると除去されることが多い．

signal to noise ratio 信号対雑音比，略語S/N比：信号が雑音の何倍かを示す値で，信号のよさの指標．

signal transduction シグナル伝達：ホルモンや神経伝達物質による細胞間シグナル伝達と，細胞外からの伝達物質による刺激によりさまざまなセカンドメッセンジャーを生じる細胞内情報伝達がある．情報伝達ともいう．

significance level 有意水準：第1種の過誤を受容する確率の上限．

significant figures 有効数字

significant wave 有義波：波群中で波高の大きい方から全体の1/3をとり，それらの波高と周期の各平均値をもつ波．

significant wave height 有義波高：20分程度の時間内に観測された波のうち，高いものから順に選んだ1/3の波の平均波高．

sign stimulus 信号刺激

sign test 符号検定：対応がある二つの標本間の差を検出するためのノンパラメトリック検定．符号の個数を統計量として用いる．

silica シリカ：二酸化珪素．

siliceous spicule 珪酸質骨片

silicon 珪素，元素記号Si：14族（炭素族）元素の一つ．珪藻など一部の植物プランクトンの成長に必須な栄養素．

sill シル：峠状部ともいう．

simple-dried product 素干し品

simple hypothesis 単純仮説：1点の母数からなる統計的仮説.

simple lipid 単純脂質：脂肪酸とアルコールのみからなるエステルの総称.

simplex method シンプレックス法：数値解の探索方法の一つ.

Simpson's diversity index シンプソンの多様度指数：一つの空間における種の多様性を表す指数.

simulate ring 擬年輪：何らかの要因によって形成された鱗や耳石上の同心円状の輪. 年輪とは異なる.

simulation model シミュレーションモデル：明白な数式で現象を表すのではなく、数値で現象を記述する目的で用いる数学模型.

simultaneous confidence interval 同時信頼区間

simultaneous hermaphrodite 同時雌雄同体：雌雄同体現象のうち、雄性と雌性がほぼ同時に現れる個体.

SINE → short interspersed nuclear element

singing of propeller プロペラ鳴音：プロペラのカルマン渦列とプロペラ自身との共鳴現象.

single capture 一回再捕：標識放流の後に1回だけ再捕を行うこと.

single cone 単錐体

single cuspid 単尖(せん)頭

single echo 単体エコー：単体(魚では一尾)によるエコー.

single echo measurement 単体エコー計測：単体エコーに関して、ターゲットストレングスの自然状態推定、エコー計数などを行う方法.

single hook 一本針：通常の釣針.

single immunodiffusion 単純免疫拡散法：抗体(または抗原)を含むゲルに抗原(または抗体)を直接に拡散・接触させて沈降線を作る分析方法.

single mark release 一回標識放流：1回だけの標識放流を行うこと. = single tag release.

single nucleotide polymorphisms 一塩基多型, 略号 SNP

single radial diffusion 単純放射状拡散法：抗体を含むゲルの孔に抗原を加えて放射状に拡散させ、形成した沈降リングから抗原を定量する方法.

single radio positioning system 電波測位システム：電波を利用し、位置を決定するシステム.

singular boundary 特異境界：拡散方程式などにおける境界条件の一つ. 付加された境界条件ではなく、その方程式から自動的に定まってしまう境界.

sinker 1)錘(おもり)：釣漁具用の錘. 2)沈子(ちんし)：網漁具の網裾に取り付ける錘. 沈子(いわ)ともいう.

沈子 (提供：トーホー工業株式会社)

sinker line 1)錘(おもり)綱. 2)沈子(ちんし)綱：網漁具の網裾に取り付ける錘付きの綱. 沈子(いわ)綱ともいう. = footline, footrope, leadline.

sinking 沈降

sinking particle 沈降粒子：重力の作用によって下方に輸送される粒子.

sinus 1)血洞：太い血管の拡大部. 2)洞様血管：毛細血管の拡大部.

sinus gland サイナス腺：甲殻類の眼柄

に存在し，X器官で作られる各種のホルモンの貯蔵と放出を担う腺．血洞腺ともいう．

siphon 水管：水生の軟体動物における外套腔内への水の流入および腔内から外部への水の流出を担う管．

siphonaxanthin シホナキサンチン：緑藻モツレミルなどに存在するキサントフィルの一種．

siphonoglyph 口道溝：イソギンチャクなどの口の周囲の体壁が陥入して形成された口道にみられる溝状構造．

siphon sac サイフォンサック

siphuncle 連室細管：コウイカ・オウムガイにみられる構造．

sire 種雄

size effect サイズ効果

size limitation 体長制限：体長によって漁獲を制限すること．

size selectivity サイズ選択性：漁具が有する特定のサイズ範囲の生物を漁獲するという性質およびその特性．漁具選択性と同義．

size-structured population model サイズ構成個体群モデル：体サイズ階級別の個体数に基づいて個体群の動態を表現するモデル．

skate 鉢：延(はえ)縄釣具の単位．= basket.

skeletal anomaly 骨格異常

skeletal muscle 骨格筋：魚類では普通筋と血合筋からなり，横紋構造をもつ．

Skeletonema スケレトネマ：珪藻綱中心目の一属．

skep 籠：= basket.

skiff 搭載伝(てん)馬船：旋(まき)網の締環時に開口部から入網魚の逃出を防ぐ威嚇運動および揚網中の網成り調節を行う船．作業艇と同義．

skimming net 抄(すく)い網：= scoop net.

skin color control 体色制御

skin effect うわ乾き：表面の乾燥過度のため，内部の乾燥が遅くなる現象．

skin fluke disease ハダムシ症：ベネデニア亜科の単生虫類による魚類の体表寄生虫症．

skin toxin 皮膚毒

skipjack tuna pole and line fishery カツオ一本釣漁業

skipjack tuna pole and line fishery on distant waters 遠洋カツオ一本釣漁業

skipjack tuna pole and line fishery on offshore waters 近海カツオ一本釣漁業

skipped spawning スキップ産卵：産卵の休止．

skipper 船長：漁船の船長兼漁撈長．

skirt 裾網：旋(まき)網または刺網の強度と沈降速度を増すため，身網よりも網糸径と目合を大きくした網裾部の網地．

skull 頭骨

slab gel electrophoresis スラブゲル電気泳動〔法〕：平板ゲルを用いる方法．

slack water 潮だるみ：潮流が上げ潮と下げ潮の間で弱まった状態．= slack.

sliced fushi 削り節：= flakes of dried bonito.

sliced shank けん付き《釣針の》

slices of raw fish 刺身：= sashimi.

slicing and washing fish meat in cold water 洗い：新鮮な魚の切り身を冷水で洗うと，著しく収縮して硬化する現象．

slide agglutination ためし凝集反応：抗血清と細菌の凝集反応から，菌の同定と血清型の確認を行う方法．

slime ねと：微生物が食品表面に産生したデキストランなどの粘質物．変敗の一種．

sling-ding 両天秤釣：両端にはりす(鉤素)付き釣針を取り付けた天秤を用いる釣．

slip way スリップウェイ：トロールの投網と揚網の際に，通路となる船尾に切り込んだ傾斜面．= rump way.

slope current 傾斜流：水平圧力勾配がコリオリ力と海底摩擦力の和と釣合った流れ．= gradient current.

slope net 昇〔り〕網：落網の運動場と箱網を連絡し，海底から昇り勾配をもつ通路状の網．= chute, climb way.

slope water 大陸棚斜面水：海面冷却などによって重くなった表層水が大陸棚斜面上に沈降し形成される水塊．

slow freezing 緩慢凍結：最大氷結晶生成帯と呼ばれる－1℃から－5℃の間をゆっくりと通過する凍結方法．この方法で食品を凍結すると一般に解凍時に大量のドリップを生じるため，著しく品質が劣化する．

slow grower びり：集団飼育でみられる成長の遅い個体．

sludge 汚泥：上下水道あるいは工場廃水の浄化に伴って多量に排出される固形物．ヘドロともいう．

slurry スラリー：細かい固体粒子が液体中に懸濁した流動性のある泥状混合物．

slurry ice スラリーアイス：微小な氷の粒子と流動性のある海水が混じった氷．接触面積が大きいので冷却効率が高い．

small computer system interface スカジー，略号 SCSI：小型コンピュータ用標準インタフェイスの規格．

small perse ring 側環：胴立に装着し，揚網前に締められる環．

small round structured virus 小型球形ウイルス，略号 SRSV

small scale purse seine fishery 小型旋（まき）網漁業

small scale set net 小型定置網：身網の設置水深が 27 m 以下の定置網．

small scale trawl fishery 小型底曳網漁業

small vessel operator 小型船舶操縦士

smoked and dried 燻(くん)乾製〔の〕

smoked product 燻(くん)製品

smoked salmon 鮭燻(くん)製：サケを塩漬し，燻乾したもの．

smolt スモルト：淡水適応していたサケ科魚類が海水適応能力を獲得した状態．

smoltification 銀化変態：サケ科の幼魚が降海に先立って銀色となる生理的変化．銀毛またはスモルト化ともいう．

smoothing 平滑化

smooth muscle 平滑筋：横紋をもたない筋肉．無脊椎動物の体筋，脊椎動物の内臓筋などに広く分布する．

snagging 根がかり：釣漁具が水底の礁または障害物に引っ掛かること．

snap スナップ：①太さ，材質などの異なる釣糸を連絡する留め金または締め金．②延縄の幹縄と枝縄の着脱器具．

snap ring 開閉環：旋(まき)網の揚網に応じてスナップ装置を開き，環綱から外せる環．

sneaker スニーカー：産卵放精中のペアの脇から割り込んで放精する小型の雄個体．

snood てぐす(天蚕糸)：主に釣糸のはりす(鉤素)として用いる糸．

snout 吻(ふん)《魚類の》．= proboscis.

snout length 吻(ふん)長：吻端から眼の前縁までの長さ．

snout ulcer disease 口白症《トラフグ》：トラフグの感染症の一種．ウイルス感染が原因と考えられている．

SNP → single nucleotide polymorphisms

S/N ratio S/N 比：signal to noise ratio

soaking period 浸漬期間：刺網や籠を海中に設置しておく期間．= immersed period.

soaking time 浸漬時間：刺網や籠を海中に設置しておく時間．= immersed time.

social behavior 社会行動

social colony 社会性群体

sociobiology 社会生物学

SOD → superoxide dismutase

sodium channel ナトリウムチャネル：イオンチャネルの一つ．

sodium citrate クエン酸ナトリウム：カルボン酸塩の一種．スルメイカ外套膜肉に内在するメタロプロテアーゼの活性を阻害する．

sodium dodecyl sulfate ドデシル硫酸ナトリウム，略号 SDS：生化学分野で汎用される界面活性剤の一種．

soft dorsal〔fin〕 軟条背鰭（き）

soft egg disease 卵膜軟化症《サケ科魚類》：サケ科魚類の卵膜が軟化する病気．原因は不明．

soft ground 軟弱地盤：軟らかい粘土，有機質土あるいは緩い砂などからなる地盤．

soft lure ソフトルアー：柔軟な構造をもつ擬餌針．ワーム．

soft ray 軟条

soft-shelled turtle culture 養鼈（べつ）：スッポンの養殖．

soft tunic syndrome 被嚢（のう）軟化症《マボヤ》：マボヤにおけるキネトプラスト類原虫 *Azumiobodo hoyamushi* の感染症．

soil dressing 客土

soil survey 土質調査：土の物理学的および化学的な性質と力学的特性を調査すること．

sol ゾル：= colloid.

solar compass 太陽コンパス：生物が太陽の位置から方向を知る能力．

solar drying 天日乾燥：= sun drying.

solar tide 太陽潮：太陽の起潮力による潮汐．

sole ownership 単独所有制：一つの管理組織が資源を所有すること．

sol-gel transformation ゾル - ゲル転移

solid fat index 固体脂指数，略号 SFI：ある温度における油脂中の固体脂の割合を表す指数．

Solitary Islands Development Law 離島振興法

soluble antigen 可溶性抗原：抗原のうち細胞膜に結合せず，体液中に遊離状態で存在するものをさす．

solute 溶質

somatic cell hybrid 体細胞雑種

somatic mitosis 体細胞分裂：= mitosis.

somatic nervous system 体性神経系：感覚神経と運動神経からなる末梢神経系．

somatolactin ソマトラクチン：成長ホルモン・プロラクチンファミリーに属する下垂体ホルモン．魚類(真骨魚類と肺魚)のみに認められている．機能には不明な点が多いが，少なくとも体色調節に関わる．

somatostatin ソマトスタチン：脳や膵臓のD細胞で産生されるペプチドホルモン．視床下部においては成長ホルモンの放出を抑制する．末梢器官においてもさまざまな機能を発揮しているが，一般に抑制作用を示す．

sonagram ソナグラム：経過時間と周波数軸に対して，スペクトル分析結果を濃淡と色調で表した図．

sonar ソナー：音波を用いて水中の物体を探知する機器．

sonar equation ソナー方程式：音波の送信からエコーの受信までのレベルを記述した数式．

sonobuoy ソノブイ：水中マイクを懸垂して受信した音波信号を電波で伝送する方式のブイ．

sorbic acid ソルビン酸:食品用防腐剤の一種.

sorbitol ソルビトール:グルコース由来の糖アルコール.ソルビット,グルシトールともいう.

sorus (*pl.* sori) 子囊(のう)群:生卵器,造精器などの生殖細胞が群生する部分.胞子嚢群ともいう.

sounding 測深:海面から海底までの鉛直距離を測定すること.

sounding lead 測鉛:水深を求める測量ロープ用六角錐状の錘(おもり).底部にグリスを詰めて底質を知ることができる.通称はレッド(lead:鉛).

sounding log 測鉛:= sounding lead.

sound intensity 音の強さ:単位時間に単位面積を通過する音波のエネルギー.

sound localization 音源定位:音波の源を方向探知すること.

sound pressure 音圧:水中で発生した音波のうち,圧力の変化分.

sound pressure sensitive fish 音圧感知魚:音圧を感知できるナマズ,コイなどの魚.可聴域が広く,聴覚閾値は低い.

sound projection 放音

sound proof 防音

sound scattering layer 音波散乱層:生物による反射などに由来する音波の散乱の大きい層.

source level 音源レベル:音源の強さを示す指標.音源から単位距離(1 m)における音圧または強さ.

South East Atlantic Fisheries Organization 南東大西洋漁業機関,略号 SEAFO:ICSEAF の後継の地域漁業管理機関.

Southern blot サザンブロット法:電気泳動で分離した特定 DNA を,標識化した DNA プローブを用いて検出する方法.= Southern hybridization.

Southern hybridization サザンハイブリダイゼーション:= Southern blot.

southern oscillation 南方振動:オーストラリア北部ダーウィンと太平洋タヒチの地上気圧偏差が数年程度の周期で相互に振動する現象.

sovereign right 主権的権利《海洋の》:沿岸国が 200 海里経済水域内で天然資源の探索,開発,利用および他の経済活動において有する排他的権利.

SOx → sulfur oxide

Soxhlet oil extraction apparatus ソックスレー脂肪抽出器:食品などの脂肪分を抽出定量するための装置.

Soya Warm Current 宗谷暖流:黒潮を起源とする対馬暖流系の一部.宗谷海峡を通りオホーツク海へ高温高塩の水を運ぶ.

sp. → species

span 翼幅:湾曲型オッターボードの前端と後端を結ぶ直線の長さ.

spanker とも(艫)帆:船首を風上に向け,船の姿勢制御と安定および漁業活動の安全と効率を保つための船尾の縦帆.

spawner 産卵魚

spawning adult stock 産卵親魚資源

spawning fraction 産卵雌割合:成熟雌全体に対する産卵雌の割合.

spawning frequency 産卵頻度:産卵雌割合の逆数.

spawning ground 産卵場

spawning inducement 産卵誘発

spawning interval 産卵間隔:多回産卵魚において連続する産卵の時間間隔で産卵頻度の逆数.

spawning mark 産卵記号

spawning migration 産卵回遊:産卵場に向かう,あるいは産卵場内における回遊.

spawning per recruit　加入量当り産卵量，略号 SPR：加入個体当りの生涯産卵量.

spawning season　産卵期

spawning stock biomass　産卵親魚量，略号 SSB：産卵親魚個体群の総重量.

spawning substrate　産卵基質：卵を産み付けるために利用される物質．岩や海藻など．

spear　やす：柄の先に尖った鉄器を付けた小型の刺突漁具．

spearing　刺突：やすなどで魚を突き刺すこと．

Spearman rank correlation coefficient　スピアマンの順位相関係数：二つの標本間の相関を順位で計算した係数．

specialist　専門食者：特定の餌生物を利用する種．

specialized　特化〔した〕

speciation　種分化：空間的，季節的，あるいは行動的な隔離がきっかけで，共通の祖先集団から生殖的に交配しない二つ以上の集団が生じ，やがてそれらの集団間で繁殖できないほど遺伝的に大きく変化すること．種形成ともいう．

species　種《分類学の》，略号 sp.

species competition　種間競合

species diversity　種の多様性：生物多様性の一部で，種の豊かさを表す様相または尺度．種の数および均等度で説明される．

species nova　新種《分類学の》，略号 sp.nov.

species selectivity　種選択性：漁具の生物種に対する選択性．

species specificity　種特異性：種の違いによって発現する性質が異なること．

specific activity　比活性

specific combining ability　特定組合せ能力：ある系統とある系統との組合せで特に優れた能力を発揮する能力．

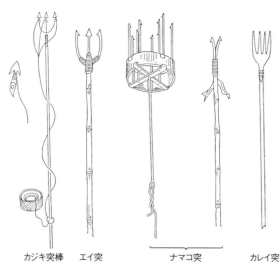

刺突具（新編 水産学通論，1977）

specific defense mechanism 特異的生体防御機構:抗原特異的に働く防御機構.

specific dynamic action 特異動的作用,略号 SDA:栄養素を代謝するのに必要な酸素消費量の増加のこと.栄養素の種類によって特異的に異なり,脂肪が最も少ない.

specific epithet 種小名:生物の種名は 2 語からなり,最初の語を属名,後の語を種小名という.

specific fuel consumption 燃料消費率:単位時間における出力当りの燃料消費量(g/kWh).

specific gravity 比重:基準物質(水または空気)に対する密度比.

specific growth rate 比成長(増加)率

specific heat 比熱:単位質量の物質の温度を 1°C 上げるのに必要な熱量.

specific volume 比容:密度の逆数で,単位重量当りの体積.

Specified Demarcated Fishing Right 特定区画漁業権:漁協に優先的に免許される区画漁業権.

spectral distribution スペクトル分布

spectrum スペクトル:①可視光線などの輻射線が分光器を通った後,一平面上に波長の順に配列したもの.②温度,質量,菌株などが変化した時の応答を図示したもの.

speed of sound 音速:水中では約 1500 m/s.

speed trial 速力試験

sperm 精子:= antherozoid, spermatozoid, spermatozoon.

spermaceti 鯨ろう(蠟):マッコウクジラの頭部から採取された油を冷却・圧搾することで得られるワックス.

spermatangium 不動精子嚢(のう)

spermatid 精細胞

spermatium 不動精子

spermatocyte 精母細胞

spermatogenesis 精子形成

spermatogonium (*pl.* spermatogonia) 精原細胞

spermatophore 精包:頭足類などで生殖相手に渡す,分泌物で包まれた精子の束.

sperm competition 精子競争

sperm dependent parthenogenesis 精子依存性単為生殖:= parthenogenesis.

spermiation 排精:成熟した精子が包囊(のう)から精小囊内腔へ放出されること.

spermidine スペルミジン:ポリアミンの一種.

spermine スペルミン:ポリアミンの一種.

spermiogenesis 精子完成

sphenotic bone 蝶耳骨

sphenotic spine 蝶耳骨棘(きょく)

spherical wave 球面波:波源から球面状に伝播する波動.

sphingoglycolipid スフィンゴ糖脂質:糖を含むスフィンゴ脂質の一群の総称.

sphingolipid スフィンゴ脂質:スフィンゴ脂質:グリセロールの代わりにスフィンゴシンを含む脂質の総称.

sphingomyelin スフィンゴミエリン:スフィンゴシンの C-2 位アミノ基と脂肪酸が酸アミド結合したセラミドに,コリンリン酸がリン酸ジエステル結合した脂質.代表的なスフィンゴリン脂質.

sphingophospholipid スフィンゴリン脂質:リン酸またはホスホン酸が結合したスフィンゴ脂質の一群の総称.

sphingosine スフィンゴシン:C18 アミノアルコールの一種.脂肪酸,リン酸などと結合してスフィンゴ脂質を構成する.

spice 香辛料:食品の調味に使う芳香あ

るいは辛味を有する植物性物質のこと．

spiking 1) 活け締め：鮮度保持の目的で魚を刺殺により即殺すること．2) 脊髄破壊：= breaking spinal cord.

spilling breaker 崩れ波：磯波の一種．= swash.

spinal cord 脊髄：延髄に続いて背側正中部を前後に走り，中枢神経系を構成する索状体．

spinal nerve 脊髄神経

spindle 紡錘体：有糸分裂における分裂装置の一成分．微小管である紡錘糸からなる．

spine 棘（きょく）：鱗状鰭（き）条の一種で，堅くて先端の尖っているもの．節がなく，枝分れしない．

spine of lower edge of lachrymal 涙骨下縁棘（きょく）

spinning reel スピニングリール：釣竿の柄から先の方向に対して横向きのリール．

spinous dorsal〔fin〕 棘（きょく）条背鰭（き）

spiny soft ray 棘（きょく）状軟条

spiracle 噴水孔：眼の直後で鰓（さい）孔の前方にある開孔．サメ・エイ類とチョウザメ類の一部にみられ，呼吸孔と同義．

spiral cleavage らせん卵割：発生初期の卵割の際，卵割面から渦巻状にずれていくような卵割様式．前口動物で広くみられる．

spiral valve らせん弁：軟骨魚類の腸でみられるらせん状構造の隔壁．

spirillum (*pl.* spirilla) らせん菌：らせん形の細菌の形態の通称．

spitchcock かばやき（蒲焼）：魚を白焼きにした後，たれ（垂）をつけて焼いたもの．照焼きの一種．

splash zone 飛沫帯：= supralittoral zone.

split-beam method スプリットビーム法：受波器で受けたエコーの位相差から方位を知り，指向性補正などを行う方式．

split shot がん玉錘（おもり）：釣漁具用錘の一種．

sp.nov. → species nova

spoilage 腐敗：微生物の増殖によって，食物が食べられなくなること．

spongin fiber 海綿質線維

spongocoel 海綿腔

spongy meat スポンジ肉：凍結魚肉が変性して多孔質の状態になる現象．水分量が多く，窒素ガスを含む底生魚で起きやすい．

spontaneous feeding system 自発給餌システム：食欲に従って魚（動物）が自発的に餌を得ることができる給餌機を用いた給餌システム．

spontaneous mutation rate 自然突然変異率

spoon スプーン《擬餌針》

sporangium 胞子嚢（のう）：胞子を内生する嚢状の生殖器官．

spore 1) 芽胞：乾燥，高・低温など，過酷な条件下で生存するために細菌の細胞内につくられる休眠細胞．環境条件が整うと出芽によって栄養細胞として増殖する．内生胞子とも呼ばれ，グラム陽性菌の中で，バチルス属とクロストリジウム属の細菌がつくる．耐熱性を有し，食品衛生上，問題となる細菌が含まれる．2) 胞子：植物と微生物が無性生殖のために形成する生殖細胞．単独で新個体となる点で，配偶子と異なる．

spore attaching 胞子付け

sporophyll 胞子葉：遊走子を形成する生殖器官．成実葉ともいう．褐藻類での分化した胞子形成部．ワカメではめかぶとして知られる．

sporophyll of wakame めかぶワカメ：ワカメの成実葉（胞子葉）で加熱した

後，細切して加工される．

sport fishing スポーツフィッシング：遊漁の一種．= game fishing, leisure fishing.

sport fishing boat スポーツフィッシングボート：遊漁船の一種．

S-potential S 電位：脊椎動物網膜の水平細胞で記録される，光に対する電位変化．

spotted meat しみ肉：凍結マグロ肉などを解凍した時，血液が切断された毛細血管からしみて斑点状になった肉．

SPR → spawning per recruit

spray drying 噴霧乾燥

spray freezing 噴霧凍結

spreading loss 拡散減衰：拡散による音波または電波の減衰．

spread spectrum modulation スペクトラム拡散変調：変調された情報信号のスペクトルを，拡散符号を用いて拡散し送信する方法．

springer スプリンガー：膨張缶の一種．

spring tide 大潮：新月と満月の当日または数日後の潮汐．潮差が最も大きくなる．

spring viremia of carp コイ春ウイルス血症，略号 SVC：コイ科魚のウイルス感染症の一種．病原体は spring viremia of carp virus (SVCV).

sprious スプリアス：必要な周波数帯を除く周波数の電波．

SPS agreement SPS 協定：Agreement on the Application of Sanitary and Phytosanitary Measures ともいう．世界貿易機構(WTO)において，非関税障壁を目的とした恣意的防疫措置を防止するために作られた協定書．

squalane スクアラン：スクアレンを還元した飽和炭化水素．

squalene スクアレン：$C_{30}H_{50}$ の不飽和炭化水素でトリテルペンの一種．ステロイドの前駆体．

squamosal bone 鱗骨

square スクエア：トロール網を構成する網地の名称．前方にせりだした天井部の網のこと．

square mesh 角目：正方形をした網目．

square pot 方形籠

squid jigging イカ釣

squid meal いかミール

SRSV → small round structured virus

SSB → spawning stock biomass

S-S bond S-S 結合：= disulfide bond.

ssp. → subspecies

S start S スタート：特に仔魚が急発進する時の動作の一つ．

stable expression 安定発現《遺伝子の》

stable isotope 安定同位体：放射能を有しない同位元素．安定同位元素ともいう．

stage-structured population model 生活史段階構成個体群モデル：生活史段階別の個体数に基づいて個体群の動態を表現するモデル．

stagnant area 停滞域

stagnation 停滞

staitable isotope ratio 安定同位体比：①複数の異なる安定同位体をもつ元素で，それぞれの同位体の原子数の比．②ある特定の基準物質の安定同位体比に対する千分率偏差‰．質量の大きい同位体の記号にδをつけて示す．

stake net 張り網：袋状の網漁具を流れのある水底に固定・展張して漁獲する定置網の一種．

stalk cell 柄(へい)細胞：タフリナ科菌類の子嚢(のう)の基部に分化・形成した細胞．

stalking 忍び寄り型：餌生物に忍び寄って捉える捕食方法の型．

stamen 雄ずい：種子植物の雄性生殖器官．通称は「おしべ」．

standard agar 標準寒天：一般生菌数の

測定に用いる寒天.

standard cost　標準原価

standard cross section　標準断面図

standard depth　標準深度：海洋観測を行う際に基準として用いる観測深度.

standard deviation　標準偏差

standard error　標準誤差《推定量の》

standardization　標準化《品質の》：生産物の品質を一定基準に合致するように, 選別と格付けを含めて管理し, 統制すること.

standardized effort　標準化努力量：例えば標準漁具を定め, その他の漁具の性能をこれに換算して集計した努力量.

standardized residual　標準化残差

standard length　標準体長

standard metabolism　標準代謝

standard quotation　建値：全国の卸売市場における相場形成で基準となる価格と価格形成. = market price.

standard sea level　基本水準面：海図または潮位表における潮位の基準面.

standard sea water　標準海水：塩分測定のための標準海水.

standard sphere　標準球：計量魚探機などの送受信系の較正に使用するタングステンカーバイドなどの金属球. 較正球ともいう.

standing biomass　現存資源量

standing crop　現存量

standing stock　現存資源

stand-on vessel　保持船：衝突の恐れがある時, 法律の規定によって針路と速力を保持しなければならない船舶.

stanniocalcin　スタニオカルシン：スタニウス小体から分泌され, カルシウムの取り込みを抑制するホルモン.

staphylococcal food poisoning　ブドウ球菌食中毒：〔黄色〕ブドウ球菌による毒素型食中毒.

Staphylococcus　ブドウ球菌：食中毒細菌を含むミクロコッカス科の一属. スタフィロコッカスともいう.

Staphylococcus aureus　黄色ブドウ球菌：通性嫌気性のブドウ状球菌. エンテロトキシンを産生するヒト・動物由来の食中毒菌.

staple fiber　短繊維：紡いで単糸を作るための綿または人工の素繊維.

StAR → steroidogenic acute regulatory protein

starch　デンプン：グルコースのみからなる植物の貯蔵多糖. 主成分のアミロペクチンと副成分のアミロースからなる.

starch granule　デンプン粒：植物体中で粒状の形状をしているデンプン.

starter diet　初期餌料

start stop system　調歩式：データ通信で1文字ごとに同期をとる方法.

starvation　飢餓：長期間にわたるエネルギー摂取欠乏. 絶食が長引いて飢餓状態にあり, 体の構成成分を分解してエネルギーを取り出している状態.

statement of application of fund　資金運用表：企業の1期間中の資金運用を示す表.

state-space model　状態空間モデル：ある未観測の状態の推移とそれに対する観測の時系列を明示的にモデル化したもの.

static MEY　静的 MEY：利子などによる価値の時間的減少を考慮しない最大〔純〕経済生産量.

stationary net　定置網：= set net.

stationary solution　定常解

stationary stochastic process　定常過程：推移確率が時間に無関係な確率過程.

stationary wave　定常波：静止水面から測ったある点の水面の高さと, 他点の水面の高さの比が時間的に不変の波.

= standing wave.
statistic 統計量
statistical analysis 統計解析
statistical catch at age model 統計的年齢別漁獲モデル：年齢別漁獲量の誤差を考慮した個体群動態モデル．
statistical hypothesis 統計的仮説：母数の値または範囲を仮説として示したもの．
statistical mechanics 統計力学
statistical year book of fisheries labors 漁業動態統計年報
statistics 統計学
statistics of fisheries 漁業統計
Statistics Table of Fisheries Cooperatives 水産業協同組合統計表
statoblast 休止芽
statoconia 平衡砂：サメ・エイ類の耳石に相当する炭酸カルシウムの粒状物．
statocyst 平衡胞：無脊椎動物の平衡器官．
STD → salinity-temperature-depth meter
steady state 定常状態：時間が十分に経過し，時間的変化がなくなった力学系の状態．平衡状態ともいう．= equilibrium state.
steady-state distribution 定常分布：時間が十分に経過し，状態変数の確率分布または確率密度に時間的変化がなくなった時の分布．存在しないこともある．
steam distillation 水蒸気蒸留
steaming 蒸煮：蒸すこと．
steam pellet スチームペレット：原料を蒸気と接触させて成型した固形飼料．
steam turbine engine 蒸気タービン機関：蒸気のもつエネルギーを，タービン(羽根車)と軸を介して回転運動へと変換する外燃機関．

stearic acid ステアリン酸，略号 18:0：C18 飽和脂肪酸．オクタデカン酸ともいう．
steep angled anchor rope 立ち錨(いかり)：定置網の垣網や運動場の囲い網の網成りを保持するため，網地に近接して張る錨綱．
steering gear 舵取り装置：船の方向を必要な角度に曲げたり，一定の方向に保つ装置．
stellate chloroplast 星状葉緑体
stellate ganglion 星状神経節
stem 茎部
stem cell 幹細胞：分裂して自己複製するとともに，分化し得る未分化細胞．
stenohaline 狭塩性〔の〕：狭い塩分範囲でしか生存できない性質．
stenothermal 狭温性〔の〕：狭い温度範囲でしか生存できない性質．
stephanokont 冠状鞭毛：一部の緑藻類において，遊走細胞の先端部に冠状に並ぶ多数の鞭毛．
stepping stone model 飛び石モデル：移住による個体間の交換がある分集団の遺伝構造モデル．
stepwise method 逐次選択法：重回帰分析における説明変数の選択方法の一つ．ある変数を加えるか否かを F 値を基準として判断しながら選択を進める方法．
stereocilium 不動毛：微小管からなる繊毛のうち運動能を有しないもの．感覚受容を担う．= sensory cilium.
stereoscopic vision 立体視
sterility 1)不妊(にん)：哺乳類の不稔．2)不稔(ねん)：次世代を生じないこと．
sterilization 1)殺菌．2)無菌化．3)滅菌．
sterilization lamp 殺菌灯：紫外線による殺菌効果を有する光源のこと．
sternite 腹板

stern trawl 船尾トロール：投網と揚網を船尾から行う曳網漁法のこと．

stern trawler 船尾トロール船

stern tube 船尾管：プロペラ軸の船体貫通部．

stern tube sealing 船尾管軸封装置：船尾管のシール装置．

steroid ステロイド：基本構造としてシクロペンテノフェナントレン環(ステロイド核)をもつ性ホルモン，胆汁酸などの広範な化合物の総称．

steroid-metabolizing enzyme ステロイド代謝酵素

steroidogenic acute regulatory protein ステロイド産生急性調節タンパク質，略号 StAR：ステロイドホルモン合成に関係する輸送タンパク質．

sterol ステロール：ステロイド核の3位に水酸基をもつ C27-30 ステロイドの総称．

steward 司厨(ちゅう)長《船の》：食事を担当する賄(まかない)長．司厨員をさすこともある．

stichidium 四分胞子嚢(のう)枝《紅藻類の》

stick-held dip net 棒受〔け〕網：漁船の舷側から海中に展張した網の上に生物を集めて揚網する敷網の一種．

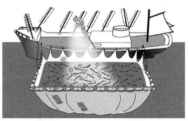

サンマ棒受網（イラスト：加藤都子）

stick-held dip net fishing boat 棒受〔け〕網漁船

stick-up float 棒浮き：竿釣に用いる浮きの一種．

stick water スティックウオーター：フィッシュミールの煮汁から魚油を除去した水溶液成分．濃縮するとフィッシュソルブルとなる．

still water pond culture 止水式養殖

stimulus 刺激

stimulus-response system 刺激反応系

stipe 茎状部

stipe of wakame くき(茎)ワカメ

stochastic difference equation 確率差分方程式

stochastic differential equation 確率微分方程式

stochastic dynamical system 確率的力学系：物理学および生物学のシステムなどの時間的変化を表現する確率論的模型．

stochastic integral 確率積分

stochastic model 確率論モデル

stochastic process 確率過程：時間の経過とともに，状態が確率的に変動する過程．

stochastic variability 確率変動

stock 1)資源：遺伝的に異なる，または管理の便宜上区分される個体群．系群単位の資源をさすこともある．2)系群

stock assessment 資源評価：資源の状態(資源水準)や年変化傾向，将来予測などを定量的に評価すること．

stock discrimination 系群判別：系群同定と類似．調べた個体群がどの系群に属するかを明らかにすること．

stock enhancement 1)栽培漁業：採苗や採卵を人為的に行い，種苗を放流して成長した個体を漁獲すること(sea ranching)や，自然の生産力を利用し給餌を行わない養殖形態などが含まれる．2)種苗放流：卵や幼生，仔魚を人間の管理下で飼育し，生存率が比較的

高くなった稚魚や稚貝など(種苗)を自然水域に放流する水産増殖技術. 3)増殖:なんらかの方法で水産生物の資源量(現存量)を人的に増加させること.

stock identification 系群同定:野生生物は同種内でもいくつかの遺伝的に異なった個体群に分かれて分布する. これを系群と呼ぶ. 調べた個体(群)がどの系群に属するかを明らかにすること.

stocking 放流:増殖を目的とする放流.

stocking efficiency 放流効果

stock management 資源管理

stock number 資源尾数

stock-recruitemet relationship 再生産関係: = reproductive curve.

stock reproductive potential 個体群繁殖能力:産卵親魚個体群が有している再生産能力. 産卵量, 産卵時期, 卵質などを含んだ再生産能力の概念.

stock size 資源量: = abundance.

stock synthesis VPA統合モデル:資源尾数, 親子関係などを同時にモデルに組み込んだ実質年級群解析.

stock weight 資源重量

stomach 胃

stomach content 胃内容物

stomachless fish 無胃魚

stomodeum 口道:イソギンチャク, サンゴなどの口の周囲の体壁が陥入して形成した消化管の一部.

stone 1)石. 2)結石《病気の》.

stone canal 石管:棘皮動物の水管系の一部の管.

storage in ice-water 水氷貯蔵

storage polysaccharide 貯蔵多糖

storage with crushed ice 揚げ氷貯蔵:砕いた氷に接触させて魚などを貯蔵すること.

store pot 生簀(いけす):生きている魚介類を蓄養するための器具または場所. 網生簀, 箱生簀, 堀生簀などがある. = corf, crawl.

storm surge 高潮:強風と気圧の急変などの影響によって, 潮位が平常よりも著しく高くなること. = storm tide.

stow net 鮟鱇(あんこう)網:袋状の網漁具を海底に設置して漁獲する張り網の一種. 形状が魚のアンコウに似る.

STR → simple tandem repeat

straddling fish stock 跨(こ)界性魚類資源:隣国間の排他的経済水域, または一国の排他的経済水域と公海の両方に跨って分布する魚類資源. ストラドリング魚類資源ともいう.

straight-chain fatty acid 直鎖脂肪酸

strain 1)株:純粋継代培養した微生物または細胞. 2)系統:同じ祖先をもち, 特定の遺伝子型や表現型が等しい個体群. 3)歪(ひずみ).

strain gage 歪(ひずみ)ゲージ:センサー自身が歪むことによって電気抵抗値の変化を測る装置.

strait 海峡:海の幅の狭まった部分.

strand 1)片子糸:網糸の構成要素. 幾本かの単糸を一定方向に撚(よ)りをかけたもの. ストランドともいう. 2)座礁する《船など》.

stranding 1)座礁:クジラ類が浜に乗り上げる現象. 2)漂着:水生生物が岸辺に打ち上げられた状態.

stratification 1)成層:水分, 塩分, 密度などが深さの方向に層をなすこと. 2)層化:母集団をいくつかの層に分けること.

stratified sampling 層化標本抽出:層別に標本抽出を行う方法.

stratosphere 成層圏:地上から6〜18 kmの対流圏と48〜55 kmの成層圏界面の間の大気圏.

stratum 層

streptococcosis レンサ球菌症:

Streptococus 属細菌感染症．ただし，歴史的経緯からブリの *Lactococcus garvieae* を含む場合が多い．

stress 1) 応力：物体の内部に生じる力の大きさや作用方向を表現するための物理量．2) ストレス：精神や肉体の過度の緊張．

stress disease ストレス病

stress protein ストレスタンパク質：= heat shock protein.

stress relaxation 応力緩和：物体に一定の歪（ひずみ）を加え続けると，応力が次第に低下する現象．ゲル物性の評価に利用する．

stress response ストレス応答

striated muscle 横紋筋：脊椎動物の骨格筋．顕微鏡観察により横紋が観察される．

strike 1) あたり（魚信）．2) 針がかり：= hooking.

string 1) 一連：= set. 2) 糸．3) 連：操業時に複数個の漁具（刺網，籠など）を連結したひとまとまり．

stringy agar 細寒天：ところてんを天突で長さ 35 cm，厚さ 6 mm に切断し，凍結乾燥したもの．= fine thread agar.

stripper ストリッパー：旋（まき）網の環を環綱から取り外す時に使われる器具．

stripping 環外し：揚網機に旋（まき）網を通すため，環綱または網裾から環を外す操作．

stroke volume of cardiac output 毎回心拍出量

stroke volume of ventilation 毎回換水量

stroma ストロマ：= stroma protein.

stromal protein 筋基質タンパク質：筋肉膜，筋周膜，筋膜などの筋肉の膜，皮および軟骨など結合組織を構成する高濃度の塩にも不溶なタンパク質．コラーゲンやエラスチンなど．魚肉のこのタンパク質の含量は畜肉に比べて低い．基質タンパク質またはストロマともいう．

stromatolite ストロマトライト：藍藻類と砂が層状をなす岩石で，30 億年前にすでに形成されていたとされる．

strombine ストロンビン：グリシンにプロピオン酸が結合した形をもつイミノ酸の一種．主に軟体類の筋肉中に含まれる．

structural polysaccharide 構造多糖

structure of fishery employment 漁業就業構造

struggle death 苦悶死：魚類が人為的に空気中に曝されるなどして，暴れながら死ぬこと．死後硬直が早まり，鮮度が劣化しやすくなる．

struvite ストラバイト：塩蔵品，缶詰，魚醤油などに析出するリン酸マグネシウムアンモニウムの白色無定型の堅い結晶．

〔**Student's**〕**t-distribution** 〔スチューデントの〕t 分布《確率》：連続確率分布の一つ．*t* 検定に用いられる．

S type rotifer S 型ワムシ：小型の汽水性ワムシ．*Brachionus rotundiformis* をはじめとした複数の種が含まれている．

subclass 亜綱《分類学の》

subclinical infection 不顕性感染

subcommissural organ 交連下器官：中脳の脳室上衣細胞の局所的な肥厚部．

subculture 継代培養

subcutaneous adipose tissue 皮下脂肪組織

subdermal sinus 皮下血洞

subdermal space 皮下腔

subdivision and damage stability 区画および損傷時復原性：座礁などで損傷を受け，一部または多数の区画に浸水した状態における船舶の復原性．

subepidermal nerve plexus　表皮下神経叢(そう)

Suberkrub otterboard　シュバークリューブ型オッターボード：縦横比が大きな中層用湾曲型オッターボードの一つ．

subfamily　亜科《分類学の》

subgen. → subgenus

subgenus　亜属《分類学の》，略号 subgen.

subjective score　主観的評価：呈味試験などが代表．形質測定値としての信頼性が低い．

sublittoral zone　亜沿岸帯：低潮線から大陸棚の縁までの海底．

submarine groundwater discharge　海底地下水湧出：地下水が直接海底から流出する現象．海底湧水と同義．海水が一旦海底下に潜り込み湧出する再循環海水も含まれる．

submerged breakwater　潜堤：波浪から海岸を守るために海面下に作られる堤防状の構造物．人工リーフ．

subopercle bone　下鰓蓋(さいがい)骨

suborbital bone　眼下骨：= infraorbital bone.

suborbital shelf　眼下骨床

suborbital stay　眼下骨棚

suborbital width　眼下幅：眼窩(か)の下縁から眼前骨または眼下骨の下縁までの最小の幅．

suborder　亜目《分類学の》

subpopulation　分(ぶん)集団：一つの個体群を構成する部分集団．

subsistence fishery　生存[目的]漁業：自家消費のために行う漁業の形態．

subspecies　亜種《分類学の》，略号 ssp.

substance P　P物質：血圧降下と腸管収縮の作用をもつ脳腸ペプチドの一群．

substitution　置換

substitution method　置換法

substock　亜系群

substrata for nori attachment　ひび：養殖ノリの着生基盤で，現在は主に網を用いる．

substrate　基質：酵素の触媒作用を受ける化合物．

substrate specificity　基質特異性

subsurface chlorophyll maximum　亜表層クロロフィル極大：成層した水柱のうち，水温躍層またはその直下に形成されるクロロフィルの極大層．

subterminal　亜端位：魚類の口の位置を示し，口が頭の前端より幾分後方に開く状態．

subtidal flow　非潮汐性の流れ：潮汐周期よりも長周期の流れ．

subtidal zone　潮下帯：= sublittoral zone.

subtilisin　サブチリシン：枯草菌が分泌するセリンプロテアーゼ．ズブチロペプチダーゼAまたはナガーゼと同義．

subtilopeptidase A　サブチロペプチダーゼA：= subtilisin.

subtropical　亜熱帯[の]

subumbrellar funnel　内傘窩(か)

succession　遷移：ある場所の群集が時間とともに安定な群集(極相)に変化する現象．生態遷移と同義．

successor problem　後継者問題

succinic acid　コハク酸：有機酸の一種．クエン酸回路の中間体．

sucking cone　吸引体

sucking disk　吸盤：= sucker.

sudoriferous gland　汗腺

sufficiency　十分性《統計》

sufficient statistic　十分統計量《統計》

suitability as seeds　種苗性：養殖種苗あるいは放流種苗として適正であること．

sulfa drug　サルファ剤：スルホンアミドの誘導体で，抗菌剤の一群．

sulfated fucans　硫酸化フカン：= fucoidan.

sulfated glucronoxylorhamnan　含硫酸グルクロノキシロラムナン：緑藻に存

在する粘質多糖の一種．グルクロノキシロラムナン硫酸と同義．

sulfated glucronoxylorhamnogalactan 含硫酸グルクロノキシロラムノガラクタン：緑藻に存在する粘質多糖の一種．グルクロノキシロラムノガラクタン硫酸と同義．

sulfated polysaccharide 硫酸〔化〕多糖

sulfated xyloarabinogalactan 含硫酸キシロアラビノガラクタン：緑藻に存在する粘質多糖の一種．キシロアラビノガラクタン硫酸と同義．

sulfate reducing bacterium 硫酸還元〔細〕菌：有機物や水素をエネルギー源とし，硫酸塩を最終の電子受容体として使う細菌．

sulfate reduction 硫酸還元：硫黄同化の過程で，硫酸イオンを還元する反応．

sulfide 硫化物

sulfide deterioration 黒変現象：硫化水素と金属イオンの反応による缶詰の黒変．

sulfur cycle 硫黄循環：生態系内における硫黄元素の循環．硫黄は生物体，大気，土壌，水域に存在し，その循環は生物地球化学的に重要である．

sulfur oxide 硫黄酸化物，略号 SOx：硫黄の酸化物の総称．一酸化硫黄 (SO)，二酸化硫黄 (亜硫酸ガス) (SO_2)，三酸化硫黄 (SO_3) などが含まれる．

sulfur oxidizing bacterium 硫黄酸化〔細〕菌：無機硫黄化合物を酸化して得られるエネルギーを用いて生育する細菌．

Summary Table of Import Results by Marine Product 水産物品目別輸入実績総括表

super chilling スーパーチリング：約 -1.5 ℃を保つ氷温貯蔵法．

superclass 上綱《分類学の》

super cooled state 過冷却状態

supercritical 〔fluid〕 extraction 超臨界〔流体〕抽出：超臨界流体が示す特異な溶解度変化を利用し，物質を抽出する方法．

superfamily 上科《分類学の》

super female 超雌：W 染色体をホモ接合でもつ雌 (WW)．

superficial cleavage 表割：節足動物の心黄卵にみられる卵割．

superficial dark muscle 表層血合筋：魚体の側線下に分布する血合筋．

super male 超雄：Y 染色体をホモ接合でもつ雄 (YY)．

super market スーパーマーケット

supernumerary chromosome 過剰染色体

superorder 上目《分類学の》

superoxide スーパーオキシド：活性酸素の一種．酸素分子が一電子還元を受けたアニオンラジカル．

superoxide dismutase スーパーオキシドディスムターゼ，略号 SOD：スーパーオキシドアニオンラジカル (O_2^-) を酸素と過酸化水素に変換する酵素．

superoxide radical スーパーオキシドラジカル．= superoxide.

superprecipitation 超沈殿：ATP の加水分解に共役したアクトミオシンの能動的沈殿反応．筋収縮の試験管内モデルとされる．

supersaturation 過飽和：圧力などの影響で溶質が溶媒中に飽和状態を越えて溶存している状態．地下水を利用した養殖では窒素・酸素などの気体の過飽和が問題となることがある．

super short base line 超短基線

supervisor スーパーバイザー：店長の店舗運営に助言を与えたり，本部の方針を徹底させる幹部．

supplemental maxillary bone 上顎副骨

supplement seed 差し原料：ウナギの養

殖過程で，追加的に補充される種苗．

supplies for domestic consumption 国内消費向け供給量

supplies for feed and fertilizer 飼肥料向け供給量

supplies for food consumption 食用消費向け供給量

supporting cell 支持細胞：紅藻類の造果枝を形成する基部細胞．

supporting system cultivation ひび立て式養殖：海または川の中に枝付きの竹などで囲いを作って行う養殖法．

suppressor T cell サプレッサー T 細胞：T リンパ球の一種で，免疫反応を抑制する機能をもつ細胞．

suppurative inflammation 化膿性炎

suprabranchial organ 上鰓（さい）器官：空気呼吸を行う魚類がもつ呼吸器官．

supraclavicle bone 上鎖骨：= supracleithrum.

supracleithral spine 上擬鎖骨棘（きょく）

supracleithrum 1) 上擬鎖骨．2) 上鎖骨．

supraethmoid 上篩（し）骨：鼻腔の天井にある骨の一つ．

supralittoral zone 潮上帯：潮間帯の陸側で，海浜域の最上部．平常時は波浪の飛沫を浴びるだけの場所．飛沫帯ともいう．= splash zone.

supramaxillary bone 上主上顎骨

supraoccipital bone 上後頭骨

supraoral teeth 上口歯

supraorbital bone 眼上骨

supraorbital canal 上眼窩（か）管：頭部側線系の一つ．中枢神経から眼窩の上部を通って上顎枝へと伸びる側線神経．眼上管ともいう．

supraorbital spine 眼上棘（きょく）

suprapharyngeal bone 上咽鰓（さい）骨

suprascapula bone 上肩胛骨

supratemporal bone 上側頭骨

surf 磯波：風浪とうねりが海岸に近づいて，波の前面傾斜が急峻となり，ついには砕ける波．巻波，崩れ波および砕け寄せ波に分けられる．

surface active agent 界面活性剤：= detergent, surface detergent, surfactant.

surface drifter 表層ドリフター：海の表層における流れを観測するための漂流ブイ．

surface method 表面法：耳石の年輪の読み方の一つ．

surface mixed layer 表層混合層：海表面近くの海水が風や波によるかく拌作用や冷却による対流で混合され，水温，塩分などがほぼ一様になっている層．

surface reflection 表面反射：媒質中を進む光・音などの波動が，他の媒質（物体）の表面に当たって向きを変え，もとの媒質に戻って進むこと．

surface trawl 表層トロール：海表面を遊泳する魚群を対象とする曳網漁具・漁法．

surface water 表層水：海や湖などの表層の水．

surface weather chart 地上天気図：地球表面における気象状態を表す天気図．= surface map.

surf beats サーフビート：砕波帯またはサンゴ礁に囲まれた水域内で生じる数十秒から数分の周期の水位変動．

surf zone 砕波帯：砕波水深と汀線の間の帯状部分．波が砕波しつつ進行する領域をさすこともある．

surgical method 切開法

surging breaker 砕け寄せ波：磯波の一種．

surimi すり身：生すり身または肉糊のこと．ねり製品の原料となる中間素材．= fish〔meat〕paste, raw surimi.

surimi-based product ねり製品：すり身を 2～3％の食塩とともにすり潰し

た後，加熱凝固した食品．= surimi product, surimi seafood.

surimi manufactured on board 洋上すり身：母船式底引網漁業船団の母船や遠洋トロール船上のようなすり身工船（船上，洋上）で製造した冷凍すり身のこと．工船すり身ともいう．

surplus of fishery household economy 漁家経済余剰：漁家経営において，可処分所得から家計費を引いた残額．

surplus principle 余剰原則：排他的経済水域の漁獲可能量を定め，その余剰分は他国の漁獲を認めるという国連海洋法上の原則．

surplus production 余剰生産：資源の自然増加重量．

surplus production model 余剰生産モデル：資源量の時間的変化を自然増加量と漁獲量の差で表す資源動態モデル．年齢構成を考えない．

surrogate broodstock technology 代理親魚養殖：魚類の始原生殖細胞や精原細胞などの未分化生殖細胞をドナー細胞として，宿主となる魚種の胚仔稚に移植し，これらの移植宿主魚を成熟させることにより，ドナー生殖細胞由来の配偶子を移植宿主に生産させる技術．

surugatoxin スルガトキシン：有毒な巻貝バイから分離された有毒成分の分解産物．活性本体はネオスルガトキシン．

survey of fishery operator 漁業就業者調査

survey report of fishery economy 漁業経済調査報告

survival 生残

survival curve 生残曲線：生存曲線ともいう．

survival process 生残過程

survival rate 生残率

survivor 生残魚

survivor curve 生残菌曲線：ある細菌を一定温度で加熱した時の菌数と加熱時間の関係で，通常，菌数の対数値と加熱時間は直線関係を示す．加熱致死時間（D値）が求められる．

susceptance サセプタンス：アドミタンスの虚数部．

suspended load 浮流土砂：水中に浮遊して輸送される土砂．= suspended sand.

suspended material 懸濁物：懸濁の分散相を形成する固体粒子をなす物質のこと．

suspended particle 懸濁粒子：懸濁の分散相を形成する固体粒子．

suspension 1)懸濁：分散媒が液体で，分散相としてコロイドより大きな固体粒子が分散している状態．食品例としてみそ汁やジュースがある．2)懸濁液：分散媒が液体で，分散相としてコロイドより大きな固体粒子が分散している状態の液．固体粒子がコロイドの場合を懸濁コロイド液という．3)自発的抑止．

suspension culture 懸濁培養：= suspended cell culture.

suspensorium 懸垂骨：下顎骨を頭蓋（がい）骨に接続する小骨の総称．

suspensory pharyngeal bone 懸垂咽頭骨：第1咽鰓（さい）骨と同じ．

sustainability 持続性

Sustainable Aquaculture Production Assurance Act 持続的養殖生産確保法

sustainable development 持続可能な開発

sustainable management stock 1）持続可能な管理資源．2）維持管理資源：国際捕鯨委員会で用いられていた資源状態の分類の一つで，要注意状態にある資源．

sustainable production 持続可能な生産

sustainable use 持続可能な利用

sustainable yield 持続生産量，略号SY：毎年継続して漁獲できる量．

suwari 坐り：= setting of fish〔meat〕paste.

SV → volume backscattering strength

SVC → spring viremia of carp

swarmer 遊走細胞：鞭毛を用いて水中を運動する生殖細胞の総称．

sweeping area 掃海面積：底曳網が海底を移動した面積．袖先間隔と曳網距離の積で表す．

sweeping trammel net 漕ぎ刺網：刺網の片側を固定して支点とし，もう片側を船により曳きまわす漁法．

sweep line 曳綱：かけまわし式底曳網の曳索．= sweep.

sweet-boiled fish product 甘露煮《魚の》：佃煮の一種で，砂糖と水飴を多くして特に甘くしたもの．飴煮ともいう．

sweet fish culture アユ養殖

swell 1）うねり：= rise. 2）スウェル．

swept area 掃過面積：= sweeping area.

swim bladder 鰾(うきぶくろ)：魚類に特有の器官．浮力調節と聴覚補助の機能をもつ．

swim bladder inflammation 鰾(ひょう)炎

swim bladder nemotodosis 鰾(ひょう)線虫症《ウナギ》：*Anguillicola* 属および *Anguillicoloides* 属線虫のウナギ類の鰾(うきぶくろ)への寄生．

swimming curve 遊泳曲線：遊泳速度別の耐久時間を示す曲線．

swimming movement 遊泳運動

swimming speed 遊泳速度

switching fishery 切替え漁業

swivel 撚(よ)り戻し：釣糸，ロープなどに撚りのかかるのを防ぐ索具の部品．サルカン(猿環)ともいう．

swollen can 膨張缶

SY → sustainable yield

syconoid type シコン型：海綿動物の水溝系の一型．

symbiont 共生体

symbiosis 共生：異種の生物が同所的に生活し，利益または不利益の相互関係を定常的に保っている現象．

symbiotic bacterium 共生〔細〕菌

sympathetic nerve 交感神経：不随意活動を活性的に調節する自律神経系．

symphysis 縫(ほう)合部

symplectic bone 接続骨

sympodial branching 仮軸分枝：主軸が体の発達につれて，次々にそれまでの側軸に移る分枝様式．

synapse シナプス：ニューロン間またはニューロンと他の細胞の間の情報伝達のための接触部位．分泌する神経伝達物質によって，興奮性と抑制性がある．

synapsis 対(たい)合：相同染色体が減数分裂する際に接着する現象．対(つい)合ともいう．= pairing.

synaptonemal complex 接合糸複合体

synchronism generator 同期発電機：発生する交流の周波数，回転子の速度および磁極数との間に一定の関係のある発電機．

synchronism motor 同期電動機

synchronous 同期式〔の〕

syncytium 多核体

syneresis 離漿：ゲルの体積が分散媒の放出によって減少する現象．シネレシスともいう．

synergist シナージスト：相乗剤または協力剤ともいう．

Syngman Rhee Line 李承晩ライン：1952年に李韓国大統領が一方的に管轄権を主張した水域ライン．1965年の日韓漁業協定により撤廃．

synkaryon 融合核

synonym 異名：生物の命名規約におい

て，同一の分類群に与えられた複数の学名．シノニムともいう．

synoptic chart 総観図：広い地域にわたって特定の時刻における値の分布を描いた図．

synthase シンターゼ：＝lyase.

synthetase シンテターゼ：＝ligase.

synthetic antimicrobial drug 合成抗菌剤

systematic error 系統的誤差：誤差が大きい値から小さい値へなどと順番に現れること．無作為でない誤差の可能性を示す．

systematic sampling 系統的標本抽出：母集団に番号をつけ，一定間隔で抽出を行う標本抽出法．

systemic circulation 体循環

syzygy 朔（さく）望：新月と満月のこと．

T3 → 3, 5, 3'-triiodothyronine

T4 → thyroxine

table-mount 平頂海山：＝guyot.

table of fishing vessel statistics 漁船統計表

TAC → total allowable catch

tachycardia 頻（ひん）脈：心拍間隔が短くなり，心拍数が多くなること．

tactile site 触覚器

tadpole larva オタマジャクシ型幼生

TAE → total allowable effort

tag 標識《迷子札による》

tagged fish 標識魚

tagging 標識装着

tagging experiment 標識放流実験：タグやイラストマーによって魚を標識し，放流再捕する実験．

tag recovery 回収〔された〕標識

tag shedding 標識脱落

tail 尾

tail beat frequency 尾鰭（き）振動数

tail length 尾部長：肛門から尾鰭（き）基底の中央までの長さ．

tail rot 尾ぐされ病：種々の細菌感染によって，尾鰭（き）が壊死または崩壊する疾病．

Takeuchi's Information Criterion 竹内情報量規準，略号 TIC：赤池情報量規準の一部を変更したもの．

TALEN → transcription activator-like effector nuclease

TALFF → total allowable level of foreign fishing

tangle 1）絡（から）み：刺網において，対象生物が網に絡んだ状態．2）コンブ（昆布）．

tangle boiled in soy こんぶ佃煮：コンブ乾燥品を醤油，調味料とともに煮熟したもの．

tangle flake とろろこんぶ（昆布）：＝scraped tangle.

tangle net 刺網：対象生物を主に網地に絡（から）めて捕える漁具・漁法．＝gill net.

tangle roll 昆布巻き：身欠きニシンなどを昆布で巻いて煮たもの．こんぶまきともいう．＝rolled tangle with dried fish in it.

tangle tea 昆布茶：こぶちゃともいう．マコンブ，リシリコンブなどの乾燥原料を粉末化し，食塩・調味料と混合したもの．＝seaweed drink.

tapering テーパリング：網地の幅が狭くなるように斜断すること．

tapetum タペータム：眼の脈絡膜の中にあり，光を反射する膜．

tar ball タールボール：廃油が風化してボール状になったもの．

targeting induced local lesions in genomes ティリング〔法〕,略号 TILLING:人為的に誘発した点突然変異によって遺伝子の機能が一部欠損した変異体を大量に作成し,標的遺伝子を逆遺伝学的に解析する方法.魚類の TILLING では ENU 処理した雄から得られた F_1 の精子を凍結保存したライブラリーから,標的遺伝子に変異をもつものをスクリーニングし,人工授精により突然変異個体を作出する.

target reference point 目標管理基準,略号 TRP:資源管理の目標とする基準.

target species 対象種

target strength ターゲットストレングス,略号 TS:音波の反射の強さを表す指標.標準距離における反射音波の強さを入射音波の強さで割った値またはそのデシベル値.

taste-active component 呈味成分:甘味,塩味,酸味,苦味,うま味が基本成分. = taste constituent.

taste bud 味蕾(らい):脊椎動物の味覚器で,味細胞と支持細胞からなる.

taste sense 味覚:= gustatory sense.

taurine タウリン:システイン由来のアミノスルホン酸.

taurine transporter タウリン輸送体:タウリン関連化合物の輸送に関係するタンパク質.

tauropine タウロピン:タウリンとピルビン酸が還元縮合したオピン類.紅藻酸ともいう.

tax 課税:税のこと.また漁業経済学では,漁獲努力量の過剰投入を抑える資源管理手段の一つとされることもあるが,現実に適用されている例はほとんどない.

taxes and other public charge for fisheries 漁業部門租税公課

taxes, public-imposts and other obligations 租税公課諸負担

taxis 走性:生物が刺激に反応して起こす方向性のある移動運動.刺激に向かうのを正の走性,刺激から遠ざかるのを負の走性と呼ぶ.

tax measure 課税方式

taxonomy 分類学

Taylor's power テーラー級数

TBA value TBA 値:= thiobarbituric acid value. 油脂の酸化指標の一つ.

TCA cycle TCA 回路:tricarboxylic acid cycle

T cell T 細胞:リンパ球亜群の一つ.胸腺で分化し,抗体産生の調節と細胞性免疫の主体をなす細胞.

Tchebychev's inequality チェビシェフの不等式《統計》:統計学の基本式の一つ.

TDF → testis determinating factor

tears in netting 破網:網が破れること.

technical measures 質的・技術的規制

technological creep 技術的漸進

TED → turtle excluder device, trawl efficiency device, trash excluder device

tegmentum mesencephalon 中脳被蓋(がい)

telemetry テレメトリー:遠隔地または移動体のデータを電波または音波で送信するシステム.遠隔測定ともいう.

telencephalon 終脳:端脳ともいう.

teleost〔**fish**〕 硬骨魚:魚類の中で,骨格の大部分が硬骨で形成され,鱗や鰓蓋(さいがい)をもつもの.魚類のほとんどがこれに属する.分類学上は硬骨魚綱という.

tele-sounder テレサウンダー:遠隔式魚群探知機.主に定置網漁業で用いる.

teletroch 端部繊毛環

telomerase テロメラーゼ:真核生物の細胞分裂の際,DNA の末端に反復配列を付加することにより染色体の短縮

を防ぐ酵素.

telson 尾節

temperate 温帯〔の〕

temperature acclimation 温度順化：温度馴化ともいう.

temperature coefficient 温度係数

temperature dependent sex determination 温度依存性性決定，略号 TSD：胚発生の際の高温または低温が性を決定をする機構．カメ，ワニおよび魚類の一部で認められる.

temperature effect 温度効果

temperature quotient Q10 値：温度係数ともいう．変温動物において，体温が10℃上昇した時の代謝量の増加率を示す．通常2〜3の間.

temperature-shift treatment 踊り場温度処理

template matching テンプレートマッチング：= mask matching.

temporal bone 側頭骨

tender 入札：= bid.

tensile strength 引張り強度

tentacle 1) 触手：動物の口周辺などにある突起物で，触覚と化学感覚の受容器をもつ．2) 触腕《頭足類の》：イカ類の腕のうち，特に長い一対 (2本).

tentacle sheath 触手鞘(しょう)

teratogenecity 催奇性

tergite 背板《フジツボ類の》

tergum 背板《節足動物の》

terminal 端位：定置網の身網に設置し，魚群の入口となる開口部．= doorway.

terminal bud 皮膚味蕾(らい)

terminal F → terminal fishing mortality coefficient

terminal fishing mortality coefficient 最高年齢の漁獲〔死亡〕係数，略号 terminal F：各年級群の最高年齢または最近年に対する漁獲〔死亡〕係数で，VPAの計算で仮定または推定される値.

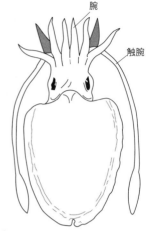

触腕（水産無脊椎動物学入門，2006）

terminal nerve 終神経：隣接する嗅索とは独立してみられる神経系の一部.

terminal spawner 生活史末産卵：生活史末に産卵して死亡する様式.

terms of trade 交易条件：輸出品一単位と交換し得る輸入品の量.

terpene テルペン：炭素数5のイソプレンを構成単位とする化合物の総称．イソプレノイドまたはテルペノイドともいう.

terpenoid テルペノイド：= terpene.

terrestrial 陸上〔の〕

terrestrial navigation 地文航法：航路標識，電波などを利用して船の位置を定める航法.

terrigenous 陸起源性〔の〕

Territorial Use Rights in Fisheries 〔水面〕漁業権，略号 TURF：一定の水面で特定の漁業を排他的に行うことのできる権利(漁業権).

territorial waters 領海：国家の沿岸に沿って一定の幅に設定された帯状の海域．沿岸国の主権はこの海域にも及ぶ.

日本では12海里.

territory 縄張り：主に脊椎動物に広くみられる行動様式で，行動圏の全部または一部を占有し，他の個体の侵入を許さない領域．テリトリーともいう．

tertiary treatment 三次処理

test 1) 検定《統計》．2) 殻：外被，被殻，貝殻などの総称．

test cross 検定交雑

test function 検定関数《統計》

testis 精巣：精子を産生する雄性生殖巣．食品としての通称は「しらこ」．

testis determinating factor 精巣決定因子，略号 TDF：生殖腺原基を精巣に分化させる，雄の性決定因子．

testosterone テストステロン：雄性ホルモンの一種．

test statistic 検定統計量

tetrad 四分染色体

Tetragenococcus テトラジェノコッカス：好塩性乳酸球菌の一属．

tetrahedral baculovirosis バキュロウイルス・ペナエイ感染症《クルマエビ類》：クルマエビのウイルス感染症の一種．病原体は *Baculovirus penaei* (= PvSNPV)．

tetrahedral tetrasporangium 四面体型四分胞子嚢(のう)

tetramine テトラミン：ある種の巻貝の唾液腺に高濃度で含まれ，食中毒の原因物質となる．

tetraodontiform フグ形：フグに代表される体形のこと．

tetraploid 四倍体：4組の染色体を有する魚介類で，人為的に誘起した四倍体では二倍性の配偶子を産することが期待される．

tetrapod 1) 四肢．2) 四足動物．

tetrapyrrole テトラピロール：4つのピロール環が結合した物質で，ヘム，クロロフィル，ビリンなどの色素の構造の基本をなす．

tetrasporangium 四分胞子嚢(のう)

tetraspore 四分胞子：褐藻類と紅藻類の不動胞子で，1個の母細胞が減数分裂によって胞子4個を生じる．

tetrasporophyte 四分胞子体

tetrodotoxin テトロドトキシン：フグ毒の主要成分で，ナトリウムチャネルを介した Na^+ の流入を阻害することにより神経の刺激伝導を遮断する．フグ毒と同義．

texture テクスチャー《食品の》：硬さなどの物性．

TG → triacylglycerol

thallus (*pl.* thalli) 藻体

thawing 解凍：冷凍魚や冷凍食品などの食品中の氷を融解して凍結前の状態に戻す操作．通常，加熱により行われる．

thawing with flowing water 流水解凍

thawing with iced water 氷水解凍

thaw rigor 解凍硬直：即殺魚など ATP 含量が高い状態の肉を解凍することで硬直が起こること．激しく収縮するため，解凍後のドリップの生成が多く，品質低下の要因となる．

theca 殻《珪藻類と渦鞭毛藻類の》

theca cell 莢膜細胞

the flag states principle 旗国（きこく）主義：公海での船舶または公空での航空機は「浮かべる領土」であり，乗員と乗客を含めて，旗国の管轄に服するという原則．

The Japanese Society of Fisheries Science 日本水産学会

Thelohanellus テロハネルス：淡水魚に寄生する粘液胞子虫の一属．

Thelohanellus kitauei 腸テロハネルス《コイの》：コイの腸管に寄生する粘液胞子虫の一種．

The Oceanographic Society of Japan 日本海洋学会

thermal alga 温泉藻

thermal compensation 温度補償：外界の温度変化に適応しようとする変温動物の生理現象.

thermal death time 加熱致死時間曲線：加熱致死時間（D値）の対数と加熱温度の関係．通常，直線関係が得られる．この曲線からZ値が求められる．

thermal effluent 温排水：発電所などで冷却水として使用され，もとの水温よりも高くなって放流される排水．

thermal expansion 熱膨張

thermal gelation 加熱ゲル化：食塩を加えて擂潰（らいかい）したすり身を加熱することによって，筋原線維タンパク質が網目構造を形成すること．これに伴いねり製品の弾力が増大する．

thermal pollution 熱汚染：排熱などの熱エネルギーの変化によって引き起こされる環境汚染．

thermal stratification 温度成層：温度の異なる水が層状に安定し，配列している層．

thermistor サーミスタ：温度計に用いる半導体感温素子の一種．

thermocline 温度躍層：海洋や湖において，水温が鉛直的に急変する層．水温躍層ともいう．

thermohaline circulation 熱塩循環：水温と塩分が空間的に一様でないために生じる海水循環．

thermohaline front 熱塩フロント：低水温・低塩分の内湾水および高水温・高塩分の外洋水の境界に発生する表面収束を伴う海洋前線．

thermometer 温度計

thermophilic bacterium 好熱性細菌：高温で生育できる細菌．一般に56℃以上の温度において増殖できる細菌．高温性細菌ともいう．

thermophilic microorganism 高温性微生物：= thermophilic bacterium.

thermoreceptor 温度受容器

thermostability 温度安定性

thermosteric anomaly 標準比容偏差：現場比容と塩分35・水温0℃における比容との偏差．サーモステリックアノマリーともいう．

thiamin チアミン：抗脚気因子でもある．ビタミンB_1ともいう．

thiaminase チアミナーゼ：チアミンを分解する酵素．ビタミンB_1分解酵素ともいう．

thin-layer chromatography 薄層クロマトグラフィー，略号TLC．

thiobarbituric acid value チオバルビツール酸値，略語TBA値：過酸化脂質含量の指標．

thiol protease チオールプロテアーゼ：= cysteine protease.

tholichthys larva トリクチス幼生：チョウチョウウオ類の幼生．

tholichthys stage トリクチス期：チョウチョウウオ類の幼生期の名称．

thoracic 胸位〔の〕

thorax 胸部：= breast.

threatened 絶滅危惧：IUCN（国際自然保護連合）のレッドリストにおけるカテゴリー．絶滅危惧IA，IB，II類に細分される．

threatened species 絶滅危惧種：狭義ではIUCNレッドリスト「絶滅危惧」をさす．= threatened

three-piece can スリーピース缶：缶胴と蓋および底を二重巻締した缶．

thremmatology 育種学：生物の生産性を高めるための遺伝的制御における法則性を追及する学問．

threonine トレオニン，略号Thr, T：水酸基をもつアミノ酸の一種．

threshold character 閾（いき）値形質

threshold value 閾（いき）値：ある作用

因子が生体に反応を起こすか，起こさないかの限界値．

throat 深さ：釣針の曲がりの内底部から針先までの距離．

thrombosis 血栓症

thromboxane トロンボキサン，略号 TX：アラキドン酸などから合成される血小板凝集促進脂質．

thylakoid チラコイド：葉緑体の光合成膜．

thymine チミン：ピリミジン塩基の一種．

thymocin チモシン：胸腺が分泌するタンパク質ホルモンの一種．

thymus 胸腺：脊椎動物の頸部下方にあり，Tリンパ球を作る器官．

thymus-dependent antigen 胸腺依存性抗原：抗体産生にTリンパ球の共同作用を必要とする抗原．

thymus-independent antigen 胸腺非依存性抗原：抗体産生にTリンパ球の共同作用を必要とせず，Bリンパ球を刺激できる抗原．

thyroglobulin チログロブリン：甲状腺濾胞で合成・蓄積され，甲状腺ホルモンを分子内にもつ巨大タンパク質（分子量約66万のホモ二量体）．

thyroid gland 甲状腺：脊椎動物の頸部にあり，甲状腺ホルモンを分泌する器官．

thyroid hormone 甲状腺ホルモン

thyroid-stimulating hormone 甲状腺刺激ホルモン，略号 TSH：腺下垂体から分泌される糖タンパクホルモンの一種．甲状腺に作用して甲状腺ホルモンの産生・分泌を促進する．

thyrotropin-releasing hormone 甲状腺刺激ホルモン放出ホルモン，略号 TRH：視床下部で合成されるペプチドホルモンの一種．腺下垂体（前葉）からの甲状腺刺激ホルモンの分泌を促進する．

thyroxine チロキシン，略号 T4：甲状腺ホルモンの 3, 3', 5, 5'- テトラヨードチロシン．

TIC → Takeuchi's information criterion

tickler chain 起〔こ〕しチェーン：海底に生息するエビ類，カレイ類などを威嚇して入網させるため，底曳網に取り付ける鎖．

tidal component 分潮：潮汐を構成している調和成分潮．= tidal constituent.

tidal constant 潮汐定数：潮位変化の振幅と遅角を組にした値．観測点ごとに定まる．

tidal current 潮流：潮汐に伴って生じる海水の流れ．

tidal ellipse 潮流楕円：分潮流について作成したホドグラフ（潮流図表）．

tidal front 潮汐フロント：潮流による混合作用で一様化した海域と成層海域との境界に形成されるフロント．

tidal mixing 潮汐混合：潮流による混合作用．

tidal period 潮汐周期：潮汐の変動周期．

tidal range 潮差：満潮と干潮の潮位差．

tidal residual current 潮汐残差流：潮流の非線形性と地形効果の相互作用によって発生する定常的な流れ．

tidal river 感潮河川：河川の河口近くなどで，潮汐現象がみられる部分．

tidal table 潮汐表：各地の潮汐定数を用いて潮汐と潮流の予報値を記載した表．

tidal well 検潮井戸：導水管を通じて出入りする水位の変化を測定し，潮汐を調べる井戸．

tide 潮汐：主に月と太陽の引力効果によって生じる海面の昇降．

tide curve 潮高曲線：検潮儀で記録された潮位変化の曲線．

tide embankment 防潮堤：高潮を防ぐ

ために設置する堤防.
tide gate 防潮ゲート：高潮または津波を防ぐために海岸付近に設置する水門.
tide gauge 検潮儀：潮汐の変化を記録するために用いる装置．検潮器ともいう.
tide-generation force 起潮力：天体の引力が地球上の各地点によって少しずつ異なるために生じる力.
tideland 干潟：干潮時に現れ，満潮時には海面下に没する潮間帯の著しく広く平らな砂泥地帯. = tidal flat.
tide level 潮位：海面の高さをある固定した基準面から測った値．潮高ともいう.
tide pool 潮だまり：干潮時に潮間帯の岩盤または砂泥底のくぼみにできる海水のたまり.
tide station 検潮所：潮汐の変化を記録するために海岸に設置する施設.
Tiedeman's body ティーデマン小体：棘皮動物の環状水管から膨出する小囊（のう）．体腔細胞の産生に関わる.
tiger net 虎網：中国や台湾で盛んな巻き曳網漁具・漁法.
TILLING → targeting induced local lesions in genomes
tilt angle 立上り角：オッターボードの内側または外側への傾斜角.
time constant 時定数：増幅器のコンデンサ容量と抵抗値の積．電圧変化に対する応答の速さを決定する.
time-continuous model 連続時間モデル：状態の時間的変化を表現する数学模型のうち，時間を連続的に扱うもの.
time-discrete model 離散時間モデル：状態の時間的変化を表現する数学模型のうち，時間を期間単位として扱うもの.
time series analysis 時系列解析
time-specific life table 定常生命表：ある時点の個体群の齢構成から死亡率を推定して作成した生命表. = static life table.
time-temperature-tolerance 貯蔵期間品温許容限界，略号 TTT
time to CPA 最接近時間：観測者と他船などの目標物との相対位置が最も近づくまでの所要時間.
time varied gain ティーブイジー，略号 TVG：計量魚探機などで伝搬減衰を補正する増幅器の一種.
time zone 時間帯：同一の時刻を使用する帯域.
tip section 竿先《釣竿の》
tissue culture 組織培養
titin タイチン： = connectin.
titration 滴定
TLC → thin-layer chromatography
TMA → trimethylamine
TMAO → trimethylamine oxide
toasted nori 焼き海苔：干しのりを焙焼したもの. = roasted laver.
tocopherol トコフェロール：ビタミンEの一群．天然の酸化防止剤でもある.
toe 袖先《トロールの》：曳網に接続する袖網の先端部分．袖端ともいう. = wing end
togenuke disease 棘（とげ）抜け症《ウニ》：ウニ類の棘が脱落する細菌性の疾病.
tombolo 陸繋砂嘴（りくけいさし）：沿岸流によって運搬された砂と礫が，岬または半島から海へ細長く突き出した形で堆積してできる海底地形．トンボロともいう.
Tompson-Bell model トンプソン・ベルのモデル：資源量の変化を加入量，資源の成長率，自然死亡率および漁獲率

で表す資源動態モデル．オヒョウ資源で用いられていた．

Tompson-Burkenroad debate トンプソン・バッケンロードの討論：オヒョウ資源の回復原因についての意見の対立．資源管理効果か自然変動かで対立した．

tom weight 網口錘（おもり）：魚の逃出を防ぐため，旋（まき）網船の上から網裾に向けて降下させる錘．

tong 挟（きょう）具：貝などをはさみ取る雑漁具．= clamp, clip.

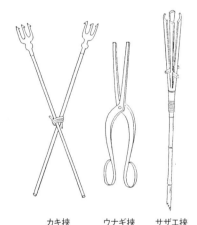

カキ挟　　ウナギ挟　　サザエ挟
挟具（新編 水産学通論，1977）

top-down approach トップダウンアプローチ

top-down control トップダウン制御：高次栄養段階の捕食者の増減による生態系の制御の仕組み．

top-icing 掛け氷

topographic map of sea floor 海底地形図：海の深さや海底の地質構造を示した地図．

topography 地形：地面の形，高低，起伏などの様態．

top panel 上網：トロールの袋網を構成する網地面の一つ．4面のうちの上面．

top roller トップローラー：トロール網の曳索を通過させる大型の滑車．

tori line トリライン：延（はえ）縄漁業における海鳥の混獲防止を目的として，船尾に立てたポールの先端から伸ばしたロープとそこから垂下した鳥おどしによる混獲防止装置．トリポールとも呼ばれる．= bird scaring line.

torque 回転モーメント：ある固定された回転軸を中心にはたらく，回転軸のまわりの力のモーメント．回転力，トルクともいう．

torsion ねじれ構造：軟体動物腹足類の個体発生初期に，後部に位置していた肛門，鰓（えら）などが体前部に移動する過程で生じる体軸のねじれ状態．

torsional rigidity ねじり剛性

total allowable catch 許容漁獲量，略号TAC（タック）：ある期間内に許される最高限度の漁獲量．漁獲可能量ともいう．

total allowable effort 漁獲努力可能量，略号 TAE

total allowable level of foreign fishing 外国漁業の総許容漁獲量水準，略号TALFF：自国の漁獲可能量に余剰が出た時の外国への漁獲割当て量．

total bacterial count 全菌数：総菌数ともいう．

total domestic demand 国内向け総需要量

total exports quantities 総輸出量

total exports value 総輸出額

total imports quantities 総輸入量

total imports value 総輸入額

total length 全長：吻（ふん）前端から尾鰭（き）後端までの長さ．

total lipid 全脂質

total load control 総量規制：汚濁負荷

量の総量に対する規制.

total mortality coefficient 全減少係数：漁獲および自然死亡による減耗を合わせた全体の瞬間減耗率を表す係数. 全死亡係数ともいう.

total nitrogen 全窒素：水中に含まれる無機態窒素と有機態窒素の合計量. 陸水域, 沿岸域の環境基準の一つとなる.

total organic nitrogen 全有機〔態〕窒素：水中に含まれる有機態窒素の合計量.

total phosphorus 全リン：水中に含まれる無機態リンと有機態リンの合計量. 陸水域, 沿岸域の環境基準の一つとなる.

total production 総生産量

total production value 総生産額

total sum of squares 全変動

towed body 曳(えい)航体：船から送受波器と計測器を曳航するための搭載体.

towing 曳(えい)航：①船舶が他の船舶などを曳いて航行すること. ②底曳網を船で曳き回すこと.

towing chain トーイングチェーン：曳索とオッターボードの金具を接続する鎖.

towing time 曳(えい)網時間

towing warp 曳(えい)航索：曳航用の綱.

towline 大手綱：旋(まき)網の大手網側を牽引するために取り付けられる綱.

toxic dinoflagellates 有毒渦鞭毛藻類：貝中毒の原因物質を産生する渦鞭毛藻類.

toxicity 毒性

toxic plankton 有毒プランクトン：有毒物質, 特に貝中毒の原因物質を産生するプランクトン.

toxin 毒素

toxoid トキソイド：細菌の毒素を不活化したもの. 類毒素.

TPP → Trans-Pacific Strategic Economic Partnership Agreement

trabecular cartilage 梁(りょう)軟骨

trace 1) 痕(こん)跡. 2) 微量.

traceability トレーサビリティ：安心安全な食生活の基本となる追跡可能な物品の流通経路.

trace element 微量元素

tracer トレーサー：物質の挙動を追跡するために用いる物質. 放射性物質など.

trade participating right 売買参加権：卸売業者から買い受けることのできる資格. 仲卸業者と売買参加者がもつ.

trades statistics 貿易統計

trade-winds 貿易風：中緯度高圧帯と赤道付近の低圧帯の間を吹く恒常的な偏東風.

traditional fisheries 伝統漁業

tragedy of the commons 共有地の悲劇：Hardin (1968) が提唱した共有資源の枯渇過程を説明するモデル. 資源利用者がお互いに調整を行わないという特殊な条件を仮定している.

traing dike 導流堤：流れの向きと強さを制御し, 水流を誘導するために設置する堤防. = longitudinal dike, parallel dike, traing levee, traing wall.

training work 導流工

trajectory 流跡線：漂流ブイなどの移動の軌跡.

trammel net 三枚網：両側(外側)に大目合の網地, 内側に小目合の網の計3枚の網を重ねて仕立てた刺網.

transaminase トランスアミナーゼ：= aminotransferase.

trans-boundary 〔fish〕 stock 越境性〔魚類〕資源：複数の沿岸国の排他的経済水域を通過して移動する資源.

transceiver トランシーバ：送信機と受

信機が一体となった装置．携帯式送受信機のみをトランシーバと呼称するのは和製英語．

transcription 転写：DNA の塩基配列を相補的 mRNA として写し取る反応．

transcription activator-like effector nuclease 転写活性化様エフェクターヌクレアーゼ，略号 TALEN：ゲノム DNA 上の遺伝子の中からある特定の部分を認識・切断するために作製された人工ヌクレアーゼ．ゲノム編集技術に用いられる．

transcription factor 転写因子

transcriptome トランスクリプトーム

transducer 振動子：超音波の発生と受波のための変換器．圧電振動子，磁歪振動子など．

transduction 形質導入：宿主細菌の遺伝物質がバクテリオファージを介して他の細菌に移る現象．

transfection トランスフェクション：試薬やエレクトロポレーションなどの方法で，細胞に外来遺伝子を導入すること．

transferable drug resistance 伝達性薬剤耐性

transferase トランスフェラーゼ：水以外の化合物に，ある基を転移する酵素の総称．転移酵素ともいう．

transfer efficiency 1) 転送効率：摂食した有機物量のうち，成長と再生産に使われる量の比率．2) 総成長効率：生物個体ごとの転送効率．3) 生態効率：= ecological efficiency．

transfer of fry to the floating net-cage 稚魚の沖出し：陸上の種苗生産施設で飼育した稚魚を海面の生簀（いけす）内に移すこと．

transferred position line 転移線：位置の線を針路と航路によって移動させた時，その移動した線．

transferrin トランスフェリン：血漿の鉄結合性タンパク質．

transformation 形質転換：分子生物学では，細胞外部から DNA を導入し，遺伝的性質を変化させることを意味する．

transgenic fish 形質転換魚：受精卵に遺伝子を導入して形質を変えた魚．遺伝子導入魚，トランスジェニック魚ともいう．

transglutaminase トランスグルタミナーゼ：タンパク質のグルタミン残基とリジン残基の側鎖間を脱水縮合し，架橋を導入する酵素の一つ．かまぼこなどの坐り（弾力補強）に関与する．

transient expression 一過性発現《遺伝子の》

transition probability 推移確率：一定時間の後，ある〔離散的〕状態から別のある〔離散的〕状態に移行する確率．

transition probability density 推移確率密度：一定時間の後，ある〔連続的〕状態から別のある〔連続的〕状態に移行する確率密度．

translation 翻訳：mRNA の塩基配列からペプチド鎖を形成する反応．

translocation 転座：染色体の一部が位置を変える現象．

transmission 伝達

transmission efficiency 伝達効率：軸馬力と伝達馬力の比．

transmission loss 伝搬損失：音波または電波が伝播する際の損失．

transmission spectrum of the atmosphere 大気の分光透過スペクトル：電磁波が大気中を透過する時の波長別にみた透過割合．

transmitter 送信機

transmitting sensitivity 送波感度：音波を送る際の感度．単位電圧当りの基準距離（1 m）における音圧などで表す．

transovarian infection 経卵感染：卵表面に付着あるいは卵内に侵入することによって次世代に感染が伝播すること．

Trans-Pacific Strategic Economic Partnership Agreement 環太平洋戦略的経済連携協定，略号 TPP

transparency 1)透視度：試料水を入れた透視計の底においた白板の黒線が見える高さ(cm)．2)透明度：直径 30 cm の白色円盤(セッキー板)がみえなくなる深さ(m)．海水の清濁の度合を表す．

transplantation 移植：繁殖させる目的で，特定の生物種を本来分布していない場所に移すこと．

transplantation immunity 移植免疫

transplanting 移植：= transplantation.

transponder トランスポンダ：音響測位などに使用する応答器．

transport 輸送

transposon トランスポゾン：染色体上のある部位から他の部位へ転位する DNA 単位．転位性遺伝因子ともいう．

trap 1)筌(せん)：魚介類を誘引し，陥穽させる漁具．籠，壺，筒などをいう．筌(うけ)ともいう．2)返し：= funnel.

trap gear 陥穽(かんせい)漁具

trap net 1)落とし網：魚群を垣網で誘導し，昇網を通して箱網に陥れる定置網の一種．2)定置網：= set net.

trapping 陥穽(かんせい)：漁具の中に入った生物が出にくくする漁法．

trash excluder device 不要物排除装置，略号 TED

trash fish 屑魚(くずうお)：= coarse fish.

trawl board オッターボード：= otter-board.

trawl door オッターボード：= otter-board.

trawl efficiency device トロール効率化装置，略号 TED：商業的価値をもたない生物やウミガメなどの稀少生物を曳網漁具から排除するために装着される装置．

trawler トロール漁船

trawler's knot 蛙又結節：網目をつくる結節の一種．本目結節に比べ，結びの締まりがよく，目ずれが少ない．= English knot, weaver knot.

trawl fisheries トロール漁業

trawl head トロールヘッド：ビームトロール漁具の全部に取り付けられる鉄枠．

trawl net トロール網：オッターボードを使用する曳網漁具．= trawl.

trawl winch トロールウィンチ：トロール網および曳網の巻き取りと繰り出しをする機械．

Trematoda 吸虫類：扁形動物門吸虫綱に属する動物(寄生虫)の総称．日本でヒトに寄生する吸虫類として重要なものに，肝吸虫，横川吸虫，ウェステルマン肺吸虫，宮崎肺吸虫，棘口吸虫，日本住血吸虫などがある．

trematode whirling disease 吸虫性旋回病：吸虫の脳神経系の寄生によって生じる旋回運動を特徴とする疾病．

trench 海溝：海底の狭く深く長い谷．

trend of export by countries 国別輸出動向

trend of import by countries 国別輸入動向

trepang 1)いりこ(海参)：= boiled and dried sea cucumber. 2)ナマコ：= sea cucumber.

TRH → thyrotropin-releasing hormone

triacylglycerine トリアシルグリセリン：= triacylglycerol.

triacylglycerol トリアシルグリセロール，略号 TG：グリセロールに 3 分子の脂肪酸がエステル結合した脂質．食用油の主要な脂質成分．

trial speed 試運転速力：所定の馬力に対して仕様書通りの船速が出せるかを確認する速力試験での速力．

triangular net 三角網：漁網の構成で，特に丸みをつけたい部分（過縮結）や斜めの部分など歪になる所に用いる三角形の網地．

triangular set net 大敷（おおしき）網：身網と垣網からなる旧式の定置網の一種．

triangulation 三角測量：2ヶ所の固定基地局に対する方位によって，船舶の位置を決めること．

tricarboxylic acid cycle トリカルボン酸回路，略語 TCA 回路：= citric acid cycle.

trichoblast 頂端毛：紅藻類イトグサの若い糸状体の先端に形成される毛状細胞．

trichobranchiate gill 毛鰓（さい）

Trichodina トリコジナ：魚類に寄生する繊毛虫の一属．

trichogyne 受精毛：紅藻類の生殖細胞の一形態．

Trichomaris トリコマリス：子嚢（のう）菌類に属する真菌の一属．

trichome トリコーム：細胞糸《藍藻類の》ともいう．

trichothallic growth 頂毛成長《褐藻類の》：体の先端で多数の頂毛によって進む伸長様式．

trigeminal nerve 三叉（さ）神経：体性感覚を伝える脳神経．眼神経・上顎神経・下顎神経に分かれる．

triglyceride トリグリセリド：= triacylglycerol.

3, 5, 3'-triiodothyronine トリヨードチロニン，略号 T3：チロキシンに類似の甲状腺ホルモンの一種．

trimethylamine トリメチルアミン，略号 TMA：トリメチルアミンオキシドが還元され，トリメチルアミンとなる．魚の腐敗臭の原因の一つ．海産魚に特有の腐敗臭成分の一種．

trimethylamine oxide トリメチルアミンオキシド，略号 TMAO：海産動物の体内に広く分布し，動物の死後，トリメチルアミンに分解される．

trip 航海《統計単位》：漁獲努力量の単位．

triploid 三倍体：3組の染色体を有する魚介類で，人為的に誘起した三倍体では多くの場合，不妊性を示すことが多い．三倍体は自然界にも存在し，ギンブナでは雌性発生によりクローン集団を形成する．

triploid oyster 三倍体カキ：人為的に3組の染色体をもたせたカキで，成熟しないために通常個体よりも大きくなる．

trisomy 三染色体性

trivalent chromosome 三価染色体

trochophore トロコフォア〔幼生〕：軟体動物と環形動物の初期の幼生．担輪子幼生と同義．トロコフォラ〔幼生〕ともいう．

troller 曳縄漁船

trolling 曳縄釣：表層魚を対象として釣針を一定の水深で曳航する漁法．トローリングともいう．

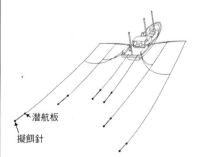

曳縄釣（漁具と魚の行動，1985）

trolling gear 曳縄：表層魚を対象として釣針を一定の水深で曳航する漁具. = troll line.

trophi 咀嚼(そしゃく)器

trophic cascade 栄養カスケード：上位捕食者の増減が被食者に波及すること.

trophic level 栄養段階：食物連鎖上の位置.

trophic polymorphism 栄養多型：摂餌に関した形質の多型.

tropical 熱帯の

tropical cyclone 熱帯性低気圧：熱帯, 亜熱帯の主に海上で発生する低気圧.

tropic tide 回帰潮：月が南北回帰線の付近に来た時の潮汐. 日潮不等が大きい.

tropomyosin トロポミオシン：筋肉の調節タンパク質の一種. 非筋肉細胞にも存在する.

troponin トロポニン：筋肉の調節タンパク質の一種.

tropotaxis 転向走性

trouser trawl ズボン式網：一つの網口で, 二つの袋網をもつ底曳網. 網目選択性の調査に用いる.

TRP → target reference point

true course 真針路

true dark muscle 真正血合筋： = deep-seated dark muscle.

trumpet hyphae トランペット細胞：褐藻類のコンブ, ホンダワラなどにみられるトランペット形の細胞. 養分輸送の機能をもつ.

truncation 打ち切り《確率分布の》

trunk 躯幹部：胴ともいう.

trypsin トリプシン：膵臓由来のプロテアーゼの一種. 食物の消化のほか, 他の酵素前駆体の活性化に関与する.

trypsin inhibitor トリプシンインヒビター：トリプシンの加水分解活性を特異的に阻害する物質.

tryptophan トリプトファン, 略号 Trp, W：芳香族アミノ酸の一種.

TS → target strength

TSD → temperature dependent sex determination

T-S diagram 水温-塩分ダイアグラム：観測点ごとに水深の水温(T：横軸)に対する塩分(S：縦軸)をプロットした図.

TSH → thyroid-stimulating hormone

Tsugaru Warm Current 津軽暖流：対馬暖流の分枝の一つで, 津軽海峡を西から東へ流れる海流.

tsunami 津波：海底で起こる大地震などに伴う急激な地殻変動によって, 海水面が変化して発生する波.

Tsushima Warm Current 対馬暖流：黒潮の一部が対馬海峡を経て日本海に流入する海流.

t-test t検定：正規母集団からの標本の平均値に関する仮説. 2標本間の平均値の差の検定などに用いる代表的な検定法.

TTT → time-temperature-tolerance

t-tubule 横行細管《筋小胞体の》

tube 筒：筒状の固定漁具の一種.

tube foot 管足：棘皮動物の水管系の末端を構成する伸縮性細管. 移動, 呼吸, 化学受容などの機能をもつ.

tuberous organ こぶ状器：水生動物の体表にある電気受容器の一種.

tube-shaped and roasted fish paste product ちくわ(竹輪)：塩ずり肉を竹串または金串に付けて焙焼したかまぼこ(蒲鉾)の一種. そのまま chikuwa とも表記される.

tube worm チューブワーム：大洋底の熱水噴出域で発見された管生動物で, 化学合成細菌と共生している. ハオリムシ類.

tubular trap 筌(せん)：= trap.

tubule 導管部

tubulin チューブリン：微小管の主要な構成タンパク質.

tumor 腫(しゅ)瘍：自律的に過剰増殖する細胞の集合体.

tuna longline fishery マグロ延(はえ)縄漁業

tuna longline fishery on coastal waters 沿岸マグロ延(はえ)縄漁業

tuna longline fishery on distant waters 遠洋マグロ延(はえ)縄漁業

tuna longline fishery on offshore waters 近海マグロ延(はえ)縄漁業

tunaxanthin ツナキサンチン：海産魚に広く分布するキサントフィルで，黄色を呈する．アスタキサンチンから還元的代謝により生成する.

tuned VPA チューニング VPA：CPUE，産卵量などの指数の推移が資源尾数の推移と合うように，未知パラメータを推定する VPA の一種.

tunic 被嚢(のう)《ホヤ類の》：体全体を包む分厚い結合組織.

tunicin ツニシン：ホヤの被嚢(のう)を構成する多糖成分．構造的にはセルロースに類似する.

tuning VPA チューニング VPA：= tuned VPA.

turbidity 濁度：水の濁りの程度．ミオシンの塩溶解性などの指標となる.

turbidity current 混濁流：海底堆積物で懸濁した密度の大きい海水の海底における流れ.

turbine タービン：流水，蒸気，ガスなどの力で回転する原動機.

turbo electric propulsion ターボ電気推進：蒸気タービン機関駆動の発電機と推進用電動機を組合せた推進装置.

turbulence 乱れ

turbulent diffusion 乱流拡散：乱流の中の不規則運動によって起こる拡散.

turbulent flow 乱流：流体の局所的な流速と圧力が不規則的に変動する流れ.

TURF → territorial use rights in fisheries

turn of tides 転流：上げ潮流と下げ潮流との変わり目で，流向が反転する現象.

turnover on equity 自己資本回転率：売上高を自己資本の平均有高で割った比率．自己資本の効率を表す指標.

turnover rate 回転率：物品・生物群集・細胞などの入れ替わり速度を示す率.

turnover ratio of total liabilities and net worth 総資本回転率

turnover time 回転時間

turtle excluder device ウミガメ排除装置，略号 TED：エビトロールなどの曳網類において，格子と脱出口によりウミガメを網外に排除する装置.

TVG → time varied gain

twilight 薄明(はくめい)：日の出前または日没後に，太陽光線が大気に反射されてみられる天空のほのかな明るさ.

twilight vision 薄明(はくめい)視：= scotopic vision.

twin cone 双錐(すい)体：硬骨魚類にみられる錐体.

twine 複糸(し)：片子糸を撚(よ)り合わせたもの．漁業分野では網糸をさす．= netting twine.

twister 捩(ねじ)具：海藻などを巻き付けて捩り取る雑漁具．= wrenching gear.

two-boat ring net 二艘(そう)式リングネット：中央に魚捕り部のある旋(まき)網の半分ずつを積載した 2 隻 1 組の網船で操業する網漁具．環締め綱をもたない点で旋網漁具と異なる.

two half hitch 二重結び：結索の一種.

two-phase sampling 二相標本抽出：=

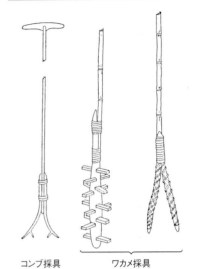

コンブ採具　　ワカメ採具

採具（新編 水産学通論，1977）

double sampling.

two-piece can ツーピース缶：打ち抜き法により缶胴および底を一体として成形し，蓋を二重巻きしたもの．

two-stage sampling 二段標本抽出：多段標本抽出の一例．

two-step heating 二段加熱法

two-stroke cycle engine 二サイクル機関：1往復（行程換算2回（=2 stroke））で1周期を完結するエンジンで，ピストン1往復（クランクシャフト1回転）ごとに燃料を点火する．

TX → thromboxane

tychoplankton 一時性プランクトン：生活史の一時期に浮遊生活を送る生物．臨時性プランクトンともいう．

tympanic spine 耳骨棘（きょく）

tympanites ventriculi 胃鼓張症

type locality 産地タイプ

type specimen 模式標本：学名の客観的基準となる標本の総称．基準標本，タイプ標本ともいう．

typhlosole 腸内縦隆起

typhoon 台風：北西太平洋や南シナ海に存在し，中心付近の最大風速が17.2 m/s（34ノット，風力8）以上の熱帯低気圧をさす．

tyramine チラミン：チロシン由来のアミン．

tyrosinase チロシナーゼ：チロシンやドーパなどのフェノール化合物を酸化する酵素．メラニン色素の合成に関与．

tyrosine チロシン，略号 Tyr，Y：芳香族アミノ酸の一種．

ulcer 潰（かい）瘍：皮膚または粘膜の上皮組織の部分的欠損が皮下または粘膜下の組織にまで達した状態．

ulcer disease 1) 穴あき病：細菌 *Aeromonas salmonicida* の変異株（非定型 *Aeromonas salmonicida*）の感染によって，温水性淡水魚の皮膚に穴があき，筋肉が露出する疾病．2) 潰（かい）瘍病《サケ科魚類》：サケ科魚類における非定型 *Aeromonas salmonicida* による細菌感染症．

ultimate pH 最低pH：死後の筋肉が到達する最低のpH値．

ultimobranchial organ 鰓（さい）後腺：甲状腺傍濾胞細胞に相当する魚類の内分泌器官．

ultracentrifugation 超遠心〔分離〕

ultra-deep frozen storage 超低温凍結貯蔵

ultrafiltration 限外濾過：約1〜100 nmの孔径をもつ多孔質の限外濾過膜を用いた分子レベルの濾過．水や無機塩は

通すが，多糖類やタンパク質などは通さない．食品では，牛乳の濃縮，生酒の製造などに用いられる．

ultramicrobacterium 超微細細菌

ultrasonic 超音波〔の〕：人間が聞こえる周波数(20 Hz〜20 kHz)より高い周波数の音波〔の〕．= supersonic.

ultrasonic pinger 超音波ピンガー：超音波を一定間隔で送信する機械．

ultraviolet radiation 紫外線放射

ultraviolet ray 紫外線，略号 UV：可視光線よりも短波長の電磁波．

ulvaline ウルバリン：緑藻類ヒトエグサに含まれるベタイン類の一種．血漿コレステロール低下作用をもつ．

umami うま味：グルタミン酸ナトリウムやイノシン酸ナトリウムなどが示す味の一種．

umbo 殻頂：二枚貝と巻貝の殻の頂端部．

umboral stage 殻頂期

UMP test UMP 検定：= uniformly most powerful test.

UMPU test UMPU 検定：= uniformly most powerful unbiased test.

unattended machinery space 無人機関区域

unbaited pot 餌なし籠

unbalance アンバランス：= imbalance

unbiased estimator 不偏推定量：その期待値が母数に一致する推定量．

unbiased variance 不偏分散

unbiasness 不偏性

uncatchable stock 漁獲不能資源(予備資源)

uncertainty 不確実性：水産資源の大きな特徴の一つ．

UNCLOS → United Nations Convention on the Law of the Sea

undercurrent 潜流：海面表層の海流より深部にあり，それと反対方向の強い流れ．

underexploitation 低開発

underexploited stock 低開発資源

under keel clearance 余裕水深：水底と船底との距離．

undernutrition 低栄養：= malnutrition.

underwater concrete 水中コンクリート：水中でも施工できるように改良したコンクリート．

underwater irradiance 水中照度：単位受光面積当りの水中光量を絶対エネルギーの単位で表した値．

underwater park 海中公園：= submarine park.

underwater sound level meter 水中音圧計：水中音圧レベルの測定，聴音，および校正などに使用可能な測定器．

underwater speaker 水中スピーカー：水中で効率よく音波を放射できるようにしたスピーカー．

undulatory movement 波状運動：波が打ち寄せるように，一定の間隔をおいて繰り返される運動．

unexploited stock 未開発資源：= virgin stock.

unfolding 変性：アンフォールディングともいう．= denaturation.

unicellular 単細胞〔の〕

uniform distribution 一様分布《確率》：確率分布の一つ．

uniformly most powerful test 一様最強力検定，略語 UMP テスト：第 1 種の過誤の確率がある水準以下の検定ルールのうち，検出力が最大の検定．

uniformly most powerful unbiased test 一様最強力不偏検定，略語 UMPU テスト：ある有意確率の不偏検定のうち，検出力を一様に最大にする検定．

unilocular sporangium 単子嚢(のう)

unipolar 単極〔の〕

unisexual reproduction 単性生殖

unisexual species 単性種：雌性発生と雑種発生の機構による単性生殖を行う種．ごく一部の魚類などにみられる．

unit 単位

United Nations Convention on the Law of the Sea 海洋法に関する国際連合条約（国連海洋法条約），略号 UNCLOS

United Nations Environmental Programme 国連環境計画

unit reef 単位魚礁：漁業生産の場として安定した効果を発揮し得る最小規模の魚礁漁場．

univalent chromosome 一価染色体

universal time 世界時：グリニッジ子午線上における平均太陽時で，世界中が一律に用いる時法．

unloading 荷揚げ：水産物または物資を船から陸上に揚げること．

unpaired fin 不対鰭（ついき）

unreduced gametogenesis 非還元配偶子形成

unsaturated alcohol 不飽和アルコール：分子内に二重結合をもつアルコール類．

unsaturated fatty acid 不飽和脂肪酸：分子内に二重結合をもつ脂肪酸類．

unused resources 未利用資源：利用されていない水産資源の他，漁獲物のうち利用されない混獲物や水産加工の過程で生じる廃棄物などもさす．

unwanted species 非対象種

upper air chart 高層天気図：500 hPa などの等圧面における気象状態を表す天気図．

upper jaw length 上顎長

upper labial teeth 上唇（しん）歯

upper panel 上網：2 枚構成のトロール網のうち，上側の網地．

upper pharyngeal bone 上咽頭骨

upstream 川上《流通の》：商品の流れを川に例えた場合，生産段階のこと．

upstream migration 遡（そ）河回遊：川で生まれて海で成長し，繁殖のために川を遡る回遊行動．= anadromous migration.

uptake 摂取量

upwelling 湧昇：時間的に数日以上の持続性と空間的に数 km 以上の広がりをもつ水塊の上昇運動．

upwelling flow 湧昇流：下層の水が地形，風などの影響によって上層にあがってくる現象およびその流れ．

uracil ウラシル：ピリミジン塩基の一種．

urahama-sei 浦浜制：浦方（漁村）と村方（農村）を峻別し，浦方のみが漁業を営めると定めた近世の漁場制度．

ural vertebra 尾鰭（き）椎

urea 尿素：軟骨魚類では体液浸透圧構成成分として重要．真骨魚は一部の例外を除き，生合成能は低い．

urea adduct method 尿素アダクト法：脂肪酸など直鎖化合物の存在下で尿素を結晶化させ，化合物を結晶中に抱合して分離する方法．

urea cycle 尿素回路：アミノ酸の分解によって作り出されるアンモニアを尿素に変換するための代謝サイクルをいう．オルニチン回路ともいう．

ureotelic animal 尿素排出動物

ureotelism 尿素排出：窒素を最終的に尿素として排出すること．

urinary bladder 膀胱

urinary pore 泌尿孔

urine 尿

uriniferous tubule 細尿管：= renal tubule.

urogenital pore 泌尿生殖孔

urogenital system 泌尿生殖系

urohyal bone 尾舌骨

uronate cycle ウロン酸回路：グルコースの代謝の一つの経路で，ペントースリン酸回路にキシロース 5-リン酸を

供給する.グルクロン酸とビタミンCの生成にも関与する.

uroneural bone 尾神経骨

urophysis 尾部下垂体:魚類の脊髄末端にある内分泌器官.

uropod 尾脚

urostyle 尾部棒状骨

urotensin ウロテンシン:魚の尾部神経分泌系が放出する生理活性ペプチド.

used frying oil 廃フライ油

use right 使用権

utility business 利用事業

utility function 効用関数:意思決定に用いる基準の一つで,ものごとの望ましさを示す効用を表した関数.

utricle 小囊(のう):緑藻類ミルにみられる体構造.囊状部が横に密集して体を作る.

utriculus 通囊(のう):魚類の内耳を構成する耳石器官の一つ.一部の魚では音または振動を受容する.

UV → ultraviolet ray

vaccination 予防接種

vaccine ワクチン:病原体由来の抗原を含む物質で,伝染病の予防と治療に用いる.

vacuolar degeneration 空胞変性

vacuole 液胞:水溶液を満たしている細胞内の構造体.空胞ともいう.

vacuum drying 真空乾燥

vacuum freeze dry 真空凍結乾燥:= lyophilization.

vacuum packaging 真空包装:真空ポンプで脱気しながらシールする方法で,容器内部の空気を除いた包装.熱伝導性がよくなるため,冷凍や加熱殺菌などには欠かせない包装方法.

vacuum pump 真空ポンプ

vacuum seamer 真空巻締機

vagal lobe 迷走葉:味覚に関連する延髄の一部.

vagus nerve 迷走神経:舌咽神経より後方の口腔,咽頭の味覚,鰓弓由来の筋,腹部や内臓を支配する脳神経.

validation 妥当性確認

valine バリン,略号 Val,V:中性アミノ酸の一種.

value added network 付加価値通信網,略号 VAN:各種の通信処理ができる高度通信サービス網.

value added productivity 付加価値生産性:付加価値を従業者数で割った値.労働生産性と同義.

valve 蓋(がい)殻《珪藻類の》

valve view 殻面観《珪藻類の》

valvular intestine らせん腸:らせん弁をもつ腸.軟骨魚類でみられる.

VAN → value added network

var. → variety

variability 1)変異性.2)変動性.

variable cost 変動費:売上高の変化に伴って変化する経費.

variable metric method 可変計量法:数値解の探索方法の一つ.

variable number of tandem repeat 反復配列数多型,略号 VNTR:= minisatellite DNA.

variance 分散

variance-covariance matrix 分散共分散行列

variation 1)変異.2)偏差:真北と磁北との差.

variety 変種《分類学の》,略号 var.:品種ともいう.

vascular blockage 血管閉塞(そく)

vascular system 血管系:心臓,動脈お

よび静脈からなる管状組織．毛細血管をもつ閉鎖循環系ともたない開放循環系がある．血液，ガス，老廃物，ホルモンなどさまざまな物質を体中に循環させる．

vas deferens　輸精管：＝ sperm duct.

vasoactive intestinal polypeptide　血管作用性腸管ペプチド，略号 VIP

vasopressin　バソプレシン：神経下垂体から分泌される環状ペプチドホルモンの一種．魚類では主に抗利尿作用をもち，浸透圧調節に関係している．

vasotocin　バソトシン：バソプレシンに似た神経下垂体ホルモンの一種．魚類では主に浸透圧の調節に関与する．

VBN → volatile basic nitrogen

VBNC → viable but nonculturable bacterium

V-board　V 型オッターボード：翼面が上反角および後退角をもつオッターボード．＝ V-shaped board.

VD → dominance genetic variance

VD trawl　VD 式トロール網：＝ Vigneron-Dahl trawl.

VE → environmental variance

vector　1）媒介生物：病原体を媒介する動物．2）ベクター：組換え DNA 実験において，異種 DNA を宿主に運び込む DNA．

Vee type otterboard　横 V 型オッターボード：断面が V 字型の横型オッターボード．

vegetation　植生：ある空間に生育する植物の集合や被度などをさす用語．

vegetative cell　栄養細胞：藻類，菌類などにおける生殖細胞以外の体細胞．

vein　静脈

velarium　擬縁膜

veliger　ベリジャー〔幼生〕：軟体動物のトロコフォア幼生に続く幼生．

velum　1）縁膜：ヒドロクラゲの下傘をおおう薄膜．2）面盤：軟体動物の幼生が浮遊または摂食のために必要な器官．

V-engine　V 形機関：シリンダ配置が出力軸に V 字状にある機関．

venom　刺咬毒

venom apparatus　刺毒装置

venom gland　毒腺

venous sinus　静脈洞：心臓の入口付近で，静脈の合流によって形成された血管腔．

ventilation volume　換水量

ventral aorta　腹大動脈

ventral intercalary plate　腹間挿板

ventral midline　腹中線

ventral plate　腹骨板

ventral root　腹根：前根ともいう．

ventral scutes　稜鱗：＝ scutes.

ventral splitting　腹開き：魚を腹側から包丁で切り開く方法．＝ belly cutting.

ventral vessel　腹行血管

ventricle　心室：心臓の一部位．収縮によって血液を体内の各組織に送る機能をもつ．

vertebra（*pl.* vertebrae）　脊椎

vertebral　脊椎の

vertebral column　脊柱

vertebral curvature　脊椎湾曲症

vertebral deformity　脊椎変形症

vertebrate　脊椎動物

vertex　頂点：2 地点を通る大圏の最高緯度の点．

vertical band　縦帯

vertical blotch　縦斑

vertical circulation　鉛直循環：水温，塩分の違いに起因する密度差により鉛直的に生じる循環流．

vertical distribution　垂直分布：水域では，水深や潮位に応じて変化する個体群，群集組成，あるいは物質の分布様式をさす．潮間帯群集でみられるバン

ド状の分布様式を特に帯状分布と呼ぶことがある。水柱の垂直分布については鉛直分布ともいう。

vertical fin 垂直鰭(き)：魚類の正中線上にある対をなさない鰭。背鰭、臀鰭、尾鰭などの総称。無対鰭ともいう。

vertical longline 立[て]延(はえ)縄：末端に錘を付けて水面から垂下した幹縄に枝縄を等間隔で取り付けた釣具。

vertical migration 鉛直移動：昼夜または成長に伴い、生物が深浅移動をすること。昼夜に伴うものを日周鉛直移動という。

vertical mixing 鉛直混合：水塊が鉛直方向に混合する現象。

vertical stability 鉛直安定度：鉛直成層状態の安定度合を示す指標。

vertical tow 鉛直曳き：プランクトンネットの曳網方法の一つ。船舶などからネットを鉛直方向に垂下し、ワイヤーを巻き揚げ曳網する。

vertical transmission 垂直感染：次世代への感染。

vertical V type otterboard 縦V型オッターボード

very low-temperature cold storage 超低温冷蔵

vesicle 小胞：細胞内の膜に包まれた小さな丸い袋状構造物の総称。

vessel 1)血管：生体内の血管・導管をさす。2)船舶：ある程度の大型船をさす。

VHS → viral hemorrhagic septicemia

viable but nonculturable bacterium 培養不能[細]菌、略号VBNCまたはVNC：生きてはいるが、通常の寒天培地ではコロニーを作らない[細]菌。

viable [cell] count 生菌数：細菌の密度を示す指標。寒天平板培地などで細菌を培養し、形成されたコロニーの数。

= Colony forming unit (CFU).

vibraculum 振鞭体：コケムシ類群体の特殊化した個虫の一型。

Vibrio ビブリオ：食中毒細菌、病原菌などを含むグラム陰性桿菌の一属。

Vibrio cholerae コレラ菌：急性感染症(コレラ)の原因細菌の一種。

Vibrio parahaemolyticus 腸炎ビブリオ：好塩性食中毒細菌の一種。

Vibrio parahaemolyticus **poisoning** 腸炎ビブリオ食中毒：腸炎ビブリオによる感染型食中毒。

vibriosis ビブリオ病：ビブリオ属細菌の感染による疾病。

Vibrio vulnificus ビブリオバルニフィカス：食中毒細菌の一種。汽水域に多く生息する。

Vigneron-Dahl trawl ビグネロン・ダール式トロール網：底魚を漁獲するために考えられた網とオッターボードの連結方法の一つ。= VD trawl.

villiform teeth 絨(じゅう)毛状歯：細長い微細な歯。

villiform teeth band 絨(じゅう)毛状歯帯

villus (*pl.* villi) 絨(じゅう)毛：脊椎動物の器官(例えば腸)の粘膜などに密生する指状または樹状の小突起。

vinegared mackerel しめさば：酢漬けの代表的な水産加工品。サバのフィレを塩漬けした後、酸度3%程度の調味酢に漬け込んだ加工品。

violaxanthin ビオラキサンチン：緑藻や陸上植物に存在するキサントフィルの一種で、橙色を呈する。キサントフィルサイクルを構成する。

VIP → vasoactive intestinal polypeptide

viral deformity ウイルス性変形症

viral endothelial cell necrosis ウイルス性血管内皮壊(え)死症《ウナギ》：ウナギのウイルス感染症の一種。病原体は

Japanese eel endothelial cells-infecting virus (JEECV).

viral epidermal hyperplasia ウイルス性表皮増生症《ヒラメ》：ヒラメのウイルス感染症の一種．病原体は flounder herpesvurus (FHV).

viral hemorrhagic septicemia ウイルス性出血性敗血症，略号 VHS：サケ科魚類などの淡水魚，ならびに海水魚のウイルス感染症の一種．病原体は viral hemorrhagic septicemia virus (VHSV).

viral nervous necrosis ウイルス性神経壊死症，略号 VNN：海産魚の稚魚を中心にした，ウイルス感染症の一種．病原体は virus nervous necrosis virus (VNNV).

viral papilloma ウイルス性乳頭腫症《コイ》：コイのウイルス感染症の一種．病原体は cyprinid herpesvirus 1 (CyHv-1).

viral perioral basal cell epithelioma ウイルス性口部基底細胞上皮腫(しゅ)症《サケ科魚類》：サケ科魚類のウイルス感染症の一種．病原体は salmonid herpes virus 2 (SalHV-2).

virgin stock 処女資源：漁業に利用されていない資源．= initial stock, unexploited stock.

virtual population analysis 仮想個体群解析，略号 VPA：資源量推定法の一つ．年齢別漁獲尾数，自然死亡係数および最高年齢の漁獲係数を用い，漁獲式を使って芋蔓(いもづる)式に順次若い年齢群の資源尾数を逆算する方法の総称．年級群解析またはコホート解析と同義．

virulence ビルレンス：病原体のもつ毒力．

virus ウイルス：ゲノムとして DNA または RNA をもち，感染細胞内でのみ増殖できる微小構造体．

viscera 内臓

visceral cranium 内臓頭蓋(がい)

visceral mass 内臓塊

visceral muscle 内臓筋

visceral mycosis 内臓真菌症

visceral skeleton 内臓骨

viscoelasticity 粘弾性

viscosity 粘性：流体をずり(シアー)応力にさらした時に受ける抵抗．粘度ともいう．

visibility 視程：水平方向の目標を認識できる最大限界距離．

visible and near infrared sensor 可視近赤外線センサ：可視光線から近赤外域の電磁波を測定するセンサ．

visual accuracy 視精度

visual acuity 視力

visual angle 視角：目にみえる物体の両端から目まで引いた 2 本の直線が作る角度．物体が大きいまたは近いほど，大きくなる．

visual axis 視軸：眼球の角膜，水晶体と眼底の中心窩(か)を結ぶ軸．

visual cell 視細胞

visual cell layer 視細胞層

visual field 視野

visual pigment 視物質：網膜の視細胞に含まれる感光性タンパク質．

visual sense 視覚：= vision.

visual survey 目視調査

visual system 視覚系

vitamin A ビタミン A：ビタミン A_1，A_2 の総称．欠乏すると夜盲症となる．過剰症もある．

vitamin A_1 ビタミン A_1：レチノール，レチナール，レチノイン酸の総称．

vitamin A_2 ビタミン A_2：ビタミン A_1 分子種の 4-デヒドロ体．

vitamin A acid ビタミン A 酸：= retinoic acid.

vitamin A alcohol ビタミン A アルコー

ル：= retinol.

vitamin A aldehyde ビタミン A アルデヒド：= retinal.

vitamin antagonist ビタミン拮抗体：構造がビタミンに類似し，ビタミンの生理作用を抑制する物質．抗ビタミン剤ともいう．

vitamin A oil ビタミン A 油

vitamin B_1 ビタミン B_1：= thiamin.

vitamin B_2 ビタミン B_2：= riboflavin.

vitamin B_6 ビタミン B_6：= pyridoxine.

vitamin C ビタミン C：= L-ascorbic acid.

vitamin D_2 ビタミン D_2：= calciferol.

vitamin E ビタミン E：= tocopherol.

vitamin K ビタミン K

vitamin K_1 ビタミン K_1

vitamin mixture ビタミン混合物

vitaminosis ビタミン欠乏症

vitellaria ビテラリア〔幼生〕：棘皮動物ウミユリ類とクモヒトデ類の腕をもたない樽型の浮遊幼生．= doliolaria.

vitellogenesis-inhibiting hormone 卵黄形成抑制ホルモン：甲殻類の眼柄内 X 器官で合成されるペプチドホルモンで，卵黄形成を抑制する．エビ養殖では眼柄を切除することにより卵巣成熟を促すこともある．

vitellogenin ビテロゲニン：魚類においては，エストロゲンの作用で雌魚の肝臓で合成され，雌特異タンパクとして血中に分泌される卵黄タンパク前駆物質．卵母細胞に取り込まれる際により小さな卵黄タンパクに分子解裂する．

viterodentine 硬歯質

vitreous body ガラス体：眼のガラス体細胞がレンズ（水晶体）と網膜の間に分泌する粘稠な液体．

viviparity 胎生：母体の内部で発生が進むこと．母体と胎児が胎盤でつながっている場合は真の胎生という．

VNC → viable but nonculturable bacterium

VNN → viral nervous necrosis

VNTR → variable number of tandem repeat

volatile base 揮発性塩基：揮発しやすい塩基．

volatile basic nitrogen 揮発性塩基窒素，略号 VBN：魚介類が腐敗する際に生じるアミン類やアンモニアなど臭気を発する揮発性成分の量で，魚肉の鮮度を簡便に評価する指標．窒素量として表す．

volatile compound 揮発性物質：常温・常圧である程度の蒸気圧を示し，揮発しやすい成分．揮発性化合物ともいう．有機物のものは揮発性有機化合物（VOC）と呼ばれる．

volatile organic compound 揮発性有機化合物，略号 VOC

volume backscattering strength 体積戻り散乱強度，略号 SV：音波の到来方向とは逆方向への体積散乱の強さ．対象の分布密度に比例する．

volume scattering 体積散乱：単位体積当りの散乱．全方位への散乱を積分したもの．

voluntary chain ボランタリーチェーン：独立小売店が組織化と協業化によって，規模の利益の獲得を目指す自主的な組織体．任意連鎖店ともいう．

vomer 1) 鋤（じょ）骨：頭蓋（がい）骨の鼻殻域を構成する無対の骨．2) 前鋤骨《魚類の》．

vomerine teeth 鋤（じょ）骨歯

von Bertalanffy growth equation ベルタランフィの成長式：魚体の成長を表す式．時間当り成長量が時間の経過とともに減少し，体長は一定値に漸近する．

vorticity 渦度：運動している流体の局部的な回転運動を表すベクトル．

Vp → phenotypic variance

VPA → virtual population analysis

V roller　Vローラー：V字状に配置した2個のゴムローラーによって，網または綱を巻き揚げる漁業機械．

VU → vulnerable [species]

vulnerable　絶滅危惧II，略号VU：IUCN（国際自然保護連合）のレッドリストにおけるカテゴリーの一つ．

vulnerable species　危急種：狭義ではIUCNレッドリスト「絶滅危惧II」をさす．= vulnerable.

wage system　賃金制度

waiting line　待ち行列《確率》：= queue.

waiting time　待ち時間《確率》：= queu[e]ing time.

Walford line　ワルフォード[の]直線：ベルタランフィの成長式の漸化式を表す直線．

wall　網壁：深さ方向に壁状の網成りを示す網地．三枚網の外網をさすこともある．

wall-net type　網仕切り[式]《養殖の》：網で仕切った中で魚類を養殖すること．= netted enclosure.

Waring blender　ワーリングブレンダー：生体組織を破砕して懸濁液にする器具の商品名．ホモジナイザーの一種．

warm core eddy　暖水渦：海洋に存在する渦のうち，周囲よりも水温が暖かいもの．暖水塊ともいう．

warmed water culture　加温養殖

warm water fish　温水魚

warp　ワープ：曳航用のワイヤー．= towing warp.

warping end　ワーピングエンド：ウィンチまたはウィンドラスに付属する巻き取り胴．= drum end, warping drum, winch head.

washing　1) 水洗．2) 水晒し：= leaching.

Washington Treaty　ワシントン条約：= Convention on International Trade in Endangered Species of Wild Fauna and Flora.

wasp-waist control　ワスプウェイスト制御

waste oil　廃油

wastewater　廃水

wastewater treatment　廃水処理

watch　当直：当番で宿直または日直をすること．

watch at sea　航海当直：見張りと操船の業務．

water activity　水分活性，略号 a_w：系の平衡水蒸気圧を純水の平衡水蒸気圧で割った値．食品中の水の熱力学的自由度を表す指標．一定温度下における純水の平衡蒸気圧に対する食品中の水の蒸気圧の比として定義される．微生物が利用できる自由水の量を反映するので，食品の微生物制御に用いられる．水分活性を低下させると食品の保存性は高まる．

water bloom　水の華(はな)：富栄養化した淡水域におけるプランクトンの大増殖で，水が緑色を呈する現象．

water borne infection　経水感染[症]：病原体が水を経由して感染すること．陸上動物では病原体に汚染された水を摂取して伝播することを意味するが，水生動物では皮膚や鰓(えら)からの侵入も含む．経水伝染[病]ともいう．

water breathing　水呼吸：空気呼吸の対になる，酸素を含む液体中での呼吸．

water color　水色：太陽を背にして鉛直上方から水面をみた時の水の色．

water exchange　海水交換：湾の内と外

のように，両側の海水の一部がある断面を通して置き換わる現象．

water exchanging ratio 換水率

water filtering volume 濾過水量：網を曳網した時に網口を通過した水量．網口断面積と曳網距離の積で表す．濾水量ともいう．

water front ウォーターフロント：海，湖沼，川などに面する水辺または水際のこと．都市の水際地区をさすことが多い．

water-holding capacity 保水性：＝ liquid-holding capacity.

water-leached and minced [fish] meat 生すり身：水晒しによって脱臭と脱色を行った細切〔魚介〕肉．raw surimi とも表記される．

water mass 水塊：水温，塩分などの特性が比較的均質な海水の広がり．

water pollution 水質汚染：有機物や有害物質などにより，水質が汚染され，有害な影響が生じること．

Water Pollution Control Law 水質汚濁防止法：公共用水域の水質汚濁の防止に関する法律．

water quality 水質：水の属性を表す物理学的,化学的および生物学的な指標．

water quality conservation 水質保全：水質の汚濁を防止すること．

water quality standard 水質基準：水質について，その使用目的ごとに決められた適合基準．

water-route 澪(みお)：水深が周囲に比べて深く細い水路．

water-route making 作澪(れい)：水深の浅い水域の底質および水質環境を改善するため，局所的に澪(みお)を掘り，流速と流量を増大させる工法．

water-route making on rock field 岩盤作澪(れい)：藻場造成，磯根資源の増殖場造成などを目的とし，岩盤に澪(み

お)を掘ること．

water sampler 採水器：海洋や湖沼，河川などで任意の深さより水を採取する器具．

watershed 流域：降水が当該河川に集まる領域．＝ catchment area, drainage basin. 集水域ともいう．

watershed management 流域管理：流域を一つの単位とした統合的な環境管理．

water softener 軟水装置

water-soluble protein 水溶性タンパク質

water supply for fish culture 養魚用水：内水面養殖業に利用する用水．

water type 水型(すいけい)：水温‐塩分図上の1点で表される海水の特性．

water vascular system 水管系：海水と組成の近い液体が充満した棘皮動物を特徴づける器官．

water warming facilities 温水施設

wave-breaker 波よけ堤：港内の静穏度を高めるため，防波堤に設置した小さな突堤．

wave crest 波の山：波形の最も高い場所．

wave current 波浪流：砕波により失われた波浪エネルギーが海浜域で引き起こす流れ．並岸流，離岸流，底引き流など．

wave diffraction 波[の]回折：波が島，構造物などの背後に回り込む現象．

wave direction 波向：波が進行する方向．

wave dissipating works 消波工：壁面に作用する衝撃性の波力を減少させるための構造物．

wave force 波力：単塊の物体に作用する波圧の総和．

wave height 波高：波の谷から山までの高さ．振幅の2倍に相当する．

wave-height recorder 波高計：波の高

さを計測する器械.水圧式,超音波式,抵抗線式などがある.

wave length　波長：波の山と山または谷と谷の間の距離.

wave overtopping　越波：波の一部が堤防または護岸の天端を越えて岸側または陸側に流入すること. = overtopping.

wave period　波〔の〕周期：波が1波長分だけ進行するのに要する時間.

wave pressure　波圧：防波堤などの構造物に作用する波の圧力.静水圧と動水圧の和.

wave protection pile　防波柵

wave run up　波のはい上〔が〕り：波が傾斜面上で砕波し,遡上する現象.

wave set-up　ウェーブセットアップ：波が進入して砕波することによって,岸側または構造物に近い側の水位が平均水位よりも高くなる現象.

wave spectrum　波〔の〕スペクトル：波の成分を周期ごとに分解し,それぞれの成分の強さを表現したもの.

wave speed　波速：wave velocity ともいう.

wave steepness　波形勾配：波高と波長の比.

wave through　波の谷：波形の最も低い場所.

wax　ろう(蠟)：高級脂肪酸と高級アルコールのエステル.ワックスともいう.

3-way barrel swivel　樽型親子サルカン(猿環)：釣漁具用撚(よ)り戻しの一種.

3-way ring swivel　三つ又サルカン(猿環)：釣漁具用撚(よ)り戻しの一種.

W-chromosome　W染色体：雌ヘテロ型の性決定をする動物の雌のみがもつ性染色体.

WCPFC → Western and Central Pacific Fisheries Commission

weather advisory　気象注意報：気象災害が予想される場合に,気象台が発表する通報. = meteorological advisory.

weather deck　暴露甲板：風と波浪に晒される最上段の甲板.

weather map　天気図

weather warning　気象警報：重大な気象災害が起こるおそれがある場合に,気象庁または気象台が警告のために発表する情報.

weaving　手結(す)き：網地を手作業で編むこと. = braiding.

webbing　網仕立て：網地を漁具に仕立てる作業の総称. = net webbing.

Weber-Fechner's law　ウェーバー・フェヒナーの法則：感覚の強さは刺激の大きさの対数に比例するという法則.

Weberian apparatus　ウェーバー器官：鰾(うきぶくろ)の振動を内耳に伝える小骨.

Weber's law　ウェーバーの法則：刺激の強さと感覚の識別域の比は常に一定であるという法則.

wedged　刺し〔の〕：刺網において魚体が網目に刺さった状態.

wedge gauge　楔(くさび)形目合測定具：漁網の目合内径を実測するための楔形状の器具.

wedging　目刺し：網において魚体が網目に刺さった状態をさす.特に,胴付近で刺さった状態をいう.

weed control　雑草駆除

weedy water　草水(くさみず)：植物プランクトンが濃厚に繁殖した水塊.

weep　ウイープ：鮮度低下した魚肉を放置した時に浸出する液汁.

Weibull distribution　ワイブル分布《確率》：確率分布の一つ.

weight at recruitment　加入体重：資源加入時の体重.

weighted branch line　加重枝縄：延(はえ)縄漁業における海鳥の混獲防止を目的として,錘や鉛芯入りロープなど

によって加重して沈降速度を向上させた枝縄.

weighted least squares estimation 加重最小二乗推定：各データの二乗誤差に重みを掛けて和をとった値を用いる最小二乗法.

weir えり：木, 竹, 繊維などで作った垣網と囲い網からなる定置網の一種. = brush weir, fish corral.

えり（魚の行動と漁法, 1978）

weir-fishery 簗（やな）漁業：河川の水路を木, 竹などで遮断し, 中央の開口部に設置した竹籠などに魚介類を誘導して漁獲する漁法.

westerlies 偏西風：両半球の中緯度に卓越している東向きの恒常風.

Western and Central Pacific Fisheries Commission 中西部太平洋まぐろ類委員会, 略号 WCPFC

Western blot ウエスタンブロット法：電気泳動で分離した特定タンパク質を抗体を用いて検出する方法. 免疫ブロット法と同義.

western boundary current 西岸境界流：大洋の西岸に沿った強い海流の総称. 西岸強化流と同義.

westward intensification 西岸強化：大洋の西岸に沿って強い海流が存在すること.

wet deposition 湿性降下物：大気中の汚染物質が雨や雪などの水分を媒体として地表に降下し沈着した物. 広義では乾性降下物とともに酸性雨に含められる.

wet diet ねり餌

wet dock 係船ドック：船舶を係留する施設および旅客の乗降と貨物の揚げ降ろしに使用するドック施設.

wetland 湿地：海水または淡水により冠水する土地. 一般には干潟, 塩性湿地, 湿原など.

wet method 湿導法：多くの海水魚, カキなどの水産動物の卵を人工授精する時, 淡水または海水の中で卵に精子を加える方法.

wet rendering 煮取法：動物性油脂原料を水とともに煮込んで, 水の表面に浮かんでくる油脂を採取する方法.

wet weight 湿重量：水分を含めた全重量.

whale sounder 探鯨機：クジラ専用の魚探機.

whale watching ホエールウォッチング：自然観察または観光を目的とし, 海洋におけるクジラの生態を観察すること.

whaling 捕鯨業

wharf 岸壁

wheat starch 小麦デンプン：小麦粉から分離されたデンプン.

whipping 端止め：縁をかがったり, 縁網をつけて網地を補強すること.

whipping property 起泡性：食品や界面活性剤などの泡立ちやすい性質のこと.

whirling disease 旋回病《サケ科魚》：サケ科魚類への粘液胞子虫 *Myxobolus cerebralis* の軟骨組織への感染症.

whistle ホイッスル：イルカなどの鳴声の一つ. 種によっては, コミュニケーションに用いる.

whitebait シラス：ニシン亜目魚類など

の体色素がほとんどなく細長い体型の仔魚の総称.

white fish meal 白色魚粉：北洋魚粉と同義.

white fleck 白斑：水産食品の表層に生じる白い結晶. タウリン, ベタイン, チロシン, マンニトールなどに由来する.

white-flesh fish 白身魚

white line ホワイトライン：魚探機で海底下を表示する白い線. 底付近の魚群を明瞭に表す方法.

white meat 白身：魚などの白い肉.

white-meat tuna ホワイトミート：油漬缶詰に用いるビンナガの蒸煮肉. 白っぽい淡桃色を呈する.

white muscle 白〔色〕筋：= ordinary muscle.

white noise 白色雑音：あらゆる周波数成分のパワーが等しくなるような雑音.

white spot disease 1)白点病《魚類》：淡水魚には繊毛虫 *Ichthyophthirius multifiliis*, 海水魚には *Cryptocaryon irritans* の寄生によって, 皮膚に穴があいたり, 鰓(えら)に呼吸困難を招く疾病. 2)ホワイトスポット病《クルマエビ類》：クルマエビ類のウイルス感染症の一種. 病原体は white spot syndrome virus (WSSV).

WHO → World Health Organization

whole-genome sequencing 全ゲノムシーケンス

whole meal ホールミール：魚粉製造時に出た煮汁を濃縮して再添加した魚粉.

wholesale dealer 卸売会社

wholesale market 卸売市場

wholesale market charge 市場使用料

wholesale market in landing area 産地卸売市場

Wholesale Market Law 卸売市場法

wholesale merchant in consuming area 消費地問屋

wholesale merchant in landing area 産地問屋

wholesale price in consuming area 消費地卸売価格

wholesale price in landing area 産地卸売価格

wholesaler 卸売業者

whole year employment 周年雇用

width between pelvic fin and anus 腹鰭(き)肛門間隔：腹鰭基底の前端から肛門中央までの長さ.

Wiener process ウィーナー過程：ドリフトも拡散係数も定数である拡散過程.

Wilcoxon〔rank sum〕test ウィルコクソンの〔順位和〕検定：ウィルコクソンの符号順位〔和〕検定と同様の検定であるが, それより劣るとされる.

Wilcoxon signed-rank〔sum〕test ウィルコクソンの符号順位〔和〕検定：二つの分布位置の違いを検出するためのノンパラメトリック検定で, 順位変数を用いる.

wild caught breeder 天然親魚

wild fish 天然魚

wildlife 野生生物

wild type 野生型

wild-type allele 野生型遺伝子

WinBUGS WinBUGS：Windows 上でベイズ解析を行うソフトウェア.

winch ウインチ：綱またはワイヤーの巻き取りや重量物の揚げ降ろしに用いる機械.

wind-driven current 吹送流：風が海面に及ぼす応力によって生じる流れ. = wind drift, wind-induced current.

windlass ウィンドラス：ワーピングエンドをもち, 綱またはワイヤーを巻き

取る装置．揚錨機ともいう．

wind rose　風配図：風の風向別頻度を示した放射状の図．

wind set up　吹き寄せ：強風により海水が海岸方向に吹き寄せられる現象．高潮の原因となる．吹き寄せによる海面上昇は風速の二乗に比例する．

wind stress　風応力：風が海上を吹くことによって，風の水平方向の運動量を海に輸送する力．海表面に風波または流れが生じる原因となる．

wind surge　高潮：強風または気圧の急低下によって，海面の水位が異常に高くなる現象．

wind vane　風見：風向計ともいう．

wind wave　風波：風によって起こる波．風浪．

wing end　大手側：一艘旋(まき)網の最後に投網して最初に揚網する部位で，端部に三角網が付く．袖端 = toe, 本船付きまたは船付きと同義．

wing net　1)障子網：定置網からの魚群の逸出を防ぐため，端口の両端から運動場内に向かって八の字形に展張する網．2)袖網：定置網への魚群の入網を促進するため，端口の両端から陸側に向かって八の字形に展張する網．

wing trawl　ウィングトロール：2枚構成の開口部の大きいトロール網．

wintering fish　越冬魚

wintering fishing ground　越冬漁場

wire leader　釣元(ちもと)ワイヤー：釣針につなぐワイヤー．

wire pot　金網籠

wire rope　ワイヤーロープ：鋼線で作ったロープ．ワイヤーともいう．

Wishart distribution　ウィシャート分布《確率》

within groups sum of squares　級内変動

within strata variance　層内分散

WMO → World Meteorological Organization

W/O emulsion　W/O型エマルジョン：均一に溶解しない水と油の中で，油の中に水が分散している状態．= water/oil emulsion.

work accident on board　船員災害

worker for shelled oyster　打ち子：カキ養殖業において，剥き身加工を行う労働者．

work force　担い手：漁業だけでなく他の産業でも労働者の意味で使用する．

working away for fisheries　漁業出稼ぎ

working deck　作業甲板

working environment　労働環境

working expense of fishery　大仲(おおなか)経費：通常の航海または操業に必要な油代，資材費などの諸経費．

world geostational meteorological satellites networks　世界静止気象衛星網：世界気象監視計画に基づき，静止気象衛星による全地球規模の気象観測網．

World Health Organization　世界保健機関，略号 WHO

World Meteorological Organization　世界気象機関，略号 WMO

World Organization for Animal Health　世界動物保健機関：= Office International des Epizooties (OIE).

World Wide Fund For Nature　世界自然保護基金，略号 WWF：環境保護活動に取り組む国際的 NGO 組織の一つ．わが国には日本委員会(WWF Japan)がある．

worm cataract　吸虫性白内障：吸虫の眼への寄生によって生じる白内障．

wreck　沈船

WWF → World Wide Fund for Nature

X

xanthine キサンチン:グアニンの脱アミノ化で生じるプリン塩基.

xanthophore 黄色素〔細〕胞

xanthophyll キサントフィル:カルボキシ基などを構成する酸素原子をもつカロテノイドの一群.アスタキサンチンはその一例.

xanthophyll cycle キサントフィルサイクル:3種のキサントフィルで構成され,相互変換により光合成の集光効率を調節する仕組み.

XBT → expendable bathythermograph

X-chromosome X染色体:雄ヘテロ型の性決定をする動物の雌がホモ接合でもつ性染色体.

xenobiotics 生体異物

xenoma キセノマ:微胞子虫と宿主細胞の複合体.

xenoskeleton 異物骨格

Xmsy Xmsy:最大持続生産量(MSY)を実現する漁獲努力量X.

X organ X器官:甲殻類の眼柄にある神経分泌細胞が集合した器官で,脱皮抑制ホルモンや卵黄形成抑制ホルモンなどを産生し,投射するサイナス腺に貯蔵する.

X-ray diffraction X線回折

xylan キシラン:キシロースからなる多糖の総称.海藻と陸上植物の細胞壁に存在するヘミセルロースの主成分.

xylanase キシラナーゼ:ヘミセルロースを分解する酵素.キシラン〔加水〕分解酵素ともいう.

Y

yarn 単糸:糸や綱の構成単位となる繊維.ヤーンともいう.

Y-chromosome Y染色体:雄ヘテロ型の性決定をする動物の雄のみがもつ性染色体.

year class 年級群:同じ年に生まれた出生集団.

yearling 当歳魚:孵化後1年未満の若齢魚.

year ring 年輪:= annual ring, annulus.

yeast 酵母:アルコール発酵やパン製造に用いられる一群の微生物.

yeast extract 酵母エキス:ビール酵母などを原料として作られた天然調味料.

yellow fat disease 黄脂症:飼料中の酸敗した脂肪酸による中毒の後に発生する養殖タイ類の疾病.脂肪が黄変し,内臓などが癒着する.

yellow head disease イエローヘッド病《クルマエビ類》:クルマエビ類のウイルス感染症の一種.病原体はyellow-head virus(YHV).

Yellow Sea warm current 黄海暖流:対馬海流(対馬暖流)が分岐し,黄海を北に進むとされる流れ.

yellowtail viral ascites ブリウイルス性腹水症《ブリ》:ブリのウイルス感染症の一種.病原体はyellowtail ascites virus(YTAV).

Yersinia enterocolitica エルシニアエンテロコリチカ:食中毒細菌の一種.

yessotoxin イェッソトキシン:ホタテガイに含まれる脂溶性の有毒物質で梯子型ポリエーテル構造をとる.

yield isopleth diagram 等漁獲量曲線図：平衡漁獲量が漁獲係数と漁獲開始年齢によって，どのように変化するかを示す図．

yield per recruit 加入量当り漁獲量，略号 YPR：加入 1 個体から得られる生涯漁獲量．

yield rate 歩留り：原料に対する製品の収量．

yolk globule 卵黄球

yolk granule 卵黄顆粒：卵黄粒ともいう．

yolk sac 卵黄囊(のう)

yolk vesicle 卵黄胞

Y organ Y 器官：甲殻類の頭部にある器官で，脱皮促進ホルモン(エクジソン)を分泌する．エクジソンの分泌は，X 器官からの脱皮抑制ホルモンによって調節されている．

YPR → yield per recruit

Yule-Walker equation ユール・ウオーカーの方程式：時系列解析における自己相関関数の定差方程式で，母数推定に用いる．

Z

Z-chromosome Z 染色体：雌ヘテロ型の性決定をする動物の雄がホモ接合でもつ性染色体．

zeaxanthin ゼアキサンチン：キサントフィルの一種で黄色を呈する．生物界に広く存在するが，動物は生合成できない．キサントフィルサイクルを構成する．

zenith 天頂：地球上の観測者の位置に立てた鉛直線が頭上において天球と交わる点．

ZFNs → zinc finger nucleases

zinc finger nucleases ジンクフィンガーヌクレアーゼ，略号 ZFNs：任意のDNA 塩基配列を認識するように改変が可能なジンクフィンガードメインとDNA 切断ドメインからなる人工制限酵素．ゲノム DNA 上の任意の配列を標的として切断が可能でありゲノム編集に用いられる．

Z-line Z 線：筋原線維上で筋収縮の基本単位サルコメアを仕切る部位．アクチンとミオシンの線維構造を支えている．

zoea ゾエア〔幼生〕：節足動物十脚類のノープリウス幼生に続く段階の幼生．

zonal distribution 帯状分布《生物の》

zonate tetrasporangium 輪紋状四分胞子囊(のう)：紅藻類の生殖細胞の一形態．

zonation 帯状分布：= zonal distribution.

zone of maximum ice crystal formation 最大氷結晶生成帯：食品を凍結する際に，温度低下が極めて緩やかになる温度帯のこと．

zooecium 虫室：コケムシ類の群体を構成する各個虫が生息する個室．

zooid 個虫：群体を構成する各個体．

zoonosis 人畜共通伝染病：ヒトと動物の両方に自然に感染する疾病．

zoonotic pathogen 人畜共通病原体

zooplankton 動物プランクトン

zoosporangium 遊走子囊(のう)

zoospore 遊走子：鞭毛を用いて水中を運動する無性の生殖細胞．

zoosterol 動物ステロール

Z value Z 値：加熱致死時間(D 値)を十分の一にするのに必要な時間．微生物の死滅速度に対する温度依存性を示す．

zygapophysis 関節突起

zygospore 接合胞子：緑藻類などの非

運動性の配偶子が接合した細胞.
zygote 接合子:雌雄の配偶子が接合した細胞または個体.接合体ともいう.
zymogen チモーゲン:酵素の活性をもたない前駆体で,プロテアーゼによる限定分解を受けて活性化するもの.＝proenzyme, enzyme precursor.

第2部　和　英

あ

アーキア　Archaea(*19a*)
r-r 間隔　r-r interval(*238a*)
RN アーゼ　RNase(*237a*)
RNA ウイルス　RNA virus(*237a*)
RNA 干渉，略号 RNAi　RNA interference(*236b*)
RNA-seq　RNA-Seq(*237a*)
RNA 分解酵素　ribonuclease(*235a*)
RNA ポリメラーゼ　RNA polymerase(*237a*)
r-K 戦略　r-K strategy(*236b*)
r-K 淘汰　r-K selection(*236b*)
r- 選択　r-selection(*238a*)
RTG-2 細胞　RTG-2 cell(*238a*)
RB 細胞　RB cell(*228a*)
R プラスミド　R plasmid(*238a*)
アイ　eye splice(*93b*)
IKMT ネット　IKMT net(*138a*)
アイザックスキッド中層トロール　Isaacs Kidd midwater trawl(*147b*)
アイシングラス　isinglass(*147b*)
アイスアルジー　ice algae(*137b*)
アイスグレーズ　ice glaze(*137b*)
アイゼニン　eisenine(*83a*)
アイソクライン　isocline(*148a*)
アイソザイム　isozyme(*148b*)
アイソトープ　isotope(*148b*)
アイソメトリー　isometry(*148b*)
相対(あいたい)取引　negotiated transaction(*183b*)
アイテム　item(*148b*)
Iδ 指数　Iδ index(*149a*)
IUU 漁業　IUU fishing(*149a*)
亜沿岸帯　sublittoral zone(*267a*)
亜沿岸〔の〕　elittoral(*84b*)
アオカビ　Penicillium(*205b*)
アオコ　bloom-forming blue-green alga(*33b*), cyanobacterial bloom(*65a*)
青仔　carp fry(*44a*)
青潮　blue tide(*34a*)
青肉　dead color meat(*67b*), green meat(*123b*)
亜科《分類学の》　subfamily(*267a*)
赤池情報量規準，略号 AIC　Akaike's information criterion(*10a*)
赤池のベイズ型情報量規準，略号 ABIC　Akaike's Bayesian information criterion(*10a*)
赤[色]肉　red meat(*229b*)
赤潮　red tide(*230a*)
アカシオモ属　Heterosigma(*130a*)
赤色素[細]胞　erythrophore(*90a*)
赤作り　salted and fermented squid with skin(*240a*)
赤身魚　red-flesh fish(*229b*)
アガラーゼ　agarase(*8b*)
アガラン　agaran(*8b*)
アガロース　agarose(*8b*)
アガロビオース　agarobiose(*8b*)
アガロペクチン　agaropectin(*8b*)
秋サケ　autumn spawning population of chum salmon(*24b*)
アキネート　akinete(*10a*)
あぐ(逆鉤)　barb(*27b*)
アクアラン　Aquaran(*18b*)
アクアラング　aqualung(*18b*)
悪性腫(しゅ)瘍　malignant tumor(*165a*)
アクチニン　actinin(*5b*)
アクチビン　activin(*6a*)
アクチン　actin(*5b*)
アクチンフィラメント　actin filament(*5b*)
アクティブソナー　active sonar(*6a*)
アクティブラダー　active rudder(*6a*)
アクトミオシン　actomyosin(*6a*)
あぐ(逆鉤)なし　barbless(*27b*)

アグマチン　agmatine(9b)
アクロモバクター　*Achromobacter*(4b)
亜系群　substock(267a)
揚げ蒲鉾　deep-fried kamaboko(68a)
揚げ氷貯蔵　storage with crushed ice(265a)
揚げ氷法　dry icing(79b)
上げ潮　flood(106b)
上げ潮流　flood current(106b)
亜綱《分類学の》　subclass(266b)
アコヤガイ赤変病　akoya oyster disease(10a)
浅瀬　bank(27a), shoal(251a)
脚　leg(156b)
脚《網目の》　bar(27a), leg(156b)
足　essential texture of fish〔meat〕paste products(90a)
アジェンダ 21　Agenda 21(9a)
味付海苔　seasoned nori(244a)
味付〔け〕わかめ　seasoned wakame(244a)
アシドーシス　acidosis(5a)
亜種《分類学の》，略号 ssp.　subspecies(267a)
アジュバント　adjuvant(7b)
亜硝酸塩　nitrite(187b)
亜硝酸態窒素，略号 NO_2-N　nitrite nitrogen(188a)
アシル CoA　acyl-CoA(6a)
アシルグリセリン　acylglycerin(6b)
アシルグリセロール　acylglycerol(6b)
亜深海〔の〕　hemibathyal(129a)
アスコフィラン　ascophyllan(20b)
L-アスコルビン酸　L-ascorbic acid(20b)
アスコルビン酸塩　ascorbate(20b)
アスコン型　asconoid type(20a)
アスタキサンチン　astaxanthin(21a)
アスパラギン，略号 Asn, N　asparagine(20b)
アスパラギン酸，略号 Asp, D　aspartic acid(20b)

アスパラギン酸アミノトランスフェラーゼ，略号 AST　aspartate aminotransferase(20b)
アスパラギン酸プロテアーゼ　aspartic protease(21a)
アスペルギルス　*Aspergillus*(21a)
アズレン　azulene(25a)
アセチルオルニチン回路　acetylornithine cycle(4b)
N-アセチルガラクトサミン　N-acetylgalactosamine(4b)
N-アセチルグルコサミン　N-acetylglucosamine(4b)
アセチル CoA　acetyl-CoA(4b)
アセチルコリン　acetylcholine(4b)
N-アセチルノイラミン酸　N-acetylneuraminic acid(4b)
アセチル補酵素 A　acetyl coenzyme A(4b)
アセトン体　acetone body(4b), ketone body(151a)
亜属《分類学の》，略号 subgen.　subgenus(267a)
遊び綱　pennant(205b)
頭　head(127b)
あたり（魚信）　hit(131b), strike(266a)
亜端位　subterminal(267b)
圧縮機　compressor(57a)
斡旋取引き　mediated transaction(170a)
圧電振動子　electrostrictive transducer(84a)
圧力勾配　pressure gradient(217b)
アデニル酸　adenylic acid(7a)
アデニル酸エネルギーチャージ，略号 AEC　adenylate charge(7a), adenylate energy charge(7a), energy charge(86a)
アデニル酸シクラーゼ　adenylate cyclase(7a)
アデニン　adenine(7a)
アデノシン　adenosine(7a)
アデノシン 5'-一リン酸，略号 AMP

adenosine 5'-monophosphate(7a)
アデノシン5'-三リン酸,略号ATP　adenosine 5'-triphosphate(7a)
アデノシン5'-トリホスファターゼ,略語ATPアーゼ　adenosine 5'-triphosphatase(7a)
アデノシン5'-二リン酸,略号ADP　adenosine 5'-diphosphate(7a)
アトーク　atoke(21b)
アドヒージョン　adhesion(7b)
アドミタンス　admittance(7b)
アトラス　atlas(21b)
アトランティス　Atlantis(21b)
アドレナリン　adrenaline(7b)
穴あき病　ulcer disease(286b)
アナゴ籠　conger pot(57b)
アナゴ筒　conger tube(57b)
アナトキシン　anatoxin(15a)
アナフィラキシー　anaphylaxis(15a)
アナフィラトキシン　anaphylatoxin(15a)
アナログ信号　analog signal(15a)
アニサキス症　anisakiasis(16a)
亜熱帯〔の〕　subtropical(267b)
浮子(あば)　buoy(39b), float(106a), marker buoy(167b)
浮子(あば)繰り機　headline stacker(128a)
浮子(あば)綱　buoy line(40a), float line(106b), head rope(128a), headline(127b)
網針(あばり)　netting needle(185b)
アピオソーマ　Apiosoma(18a)
あびき　secondary undulation(245a)
亜表層クロロフィル極大　subsurface chlorophyll maximum(267b)
アファノマイセス　Aphanomyces(18a)
アブダクチン　abductin(3a)
アブデルハルデン反応　Abderhalden's reaction(3a)
油汚染　oil pollution(194b)
油漬缶詰　canned food in oil(42a)
アフラトキシン　aflatoxin(8b)
油鞣(なめし)　oil tannage(194b)
脂鰭(あぶらびれ)　adipose fin(7b)
油分解〔細〕菌　oil-degradation bacterium(194b)
油焼け　rusting of oil(238b)
油流出　oil spill(194b)
アポ酵素　apoenzyme(18a)
アポタンパク質　apoprotein(18a)
アポトーシス　apoptosis(18a)
アポヘモグロビン　apohemoglobin(18a)
アポマイオシス　apomeiosis(18a)
アポミキシス　apomixis(18a)
アポミクシス　apomixis(18a)
アポリポタンパク質　apolipoprotein(18a)
海士(あま)　diving fisher(76a)
海女(あま)　female diver(95b)
アマクリン細胞　amacrine cell(13a)
奄美(あまみ)クドア　*Kudoa amamiensis*(152a)
奄美(あまみ)クドア症　kudoosis amami(152b)
アマモ場　eelgrass bed(82b)
網　net(184b)
網洗い　net cleaning(185a)
網生簀(いけす)　net cage(184b)
網生簀(いけす)養殖　net cage culture(185a)
網起〔こ〕し　hauling(127b)
網回避　net avoidance(184b)
網替え　net change(185a)
網囲い式　circle-net type(50b)
網壁　wall(294a)
網口　net mouth(185a)
網口錘(おもり)　tom weight(279a)
網口開口板　otterboard(199a)
網口高さ　net height(185a)
網組　Optional Fisheries Association(197b)
網捌(さば)き機　net stacker(185b)

網地　net panel(*185a*)
網仕切り〔式〕《養殖の》　wall-net type(*294a*)
網仕切り養殖　enclosure aquaculture by net partition(*85a*)
網仕立て　webbing(*296b*)
網設計図　net plan(*185b*)
網染め　net dying(*185a*)
網台　netbin(*184b*)
網丈　net depth(*185a*)
網成り　shape of net(*250a*)
アミノ‐カルボニル反応　amino-carbonyl reaction(*13b*)
アミノ基転移　amino group transfer(*13b*)
アミノ基転移酵素　aminotransferase(*13b*)
アミノ酸　amino acid(*13b*)
アミノ酸インバランス　amino acid imbalance(*13b*)
アミノ酸代謝　amino acid metabolism(*13b*)
アミノ酸配列　amino acid sequence(*13b*)
アミノ酸配列分析機　amino acid sequence analyzer(*13b*)
アミノ酸バランス　amino acid balance(*13b*)
アミノ酸補足　amino acid supplementation(*13b*)
アミノトランスフェラーゼ　aminotransferase(*13b*)
アミノペプチダーゼ　aminopeptidase(*13b*)
網ペンナント　net pennant(*185a*)
網目　mesh(*171b*)
網目外径　mesh length(*171b*)
網目規制　mesh regulation(*171b*)
網目ゲージ　mesh gauge(*171b*)
網目制限　mesh size regulation(*172a*)
網目選択性　mesh selectivity(*171b*)
網目選択性曲線　mesh selectivity curve(*171b*)
網目内径　mesh opening(*171b*)
網目内周　mesh perimeter(*171b*)
網汚れ　net fouling(*185a*)
アミラーゼ　amylase(*14b*)
アミルウージニウム　*Amyloodinium*(*14b*)
アミルウージニウム症　amyloodiniosis(*14b*)
アミロース　amylose(*14b*)
アミロペクチン　amylopectin(*14b*)
アミン　amine(*13a*)
アメーバ　amoeba (*pl.* amoebae)(*14a*)
アメーバ様細胞　amoebocyte(*14a*)
アメーバ様の　amoeboid(*14a*)
飴煮　sweet-boiled fish product(*271a*)
亜目《分類学の》　suborder(*267a*)
アユ養殖　sweet fish culture(*271a*)
洗い　slicing and washing fish meat in cold water(*254b*)
アライメント　alignment(*11a*)
荒粕　fish scrap made with non-edible portion(*104b*)
アラキドン酸, 略号 20:4 n-6　arachidonic acid(*19a*)
アラキドン酸カスケード　arachidonate cascade(*19a*)
アラスカ海流　Alaska Stream(*10b*)
荒手網　large-meshed net(*155a*)
アラニン, 略号 Ala, A　alanine(*10a*)
アラニンアミノトランスフェラーゼ, 略号 ALT　alanine aminotransferase(*10a*)
アラノピン　alanopine(*10b*)
荒節　katsuobushi without molding(*150b*)
新巻　salted salmon(*240a*)
アリー効果　Allee effect(*11b*)
アリストテレスの提灯　Aristotle's lantern(*19b*)
アリューシャン海流　Aleutian Current(*11a*)
アリューシャン低気圧　Aleutian low(*11a*)

アルカリ晒し　alkaline leaching(*11b*)
アルカリ精製　alkali refining(*11b*)
アルカリ度　alkalinity(*11b*)
アルギニン, 略号 Arg, R　arginine(*19a*)
アルギニンバソトシン　arginine vasotocin(*19a*)
アルギニンリン酸　arginine phosphate(*19a*)
アルキルグリセリルエーテル　alkylglycerylether(*11b*)
アルキルグリセロリン脂質　alkylglycerophospholipid(*11b*)
アルギン酸　alginic acid(*11a*)
アルギン酸リアーゼ　alginate lyase(*11a*)
アルケニル型リン脂質　alkenylphospholipid(*11b*)
アルケニルグリセリルエーテル　alkenylglycerylether(*11b*)
アルコール脱水素酵素　alcohol dehydrogenase(*10b*)
アルコールデヒドロゲナーゼ, 略号 ADH　alcohol dehydrogenase(*10b*)
アルコール発酵　alcoholic fermentation(*10b*)
アルセノコリン　arsenocholine(*19b*)
アルセノベタイン　arsenobetaine(*19b*)
アルテロモナス　Alteromonas(*13a*)
アルドステロン　aldosterone(*10b*)
アルドラーゼ　aldolase(*10b*)
α-グルコシダーゼ　α-glucosidase(*3a*)
α-ケトグルタル酸　α-ketoglutaric acid(*3a*)
α-デンプン　α-starch = gelatinized starch(*3a*), gelatinized starch(*114b*)
αフェトプロテイン　α fetoprotein(*3a*)
α-ヘリックス　α-helix(*3a*)
アルファルファミール　alfalfa meal(*11a*)
アルブミン　albumin(*10b*)
アルベド　albedo(*10b*)
アルミニウム合金　aluminum alloy(*13a*)

アレキサンドリウム　*Alexandrium*(*11a*)
アレニウスプロット　Arrhenius plot(*19b*)
アレルギー　allergy(*12a*)
アレルギー様食中毒　allergy-like food poisoning(*12a*)
アレルゲン　allergen(*12a*)
アレロパシー　allelopathy(*11b*)
アロ抗原　alloantigen(*12a*)
アロザイム　allozyme(*12b*)
アロステリズム　allosterism(*12b*)
アロステリック効果　allosteric effect(*12b*)
アロステリック酵素　allosteric enzyme(*12b*)
アロフィコシアニン　allophycocyanin(*12a*)
アロマターゼ　aromatase(*19b*)
アロメトリー　allometry(*12a*)
アワビヘルペスウイルス感染症　abalone herpesvirus infection(*3a*)
アンカー　anchor(*15a*)
アンギオテンシン　angiotensin(*15b*)
アンギリコラ　*Anguillicola*(*16a*)
アンコウ《魚》　angler(*16a*), angler fish(*16a*)
鮟鱇(あんこう)網　stow net(*265b*)
暗順応　dark adaptation(*67b*)
あん蒸　ag[e]ing in drying process(*9a*)
暗所視　scotopic vision(*243a*)
アンセリン　anserine(*16b*)
アンセロゾイド　antherozoid(*17a*)
安全速力　safe speed(*238b*)
安全率《売上の》　margin of safety(*166a*)
アンチコドン　anticodon(*17a*)
アンチョビーソース　anchovy sauce(*15b*)
アンテイソ酸　anteiso acid(*16b*)
安定同位元素　stable isotope(*261b*)
安定同位体　stable isotope(*261b*)
〔安定〕同位体の回転率(速度)　isotopic

turnover rate (148b)
安定同位体比　staitable isotope ratio (261b)
安定発現《遺伝子の》　stable expression (261b)
アンテラキサンチン　antheraxanthin (17a)
鞍(あん)点　saddle point (238b)
アンドロゲン　androgen (15b)
アンドロステロン　androsterone (15b)
アンドロステンジオン　androstenedione (15b)
アンバランス　unbalance (287a)
3,6-アンヒドロ-L-ガラクトース　3,6-anhydro-L-galactose (16a)
3,6-アンヒドロ-D-ガラクトース　3,6-anhydro-D-galactose (16a)
アンビフリア　Ambiphrya (13a)
アンフォールディング　denaturation (69a), unfolding (287b)
アンモシーテス〔幼生〕　ammocoetes (13b)
アンモニア　ammonia (13b)
アンモニア酸化細菌　ammonia oxidizing bacterium (14a)
アンモニア態窒素, 略号 NH3-N　ammonium nitrogen (14a)
アンモニア排出　ammonotelism (14a)
アンモニア排出動物　ammonotelic animal (14a)

い

胃　stomach (265a)
イーディー・ホフステーのプロット　Eadie-Hofstee plot (80b)
EAA 指数　EAA index (80b)
ES 細胞　ES cell (90a)
EST　expressed sequence tag (92b)
ES 複合体　ES complex (90a)
EM アルゴリズム　EM algorithm (84b)
EMP 経路　EMP pathway (85a)
EPC 細胞, 略号 EPC　epithelioma pappillosum cyprini (89a)
イェッソトキシン　yessotoxin (300b)
イエローヘッド病《クルマエビ類》　yellow head disease (300b)
硫黄酸化〔細〕菌　sulfur oxidizing bacterium (268a)
硫黄酸化物, 略号 SOx　sulfur oxide (268a)
硫黄循環　sulfur cycle (268a)
イオノフォア　ionophore (147a)
イオン強度　ionic strength (147a)
イオンチャネル　ion channel (147a)
イカ籠　cuttlefish basket trap (65a)
異核共存体　heterokaryon (130a)
異化作用　catabolism (44b)
筏(いかだ)式養殖　raft culture (226b)
イカ釣　squid jigging (261b)
いかミール　squid meal (261b)
いか飯　ikameshi (138a)
錨(いかり)　anchor (15a)
錨(いかり)綱　anchor rope (15b), ground line (123b)
錨(いかり)針　gang hook (113a)
イカリムシ　lernaea cypriniacea (157a)
錨(いかり)結び　fisherman's bend (100a)
活〔き〕餌　live bait (161a)
遺棄船　derelict (70b)
閾(いき)値　threshold value (276b)
閾(いき)値形質　threshold character (276b)
育児囊(のう)　brood pouch (39a), marsupium (168a)
育種　breeding (38a)
育種価　genomic breeding value (117a)
育種学　thremmatology (276b)
育種管理　breeding management (38b)
育種計画　breeding program (38b)
育成礁　nursery reef (192a)
育成場　nursery ground (192a)
イクチオフォヌス　Ichthyophonus (137b)
イクチオボド　Ichthyobodo (137b)

いくら　separated and salted salmon roe（247b）
異形吸虫類　heterophyid trematodes（130a）
異形個虫　heterozooid（130b）
異型細胞　heterocyst（130a）
異形細胞性鰓病《アユ》　atypical cellular gill disease（22b）
異形糸状性《褐藻類の》　heterotrichy（130b）
異形世代交代　alternation of heteromorphic generations（13a）
異型接合体　heterozygote（130b）
異型〔の〕　heteromorphic（130a）
異型配偶　heterogamy（130a）
異型配偶子性　heterogamety（130a）
活け締め　spiking（260a）
生簀（いけす）　store pot（265a）
生簀（いけす）〔式〕養殖　cage culture（41a）
囲血腔系　perihemal system（206a）
憩（いこ）い場　resting corner（233a）
移行帯　ecotone（81b）
囲口節　peristomium（206a）
イコサペンタエン酸，略号 20:5 n-3　icosapentaenoic acid（138a）
胃鼓張症　tympanites ventriculi（286a）
囲鰓（さい）腔　peribranchial cavity（206a）
漁火（いさりび）　fishing torch（103a）
胃糸　gastric filament（113b）
石　stone（265a）
意思決定　decision making（67b）
異時性　heterochrony（130a）
異質細胞　heterocyst（130a）
異質三倍体　allotriploid（12b）
異質倍数体　allopolyploid（12b）
異質四倍体　allotetraploid（12b）
イシナギ中毒　ishinagi poisoning（147b）
移住《個体群の》　immigration（138b）
異臭魚　objectionable odor fish（192b）
萎（い）縮　atrophy（22b）
移出生産　export production（92b）
胃楯（じゅん）　gastric shield（114a）

異常海況　abnormal sea condition（3b）
異常気象　abnormal climate（3b），abnormal weather（3b）
異常値　outliers（199b）
異常潮位　abnormal sea level（3b）
移植　transplantation（282a），transplanting（282a）
移植片対宿主反応，略号 GVHR　graft-versus-host reaction（122b）
移植免疫　transplantation immunity（282a）
いしる　fermented squid sauce（96a）
囲心腔　pericardium（206a）
異数体　aneuploid（15b）
縮結（いせ）《内割の》　hang-in（126a）
縮結（いせ）《欧米式》　hanging（126a）
縮結（いせ）《外割の》　hang-out（126b）
縮結（いせ）　shrinkage（252a）
異性化　isomerization（148a）
異性化酵素　isomerase（148a）
異性間淘汰　intersexual competition（146a）
以西底曳網漁業　Large trawl in East China sea（155a）
イセエビ籠　lobster pot（161a）
縮結（いせ）角　setting angle（248b）
胃石　gastolith（113b）
縮結（いせ）係数　hanging coefficient（126a）
縮結（いせ）割合《欧米式》　hanging ratio（126a）
胃腺　gastric gland（113b）
位相　phase（207a）
位相角　phase angle（207a）
囲臓腔　perivisceral coelom（206b）
位相のずれ　phase lag（207a）
位相変調　phase shift keying（207b）
磯垣網　inshore leader net（143b）
イソ酵素　isozyme（148a）
異祖接合　allozygous（12b）
磯釣　rocky shore fishing（237a）
イソデスモシン　isodesmosine（148a）
イソトシン　isotocin（148b）
磯波　surf（269b）

磯根資源　rock-dwelling species(*237a*)
イソプレット　isopleth(*148a*)
イソプレノイド　isoprenoid(*148a*), terpene(*274b*)
イソフロリドシド　isofloridoside(*148a*)
イソメラーゼ　isomerase(*148a*)
磯焼け　barren of rocky shore(*27b*)
イソロイシン,略号 Ile, I　isoleucine(*148a*)
委託集荷　collection of cargo on consignment(*55a*)
委託手数料　consignment fee(*58a*)
委託取引き　consignment transaction(*58a*)
委託販売　sale on consignment(*239a*)
板状葉緑体　laminate chloroplast(*154a*)
位置エネルギー　potential energy(*216a*)
一塩基多型,略号 SNP　single nucleotide polymorphisms(*253b*)
一次雄　primary male(*218a*)
一次汚濁　primary pollution(*218a*)
一次構造《タンパク質の》　primary structure(*218a*)
一次処理　primary treatment(*218a*)
一次性硬骨　primary bone(*218a*)
一次生産　primary production(*218a*)
一次生産者　primary producer(*218a*)
一時性プランクトン　tychoplankton(*286a*)
一次ピットコネクション　primary pit connection(*218a*)
一時プランクトン　meroplankton(*171b*)
一次免疫応答　primary immune response(*218a*)
一染色体性の　monosomic(*178a*)
一代雑種　F_1 hybrid(*96b*)
1日当り総産卵量法,略語 DEPM　daily egg production method(*66b*)
一年生藻類　annual algae(*16a*)
位置の圏　position circle(*215b*)
位置の線　line of position(*159a*)
位置母数　location parameter(*161b*)
一夜干し　half-dried fish(*125b*), semi-dried fish(*247a*)
胃緒　funiculus(*111b*)
一様最強力検定,略語 UMP テスト　uniformly most powerful test(*287b*)
一様最強力不偏検定,略語 UMPU テスト　uniformly most powerful unbiased test(*287b*)
一様分布《確率》　uniform distribution(*287b*)
一連　set(*248b*), string(*266a*)
一回再捕　single capture(*253a*)
一回繁殖　semelparity(*247a*)
一回標識放流　single mark release(*253b*)
一過性発現《遺伝子の》　transient expression(*281b*)
一価染色体　univalent chromosome(*288a*)
一括上場　all products listed(*12b*)
一妻多夫　polyandry(*214a*)
逸散　emigration(*85a*)
一酸化窒素　nitric oxide(*187b*)
逸失漁具　lost gear(*162a*)
一船買い　purchase of all catch of a fishing boat(*223b*)
逸脱度　deviance(*71b*)
一致推定量　consistent estimator(*58b*)
一致性　consistency(*58a*)
一般化最小二乗法　generalized least squares method(*115b*)
一般化指数モデル　generalized exponential model(*115b*)
一般化線形モデル,略号 GLM(グリム)　generalized linear model(*115b*)
一般化分散　generalized variance(*115b*)
一般化余剰生産モデル　generalized surplus production model(*115b*)
一般組合せ能力　general combining ability(*115b*)
一般成分　general composition(*115b*)
一般組成　proximate composition(*222a*)
一夫多妻　polygyny(*214b*)
一本釣　pole and line(*213b*)

一本釣漁業　pole and line fishery（213b）
一本針　single hook（253a）
遺伝暗号　codon（54a）
遺伝学　genetics（116b）
遺伝獲得量　genetic gain（116a）
遺伝子　gene（114b）
遺伝子アノテーション　gene annotation（114b）
遺伝子型　genotype（117a）
遺伝子型・環境相互作用，略号 GXE　genotype-environment interactions（117a）
遺伝子型・表現型相関　genotype-phenotype correlation（117a）
遺伝子型頻度　genotypic frequency（117a）
遺伝子給源　gene pool（115a）
遺伝子クローニング　gene cloning（115a）
遺伝資源　genetic resources（116b）
遺伝子工学　genetic engineering（116a）
遺伝子座　locus（*pl.* loci）（161b）
遺伝子銃法　particle gun method（204a）
遺伝子ターゲッティング　gene targeting（115b）
遺伝子置換　gene substitution（115b）
遺伝子重複　gene duplication（115a）
遺伝子 - 動原体間組換え率，略語 G-C 組換え率　gene-centromere recombination rate（115a）
遺伝子導入　gene transfer（116b）
遺伝子導入魚　transgenic fish（281b）
遺伝子ノックダウン　gene knockdown（115a）
遺伝子頻度　gene frequency（115a）
遺伝子プローブ　gene probe（115b）
遺伝子分化指数，略号 Gst　coefficient of gene differentiation（54a）
遺伝子ライブラリー　gene library（115a）
遺伝子流動　gene flow（115a）
遺伝子量　gene dosage（115a）
遺伝相関　genetic correlation（116a）
遺伝地図　genetic map（116a）
遺伝地図作成　gene mapping（115a）

遺伝的汚染　genetic pollution（116a）
遺伝的改変生物，略号 GMO　genetically modified organism（116a）
遺伝的荷重　genetic load（116a）
遺伝的距離　genetic distance（116a）
遺伝的趨勢　genetic trend（116b）
遺伝的組成　genetic constitution（116a）
遺伝的多型　genetic polymorphism（116a）
遺伝的多様性　genetic diversity（116a）
遺伝的背景　genetic background（116a）
遺伝的標識　genetic marker（116a）
遺伝的不活性化　genetic inactivation（116a）
遺伝的浮動　genetic drift（116a）
遺伝的分化　genetic differentiation（116a）
遺伝的変異　genetic variation（116b）
遺伝的変異性　genetic variability（116b）
遺伝分散　genetic variance（116b）
遺伝率，略号 h^2　heritability（129b）
糸　string（266a）
緯度　latitude（155b）
移動平均　running average（238b）
移動平均過程，略語 MA 過程　moving average process（179a）
移動床模型　movable bed model（179a）
糸状の　filamentous（97a）
糸巻き　bobbin（34a）
胃内容物　stomach content（265a）
移入雑種形成　introgressive hybridization（146b）
易熱性抗原　heat labile antigen（128a）
胃嚢（のう）　gastric pouch（113b）
イノシトール　inositol（143b）
イノシン　inosine（143b）
イノシン 5'- 一リン酸，略号 IMP　inosine 5'-monophosphate（143b）
イノシン酸　inosinic acid（143b）
異物骨格　xenoskeleton（300a）
いぼ足　parapodium（203a）
違法，無規制，無報告漁業，略語 IUU 漁業　illegal, unreported and unregulat-

ed Fishing(*138a*)
イミダゾール化合物　imidazole compound(*138b*)
イミッタンス　immittance(*138b*)
異名　synonym(*271b*)
入会(いりあい)漁場　common fishing ground(*56a*)
入会(いりあい)権　right of common(*235b*)
入江　inlet(*143a*)
入口管理　input control(*143b*)
いりこ(海参)　boiled and dried sea cucumber(*34b*), trepang(*282b*)
いりこ　boiled and dried small sardine(*34b*)
イリドウイルス　iridovirus(*147a*)
入浜(いりはま)権　access right to the beach(*4a*)
移流　advection(*8a*)
イルカのソナー　dolphin sonar(*76b*)
色揚げ　coloration(*55a*)
色知覚　color perception(*55a*)
沈子(いわ)繰り機　leadline stacker(*156b*)
因果分析法　causal analysis(*45b*)
陰極線管, 略号 CRT　cathode ray tube(*45b*)
陰茎　penis(*205b*)
咽喉部の　jugular(*150a*)
in situ ハイブリダイゼーション　*in situ* hybridization(*143b*)
咽鰓(さい)軟骨　pharyngobranchial cartilage(*207a*)
飲作用　pinocytosis(*211a*)
インジゴイド　indigoid(*140b*)
因子負荷　factor loading(*94a*)
因子分析　factor analysis(*93b*)
インストアマーキング　instore marking(*143b*)
インスリン　insulin(*143b*)
インスリン様成長因子, 略号 IGF　insulin-like growth factor(*144a*)
咽舌骨　glossohyal bone(*119b*)
インターフェイス　interface(*144b*)
インターフェロン　interferon(*144b*)
インターロイキン, 略号 IL　interleukin(*144b*)
インダクタンス　inductance(*141b*)
インテグリン　integrin(*144a*)
咽頭顎　pharyngeal jaw(*207a*)
咽頭骨　pharyngeal bone(*207a*)
咽頭歯　pharyngeal teeth(*207a*)
咽頭神経環　pharyngeal nerve ring(*207a*)
インドール　indole(*141b*)
インド洋　Indian Ocean(*140b*)
インド洋まぐろ類委員会, 略号 IOTC　Indian Ocean Tuna Commission(*140b*)
インド洋まぐろ類委員会の設置に関する協定　Agreement for the Establishment of the Indian Ocean Tuna Commission(*9b*)
イントロン　intron(*146b*)
インバース法　inversion method(*146b*)
インバータ　inverter(*146b*)
インパルス　impulse(*139b*)
インピーダンス　impedance(*139a*)
咽皮管　pharyngocutaneous duct(*207a*)
インヒビター　enzyme inhibitor(*88a*)
インヒビン　inhibin(*142b*)
隠蔽種　cryptic species(*64a*)
インポセックス　imposex(*139a*)

ウィーナー過程　Wiener process(*298b*)
ウイープ　weep(*296b*)
ウィシャート分布《確率》　Wishart distribution(*299a*)
ウィルコクソンの〔順位和〕検定　Wilcoxon〔rank sum〕test(*298b*)
ウィルコクソンの符号順位〔和〕検定　Wilcoxon signed-rank〔sum〕test(*298b*)
ウイルス　virus(*292a*)

ウイルス性血管内皮壊(え)死症《ウナギ》 viral endothelial cell necrosis(291b)
ウイルス性口部基底細胞上皮腫(しゅ)症《サケ科魚類》 viral perioral basal cell epithelioma(292a)
ウイルス性出血性敗血症，略号 VHS viral hemorrhagic septicemia(292a)
ウイルス性神経壊死症，略号 VNN viral nervous necrosis(292a)
ウイルス性乳頭腫症《コイ》 viral papilloma(292a)
ウイルス性表皮増生症《ヒラメ》 viral epidermal hyperplasia(292a)
ウイルス性変形症 viral deformity(291b)
ウィングトロール wing trawl(299a)
ウインチ winch(298b)
ウィンドラス windlass(298b)
WinBUGS WinBUGS(298b)
ウェーバー器官 Weberian apparatus(296b)
ウェーバーの法則 Weber's law(296b)
ウェーバー・フェヒナーの法則 Weber-Fechner's law(296b)
ウェーブセットアップ wave set-up(296a)
ウエスタンブロット法 Western blot(297a)
ウエステルマン肺吸虫 *Paragonimus westermani*(202b)
ウェルシュ菌 *Clostridium perfringens*(52b)
ウォータージェット推進 pump-jet(223b)
ウォーターフロント water front(295b)
魚汲み brailing(37a)
魚汲み網 brail net(37a), brailer(37a), dip net(73b)
魚締め drying up(79b)
ウオジラミ fish louse(103a)
魚付保安林 fish-gathering forest(101b)
魚付き林 fish-gathering forest(101b)
魚捕側 bunt end(39b)
魚捕部 bag(26b), bag section(26b), bunt(39b), codend(53b), crib(62b)

ウオノエ *Cymothoa eremita*(65b)
魚味噌 fermented fish paste(96a)
魚見台 crow's nest(63b)
浮き float(106a)
浮魚(うきうお) pelagic fish(205a)
浮魚(うきうお)資源 pelagic fish stock(205a)
浮き魚礁 floated FAD(106a), floated fish aggregating device(106a), floating fish aggregator(106a)
浮き刺網 floating gill net(106b)
浮き式施設 floating facility(106a)
浮き消波堤 floating breakwater(106a)
浮き流し網 floating drift net(106a)
浮き流し〔式〕養殖 floating〔system〕cultivation(106b)
浮き延(はえ)縄 driftline(79b), floated longline(106a), pelagic longline(205a)
鰾(うきぶくろ) swim bladder(271a)
烏(う)口骨 coracoid(60b)
羽状珪藻 pennate diatom(205b)
羽状分枝 pinnate branching(211a)
渦 eddy(82a)
渦拡散 eddy diffusion(82a)
渦拡散率 eddy diffusivity(82a)
渦度 vorticity(293b)
渦粘性 eddy viscosity(82a)
内網 lint(159b)
内海 inland sea(143a)
打ち切り《確率分布の》 truncation(284a)
打ち子 worker for shelled oyster(299b)
内昇〔り〕網 inner funnel(143a)
宇宙航空研究開発機構 JAXA(149b)
うっ血 congestion(57b)
ウナギ穴釣漁業 angling of eel in holes(16a)
ウナギ掻(か)き eel comb(82a)
ウナギ籠 eel trap(82b)
ウナギ形 anguilliform(16a)
項(うなじ) nape(182b), nuchal(191a)
うなり《波の》 beat(29a)

ウニ籠　sea urchin cage(244b)
うに塩辛　salted and fermented sea urchin viscera(240a)
うねり　rise(236b), swell(271a)
うねり階級　scale of swell(242a)
うま味　umami(287a)
ウミガメ排除装置，略号 TED　turtle excluder device(285b)
海のエコラベル　marine eco-label(166b)
埋め立て　reclamation(228b)
浦　cove(61b)
ウラシル　uracil(288b)
浦浜制　urahama-sei(288b)
売上原価　cost of sales(61b)
売上高利益率　ratio of profit to sales(227b)
売り手市場　sellers' market(247a)
雨量計　raingauge(227a)
うるか　salted and fermented ayu viscera(239b)
ウルバリン　ulvaline(287a)
鱗　scale(242a)
ウロテンシン　urotensin(289a)
ウロン酸回路　uronate cycle(288b)
上網　top panel(279b), upper panel(288a)
うわ乾き　skin effect(254b)
上屋　shed(250b)
雲形　cloud form(52b)
運動エネルギー　kinetic energy(151b)
運動視　movement vision(179a)
運動失調　ataxia(21b)
運動性　motility(178b)
運動ニューロン　motoneuron(179a)
運動場　fish court(98a)
運動量　momentum(177b)
運搬船　carrier boat(44a)
運用漁具　mobile gear(176b)
雲量　cloud amount(52b)

柄　handle(126a)
エアブラスト凍結　air blast freezing(9b)
エアロゾル　aerosol(8b)
エイ《魚》　ray(227b)
営業利益　operating profit(196a)
影響量　influence quantity(142b)
曳(えい)航　towing(280a)
曳(えい)航索　towing warp(280a)
曳(えい)航測程器　patent log(204b)
曳(えい)航体　towed body(280a)
エイコサペンタエン酸，略号 EPA　eicosapentaenoic acid(83a)
曳(えい)索結び　half and timber hitch(125b)
泳鐘《管クラゲ類の》　nectocalyx(183b)
衛星雄　satellite(241b)
衛星画像　satellite imagery(241b)
衛生管理者　sanitary supervisor(241a)
衛星利用水産海洋情報　fisheries oceanographic information by satellite(99b)
英版海図　admiralty chart(7b)
曳(えい)網時間　towing time(280a)
栄養　nutrition(192b)
栄養塩　nutrient(192a)
栄養塩躍層　nutricline(192a)
栄養価　nutritive value(192b)
栄養カスケード　trophic cascade(284a)
栄養強化　enrichment(86a)
栄養個虫　gastrozooid(114a)
栄養細胞　vegetative cell(290a)
栄養細胞糸　nutritive filament(192b)
栄養障害　nutritional disorder(192b)
栄養状態　nutritional state(192b)
栄養所要量　recommended dietary allowances(228b)

栄養性欠乏症　nutritional deficiency disease（192b）
栄養性疾病　nutritional disease（192b）
栄養性白内障　nutritional cataract（192b）
栄養性貧血　nutritional anemia（192b）
栄養性ミオパチー症候群　nutritional myopathy syndrome（192b），sekoke disease（246a）
栄養素　nutrient（192a）
栄養素利用率　nutrient availability（192a）
栄養代謝　nutrient metabolism（192b）
栄養多型　trophic polymorphism（284a）
栄養段階　trophic level（284a）
栄養必要量　nutritional requirement（192b）
栄養不良　malnutrition（165a）
営漁計画　fishery business management plan（100a）
ARIMA過程　ARIMA process（19b）
ARMA過程　ARMA process（19b）
AR過程　AR process（19b）
A/E比　amino acids per essential amino acids ratio（13b）
A型肝炎ウイルス　hepatitis A virus（129b）
AGPテスト　AGP test（9b）
A重油　diesel oil（72b）
Aスコープ　A scope（20b）
ATPアーゼ　ATPase（21b）
ATP関連化合物　ATP related compounds（21b）
AD変換器　analog to digital converter（15a）
ADモデルビルダー，略号ADMB　AD model builder（7b）
エーテル型リン脂質　ether phospholipid（91a）
液化ガス凍結　cryogenic freezing（64a）
疫学　epidemiology（88b）
液化石油ガス　liquefied petroleum gas（160b）
腋（えき）下腺　axillary gland（25a）
液化天然ガス　liquefied natural gas（160b）
エキス〔成分〕　extracts（93a）

エキス窒素　extractive nitrogen（93a）
エキソソーム　exsosome（92b）
エキソン　exon（92b）
液体クロマトグラフィー　liquid chromatography（160b）
エキノプルテウス〔幼生〕　echinopluteus（81a）
腋（えき）部　axil（25a）
液胞　vacuole（289a）
腋（えき）鱗　axillary scale（25a）
エクオリン　aequorin（8a）
エクジソン　ecdysone（81a）
エクストルーダ　extruder（93a）
エクストルーダー飼料　extruder pellet（93b）
エクスパンダー飼料　expander pellet（92b）
エクソサイトーシス　exocytosis（92a）
エクトカルピン　ectocarpin（82a）
エクマン層　Ekman layer（83a）
エクマンの吹送流　Ekman motion（83b）
エクマン輸送　Ekman transport（83b）
エクマンらせん　Ekman spiral（83b）
エコー　echo（81a）
エコーグラム　echogram（81a）
エコー計数方式　echo counting（81a）
エコー積分方式　echo integration method（81a）
エコートレース　echo trace（81a）
エコーロケーション　echo location（81a）
エコシム　Ecosim（81b）
エコトーン　ecotone（81b）
エコパス　Ecopath（81b）
エコラベル　eco-label（81a）
餌　bait（26b）
餌釣　bait fishing（26b）
餌問屋　feed wholesaler（95b）
餌なし籠　unbaited pot（287a）
餌場　feeding point（95b）
餌密度　food density（107b）
餌利用可能度　food availability（107b）
壊（え）死　necrosis（183b）

S-S 結合　disulfide bond(75b)，S-S bond(261b)
SH プロテアーゼ　cysteine protease(65b)，SH protease(251b)
S/N 比　S/N ratio(255b)
S 型ワムシ　S type rotifer(266b)
S 字曲線　sigmoid curve(252b)
S スタート　S start(261b)
エステラーゼ　esterase(90a)
エステル価　ester value(91b)
S 電位　S-potential(261a)
エストラジオール -17β, 略号 E₂　estradiol-17β(90b)
エストリオール　estriol(90b)
エストロゲン　estrogen(90b)
エストロン　estrone(90b)
SPS 協定　SPS agreement(261a)
枝糸　branch line(37b), dropper(79a), lanyard(154b)
エダクタ　eductor(82a)
枝縄　branch line(37b), gangen(113a)
枝縄《籠の》　pot strop(216a)
枝結び　rolling hitch(237b)
枝分れ図　dendrogram(69b)
エチレンジアミン四酢酸, 略号 EDTA　ethylenediaminetetraacetic acid(91a)
越境性〔魚類〕資源　trans-boundary〔fish〕stock(280b)
Xmsy　Xmsy(300a)
X 器官　X organ(300a)
X 線回折　X-ray diffraction(300a)
X 染色体　X-chromosome(300a)
餌付け　food acclimatization(107b)
H 検定　H-test(134b), Kruskal-Wallis test(152a)
H 抗原　H antigen(126b)
H 鎖　H chain(127b)
越冬魚　wintering fish(299a)
越冬漁場　wintering fishing ground(299a)
越波　wave overtopping(296a)
越波導入工　creating water streams by wave overtopping(62a)
越流　overflow(199b)
エドマン〔分解〕法　Edman〔degradation〕method(82a)
エドワジエラ・イクタルリ感染症　enteric septicaemia of catfish(86b)
エドワジエラ敗血症《ナマズ類》　enteric septicaemia of catfish(86b)
NIR 分光法　NIR spectroscopy(187b)
NK 細胞　NK cell(188b)
エネルギー効率　energy efficiency(86a)
エネルギー収支　energy budget(86a)
エネルギー充足率　energy charge(86a)
エネルギー蓄積率　energy retention(86a)
エネルギーフロー　energy flow(86a)
エビ籠　prawn cage(216b), shrimp pot(251b)
エピジェネティクス　epigenetics(88b)
エピスタシス　epistasis(88b), epistasis effect(88b)
エピスチリス　Epistylis(88b)
エピテリオシスチス　epitheliocystis(88b)
エピテリオシスチス類症　epitheliocystis-like disease(89a)
エピトーク　epitoke(89a)
エピトープ　epitope(89a)
エピネフリン　epinephrine(88b)
FRP 船　fiber glass reinforced plastic ship(96b)
エフィラ〔幼生〕　ephyra(88a)
Fave　Fave(95a)
Fa フラグメント　Fa fragment(94a)
エフェクター　effector(83a)
Fx%SPR　Fx%SPR(112a)
エフエッチエム　FHM(96b)
FFT アナライザ　FFT analyzer(96b)
Fmsy　Fmsy(107a)
FOB 価格　free on board price(109b)
Fcurrent　Fcurrent(95a)
F 検定　F-test(111a)
Fsus　Fsus(111a)

Fc フラグメント　Fc fragment(*95a*)
Fsim　Fsim(*111a*)
エフ[ゼロ]ポイントワン　$F_{0.1}$(*93b*)
Ftarget　Ftarget(*111a*)
Fτ　Fτ(*111a*)
F 値　F value(*112a*)
Fhigh　Fhigh(*96b*)
F 分布《確率》　F-distribution(*95a*)
Fmax　Fmax(*107a*)
Fmed　Fmed(*107a*)
Flimit　Flimit(*106a*)
Frec　Frec(*109b*)
Flow　Flow(*106b*)
エマルジョン　emulsion(*85a*)
MA 過程　MA process(*166a*)
MA 貯蔵　MA storage(*168b*)
MA 包装　MA packaging(*166a*)
MSY 水準　MSY level(*179b*)
MSY 率　MSY rate(*179b*)
M_2 分潮　M_2 constituent(*163b*)
エムデン・マイヤーホフ[・パルナス]経路, 略語 EMP 経路　Embden-Meyerhof[-Parnas] pathway(*84b*)
鰓(えら)　gill(*118a*)
鰓(えら)うっ血症　gill congestion(*118a*)
鰓がかり　gilling(*118b*)
鰓がかり[の]　gilled(*118b*)
鰓黒(えらぐろ)病　black gill disease(*33a*)
鰓桁(えらけた)《ナメクジウオ類の》　branchial lamella(*37b*)
鰓(えら)呼吸　branchial respiration(*37b*)
鰓(えら)循環　gill circulation(*118a*)
鰓(えら)腎炎《ウナギの》　branchionephritis(*37b*)
鰓(えら)心臓　branchial heart(*37b*)
エラスターゼ　elastase(*83b*)
エラスチン　elastin(*83b*)
エラストイジン　elastoidin(*83b*)
鰓(えら)ポンプ系　branchial pump system(*37b*)
エラムシ　gill fluke(*118b*)

えり　weir(*297a*)
襟(えり)細胞　choanocyte chamber(*49b*)
エルガシルス　Ergasilus(*89b*)
L 型 S 電位　luminosity type S-potential(*162b*)
L 型ワムシ　L type rotifer(*162b*)
エルゴステロール　ergosterol(*89b*)
L 鎖　L chain(*156a*)
エルシニアエンテロコリチカ　Yersinia enterocolitica(*300b*)
エルニーニョ　El Nino(Niño)(*84b*)
エルニーニョ・南方振動, 略号 ENSO　El Nino-Southern Oscillation(*84b*)
エレクトロポレーション法　electroporation(*84a*)
エロモナス　Aeromonas(*8b*)
遠位担鰭(き)骨　distal pterygiophore(*75a*)
遠隔受容器　distant receptor(*75a*)
遠隔測定　telemetry(*273b*)
遠隔探査　remote sensing(*231b*)
沿岸域　coastal area(*52b*)
沿岸海域　coastal sea(*53a*)
塩干魚　salted and dried fish(*239b*)
沿岸漁業　coastal fisheries(*53a*)
沿岸漁業構造改善事業　Coastal Fishery Structure Improvement Program(*53a*)
沿岸漁業等振興審議会　Coastal Fisheries Promotion Council(*53a*)
沿岸漁業等振興法　Coastal Fisheries and Others Promotion Law(*53a*)
沿岸漁場整備開発事業　Coastal Fishing Ground Development Works(*53a*)
沿岸魚粉　brown fish meal(*39a*)
沿岸航海　coastal navigation(*53a*)
沿岸航路　coasting line(*53b*)
沿岸水　coastal water(*53a*)
沿岸水色走査放射計, 略号 CZCS　coastal zone color scanner(*53b*)
沿岸生態系　coastal ecosystem(*53a*)
沿岸前線　coastal front(*53a*)
沿岸帯　littoral zone(*161a*)

沿岸地区漁協　Fisheries Cooperative Association of Coastal Zone(*99a*)
沿岸〔の〕　coastal(*52b*)，littoral(*160b*)
塩干品　salted and dried product(*239b*)
沿岸フロント　coastal front(*53a*)
沿岸マグロ延(はえ)縄漁業　tuna long-line fishery on coastal waters(*285a*)
沿岸湧昇　coastal upwelling(*53a*)
沿岸流　littoral current(*160b*)
塩基《核酸の》　base(*28a*)
塩基性タンパク質　basic protein(*28a*)
塩基多様度，略号 π　nucleotide divergence(*191b*)
塩基置換　base substitution(*28a*)，nucleotide substitution(*191b*)
遠距離音場　far sound field(*94b*)
円形オッターボード　oval otterboard(*199b*)
円形骨質板　lamina circularis(*154a*)
エンケファリン　enkephalin(*86a*)
縁甲板　marginal scute(*166a*)
塩収支　salt budget(*239b*)
炎症　inflammation(*142a*)
炎症細胞　inflammatory cell(*142a*)
遠心性〔の〕　efferent(*83a*)
遠心ポンプ　centrifugal pump(*46b*)
延髄　medulla oblongata(*170b*)
塩水楔(くさび)　salt wedge(*240b*)
円錐(すい)歯　conical tooth(*57b*)
延髄刺殺　cranial spiking(*62a*)
塩水漬(け)　brine salting(*38b*)
塩性湿地　salt marsh(*240b*)
円石　coccolith(*53b*)
塩析　salting out(*240b*)
塩蔵　salt curing(*239b*)，salting(*240b*)
塩蔵品　salt cured products(*239b*)，salted product(*240a*)
塩蔵わかめ　salted wakame(*240a*)
塩素化　chlorination(*49a*)
塩素処理　chlorination(*49a*)
塩素量　chlorinity(*49a*)
遠地点潮　apogean tide(*18a*)

鉛直安定度　vertical stability(*291a*)
鉛直移動　vertical migration(*291a*)
鉛直混合　vertical mixing(*291a*)
鉛直循環　vertical circulation(*290b*)
鉛直曳き　vertical tow(*291a*)
エンテロコッカス　*Enterococcus*(*86b*)
エンテロトキシン　enterotoxin(*86b*)
円筒籠　cylindrical pot(*65b*)
エンドサイトーシス　endocytosis(*85b*)
エンドペプチダーゼ　proteinase(*221b*)
エンドマイトーシス　endomitosis(*85b*)
エンドルフィン　endorphin(*85b*)
エントロピー　entropy(*87a*)
円二色性　circular dichroism(*50b*)
塩濃縮　salt concentration(*239b*)
塩濃度　salt concentration(*239b*)
エンハンサー　enhancer(*86a*)
円盤状葉緑体　discoid chloroplast(*74a*)
塩分　salinity(*239b*)
塩分計　salinometer(*239a*)
塩分水温深度計，略号 STD　salinity-temperature-depth meter(*239a*)
塩分躍層　salinocline(*239a*)
縁辺海　marginal sea(*166a*)
円偏光二色性，略号 CD　circular dichroism(*50b*)
縁辺成長《耳石や鱗の》　marginal growth(*166a*)
縁膜　velum(*290a*)
煙霧質　aerosol(*8b*)
煙霧体　aerosol(*8b*)
遠洋カツオ一本釣漁業　skipjack tuna pole and line fishery on distant waters(*254b*)
遠洋漁業　far seas fisheries(*94b*)
遠洋漁業奨励法　Distant Water Fishery Promotion Act(*75b*)
塩溶性タンパク質　salt-soluble protein(*240b*)
遠洋底曳網漁業　distant water trawl fisheries(*75b*)
遠洋〔の〕　pelagic(*205a*)

遠洋表層帯　epipelagic zone(88b)
遠洋表層の　epipelagic(88b)
遠洋マグロ延(はえ)縄漁業　tuna long-line fishery on distant waters(285a)
円鱗　cycloid〔scale〕(65b)
塩類細胞　chloride cell(49a), ionocyte(147a)
塩類腺　salt gland(240b)

尾　tail(272b)
追越し船　overtaking vessel(200a)
追い込み網　drive-in net(79a)
追い叉手(さで)網　push net(224a)
応急復旧　emergency repair(84b)
横行細管《筋小胞体の》　t-tubule(284a)
黄色素〔細〕胞　xanthophore(300a)
黄脂症　yellow fat disease(300b)
黄色ブドウ球菌　Staphylococcus aureus(262b)
黄体　corpus luteum(61a)
横帯　horizontal band(133a)
黄体形成ホルモン, 略号 LH　luteinizing hormone(163a)
黄体刺激ホルモン　luteotropic hormone(163a)
横突起　parapophysis(203a)
横斑　horizontal blotch(133a)
往復動ポンプ　reciprocating pump(228b)
横紋筋　striated muscle(266a)
応力　stress(266a)
応力緩和　stress relaxation(266a)
OIE　Office International des Epizooties(193b)
覆い網　cover net(61b)
覆い網試験法　covered codend method(61b)

OMV　Oncorhynchus masou virus(195b)
大型褐藻　kelp(150b)
大型水生植物　aquatic macrophyte(18b)
大型定置網　large-scale set net(155a)
O 抗原　O antigen(192b)
大潮　spring tide(261a)
大敷(おおしき)網　triangular set net(283a)
大手側　wing end(299a)
大手綱　towline(280a)
オートファゴソーム　autophagosome(23b)
オートファジー　autophagy(23b)
オートファジー小胞　autophagic vesicle(23b)
オートラジオグラフィー　autoradiography(23b)
大仲(おおなか)経費　working expense of fishery(299b)
オーバーディスパージョン　overdispersion(199b)
オープンリーディングフレーム, 略号 ORF　open reading frame(196a)
大目流し網　large-meshed drift net(155a)
オーリクラリア〔幼生〕　auricularia(23a)
O₁ 分潮　O₁ constituent(193b)
オカダ酸　okadaic acid(194b)
沖合漁業　offshore fisheries(194a)
沖合水　offshore water(194a)
沖合底曳網漁業　offshore trawl fishery(194a)
沖合底曳網漁船　offshore trawler(194a)
沖合養殖　offshore aquaculture(194a)
沖合養殖場　offshore mariculture ground(194a)
沖垣網　offshore leader net(194a)
オキサロ酢酸　oxaloacetic acid(200b)
オキサロ酢酸塩　oxaloacetate(200b)
オキシダーゼ　oxidase(200b)
オキシトシン　oxytocin(201a)
オキシヘモグロビン　oxyhemoglobin(201a)
2- オキソグルタル酸　2-oxoglutaric acid

（200b）
尾ぐされ病　tail rot（272b）
奥袖《トロールの》　bunt（39b）
オクタデカン酸　stearic acid（263b）
オクタロニー二重免疫拡散法　Ouchterlony double immunodiffusion method（199a）
オクトピン　octopine（193b）
送り状　invoice（147a）
オクロコニス　Ochroconis（193b）
起〔こ〕しチェーン　tickler chain（277b）
おしべ　stamen（261b）
オシロスコープ　oscilloscope（198b）
汚水　sewage（249a）
雄ずい　stamen（261b）
汚水処理装置　sewage treatment unit（249a）
雄継ぎ口《釣竿の》　male ferrule（165a）
汚染　pollution（213b）
汚染魚　polluted fish（213b）
汚染物質　pollutant（213b）
オゾン　ozone（201a）
汚損生物　fouling organism（109a）
オゾン層破壊　ozone layer destruction（201a）
オタマジャクシ型幼生　tadpole larva（272a）
オッタートロール　otter trawl（199a）
オッターペンネント　otter pennant（199a）
オッターボード　door（77b），otterboard（199a），trawl board（282a），trawl door（282a）
汚泥　sludge（255a）
頤（おとがい）　chin（48b）
落とし網　trap net（282a）
落〔と〕し身　minced fish meat（175a）
落〔と〕し目　bating（28b），netting taper（185b）
音の強さ　sound intensity（257a）
踊り場温度処理　temperature-shift treatment（274a）
オピエート　opiate（196b）
オピオイド　opioid（196b）

おびき寄せ型　luring（163a）
帯状分布《生物の》　zonal distribution（301a）
帯状分布　zonation（301b）
帯状葉緑体　band-shaped chloroplast（27a）
オピン　opine（196b）
オピンデヒドロゲナーゼ　opine dehydrogenase（196b）
オフィオプルテウス〔幼生〕　ophiopluteus（196b）
雄節　katsuobushi of dorsal fillet（150a）
オプシン　opsin（196b）
オプソニン　opsonin（196b）
オプソニン作用　opsonization（197a）
オペアンプ　operational amplifier（196a）
オペレーティングモデル，略号 OM　operating model（196a）
オホーツク海　Sea of Okhotsk（244a）
オボベルジン　ovoverdin（200a）
オミッションテスト　omission test（195b）
錘（おもり）《釣漁具の》　lead（156a），plummet（212b）
錘（おもり）　sinker（253b）
錘（おもり）綱　sinker line（253b）
親潮　Oyashio（201a）
親潮前線　Oyashio front（201a）
親潮フロント　Oyashio front（201a）
オランダ式籠　Dutch pot（80a）
オリゴ糖　oligosaccharide（195a）
オリゴヌクレオチドプローブ　oligonucleotide probe（195a）
オリゴペプチド　oligopeptide（195a）
折りたたみ式籠　foldable pot（107a）
折り曲げテスト　folding test（107a）
オリンピック方式《資源管理の》　Olympic game style of resource management（195b）
オルニチン　ornithine（198b）
オルニチン回路　ornithine cycle（198b），urea cycle（288b）
オレイン酸，略号 C18　oleic acid（194b）

オレキシン　orexin(198a)
オレゴン型モイストペレット　Oregon moist pellet(198a)
オレンジミート　orange meat(197b)
卸売会社　wholesale dealer(298a)
卸売業者　wholesaler(298b)
卸売市場　wholesale market(298a)
卸売市場近代化資金　modernizing fund on wholesale market(176b)
卸売市場法　Wholesale Market Law(298b)
卸売物価指数　index number of wholesale price(140b)
音圧　sound pressure(257a)
音圧感知魚　sound pressure sensitive fish (257a)
温位　potential temperature(216a)
音響漁法　acoustic fishing method(5a)
音響馴致　acoustic conditioning(5a)
音響測深機　echo sounder(81a)
音響探知　echo location(81a)
音響調査　acoustic survey(5a)
温燻品　hot smoked product(134a)
温燻法　hot smoking(134a)
温血動物　endotherm(85b)
音源定位　sound localization(257a)
音源レベル　source level(257a)
温室効果　green house effect(123a)
温水魚　warm water fish(294a)
温水施設　water warming facilities(295b)
温泉藻　thermal alga(276a)
音速　speed of sound(259a)
温帯〔の〕　temperate(274a)
温度安定性　thermostability(276b)
温度依存性性決定, 略号 TSD　temperature dependent sex determination(274a)
温度計　thermometer(276a)
温度係数　temperature coefficient(274a), temperature quotient(274a)
温度効果　temperature effect(274a)
温度受容器　thermoreceptor(276b)
温度順化　temperature acclimation(274a)
温度馴化　temperature acclimation(274a)
温度成層　thermal stratification(276a)
温度補償　thermal compensation(276a)
温度躍層　thermocline(276a)
温排水　thermal effluent(276a)
音波散乱層　sound scattering layer(257a)
オンモクロム　ommochrome(195b)

か

科《分類学の》, 略号 fam.　family(94a)
加圧滅菌　autoclaving(23a)
ガーディング　guarding(124b)
カード　curd(64b)
加アルコール分解　alcoholysis(10b)
下位　hypostasis(136b)
界《分類学の》　kingdom(151b)
カイアシ類　copepods(60b)
海域別期間別割当て量《漁獲量の》　block quota(33b)
外因性女性ホルモン様物質　environmental estrogen(87b)
外因〔性〕の　exogenous(92a)
海員名簿　crew list(62b)
外温〔性〕動物　ectotherm(82a)
海外漁業協力財団, 略号 OFCF　Overseas Fishery Cooperation Foundation(200a)
海外漁業船員労使協議会　Overseas Fishery Labor-Management Council(200a)
海外旋(まき)網漁業　far seas purse seine fishery(94b)
蓋殻《珪藻類の》　valve(289b)
外郭(かく)市場　outside market(199b)
外郭(かく)施設　contour facilities(59a)
貝殻　shell(250b)
外顆粒層《網膜の》　outer nuclear layer (199b)

海岸工学　coastal engineering(53a)
海岸構造物　coastal structure(53a)
海岸事業五ヶ年計画　Coastal Project Five-year Plan(53a)
海岸浸食　beach erosion(29a)
海岸線　shore line(251b)
海岸堤防　coastal levee(53a)
海岸〔の〕　coastal(52b)
海岸平野　coastal plain(53a)
海岸法　Coast Law(53b)
海岸保全　coastal protection(53a)
海岸保全区域　coast preservation area(53b)
海岸保全施設　shore protection facility(251b)
海岸林　coastal forest(53a), littoral forest(161a)
回帰　homing(132b)
回帰回遊　homing migration(132b)
海技士　ship's officer(251a)
海技資格訓練　practice of marine technical license(216b)
回帰性　homing ability(132b)
回帰潮　tropic tide(284a)
回帰分析　regression analysis(231a)
海技免状　seaman's competency certificate(243b)
階級　scale(242a)
海況　oceanographic condition(193a)
海峡　strait(265b)
外境界膜《網膜の》　outer limiting membrane(199b)
海況学　hydrography(135b)
回帰率　rate of return(227b)
解禁　opening of fishing season(196a)
海区　sea area(243b)
海区漁業調整委員会　Sea-area Fishery Adjustment Commission(243b)
外クチクラ　exocuticle(92a)
海軍衛星航法システム，略号 NNSS　navy navigation satellite system(183b)
解硬　rigor resolution(236a)

海溝　trench(282b)
外後頭骨　exoccipital bone(92a)
外国漁業の総許容漁獲量水準，略号 TALFF　total allowable level of foreign fishing(279b)
外国人船員　foreign crew(108b)
介在ニューロン　interneuron(146a)
介在配列　intron(146b)
海産魚　marine fish(166b)
海産クロレラ　marine chlorella(166b)
海産動物油　marine animal oil(166b)
海産物　marine products(167a)
外肢　exopodite(92b)
概日リズム　circadian rhythm(50b)
会社識別，略号 CI　corporate identity(61a)
回収〔された〕標識　tag recovery(272b)
海獣油　blubber oil(33b)
外受容器　exteroceptor(93a)
海象　hydrographic phenomenon(135b)
海上交通管制　marine traffic control(167a)
海上試運転　sea trial(244a)
海上保安庁　Japan Coast Guard(149a)
海上労働科学　maritime labor science(167b)
海色　ocean color(193a)
海色海温走査放射計，略号 OCTS　ocean color and temperature scanner(193a)
外腎門　nephridiopore(184b)
海図　chart(47b)
海水打〔ち〕込み　deck wetness(68a)
海水魚　marine fish(166b)
海水交換　water exchange(294b)
海水交流　interchange of sea water(144b)
海水適応　seawater adaptation(244b)
海水箱　sea chest(243b)
海水用石けん　marine soap(167a)
海図図式　chart symbols and abbreviations(47b)
外生枝　exogenous branch(92a)
外生胞子　exospore(92b)

海棲哺乳動物　marine mammal(166b)
外節　outer segment(199b)
開設区域《卸売市場の》　opening area (196a)
開設者《卸売市場の》　establisher(90a)
回旋　convolution(60a)
海草　seagrass(243b)
海藻　seaweed(244b)
海藻コロイド　phycocolloid(210a)
海藻灰　ash of kelp(20b)
海藻ポリフェノール　seaweed polyphenol (244b)
買い出し人　purchaser(223b)
海中公園　underwater park(287b)
海中転落　fall to the seas(94a)
貝中毒　shellfish poisoning(250b)
海中林　marine forest(166b)
海中林造成　marine afforestation(166b)
階調　gradation(122b)
海鳥類　sea birds(243b)
飼い付け漁業　domesticating fishery(76b)
買い付け集荷　collection of cargo on buying (55a)
買い付け処理　selling and buying(247a)
改訂管理制度, 略号 RMS　Revised Management Scheme(234b)
改定管理方式, 略号 RMP　revised management procedure(234b)
海底耕耘(うん)　bottom tillage(35b)
海底勾配　bottom slope(35b)
海底固定拡大　bottom locked expansion (35b)
海底堆積物　marine sediments(167a)
海底地下水湧出　submarine groundwater discharge(267a)
海底地形図　topographic map of sea floor (278a)
海底摩擦　bottom friction(35b)
買い手市場　buyers' market(40b)
回転時間　turnover time(285b)
外転神経　abducens nerve(3a)

回転数　number of revolution(192a)
回転性〔の〕波　rotational wave(238a)
回転ポンプ　rotary pump(238a)
回転モーメント　torque(279b)
回転率　turnover rate(285b)
回転力　torque(279b)
カイト　kite(151b)
解凍　thawing(275b)
解糖　glycolysis(121a)
解糖系酵素　glycolytic enzyme(121a)
解糖経路　glycolytic pathway(121a)
外套腔　mantle cavity(165b)
解凍硬直　thaw rigor(275b)
解糖中間体　glycolytic intermediate(121a)
外套〔膜〕　mantle(165b)
貝毒　shellfish poison(250b)
買い取り販売　sale on purchased commodities(239a)
海難　marine disaster(166b), sea casualty (243b)
海難救助　sea rescue(244a)
海難審判庁　Marine Accidents Inquiry Agency(166a)
カイ二乗検定　χ^2 (chi-square) test(40b)
カイ二乗適合度検定　χ^2 (chi-square) goodness-of-fit test(40b)
カイ二乗分布《確率》　χ^2 (chi-square) distribution(40b)
カイニン酸　kainic acid(150b)
外胚葉　ectoderm(82a)
解発因《行動の》　releaser(231b)
開発輸入　development and import scheme (71b)
外皮　integument(144a)
外被　periplast(206a)
海氷　sea ice(243b)
開鰾(ひょう)魚　physostomous fish(210b)
海氷災害　sea ice disaster(243b)
海氷図　ice condition chart(137b)
海氷藻類　ice algae(137b)
海浜公園　marine park(167a)

海浜流　nearshore current(183b)
外部寄生体　ectoparasite(82a)
外腹側屈筋　flexor ventralis externus(105b)
外部骨格　exoskeleton(92b)
外部出芽　external budding(93a)
外部不経済　external diseconomy(93a)
灰分〔含量〕　ash content(20b)
外分泌　exocrine(92a)
開閉環　snap ring(255b)
開閉ネット　open-closing net(196a)
開放型核分裂《細胞の》　open-type nuclear division(196a)
開〔放〕個体群　open population(196a)
海盆　ocean basin(193a)
界面活性剤　surface active agent(269b)
海面官有制　government owning system of the sea(122a)
海綿腔　spongocoel(260b)
海綿質線維　spongin fiber(260b)
海面上昇　sea level rise(243b)
海面養殖　mariculture(166a)
海面利用協議会　Coastal Waters Activities Coordination Council(53a)
外網状層《網膜の》　outer plexiform layer(199b)
買戻し制度　buy-back scheme(40b)
カイヤドリウミグモ寄生《アサリなど二枚貝》　sea spider infection(244a)
回遊　migration(175a)
潰(かい)瘍　ulcer(286b)
外洋　open seas(196a)
外洋域　oceanic province(193a)
海洋汚染　marine pollution(167a)
海洋汚染監視　marine pollution monitoring(167a)
海洋汚染防止法　Law relating to the Prevention of Marine Pollution and Maritime Disaster(156a)
海洋開発　ocean development(193a)
海洋学　oceanography(193b)
海洋環境汚染全球調査，略号 GIPME　Global Investigation of Pollution in the Marine Environment(119a)
海洋観測　hydrographic observation(135a)
海洋観測衛星，略号 MOS　marine observation satellite(166b)
海洋管理協議会，略号 MSC　Marine Stewardship Council(167a)
海洋光学　marine optics(166b)
海洋酵母　marine yeast(167b)
海洋細菌　marine bacterium(166b)
海洋資源　marine resources(167a)
海洋情報即時通報システム，略号 RTR-SOC　real time reporting system on oceanic condition(228a)
外洋水　oceanic water(193a)，offshore water(194a)
海洋生態学　marine ecology(166b)
海洋生態系　marine ecosystem(166b)
海洋性遊漁　marine recreational fishery(167a)
海洋前線　oceanic front(193a)
海洋投棄　ocean dumping(193a)
海洋投棄物　marine debris(166b)
海洋バイオテクノロジー　marine biotechnology(166b)
海洋微生物　marine microorganism(166b)
潰(かい)瘍病《サケ科魚類》　ulcer disease(286b)
海洋物理学　physical oceanography(210b)
海洋法　Law of the Sea(156a)
海洋法に関する国際連合条約(国連海洋法条約)，略号 UNCLOS　United Nations Convention on the Law of the Sea(288a)
海洋牧場　marine ranching(167a)
海洋保護区，略号 MPA　marine protected area(167a)，marine sanctuary(167a)
外翼状骨　ectopterygoid(82a)
外来種　exotic species(92b)
外来性　allochthonous(12a)
海里　nautical mile(183a)

海流　ocean current（193a）
海流図　current chart（64b）
海流板　drogue（79a）
海流瓶　drift bottle（79a）
改良型超高解像度放射計，略号 AVHRR　advanced very high resolution radiometer（8a）
海嶺　ridge（235b）
回廊　corridor（61a）
下咽頭骨　lower pharyngeal bone（162b）
下烏（う）口骨　hypocoracoid（136b）
ガウス分布　Gaussian distribution（114a）
ガウス・マルコフの定理《統計》　Gauss-Markov theorem（114a）
ガウゼの法則　competitive exclusion principle（56b），Gause's law（114a）
カウレルピシン　caulerpicin（45b）
返し　flapper（105b），funnel（111b），non-return device（189b），trap（282a）
返し網　funnel net（112a），non-return device（189b）
蛙又結節　trawler's knot（282b）
蛙又〔結び〕　sheet bend（250b）
加温式養魚　fish culture with warmed water（98a）
加温養殖　warmed water culture（294a）
下殻《珪藻類の》　hypovalve（137a）
下顎　mandible（165b）
化学価　chemical score（48a）
化学寒天　chemical agar（48a），industrial agar（141b）
価格決定力　markup（168a）
化学合成　chemosynthesis（48b）
化学合成無機栄養〔細〕菌　chemolithotrophic bacterium（48a）
化学合成有機栄養〔細〕菌　chemoorganotrophic bacterium（48a）
化学受容　chemoreception（48a）
化学受容器　chemoreceptor（48a）
化学走性　chemotaxis（48b）
価格弾力性　price elasticity（218a）

下顎長　length of lower jaw（157a）
化学調味料　chemical seasonings（48a）
化学的感覚　chemical sense（48a）
化学的緩衝作用　chemical buffer function（48a）
化学的酸素要求量，略号 COD　chemical oxygen demand（48a）
化学物質移動　chemical migration（48a）
化学分類　chemotaxonomy（48b）
化学療法　chemotherapy（48b）
下眼窩（か）管　infraorbital canal（142b）
垣網　fence net（96a），guide net（124b），inshore leader net（143b），leader net（156a）
鍵酵素　key enzyme（151a）
かぎ（鍵）種　key species（151a）
カキヘルペスウイルス１型変異株感染症　ostreid herpesvirus-1 microvariant（198b）
芽球　gammule（113a）
架橋結合　crosslinking（63b）
カキ養殖場　oyster farm（201a）
家魚化　domestication（76b），fish-domestication（98b）
核　nucleus（191b）
殻《珪藻類と渦鞭毛藻類の》　theca（275b）
核移行シグナル　nuclear localization signal（191a）
核移植　nuclear transplantation（191a）
核入れ　nucleus insertion（191b）
額角　rostrum（237b）
核型　karyotype（150b）
核型分析　karyotype analysis（150b）
核合体《細胞の》　karyogamy（150b）
額棘（きょく）　coronal spine（61a）
角骨　angular bone（16a）
隔鰓（さい）　septibranchia（248a）
角鰓（さい）骨　ceratobranchial bone（47a）
核‐細胞質雑種　nucleo-cytoplasmic hybrid（191b）
拡散　diffusion（73a）
核酸　nucleic acid（191b）

拡散過程　diffusion process(73a)
拡散係数　diffusion coefficient(73a)
拡散減衰　spreading loss(261a)
核酸比　RNA/DNA ratio(236b)
核酸分解酵素　nuclease(191a)
核磁気共鳴，略号 NMR　nuclear magnetic resonance(191a)
角質環　chitinous ring(49a)
角質鰭(き)条　ceratotrichia(47a)
角質歯　horny tooth(134a)
学習　learning(156b)
顎舟(しゅう)葉　scaphognathite(242b)
核小体　nucleolus (pl. nucleoli)(191b)
核小体形成域，略号 NOR　nucleolus organizing region(191b)
角舌骨　ceratohyal bone(47a)
殻頂　umbo(287a)
殻頂期　umboral stage(287a)
獲得的行動　acquired behavior(5b)
獲得免疫　acquired immunity(5b)
核内受容体　nuclear receptor(191a)
核内倍化　endoreduplication(85b)
核内分裂《細胞の》　endomitosis(85b)
角煮　diced, seasoned and cooked〔skipjack〕tuna(72a)
確認　validation(289b)
核廃棄物　nuclear wastes(191a)
殻板　plate(212a)
角皮　cuticle(65a)
殻皮層　shell epidermis(250b)
萼(がく)部　calyx(41b)
核分裂《細胞の》　karyokinesis(150b)
隔壁《刺胞動物の》　mesentery(171b)
殻胞子　conchospore(57a)
角膜　cornea(60b)
核膜　nuclear envelope(191a)
隔膜　septum(248a)
隔膜形成体　phragmoplast(210a)
隔膜糸　septal filament(248a)
角目　square mesh(261b)
学名　scientific name(242b)

殻面観《珪藻類の》　valve view(289b)
顎(がく)毛　grasping spine(123a), hook(133a)
拡網板　otterboard(199a)
核融合《細胞の》　karyogamy(150b)
核様体　nucleomorph(191b)
かく乱　disturbance(75b)
隔離集団　isolate(148a)
確率化検定　randomized test(227a)
確率過程　stochastic process(264b)
確率関数　probability function(218b)
確率差分方程式　stochastic difference equation(264b)
確率収束《確率》　convergence in probability(60a)
確率積分　stochastic integral(264b)
確率的力学系　stochastic dynamical system(264b)
確率微分方程式　stochastic differential equation(264b)
確率プロファイル　probability profile(218b)
確率分布関数　probability distribution function(218b)
確率変数　random variable(227a)
確率変動　stochastic variability(264b)
確率密度　probability density(218b)
確率論モデル　stochastic model(264b)
家系図　pedigree(204b)
過形成　hyperplasia(136b)
家系選択　family selection(94a)
家系選抜　family selection(94a)
家計調査年報　Annual Report on the Family Income and Expenditure Survey(16a)
家計費　living expenditure(161a)
家計費充足率　ratio of fishery income to family expenditure(227b)
掛け氷　top-icing(278a)
過血糖症　hyperglycemia(136a)
かけまわし網　Danish seine(66b)
かけまわし漁法　Danish seine fishing method(66b)

籠　basket(28b)，pot(216a)，skep(254a)
籠《かまぼこ型の》　creel(62b)
囲い網　impounding net(139a)
囲い刺網　encircling gill net(85a)
下綱《分類学の》　infraclass(142b)
果孔《紅藻類の》　ostiole(198b)
河口　river mouth(236b)
河口域　estuary(90b)
河口港　estuary port(91a)
河口フロント　estuarine front(90b)
河口閉塞(そく)　river mouth closing(236b)
籠縄　pot line(216a)
仮根　rhizoid(234b)
下鰓蓋(さいがい)骨　subopercle bone(267a)
下鰓(さい)骨　hypobranchial bone(136b)
風見　wind vane(299a)
過酸化脂質　lipid peroxide(160a)
過酸化脂質中毒症　peroxidative lipid intoxication(206b)
過酸化水素分解酵素　catalase(44b)
過酸化物　peroxide(206b)
過酸化物価，略号 PV　peroxide value(206b)
可視近赤外線センサ　visible and near infrared sensor(292b)
仮軸分枝　sympodial branching(271b)
貸付金　accommodation(4b)
舵取り装置　steering gear(263b)
舵鰭(かじびれ)　clavus(51b)
加重枝縄　weighted branch line(296b)
加重最小二乗推定　weighted least squares estimation(297a)
過剰栄養　hypertrophy(136b)，overnutrition(200a)
可消化エネルギー　digestible energy(73a)
過剰漁獲能力　overcapacity(199b)
過剰[漁獲]能力　excess capacity(91b)
過剰設備　excess capacity(91b)
過剰染色体　supernumerary chromosome(268b)

過剰投資　overcapitalization(199b)
可食部　edible portion(82a)
可食油　edible oil(82a)
可処分所得《漁家の》　disposable income(75a)
下唇(しん)　labium(153a)
下垂体前葉　pars distalis(203b)
加水分解　hydrolysis(135b)
加水分解酵素　hydrolase(135b)
ガスクロマトグラフィー　gas chromatography(113b)
ガスクロマトグラフィー・オルファクトメトリー，略号 GC-O　gas chromatography-olfactometry(113b)
ガスクロマトグラフィー - 質量分析法，略号 GC-MS　gas chromatography-mass spectrometry(113b)
ガス充填包装　gas flush packaging(113b)
ガス腺　gas gland(113b)
ガスタービン　gas turbine(114a)
ガス置換貯蔵　modified atmosphere storage(177a)
ガス置換包装　modified atmosphere packaging(176b)
粕漬け《魚の》　fish product cured in sake lees(104a)
ガストリン　gastrin(114a)
カスパーゼ　caspase(44b)
ガス病　gas bubble disease(113a)
ガス胞　gas vacuole(114a)
課税　tax(273a)
芽生　budding(39b)
下制筋　depressor muscle(70b)
課税方式　tax measure(273b)
仮説検定　hypothesis test(137a)
下舌骨　hypohyal bone(136b)
河川漁業　river fisheries(236b)
河川水の流出　river runoff(236b)
河川流量　river discharge(236b)
画像解析　image analysis(138b)
仮想個体群解析，略号 VPA　virtual

population analysis(292a)
仮想的遊泳　fictive swimming(97a)
家族労働力　labor of family worker(153b)
可塑(そ)剤　plasticizer(212a)
ガソリン　gas oil(113b)
ガソリン機関　gasoline engine(113b)
下帯殻《珪藻類の》　hypocingulum(136b)
片落[と]し網　set net with one side trap(248b)
片側検定　one-sided test(195b)
片子糸　strand(265b)
カダベリン　cadaverine(40b)
偏り　bias(30a)
偏り係数　deflection factor(68b)
カタラーゼ　catalase(44b)
カツオ一本釣漁業　skipjack tuna pole and line fishery(254b)
かつお節　boiled, smoke-dried and molded skipjack tuna(35a)
顎脚　maxilliped(169a)
割球　blastomere(33a)
顎弓　mandibular arch(165b)
活魚　live fish(161a)
活魚運搬船　live fish carrier(161a)
活魚餌料槽　bait tank(26b)
活魚槽　live well(161a)
褐色魚粉　brown fish meal(39a)
褐色体　brown body(39a)
活性汚泥　activated sludge(5b)
活性汚泥法　activated sludge process(5b)
活性化　activation(5b)
活性酸素　active oxygen(6a)
活性中心　active center(5b)
活性白土　activated clay(5b)
活性部位　active site(6a)
滑走細菌　gliding bacterium(119a)
褐藻毛　phaeophycean hair(207a)
褐藻類　brown algae(39a)
カッチ染[め]　cutching(65a)
褐変　browning(39a)
過程誤差　process error(219a)

家庭廃水　domestic waste water(76b)
カテコールアミン　catecholamine(45b)
カテニン　catenin(45b)
カテプシン　cathepsin(45b)
果糖　fructose(111a)
角寒天　bar style agar(28a)
カドヘリン　cadherin(41a)
カドミウム, 元素記号 Cd　cadmium(41a)
金網籠　wire pot(299a)
神奈川現象　Kanagawa phenomenon(150b)
かに[足]風味かまぼこ　crab meat-like kamaboko, crabsticks(kanikama)(62a)
カニ籠　crab pot(62a)
カニ籠漁船　crab pot longliner(62a)
加入　recruitment(229a)
加入資源　recruited stock(229a)
加入体重　weight at recruitment(296b)
加入体長　length at recruitment(157a)
加入年齢　age at recruitment(9a)
加入尾数　number of recruits(192a)
加入乱獲　recruitment overfishing(229a)
加入量当り漁獲量, 略号 YPR　yield per recruit(301a)
加入量当り産卵量, 略号 SPR　spawning per recruit(258a)
加熱ゲル化　thermal gelation(276a)
加熱致死時間曲線　thermal death time(276a)
ガノイン鱗　ganoid(113a)
化膿性炎　suppurative inflammation(269a)
かばやき(蒲焼)　spitchcock(260a)
蚊針　fly(107a)
蚊針釣　fly fishing(107a)
蚊針釣用リール　fly reel(107a)
果皮　pericarp(206a)
カビ　mold(177a)
下被殻《珪藻類の》　hypotheca(137a)
下尾骨　hypural bone(137a)
下尾骨側突起　hypurapophysis(137a)
カビ付け　molding(177a)
過敏症　hypersensitivity(136b)

株　strain(*265b*)
カフェイン　caffeine(*41a*)
株化細胞　established cell line(*90a*)
過負荷出力　overload output(*200a*)
カプシッド　capsid(*42b*)
可分型VPA　separable VPA(*247b*)
過分極　hyperpolarization(*136b*)
可変計量法　variable metric method(*289b*)
可変ピッチプロペラ　controllable pitch propeller(*59a*)
芽胞　spore(*260b*)
果胞子　carpospore(*44a*)
果胞子体　carposporophyte(*44a*)
下方調節　down regulation(*78a*)
加法モデル　additive model(*7a*)
過飽和　supersaturation(*268b*)
釜あげ　boiled small fish(*34b*)
鎌状突起　falciform process(*94a*)
かまぼこ(蒲鉾)　salt-ground and heated fish [meat] paste products(*240b*)
夏眠　aestivation(*8b*)
ガム質　gum(*124b*)
可溶性抗原　soluble antigen(*256b*)
殻　test(*275a*)
カラー魚群探知機　color echo sounder(*55a*)
ガラクタン　galactan(*112b*)
ガラクツロン酸　galacturonic acid(*113a*)
ガラクトース　galactose(*112b*)
ガラクトサミン　galactosamine(*112b*)
カラゲナン　carrageenan(*44a*)
カラゲニン　carrageenin(*44a*)
ガラス体　vitreous body(*293a*)
ガラス転移　glass transition(*119a*)
からすみ　salted and dried mullet roe(*239b*)
硝子様細胞　hyaline cell(*134b*)
空釣　baitless angling(*26b*)
ガラニン　galanin(*113a*)
カラビオース　carrabiose(*44a*)
絡(から)み　tangle(*272b*)
カラム散乱強度　column scattering strength(*55b*)
カラムナリス病　columnaris disease(*55b*)
ガラモ場　sargassum bed(*241b*)
絡(から)んだ　entangled(*86b*)
ガランド・フォックス[の]モデル　Gulland-Fox model(*124b*)
カリグス　Caligus(*41b*)
カリクリン　calyculin(*41b*)
仮需要　fictitious demand(*97a*)
カリフォルニア海流　California Current(*41a*)
カリフォルニア漁業調査協力，略号 CalCOFI　California Cooperative Oceanic Fisheries Investigations(*41a*)
顆粒球　granulocyte(*123a*)
顆粒細胞　granular cell(*123a*)
顆粒白血球　granulocyte(*123a*)
顆粒膜細胞　granulosa cell(*123a*)
カルシウムイオン取り込み　Ca^{2+} uptake(*45b*)
カルシウムイオン放出　Ca^{2+} release(*43b*)
カルシウム依存性中性プロテアーゼ，略号 CANP　calcium-activated neutral protease(*41a*)
カルシウム依存性プロテアーゼ　Ca^{2+}-dependent protease(*41a*)
カルシウムポンプ　calcium pump(*41a*)
カルシトニン　calcitonin(*41a*)
カルシフェロール　calciferol(*41a*)
カルス誘導　callus induction(*41b*)
カルタヘナ議定書　Cartagena Protocol on Biosafety(*44a*)
カルデスモン　caldesmon(*41a*)
カルニチン　carnitine(*43b*)
カルノシン　carnosine(*43b*)
カルパイン　calpain(*41b*)
カルパスタチン　calpastatin(*41b*)
カルバック・リーブラーの情報量　Kullback-Leibler information(*152b*)
カルバミン酸系殺虫剤　carbamate pesticide(*42b*)

カルビン回路　Calvin cycle(41b), photosynthetic carbon reduction cycle(209b)
カルビン・ベンソン回路　Calvin-Benson cycle(41b)
ガルフストリーム　Gulf Stream(124b)
カルボキシジスムターゼ　carboxydismutase(43a)
カルボキシソーム　carboxysome(43a)
カルボキシペプチダーゼ　carboxypeptidase(43a)
カルボキシメチルセルロース，略号 CM-セルロース，略号 CMC　carboxymethyl cellulose(43a)
カルボキシルエステラーゼ　carboxylesterase(43a)
カルボキシルプロテアーゼ　carboxyl protease(43a)
カルボニックアンヒドラーゼ　carbonic anhydrase(43a)
カルモジュリン　calmodulin(41b)
加齢　ag〔e〕ing(9a)
過冷却状態　super cooled state(268a)
カロテノイド　carotenoid(43b)
カロテノイド‐タンパク質複合体　carotenoprotein(43b)
カロテン　carotene(43b)
カロリー‐タンパク質比，略号 C/P 比　calorie to protein ratio(41b)
側(がわ)網　side wall net(252a)
川上《流通の》　upstream(288a)
川下《流通の》　downstream(78a)
川中《流通の》　midstream(174b)
側(がわ)張り　framework(109b)
環　eye(93b)，purse ring(224a)
環受け棒　perse ring bar(206a)
眼窩(か)　orbit(197b)
眼下管　infraorbital canal(142b)
眼下棘(きょく)　infraorbital spine(142b)
感覚窩(か)　sensory pit(247b)
感覚管　sensory canal(247b)

感覚器〔官〕　sense organ(247b)
感覚系　sensory system(247b)
感覚細胞　sensory cell(247b)
感覚毛《有毛細胞の》　sensory cilium(247b)
感覚毛　sensory hair(247b)
感覚葉　sensory lobe(247b)
感覚レベル　sensation level(247b)
眼窩(か)径　orbit diameter(197b)
眼窩(か)後長　postorbital length(216a)
眼下骨　suborbital bone(267a)
眼下骨床　suborbital shelf(267a)
眼下骨棚　suborbital stay(267a)
眼窩(か)長　length of orbit(157a)
眼窩(か)蝶形骨　orbitosphenoid(197b)
眼下幅　suborbital width(267a)
感桿(かん)　rhabdome(234b)
管器　canal organ(42a)
鉗(かん)脚　cheliped(48a)
感丘　neuromast(186a)
肝吸虫　Clonorchis sinensis(51b)
眼球突出　exophthalmus(92b)
環境アセスメント　environmental impact assessment(87a)
環境影響評価，略号 EIA　environmental impact assessment(87a)
環境監視　environmental monitoring(87a)
環境基準　environmental standard(87b)
環境傾度　environmental gradient(87a)
環境指標　environmental indicator(87a)
環境修復　environmental remediation(87a), remediation(231b)
環境収容力　carrying capacity(44a)
環境省　Ministry of the Environment(176a)
環境抵抗　environmental resistance(87b)
環境分散，略号 VE　environmental variance(87b)
環境保護　environmental protection(87a)
環境保全　environmental conservation(87a)
環境要因評価法　environment analysis logic(87b)

環境容量　environmental capacity (87a)
関極《電気生理学の》　active electrode (5b)
桿(かん)菌　bacillus (25b)
ガングリオシド　ganglioside (113a)
眼径　eye diameter (93b)
間隙(げき)水　pore water (215b)
間隙(げき)率　porosity (215b)
眼瞼(けん)　eyelid (93b)
頑健推定　robust estimation (237a)
還元層　reducing layer (230a)
還元体　reduction body (230a)
還元的ペントースリン酸回路　reductive pentose phosphate cycle (230a)
還元分裂　reduction division (230a)
眼高　height of eye (128b)
観光漁業　recreational fisheries (229a)
眼後棘(きょく)　postocular spine (215b)
官公庁船　government vessel (122a)
眼後部〔の〕　postocular (215b)
顔骨　face bone (93b)
感作　sensitization (247b)
間鰓蓋(さいがい)骨　interopercle bone (146a)
間在骨　intercalar bone (144b)
間細胞　interstitial cell (146a)
幹細胞　stem cell (263b)
感作赤血球, 略号 EA　antibody-sensitized erythrocyte (17a)
監視取り締まり　enforcement (86a)
間充ゲル　mesoglea (172a)
感受性　sensitivity (247b)
環礁　atoll (21b)
干渉　interference (144b)
緩衝液　buffer (39b)
岩礁海岸　rocky shore (237a)
眼上管　supraorbital canal (269a)
観賞魚　ornamental fish (198b)
眼上棘(きょく)　supraorbital spine (269a)
環状血管　circular vessel (51a)
眼上骨　supraorbital bone (269a)
緩衝作用　buffer action (39b)

環状水管　ring canal (236a)
環状軟骨　annular cartilage (16a)
緩衝能　buffering capacity (39b)
岩礁爆破　rock blasting (237a)
干渉フィルター　interference filter (144a)
冠状鞭毛　stephanokont (263b)
肝小葉　hepatic lobule (129b)
環状隆起線　ridge (235b)
間腎　interrenal (146a), interrenal tissue (146a)
間腎細胞　interrenal cell (146a)
鹹(かん)水湖　salt water lake (240b)
肝膵臓　hepatopancreas (129b)
換水率　water exchanging ratio (295a)
換水量　ventilation volume (290b)
間性　intersex (146a)
陥穽(かんせい)　trapping (282a)
慣性円　inertia circle (141b)
陥穽(かんせい)漁具　trap gear (282a)
慣性項　inertial term (141b)
乾性降下物　dry deposition (79b), dry precipitate (79b)
慣性振動　inertial oscillation (141b)
乾製品　dried product (78b)
間接蛍光抗体法　indirect fluorescence antibody technique (141a)
間接血球凝集反応　indirect hemagglutination (141a)
関節骨　articular bone (20a)
間舌骨　interhyal bone (144b)
間接消化吸収率　apparent digestibility (18b)
間接測定　indirect measurement (141a)
関節突起　zygapophysis (301b)
感染　infection (142a)
汗腺　sudoriferous gland (267b)
完全隔壁　complete mesentery (56b)
感染型食中毒　foodborne infection (107b)
完全加入年齢　age at complete recruitment (9a)
眼前棘(きょく)　preocular spine (217b)

眼前骨　preorbital bone(217b)
感染症　infectious disease(142a)
感染多重度, 略号 MOI　multiplicity of infection(180a)
完全同胞　full sibs(111b)
完全優性　complete dominant(56b)
完全養殖　full-life cycle aquaculture(111b)
乾燥　drying(79b)
肝臓　liver(161a)
管足　tube foot(284b)
観測誤差　obsevation error(193a)
桿(かん)体　rod(237b)
桿(かん)体-錐体層《網膜の》　layer of rods and cones(156a)
環太平洋戦略的経済連携協定, 略号 TPP　Trans-Pacific Strategic Economic Partnership Agreement(282a)
カンタキサンチン　canthaxantin(42a)
干拓　land reclamation by drainage(154b)
管棚凍結法　semi air blast freezing(247a)
がん玉錘(おもり)　split shot(260b)
間担鰭(き)骨　median pterygiophore(170a)
含窒素エキス成分　nitrogenous extractive component(188a)
干潮　low water(162b)
感潮河川　tidal river(277b)
環椎性脊椎　cyclospondylous vertebra(65b)
環綱　purse wire(224a)
缶詰〔食品〕　canned food(42a)
含泥率　mud content(179b)
寒天　agar(8b)
眼点　eye spot(93b)
寒天平板〔培地〕　agar plate(9a)
乾導法　dry method(79b)
感度限界　discrimination(74b)
感度テスト　sensitivity test(247b)
岩内生〔の〕　endolithic(85b)
間脳　diencephalon(72b)
官能検査　organoleptic test(198a), sensory evaluation(247b), sensory test(247b)

眼杯　eyecup(93b)
環外し　stripping(266a)
岩盤作澪(れい)　water-route making on rock field(295a)
カンピロバクター　Campylobacter(42a)
眼柄(ぺい)　eye stalk(93b)
岸壁　quay(225b), wharf(297b)
岸壁クレーン　quay crane(225b)
鑑別培地　differential medium(73a)
簡便食品　convenience food(59b)
間歩帯　interambulacrum(144b)
γ-アミノ酪酸, 略号 GABA　γ-aminobutyric acid(112b)
環巻き　pursing(224a)
ガンマグロブリン　γ-globulin(112b)
ガンマ分布《確率》　γ distribution(112b)
緩慢凍結　slow freezing(255a)
顔面神経　facial nerve(93b)
岩面掃破　reef cleaning(230a)
顔面葉　facial lobe(93b)
肝盲嚢(のう)　hepatic caecum(129b)
完模式標本　holotype(132a)
肝油　liver oil(161a)
管理海区　management area(165a)
管理政策　management policy(165a)
管理戦術　management tactics(165b)
管理戦略　management strategy(165b)
管理戦略評価, 略号 MSE　management strategy evaluation(165b)
管理方式, 略号 MP　management procedure(165a)
管理目的　management objective(165a)
環流　gyre(125a)
灌(かん)流　perfusion(206a)
含硫酸キシロアラビノガラクタン　sulfated xyloarabinogalactan(268a)
含硫酸グルクロノキシロラムナン　sulfated glucronoxylorhamnan(267b)
含硫酸グルクロノキシロラムノガラクタン　sulfated glucronoxylorhamnogalactan(268a)

寒冷硬直　cold rigor(*54b*)
寒冷昏睡　cold water narcosis(*55a*)
甘露煮《魚の》　sweet-boiled fish product(*271a*)
緩和時間　relaxation time(*231b*)

キアズマ　chiasma (*pl.* chiasmata)(*48b*)
気圧　atmospheric pressure(*21b*)
偽遺伝子　pseudogene(*222b*)
キートセロス　*Chaetoceros*(*47a*)
気液クロマトグラフィー，略号 GLC　gas liquid chromatography(*113b*)
擬縁膜　velarium(*290a*)
記憶喪失性貝毒　amnesiac shellfish poison(*14a*)
飢餓　famine(*94b*)，starvation(*262b*)
機械学習　machine learning(*164a*)
機械的受容器　mechanoreceptor(*170a*)
機械的傷害　mechanical injury(*170a*)
危害分析重要管理点方式，略号 HACCP　Hazard Analysis Critical Control Point System(*127b*)
幾何学的漁獲強度　geometric fishing intensity(*117a*)
器下細胞　hypogynous cell(*136b*)
幾何散乱　geometric scattering(*117b*)
ギガス性　gigantism(*118a*)
幾何分布　geometric distribution(*117a*)
幾何平均　geometric mean(*117b*)
ギガルチニン　gigartinine(*118a*)
帰還　feedback(*95b*)
気管　pneumatic duct(*212b*)
機関試運転　engine trial(*86a*)
機関室　engine room(*86a*)
機関長　chief engineer(*48b*)
基幹的漁業従事者　core fisherman in fishery household(*60b*)
擬鰭(き)　pseudofin(*222b*)
鰭基骨　basalia(*28a*)
危機的期間　critical period(*63a*)
鰭(き)脚　pterygopodium(*223a*)
棄却域　critical region(*63a*)，rejection region(*231a*)
鰭脚(ききゃく)類　pinnipeds(*211a*)
危急種　vulnerable species(*294a*)
鰭棘(ききょく)　fin spine(*97b*)
擬棘(きょく)　pseudospine(*222b*)
掬抄(きくしょう)　scooping(*243a*)
奇形　malformation(*165a*)
擬ケラチン　pseudokeratin(*222b*)
危険界線　limiting danger line(*159a*)
危険回転数　critical revolution(*63a*)
危険関数　risk function(*236b*)
危険性周知　risk communication(*236b*)
危険性制御　risk control(*236b*)
危険性評価　risk assessment(*236b*)
鰭(き)高　fin height(*97b*)
気候変動に関する政府間パネル，略号 IPCC　Intergovernmental Panel on Climate Change(*144b*)
旗国(きこく)主義　the flag states principle(*275b*)
基後頭骨　basioccipital bone(*28a*)
擬鰓(さい)　pseudobranchiae(*222b*)
基鰓(さい)骨　basibranchial bone(*28a*)
擬鎖骨　cleithrum(*51b*)
擬鎖骨棘(きょく)　cleithral spine(*51b*)
基産地　original locality(*198b*)
キサンチン　xanthine(*300a*)
キサントフィル　xanthophyll(*300a*)
キサントフィルサイクル　xanthophyll cycle(*300a*)
疑似餌　artificial bait(*20a*)，lure(*163a*)
疑似エコー　false echo(*94a*)
疑似カラー　false color(*94a*)
鰭(き)式　fin formula(*97b*)

疑似距離　pseudo-ranges (222b)
鰭趾 (きし) 骨　basalia (28a)
岸サンゴ礁　fringing reef (110b)
擬餌状体　esca (90a)
基質　matrix (168b), substrate (267b)
器質化　organization (198a)
基質タンパク質　stroma protein (266a)
基質特異性　substrate specificity (267b)
擬餌針　jig (149b), lure (163a)
擬餌針釣　jigging (149b)
疑似ベイズ推定　quasi-Bayesian estimation (225b)
疑似変数　dummy variable (80a)
偽柔組織　pseudoparenchyma (222b)
疑似尤 (ゆう) 度　quasi-likelihood (225b)
擬雌雄同体現象　pseudohermaphroditism (222b)
技術的漸進　technological creep (273b)
記述統計学　descriptive statistics (70b)
規準化ターゲットストレングス《魚の》　normalized target strength (190b)
基準標本　type specimen (286a)
基準面, 略号 DL　datum level (67b)
鰭 (き) 条　fin ray (97b)
鰭 (き) 条間筋　interradialis (146a)
気象警報　weather warning (296b)
気象注意報　weather advisory (296a)
気象潮　meteorological tide (173a)
キシラナーゼ　xylanase (300a)
キシラン　xylan (300a)
キシラン〔加水〕分解酵素　xylanase (300a)
汽水　brackish water (37a)
汽水魚　brackish water fish (37a)
汽水漁業　brackish water fisheries (37a)
汽水湖　brackish water lake (37a)
汽水藻　brackish water alga (37a)
寄生　parasitism (203a)
寄生去勢　parasitic castration (203a)
寄生〔細〕菌　parasitic bacterium (203a)
寄生者　parasite (203a)
寄生性カイアシ類　parasitic copepods (203a)
寄生性甲殻類　parasitic crustaceans (203a)
寄生性等脚類　parasitic isopods (203a)
気生藻　aerial alga (8a)
寄生体　parasite (203a)
寄生虫　parasite (203a)
基節　basopodite (28b)
季節風　monsoon (178a)
季節変化　seasonal change (244a)
季節変動　seasonal variation (244a)
キセノマ　xenoma (300a)
基線　base line (28a)
偽繊毛　pseudocillia (222b)
基礎異名　basionym (28a)
帰巣性　homing ability (132b)
基礎集団　base population (28a)
基礎生産　key production (151a), primary production (218a)
基礎生産者　primary producer (218a)
基礎代謝　basal metabolism (28a)
擬態　mimicry (175a)
擬体腔　pseudocoel (222b)
偽体腔　pseudocoel (222b)
期待値　expectation (92b)
北赤道海流　North Equatorial Current (190b)
北大西洋漁業国際委員会, 略号 ICNAF　International Commission for the Northwest Atlantic Fisheries (145b)
北太平洋海洋科学機関, 略号 PICES　North Pacific Marine Science Organization (190b)
北太平洋漁業委員会, 略号 NPFC　North Pacific Fisheries Commission (190b)
北太平洋遡河性魚類委員会, 略号 NPAFC　North Pacific Anadromous Fish Commission (190b)
北太平洋における遡河性魚類の系群の保存のための条約　Convention for the Conservation of Anadromous Stocks in the North Pacific Ocean (59b)
北太平洋標準ネット　NORPAC net (190b)

北太平洋まぐろ類国際科学委員会，略号 ISC　International Scientific Committee for Tuna and Tuna-like Species in the North Pacific Ocean（145b）
キチナーゼ　chitinase（48b）
気中遮断器　air circuit breaker（10a）
鰭（き）長　fin length（97b）
基蝶形骨　basisphenoid（28a）
起潮力　tide-generation force（278a）
キチン　chitin（48b）
キチン分解酵素　chitinase（48b），chitin degrading enzyme（49a）
亀甲（きっこう）網目　hexagonal mesh（130b）
拮抗阻害　competitive inhibition（56b）
基底《組織の》　base（28a）
基底軟骨　basalia（28a）
基底板　basal plate（28a）
輝度　luminance（162b）
気道　pneumatic duct（212b）
軌道衛星　orbital satellite（197b）
気道管　pneumatic duct（212b）
輝度温度　brightness temperature（38b）
キトサン　chitosan（49a）
キナーゼ　kinase（151a）
偽二叉分枝　pseudodichotomy（222b）
キヌレニン　kynurenine（153a）
キネシン　kinesin（151b）
擬年輪　simulate ring（253a）
機能性成分　functional ingredient（111b）
機能的雌雄同体現象　functional hermaphroditism（111b）
偽背線《珪藻類の》　pseudo-raphe（222b）
揮発性塩基　volatile base（293b）
揮発性塩基窒素，略号 VBN　volatile basic nitrogen（293b）
揮発性化合物　volatile compound（293b）
揮発性物質　volatile compound（293b）
揮発性有機化合物　volatile organic compound（293b）
忌避　avoidance（25a）

擬尾　pseudocaudal（222b）
忌避物質　repellent substance（232a）
キフォノーテス〔幼生〕　cyphonautes（65b）
基部成長　basal growth（28a）
基部組織　basal system（28a）
キプリス〔幼生〕　cypris（65b）
偽糞（ふん）　pseudofecea（222b）
偽分枝　pseudoramification（222b）
偽鞭毛　pseudoflagellum（222b）
気胞《植物の》　air bladder（9b）
気胞　bladder（33a）
偽胞　pseudovacuole（223a）
希望価格　expected price（92b）
起泡性　whipping property（297b）
気胞体　pneumatophore（213a）
気泡幕　air bubble curtain（9b）
規模の経済　economies of scale（81b）
基本飼料　basal diet（28a）
基本水準面　chart datum（47b），standard sea level（262a）
鰭（き）膜　fin membrane（97b）
帰無仮説　null hypothesis（192a）
ギムノジニウム　Gymnodinium（125a）
キメラ　chimera（48b）
奇網　rete mirabile（233b）
逆位　inversion（146b）
逆異尾　reversed heterocercal tail（234a）
逆解法　inversion method（146b）
逆算体長　back[-]calculated length（25b）
逆相クロマトグラフィー　reverse phase chromatography（234a）
客単価　sales per person（239a）
脚長　bar length（27b）
逆転写酵素　reverse transcriptase（234a）
逆転写 PCR，略号 RT-PCR　reverse transcription-PCR（234a）
客土　soil dressing（256a）
逆張り　head tide set（128a）
逆標本抽出　inverse sampling（146b）
キャスティング　casting（44b）
キャッチアンドリリース　catch and release

(45a)
キャッチ収縮　catch contraction(45a)
キャッチホーラー　catch hauler(45a)
CAT アッセイ　CAT assay(44b)
ギャップ《ゲノム配列の》　gap(113a)
キャビア　caviar(45b)
キャビテーション　cavitation(45b)
キャビテーション騒音　cavitation noise (45b)
ギャフ　gaff(112b)
キャプスタン　capstan(42b)
キャベリング　cabelling(40b)
求愛行動　courtship behavior(61b)
吸引体　sucking cone(267b)
嗅覚　olfactory sense(195a)
嗅覚器〔官〕　olfactory organ(195a)
嗅覚電図, 略号 EOG　electroolfactogram (84a)
級間分散　interclass variance(144b)
級間変動　between groups sum of squares (30a)
嗅球　olfactory bulb(194b)
球菌　coccus (pl. cocci)(53b)
嗅検器　osphradium(198b)
吸光度　absorbance(3b), optical density (197a)
旧口動物　protostome(222a)
嗅細胞　olfactory cell(195a)
嗅索　olfactory tract(195a)
臼歯　molar teeth(177a)
給餌　feeding(95b)
休止芽　statoblast(263a)
嗅糸球体　olfactory glomerulus(195a)
休止帯　resting zone(233a)
吸収境界　absorbing boundary(3b)
吸収減衰　absorption attenuation(4a)
吸収スペクトル　absorption spectrum(4a)
球状細胞　capitulum(42b)
給餌養殖　feeding culture(95b)
球状船首　bulbous bow(39b)
球状タンパク質　globular protein(119b)

嗅上皮　olfactory epithelium(195a)
嗅神経　olfactory nerve(195a)
求心性〔の〕　afferent(8b)
急性肝膵臓壊(え)死症, 略号 AHPND
　Acute hepatopancreatic necrosis disease(6a)
急性毒性　acute toxicity(6a)
急速凍結　quick freezing(226a)
吸虫　fluke[s](106b)
吸虫性旋回病　trematode whirling disease (282b)
吸虫性白内障　worm cataract(299b)
吸虫類　Trematoda(282b)
急潮　kyucho(153a)
Q10 値　temperature quotient(274a)
吸頭条虫　Bothriocephalus acheiloginathi (35b)
級内分散　intraclass variance(146b)
級内変動　within groups sum of squares (299a)
嗅板　olfactory lamellae(195a)
吸盤　sucking disk(267b)
嗅房　olfactory rosette(195a)
休眠胞子　hypnospore(136b)
救命筏(いかだ)　life raft(158a)
救命設備　life-saving appliances(158a)
救命胴衣　life jacket(158a)
球面波　spherical wave(259b)
嗅毛《甲殻類の》　esthetascs(90b)
嗅葉　olfactory lobe(195a)
キュビエ器官　Cuvierian organ(65a)
キュビエ〔氏〕管　Cuvierian duct(65a)
キュビエ静脈　Cuvierian duct(65a)
狭温性〔の〕　stenothermal(263b)
胸位〔の〕　thoracic(276b)
狭塩性〔の〕　stenohaline(263b)
強化　reinforcement(231a)
境界条件　boundary condition(36b)
胸鰭(き)《クジラ類の》　flipper(106a)
胸鰭(き), 略号 P1　pectoral fin(204b)
胸鰭(き)前長　prepectoral length(217b)
胸鰭(き)長　pectoral fin length(204b)

胸鰭（き）輻射骨　pectoral radials（204b）
挟（きょう）具　tong（279a）
胸甲　corselet（61a）
凝固壊（え）死　coagulation necrosis（52b）
共済事業　mutual aid business（180b）
狭窄（さく）　constriction（58b）
凝集　aggregation（9b）
凝集価　agglutination titer（9b）
凝集剤　coagulant（52b）
凝集素　agglutinin（9b）
凝集素価　agglutinin titer（9b）
凝集反応　agglutination（9b）
凝集物　floc（106b）
凝縮器　condenser（57a）
業種別漁協　classified Fisheries Cooperative Association by type of fisheries（51b）
共晶点　eutectic point（91a）
共焦点レーザー顕微鏡　confocal laser microscope（57b）
共進化　coevolution（54b）
共生　symbiosis（271b）
共生〔細菌〕　symbiotic bacterium（271b）
共生体　symbiont（271b）
胸腺　thymus（277a）
胸腺依存性抗原　thymus-dependent antigen（277a）
胸腺非依存性抗原　thymus-independent antigen（277a）
競争　competition（56b）
競争阻害　competitive inhibition（56b）
競争的(オリンピック方式)漁業　dirby type fishery（74a）
競争的排除則　competitive exclusion principle（56b），Gause's law（114a）
共存　coexistence（54b）
きょうだい交配　sib mating（252a）
きょうだい分析　sib-analysis（252a）
共通漁業政策，略号 CFP　common fisheries policy（56a）
共同　cooperation（60b）
共同漁業権　common fisheries right（56a）
共同経営　joint management（150a）
共同販売　joint sales（150a）
共肉　coenosarc（54a）
強熱減量　ignition loss（138a）
共販指定商《水産物の》　designated wholesaler of cooperative fish selling（70b）
共販手数料《魚の》　commission for cooperative fish selling（55b）
橋（きょう）尾　gephyrocercal（117b）
胸部　thorax（276b）
共分散　covariance（61b）
共分散分析，略号 ANCOVA　analysis of covariance（15a）
胸壁　parapet（202b）
共変量　covariates（61b）
夾（きょう）膜　capsule（42b）
莢膜細胞　theca cell（275b）
業務用需要　demand for business（69a）
共役脂肪酸　conjugated fatty acid（57b）
共有財産　common property（56a）
共有資源　common pool resource（56a）
共優性　codominance（54a），codominant（54a）
共有地の悲劇　tragedy of the commons（280b）
協力剤　synergist（271b）
協力〔体制型〕管理　co-management（55b）
行列《数字》　matrix（168b）
峡湾　fjord（105a）
ギヨー　guyot（125a）
許可　license（157b）
漁家　fishery household（100b）
魚価安定基金　Fish Price Stabilization Fund（103b）
漁海況予報　forecasting of fishing and oceanographic conditions（108b）
魚介類残滓　fish and shellfish remains（98a）
許可漁業　licensed fisheries（157b）
漁獲開始年齢　age at first capture（9a）
漁獲可能資源　exploitable stock（92b）
漁獲可能量　total allowable catch（279b）

340　きよか

漁獲機構　capture process (*42b*)
漁獲強度　fishing intensity (*102b*)
漁獲禁止種　prohibited species (*219b*)
漁獲効率　catching efficiency (*45a*)
漁獲〔死亡〕係数　fishing〔mortality〕coefficient (*102b*)
漁獲重量　catch in weight (*45a*)
漁獲制御ルール　harvest control rule (*127a*)
漁獲性能　fishing power (*103a*)
漁獲対象資源　catchable population (*44b*)
漁獲高　catch quantity (*45a*)
漁獲統計　catch statistics (*45b*)
漁獲努力可能量, 略号 TAE　total allowable effort (*279b*)
漁獲努力〔量〕　fishing effort (*102a*)
漁獲能力　fishing capacity (*102a*)
漁獲尾数　catch in number (*45a*)
漁獲物運搬船　fish carrier (*98a*)
漁獲物処理工程　fisheries product processing process (*99b*)
漁獲不能資源（予備資源）　uncatchable stock (*287a*)
漁獲方程式　catch equation (*45a*)
漁獲率　catch rate (*45a*), exploitation rate (*92b*)
漁獲率一定方策, 略号 CHR　constant harvest rate strategy (*58b*)
漁獲〔量〕　catch (*44b*)
漁獲量一定方策, 略号 CCS　constant catch strategy (*58b*)
漁家経済調査　fishery household economy survey (*100b*)
漁家経済余剰　surplus of fishery household economy (*270a*)
漁家所得　income of fishery household (*140a*)
許可所有者　license holder (*158a*)
魚粕　fish scrap (*104b*)
許可制度　license system (*158a*)
許可料　royalty (*238a*)
漁期　fishing season (*103a*)

漁期制限　seasonal limitation (*244a*)
漁況　fishing condition (*102a*)
漁況予測　fisheries forecasts (*99a*)
漁業　fisheries (*98b*), fishing (*101b*)
漁業依存度　dependency on fisheries (*70a*)
漁業会　Fisheries Association (*98b*)
漁業外〔事業〕支出　non-fishery〔business〕expenditure (*189b*)
漁業外〔事業〕収入　non-fishery〔business〕income (*189b*)
漁業火災　fishery fire (*100b*)
漁協合併　merger of Fisheries Cooperative Association (*171a*)
漁業監視船　fishery inspection boat (*100b*)
漁業監督官　fishery supervisor (*101b*)
漁業監督公務員　fishery supervising public official (*101b*)
漁業管理　fishery management (*100b*)
漁業関連産業　fishery related industries (*101a*)
漁業企業体　fishery company (*100a*)
漁業企業利潤　profit from fishery enterprise (*219b*)
漁業規制　fishery regulation (*101a*)
漁業共済保険　fishery mutual relief insurance (*100b*)
漁業協同組合, 略語漁協　Fisheries Cooperative Association (*99a*)
漁業協同組合合併助成法　Fisheries Cooperative Association Merger Promotion Law (*99a*)
漁業許可　fisheries license (*99b*)
漁業近代化資金　fishery modernization fund (*100b*)
漁業近代化資金助成法　Fishery Modernization Fund Aid Law (*100b*)
漁業組合　Fishermen's Association (*100a*)
漁協組合員　member of Fisheries Cooperative Association (*171a*)
漁業経営維持安定資金　maintenance and stabilization fund for fishery establish-

ments(*164b*)
漁業経営体　fishery establishment(*100b*)
漁業経営費　　cost of fishery management(*61b*)
漁業経営分析　fishery management analysis(*100b*)
漁業経済調査報告　survey report of fishery economy(*270a*)
漁業形象物　fishing shape(*103a*)
漁業下落　fishing down(*102a*)
漁業権　fishery right(*101a*)
漁業権漁業　fisheries based on fishery right(*98b*)
漁業権行使規則　exercise regulation for fishery right(*92a*)
漁業研修制度　fisheries training system(*99b*)
漁業権証券　fishery right bond(*101a*)
漁業権担保金融　fishery right collateral loan(*101a*)
漁業後継者　inheritor of fishery household(*142b*)
漁業構造再編整備資金　fishery structure reorganization fund(*101a*)
漁業固定資本装備率　fishery fixed capital per person engaged normally in fisheries(*100b*)
漁業災害　fishery disaster(*100a*)
漁業再建整備特別措置法　Fisheries Reconstruction Improvement Special Measure Law(*99b*)
漁協自営事業　independent business by Fisheries Cooperative Association(*140a*)
漁業試験船　fisheries examination boat(*99a*), fisheries experimental vessel(*99a*)
漁業資材配給規則　fishery materials distribution regulation(*100b*)
漁業支出　fisheries expenditures(*99a*)
漁業指導船　fisheries guidance boat(*99a*)
漁業者　fisher man(*100a*), fishery operator(*100b*)

漁業就業構造　structure of fishery employment(*266b*)
漁業就業者　fishery operator(*100b*)
漁業就業者調査　survey of fishery operator(*270a*)
漁業従事者　fishery employee(*100b*)
漁業従事者世帯　fishery worker's household(*101b*)
漁業収入　fisheries income(*99a*)
漁業集落　fishing community(*102a*)
漁業集落環境整備事業　environmental arrangement project in fishing community(*87a*)
漁業純収益　net income from fisheries(*185a*)
漁業所得　fishery income(*100b*)
漁業生産額　fishery production value(*101a*)
漁業生産組合　Fisherman's Production Association(*100a*)
漁業生産所得　fishery income produced(*100b*)
漁業生産所得率　rate of fishery income produced(*227b*)
漁業生産費用　fishery production cost(*101a*)
漁業制度　fishing ground ownership and fisheries regulation system(*102a*)
漁業世帯　fishery household(*100b*)
漁業世帯員　fishery household members(*100b*)
漁業専管水域　exclusive fishery zone(*92a*)
漁業センサス　census of fisheries(*46b*)
漁業調査船　fisheries research boat(*99b*)
漁業調整　fishery adjustment(*100a*)
漁業調整委員会　Fishery Adjustment Commission(*100a*)
漁業調整事務所　fisheries coordination office(*99a*)
漁業出稼ぎ　working away for fisheries(*299b*)
漁業手数料　fishery fee(*100b*)

漁業転換　fishery conversion(*100a*)
漁業投下資本額　invested capital for fisheries(*147a*)
漁業投下資本利益率　ratio of profit to invested capital for fisheries(*227b*)
漁業統計　statistics of fisheries(*263a*)
漁業動態統計年報　statistical year book of fisheries labors(*263a*)
漁業取締船　fishery patrol boat(*101a*)
漁業白書　Annual Report on State of Fishery(*16a*)
漁業部門租税公課　taxes and other public charge for fisheries(*273a*)
漁業紛争　fishery trouble(*101b*)
漁業への生態系アプローチ，略号 EAF　ecosystem approach to fisheries(*81b*)
漁業法　Fisheries Law(*99b*)
漁業保存管理法　Fishery Conservation and Management Act(*100a*)
漁業見積り資本利子　estimated interest of capital invested to fisheries(*90b*)
漁業養殖業生産統計年報　Annual Statistical Report of Fisheries and Aquaculture Production(*16a*)
漁業用ソナー　fisheries sonar(*99b*)
漁業用燃油対策特別資金　fishery fuel policy special fund(*100b*)
漁況予測　fisheries forecasts(*99a*)
漁業利益　fisheries profit(*99b*)
漁業離職者　dismissed fisherman(*74b*)
漁業練習船　fisheries training boat(*99b*)
漁業労働災害　fisheries industrial accident(*99b*)
漁業労働賃金　fishery worker wages(*101b*)
極　pole(*213b*)
棘(きょく)　spine(*260a*)
漁区　fishing area(*101b*), sea area(*243b*)
漁具　fishing gear(*102a*)
極海　polar sea(*213b*)
漁具回避　gear avoidance(*114a*)
局外母数　nuisance parameter(*192a*)

極限環境　extreme environment(*93a*)
極限環境微生物　extremophile(*93a*)
極限体重　asymptotic weight(*21b*)
極限体長　asymptotic length(*21b*)
棘(きょく)口吸虫　Echinostoma(*81b*)
局所安定性　local stability(*161b*)
棘(きょく)状軟条　spiny soft ray(*260a*)
棘(きょく)条背鰭　spinous dorsal〔fin〕(*260a*)
局所個体群　local population(*161a*)
局所電位　local potential(*161a*)
極前線　polar front(*213b*)
漁具選択性　gear selectivity(*114b*)
極相　climax(*51b*)
極体　polar body(*213b*)
漁具能率〔係数〕　catchability〔coefficient〕(*44b*)
漁具能率チューニング　catchability tuning(*44b*)
漁具の飽和　gear saturation(*114a*)
漁具干〔し〕場　fishing gears drying ground(*102a*)
魚群　school(*242b*), shoal(*251a*)
魚群探知機，略語魚探機　fisheries echo sounder(*99a*)
魚膠(こう)　fish glue(*101b*)
漁港　fishing port(*102b*)
漁港改修事業　fishing port reconstruction project(*103a*)
漁港区域　fishing port area(*102b*)
漁港建設　construction of fishing port(*58b*)
漁港施設　fishing port facilities(*102b*)
漁港施設用地　land for fishing port facilities(*154b*)
漁港修築事業　fishing port mending project(*103a*)
漁港整備　fishing port improvement and maintenance(*102b*)
漁港整備計画　fishing port improvement plan(*102b*)
漁港整備長期計画　fishing port long-term

development plan(*103a*)
漁港法　Fishing Port Law(*103a*)
巨視的藻体　macrothallus(*164a*)
魚種　fish species(*104b*)
裾(きょ)礁　fringing reef(*110b*)
魚礁　fishing bank(*102a*)
漁場　fishing ground(*102a*)
漁場改良造成事業　project to improve and create fishing ground(*220a*)
魚礁漁場　fishing reef ground(*103a*)
漁場計画　fishing ground planning(*102b*)
漁場造成　fishing ground reclamation(*102b*)
漁場総有制　common property system of fishing ground(*56a*)
魚醤油　fish sauce(*104a*)
漁場老化　senescence of culturing ground(*247b*)
漁場割替え　exchange of divided areas for aquaculture(*91b*)
魚食性〔の〕　piscivorous(*211b*)
拒絶　rejection(*231a*)
漁船　fishing boat(*102a*)
漁船員　fishing vessel crew(*103a*)
漁船海難遺児育英会　Educational Aid Society for Orphans of Fishermen(*82a*)
漁船船主労務協会　Japanese Fishing Vessel Owner's Association(*149a*)
漁船損害補償制度　fishing vessel damage compensation system(*103a*)
漁船統計表　table of fishing vessel statistics(*272a*)
漁船動力化　motorization of fishing boat(*179a*)
漁船登録規則　fishing vessel registration regulation(*103a*)
漁船登録票　fishing boat registration number(*102a*)
漁船乗組員給与保険法　Fishing Vessel Crews' Wage Insurance Law(*103a*)
漁船法　Fishing Boat Law(*102a*)
漁船保険　fishing boat insurance(*102a*)

魚倉　fish hold(*101b*)
魚艙　fish hold(*101b*), fish storehouse(*104b*)
漁村〔開発〕計画　fishing community development plan(*102a*)
漁村整備　improvement of fishery community(*139b*)
巨大軸索　giant axon(*118a*)
魚体胴周長　fish girth(*101b*)
魚団　pod(*213a*)
魚探船　scout boat(*243a*)
魚梯　fish ladder(*103a*)
拠点市場　core market(*60b*)
魚道　fish way(*104b*)
距等圏航法　parallel sailing(*202b*)
魚肉ソーセージ　fish sausage(*104a*)
魚肉タンパク質　fish meat protein(*103b*)
魚肉タンパク質濃縮物，略号 FPC　fish protein concentrate(*104a*)
魚肉ねり製品　fish〔meat〕paste product(*103b*)
魚肉ハム　fish ham(*101b*)
魚肉フレーク　flaked fish(*105a*)
魚病　fish disease(*98b*)
魚粉　fish meal(*103b*)
漁法　fishing method(*102b*)
漁網需給調整要綱　fishing net supply and demand adjustment outline(*102b*)
魚油　fish oil(*103b*)
許容漁獲量，略号 TAC(タック)　total allowable catch(*279b*)
魚卵　fish egg(*98b*)
距離採集法　distance sampling(*75a*)
距離積分　mile integration(*175a*)
距離表　distance table(*75a*)
距離分解能　range resolution(*227a*)
魚類蝟(い)集装置，略号 FAD　fish aggregating device(*98a*)
魚類個体群解析　fish population analysis(*103b*)
魚類個体群動態　fish population dynamics

(103b)
魚類の蝟(い)集　aggregation of fish(9b)
魚類養殖場　fish farm(101b)
漁労　fishing(101b)
漁労体　fishing unit(103a)
漁労長　fishing master(102b)
漁労長制度　fishing master system(102b)
キラーT細胞　killer T cell(151a)
切替え漁業　switching fishery(271a)
起立筋　erector muscle(89b)
ギルド　guild(124b)
キレート化合物　chelate compound(48a)
ギロダクチルス　Gyrodactylus(125a)
キロドネラ　Chilodonella(48b)
キロミクロン　chylomicron(50b)
筋萎(い)縮症　amyotrophia(14b), muscular dystrophy(180b)
近位担鰭(き)骨　proximal pterygiophore(222a)
均一化する　homogenize(132b)
筋壊(え)死症　muscular necrosis(180b)
近海カツオ一本釣漁業　skipjack tuna pole and line fishery on offshore waters(254b)
近海捕鯨業　offshore whaling(194b)
近海マグロ延(はえ)縄漁業　tuna long-line fishery on offshore waters(285a)
筋隔〔膜〕　myocommata(181a)
近危急種　near threatened species(183b)
筋基質タンパク質　stromal protein(266a)
緊急入域　emergency entry to the territorial waters(84b)
金魚養殖　goldfish culture(121b)
近距離音場　near sound field(183b)
キングストン弁　Kingstone valve(151b)
キングの法則　King's law(151b)
筋形質タンパク質　sarcoplasmic protein(241b)
菌血症　bacteremia(26a)
銀化変態　smoltification(255b)
筋原線維　myofibril(181a)

筋原線維結合型セリンプロテアーゼ　myofiblil-bound serine protease(181a)
筋原線維タンパク質　myofibrillar protein(181a)
キンコ　final trap(97b)
近交系　inbred line(139b)
近交係数　inbreeding coefficient(139b)
近交弱勢　inbreeding depression(139b)
筋骨竿(かん)　myorhabdoi(181a)
筋細胞　muscle cell(180b)
筋細胞膜　sarcolemmal membrane(241a)
筋糸　elastoidin(83b)
菌糸　hypha(136b)
禁止漁業　prohibition of fishery(219b)
禁止漁具　prohibited gear(219b)
均時差　equation of time(89a)
筋ジストロフィー　muscular dystrophy(180b)
筋収縮　muscle contraction(180b)
筋鞘(しょう)　sarcolemma(241a)
筋小胞体　sarcoplasmic reticulum(241a)
近親交配　inbreeding(139b)
近赤外分光法, 略語NIR分析法　near-infrared spectroscopy(183b)
筋節　myotome(181b), sarcomere(241b)
近絶滅種　critically endangered species(63a)
筋線維　muscle fiber(180b)
金属酵素　metalloenzyme(172b)
金属タンパク質　metalloprotein(172b)
近地点潮　perigean tide(206a)
巾(きん)着網　purse seine(224a)
筋電図, 略号EMG　electromyogram(84a)
均等度　evenness(91b)
筋肉　muscle(180b)
筋肉クドア症　muscular kudoasis(180b)
筋肉色素　muscle pigment(180b)
筋肉線虫症　muscular nematodosis(180b)
筋肉層　muscular layer(180b)
禁漁　prohibition of fishing(219b)
禁漁期　closed season(52a)
禁漁区　marine reserve(167a), preserve

(217b)
菌類　fungi(111b)

グアニジノ化合物　guanidino compound(124a)
グアニル酸　guanosine 5'-monophosphate(124b), guanylic acid(124b)
グアニン　guanine(124a)
グアノシン　guanosine(124b)
グアノシン5'-一リン酸, 略号 GMP　guanosine 5'-monophosphate(124b)
グアノシン5'-三リン酸, 略号 GTP　guanosine 5'-triphosphate(124b)
グアノシン5'-二リン酸, 略号 GDP　guanosine 5'-diphosphate(124b)
空気呼吸　air breathing(9b)
空気採卵法　air press method(10a)
空気採卵法《サケ科魚類など》　air spawning(10a)
空気溜〔め〕　air reservoir(10a)
空気調和装置　air conditioning unit(10a)
空気凍結　air freezing(10a)
空気揚網法　air lift system(10a)
空個虫　kenozooid(151a)
偶然誤差　accidental error(4b)
空転　racing(226a)
空洞現象　cavitation(45b)
空胞　vacuole(289a)
空胞変性　vacuolar degeneration(289a)
クーマシーブリリアントブルー, 略号 CBB　Coomassie Brilliant Blue(60a)
クエン酸　citric acid(51a)
クエン酸回路　citric acid cycle(51a)
クエン酸ナトリウム　sodium citrate(256a)
クオーターロープ　quarter rope(225b)
区画および損傷時復原性　subdivision and damage stability(266b)
区画漁業権　demarcated fishery right(69a)
区間推定値　interval estimate(146b)
躯幹部　trunk(284a)
くき(茎)　shank(250a)
くき(茎)ワカメ　stipe of wakame(264b)
楔(くさび)形目合測定具　wedge gauge(296b)
草水(くさみず)　weedy water(296b)
くさや　kusaya gravy-salted and dried fish(153a)
くさや汁　kusaya gravy(153a)
鎖　chain(47b)
櫛(くし)状歯　comb-like tooth(55b)
駆集　herding(129b)
屑魚(くずうお)　trash fish(282a)
崩れ波　spilling breaker(260a)
崩れ肉　flake(105a)
躯体管　main lateral line canal(164b)
砕〔け〕波　breaking wave(38a)
砕け寄せ波　surging breaker(269b)
口　mouth(179a)
口開け　opening of fishing season(196a)
クチクラ　cuticle(65a)
口白症《トラフグ》　snout ulcer disease(255b)
口鬚(ひげ)　oral cirri(197b)
沓(くつ)金　shoe(251b)
屈折波　refracted wave(230b)
屈折率　refracted index(230b)
クッパー細胞　Kupffer cell(152b)
クドア　Kudoa(152a)
クドアセプテンプンクタータ　Kudoa septempunctata(152b)
国別輸出動向　trend of export by countries(282b)
国別輸入動向　trend of import by countries(282b)
クビナガ鉤(こう)頭虫　Longicollum pagrosomi(161b)
クプラ　cupula(64b)

組合員資格《漁協の》　qualification for a member of cooperative association(225a)
組合管理漁業権　fishery right given to fisheries cooperative(101a)
組換え　recombination(228b)
組換え体　recombinant(228b)
組換え〔体〕DNA　recombinant DNA(228b)
苦悶死　struggle death(266b)
クラウン　crown(63b)
クラスカル・ウォリスの検定　Kruskal-Wallis test(152a)
クラスター分析　cluster analysis(52b)
クラスタシアニン　crustacyanin(63b)
グラミスチン　grammistin(122b)
グラム陰性〔細〕菌　Gram-negative bacterium(122b)
グラム染色　Gram stain(122b)
グラム陽性〔細〕菌　Gram-positive bacterium(122b)
クラメール・ラオの不等式　Cramer-Rao inequality(62a)
グランドロープ　footrope(108a), ground rope(123b)
グリア細胞　glia cell(119a)
クリープ　creep(62b)
グリーンミート　green meet(123b)
繰り返し繁殖　iteroparity(148b)
グリコーゲン　glycogen(120b)
グリコーゲン合成酵素　glycogen synthase(120b)
グリコーゲン分解　glycogenolysis(120b)
グリコサミノグリカン　glycosaminoglycan(121a)
繰越原料　gleaning(119a)
繰越し制度　carry over(44a)
グリコシダーゼ　glycosidase(121a)
グリコシドヒドロラーゼ　glycoside hydrolase(121a)
N-グリコリルノイラミン酸　N-glycolylneuraminic acid(121a)
グリシン, 略号 Gly, G　glycine(120b)

グリシンベタイン　glycinebetaine(120b)
クリスパー / キャス 9　CRISPR/Cas9(62b)
グリセリド　glyceride(120b)
グリセリン　glycerin(120b), glycerol(120b)
グリセロール　glycerol(120b)
グリセロールガラクトシド　glycerol galactoside(120b)
グリセロ脂質　glycerolipid(120b)
グリセロ糖脂質　glyceroglycolipid(120b)
グリセロホスホノ脂質　glycerophosphonolipid(120b)
グリセロリン脂質　glycerophospholipid(120b)
クリックス　clicks(51b)
グリッド　grid(123b)
クリプトキサンチン　cryptoxanthin(64a)
グループ努力量割当, 略号 GEQ　group effort quota(123b)
グループ割当, 略号 GQ　group quota(124a)
グルカゴン　glucagon(119b)
グルカン　glucan(119b)
グルクロン酸　glucuronic acid(120a)
グルクロン酸経路　glucuronate pathway(120a)
グルゲア　Glugea(120a)
グルコース　glucose(119b)
グルコース 6-リン酸, 略号 G6P　glucose 6-phosphate(120a)
グルコース 6-リン酸デヒドロゲナーゼ, 略号 G6PDH　glucose 6-phosphate dehydrogenase(120a)
グルコース新生　gluconeogenesis(119b)
グルコース耐性試験　glucose tolerance test(120a)
グルコース負荷試験, 略号 GTT　glucose tolerance test(120a)
グルコサミン　glucosamine(119b)
グルシトール　glucitol(119b), sorbitol

(257a)
グルタチオン, 略号 GSH　glutathione (120a)
グルタミン, 略号 Gln, Q　glutamine (120a)
グルタミン酸, 略号 Glu, E　glutamic acid (120a)
グルタミン酸オキサロ酢酸トランスアミナーゼ, 略号 GOT　glutamate-oxaloacetate transaminase (120a), glutamic-oxaloacetic transaminase (120a)
グルタミン酸ピルビン酸トランスアミナーゼ, 略号 GPT　glutamate-pyruvate transaminase (120a), glutamic-pyruvic transaminase (120a)
クルペオトキシズム　clupeotoxism (52b)
クルマエビ急性ウイルス血症, 略号 PAV　penaeid acute viremia (205a)
グルロン酸　guluronic acid (124b)
クレアチニン　creatinine (62b)
クレアチン　creatine (62a)
クレアチンキナーゼ, 略号 CK　creatine kinase (62a)
クレアチンリン酸　creatine phosphate (62a)
グレイト　grate (123a)
グレーズ　glaze (119a)
クレブス回路　citric acid cycle (51a), Krebs cycle (152a)
クローニング　cloning (51b)
クローン　clone (51b)
クローン化　cloning (51b)
クローン生殖　clonal reproduction (51b)
グロキディウム〔幼生〕　glochidium (119b)
くろこ　elver with pigmentation (84b)
黒潮　Kuroshio (152b)
黒潮前線渦　Kuroshio frontal eddy (152b)
黒潮続流　Kuroshio Extension (152b)
黒潮〔の〕蛇行　Kuroshio meander (153a)
黒潮反流　Kuroshio Countercurrent (152b)
クロスヴァリデーション法　cross-validatory method (63b)

クロストリディウム　Clostridium (52a)
黒作り《イカの》　salted and fermented squid with ink (240a)
グロビン　globin (119b)
グロブリン　globulin (119b)
クロマチン　chromatin (50a)
クロマトフォーカシング　chromatofocusing (50a), isoelectric chromatography (148a)
黒群〔れ〕　black spots (33a)
クロラムフェニコールアセチルトランスフェラーゼアッセイ, 略語 CAT アッセイ　chloramphenicol acetyltransferase assay (49a)
クロルデン　chlordane (49a)
クロレラ　Chlorella (49a)
クロレラワムシ　rotifer fed on chlorella (238a)
クロロフィリド　chlorophyllide (49b)
クロロフィル　chlorophyll (49a)
クロロフィル a　chlorophyll a (49a)
クロロフィル c　chlorophyll c (49a)
クロロフィル b　chlorophyll b (49a)
クロロプラスト　chloroplast (49b)
クロロフルオロカーボン, 略号 CFC　chlorofluorocarbon (49a)
軍拡競走　arms race (19b)
燻(くん)乾製〔の〕　smoked and dried (255b)
群集　community (56a)
群集呼吸　community respiration (56a)
燻(くん)製品　smoked product (255b)
群速度　group velocity (124a)
群体　colony (55a)
群体エコー　multiple echo (180a)

毛	hair(125b)
傾圧〔の〕	baroclinic(27b)
経営者免許漁業権	fishery right given to private enterprise(101a)
経営診断	business consultation(40a)
警戒音	alarm call(10b)
警戒色	alarming color(10b)
傾角	heel angle(128b)
景観	landscape(154b)
景観生態学	landscape ecology(154b)
頸(けい)器官	nuchal organ(191a)
頸棘(けいきょく)	nuchal spine(191a)
系群	stock(264b)
系群同定	stock identification(265a)
系群判別	stock discrimination(264b)
経験曲線《養殖生産の》	experience curve(92b)
経験分布	empirical distribution(85a)
蛍光 in situ ハイブリダイゼーション	fluorescence in situ hybridization(107a)
経口感染	peroral infection(206b)
軽合金漁船	light alloy vessel(158b)
蛍光顕微鏡	fluorescence microscope(107a)
蛍光抗体法	fluorescence antibody technique(106b)
蛍光灯	fluorescent lamp(107a)
経口免疫〔法〕	oral vaccination(197b)
経口ワクチン	oral vaccine(197b)
軽鎖	light chain(158b)
経鰓(さい)感染	perbranchial infection(206a)
経済事業	economic business(81b)
珪酸質骨片	siliceous spicule(252b)
経産雌	repeat spawner(232a)
形質	character(47b)
形質芽細胞	plasmablast(212a)
形質細胞	plasma cell(212a)
形質転換	character displacement(47b), transformation(281b)
形質転換魚	transgenic fish(281b)
形質導入	transduction(281a)
傾斜筋	inclinator(140a)
傾斜曳き	oblique tow(193a)
傾斜流	slope current(255a)
茎状部	stipe(264b)
形象物	shape(250a)
経常利益	net profit(185b)
経水感染〔症〕	water borne infection(294b)
経水伝染〔病〕	water borne infection(294b)
係船ウィンチ	mooring winch(178a)
係船ドック	wet dock(297b)
係船柱	mooring post(178a)
珪素, 元素記号 Si	silicon(252a)
珪藻土	diatom aceous earth(72a)
珪藻類	diatoms(72a)
形態形成	morphogenesis(178b)
形態視	form vision(109a)
継代培養	subculture(266b)
形態輪廻	cyclomorphosis(65b)
経度	longitude(162a)
系統	strain(265b)
系統解析	phylogenetic analysis(210b)
系統金融《漁協の》	fisheries cooperative credit system(99a)
系統樹	phylogenetic tree(210b)
系統出荷《水産物の》	shipping through fisheries cooperative(251a)
系統的誤差	systematic error(272a)
系統的標本抽出	systematic sampling(272a)
系統発生	phylogeny(210b)
頸(けい)動脈	carotid artery(43b)
軽度懸念, 略号 LC	least concern(156b)
傾度分析	gradient analysis(122b)
経度方向の	meridional(171b)
経皮感染	percutaneous infection(206a)
頸(けい)部	neck(183b)
茎部	stem(263b)
警報物質	alarm substance(10b)
軽油	diesel oil(72b)
経卵感染	transovarian infection(282a)

係留　mooring(178a)
係留系　mooring system(178a)
係留施設　mooring facilities(178a)
係留ブイ　mooring buoy(178a)
計量魚群探知機，略語計量魚探機　quantitative echo sounder(225a)
計量的多次元尺度〔構成〕法　metric multidimensional scaling(173b)
系列相関　serial correlation(248a)
鯨ろう(蠟)　spermaceti(259a)
K抗原　K antigen(150b)
K-選択　K-selection(152a)
ケーシング　casing(44b)
K値　K value(153a)
ゲーム理論　game theory(113a)
K_1分潮　K_1 constituent(150b)
下水道法　sewage water law(249a)
削り節　flakes of dried bonito(105b), sliced fushi(254b)
桁(けた)　beam(29a)
桁網　beam trawl(29a)
血圧　blood pressure(33b)
血液　blood(33b)
血液型　blood group(33b)
血液性状　hematological characteristics(129a)
血液精巣関門　blood-testis barrier(33b)
血液脳関門　blood-brain barrier(33b)
血縁係数　coefficient of relationship(54a)
血管　vessel(291a)
血管炎　angitis(16a)
血管間棘(きょく)　interhemal spine(144b)
血管棘(きょく)　hemal spine(128b)
血管系　vascular system(289b)
血管作用性腸管ペプチド，略号VIP　vasoactive intestinal polypeptide(290a)
血管突起　hemapophysis(128b)
血管嚢(のう)　saccus vasculosus(238b)
血管閉塞(そく)　vascular blockage(289b)
血球凝集素　coagulant(52b)
血球〔細胞〕　blood cell(33b)

結合確率分布　joint probability distribution(150a)
結合確率密度分布　joint probability density distribution(150a)
結合水　bound water(36b)
結合組織キャッチ　connective tissue catch(58a)
結合組織タンパク質　connective tissue protein(58a)
結合度《群集の》　connectance(57b)
結索　knotting(151b)
欠失　deficiency(68b)
血腫(しゅ)　hematoma(129a)
血漿　plasma(212a)
血小板活性化因子，略号PAF　platelet-activating factor(212a)
血漿リポタンパク質　plasma lipoprotein(212a)
血清　serum(248a)
血清型　serotype(248a)
結石《病気の》　stone(265a)
結節　knot(151b), nodule(189a)
結節網　knotted net(151b)
血栓症　thrombosis(277a)
欠測値　missing value(176a)
血体腔　hemocoel(129a)
血中コレステロール　blood cholesterol(33b)
決定係数　coefficient of determination(54a)
決定理論　decision theory(67b)
決定論モデル　deterministic model(71a)
血鉄症　hemosiderosis(129a)
血糖　blood glucose(33b)
血洞　blood sinus(33b), sinus(253b)
血道弓門　hemal arch(128b)
血道溝　hemal canal(128b)
血洞腺　sinus gland(253b)
血道肋骨　hemal rib(128b)
月齢周期　lunar period(163a)
ケトーシス　ketosis(151a)
解毒　detoxication(71a)

11-ケトテストステロン，略号 11-KT　11-ketotestosterone(151a)
ケトン体　ketone body(151a)
ゲノミック in situ ハイブリダイゼーション，略号 GISH　genomic in situ hybridization(117a)
ゲノム　genome(116b)
ゲノム育種価　breeding value(38b)
ゲノムデータベース　genome database(116b)
ゲノムブラウザ　genome browser(116b)
ゲノム編集　genome editing(116b)
ゲノムワイド関連解析，略号 GWAS　genome-wide association study(116b)
毛針　feather jig(95a), fly(107a)
ケミカルスコア，略号 CS　chemical score(48a)
ケラタン硫酸　keratan sulfate(151a)
ケラチン　keratin(151a)
ケラト硫酸　keratan sulfate(151a)
下痢原性大腸菌　enteropathogenic Escherichia coli(86b)
ケリス期　keris stage(151a)
下痢性貝中毒，略号 DSP　diarrhetic shellfish poisoning(72a)
下痢性貝毒　diarrhetic shellfish poison(72a)
ゲル　gel(114b)
ゲル化　gelation(114b)
ゲル強度　gel strength(114b)
ゲルクロマトグラフィー　gel chromatography(114b)
ゲル形成　gelation(114b)
ゲル形成能　gel-forming ability(114b)
ゲル剛性　gel stiffness(114b)
ケルダール法　Kjeldahl method(151b)
ゲルトネル菌　Salmonella enteritidis(239a)
ゲル内拡散法　gel diffusion test(114b)
ケルプミール　kelp meal(150b)
ゲル濾過　gel filtration(114b)
けん化　saponification(241b)
限界管理基準，略号 LRP　limit reference point(159a)
限界生産　marginal production(166a), marginal yield(166a)
限界成長《経済の》　marginal growth(166a)
限界費用　marginal cost(166a)
限外濾過　ultrafiltration(286b)
原核細胞　prokaryotic cell(220a)
原核緑色植物　prochlorophytes(219a)
減価償却　depreciation(70a)
減感作　hyposensitization(136b)
原鰭(き)　archipterygium(19a)
嫌気呼吸　anaerobic catabolism(15a)
嫌気性細菌　anaerobic bacterium(14b)
嫌気性生物　anaerobe(14b)
嫌気性[の]　anaerobic(14b)
嫌気的代謝　anaerobic metabolism(15a)
嫌気的分解　anaerobic decomposition(15a)
兼業業務　business out of operating area(40a)
兼業漁家　part-time fishery household(204a)
原クチクラ　procuticle(219a)
原形質　protoplasm(222a)
原形質連絡　plasmodesma (pl. plasmodesmata)(212a)
肩胛弓　scapula arch(242b)
肩胛骨　scapula(242b)
現在価値　present value(217b)
原鰓(さい)類　protobranchia(222a)
原産地判別　origin discrimination(198b)
犬歯　canine(42a)
原子吸光分光光度計　atomic absorption spectrophotometer(21b)
原始細胞　archeocyte(19a)
原糸体　protonema (pl. protonemata)(222a)
検出限界　detection limit(71a)
検出力　power(216a)
検出力関数　power function(216a)
原子力発電所　nuclear power plant(191a)
原腎管　protonephridium(222a)
懸垂咽頭骨　suspensory pharyngeal bone

(270b)
減衰器　attenuator(22b)
懸垂骨　suspensorium(270b)
減数分裂　meiosis(170b), reduction division(230a)
減数分裂前核内分裂　premeiotic endomitosis(217b)
減数分裂雑種発生　meiotic hybridogenesis(170b)
減数胞子嚢《のう》　meiosporangium(170b)
減船　reduction of the number of boats(230a)
減速機　reduction gear(230a)
元素分析　elemental analysis(84a)
現存資源　standing stock(262a)
現存資源量　standing biomass(262a)
現存量　standing crop(262a)
肩帯　shoulder girdle(251b)
懸濁　suspension(270b)
懸濁液　suspension(270b)
懸濁性有機〔態〕炭素　particulate organic carbon(204a)
懸濁態有機物　particulate organic matter(204a)
懸濁培養　suspension culture(270b)
懸濁物　suspended material(270b)
懸濁粒子　suspended particle(270b)
検知管法　detector tube method(71a)
検潮井戸　tidal well(277b)
検潮器　tide gauge(278a)
検潮儀　tide gauge(278a)
検潮所　tide station(278a)
原腸胚　gastrula(114a)
懸腸膜《多毛類などの》　mesentery(171b)
けん付き《釣針の》　sliced shank(254b)
検定《統計》　test(275a)
検定関数　critical function(63a)
検定関数《統計》　test function(275a)
検定交雑　test cross(275a)
限定産卵　determinate spawning(71a)

限定成長　determinate growth(71a)
検定統計量　test statistic(275a)
ケンドールの順位相関係数　Kendall rank correlation coefficient(150b)
現場〔で〕　in situ(143b)
原尾　protocercal tail(222a)
顕微蛍光測光法　microfluorometry(174a)
顕微操作　micromanipulation(174a)
顕微注射　microinjection(174a)
顕微注入　microinjection(174a)
顕微分光測定法　microspectrophotometry(174a)
健苗性　seed quality(245b)
減滅曲線　curve of extinction(65a)
減耗　mortality(178b)
減率乾燥期間　falling rate period of drying(94a)

コイ春ウイルス血症，略号 SVC　spring viremia of carp(261a)
コイヘルペスウイルス病，略号 KHD　koi herpesvirus disease(151b)
綱《分類学の》　class(51a)
高圧加工　high pressure processing(131a)
高圧殺菌釜　retort(233b)
好圧〔性細〕菌　barophilic bacterium(27b)
好圧微生物　barophilic microorganism(27b)
広域海色センサ，略号 SeaWiFS　sea-viewing wide field-of-view sensor(244b)
合意形成・とも詮議　consensus building and mutual surveillance(58a)
鉤(こう)引具　hook(133a)
降雨　precipitation(217a)
抗ウイルス物質　antiviral substance(18a)

耕耘(うん)《干潟の》 cultivation(64b)
抗栄養因子 antinutrient(17b)
好エオジン球 eosinophil(88a)
交易条件 terms of trade(274b)
交易条件指数　index number of terms of trade(140b)
好塩基球 bosophil(35b)
好塩〔細〕菌 halophilic bacterium(126a)
抗炎症物質　antiinflammatory substance(17b)
広塩性〔の〕 euryhaline(91a)
高温性細菌 thermophilic bacterium(276a)
広温性〔の〕 eurythermal(91a)
高温性微生物　thermophilic microorganism(276a)
高温短時間殺菌法，略語 HTST 殺菌法　high temperature short time sterilization(131b)
恒温動物 homeotherm(132b)
港界 harbor limit(126b)
公海 high seas(131a), open seas(196a)
航海 navigation(183b)
航海《統計単位》 trip(283b)
口蓋(こうがい) palate(201b)
口蓋(こうがい)器官 palatal organ(201b)
公海〔魚類〕資源　open sea〔fish〕stock(196a)
口蓋(こうがい)骨 palatal bone(201b)
航海士 mate(168b)
公海資源 high seas stock(131b)
公海自由の原則　principle of freedom of the seas(218b)
航海速力 sea speed(244a)
黄海暖流 Yellow Sea warm current(300b)
航海灯 navigation light(183b)
航海当直 watch at sea(294b)
口蓋(こうがい)方形軟骨　palatoquadrate cartilage(201b)
降河回遊 downstream migration(78a)
甲殻 carapace(42b)
光学的純度 optical purity(197a)

光学密度 optical density(197a)
降河性回遊魚 catadromous fish(44b)
口下側神経系　hyponeural nervous system(136b)
抗カビ物質 antifungal substance(17b)
硬化油 hardened oil(127a)
交感神経 sympathetic nerve(271b)
向岸流 onshore current(195b)
孔器 pit organ(211b)
高気圧 anticyclone(17b)
好気呼吸 aerobic catabolism(8a)
後擬鎖骨 postcleithrum(215b)
好気性細菌 aerobic bacterium(8a)
好気性生物 aerobe(8a)
好気性微生物 aerobic microorganism(8b)
好気的代謝 aerobic metabolism(8a)
好気的分解 aerobic decomposition(8a)
咬(こう)脚 gnathopod(121a)
口球 buccal bulb(39b)
工業寒天 industrial agar(141b)
公共財産 public property(223a)
後期幼生 postlarva(215b)
工業廃水 industrial waste water(141b)
口極 oral pole(197b)
抗菌作用 antibacterial action(17a)
抗菌スペクトル　antibacterial spectrum(17a)
抗菌性〔の〕 antimicrobial(17b)
抗菌物質 antibacterial substance(17a)
口腔 buccal cavity(39b)
口腔咽喉嚢(のう)　pharyngeal pocket(207a)
航空機調査 aerial survey(8a)
後継者問題 successor problem(267b)
攻撃試験 challenge test(47b)
抗血清 antiserum(18a)
抗原 antigen(17b)
抗原決定基 antigenic determinant(17b), epitope(89a)
抗原抗体反応　antigen-antibody reaction(17b)

抗原抗体複合体　antigen-antibody complex (17b)
抗原性　antigenicity (17b)
抗原提示細胞　antigen presenting cell (17b)
貢献利益率　contribution margin ratio (59a)
後向錐(すい)　posterior cone (215b)
光合成　photosynthesis (209b)
光合成細菌　photosynthetic bacterium (209b)
光合成色素　photosynthetic pigment (209b)
光合成的炭素還元回路　photosynthetic carbon reduction cycle (209b)
後口動物　deuterostomes (71b)
交互作用《統計》　interaction (144a)
口後繊毛環　metatroch (173a)
交互操業試験法　alternate haul method (12b)
硬骨魚　teleost [fish] (273b)
後根　dorsal root (77b)
交叉　crossing over (63a)
交差　crossing over (63a)
虹彩　iris (147b)
虹彩皮膜　iris lappet (147b)
交差結合　crosslinking (63b)
後鎖骨　postclavicle bone (215b)
交雑　cross (63a), hybridization (134b)
交雑育種　cross breeding (63a)
交差反応　cross-reaction (63b)
抗酸化剤　antioxidant (17b)
好酸球　eosinophil (88a)
後肢　hind-leg (131b)
光子　photon (209a)
コウジカビ　Aspergillus (21a)
虹色素〔細〕胞　iridophore (147a)
高次構造　higher-order structure (131a)
後耳骨　opisthotic bone (196b)
硬歯質　viterodentine (293a)
高次生産　higher production (131a)
膠質　colloid (55a)
麹(こうじ)漬け《魚の》　fish product cured in koji (104a)

鉱質コルチコイド　mineralocorticoid (175b)
光周性　photoperiodism (209a)
高周波解凍　high-frequency wave thawing (131a)
光周反応　photoperiodic response (209a)
後主静脈　posterior cardinal vein (215b)
抗腫瘍〔性〕物質　antitumor substance (18a)
紅樹林　mangrove (165b)
溝条　groove (123b)
恒常性　homeostasis (132b)
甲状腺　thyroid gland (277a)
甲状腺刺激ホルモン，略号 TSH　thyroid-stimulating hormone (277a)
甲状腺刺激ホルモン放出ホルモン，略号 TRH　thyrotropin-releasing hormone (277a)
甲状腺ホルモン　thyroid hormone (277a)
工場廃水　industrial waste water (141b)
公称馬力　nominal horse power (189a)
口唇(しん)　lip (159b)
後腎　metanephros (172b)
更新資源　renewable resource (232a)
後進出力　astern output (21a)
香辛料　spice (259b)
洪水漁業　flood fisheries (106b)
較正　calibration (41a)
更生　rehabilitation (231a)
較正球　standard sphere (262a)
合成抗菌剤　synthetic antimicrobial drug (272a)
合成代謝　anabolism (14b)
合成着色料　artificial coloring (20a)
合成 DNA プローブ　oligonucleotide probe (195a)
高性能液体クロマトグラフィー　high-performance liquid chromatography (131a)
抗生物質　antibiotics (17a)
肛節　pygidium (224b)
交接器　clasper (51a), copulatory organ (60b), pterygopodium (223a)

交接器《ファロステサス目魚類の》　priapium(218a)
交接腕　hectocotylus(128b)
光線　ray(227b)
工船すり身　surimi manufactured on board(270a)
口前繊毛環　prototroch(222a)
工船〔冷凍〕すり身　ship-processed frozen surimi(251a)
酵素　enzyme(87b)
航走減衰　attenuation by sailing(22b)
紅藻酸　rhodoic acid(234b), tauropine(273a)
紅藻素　phycoerythrin(210a)
構造多糖　structural polysaccharide(266b)
高層天気図　upper air chart(288a)
紅藻デンプン　floridean starch(106b)
紅藻類　red algae(229a)
酵素カスケード　enzyme cascade(88a)
酵素活性　enzyme activity(87b)
酵素 - 基質複合体，略語 ES 複合体　enzyme-substrate complex(88a)
梗塞（そく）　infarct(142a)
高速液体クロマトグラフィー，略号 HPLC　high-performance liquid chromatography(131a)
口側神経系　oral nervous system(197b)
高速艇　high-speed craft(131b)
後側頭骨　posttemporal bone(216a)
後側頭骨棘（きょく）　posttemporal spine(216a)
高速フーリエ変換，略号 FFT　fast Fourier transform(94b)
酵素修飾　enzymatic modification(87b)
酵素前駆体　enzyme precursor(88a), proenzyme(219a)
酵素阻害物質　enzyme inhibitor(88a)
酵素的褐変　enzymatic browning(87b)
酵素特性　enzymatic characteristics(87b)
酵素の特異性　enzymatic specificity(87b)
酵素反応速度論　enzyme kinetics(88a)

酵素分解　enzymatic hydrolysis(87b)
酵素免疫定量法，略号 EIA　enzyme immunoassay(88a)
酵素誘導　enzyme induction(88a)
交代　alternation(13a)
抗体　antibody(17a)
後代　progeny(219b)
抗体依存性細胞傷害，略号 ADCC　antibody-dependent cell-mediated cytotoxicity(17a)
抗体価　antibody titer(17a)
後代検定　progeny test(219b)
抗体産生細胞　antibody-forming cell(17a)
高濁度層　nepheloid layer(184b)
後担鰭（き）軟骨　metapterygium(173a)
硬タンパク質　scleroprotein(243a)
好中球　neutrophil(186b)
腔腸　coelenteron(54a)
港長　harbor master(126b)
高潮　high water(131b)
高張液浸漬処理法　hyperosmotic infiltration(136a)
高張尿　hypertonic urine(136b)
硬直解除　resolution of riger(232b), rigor-off(236a)
硬直指数　rigor index(236a)
硬直複合体　rigor complex(236a)
公定規格　official standard(194a)
好適水温　favorable water temperature(95a)
高度　altitude(13a)
口道　stomodeum(265a)
行動学　ethology(91a)
行動圏　home range(132b)
口道溝　siphonoglyph(254a)
行動実験　behavior experiment(29b)
鉤（こう）頭虫類　Acanthocephala(4a)
後頭部　occiput(193a)
高度回遊性魚類資源　highly migratory fish stock(131a)
光度計　photometer(209a)
高度不飽和脂肪酸　highly unsaturated

fatty acid《131a》
構内情報通信網　local area network《161a》
港内速力　harbor speed《126b》
口内保育　mouth brooding《179a》
好熱性細菌　thermophilic bacterium《276a》
後脳　metencephalon《173a》
交配　crossing《63a》, mating《168b》
購買事業　purchase business《223b》
高倍数体　hyperploid《136b》
鉸(こう)板　hinge plate《131b》
喉板　jugular plate《150a》
甲板員　deck hands《67b》
甲板機械　deck machinery《68a》
甲板設備　deck equipment《67b》
甲板長　boatswain《34a》
交尾器　copulatory organ《60b》
抗ビタミン剤　vitamin antagonist《293a》
交尾前ガード　precopulatory guard《217a》
高ビリルビン血症　bilirubinemia《30b》
高品質化《漁獲物の》　highgrading《131a》
口幅　mouth width《179a》
高分解送画方式, 略号 HRPT　high resolution picture transmission《131a》
興奮収縮連関　excitation-contraction coupling《91b》
口柄(こうへい)　manubrium《165b》
合弁事業, 略号 JV　joint venture《150a》
後(こう)鞭毛　posterior flagellar《215b》
酵母　yeast《300b》
口帽　oral hood《197b》
後方散乱　backscattering《25b》
酵母エキス　yeast extract《300b》
酵母ワムシ　rotifer fed on yeast《238a》
厚膜胞子　hormospore《134a》
厚膜連鎖体《藍藻類の》　hormocyst《134a》
高密度培養　enrichment culture《86b》
高密度リポタンパク質, 略号 HDL　high-density lipoprotein《130b》
剛毛　seta《248b》
肛門　anus《18a》
肛門前長　preanus length《216b》

公有水面埋立法　Public Waters Reclamation Act《223a》
効用関数　utility function《289a》
公用航海日誌　official log book《193b》
後翼状骨　metapterygoid《173a》
交絡法　confounding design《57b》
恒率乾燥　constant rate drying《58b》
恒率乾燥期間　constant rate period of drying《58b》
抗利尿ホルモン　antidiuretic hormone《17b》
交流《電気の》　alternating current《12b》
恒流　constant flow《58b》
向流性　rheotaxis《234b》
交流発電機　alternator《13a》
抗力係数　drag coefficient《78a》
硬鱗　ganoid《113a》
高齢化　ag〔e〕ing phenomenon《9a》
高齢化問題　problem of ag〔e〕ing phenomenon《219a》
好冷〔細〕菌　psychrophilic bacterium《223a》
口裂　gap《113a》, gape《113a》, mouth cleft《179a》
交連下器官　subcommissural organ《266a》
港湾　harbor《126b》
口腕　oral arm《197b》
港湾管理者　port authority《215b》
港湾法　Harbor Law《126b》
コーシー分布《確率》　Cauchy distribution《45b》
ゴーストフィッシング　ghost fishing《118a》
ゴードン - シェーファーモデル　Gordon-Schaefer model《122a》
ゴードン式籠　Gourdon creel《122a》
コープの法則　Cope's rule《60b》
氷水解凍　thawing with iced water《275b》
コール酸　cholic acid《49b》
コールドチェーン　cold chain《54b》
コーンウォール式籠　Cornish pot《60b》
コーンスターチ　corn starch《60b》
糊化　gelatinization《114b》
跨(こ)界性魚類資源　straddling fish stock

(265b)
五界説　five kingdoms(104b)
古海洋環境　paleoenvironment of ocean(201b)
小型球形ウイルス，略号 SRSV　small round structured virus(255a)
小型船舶操縦士　small vessel operator(255b)
小型底曳網漁業　small scale trawl fishery(255b)
小型定置網　small scale set net(255a)
小型旋(まき)網漁業　small scale purse seine fishery(255a)
枯渇率　depletion level(70a)
糊化デンプン　gelatinized starch(114b)
個眼　ommatidium(195b)
護岸　revetment(234b)
後関節骨　retroarticular bone(234a)
漕ぎ刺網　sweeping trammel net(271a)
呼吸　respiration(233a)
呼吸系　respiratory system(233a)
呼吸孔　spiracle(260a)
呼吸鎖　respiratory chain(233a)
呼吸色素　respiratory pigment(233a)
呼吸樹(じゅ)　respiratory tree(233a)
呼吸商　respiratory quotient(233a)
国際海事衛星機構，略号 INMARSAT　International Maritime Satellite Organization(145b)
国際海事機関，略号 IMO　International Maritime Organization(145b)
国際海洋探査協議会，略号 ICES　International Council for the Exploration of the Sea(145b)
国際海洋法裁判所　International Tribunal for the Law of the Sea(145b)
国際監視員制度　international observer scheme(145b)
国際協力事業団，略号 JICA(ジャイカ)　Japan International Cooperation Agency(149b)
国際自然保護連合，略号 IUCN　International Union for the Conservation of Nature and Natural Resources(146a)
国際獣疫事務局，略号 OIE　Office International des Epizooties(193b)
国際食品規格　Codex Alimentarius(53b)
国際太平洋オヒョウ委員会，略号 IPHC　International Pacific Halibut Commission(145b)
国際標準化機構，略号 ISO　International Organization of Standardization(145b)
国際捕鯨委員会，略号 IWC　International Whaling Commission(146a)
国際捕鯨取締条約　International Convention for the Regulation of Whaling(145b)
国際満載喫水線証書　international load line certificate(145b)
国際労働機関，略号 ILO　International Labor Organization(145b)
黒色[細]胞　melanophore(170b)
黒色素胞刺激ホルモン，略号 MSH　melanophore-stimulating hormone(170b)
黒色素胞刺激ホルモン抑制ホルモン，略号 MIH　MSH-inhibiting hormone(179a)
黒点病　black spot disease(33a)
国内外来種　domestic alien species(76b)
国内消費向け供給量　supplies for domestic consumption(269a)
国内向け総需要量　total domestic demand(279b)
黒変現象　black discoloration(33a)，darkened deterioration(67a)，sulfide deterioration(268a)
国連環境計画　United Nations Environmental Programme(288a)
国連食糧農業機関，略号 FAO　Food and Agricultural Organization of the United Nations(107b)
固形飼料　pellet(205a)
古細菌　archaebacterium(19a)
誤差三角形　cocked hat(53b)

小潮　neap tide（183b）
50％選択体長　50% selection length（246a）
湖沼学　limnology（159a）
湖沼漁業　lake fisheries（154a）
呼称目合〔い〕　nominal mesh size（189a）
コスミン鱗　cosmoid scale（61a）
互生分枝　alternate branching（12b）
固相酵素免疫定量法，略号 ELISA　enzyme-linked immunosorbent assay（88a）
個体群　population（215a）
個体群生態学　population ecology（215a）
個体群存続可能性分析　population viability analysis（215a）
個体群動態　population dynamics（215a）
個体群繁殖能力　stock reproductive potential（265a）
個体群密度　population density（215a）
固体脂指数，略号 SFI　solid fat index（256b）
個体数　population（215a）
個体選択　individual selection（141a）
個体選抜　individual selection（141a）
個体淘汰　individual selection（141a）
個体ベースモデル，略号 IBM　individual-based model（141a）
五炭糖　pentose（205b）
吾智網　semi-surrounding seine（247b）
固着生物　sessile organism（248b）
個虫　zooid（301b）
骨異常　bone deformity（35a）
骨格異常　skeletal anomaly（254a）
骨格筋　skeletal muscle（254a）
〔コックランの〕Q 検定　〔Cochran's〕Q-test（53b）
コックランの定理《統計》　Cochran's theorem（53b）
骨質層　bony layer（35a）
骨質板　bony plate（35a）
コッドエンド　codend（53b）
コッドライン　cod line（53b）
骨粉　bone meal（35a）

骨片　ossicle（198b）
固定化酵素　immobilized enzyme（138b）
固定化植物細胞　immobilized plant cell（138b）
固定給　fixed pay（105a）
固定漁具　fixed gear（105a）
固定式刺網　fixed gill net（105a）
固定資産　fixed assets（104b）
固定資産比率　fixed assets ratio（104b）
固定指数，略号 F_{st}　fixation index（104b）
固定資本　fixed capital（105a）
固定費　fixed cost（105a）
固定ピッチプロペラ　fixed pitch propeller（105a）
固定負債　fixed debt（105a）
古典経路　classical〔complement〕pathway（51a）
古典的条件反射　classical conditioned reflex（51a）
コドン　codon（54a）
ゴニオトキシン　gonyautoxin（122a）
ゴニディア　gonidia（122a）
ゴニモブラスト　gonimoblast（122a）
コネクチン　connectin（58a）
壺嚢（のう）　lagena（153b）
コノトキシン　conotoxin（58a）
このわた　fermented trepang viscera（96a）
五倍体　pentaploid（205b）
コハク酸　succinic acid（267b）
コピー食品　copy food（60b）
昆布締め　salted or vinegared fish marinated between sheets of tangle（240a）
こぶ状器　tuberous organ（284b）
昆布巻き　rolled tangle with dried fish in it（237b），tangle roll（272b）
コプラナー PCB　coplanar PCB（60b）
個別急速凍結法，略号 IQF　individual quick freezing（141a）
個別漁獲量割当て制度　individual quota system（141a）
個別漁獲割当て，略号 IFQ　individual

fishing quota(*141a*)
個別譲渡可能割当て量，略号 ITQ　individual transferable quota(*141a*)
個別努力割当て量　individual effort quota(*141a*)
個別割当て量，略号 IQ　individual quota(*141a*)
五ポイント計画　five points plan(*104b*)
コホート　cohort(*54b*)
コホート解析　cohort analysis(*54b*)
小麦デンプン　wheat starch(*297b*)
ゴム弾性　rubber elasticity(*238b*)
固有種〔の〕　endemic(*85a*)
固有振動　proper oscillation(*220b*)
雇用状況　employment situation(*85a*)
雇用労働力　labor of employee(*153b*)
コラーゲン　collagen(*55a*)
コラーゲン分解酵素　collagenase(*55a*)
コラゲナーゼ　collagenase(*55a*)
コリオゲニン　choriogenin(*50a*)
コリオリの力　Coriolis' force(*60b*)
コリ回路　Cori cycle(*60b*)
コリン　choline(*49b*)
ゴルジ体　Golgi body(*121b*)
コルセミド　colcemid(*54b*)
コルチコイド　corticoid(*61a*)
コルチコステロン　corticosterone(*61a*)
コルチゾル　cortisol(*61a*)
コルチゾン　cortisone(*61a*)
コルヒチン　colchicine(*54b*)
コルモゴロフ・スミルノフ検定　Kolmogorov-Smirnov test(*152a*)
コレシストキニン，略号 CCK　cholecystokinin(*49b*)
コレステリック液晶　cholesteric liquid crystal(*49b*)
コレステロール　cholesterol(*49b*)
コレステロール側鎖切断酵素　cholesterol side-chain cleavage enzyme(*49b*)
コレラ　cholera(*49b*)
コレラ菌　*Vibrio cholerae*(*291b*)
コレラ毒　cholera toxin(*49b*)
コロイド　colloid(*55a*)
小割式養殖　cage culture(*41a*)
婚姻形態　mating system(*168b*)
婚姻色　nuptial color(*192a*)
混獲　bycatch(*40b*)
混獲排除装置，略号 BED　bycatch excluder device(*40b*)
混獲防除装置，略号 BRD　bycatch reduction device(*40b*)
コンキオリン　conchiolin(*57a*)
ゴングリン　gongrine(*121b*)
混合域　mixing zone(*176b*)
混合栄養生物　mixotroph(*176b*)
混合距離　mixing length(*176b*)
混合層　mixed layer(*176b*)
混合トリグリセリド　mix triglyceride(*176b*)
混合分布　mixture of distributions(*176b*)
混合モデル方程式，略号 MME　mixed model equation(*176b*)
混合ワクチン　mixed vaccine(*176b*)
根鰓（さい）　dendrobranchiate gill(*69b*)
混載《卸売市場の》　mixed cargo(*176b*)
混乗船　mixed manning ship(*176b*)
コンセ　concessionaire(*57a*)
混成堤　composite breakwater(*56b*)
痕（こん）跡　trace(*280b*)
混濁腫（しゅ）脹　cloudy swelling(*52b*)
コンダクタンス　conductance(*57b*)
コンタクト凍結　contact freezing(*58b*)
コンタクトフリーザー　contact freezer(*58b*)
混濁流　turbidity current(*285b*)
コンティグ　contig(*58b*)
コンディション輪　condition ring(*57a*)
コンテナ扱い　container dealing(*58b*)
コンドロイチン　chondroitin(*49b*)
コンドロイチン硫酸　chondroitin sulfate(*50a*)
コンドロイチン硫酸 B　chondroitin sulfate B(*50a*)
コンバータ　converter(*60a*)

コンパウンドロープ　compound rope(57a)
コンビネーションロープ　combination rope(55b)
コンブ(昆布)　tangle(272b)
昆布茶　seaweed drink(244b), tangle tea(272b)
こんぶ佃煮　tangle boiled in soy(272b)
ゴンペルツの成長式　Gompertz growth equation(121b)
棍(こん)棒細胞　club cell(52b)
混養　polyculture(214a)

サーチライトソナー　search-light sonar(244a)
サーフビート　surf beats(269b)
サーミスタ　thermistor(276a)
サーモステリックアノマリー　thermosteric anomaly(276b)
サイアノプシン　cyanopsin(65a)
鰓(さい)域長　length of branchial region(157a)
際縁効果　edge effect(82a)
鰓蓋(さいがい)　gill cover(118a), operculum(196b)
鰓蓋(さいがい)運動　opercular movement(196a)
鰓蓋(さいがい)-下顎管　operculo-mandibular canal(196b)
鰓蓋(さいがい)挙筋　levator operculi(157b)
鰓蓋(さいがい)骨　opercle bone(196a)
鰓蓋骨棘(さいがいこつきょく)　opercular spine(196b)
災害復旧〔工事〕　disaster restoration(74a)
鰓蓋(さいがい)弁　opercular flap(196b)
最確数法, 略語MPN法　most probable number method(178b)
鰓(さい)隔膜　interbranchial septum(144b)
鰓(さい)下腺　hypobranchial gland(136b)
鰓(さい)管　branchial canal(37b)
鰓(さい)換水率　gill ventilation rate(118b)
催奇性　teratogenecity(274a)
鰓(さい)弓　gill arch(118a)
細菌　bacterium (pl. bacteria)(26b)
細菌数　bacterial count(26a)
細菌性鰓(えら)病《サケ科魚類・アユ》, 略号BGD　bacterial gill disease(26a)
細菌性出血性腹水症《アユ》　bacterial hemorrhagic ascites(26a)
細菌性食中毒　bacterial food poisoning(26a)
細菌性腎臓病《サケ科魚類》, 略号BKD　bacterial kidney disease(26a)
細菌性腸管白濁症《ヒラメ》　bacterial enteritis(26a)
細菌性膿疱症《アワビ類》　pustule disease of abalone(224b)
細菌性白雲症《コイ》　bacterial sliminess(26a)
細菌性溶血性黄疸《ブリ》　bacterial hemolytic jaundice(26a)
細菌叢(そう)　microbiota(173b), microflora(174a)
細菌毒素　bacterial toxin(26a)
細菌プランクトン　bacterioplankton(26b)
細菌類　bacteria(26a)
細工かまぼこ　handiwork kamaboko(126a)
cAMP　cAMP(41b)
サイクリックAMP　cyclic AMP(65a)
cAMP依存性プロテインキナーゼ　cAMP-dependent protein kinase(42a)
サイクリックアデノシン3', 5'-一リン酸, 略号cAMP　cyclic AMP(65a), cyclic adenosine 3', 5'-monophosphate(65a)
サイクリン　cyclin(65b)
サイクロン　cyclone(65b)
再懸濁　resuspension(233b)

鰓(さい)腔　gill cavity(118a)
鰓(さい)孔　gill opening(118b)
鰓(さい)後腺　ultimobranchial organ(286b)
最高年齢の漁獲[死亡]係数，略号 terminal F　terminal fishing mortality coefficient(274a)
採餌　foraging(108b)
最終成熟　final maturation(97a)
最小赤池情報量規準，略号 MAIC　minimum Akaike's information criterion(175b)
鰓(さい)条骨　branchiostegal ray bone(37b)
最小二乗法　least squares estimation(156b)
最小二乗推定量，略号 LSE　least squares estimator(156b)
最小分散不偏推定量　minimum variance unbiased estimator(175b)
最小水揚げ体長　minimum landing size(175b)
最小目合　minimum mesh size(175b)
最初の到達時間　first passage time(98a)
採水器　water sampler(295b)
サイズ効果　size effect(254a)
サイズ構成個体群モデル　size-structured population model(254a)
サイズ選択性　size selectivity(254a)
再生　regeneration(231a)，renaturation(232a)
再生可能資源　self-regulating resources(246b)
細精管　seminiferous tubule(247b)
再生産　reproduction(232a)
再生産関係　stock-recruitment relationship(265a)
再生産曲線　reproduction curve(232a)
再生産成功率，略号 RPS　recruit per spawning(229a)
再生産力　reproductivity(232b)
再生生産　regenerated production(230b)
再生鱗　regenerated scale(231a)
砕石　broken stone(39a)

最接近距離　distance of CPA(75a)
最接近時間　time to CPA(278b)
最接近点，略号 CPA　closest point of approach(52a)
最大エントロピー法，略号 MEM　maximum entropy method(169a)
最大許容濃度　maximum permissible concentration(169a)
最大原理　maximum principle(169b)
最大持続生産量，略号 MSY　maximum sustainable yield(169b)
最大持続生産量水準，略語 MSY 水準，略号 MSYL　maximum sustainable yield level(169b)
最大持続生産量率，略語 MSY 率，略号 MSYR　maximum sustainable yield rate(169b)
最大[純]経済生産量，略号 MEY　maximum [net] economic yield(169a)
再堆積　redeposition(229b)
最大ターゲットストレングス　maximum target strength(169b)
最大胴周長　fishing circle(102a)
最大氷結晶生成帯　zone of maximum ice crystal formation(301b)
最大平衡漁獲量　maximum equilibrium catch(169a)
採泥器　sediment sampler(245b)
最低賃金法　Minimum Wage Act(175b)
最低 pH　ultimate pH(286b)
最低保障給　guaranteed minimum pay(124b)
最適温度　optimum temperature(197a)
最適化　optimization(197a)
最適漁獲体長　optimum length for being caught(197a)
最適漁獲能力　optimal capacity(197a)
最適漁獲量　optimum catch(197a)
最適持続生産量，略号 OSY　optimum sustainable yield(197a)
最適水温　optimum water temperature

（197a）
最適生産量　optimal yield（197a）
最適 pH　optimum pH（197a）
最適密度　optimum density（197a）
再凍結　refreezing（230b）
サイトカイン　cytokine（66a）
サイトカラシン B　cytochalasin B（66a）
サイトクロム　cytochrome（66a）
サイドスキャンソナー　side-scan sonar（252a）
サイドトロール　side trawl（252a）
サイドローブ　side lobe（252a）
サイドローラ　side roller（252a）
サイナス腺　sinus gland（253b）
採肉機　fish meat collecting machine（103b），meat separator（170a）
細尿管　renal tubule（231b），uriniferous tubule（288b）
鰓囊（さいのう）　gill pouch（118b）
鰓耙（さいは）　gill raker（118b）
栽培漁業　cultivating fisheries（64b），stock enhancement（264b）
栽培品種　cultivar（64a）
砕波帯　breaker zone（37b），surf zone（269b）
砕波点　breaking point（38a）
砕氷　crushed ice（63b）
採苗　seed collection（245b）
砕氷船　icebreaker（137b）
サイフォンサック　siphon sac（254a）
鰓（さい）弁　gill filament（118b）
鰓（さい）弁条　gill ray（118b）
再捕　recapture（228a）
細胞　cell（46a）
細胞遺伝学　cytogenetics（66a）
細胞外基質　extracellular matrix（93a）
細胞外マトリックス　extracellular matrix（93a）
細胞間マトリックス　intercellular matrix（144b）
細胞系〔統〕　cell line（46a）

細胞骨格　cytoskelton（66a）
細胞糸《藻類の》　hypha（136b）
細胞糸《藍藻類の》　trichome（283a）
細胞質　cytoplasm（66a）
細胞質融合　plasmogamy（212a）
細胞障害　cellular injury（46a）
細胞小器官　organelle（198a）
細胞性免疫　cellular immunity（46a）
細胞毒性効果，略号 CTE　cytotoxic effect（66a）
細胞毒性物質　cytotoxic substance（66b）
細胞培養　cell culture（46a）
細胞板　cell plate（46a）
細胞分化　cell differentiation（46a）
細胞分画　cell fractionation（46a）
細胞分裂　cell division（46a）
細胞壁　cell wall（46b）
細胞壁分解酵素　cell wall degrading enzyme（46b）
細胞変性効果，略号 CPE　cytopathic effect（66a）
細胞膜　cell membrane（46a）
細胞融合　cell fusion（46a）
再放流　liberation（157b）
再捕報告率《標識の》　reporting rate of recoveries（232a）
再捕率　rate of recovery（227b）
鰓（さい）膜　branchiostegal membrane（37b）
細網内皮系　reticuloendotherial system（233b）
最尤（ゆう）推定　maximum likelihood estimation（169a）
最尤（ゆう）推定量，略号 MLE　maximum likelihood estimator（169a）
最尤（ゆう）法　maximum likelihood method（169a）
最良線形不偏推定量《統計》，略号 BLUE　best linear unbiased estimator（29b）
鰓（さい）裂　gill slit（118b）
竿　pole（213b），rod（237a）

竿先《釣竿の》	tip section(278b)
竿尻	butt(40a)
竿釣	pole and line(213b)
竿釣漁船	pole and line fishing vessel(213b)
竿釣具	pole and line(213b)
差額地代	differential rent(73a)
逆さ網	offshore entrance set net(194a)
杯細胞	goblet cell(121b)
先	point(213a)
さきいか	shredded and dried squid(251b)
先糸	leader(156a)
サキシトキシン	saxitoxin(242a)
先取り	preoccupation(217b)
先物取引き	dealings in future(67b)
作業甲板	working deck(299b)
作業艇	junk boat(150a)
叉棘(さきょく)	pedicellaria(204b)
索(さく)	line(159a)
索眼	eye splice(93b)
酢酸菌	acetic acid bacterium(4b)
索餌回遊	feeding migration(95b)
搾取	exploitation(92b)
搾出採卵法	hand stripping method(126a)
朔(さく)望	syzygy(272a)
作澪(れい)	water-route making(295a)
鮭くん製	smoked salmon(255b)
下げ潮	ebb(80b)
サケジラミ	salmon louse(239b)
下げ潮流	ebb current(81a)
サケ・マス延(はえ)縄漁業	salmon longline fishery(239a)
雑魚(ざこ)	coarse fish(52b)
鎖骨	clavicle bone(51b)
支え綱	guy(125a)
さざ波	ripple(236a)
サザンハイブリダイゼーション	Southern hybridization(257b)
サザンブロット法	Southern blot(257a)
刺網	gill net(118b), tangle net(272b)
差し原料	supplement seed(268b)
指[し]値	limit price(159a)

刺し[の]	wedged(296b)
刺身	sashimi(241a), slices of raw fish(254b)
座礁	stranding(265b)
座礁する《船など》	strand(265b)
砂洲	bar(27a), sand bar(241a), shoal(251a)
差スペクトル	difference spectrum(72b)
座節《甲殻類の》	ischium(147b)
サセプタンス	susceptance(270b)
砂堆	sand bank(241a)
雑音	noise(189a)
雑音スペクトル	noise spectrum(189a)
雑音スペクトルレベル	noise spectrum level(189a)
雑漁業	miscellaneous fishery(176a)
殺菌	sterilization(263b)
殺菌剤	bactericide(26b)
殺菌灯	sterilization lamp(263b)
雑種	hybrid(134b)
雑種強勢	hybrid vigor(135a)
雑種形成	hybridization(134b)
雑種第一代, 略号 F_1	first filial generation(97b)
雑種第二代, 略号 F_2	second filial generation(245a)
雑種致死	hybrid inviability(134b)
雑種発生	hybridogenesis(134b)
雑種不妊	hybrid sterility(134b)
雑食性	omnivorous(195b)
殺藻	algicide(11a)
雑草駆除	weed control(296b)
殺藻剤	algicide(11a)
雑節	miscellaneous fushi(176a)
叉手(さで)網	dip net(73b)
サテライト DNA	satellite DNA(241b)
里海	satoumi(241b)
サバ節	dried mackerel(78b)
サバ類似魚中毒	scombroid fish poisoning(243a)
サブチリシン	subtilisin(267b)

サブチロペプチダーゼA　subtilopeptidase A（267b）
サプレッサーT細胞　suppressor T cell（269a）
サポニン　saponin（241a）
砂紋　ripple mark（236a）
鞘（さや）　sheath（250b）
左右性　laterality（155a）
サルガッソ海　Sargasso Sea（241b）
サルカン（猿環）　swivel（271a）
サルコメア　sarcomere（241b）
サルパ　*Salpa*（239b）
サルファ剤　sulfa drug（267b）
サルミンコラ　*Salmincola*（239a）
サルモネラ　*Salmonella*（239a）
サルモネラ食中毒　*Salmonella* food poisoning（239a）
酸塩基平衡　acid-base balance（5a）
酸価　acid value（5a）
酸化　oxidation（200b）
酸化還元酵素　oxidoreductase（200b）
酸化還元電位　oxidation-reduction potential（200b）
酸化還元バランス　redox balance（229b）
三角網　gussets（124b），triangular net（283a）
三角測量　triangulation（283a）
酸化酵素　oxidase（200b）
酸化酸　oxidized acid（200b）
酸化臭　oxidized oder（200b）
三価染色体　trivalent chromosome（283b）
酸化的リン酸化〔反応〕　oxidative phosphorylation（200b）
酸化油　oxidized oil（200b）
残基　residue（232b）
酸揮発性硫化物　acid volatile sulfide（5a）
残響体積　reverberation volume（234a）
サンゴ礁　coral reef（60b）
残差　residual（232b）
残渣（さ）　residue（232b）
三叉（さ）神経　trigeminal nerve（283b）

残差プロット　residual plots（232b）
残差分析　residual analysis（232b）
残差平方和，略号RSS　residual sum of squares（232b）
残差流　residual current（232b）
三次処理　tertiary treatment（275a）
算術平均　arithmetic mean（19b）
酸性雨　acid rain（5a）
酸性グリコサミノグリカン　acidic glycosaminoglycan（5a）
酸性食品　acid food（5a），acid residue food（5a）
酸性タンパク質　acidic protein（5a）
酸性ムコ多糖　acidic mucopolysaccharide（5a）
三染色体性　trisomy（283b）
酸素依存性殺菌反応　oxygen-dependent bactericidal reaction（200b）
酸素解離曲線　oxygen dissociation curve（200b）
酸素含量　oxygen content（200b）
酸素欠乏症　anoxia（16a）
酸素債　oxygen debt（200b）
酸素消費量　oxygen consumption（200b）
酸素摂取量　oxygen uptake（201a）
酸素発生型光合成　oxygenic photosynthesis（201a）
酸素非依存性殺菌反応　oxygen-independent bactericidal reaction（201a）
酸素分圧　oxygen partial pressure（201a）
酸素飽和度　oxygen saturation（201a）
酸素要求量　oxygen demand（200b）
酸素容量　oxygen capacity（200b）
酸素利用率　oxygen utilization（201a）
残存資源　escapement（90a）
産地卸売価格　wholesale price in landing area（298b）
産地卸売市場　wholesale market in landing area（298a）
産地加工　processing at the place of production（219a）

産地偽装　origin deception（198b）
産地市場　landing market（154b）
産地タイプ　type locality（286a）
産地直送　shipment directly connected between consumer and producer（251a）
産地問屋　wholesale merchant in landing area（298b）
産地仲買い人　middleman（174b）
暫定水域　provisional zone（222a）
暫定措置　provisional measures（222a）
サンドバック　sand bag（241a）
参入制限　limited entry（159a）
酸敗　oxidative rancidity（200b），rancidification（227a）
三倍体　triploid（283b）
三倍体カキ　triploid oyster（283b）
桟橋　pier（211a）
三半規管　semicircular canal（247a）
残品処理　remaining stocks disposition（231b）
三方ローラー　cage roller（41a）
三枚網　trammel net（280b）
三枚おろし　filleting〔into three pieces〕（97a）
散乱　scatter（242b）
産卵回遊　spawning migration（257b）
産卵管　ovipositor（200a）
産卵間隔　spawning interval（257b）
産卵期　spawning season（258a）
産卵記号　spawning mark（257b）
産卵基質　spawning substrate（258a）
産卵魚　spawner（257b）
散乱係数　scattering coefficient（242b）
産卵場　spawning ground（257b）
産卵親魚資源　spawning adult stock（257b）
産卵親魚量，略号 SSB　spawning stock biomass（258a）
産卵数　egg production（83a），fertility（96b）
産卵数事前決定型産卵魚　determinate spawner（71a）
産卵数非事前決定型産卵魚　indeterminate spawner（140a）
散乱層　scattering layer（242b）
散乱体　scatterer（242b）
散乱断面積　scattering cross-section（242b）
産卵頻度　spawning frequency（257b）
産卵雌割合　spawning fraction（257b）
産卵誘発　spawning inducement（257b）
残留塩素　residual chlorine（232b）
残留物　residue（232b）

次亜塩素酸塩　hypochlorite（136b）
ジアシルグリセリン　diacylglycerin（71b）
ジアシルグリセロール，略号 DG　diacylglycerol（71b）
ジアスターゼ　diastase（72a）
シアノバクテリア　cyanobacteria（65a）
シアノバクテリウム属　Cyanobacterium（65a）
4',6-ジアミジノ-2-フェニルインドール，略号 DAPI　4',6-diamidino-2-phenylindole（72a）
シアリダーゼ　neuraminidase（186a），sialidase（252a）
シアル酸　sialic acid（252a）
CIF 価格，略号 CIF　cost, insurance and freight price（61b）
cAMP依存性プロテインキナーゼ　cAMP-dependent protein kinase（42a）
CA 貯蔵　CA storage（44b），controlled atmosphere storage（59b）
CHSE-214 細胞　chinook salmon embryo-214（48b）
GNSS コンパス　GNSS compass（121b）
C/N 比　C/N ratio（52b）
C 型 S 電位　chromaticity type S-potential（50a）

G 検定	G-test (124a)
GC 含量	GC content (114a)
C 重油	bunker oil (39b)
C スタート	C start (64a)
G タンパク質	G protein (122a)
C バンド	C-band (45b)
C 反応性タンパク質，略号 CRP	C reactive protein (62a)
C/P 比	C/P ratio (62a)
シーマージン	sea margin (244a)
C4 回路	C4 cycle (46a)
C4-ジカルボン酸回路	C_4-dicarboxylic acid cycle (46a)
シーラー	sealer (243b)
ジーンバンク	gene bank (115a)
試運転速力	trial speed (283a)
視運動反応	optomotor reaction (197b)
自営〔の〕	self-employed (246b)
シェーファーモデル	Schaefer model (242b)
ジェットスキー	jet ski (149b)
ジェットポンプ	jet pump (149b)
ジェリー強度	jelly strength (149b)
ジェリーミート	jelly meat (149b)
〔塩〕かずのこ	salted herring roe (240a)
塩辛	salted and fermented seafood (240a)
潮切〔り〕	fish tail (104b)
塩昆布	salted tangle (240a)
潮境	oceanic front (193a), shiozakai (250b)
塩さけ	salted salmon (240a)
ジオスタティスティックス	geostatistics (117b)
塩ずり肉	salt-ground meat, fish〔meat〕paste (103b), meat paste (240b)
塩すり身	salt-ground meat (240b)
潮だまり	tide pool (278a)
潮だるみ	slack water (254b)
潮張り	lee tide set (156b)
塩干し品	salted and dried product (239b)
潮見糸	current detecting cord (64b)
潮目	coastal front (53a), oceanic front (193a), shiome (250b)
直扱い	direct financing (74a)
視蓋（がい）	optic tectum (197a)
紫外線，略号 UV	ultraviolet ray (287a)
紫外線放射	ultraviolet radiation (287a)
自家汚染	autopollution (23b)
死角	blind angle (33b)
視角	visual angle (292b)
視覚	visual sense (292b)
耳殻	auditory capsule (22b)
時角	hour angle (134a)
視覚系	visual system (292b)
雌核発生	gynogenesis (125a)
仕掛け《釣の》	rig (235b)
自家生殖	autogamy (23a)
シガテラ	ciguatera (50b)
シガトキシン	ciguatoxin (50b)
直荷引き	direct buying (74a)
篩（し）管	sieve tube (252a)
時間帯	time zone (278b)
敷網	lift net (158a)
色覚	color vision (55b)
磁気共鳴イメージング，略号 MRI	magnetic resonance imaging (164a)
磁気コンパス	magnetic compass (164a)
色彩視覚	color vision (55b)
色彩変異体	color variant (55a)
磁気センサ	magnet sensor (164b)
色素	pigment (211a)
色素細胞	pigment cell (211a)
色素上皮層《網膜の》	layer of pigment epithelium (156a)
色素体	plastid (212a)
色素タンパク質	chromoprotein (50a)
色素胞器官	chromatophore organ (50a)
糸球体濾過	glomerular filtration (119b)
自給率	rate of self-sufficiency (227b)
仔魚	larva (*pl.* larvae) (155a)
事業外支出	non-business expenditure (189a)
事業外収入	non-business income (189a)
資金運用表	statement of application of

fund(262b)
死菌ワクチン　bacterin(26b)
軸　shank(250a)
ジグ　jig(149b)
軸索　axon(25a)
軸腺　axial gland(25a)
軸柱　columella(55b)
軸洞　axial sinus(25a)
シグナル伝達　signal transduction(252b)
シグナル配列　signal sequence(252b)
軸馬力　shaft horse power(250a)
シグマティー, 略語 σ_t　sigma-t(252a)
時雨煮　cooked food flavoured with ginger and soy sauce(60a), shigureni(250b)
p,p'-ジクロロジフェニルトリクロロエタン, 略号 DDT　p,p'-dichlorodiphenyltrichloroethane(216b)
時系列解析　time series analysis(278b)
刺激　stimulus(264b)
刺激反応系　stimulus-response system(264b)
脂瞼(けん)　adipose eyelid(7b)
時圏　hour circle(134a)
資源　stock(215a), resource(233a), population(264b)
資源管理　stock management(265a)
資源管理型漁業　fisheries controlled for resource management(98b)
資源重量　stock weight(265a)
始原生殖細胞　primordial germ cell(218b)
資源特性値　population parameter(215a)
資源配分　resource allocation(233a)
資源尾数　stock number(265a)
資源評価　stock assessment(264b)
資源量　abundance(4a), population size(215a), stock size(265a)
資源量指数　abundance index(4a)
資源量推定　abundance estimation(4a)
視交叉　optic chiasma(197a)
指向性　directivity(74a)
嗜(し)好性　preference(217a)

指向〔性〕係数　directivity index(74a)
指向性主軸　beam axis(29a)
耳垢(じこう)栓　ear plug(80b)
刺咬毒　venom(290b)
自己回帰移動平均過程, 略語 ARMA 過程　autoregressive-moving average process(24a)
自己回帰過程, 略語 AR 過程　autoregressive process(24a)
自己回帰モデル　autoregressive model(24a)
自己回帰和分移動平均過程, 略語 ARIMA 過程　autoregressive-integrated moving average process(24a)
自己干渉　autointerference(23a)
死後硬直　rigor mortis(236a)
自己資本回転率　turnover on equity(285b)
自己資本利益率, 略号 ROE　return on equity(234a)
自己消化　autolysis(23a)
子午線　meridian(171a)
子午線正中　meridian passage(171b)
事後層化　post stratification(216a)
自己相関　autocorrelation(23a)
歯骨　dentary(70a)
篩(し)骨　ethmoid(91a)
耳骨棘(きょく)　tympanic spine(286a)
自己分解　autolysis(23a)
自己分泌　autocrine(23a)
事後分布　posterior distribution(215b)
死後変化　post-mortem change(215b)
シコン型　syconoid type(271b)
自差　deviation(71b)
視細胞　visual cell(292b)
視細胞層　visual cell layer(292b)
刺細胞突起　cnidocil(52b)
視索　optic tract(197a)
視索前核　preoptic nucleus(217b)
視索前野　preoptic area(217b)
刺糸　nettling thread(186a)
四肢　tetrapod(275a)
歯式　dental formula(70a)

指示菌　indicator bacterium (140b)
視軸　visual axis (292b)
支持細胞　supporting cell (269a)
脂質　lipid (159b)
脂質過酸化　lipid peroxidation (160a)
脂質合成系酵素　lipogenic enzyme (160a)
脂質〔生〕合成　lipogenesis (160a)
脂質組成　lipid class (160a)
脂質代謝　lipid metabolism (160a)
脂質二重膜　lipid bilayer (160a)
脂質分解　lipolysis (160a)
指示馬力　indicated horse power (140b)
自主統治　self-governance (246b)
事象　event (91b)
市場外流通　distribution at outside wholesale market (75b)
視床下部　hypothalamus (137a)
視床下部 -〔脳〕下垂体 - 生殖腺系　hypothalamo-hypohysial gonadal axis (137a)
指状個虫　dactylozooid (66b)
耳小骨　auditory ossicle (22b)
自浄作用　autopurification (23b)
市場使用料　wholesale market charge (298a)
糸状体　conchocelis (57a)
耳小柱　columella auris (55b)
自浄能力　self-purification capacity (246b)
市場流通　market distribution (167b)
視神経　optic nerve (197a)
視神経交叉　optic chiasma (197a)
雌ずい　pistil (211b)
止水式養殖　culture in stagnant water (64b), still water pond culture (264b)
指数分布《確率》　exponential distribution (92b)
シスチン　cystine (66a)
システイン, 略号 Cys, C　cysteine (65b)
システイン酸　cysteic acid (65b)
システインプロテアーゼ　cysteine protease (65b)
D- システノール酸　D-cysteinolic acid (65b)

シスト　cyst (65b)
ジスルフィド結合　disulfide bond (75b)
自生群体　autocolony (23a)
自生性資源　autochthonous resource (23a)
雌性前核　female pronucleus (96a)
雌性先熟　protogyny (222a)
視精度　visual accuracy (292b)
雌性配偶子　female gamete (96a)
雌性発生　gynogenesis (125a)
雌性発生体　gynogen (125a)
自生胞子　autospore (24a)
雌性ホルモン　female sex hormone (96a)
耳石　otolith (198b)
耳石器官　otolith organ (199a)
耳石日周輪　otolith daily ring (199a)
耳石半径　radius of otolith (226b)
次世代シークエンス, 略号 NGS　next generation sequencing (187a)
指節　dactylus (66b)
歯舌　radula (226b)
自切　autotomy (24a)
歯舌嚢 (のう)　radula sac (226b)
ジゼロシン　gizzerosine (119a)
自然境界　natural boundary (183a)
自然死亡係数　natural mortality coefficient (183a)
自然死亡率　natural mortality rate (183a)
自然状態ターゲットストレングス《魚の》　in situ target strength (143b)
事前承認制度　pre-approval system (216b)
自然選択　natural selection (183a)
自然淘汰　natural selection (183a)
自然淘汰の基本原理　fundamental theorem of natural selection (111b)
自然突然変異率　spontaneous mutation rate (260b)
自然標識　natural tag (183a)
事前分布　prior distribution (218b)
自然免疫　natural immunity (183a)
持続可能な開発　sustainable development (270b)

持続可能な管理資源　sustainable management stock(270b)
持続可能な生産　sustainable production(270b)
持続可能な利用　sustainable use(271a)
持続時間　duration(80a)
持続性　sustainability(270b)
持続生産量，略号SY　equilibrium catch(89b), sustainable yield(271a)
持続的養殖生産確保法　Sustainable Aquaculture Production Assurance Act(270b)
四足動物　tetrapod(275a)
嘴（し）側板　rostro-lateral(237b)
子孫　progeny(219b)
下網　lower panel(162b)
肢帯　girdle(118b)
仕立て　rig(235b)
仕立て船　charter boat(47b), party boat(204a)
ジチオトレイトール，略号DTT　dithiothreitol(75b)
司厨（ちゅう）長《船の》　steward(264a)
室　locule(161b)
湿原　wetland(297b)
実現遺伝率　realized heritability(228a)
実験計画　experimental design(92b)
実験的管理　experimental management(92b)
実行誤差　implementation error(139a)
実効値　effective value(82b)
櫛鰓（しつさい）　ctenidium(64a)
実際原価　actual cost(6a)
実産卵数　realized fecundity(228a)
湿重量　wet weight(297b)
湿性降下物　wet deposition(297a)
湿地　wetland(297b)
質的・技術的規制　technical measures(273b)
質的形質　qualitative character(225a), quaritative trait(225a)

湿導法　wet method(297b)
湿度計　hygrometer(136a)
櫛（しつ）鱗　ctenoid〔scale〕(64a)
視程　visibility(292b)
指定漁業　designated fisheries(70b)
指定漁港　designated fishing port(70b)
指定漁船　designated fishing vessel(70b)
時定数　time constant(278a)
至適温度　optimum temperature(197a)
至適pH　optimum pH(197a)
自動イカ釣機　automatic squid jigging machine(23b)
自動餌付〔け〕機　baiting machine(26b)
自動給餌器　automatic feeding machine(23a)
自動給餌システム　automatic feeding system(23b)
自動験潮所　automatic tide gauge station(23b)
自動酸化　autoxidation(24a)
指導事業　guidance business(124b)
自動衝突予防援助装置，略号ARPA　automatic radar plotting aids(23b)
自動船位保持装置，略号DPS　dynamic positioning system(80a)
自動送画方式，略号APT　automatic picture transmission(23b)
自動釣機　automatic angling machine(23a)
自動定置網　automatic set net(23b)
自動データ編集中継システム，略号ADESS　automatic data editing and switching system(23a)
自動電圧調整装置　automatic voltage regulator(23b)
自動浮上型救命筏（いかだ）　float-free life raft(106a)
刺毒装置　venom apparatus(290b)
シトクロム　cytochrome(66a)
シトクロムCオキシダーゼ　cytochrome c oxidase(66a)
シトクロムP-450，略号P-450　cyto-

chrome P-450 (66a)
シトシン　cytosine (66a)
刺突　spearing (258a)
シトルリン　citrulline (51a)
シナージスト　synergist (271b)
シナプス　synapse (271b)
シナプス後電位　postsynaptic potential (216a)
尿(し)尿　feces and urine (95a), night soil (187b)
尿(し)尿処理　night soil treatment (187b)
シネレシス　syneresis (271b)
子嚢(のう)群　sorus (pl. sori) (257a)
ジノグネリン　dinogunellin (73b)
シノニム　synonym (271b)
忍び寄り型　stalking (261b)
柴　brush wood (39a)
自発給餌システム　spontaneous feeding system (260b)
柴漬〔け〕　brush wood shelter (39b)
自発的抑止　suspension (270b)
縛り網　closing seine (52a)
歯板　denticular (70a)
嘴(し)板　rostral (237b)
篩(し)板　sieve plate (252a)
地曳(じびき)網　beach seine (29a)
3,4-ジヒドロキシフェニルアラニン, 略号 DOPA(ドーパ)　3, 4-dihydroxy-phenylalanine (73a)
17α,20β-ジヒドロキシ-4-プレグネン-3-オン, 略号 DHP　17α, 20β-dihydroxy-4-pregnen-3-one (73a)
指標〔細〕菌　indicator bacterium (140b)
指標種　indicator species (140b)
指標生物　indicator organism (140b)
指標プランクトン　indicator plankton (140b)
飼肥料向け供給量　supplies for feed and fertilizer (269a)
ジブチルヒドロキシトルエン, 略号 BHT　dibutylhydroxytoluene (72a)

視物質　visual pigment (292b)
四分染色体　tetrad (275a)
四分胞子　tetraspore (275b)
四分胞子体　tetrasporophyte (275b)
四分胞子嚢(のう)　tetrasporangium (275b)
四分胞子嚢(のう)枝《紅藻類の》　stichidium (264a)
ジベンゾフラン　dibenzofuran (72a)
刺胞　nematocyst (184a)
死亡　mortality (178a)
子房　ovary (199b)
脂肪壊(え)死　fat necrosis (94b)
死亡過程　death process (67b)
脂肪肝　fatty liver (95a)
脂肪酸　fatty acid (94b)
脂肪酸合成　fatty acid synthesis (95a)
脂肪酸組成　fatty acid composition (94b)
脂肪酸代謝　fatty acid metabolism (94b)
枝胞子　paraspore (203a)
刺胞毒　nematocyst toxin (184a)
脂肪変性　fatty degeneration (95a)
死亡率　mortality rate (178b)
シホナキサンチン　siphonaxanthin (254a)
絞り網　breastline (38a)
資本　capital (42a)
資本制漁業　capitalistic fisheries (42b)
資本生産性　capital productivity (42b)
資本装備率　capital equipment ratio (42b)
地蒔式養殖　seabed sowing cultivation (243b)
島式漁港　island type fishing port (147b)
島式防波堤　island breakwater (147b)
しみ肉　spotted meat (261a)
シミュレーションモデル　simulation model (253a)
仕向〔け〕地　destination (71a)
しめさば　vinegared mackerel (291b)
ジメチルアミン, 略号 DMA　dimethylamine (73b)
ジメチルスルフィド　dimethyl sulfide (73b)
ジメチルスルホキシド　dimethyl sulfox-

ide(73b)
ジメチル-β-プロピオテチン　dimethyl-β-propiothetin(73b)
四面体型四分胞子嚢(のう)　tetrahedral tetrasporangium(275a)
視野　visual field(292b)
ジャイロコンパス　Gyairo compass(125a)
社会行動　social behavior(256a)
社会性群体　social colony(256a)
社会生物学　sociobiology(256a)
尺度　scale(242a)
弱毒化　attenuation(22b)
弱毒ワクチン　attenuated vaccine(22b)
尺度母数　scale parameter(242a)
射出骨　actinosts(5b)
ジャストインタイム，略号 JIT　just in time(150a)
射精　ejaculation(83a)
斜走筋　oblique muscle(192b)
ジャックナイフ法　jackknife method(149a)
シャットネラ　Chattonella(48a)
シャドーイング　shadowing(250a)
シャノンの情報量　Shannon's information(250a)
シャノンの多様度指数　Shannon's diversity index(250a)
シャペロニン　chaperonin(47b)
シャペロン　chaperone(47b)
斜紋筋　oblique muscle(192b), obliquely striated muscle(192b)
種《分類学の》，略号 sp.　species(258b)
主胃　main stomach(164b)
雌雄異株　dioecious(73b)
雌雄異体性　gonochorism(122a)
収益率　rate of return(227b)
重回帰分析　multiple regression analysis(180a)
自由解放周期　free running rhythm(109b)
収穫　harvesting(127a)
周期行動　rhythmical behavior(235a)
自由漁業　free fisheries(109b)

従局　secondary station(245a)
集魚装置．fish aggregating device(98a)
集魚灯　fish attracting lamp(98a)，fishing lamp(102b)，fishing light(102b)
重金属　heavy metal(128b)
重金属汚染　heavy metal pollution(128b)
充血　hyperemia(136a)
住血吸虫　blood fluke(33b)
集合電位　mass potential(168a)
周口膜　buccal membrane(39b)
重合リン酸塩　polyphosphate(214b)
重鎖　heavy chain(128b)
私有財産　private property(218b)
私有財産権　property right(220b)
集散[地]市場　distribution market(75b)
自由参入　free access(109b)
十字状四分胞子嚢(のう)　cruciate tetrasporangium(63b)
収縮《筋肉の》　contraction(59a)
収縮　shrinkage(252a)
収縮胞　contractile vacuole(59a)
自由食　ad libitum(7b)
修飾因子　effector(83a)
終神経　terminal nerve(274b)
周心細胞　pericentral cell(206a)
自由水　free water(109b)
集水域　catchment area(45a)，drainage basin(78b)，watershed(295b)
修正カイ二乗検定　modified χ^2 (chi-square) test(177a)
終生プランクトン　holoplankton(132b)
集積回路，略号 IC　integrated circuit(144a)
重相関係数　multiple correlation coefficient(180a)
収束　convergence(60a)
従属栄養　heterotrophy(130b)
従属栄養[細]菌　heterotrophic bacterium(130b)
従属栄養性微小鞭毛虫類　heterotrophic nanoflagellate(130b)
従属栄養生物　heterotroph(130b)

柔組織　parenchyme(*203b*)
縦帯　vertical band(*290b*)
集団　population(*215a*)
集団遺伝学　population genetics(*215a*)
集団漁業権　group fishing right(*123b*)
集団構造　population structure(*215a*)
集団選択　mass selection(*168a*)
集団の有効な大きさ　　effective size of population(*82b*)
集団の有効な大きさ《遺伝学の》　effective size of population(*82b*)
修築事業　development work(*71b*)
集中仕入方式　central buying system(*46b*)
集中分布　patchy distribution(*204b*)
周腸管神経環　circumentertic nerve ring(*51a*)
自由度《統計》　degree of freedom(*68b*)
シュードアルテロモナス　*Pseudoalteromonas*(*222b*)
雌雄同株の　monoecious(*177b*)
雌雄同体性　hermaphroditism(*129b*)
シュードダクチロギルス　*Pseudodactylogyrus*(*222b*)
シュードテラノーバ　*Pseudoterranova*(*222b*)
シュードモナス　*Pseudomonas*(*222b*)
周南極海流　Antarctic Circumpolar Current(*16b*)
周南極水　Antarctic Circumpolar Water(*16b*)
十二指腸　duodenum(*80a*)
周年雇用　whole year employment(*298b*)
終脳　olfactory lobe(*195a*), telencephalon(*273b*)
周波数カウンタ　frequency counter(*110a*)
周波数発振器　function generator(*111b*)
周波数偏移変調　frequency shift keying(*110a*)
周波数変調, 略号 FM　frequency modulation(*110a*)
周波数弁別　frequency discrimination(*110a*)
終板　end plate(*86a*)

縦斑　vertical blotch(*290b*)
終板電位　end-plate potential(*86a*)
周皮　pericarp(*206a*)
十分性《統計》　sufficiency(*267b*)
十分統計量《統計》　sufficient statistic(*267b*)
周辺確率分布　marginal probability distribution(*166a*)
縦扁形　depressiform(*70a*)
周辺質　ectoplasm(*82a*)
周辺〔の〕　peripheral(*206a*)
縦扁〔の〕　depressed(*70a*)
周辺分布　marginal distribution(*166a*)
周辺ラメラ　girdle lamella(*118b*)
終末嚢(のう)　end sac(*86a*)
絨(じゅう)毛　villus(*pl. villi*)(*291b*)
絨(じゅう)毛状歯　villiform teeth(*291b*)
絨(じゅう)毛状歯帯　villiform teeth band(*291b*)
雌雄モザイク　gynandromorph(*125a*)
集約的養殖　intensive culture(*144a*)
重油　heavy oil(*128b*)
自由遊泳型細菌　　free-living bacterium(*109b*)
集落標本抽出　cluster sampling(*52b*)
重力　gravity(*123a*)
重力式岸壁　gravity-type quay wall(*123a*)
重力走性　geotaxis(*117b*)
重力場　gravity field(*123a*)
ジュール加熱　ohmic heating(*194b*)
縦列反復配列, 略号 STR　short tandem repeat(*251b*)
縦列鱗　longitudinal scale row(*162a*)
収斂　convergence(*60a*)
就労機会　opportunity of work(*196b*)
16進数　hexa-decimal number(*130b*)
種間関係　interspecific relationship(*146a*)
種間競合　species competition(*258b*)
種間競争　interspecific competition(*146a*)
種間雑種　interspecific hybrid(*146a*)
主観的評価　subjective score(*267b*)
主機〔関〕　main engine(*164b*)

主鰭(き)条　principal ray(*218b*)
主局　master station(*168a*)
宿主-寄生体系　host-parasite system(*134a*)
熟度指数, 略号 GI　gonad index(*121b*)
種形成　speciation(*258a*)
主経路　classical〔complement〕pathway(*51a*)
主権的権利《海洋の》　sovereign right(*257b*)
主効果　main effect(*164b*)
主上顎骨　maxilla(*169a*), maxillary bone(*169a*)
樹状図　dendrogram(*69b*)
樹状突起　dendrite(*69a*)
種小名　specific epithet(*259a*)
受信機　receiver(*228a*)
受精　fertilization(*96b*)
授精　insemination(*143b*)
受精嚢(のう)　seminal receptacle(*247a*)
受精能獲得　capacitation(*42a*)
受精波　fertilization wave(*96b*)
主成分回帰　principal component regression(*218b*)
主成分分析　principal component analysis(*218b*)
受精膜　fertilization membrane(*96b*)
受精毛　trichogyne(*283a*)
種選択性　species selectivity(*258b*)
受託拒否禁止の原則　prohibition principle on rejection regarding business(*219b*)
出荷業者　shipper(*251a*)
出荷サイズ　commercial size(*55b*)
出荷量　shipment(*251a*)
出血　hemorrhage(*129a*)
出血性炎　hemorrhagic inflammation(*129a*)
出血性大腸菌, 略号 EHEC　enterohemorrhagic *Escherichia coli*(*86b*)
出血性貧血　hemorrhagic anemia(*129a*)
出鰓動脈　efferent branchial artery(*83a*)
10 進数　decimal number(*67b*)
出水管《ホヤ類の》　atrial siphon(*22a*)
出水管　exhalant siphon(*92a*)
出水孔　atripore(*22a*)
出生過程　birth process(*32b*)
出生死亡過程　birth and death process(*32b*)
出生率　birth rate(*32b*)
出漁日数　number of fishing days(*192a*)
酒盗　salted and fermented guts of skipjack tuna(*240a*), salted guts of bonito(*240a*)
主働遺伝子　major gene(*164b*)
受動漁具　passive gear(*204a*)
受動免疫　passive immunity(*204b*)
受動免疫処理　passive immunization(*204b*)
種特異性　species specificity(*258b*)
シュナーベル法　Schnabel method(*242b*)
種内競争　intraspecific competition(*146b*)
種の多様性　species diversity(*258b*)
シュバークリューブ型オッターボード　Suberkrub otterboard(*267a*)
受波感度　receiving sensitivity(*228a*)
種苗　seed(*245b*)
種苗性　suitability as seeds(*267b*)
種苗生産　seed production(*245b*)
種苗生産場　hatchery(*127a*)
種苗放流　stock enhancement(*264b*)
種分化　speciation(*258a*)
寿命　longevity(*161b*)
腫(しゅ)瘍　tumor(*285a*)
受容域　acceptance region(*4a*)
受容器　receptor(*228a*)
受容器電位　receptor potential(*228a*)
主要組織適合〔遺伝子〕複合体, 略号 MHC　major histocompatibility complex(*165a*)
主要組織適合抗原, 略号 MHA　major histocompatibility antigen(*165a*)
受容体　receptor(*228a*)
受容野　receptive field(*228a*)
シュワネラ　*Shewanella*(*250b*)
順圧〔の〕　barotropic(*27b*)
順位　dominance hierarchy(*77a*)
順位検定　order test(*197b*), rank test

(227b)
順位制　dominance hierarchy(77a)
純音　pure tone(223b)
潤滑油　lubricating oil(162b)
準下尾骨　parhypural bone(203b)
瞬間最大遊泳速度　maximum swimming speed(169b)
循環式　circulation system(51a)
循環式養殖　recirculation system culture(228b)
循環障害　circulatory disturbance(51a)
瞬間的漁業　pulse fishery(223b)
春機発動期　puberty(223a)
准組合員《漁協の》　quasi-member of co-operative association(225b)
巡航速度　cruising speed(63b)
準推進係数　quasi-propeller coefficient(225b)
純粋培養　pure culture(223b)
純生産　net production(185b)
浚渫(しゅんせつ)　dredge(78b), dredging(78b)
準絶滅危惧，略号NT　near threatened(183b)
準地衡流　quasi-geostrophic current(225b)
準ニュートン法　quasi-Newton method(225b)
順応　acclimation(4b)
順応学習　adaptive learning(6b)
順応的管理　adaptive management(6b)
楯板　scutum(243b)
瞬膜　nictitating membrane(187b)
楯鱗　placoid scale(211b)
順列　permutation(206b)
順列検定　permutation test(206b)
ジョイントベンチャー，略号JV　joint venture(150a)
礁　reef(230a)
視葉　optic lobe(197a)
条　ray(227b)
上位性遺伝分散　epistatic genetic variance(88b)
上咽鰓(さい)骨　suprapharyngeal bone(269a)
上咽頭骨　upper pharyngeal bone(288a)
上烏(う)口骨　hypercoracoid(136a)
漿(しょう)液性炎　serous inflammation(248a)
消化　digestion(73a)
硝化　nitrification(187b)
浄化　clarification(51a)
上科《分類学の》　superfamily(268b)
生涯繁殖成功度　life time reproductive success(158a)
消化管　alimentary canal(11b)
消化管内容物　chyme(50b), digesta(73a)
消化管ホルモン　gastrointestinal hormone(114a)
消化器官　digestive organ(73a)
消化吸収率　digestibility(73a)
小顎《節足動物の》　maxilla(169a)
上殻《珪藻類の》　epivalve(89a)
小顎腺　maxillary gland(169a)
上顎長　upper jaw length(288a)
上顎副骨　supplemental maxillary bone(268b)
小顎片　paragnath(202b)
消化酵素　digestive enzyme(73a)
浄化効率　clarifying efficiency(51a)
硝化〔細〕菌　nitrifying bacterium(187b)
消化細胞　digestive cell(73a)
消化腺　digestive gland(73a)
松果体　pineal body(211a)
小顆粒細胞　semigranular cell(247a)
上眼窩(か)管　supraorbital canal(269a)
晶桿(かん)体　crystalline style(64a)
上擬鎖骨　supracleithrum(269a)
上擬鎖骨棘(きょく)　supracleithral spine(269a)
蒸気タービン機関　steam turbine engine(263a)
焼却装置　incinerator(140a)

商業的殺菌　commercial sterilization(55b)
商業捕鯨モラトリアム　commercial whaling moratorium(55b)
小棘(きょく)　ctenii(64a)
上クチクラ　epicuticle(88b)
使用権　use right(289a)
上肩胛骨　suprascapula bone(269a)
条件性病原体　facultative pathogen(94a)
条件付き確率　conditional probability(57a)
条件付き尤(ゆう)度　conditional likelihood(57a)
条件付け　conditioning(57a)
条件的[な]　facultative(94a)
条件反射　conditioned reflex(57a)
正午位置　noon position(190a)
上綱《分類学の》　superclass(268a)
上口歯　supraoral teeth(269a)
上後頭骨　supraoccipital bone(269a)
上鰓(さい)器官　suprabranchial organ(269a)
上鰓(さい)腔　exhalant chamber(92a)
上鎖骨　supraclavicle bone(269a), supracleithrum(269a)
硝酸塩　nitrate(187b)
硝酸還元　nitrate reduction(187b)
硝酸還元[細]菌　nitrate reducing bacterium(187b)
消散係数　extinction coefficient(93a)
硝酸態窒素，略号 NO$_3$-N　nitrate nitrogen(187b)
小歯　denticle(70a)
障子網　wing net(299a)
上篩(し)骨　supraethmoid(269a)
上耳骨　epiotic bone(88b)
照射　irradiation(147b)
蒸煮　steaming(263a)
上主上顎骨　supramaxillary bone(269a)
上唇(しん)　labrum(153b)
上神経骨　epineural bone(88b)
上唇(しん)歯　upper labial teeth(288a)
上唇(しん)腺　labial gland(153a)

小生活圏　biotope(32b)
上生体　epiphysis(88b), pineal body(211a)
脂溶性ビタミン　fat-soluble vitamin(94b)
小節　nodule(189a)
上舌骨　epihyal bone(88b)
上浅海[の]　euneritic(91a)
常染色体　autosome(24a)
上側頭骨　supratemporal bone(269a)
上帯殻　epicingulum(88b)
状態空間モデル　state-space model(262b)
条虫類　Cestoda(47a)
上椎体骨　epicentral bone(88b)
照度　illuminance(138a)
少糖　oligosaccharide(195a)
消毒　disinfection(74b)
衝突予防装置　anticollision system(17a)
承認漁業　recognized fisheries(228b)
小脳　cerebellum(47a)
小囊(のう)　sacculus(238b), utricle(289a)
上膊棘(はくきょく)　humeral spine(134b)
消波工　wave dissipating works(295b)
蒸発　evaporation(91b)
蒸発器　evaporator(91b)
上皮　epithelium(89a)
上被殻　epitheca(88b)
上尾骨　epineural bone(88b)
消費者　consumer(58b)
消費者庁　Consumer Affairs Agency(58b)
消費者物価指数　index number of consumer price(140a)
上皮腫(しゅ)　epithelioma(89a)
消費速度　consumption rate(58b)
消費地卸売価格　wholesale price in consuming area(298b)
消費地市場　market in consuming area(167b)
消費地問屋　wholesale merchant in consuming area(298b)
上皮電位　epithelial potential(88b)

消費〔量〕 consumption（58b）
商品回転率 sale merchandise ratio（239a）
商品化計画 merchandising（171a）
小胞 vesicle（291a）
情報更新 information update（142b）
小胞体 endoplasmic reticulum（85b）
情報伝達 signal transduction（252b）
情報不足，略号 DD data deficient（67a）
情報不足種 data deficient species（67b）
乗法モデル multiplicative model（180a）
情報量行列《統計》 information matrix（142b）
情報理論 information theory（142b）
漿（しょう）膜 serosa（248a）
正味エネルギー net energy（185a）
正味タンパク質利用率 net protein utilization（185b）
静脈 vein（290a）
静脈洞 venous sinus（290b）
静脈網 periarterial venous retia（206a）
乗務員厚生共済 mutual relief for crew（181a）
証明《産地の》 certification（47a）
小網膜 mirabile net（176a）
上目《分類学の》 superorder（268b）
商用漁獲割当て量 commercial quota（55b）
常用出力 continuous service output（59a）
常用薄明（はくめい） civil twilight（51a）
小離鰭（き） fin-let（97b）
蒸留装置《海水の》 distilling plant（75b）
省力化 labor saving（153b）
上肋骨 epipleural bone（88b）
ショートニング〔油〕 shortening〔oil〕（251b）
ショートリードマッピング short read mapping（251b）
初回産卵雌 recruit spawner（229a）
除核 enucleation（87a）
除感作 hyposensitization（136b）
初期管理資源 initial management stock（142b）
初期減耗 mortality in the early life stage（178b）
初期資源 initial stock（142b）
初期餌料 initial feed（142b），starter diet（262b）
初期腐敗 initial stage of decomposition（142b）
除去法 removal method（231b）
食細胞 phagocyte（207a）
食作用 phagocytosis（207a）
食作用係数 phagocytic index（207a）
触鬚（しゅ） barbel（27b）
触手 tentacle（274a）
触手冠 lophophore（162a）
触手間器官 intertentacular organ（146a）
触手鞘（しょう） tentacle sheath（274a）
触手胞 rhopalium（235a）
職商的漁業 artisanal fishery（20a）
植食性〔の〕 herbivorous（129b）
食事歴 dietary history（72b）
食性 feeding habit（95b）
植生 vegetation（290a）
食中毒〔細〕菌 food poisoning bacterium（108a）
食道 esophagus（90a）
食道腺 esophageal gland（90a）
食道嚢（のう） esophageal sac（90a）
食品衛生法 Food Sanitation Act（108a）
食品照射 food irradiation（107b）
食品添加物 food additive（107b）
食品表示法 Food Labeling Act（107b）
食品保存料 food preservative（108a）
植物学 botany（35b）
植物生長調節物質 plant growth regulator（211b）
植物相 flora（106b）
植物着生〔の〕 epiphytic（88b）
植物プランクトン phytoplankton（210b）
食胞 phagosome（207a）
触毛 cirri（51a）
触毛斑 sensory spot（247b）

食物残渣　food wastes（108a）
食物繊維　dietary fiber（72b）
食物選択　food selection（108a）
食物網　food web（108a）
食物連鎖　food chain（107b）
食用色素　edible pigment（82a）
食用消費向け供給量　supplies for food consumption（269a）
食欲不良　anorexia（16a）
食料自給率　self-sufficiency rate of food（247a）
食料需給表　balance sheet of food（27a）
植林　planting（212a）
触腕《頭足類の》　tentacle（274a）
助酵素　coenzyme（54a）
助酵素 A　coenzyme A（54a）
鋤（じょ）骨　vomer（293b）
鋤（じょ）骨歯　vomerine teeth（293b）
助細胞　auxiliary cell（24b）
処女資源　virgin stock（292a）
処女生殖　parthenogenesis（203b）
初代培養　primary culture（218a）
触覚器　tactile site（272a）
触角腺　antennal gland（16b）
食溝　food groove（107b）
所得弾力性　income elasticity（140a）
徐脈　bradycardia（37a）
ジョリー・シーバー法　Jolly-Seber method（150a）
白子（しらこ）　albino（10b）
しらこ　milt（175a）
シラス　whitebait（297b）
シラスウナギ　elver（84b）
しらす干し　boiled and dried whitebait（34b）
シラス養成　rearing of elver（228a）
しらた　discolored part of katsuobushi（74b）
白焼き《ウナギの》　broiled eel（39a）
白沸き　boiling school（35a）
シリカ　silica（252b）
自律更新資源　self-regulating resources（246b）

自律神経系　autonomic nervous system（23b）
飼料　feed（95a）
試料　sample（240b）
餌料　feed（95a）
餌料系列　food schedule（108a）
飼料効率　feed efficiency（95b）
試料採取　sampling（241a）
餌料生物　food organism（108a）
飼料摂取　feed intake（95b）
飼料添加物　feed additive（95a）
飼料転換効率　feed efficiency（95b）
餌料転換効率　feed conversion efficiency（95b）
視力　visual acuity（292b）
シル　sill（252b）
脂漏症　seborrhea（244b）
白氷　milky ice（175a）
白作り　salted and fermented squid without skin（240a）
シロナガスクジラ単位，略号 BWU　blue whale unit（34a）
白身　white meat（298a）
白身魚　white-flesh fish（298a）
代（しろ）分け制　lay system（156a）
磁歪振動子　magneto-strictive transducer（164a）
しわ伸ばし　refining treatment of casing film（230a）
仁　nucleolus（pl. nucleoli）（191b）
人為的かく乱　human disturbance（134b）
人為陶汰　artificial selection（20a）
真沿岸帯〔の〕　eulittoral（91a），mesoneritic（172a）
深温凍結　deep freezing（68a）
深海散乱層，略号 DSL　deep scattering layer（68a）
深海底帯　abyssobenthic zone（4a）
深外転筋　abductor profundus（3b）
深海トロール　deep sea trawl（68a）
深海〔の〕　abyssal（4a）

深海波　deep water wave(68a)
心外膜炎　epicarditis(88b)
進化距離　evolutionary distance(91b)
真核細胞　eukaryotic cell(91a)
真核生物　eucaryote(91a)
腎芽腫(しゅ)　nephroblastoma(184b)
進化生態学　evolutionary ecology(91b)
進化的安定状態　evolutionarily stable state(91b)
進化的安定戦略，略号 ESS　evolutionary stable strategy(91b)
腎管《軟体動物の》　metanephridium(172b)
新管理方式，略号 NMP　New Management Procedure(186b)
人魚共通病原体　fish pathogens transmittable to human(103b)
親魚資源　adult stock(8a)
親魚養成　brood stock culture(39a)
心筋　cardiac muscle(43a)
心筋炎　myocarditis(181a)
真菌性肉芽腫(しゅ)症　mycotic granulomatosis(181a)
真菌類　fungi(111b)
真空乾燥　vacuum drying(289a)
真空凍結乾燥　lyophilization(163b), vacuum freeze dry(289a)
真空包装　vacuum packaging(289a)
真空ポンプ　vacuum pump(289b)
真空巻締機　vacuum seamer(289b)
ジンクフィンガーヌクレアーゼ，略号 ZFNs　zinc finger nucleases(301b)
新組合せ　combinatio nova(55b)
神経感覚細胞　neurosensory cell(186a)
神経間棘(きょく)　interneural spine(146a)
神経弓門　neural arch(186a)
神経棘(きょく)　neural spine(186a)
神経-筋接合部　neuromuscular junction(186a)
神経系　nervous system(184b)
神経溝　neural canal(186a)
神経膠細胞　glia cell(119a), neuroglia(186a)
神経細胞　neuron(186a)
神経索　nerve cord(184b)
神経修飾物質　neuromodulator(186a)
神経集網《棘皮動物の》　nervous plexus(184b)
神経上皮層　neuroepithelial layer(186a)
神経頭蓋(がい)　neurocranium(186a)
神経性貝毒　neurotoxic shellfish poison(186b)
神経性(脳)下垂体　neurohypophysis(186a)
神経節　ganglion(113a)
神経節細胞　ganglion cell(113a)
神経線維層　nerve fiber layer(184b)
神経伝達物質　neurotransmitter(186b)
神経突起　neurapophysis(186a)
神経分泌　neurosecretion(186b)
神経ペプチド　neuropeptide(186b)
神経ペプチド Y，略号 NPY　neuropeptide Y(186b)
神経網　nerve plexus(184b)
神経連鎖　commissure(56a)
腎口　nephrostome(184b)
人工衛星　satellite(241b)
人工海水　artificial seawater(20a)
人工海底　artificial sea bottom(20a)
人口学的変動　demographic variability(69a)
人工魚礁　artificial fish reef(20a), artificial fish shelter(20a)
信号刺激　sign stimulus(252b)
人工授精　artificial insemination(20a)
人工生息場　artificial habitats(20a)
真光層　euphotic zone(91a)
人工増殖　artificial propagation(20a)
信号対雑音比，略語 S/N 比　signal to noise ratio(252b)
信号灯　signal lamp(252b)
新口動物　deuterostomes(71b)
進行波　progressive wave(219b)
人工干潟　artificial tideland(20a)

人工放射性核種　artificial radionuclide(20a)
人工面造成　formation of attaching substrate(109a)
人工湧昇流　artificial upwelling(20a)
人工養浜　artificial nourishment(20a)
人工リーフ　broad submerged breakwater(39a)
腎細胞　nephrocyte(184b)
浸漬期間　soaking period(255b)
腎糸球体　glomerulus(119b)
浸漬時間　soaking time(256a)
心室　ventricle(290b)
浸漬凍結　immersion freezing(138b)
浸漬免疫　immersion immunization(138b)
真社会性　eusociality(91a)
新種《分類学の》，略号 sp. nov.　species nova(258b)
真珠　pearl(204b)
侵襲性大腸菌，略号 EIEC　enteroinvasive *Escherichia coli*(86b)
真珠層　nacreous layer(182a)
腎腫大《キンギョ》　kidney enlargement disease(151a)
滲(しん)出性炎　exudative inflammation(93b)
腎小体　renal corpuscle(231b)
唇(しん)状突起《珪藻類の》　rimoportulae(236a)
浸食〔作用〕　erosion(89b)
浸漬ワクチン　immersion vaccine(138b)
真針路　true course(284a)
親水基　hydrophilic group(135b)
親水性　hydrophilicity(135b)
深水波　deep water wave(68a)
真正細菌　eubacteria(91a)
新生産　new production(187a)
真正世代交代　metagenesis(172b)
真正血合筋　true dark muscle(284a)
真性表層性〔の〕　eupelagic(91a)
親生物元素　biophilic element(32a)
心臓　heart(128a)
腎臓　kidney(151a)
心臓球　conus arteriosus(59b)
心臓クドア症　cardial kudoosis(43b)
深層水　deep seawater(68a)
深層帯　abyssopelagic zone(4a)
心臓電位　cardiac potential(43b)
心臓反射　cardiac reflex(43b)
新属《分類学の》，略号 gen. nov.　genus novum(117a)
迅速評価《資源の》　quick assessment(226a)
シンターゼ　lyase(163a), synthase(272a)
靭(じん)帯　ligament(158a)
人体寄生虫　human parasites(134b)
真体腔　deuterocoel(71b)
腎単位　kidney unit(151a), nephron(184b)
人畜共通伝染病　zoonosis(301b)
人畜共通病原体　zoonotic pathogen(301b)
伸張　elongation(84b)
シンテターゼ　synthetase(272a)
心電図，略号 ECG　electrocardiogram(84a)
振動　oscillation(198b)
浸透圧　osmotic pressure(198b), osmolality(198b)
浸透圧調節　osmoregulation(198b)
振動子　transducer(281a)
深度計　depth meter(70b)
深内転筋　adductor profundus(7a)
心内膜炎　endocarditis(85a)
唇(しん)軟骨　labial cartilage(153a)
侵入　invasion(146b)
針入度　penetration degree(205a)
侵入門戸　portal of entry(215b)
侵入溶融　invasional meltdown(146b)
心拍間隔　heart beat interval(128a)
心拍出量　cardiac output(43a)
心拍数　heart beat rate(128a)
真皮　dermis(70b)
真比重　absolute specific gravity(3b)
振幅変調　amplitude modulation(14b)
シンプソンの多様度指数　Simpson's

diversity index(253a)
深部血合筋　deep-seated dark muscle(68a)
シンプレックス法　simplex method(253a)
唇(しん)弁　labial palp(153a)
振鞭体　vibraculum(291b)
唇(しん)弁付属器　palp proboscides(202a)
心房　atrium(22b)
心房性ナトリウム利尿ペプチド，略号 ANP　atrial natriuretic peptide(22a)
心門　ostium(198b)
親油基　lipophilic group(160a)
親油性　lipophilicity(160a)
信用　credit(62b)
信用漁業協同組合連合会，略語信漁連　Credit Federation of Fisheries Cooperative Associations(62b)
信用事業　credit business(62b)
信頼区間　confidence interval(57b)
信頼限界　confidence limit(57b)
信頼領域　confidence region(57b)
針路　course(61b)

水位　sea level(243b)
推移確率　transition probability(281b)
推移確率密度　transition probability density(281b)
推移帯　ecotone(81b)
水温-塩分ダイアグラム　T-S diagram(284b)
水温躍層　thermocline(276a)
水塊　water mass(295a)
垂下式養殖　hanging culture(126a)
垂下式養殖施設　hanging type facilities for culture(126b)
水管　siphon(254a)
水管系　water vascular system(295b)
水銀，元素記号 Hg　mercury(171a)
水銀灯　mercury lamp(171a)
水型(すいけい)　water type(295b)
水圏　hydrosphere(135b)
水溝系　canal system(42a)
水産海洋学　fisheries oceanography(99b)
水産改良普及員　fisheries extension service officer(99a)
水産加工業協同組合　Fish Processors' Cooperative Association(103b)
水産加工品　processed fishery product(219a)
水産業改良普及事業　fishery extension project(100b)
水産業協同組合統計表　Statistics Table of Fisheries Cooperatives(263a)
水産業協同組合法　Fisheries Cooperative Associations Law(99a)
水産業生産指数　index number of fishery production(140b)
水産研修所　fisherman's training center(100a)
水産工学　fisheries engineering(99a)
水産高校　fisheries high school(99a)
水産資源管理　fishery resource management(101a)
水産試験場　fisheries experimental station(99a)
水産資源保護法　Fisheries Resource Protection Act(99b)
水産指導所　fisheries guidance station(99a)
水産庁　Fisheries Agency(98b)
水産動物油　marine animal oil(166b)
水産動物油脂　aquatic animal fat and oil(18b)
水産土木　aquaculture and fishing port engineering(18b)
水産廃棄物　fisheries waste(99b)
水産発酵食品　fermented seafood(96a)
水産物価格指数　fishery products price index(101a)

水産物月間出庫量　quantity of fishery products released per month(225b)
水産物月間入庫量　quantity of fishery products deposited per month(225b)
水産物在庫量　quantity of fishery products deposited(225b)
水産物調整保管事業　project for adjustment storage of fishery product(219b)
水産物統制令　Fishery Products Control Ordinance(101a)
水産物品目別輸入実績総括表　Summary Table of Import Results by Marine Product(268a)
水産物輸出高　fisheries exports(99a)
水産物流通統計年報　Annual Statistics of Fishery Products Marketing(16a)
水産用医薬品　drug registered for fishery use(79a)
水産用石油割当実施要綱　fishing oil allocation implementing outline(102b)
水質　water quality(295a)
水質汚染　water pollution(295a)
水質汚濁指標　pollution index of water quality(214a)
水質汚濁防止法　Water Pollution Control Law(295a)
水質基準　water quality standard(295a)
水質保全　water quality conservation(295a)
水腫(しゅ)　hydropsy(135b)
水準測量　leveling(157b)
水準標石　bench mark(29b)
髄鞘(しょう)　marrow sheath(168a)
水蒸気蒸留　steam distillation(263a)
水晶錐体　crystalline cone(64a)
水晶体　lens(157a)
水色　water color(294b)
推進係数　propulsive coefficient(221a)
水深図　bathymetric map(28b)
水深水温計，略号 BT　bathythermograph(28b)
水生シダ　aquatic fern(18b)

水生植物　aquatic plant(19a)
水生真菌　aquatic fungus(18b)
水生微生物　aquatic microorganism(18b)
水洗　washing(294b)
膵臓　pancreas(202a)
髄層　medulla(170b)
吹送距離　fetch(96b)
吹送流　wind-driven current(298b)
水素価　hydrogen value(135a)
推測位置《船の》　dead reckoning position(67b)
水素〔細〕菌　hydrogen bacterium(135a)
水素添加　hydrogenation(135a)
水素添加油　hardened oil(127a), hydrogenated oil(135a)
錐体　cone(57b)
水中音圧計　underwater sound level meter(287b)
水中コンクリート　underwater concrete(287b)
水中照度　underwater irradiance(287b)
水中スピーカー　underwater speaker(287b)
水中微生物　aquatic microorganism(18b)
垂直感染　vertical transmission(291a)
垂直鰭(き)　vertical fin(291a)
垂直分布　vertical distribution(290b)
推定　estimation(90b)
推定位置《船の》　estimated position(90b)
推定核《統計》　kernel(151a)
推定誤差　estimation error(90b)
推定 - 最大化アルゴリズム，略語 EM アルゴリズム　estimation-maximization algorithm(90b)
推定値　estimate(90b)
推定量　estimator(90b)
水田養殖　paddy field aquaculture(201b)
膵島　islet of Langerhans(147b), pancreatic islet(202a)
水道　channel(47b)
水難救済　marine accident relief(166a)
髄脳　myelencephalon(181a)

水表生〔の〕	epipelic(88b)
水表生物	neuston(186b)
水氷貯蔵	storage in ice-water(265a)
水夫長	boatswain(34a)
水分活性, 略号 a_w	water activity(294b)
水分収着等温線	moisture sorption isotherm(177a)
水平隔壁	horizontal septum(134a)
水平感染	horizontal transmission(134a)
水平鰭(き)	horizontal fin(133a)
水平混合	horizontal mixing(133a)
水平細胞	horizontal cell(133a)
水平線	horizon(133a)
水平対向型機関	opposed cylinder engine(196b)
水平曳き	horizontal tow(134a)
水平分布	horizontal distribution(133a)
髄膜炎	meningitis(171a)
〔水面〕漁業権, 略号 TURF	Territorial Use Rights in Fisheries(274b)
水文学	hydrology(135b)
水溶性タンパク質	water-soluble protein(295b)
膵リパーゼ	pancreatic lipase(202a)
水理模型実験	hydraulic model experiment(135a)
水路誌	sailing directions(239a)
水路通報	notice to mariners(191a)
水和	hydration(135a)
水和水	bound water(36b)
スウェル	swell(271a)
数値分類法《微生物の》	numerical taxonomy(192a)
スーパーオキシド	superoxide(268b)
スーパーオキシドディスムターゼ, 略号 SOD	superoxide dismutase(268b)
スーパーオキシドラジカル	superoxide radical(268b)
スーパーチリング	super chilling(268a)
スーパーバイザー	supervisor(268b)
スーパーマーケット	super market(268b)
数理統計学	mathematical statistics(168b)
頭蓋(がい)骨	cranial bone(62a)
頭蓋(がい)骨基底	base of skull(28a)
頭蓋(がい)軟骨	cranial cartilage(62a)
スカジー, 略号 SCSI	small computer system interface(255a)
スカベンジャー	scavenger(242b)
結(す)き下し方向	run(238b)
スキタリジウム	Scytalidium(243b)
スキップ産卵	skipped spawning(254b)
スキフ	seine skiff(246a)
抄き身たら	salted and dried cod fillet(239b)
スキャニングソナー	scanning sonar(242b)
スキャフォールド	scaffold(242a)
スキューバ, 略号 SCUBA(スキューバ)	self-contained underwater breathing apparatus(246b)
スキューバダイビング	scuba diving(243a)
スクアラン	squalane(261a)
スクアレン	squalene(261a)
抄(すく)い網	dip net(73b), scoop net(243a), skimming net(254a)
スクーチカ繊毛虫症	scuticociliatosis(243b)
スクエア	square(261b)
スケレトネマ	Skeletonema(254a)
スコア	score(243a)
すじこ(筋子)	salted whole ovary of salmon(240b)
筋縄	fishing line(102b)
酢じめゲル	acid-induced gel(5a)
裾網	skirt(254b)
簀建〔て〕	bamboo screen pound(27a)
スタニウス小体	corpuscles of Stannius(61a)
スタニオカルシン	stanniocalcin(262a)
スタフィロコッカス	Staphylococcus(262b)
図単位	map unit(166a)
スチームペレット	steam pellet(263a)
〔スチューデントの〕t分布《確率》	〔Student's〕t-distribution(266b)
酢漬〔け〕	pickling in vinegar(211a)

ステアリン酸，略号18:0　stearic acid（263b）
捨石　rubble（238b）
捨石工　riprap work（236a）
捨石防波堤　rubble-mound breakwater（238b）
スティックウオーター　stick water（264b）
捨て縄　end rope（86a）
ステロイド　steroid（264a）
ステロイド産生急性調節タンパク質，略号StAR　steroidogenic acute regulatory protein（264a）
ステロイド代謝酵素　steroid-metabolizing enzyme（264a）
ステロール　sterol（264a）
ストラドリング魚類資源　straddling fish stock（265b）
ストラバイト　struvite（266b）
ストランド　strand（265b）
ストリッパー　stripper（266a）
ストレス　stress（266a）
ストレス応答　stress response（266a）
ストレスタンパク質　stress protein（266a）
ストレス病　stress disease（266a）
ストロマ　stroma（266a）
ストロマトライト　stromatolite（266b）
ストロンビン　strombine（266b）
スナップ　snap（255b）
スニーカー　sneaker（255b）
スピアマンの順位相関係数　Spearman rank correlation coefficient（258a）
スピニングリール　spinning reel（260a）
スフィンゴ脂質　sphingolipid（259b）
スフィンゴシン　sphingosine（259b）
スフィンゴ糖脂質　sphingoglycolipid（259b）
スフィンゴミエリン　sphingomyelin（259b）
スフィンゴリン脂質　sphingophospholipid（259b）
スプーン《擬餌針》　spoon（260b）
スプリアス　sprious（261a）
スプリットビーム法　split-beam method（260a）
スプリンガー　springer（261a）
スペクトラム拡散変調　spread spectrum modulation（261a）
スペクトル　spectrum（259a）
スペクトル分布　spectral distribution（259a）
スペルミジン　spermidine（259b）
スペルミン　spermine（259b）
スポーツフィッシング　sport fishing（261a）
スポーツフィッシングボート　sport fishing boat（261a）
素干し品　simple-dried product（253a）
素干しわかめ　dried wakame（79a）
ズボン式網　trouser trawl（284a）
スポンジ肉　spongy meat（260b）
墨（すみ）　ink（143a）
すみつき　colonization（55a）
すみ場所選択　habitat selection（125b）
すみわけ　habitat segregation（125b），segregation（245b）
スモルト　smolt（255b）
スモルト化　smoltification（255b）
素焼〔き〕壺《タコ用》　clay pot（51b）
スラスト馬力　shrust horse power（252a）
スラブゲル電気泳動〔法〕　slab gel electrophoresis（254b）
スラリー　slurry（255a）
スラリーアイス　slurry ice（255a）
ずり　creep（62b）
スリーピース缶　three-piece can（276b）
ずり応力　shear stress（250a）
刷り込み　imprinting（139a）
スリップウェイ　slip way（255a）
ずり変形　shear compliance（250a）
すり身　surimi（269b）
スルガトキシン　surugatoxin（270a）
するめ　dried squid（79a）
すれ　exocoriation（92a）
摺（す）れ当て　chafer（47b）
坐り　setting of fish〔meat〕paste（248b），suwari（271b）

せ

ゼアキサンチン zeaxanthin(301a)
背網 bating(28b)
生育場 nursery ground(192a)
精液 semen(247a), seminal fluid(247a)
静穏度 calmness(41b)
生化学 biochemistry(31a)
精核 male pronucleus(165a)
正確さ accuracy(4b)
生活環 life cycle(158a)
生活史 life history(158a)
生活史戦略 life history strategy(158a)
生活史多型 life history polymorphism(158a)
生活史段階構成個体群モデル stage-structured population model(261b)
生活史末産卵 terminal spawner(274b)
生活年周期 annual life cycle(16a)
生活廃水 domestic waste water(76b)
西岸強化 westward intensification(297a)
西岸境界流 western boundary current(297a)
西岸強化流 western boundary current(297a)
正規近似 normal approximation(190a)
正規分布《確率》 normal distribution(190a)
正規方程式 normal equation(190a)
正逆交雑 reciprocal crossing(228b)
正逆雑種 reciprocal hybrid(228b)
成魚 adult fish(8a)
生協スーパー co-op supermarket(60b)
静菌作用 bacteriostasis(26b)
生〔細〕菌数 viable〔cell〕count(291a)
生菌数 viable count(291a)
性決定 sex determination(249b)
制限エンドヌクレアーゼ restriction endonuclease(233a)
制限給餌 restriction feeding(233a)
制限酵素 restriction enzyme(233a)
制限酵素断片長多型, 略号 RFLP restriction fragment length polymorphisms(233a)
精原細胞 spermatogonium (pl. spernatogonia)(259b)
生合成 biosynthesis(32a)
精細胞 spermatid(259a)
生残 survival(270a)
生残過程 survival process(270a)
生残魚 survivor(270a)
生残曲線 survival curve(270a)
生残菌曲線 survivor curve(270b)
生産性 productivity(219a)
生産層 production layer(219a)
生産速度 production rate(219a)
生残率 survival rate(270a)
生産〔量〕 production(219a)
精子 sperm(259a)
精子依存性単為生殖 sperm dependent parthenogenesis(259b)
静止衛星 geosynchronous satellite(117b)
精子完成 spermiogenesis(259b)
静止気象衛星, 略号 GMS geostationary meteorological satellite(117b)
精子競争 sperm competition(259b)
精子形成 spermatogenesis(259b)
精子体胞子 androspore(15b)
精子体胞子囊(のう) androsporangium(15b)
成実葉 sporophyll(260b)
静止電位 resting potential(233a)
静止膜電位 resting potential(233a)
成熟分裂 maturation division(169a)
正準相関分析 canonical correlation analysis(42a)
清浄機 clarifier(51a)
星状神経節 stellate ganglion(263b)
星状石 asteriscus(21a)

星状葉緑体　stellate chloroplast(263b)
生殖器床　receptacle(228a)
生殖脚　gonopodium(122a)
生殖系列伝達　germ line transmission(117b)
生殖個虫　gonozooid(122a)
生殖細胞系列　germ line(117b)
生殖細胞バンク　germ cell bank(117b)
生殖周期　reproductive cycle(232a)
生食食物連鎖　grazing food chain(123a)
生殖腺　gonad(121b)
生殖腺刺激ホルモン, 略号 GTH　gonadotropic hormone(121b)
生殖腺刺激ホルモン放出ホルモン, 略号 GnRH　gonadotropin-releasing hormone(121b)
生殖腺刺激ホルモン放出抑制ホルモン, 略号 GnIH　gonadotropin release inhibiting hormone(121b)
生殖腺線虫症　gonad nematodosis(121b)
生殖腺体指数, 略号 GSI　gonad-somatic index(121b)
生殖巣　conceptacle(57a)
生殖体包　gonotheca(122a)
生殖の隔離　reproductive isolation(232a)
生殖突起　genital papilla(116b)
生食連鎖　grazing food chain(123a)
静振　seiche(246a)
精製試験飼料　purified test diet(223b)
性成熟　sexual mature(249b)
性成熟年齢　age at maturity(9a)
精製油　refined oil(230a)
生鮮魚介類　fresh fishery products(110a)
性染色体　sex chromosome(249a)
生鮮な　fresh(110a)
成層　stratification(265b)
精巣　testis(275a)
精巣決定因子, 略号 TDF　testis determinating factor(275a)
成層圏　stratosphere(265b)
性操作　sex manipulation(249b)
正則境界　regular boundary(231a)

生息地損失　habitat loss(125b)
生息地適合度指数, 略号 HSI　Habitat Suitability Index(125b)
生息地モデル　habitat model(125b)
生息地劣化　habitat degradation(125b)
生息場所　habitat(125b)
生存曲線　survival curve(270a)
生存〔目的〕漁業　subsistence fishery(267a)
生体アミン　biogenic amine(31a)
生体異物　xenobiotics(300a)
生態学的地位　niche(187a)
生態学的ピラミッド　ecological pyramid(81b)
生態環境　ecological environment(81a)
生態系　ecosystem(81b)
生態系過程　ecosystem process(81b)
生態系管理　ecosystem management(81b)
生態系機能　ecosystem function(81b)
生態系サービス　ecosystem service(81b)
生態系に基づく漁業管理, 略号 EBFM　ecosystem-based fisheries management(81b)
生態系モデル　ecosystem model(81b)
生態工学　ecotechnology(81b)
生態効率　ecological efficiency(81a), transfer efficiency(281a)
生態遷移　succession(267b)
生態的解放　ecological release(81b)
生体内蛍光　in vivo fluorescence(147a)
生体防御機構　defense mechanism(68a)
生体リズム　biological rhythm(31b)
整反(たん)　net stacking(185b)
正中線　median axis(170a)
正中隆起　median eminence(170a)
成長因子　growth factor(124a)
成長曲線　growth curve(124a)
成長係数　growth coefficient(124a)
成長生残モデル　dynamic pool model(80a)
成長線　growth line(124a)
成長選択的な死亡　growth selective mortality(124a)

成長帯　growth zone(*124a*)
成長ホルモン，略号 GH　growth hormone(*124a*)
成長ホルモン放出ホルモン，略号 GHRH　growth hormone-releasing hormone(*124a*)
成長乱獲　growth overfishing(*124a*)
成長率　growth rate(*124a*)
星椎性脊椎　asterospondylous vertebra(*21a*)
静的 MEY　static MEY(*262b*)
性的二型　sexual dimorphism(*249b*)
性転換　sex reversal(*249b*)
静電容量　capacitance(*42a*)
精度　precision(*217a*)
性統御　sex control(*249a*)
制動筋　catch muscle(*45a*)
性淘汰　sexual selection(*250a*)
制動馬力　brake horse power(*37a*)
制度金融　government supporting loan(*122a*)
生得的解発機構《行動の》　innate releasing mechanism(*143a*)
生得的行動　innate behavior(*143a*)
性能評価尺度　performance measure(*206a*)
正のフィードバック　positive feedback(*215b*)
性比　sex ratio(*249b*)
正尾　homocercal tail(*132b*)
税引漁業所得　fishery income excluding taxes(*100b*)
製氷施設　ice making plant(*137b*)
性フェロモン　sex pheromone(*249b*)
西部及び中部太平洋における高度回遊性魚類資源の保存及び管理に関する条約　Convention for the Conservation and Management of Highly Migratory Fish Stocks in the Western and Central Pacific Ocean(*59b*)
生物エネルギーモデル　bioenergetics model(*31a*)
生物価　biological value(*32a*)
生〔物〕化学的酸素要求量，略号 BOD　biochemical oxygen demand(*31a*)

生物拡散　biodiffusion(*31a*)
生物学的緩衝作用　biological buffer function(*31b*)
生物学的管理基準，略号 BRP　biological reference point(*31b*)
生物学的許容漁獲量，略号 ABC　acceptable biological catch(*4a*), allowable biological catch(*12b*)
生物学的最小形　biological minimum size(*31b*)
生物学的酸素要求量，略号 BOD　biological oxygen demand(*31b*)
生物学的半減期　biological half-life(*31b*)
生物学的封じ込め　biological containment(*31b*)
生物学的捕獲可能量，略号 PBR　potential biological removal(*216a*)
生物学的零度　biological point zero(*31b*)
生物かく乱　bioturbation(*32b*)
生物型　biotype(*32b*)
生物季節学　phenology(*207b*)
〔生物〕群集　biotic community(*32a*)
生物経済学　bioeconomics(*31a*)
生物経済モデル　bioeconomic model(*31a*)
生物圏　biosphere(*32a*)
生物工学　biotechnology(*32a*)
生物指標　biological indicator(*31b*)
生物生産　biological production(*31b*)
生物相　biota(*32a*)
生物測定学　biometrics(*32a*)
生物多様性　biodiversity(*31a*)
生物多様性及び生態系サービスに関する政府間プラットフォーム，略号 IPBES　Intergovernmental Science-Policy Platform on Biodiversity and Ecosystem Services(*144b*)
生物多様性条約，略号 CBD　Convention on Biological Diversity(*59b*)
生物地球化学的循環　biogeochemical cycle(*31a*)
生物抵抗　biotic resistance(*32b*)

生物的環境	biotic environment (32b)
生物的環境浄化	bioremediation (32a)
生物時計	biological clock (31b)
生物濃縮	bioconcentration (31a)
生物農薬	biotic pesticide (32b)
生物発光	bioluminescence (32a)
生物〔的〕分解性	biodegradability (31a)
生物保全性	biotic integrity (32b)
生物ポンプ	biological pump (31b)
生物膜	biofilm (31a)
生物輸送	biological transport (31b)
生物リズム	biological rhythm (31b)
生物量	biomass (32a)
生物濾過	biofiltration (31a)
性分化	sex differentiation (249b)
成分ワクチン	fragment vaccine (109b)
性別判定	sexing (249b)
青変	blue discoloration (34a)
精包	spermatophore (259b)
精母細胞	spermatocyte (259a)
性ホルモン	sex hormone (249b)
生命表	life table (158a)
生理的必要量	nutritional requirement (192b), physiological requirement (210b)
整流子電動機	commutator motor (56a)
盛漁期	major fishing season (164b)
政令	government ordinance (122a)
世界気象機関，略号 WMO	World Meteorological Organization (299b)
世界時	universal time (288a)
世界自然保護基金，略号 WWF	World Wide Fund For Nature (299b)
世界静止気象衛星網	world geostational meteorological satellites networks (299b)
世界動物保健機関	World Organization for Animal Health (299b)
世界保健機関，略号 WHO	World Health Organization (299b)
赤緯	declination (68a)
赤外線	infrared ray (142b)
赤外線画像	infrared imagery (142b)
赤外放射計	infrared radiometer (142b)
赤芽球分化誘導因子	activin (6a)
石管	stone canal (265a)
潟(せき)湖	lagoon (154a)
脊索	notochord (191a)
脊索白化症	notochord leukopathy (191a)
積算温度	cumulative temperature (64b)
積算水温	accumulated water temperature (4b)
赤〔色〕筋	red muscle (229b)
脊髄	spinal cord (260a)
脊髄神経	spinal nerve (260a)
脊髄破壊	breaking spinal cord (38a), spiking (260a)
赤腺	red gland (229b)
脊柱	vertebral column (290b)
脊椎	vertebra (pl. vertebrae) (290b)
脊椎側湾症	scoliosis (243a)
脊椎骨数	number of vertebrae (192a)
脊椎前湾症	lordsis (162a)
脊椎動物	vertebrate (290b)
脊椎の	vertebral (290b)
脊椎変形症	vertebral deformity (290b)
脊椎湾曲症	vertebral curvature (290b)
赤点病	red spot disease (230a)
赤道収束線	Equatorial convergence (89a)
赤道前線	Equatorial front (89a)
赤道潜流	Equatorial Undercurrent (89a)
赤道反流	Equatorial Countercurrent (89a)
責任ある漁業のための行動規範	Code of Conduct for Responsible Fisheries (53b)
赤斑病	red disease (229b)
積分時間	integration time (144a)
積分周期	integration period (144a)
積分層	integration layer (144a)
赤変《肉の》	red coloration (229b)
赤変	red discoloration (229b)
セクタースキャニングソナー	sector-scanning sonar (245b)
セクレチン	secretin (245b)
背こけ病	sekoke disease (246a)

セストン　seston(*248b*)
世代　generation(*115b*)
世代時間　generation time(*115b*)
世代促進　accelerated generation(*4a*)
節《分類学の》，略号 sec.　section(*245b*)
舌咽神経　glossopharyngeal nerve(*119b*)
絶縁型増幅器　isolation amplifier(*148a*)
石灰化　calcification(*41a*)
石灰紅藻　coralline red alga(*60b*)
石灰質骨片　calcareous spicule(*41a*)
石灰藻　coralline alga(*60b*)
切開法　surgical method(*269b*)
舌顎骨　hyomandibular bone(*136a*)
舌顎軟骨　hyomandibular cartilage(*136a*)
節間　internode(*146a*)
セッキー板　Secchi disc(*244b*)
舌弓　hyoid arch(*136a*)
赤経　right ascension(*235b*)
設計荷重　design load(*70b*)
設計条件　design condition(*70b*)
設計波　design wave(*70b*)
赤血球，略号 RBC　red blood cell(*229b*)
赤血球凝集試験　hemagglutination test(*128b*)
赤血球封入体症候群，略号 EIBS　erythrocyte inclusion body syndrome(*89b*)
接合　conjugation(*57b*)
接合子　zygote(*302a*)
接合糸複合体　synaptonemal complex(*271b*)
接合体　zygote(*302a*)
接合胞子　zygospore(*301b*)
切歯《鰭脚類の》　incisor(*140a*)
摂餌強度　feeding strength(*95b*)
摂餌行動　feeding behavior(*95b*)
摂餌促進物質　feeding stimulant(*95b*)
摂餌頻度　feeding frequency(*95b*)
摂餌誘因物質　feeding attractant(*95b*)
摂取栄養依存型産卵魚　income breeder(*140a*)
摂取量　uptake(*288b*)

絶食　fasting(*94b*)
接触受容器　contact receptor(*58b*)
接触凍結　contact freezing(*58b*)
舌接型　hyostylic type(*136a*)
節線　nodal line(*188b*)
せっそう病　furunculosis(*112a*)
接続骨　symplectic bone(*271b*)
接続水域　contiguous zone(*59a*)
絶対成長　absolute growth(*3b*)
絶対測定　absolute measurement(*3b*)
接着性タンパク質　adhesive protein(*7b*)
Z 線　Z-line(*301b*)
Z 染色体　Z-chromosome(*301a*)
Z 値　Z value(*301b*)
舌軟骨　lingual cartilage(*159b*)
絶滅，略号 EX　extinct(*93a*)
絶滅　extinction(*93a*)
絶滅確率　probability of extinction(*218b*)
絶滅危惧　threatened(*276b*)
絶滅危惧 IA，略号 CR　critically endangered(*63a*)
絶滅危惧 IB，略号 EN　endangered(*85a*)
絶滅危惧種　endangered species(*85a*)，threatened species(*276b*)
絶滅危惧 II，略号 VU　vulnerable(*294a*)
絶滅曲線　extinction curve(*93a*)
絶滅種　extinct species(*93a*)
絶滅の恐れのある野生動植物の種の国際取引に関する条約，略号 CITES(サイテス)　Convention on International Trade in Endangered Species of Wild Fauna and Flora(*60a*)
セディメントトラップ　sediment trap(*245b*)
瀬戸内海環境保全特別措置法　Law concerning Special Measures for Conservation of the Environment of the Seto Inland Sea(*155b*)
瀬縄　buoy line(*40a*)
施肥　fertilization(*96b*)
施肥養魚　fish culture by fertilization(*98a*)
施肥養殖　fertilizer based aquaculture(*96b*)

背開き　dorsal splitting(77b)
セファラカンサ幼生　cephalacantha larva(47a)
セボレア　seborrhea(244b)
セミドレス　semi-dressed fish(247a)
セメント腺　cement gland(46b)
ゼラチン　gelatin〔e〕(114b)
ゼラチン化　gelatinization(114b)
ゼラチン分解　gelatinolysis(114b)
セラミド　ceramide(47a)
せり取引き　auction(22b)
せり人　auctioneer(22b)
セリン，略号 Ser，S　serine(248a)
セリンプロテアーゼ　serine protease(248a)
セルトリ細胞　Sertoli cell(248a)
セルラーゼ　cellulase(46a)
セルロース　cellulose(46b)
セルロース分解酵素　cellulase(46a)
セレウス菌　Bacillus cereus(25b)
SELECT(セレクト)モデル　SELECT model(246b)
セレブロシド　cerebroside(47a)
セロイド　ceroid(47a)
セロトニン　serotonin(248a)
筌(せん)　basket(28b), basket trap(28b), trap(282a), tubular trap(285a)
腺　gland(119a)
船位　ship's position(251a)
遷移　succession(267b)
前胃　forestomach(108b)
線維芽細胞　fibroblast(96b)
線維腫(しゅ)　fibroma(97a)
線維性タンパク質　fibrous protein(97a)
繊維素　cellulose(46b)
線維素　fibrin(96b)
線維素原　fibrinogen(96b)
線維素性炎　fibrinous inflammation(96b)
線維板層　fibrillary layer(96b)
船員衛生　health of crew(128a)
船員災害　work accident on board(299b)
船員職業安定所　public employment security office for seamen(223a)
船員職業安定法　Seaman's Employment Security Act(244a)
船員手帳　seaman's pocket ledger(244a)
船員法　Seaman's Law(244a)
船員保険　seaman's insurance(244a)
船員労働委員会　Labor Relations Commission for Seafarers(153b)
船員労務官　mariners' labor inspector(167a)
全雄集団　all male population(12a)
船外機〔関〕　outboard engine(199a)
浅外転筋　abductor superficialis(3b)
旋回病《サケ科魚》　whirling disease(297b)
前核　pronucleus(220a)
前額骨　prefrontal bone(217a)
船間較正　intership calibration(146a)
前眼部　preocular(217b)
船級協会　Classification Society(51b)
前臼歯　premolar(217b)
専業漁家　full-time fishery household(111b)
全きょうだい　full sibs(111b)
全菌数　total bacterial count(279b)
漸近的正規性《統計》　asymptotic normality(21b)
漸近的有効性《統計》　asymptotic efficiency(21a)
漸近理論《統計》　asymptotic theory(21b)
洗堀　scour(243a)
線形計画法　linear programming(159a)
線形推定量《統計》　linear estimator(159a)
全ゲノムシーケンス　whole-genome sequencing(298a)
全減少係数　total mortality coefficient(280a)
穿(せん)孔　perforation(206a)
潜航索具　downrigger(78a)
前向錐(すい)　anterior cone(16b)
前口動物　protostome(222a)
潜航板　depressor(70a), diving board(76a), planer(211b)
潜行板　depressor(70a)
前口葉　prostomium(221a)

全国海水養魚協会　Association of Marine Fish Culture(*21a*)
全国漁業協同組合連合会，略語全漁連　National Federation of Fisheries Cooperative Associations(*182b*)
全国漁港協会　All Japan Fishing Ports Association(*12a*)
全国漁船労働組合同盟　All Japan Confederation of Fishermen's Union(*12a*)
全国内水面漁業協同組合連合会，略語全内漁連　National Federation of Inland Water Fisheries Cooperatives(*182b*)
全国遊漁船協会　Japan Recreational Fishing Boat Association(*149b*)
前根　ventral root(*290b*)
センサ　sensor(*247b*)
全鰓(さい)　holobranch(*132a*)
前鰓蓋(さいがい)骨　preopercle bone(*217b*)
前鰓蓋(さいがい)骨棘(きょく)　preopercular spine(*217b*)
潜在資源　potential stock(*216a*)
腺細胞　gland cell(*119a*)
潜在孕(よう)卵数　potential fecundity(*216a*)
前肢　fore-leg(*108b*)
前篩(し)骨　preethmoid(*217a*)
前趾(し)骨　propterygium(*220b*)
前耳骨　prootic bone(*220b*)
全脂質　total lipid(*279b*)
全死亡係数　total mortality coefficient(*280a*)
先住効果　effect of prior residence(*83b*)
前主静脈　anterior cardinal vein(*16b*)
前上顎骨　premaxillary bone(*217a*)
前上顎骨-篩(し)骨-鋤(じょ)骨板　premaxillo-ethmo-vomerine-plate(*217b*)
前上顎骨柄(へい)状突起　premaxillary pedicel(*217b*)
線状鰭(き)条　actinotrichia(*5b*)
染色質　chromatin(*50a*)

染色体　chromosome(*50a*)
染色体異常　chromosome aberration(*50a*)
染色体工学　chromosome engineering(*50a*)
染色体削減　chromosome elimination(*50a*)
染色体操作　chromosome manipulation(*50a*)
染色体多型　chromosome polymorphism(*50a*)
染色体胞　karyomere(*150b*)
染色体放出　chromosome elimination(*50a*)
染色分体　chromatid(*50a*)
前鋤(じょ)骨　prevomer(*218a*)
前鋤(じょ)骨《魚類の》　vomer(*293b*)
前腎　pronephros(*220a*)
漸深海底帯　bathybenthic zone(*28b*)
全身感染　generalized infection(*115b*)
漸深層帯　bathypelagic zone(*28b*)
潜水器　diving apparatus(*76a*)
潜水漁業　diving fisheries(*76a*)
潜水士　diver(*75b*)
浅水波　shallow-water wave(*250a*)
腺性下垂体　adenohypophysis(*7a*)
全世界海上遭難安全システム，略号GMDSS　Global Maritime Distress and Safety System(*119a*)
全世界海洋情報サービスシステム，略号IGOSS　integrated global ocean service system(*144a*)
全世界測位システム，略号GPS　global positioning system(*119a*)
前節　propodus(*220b*)
全接型〔の〕　autostylic(*24a*)
前線　front(*110b*)
前線渦　frontal eddy(*110b*)
船体効率　hull efficiency(*134b*)
選択　selection(*246a*)
選択係数　selection factor(*246a*)
選択交配　assortative mating(*21a*)
選択差　selection differential(*246a*)
選択スパン　selection span(*246b*)
選択性　selectivity(*246b*)

選択性曲線　selection curve（246a）
選択性曲線《S字型の》　selection ogive（246a）
選択毒性　selective toxicity（246b）
選択の限界　selection plateau（246b）
選択培地　selecting medium（246a）
選択反応　selection response（246b）
選択率　selection probability（246b）
選択レンジ　selection range（246b）
剪（せん）断応力　shear stress（250a）
前担鰭（き）軟骨　propterygium（220b）
剪（せん）断変形　shear compliance（250a）
全窒素　total nitrogen（280a）
船長　captain（42b），skipper（254b）
全長　total length（279b）
漸長緯度航法　mercator sailing（171a）
潜堤　submerged breakwater（267a）
前庭器　labyrinth（153b）
船底勾配　dead rise（67b）
船底塗料　ship bottom coat（251a）
鮮度　freshness（110a）
前頭交接器　frontal clusper（110b）
前頭骨　frontal bone（110b）
前頭骨棘（きょく）　frontal spine（110b）
尖（せん）頭状　caspidated（44b）
前頭部　forehead（108b）
前渡金　advance money（8a）
鮮度指標　freshness index（110a）
鮮度判定法　freshness assessing method（110a）
船内外機〔関〕　inboard-outdrive engine（139b）
船内機〔関〕　inboard engine（139b）
船内時　ship's time（251a）
浅内転筋　adductor superficialis（7a）
全日本海員組合　All Japan Seamen's Union（12a）
前年比　previous year comparison（218a）
前脳　prosencephalon（221a）
前背鰭（き）骨　predorsal bone（217a）
浅背側屈筋　flexor dorsalis superior（105b）

船舶　vessel（291a）
船舶安全法　Ship's Safety Law（251a）
船舶検査証書　certificate of ship's survey（47a）
船舶国籍証書　certificate of ship's nationality（47a）
船舶職員　ship's officer（251a）
選抜育種　selective breeding（246b）
選抜強度　selection intensity（246b）
船尾管　stern tube（264a）
船尾管軸封装置　stern tube sealing（264a）
前尾椎骨　precaudal vertebra（216b）
船尾トロール　stern trawl（264a）
船尾トロール船　stern trawler（264a）
前尾部〔の〕　precaudal（216b）
潜伏感染　latent infection（155a）
前腹鰭（き）交接器　prepelvic clasper（217b）
全米熱帯まぐろ類委員会，略号 IATTC　Inter-American Tropical Tuna Commission（144b）
全米熱帯まぐろ類委員会の設置に関するアメリカ合衆国とコスタ・リカ共和国との間の条約，略号 IATTC　Convention between the United States of America and the Republic of Costa Rica for the Establishment of an Inter-American Tropical Tuna Commission（59b）
選別器　grader（122b）
全変動　total sum of squares（280a）
前鞭毛　anterior flagellum（17a）
全雌三倍体　all female triploid（12a）
全雌集団　all female population（12a）
繊毛　cilium (pl. cilia)（50b）
線毛　pilus (pl. pili)（211a）
繊毛環　corona（61a）
繊毛虫類　Ciliophora（50b）
専門食者　specialist（258a）
全有機〔態〕窒素　total organic nitrogen（280a）
占有使用権　exclusive right to use（92a）
専用漁業権　exclusive fishery right（92a）

前葉主部　proximal pars distalis(*222a*)
前葉端部　rostral pars distalis(*237b*)
潜流　undercurrent(*287a*)
全リン　total phosphorus(*280a*)
前腕融合　Robertsonian translocation(*237a*)

相　phase(*207a*)
層　stratum(*265b*)
総エネルギー　gross energy(*123b*)
層化　stratification(*265b*)
相加遺伝分散　additive genetic variance(*7a*)
掃海面積　sweeping area(*271a*)
造果器　carpogonium(*44a*)
造果枝　carpogonial branch(*44a*)
走化性　chemotaxis(*48b*)
走化性因子　chemotactic factor(*48b*)
層化標本抽出　stratified sampling(*265b*)
掃過面積　swept area(*271a*)
相関　correlation(*61a*)
相関係数　correlation coefficient(*61a*)
総観図　synoptic chart(*272a*)
層間分散　between strata variance(*30a*)
総基礎生産　gross production(*123b*)
操機長　number one oiler(*192a*)
操業海区　operating area(*196a*)
操業日数　operation days(*196a*)
双極細胞　bipolar cell(*32b*)
双曲線　hyperbolic line(*136a*)
双曲線航法　hyperbolic navigation system(*136a*)
双極〔の〕　bipolar(*32b*)
総菌数　total bacterial count(*279b*)
総合商社　general trading company(*115b*)
総合スーパー　general merchandise store(*115b*)
走光性　phototaxis(*209b*)

藻紅素　phycoerythrin(*210a*)
相互作用　interaction(*144a*)
走査型電子顕微鏡，略号 SEM　scanning electron microscope(*242a*)
創始者効果　founder effect(*109a*)
走磁性　magnetotaxis(*164a*)
走磁性〔細〕菌　magnetotactic bacterium(*164a*)
桑(そう)実胚　morula(*178b*)
総資本回転率　turnover ratio of total liabilities and net worth(*285b*)
総資本利益率　profit rate of total liabilities and net worth(*219b*)
増重率　percent gain(*206a*)
早熟〔性〕　precocity(*217a*)
総主静脈　Cuvierian duct(*65a*)
送受波器　projector and hydrophone(*219b*)
相乗剤　synergist(*271b*)
増殖　stock enhancement(*264b*)
増殖因子《細胞の》　growth factor(*124a*)
増殖義務　obligation of propagation(*192b*)
増殖曲線　growth curve(*124a*)
増殖場造成　reclamation of fish enhancement ground(*228b*)
増殖性炎　proliferative inflammation(*220a*)
増殖性腎臓病《サケ科魚類》　proliferative kidney disease(*220a*)
草食性〔の〕　herbivorous(*129b*)
増殖速度　growth rate(*124a*)
草食動物　herbivore(*129b*)
送信機　transmitter(*281b*)
双錐(すい)体　twin cone(*285b*)
走性　taxis(*273b*)
増生　hyperplasia(*136b*)
造精器　antheridium(*17a*)
総生産額　total production value(*280a*)
総生産量　total production(*280a*)
早成〔性〕　precocity(*217a*)
藻青素　phycocyanin(*210a*)
総成長効率　transfer efficiency(*281a*)
藻体　thallus (*pl.* thalli)(*275b*)

相対渦度　relative vorticity (*231b*)	層流境界層　laminar boundary layer (*154a*)
相対漁獲強度　relative fishing intensity (*231a*)	走流性　rheotaxis (*234b*)
相対漁獲性能　relative fishing power (*231b*)	総量規制　total load control (*279b*)
相対資源量　relative abundance (*231a*)	藻類　algae (*11a*)
相対重要度指数　index of relative importance (*140b*)	藻類学　algology (*11a*)
相対照度　relative light intensity (*231b*)	藻類生産潜在能力試験，略語 AGP テスト　algal growth potential test (*11a*)
相対成長　relative growth (*231b*)	藻類増殖　algal bloom (*11a*)
相対選択性　relative selectivity (*231b*)	藻類多糖　algal polysaccharide (*11a*)
増大胞子　auxospore (*24b*)	ゾエア〔幼生〕　zoea (*301b*)
相対孕(よう)卵数　relative fecundity (*231a*)	添え綱　bolch line (*35a*), bolsh line (*35a*), hanging line (*126a*)
操舵手　quartermaster (*225b*)	阻害剤　inhibitor (*142b*)
走地性　geotaxis (*117b*)	遡(そ)河回遊　upstream migration (*288b*)
相の多型　phase polymorphism (*207b*)	遡(そ)河性回遊魚　anadromous fish (*14b*)
相同性　homology (*132b*)	遡(そ)河性魚類資源　anadromous fish stock (*14b*)
双胴船　catamaran (*44b*)	
相同染色体　homologous chromosome (*132b*)	属《分類学の》, 略号 gen.　genus (*pl.* genera) (*117a*)
総トン数　gross tonnage (*123b*)	測鉛　sounding lead (*257a*), sounding log (*257a*)
層内分散　intraclass variance (*146b*), within strata variance (*299a*)	側環　small perse ring (*255a*)
増肉係数　feed conversion (*95b*)	属間雑種　intergeneric hybrid (*144b*)
総排出腔　cloaca (*51b*)	側鰭(き)　lateral fin (*155a*)
送波感度　transmitting sensitivity (*281b*)	測高度　observed altitude (*193a*)
双尾　diphycercal tail (*73b*)	即殺　instant killing (*143b*)
送風凍結　air blast freezing (*9b*)	足刺　aciculum (*4b*)
増幅器　amplifier (*14b*)	足糸　byssus (*40b*)
増幅断片長多型, 略号 AFLP　amplified fragment length polymorphism (*14a*)	側枝　lateral branch (*155a*)
相変異　phase variation (*207b*)	側糸　paraphysis (*pl.* paraphyses) (*202b*)
僧帽細胞　mitral cell (*176a*)	側篩(し)骨　lateral ethmoid (*155a*)
造胞糸　gonimoblast (*122a*)	足糸腺　byssus gland (*40b*)
相補的 DNA, 略号 cDNA　complementary DNA (*56b*)	即日全量上場　listing of all on the same day (*160b*)
宗谷暖流　Soya Warm Current (*257b*)	測深　sounding (*257a*)
総輸出額　total exports value (*279b*)	足神経節　pedal ganglion (*204b*)
総輸出量　total exports quantities (*279b*)	側唇(しん)歯　lateral labial teeth (*155a*)
総輸入額　total imports value (*279b*)	属人統計《漁獲量の》　catch accounting for fishing unit (*45a*)
総輸入量　total imports quantities (*279b*)	側水管　lateral canal (*155a*)
相利共生　mutualism (*181a*)	側生分枝　lateral branching (*155a*)

側生膜状葉緑体　parietal chloroplast(203b)
側線　lateral line(155b)
側線下方横列鱗　scales below lateral line (242a)
側線感覚　lateral line sense(155b)
側線器官　lateral line organ(155b)
側線孔　pores in lateral line(215b)
塞(そく)栓症　embolism(84b)
側線上方横列鱗　scales above lateral line (242a)
側線有孔鱗　pored scales in lateral line (215b)
側線鱗　scales in lateral line(242a)
測地系　datum(67b)
属地統計《漁獲量の》　catch accounting for landing place(45a)
測定　measurement(170a)
測定誤差　measurement error(170a)
側頭骨　temporal bone(274a)
側突起　parapophysis(203a)
側嚢(のう)　lateral pouch(155b)
側板《フジツボ類の》　lateral(155a)
側板　pleuron(212b)
側扁形　compressiform(57a)
側扁〔の〕　compressed(57a)
速報　prompt report(220a)
側面誇示　lateral display(155a)
速力試験　speed trial(259a)
底魚(そこうお)　demersal fish(69a)
底魚(そこうお)資源　demersal fish stock (69a)
底刺網　bottom gill net(35b)
底建〔て〕網　bottom set net(35b)
底流し網　bottom drift net(35b)
底延(はえ)縄　bottom longline(35b), demarsal longline(69a), setline(248b)
底張り　set net shape holding system(248b)
底曳(びき)網　bottom trawl(36a)
組織侵入性大腸菌　enteroinvasive *Escherichia coli*(86b)
組織適合抗原　histocompatibility antigen (131b)
組織培養　tissue culture(278b)
咀嚼(そしゃく)器　trophi(284a)
咀嚼(そしゃく)性　chewiness(48b)
咀嚼(そしゃく)台　chewing pad(48b)
咀嚼囊(そしゃくのう)　mastax(168a)
遡(そ)上高　height of run up(128b)
疎水基　hydrophobic group(135b)
疎水結合　hydrophobic bond(135b)
疎水性　hydrophobicity(135b)
疎水的相互作用　hydrophobic bond(135b)
租税公課諸負担　taxes, public-imposts and other obligations(273a)
粗タンパク質　crude protein(63b)
速筋　fast muscle(94b)
ソックスレー脂肪抽出器　Soxhlet oil extraction apparatus(257b)
袖網　wing net(299a)
袖先《トロールの》　toe(278b)
袖端　wing end(299a), toe(278b)
粗度　roughness(238a)
外網　armouring(19b)
外昇〔り〕網　outer funnel(199b)
ソナー　sonar(256b)
ソナー方程式　sonar equation(256b)
ソナグラム　sonagram(256b)
そ嚢(のう)　crop(63a)
ソノブイ　sonobuoy(256b)
ソフトルアー　soft lure(256a)
粗放的養殖　extensive culture(92b)
そぼろ　boiled and loosened fish meat(34b)
ソマトスタチン　somatostatin(256b)
ソマトラクチン　somatolactin(256b)
反り比　camber ratio(41b)
ゾル　colloid(55a), sol(256a)
ゾル-ゲル転移　sol-gel transformation (256b)
ソルビット　sorbitol(257a)
ソルビトール　sorbitol(257a)
ソルビン酸　sorbic acid(257a)
損益計算書　profit and loss statement(219b)

損益分岐点　break even point（37b）
損失関数　loss function（162a）
損失係数　dissipation factor（75a）

た

ターゲットストレングス，略号 TS　target strength（273a）
タービン　turbine（285a）
ダービン・ワトソン比　Durbin-Watson ratio（80a）
ターボ電気推進　turbo electric propulsion（285a）
タールボール　tar ball（272b）
堆　bank（27a）
耐圧［性］菌　barotolerant bacterium（27b）
台浮子（あば）　main float（164b）
台網　keddle net（150b）
ダイアレルクロス　diallel cross（71b）
帯域幅　bandwidth（27a）
第一極体　first polar body（98a）
第一経路　classical [complement] pathway（51a）
第一減数分裂　first meiotic division（98a）
第一次精母細胞　primary spermatocyte（218a）
第一次卵母細胞　primary oocyte（218a）
第一箱網　first bag net（97b）
第1種の過誤　error of the first kind（89b）
太陰潮　lunar tide（163a）
体液性免疫　humoral immunity（134b）
耐塩［性］微生物　halotolerant microorganism（126a）
ダイオード　diode（73b）
ダイオキシン　dioxin（73b）
体温　body temperature（34b）
体外受精　external fertilization（93a）
帯殻《植物》　girdle（118b）

大顎《甲殻類の》　mandible（165b）
大気の分光透過スペクトル　transmission spectrum of the atmosphere（281b）
大気の窓　atmospheric window（21b）
大規模漁業会社　large-scale fishery company（155a）
大規模集積回路，略号 LSI　large-scale integration（155a）
大気補正　atmospheric correction（21b）
大圏　great circle（123a）
大圏航法　great circle sailing（123a）
体高　body depth（34a）
対（たい）合　synapsis（271b）
大孔　foramen magnum（108b）
体腔細胞　coelomocyte（54a）
退行性変化　regressive change（231a）
大後頭孔　foramen magnum（108b）
対向流　countercurrent（61b）
胎座　placenta（211b）
体細胞雑種　somatic cell hybrid（256b）
体細胞分裂　mitosis（176a），somatic mitosis（256b）
第3眼瞼　nictitating membrane（187b）
第三者販売　selling to the third party（247a）
胎児　embryo（84b），fetus（96b）
体軸　body axis（34a）
代謝　metabolism（172b）
代謝エネルギー　metabolizable energy（172b）
代謝応答　metabolic response（172b）
代謝回転　metabolic turnover（172b）
貸借対照表　balance sheet（26b）
代謝経路　metabolic pathway（172b）
代謝障害　metabolic disturbance（172a）
代謝性窒素　metabolic nitrogen（172a）
代謝中間体　metabolic intermediate（172a）
代謝調節　metabolic regulation（172b）
代謝適応　metabolic adaptation（172a）
代謝補償　metabolic compensation（172a）
体循環　systemic circulation（272a）
対象種　target species（273a）

退色　bleach（33a）
体色異常　abnormal pigmentation（3b）
体色制御　skin color control（254a）
体色変化　color change（55a）
体腎　body kidney（34a）
大臣許可漁業　minister licensed fisheries（176a）
対数正規分布《確率》　log〔-〕normal distribution（161b）
対数増殖　exponential growth（92b）
大数法則《確率》　law of large numbers（155b）
胎生　viviparity（293a）
体性神経系　somatic nervous system（256b）
大西洋　Atlantic Ocean（21b）
大西洋のまぐろ類の保存のための国際条約，略号 ICCAT　International Convention for the Conservation of Atlantic Tunas（145b）
大西洋まぐろ類保存国際委員会，略号 ICCAT　International Commission for the Conservation of Atlantic Tunas（145b）
堆積　sedimentation（245b）
体積散乱　volume scattering（293b）
堆積速度　sedimentation rate（245b）
堆積物　sediment（245b）
堆積物輸送　sediment transport（245b）
体積戻り散乱強度，略号 SV　volume backscattering strength（293b）
体節制　metamerism（172b）
体側　lateral side of body（155b）
体側筋　lateral muscle（155b）
代替経路　alternative〔complement〕pathway（13a）
代替タンパク質源　alternative protein source（13a）
対地速度　ground speed（123b）
大中型旋(まき)網漁業　large-and medium-scale purse seine fishery（155a）
体長　body length（34b）
体長階級　length class（157a）

大腸菌　Escherichia coli（90a）
大腸菌 O-157:H7　Escherichia coli O-157:H7（90a）
大腸菌群　coliform bacteria（55a）
体長制限　size limitation（254a）
体長組成　length frequency distribution（157a）
体長体重関係　length-weight relationship（157a）
タイチン　connectin（58a），titin（278a）
大動脈　aorta（18a）
体内受精　internal fertilization（145a）
第二極体　second polar body（245b）
第二減数分裂　second meiotic division（245a）
第 2 種の過誤　error of the second kind（89b）
第二背鰭(き)　second dorsal〔fin〕（245a）
第二箱網　second bag net（245a）
大日本水産会，略号 JFA　Japan Fisheries Association（149a）
ダイニン　dynein（80b）
耐熱性抗原　heat stable antigen（128b）
タイノエ　Ceratothoa verrucosa（47a）
大発生　outbreak（199a）
代払い機関　liquidation company（160b）
体盤　disk（74b）
胎盤　placenta（211b）
体盤長　disk length（74b）
体盤幅　disk width（74b）
台風　typhoon（286b）
体幅　body width（34b）
タイプ標本　type specimen（286a）
太平洋　Pacific Ocean（201b）
大謀(だいぼう)網　fixed pound net（105a）
帯面観　girdle view（118b）
太陽コンパス　solar compass（256a）
太陽潮　solar tide（256a）
第 4 級アンモニウム塩基　quaternary ammonium base（225b）
大陸斜面　continental slope（59a）

大陸棚　continental shelf(*59a*)
大陸棚縁　continental shelf edge(*59a*)
大陸棚漁業資源　continental shelf fishery stock(*59a*)
大陸棚斜面水　slope water(*255a*)
代理親魚養殖　surrogate broodstock technology(*270a*)
対立遺伝子　allele(*11b*)
対立仮説　alternative hypothesis(*13a*)
対流　convection(*59b*)
滞留時間　residence time(*232b*)
タウリン　taurine(*273a*)
タウリン輸送体　taurine transporter(*273a*)
タウロピン　tauropine(*273a*)
唾液腺　salivary gland(*239a*)
多塩素化ビフェニール，略号 PCB　polychlorinated biphenyl(*214a*)
多価アルコール　polyhydric alcohol(*214b*)
多回再捕　multiple recapture(*180a*)
多回産卵　batch spawning(*28b*), multiple spawning(*180a*)
多回標識放流　multiple mark release(*180a*)
多核管状体　coenocyte(*54a*)
多核球　polymorphonuclear cell(*214b*)
多核体　syncytium(*271b*)
高潮　storm surge(*265b*), wind surge(*299a*)
多価染色体　multivalent chromosome(*180b*)
高橋吸虫　*Metagonimus takahashii*(*172b*)
多価不飽和脂肪酸，略号 PUFA　polyunsaturated fatty acid(*215b*)
多価ワクチン　multivalent vaccine(*180b*)
他感作用物質　allelochemics(*11b*)
多管〔の〕　polysiphonous(*214b*)
多環芳香族炭化水素，略号 PAH　polyaromatic hydrocarbon(*214a*)
卓越種　dominant species(*77a*)
卓越年級群　dominant year class(*77a*)
ダクチロギルス　*Dactylogyrus*(*66b*)
濁度　turbidity(*285a*)
宅配便運送　home delivery system(*132b*)
托卵寄生　brood parasitism(*39a*)

多型　polymorphism(*214b*)
多型遺伝子座の割合　proportion of polymorphic loci(*220b*)
多型的集団　polymorphic population(*214b*)
竹内情報量規準，略号 TIC　Takeuchi's Information Criterion(*272b*)
武田微胞子虫　*Microsporidium takedai*(*174b*)
多元配置　multiway layout(*180b*)
蛇行　meander(*169b*)
多孔質飼料　porous pellet(*215b*)
多酵素複合体　multienzyme complex(*179b*)
多孔体　madreporite(*164a*)
多項分布《確率》　multinomial distribution(*180a*)
タコ壺　octopus pot(*193b*)
タコ箱　octopus box(*193b*)
タコベイト　hootchie(*133a*)
多細胞〔の〕　multicellular(*179b*)
多軸型　multiaxial type(*179b*)
多次元尺度〔構成〕法，略号 MDS　multi-dimensional scaling(*179b*)
足し身網　extension piece(*92b*)
多重共線性　multicollinarlity(*179b*)
多重スペクトル走査放射計，略号 MSS　multispectral scanner(*180a*)
多汁性　juiciness(*150a*)
多周波インバース法　multifrequency inversion method(*179b*)
多種モデル　multispecies model(*180a*)
多精　polyspermy(*214b*)
他生性資源　allochthonous resource(*12a*)
多成分分析　multi-component analysis(*179b*)
多尖(せん)頭　multi-cuspid(*179b*)
多層構造体　multilayered structure(*180a*)
多層ドップラー潮流計，略号 ADCP　acoustic Doppler current profiler(*5a*)
多層の　polystromatic(*214b*)
たたみいわし　sardine paper(*241b*)

たたみこみ　convolution(60a)
多段標本抽出　multi-stage sampling(180a)
立上り角　tilt angle(278a)
立ち錨(いかり)　steep angled anchor rope(263b)
脱血　bleeding(33a)
脱酸素剤　deoxygenizer(70a)
脱臭　deodorization(70a)
脱出口　escape vent(90a)
脱色　bleaching(33a)
脱水　dehydration(68b), dewatering(71b)
脱水素酵素　dehydrogenase(68b)
脱炭酸酵素　decarboxylase(67b)
脱窒〔細〕菌　denitrifying bacterium(69b)
脱窒素作用　denitrification(69b)
手綱　bunt end line(39b), hand rope(126a), messenger rope(172a)
脱皮　molting(177b)
脱皮抑制ホルモン　molt-inhibiting hormone(177b)
脱分極　depolarization(70a)
脱ろう(蝋)　dewaxing(71b)
建網　set net(248b)
縦型湾曲オッターボード　rectangular curved otterboard(229a)
縦距離　perpendicular distance(206b)
建〔て〕切網　bulk net(39b)
立塩漬〔け〕　brine salting(38b), pickling with salt water(211a)
楯状細胞　shield cell(250b)
建値　standard quotation(262a)
立て場　fasting station(94b)
立〔て〕延(はえ)縄　vertical longline(291a)
縦V型オッターボード　vertical V type otterboard(291a)
建〔て〕干網　barrier net(27b)
伊達巻　roasted and rolled kamaboko(237a)
縦横比　aspect ratio(21a)
多胴船　multihull(180a)
棚氷　ice shelf(137b)
棚持ち　shelf life(250b)

種雄　sire(254a)
種付け　seeding(245b)
種雌　dam(66b)
多年級群解析　multi-cohort analysis(179b)
多年生藻類　perennial algae(206a)
W/O型エマルジョン　W/O emulsion(299b)
W染色体　W-chromosome(296a)
多分胞子　polyspore(214b)
タペータム　tapetum(272b)
多変量解析　multivariate analysis(180b)
多変量正規分布　multivariate normal distribution(180b)
玉石　cobble stone(53b)
玉型錘(おもり)　ball sinker(27a)
ダムカード　dumb card(80a)
溜池養殖　aquaculture in farm pond(18b), culture in reservoir(64b)
溜池養鯉(り)　carp culture in farm pond(43b)
ためし凝集反応　slide agglutination(254b)
多面作用　pleiotropy(212b)
多目的漁業　multipurpose fishing(180a)
多様度指数　diversity index(76a)
たらこ　salted walleye pollack roe(240a)
他律栄養　heterotrophy(130b)
他律更新資源　non-self-regulating resources(190a)
樽型親子サルカン(猿環)　3-way barrel swivel(296a)
樽型サルカン(猿環)　barrel swivel(27b)
樽流し釣　driftline(79a)
多列形成　polystichy(214b)
端位　terminal(274a)
単位　unit(288a)
単位魚礁　unit reef(288a)
単為生殖　parthenogenesis(203b)
単位努力〔量〕当り漁獲量，略号 CPUE　catch per unit effort(45a), catch per unit of effort(45b)
単為発生　parthenogenesis(203b)

単核球　mononuclear cell（178a）
炭化水素　hydrocarbon（135a）
単価ワクチン　monovalnet vaccine（178a）
単眼　ocellus（193b）
単眼視野　monocular visual field（177b）
担鰭（き）骨　pterygiophore（223a）
短基線，略号 SBL　short base line（251b）
短期負債　floating debt（106a）
単球　monocyte（177b）
短期養成《アユの》　short-term ayu culture（251b）
単極〔の〕　unipolar（287b）
短期予報　short-term forecast（251b）
短躯症　dwarfism（80a）
単クローン抗体　monoclonal antibody（177b）
探鯨機　whale sounder（297b）
単婚　monogamy（177b）
胆細管　bile canaliculus（30b）
単細胞〔の〕　unicellular（287b）
探索時間　searching time（244a）
探索理論　search theory（244a）
探査子　probe（218b）
短鎖脂肪酸　short-chain fatty acid（251b）
炭酸ガス　carbon dioxide gas（43a）
炭酸固定　carbon dioxide fixation（43a）
炭酸デヒドラターゼ　carbonate dehydratase（42b）
炭酸同化　carbon dioxide assimilation（42b）
単糸　yarn（300b）
単軸型　monoaxial type（177b）
単軸分枝　monopodial branching（178a）
単子嚢（のう）　unilocular sporangium（287b）
胆汁　bile（30b）
胆汁酸　bile acid（30b）
胆汁色素　bile pigment（30b）
短縮率　sag ratio（239a），shortening rate（251b）
単種養殖　monoculture（177b）
単純仮説　simple hypothesis（253a）
単純脂質　simple lipid（253a）

単純放射状拡散法　single radial diffusion（253b）
単純免疫拡散法　single immunodiffusion（253a）
単色光　monochromatic light（177b）
淡水　freshwater（110a）
淡水赤潮　freshwater bloom（110b）
暖水渦　warm core eddy（294a）
暖水塊　warm core eddy（294a）
淡水魚　freshwater fish（110b）
淡水漁業　freshwater fisheries（110b）
単錐体　single cone（253a）
淡水養魚　freshwater pisciculture（110b）
淡水養魚施設　facilities for freshwater pisciculture（93b）
淡水養殖　freshwater culture（110b）
淡水浴　freshwater bath（110b）
単数制　company system（56a）
弾性　elasticity（83b）
弾性係数《資源の》　resilience（232b）
単性種　unisexual species（288a）
単性生殖　unisexual reproduction（287b）
単性養殖　monosex culture（178a）
弾性率　elastic constant（83b）
短繊維　staple fiber（262b）
単尖（せん）頭　single cuspid（253a）
単相植物　haplont（126b）
単相の　haploid（126b）
単層の　monostromatic（178a）
単層膜　monolayer membrane（177b）
断続音　intermittent sound（145a）
炭素循環　carbon cycle（42b）
炭素平衡　carbon equilibrium（43a）
単体エコー　single echo（253a）
単体エコー計測　single echo measurement（253a）
探知確率　detection probability（71a）
単胴船　monohull（177b）
単独所有制　sole ownership（256b）
胆嚢（のう）　gall bladder（113a）
端脳　telencephalon（273b）

段波　bore(*35a*)
タンパク質[加水]分解　proteolysis(*221b*)
タンパク質[加水]分解酵素　protease(*221a*)，proteolytic enzyme(*221b*)
タンパク質工学　protein engineering(*221b*)
タンパク質合成　protein synthesis(*221b*)
タンパク質効率　protein efficiency ratio(*221b*)
タンパク質節約作用　protein-sparing action(*221b*)
タンパク質代謝　protein metabolism(*221b*)
タンパク質代謝回転　protein turnover(*221b*)
タンパク[質]様変性　albuminoid degeneration(*10b*)
端部繊毛環　teletroch(*273b*)
単分子膜　monolayer membrane(*177b*)
単胞子　monospore(*178a*)
単胞子嚢(のう)　monosporangium(*178a*)
端末装置，略号 DTE　data terminal equipment(*67b*)
断面法　cross-section method(*63b*)
単列形成　haplostichy(*126b*)

血合筋　dark muscle(*67a*)
血合肉　dark meat(*67a*)
チアミナーゼ　thiaminase(*276b*)
チアミン　thiamin(*276b*)
稚アユ　ayu fry(*25a*)
地域気象観測システム，略号 AMEDAS（アメダス）　Automated Meteorological Data Acquisition System(*23a*)
地域[共同体]主体型管理　community-based management(*56a*)
地域漁業管理機関，略号 RFMO　Regional Fisheries Management Organization(*231a*)
地域漁業管理協議会　Regional Fishery Management Council(*231a*)
地域個体群　regional population(*231a*)
地域集団　race(*226a*)
チェーン製腹網　chain belly(*47b*)
チェビシェフの不等式《統計》　Tchebychev's inequality(*273b*)
遅延型過敏症　delayed type hypersensitivity(*68b*)
遅延差分法　delay-difference method(*68b*)
遅延性けいれん(痙攣)　delayed convulsion(*68b*)
遅延弾性　retarded elasticity(*233b*)
チオールプロテアーゼ　cysteine protease(*65b*)，thiol protease(*276b*)
チオバルビツール酸値，略語 TBA 値　thiobarbituric acid value(*276b*)
地下水　ground water(*123b*)
力綱　gable(*112b*)，lastridge line(*155a*)
置換　substitution(*267a*)
置換漁獲量，略号 RY　replacement yield(*232a*)
置換法　substitution method(*267a*)
置換ループ　displacement loop(*75a*)
地球温暖化　global warming(*119b*)
地球観測衛星，略号 EOS　earth observation satellite(*80b*)
地球観測衛星，略号 LANDSAT　land remote sensing satellite(*154b*)
地球観測センター，略号 EORC　Earth Observation Research Center(*80b*)
地球規模海洋生態系変動研究，略号 GLOBEC　Global Ocean Ecosystem Dynamics(*119a*)
稚魚　juvenile fish(*150a*)，fry(*111a*)
地峡《チリモ類の》　isthmus(*148b*)
稚魚の沖出し　transfer of fry to the floating net-cage(*281a*)
逐次加入　continuous recruitment(*59a*)
逐次選択法　stepwise method(*263b*)

逐次標本抽出　sequential sampling(248a)
蓄積栄養依存型産卵魚　capital breeder(42a)
築堤　banking(27a), embankment(84b)
築堤式養殖　enclosure aquaculture(85a)
蓄養　farm fatting(94b), fish and shellfish keeping(98a)
ちくわ(竹輪)　tube-shaped and roasted fish paste product(284b)
地形　topography(278a)
地衡風　geostrophic wind(117b)
地衡流　geostrophic current(117b)
致死遺伝子　lethal gene(157b)
知事許可漁業　governor licensed fishery(122a)
地上天気図　surface weather chart(269b)
地代　rent(232a)
縮め結び　sheep shank(250b)
地中海　Mediterranean Sea(170a)
池中養殖　pond culture(215a)
窒息　asphyxia(21a)
窒素固定　nitrogen fixation(188a)
窒素固定〔細〕菌　nitrogen fixing bacterium(188a)
窒素酸化物，略号 NOx　nitrogen oxide(188a)
窒素循環　nitrogen cycle(188a)
窒素出納　nitrogen balance(188a)
窒素同化　nitrogen assimilation(188a)
チトクロム　cytochrome(66a)
血抜〔き〕　bleeding(33a)
知能　intelligence(144a)
地方卸売市場　local wholesale market(161b)
地方品種　race(226a)
チミン　thymine(277a)
チモーゲン　zymogen(302a)
チモシン　thymocin(277a)
釣元(ちもと)　leader(156a)
釣元(ちもと)ワイヤー　wire leader(299a)
地文航法　terrestrial navigation(274b)

チャーター船　charter boat(47b)
着岩性〔の〕　epilithic(88b)
着香料　flavoring agent(105b)
着色料　coloring agent(55a)
着生誘導因子　settlement inducing factor(248b)
着氷　ice accretion(137b)
チャップマン・コルモゴロフの方程式　Chapman-Kolmogorov's equation(47b)
チャンク　chunk(50b)
中烏(う)口骨　mesocoracoid(172a)
中央卸売市場　central wholesale market(46b)
中央卸売市場整備計画　Central Wholesale Market Consolidation Project(46b)
中央隔壁　median septum(170a)
中央漁業調整審議会　Central Fishery Adjustment Council(46b)
中央値　median(170a)
中央ベーリング海におけるすけとうだら資源の保存及び管理に関する条約　Convention on the Conservation and Management of Pollock Resources in the Central Bering Sea(60a)
中央粒径　medium diameter(170a)
中温〔性細〕菌　mesophilic bacterium(172a)
中温〔性〕微生物　mesophilic microorganism(172a)
中間育成　intermediate aquaculture(145a), intermediate culture(145a)
中間育成池　nursery culture pond(192a)
中間筋　intermediate muscle(145a)
中間径フィラメント　intermediate filament(145a)
昼間視　daylight vision(67b)
中間宿主　intermediate host(145a)
中間速度　intermediate speed(145a)
中間体　intermediate(145a)
中間代謝　intermediary metabolism(145a)
中規模渦　meso-scale eddy(172a)
昼光　daylight(67b)

昼行性〔の〕	diurnal(75b)

昼行性〔の〕　diurnal(75b)
中鎖脂肪酸　middle-chain fatty acid(174b)
中鎖トリグリセリド　medium chain triglyceride(170a)
中軸骨格　axial skeleton(25a)
中軸細胞　axial cell(25a)
中篩(し)骨　mesethmoid(171b)
中趾(し)骨　mesopterygium(172a)
虫室　zooecium(301b)
注射ワクチン　injection vaccine(142b)
中小漁業融資保証保険制度　Insurance System of Medium-and-small Scale Fishery Loan Guarantee(144a)
柱状採泥器　core sampler(60b)
中心　focus(107a)
中腎　mesonephros(172a)
中心窩(か)《網膜の》　fovea centralis(109a)
中深海〔の〕　archibenthic(19a), bathyal(28b)
中心極限定理　central limit theorem(46b)
中心珪藻　centric diatom(46b)
中心細胞　central cell(46b)
中心質　centroplasm(47a)
中深層帯　mesopelagic zone(172a)
中心体　centroplasm(47a)
中枢神経系，略号CNS　central nervous system(46b)
中性　neuter(186b)
中性油　neutral oil(186b)
中性脂質　neutral lipid(186b)
中性脂肪　neutral fat(186b)
中性フィルター　neutral density filter(186b)
中西部太平洋まぐろ類委員会，略号WCPFC　Western and Central Pacific Fisheries Commission(297a)
中層刺網　midwater gill net(174b)
中層水　intermediate water(145a)
中層定置網　midwater set net(175a)
中層トロール　midwater trawl(175a)
中層〔の〕《海の》　midwater(174b)
虫体　polypide(214b)

中担鰭(き)軟骨　mesopterygium(172a)
中腸　midgut(174b)
中腸腺　midgut gland(174b)
中毒　poisoning(213b)
チューニングVPA　tuned VPA(285a), tuning VPA(285a)
中脳　mesencephalon(171b)
中脳被蓋(がい)　tegmentum mesencephalon(273b)
中胚葉　mesoderm(172a)
チューブリン　tubulin(285a)
チューブワーム　tube worm(284b)
中分緯度航法　middle latitude sailing(174b)
中葉　pars intermedia(203b)
中立説　neutral theory(186b)
中立ブイ　neutrally-buoyant float(186b)
中和　neutralization(186b)
中和価　neutral value(186b)
中和抗体　neutralizing antibody(186b)
腸　intestine(146b)
チョウ　Argulus japonicus(19a)
潮位　tide level(278a)
潮位偏差　sea level departure(243b)
腸炎　enteritis(86b)
腸炎起病性大腸菌　enteropathogenic *Escherichia coli*(86b)
超遠心〔分離〕　ultracentrifugation(286b)
腸炎ビブリオ　*Vibrio parahaemolyticus*(291b)
腸炎ビブリオ食中毒　*Vibrio parahaemolyticus* poisoning(291b)
超雄　super male(268b)
超音波〔の〕　ultrasonic(287a)
超音波ピンガー　ultrasonic pinger(287a)
聴覚　auditory sense(22b)
聴覚閾(いき)値　auditory threshold(22b)
聴覚閾(いき)値図　audiogram(22b)
聴覚系　auditory system(22b)
聴覚能力　hearing ability(128a)
釣(ちょう)獲率　hooking rate(133a)

釣(ちょう)獲割合　hooking ratio(*133a*)
潮下帯　subtidal zone(*267b*)
腸管出血性大腸菌　enterohemorrhagic *Escherichia coli*(*86b*)
潮間帯　intertidal zone(*146b*)
潮間帯下部　lower intertidal zone(*162b*)
潮間帯上部　higher intertidal zone(*131a*)
潮間帯中部　middle intertidal zone(*174b*)
潮間帯の　intertidal(*146a*)
超幾何分布《確率》　hypergeometric distribution(*136a*)
超寄生　hyperparasitism(*136b*)
長基線, 略号 LBL　long base line(*161b*)
長期負債　fixed debt(*105a*)
長期変動　long-term variation(*162a*), secular variation(*245b*)
長期養成《アユの》　long-term ayu culture(*162a*)
長期予報　long-term forecast(*162a*)
潮高　tide level(*278a*)
潮高曲線　tide curve(*277b*)
超好熱〔性細〕菌　hyperthermophile(*136b*)
腸呼吸　gastric respiration(*113b*)
頂骨板《ウミガメ類の》　nuchal(*191a*)
潮差　tidal range(*277b*)
長鎖塩基　long-chain base(*161b*)
長鎖脂肪酸　long-chain fatty acid(*161b*)
蝶耳骨　sphenotic bone(*259b*)
蝶耳骨棘(きょく)　sphenotic spine(*259b*)
長周期潮　long-period tide(*162a*)
潮上帯　supralittoral zone(*269a*)
超深海底帯　hadobenthic zone(*125b*)
聴神経　acoustic nerve(*5a*)
超深層帯　hadopelagic zone(*125b*)
潮汐　tide(*277b*)
潮汐混合　tidal mixing(*277b*)
潮汐残差流　tidal residual current(*277b*)
潮汐周期　tidal period(*277b*)
潮汐定数　tidal constant(*277b*)
潮汐表　tidal table(*277b*)
潮汐フロント　tidal front(*277b*)

長節　merus(*171b*)
調節酵素　regulatory enzyme(*231a*)
長繊維　continuous filament(*59a*)
聴側線系　acoustico-lateralis system(*5a*)
超短基線　super short base line(*268b*)
頂端細胞　apical cell(*18a*)
頂端成長　apical growth(*18a*)
頂端毛　trichoblast(*283a*)
提灯(ちょうちん)網　lantern net(*154b*)
超沈殿　superprecipitation(*268b*)
チョウチン病　chochin-byo(*49b*)
超低温凍結貯蔵　ultra-deep frozen storage(*286b*)
超低温冷蔵　very low-temperature cold storage(*291a*)
腸テロハネルス《コイの》　*Thelohanellus kitauei*(*275b*)
頂点　vertex(*290b*)
鳥頭体　avicularia(*25a*)
腸内細菌　enteric bacterium(*86b*)
腸内細菌科　enterobacteriaceae(*86b*)
腸内細菌叢　intestinal microbiota(*146b*)
腸内縦隆起　typhlosole(*286b*)
腸内フローラ　intestinal microbiota(*146b*), intestinal microflora(*146b*)
長波　long wave(*162a*)
超パラメータ　hyperparameter(*136a*)
超微細細菌　ultramicrobacterium(*287a*)
重複遺伝子座　duplicate loci(*80a*)
腸閉塞(そく)　ileus(*138a*)
調歩式　start stop system(*262b*)
調味加工品　seasoned product(*244a*)
調味乾製品　seasoned and dried product(*244a*)
超雌　super female(*268b*)
頂毛成長《褐藻類の》　trichothallic growth(*283a*)
チョウモドキ　*Argulus coregoni*(*19a*)
跳躍伝導　saltatory conduction(*239b*)
超優性　over dominance(*199b*)
調理食品　prepared food(*217b*)

調理済み食品　delicatessen(*68b*)
潮流　tidal current(*277b*)
潮流図表　hodograph(*132a*)
潮流楕円　tidal ellipse(*277b*)
調理冷凍食品　prepared and frozen food(*217b*)
超臨界〔流体〕抽出　supercritical〔fluid〕extraction(*268b*)
潮齢　age of tide(*9a*)
調和型湖沼　harmonic lake(*127a*)
調和定数　harmonic constant(*127a*)
調和分析　harmonic analysis(*127a*)
直鎖脂肪酸　straight-chain fatty acid(*265b*)
直接蛍光抗体法　direct immunofluorescence(*74a*)
直接シークエンス法　direct sequencing(*74a*)
直接測定　direct measurement(*74a*)
直腸　rectum(*229a*)
直腸腺　rectal gland(*229a*)
直腸弁　ileo-rectal valve(*138a*)
直針(ちょくばり)　gorge(*122a*)
直販　direct sales(*74a*)
直立糸　erect filament(*89b*)
直立藻体　erect thallus(*89b*)
直流《電気》　direct current(*74a*)
直流発電機　dynamo(*80b*)
直列形機関　in-line engine(*143a*)
猪口(ちょこ)網　gourd-shaped set net(*122a*)
著者　author(*23a*)
貯精嚢(のう)　seminal vesicle(*247a*)
貯蔵期間　shelf life(*250b*)
貯蔵期間品温許容限界, 略号 TTT　time-temperature-tolerance(*278b*)
貯蔵多糖　storage polysaccharide(*265a*)
直交振幅変調　quadrature amplitude modulation(*225a*)
チラコイド　thylakoid(*277a*)
チラミン　tyramine(*286b*)
地理情報システム, 略号 GIS　Geographic Information System(*117a*)
地理情報システム, 略号 LIS　Land Information System(*154b*)
地理的隔離　geographical isolation(*117a*)
地理的勾配　cline(*51b*)
チルド食品　chilled food(*48b*)
チロキシン, 略号 T4　thyroxine(*277b*)
チログロブリン　thyroglobulin(*277a*)
チロシナーゼ　tyrosinase(*286b*)
チロシン, 略号 Tyr, Y　tyrosine(*286b*)
賃金制度　wage system(*294a*)
沈降　precipitation(*217a*), sedimentation(*245b*), sinking(*253b*)
沈降性抗体　precipitating antibody(*217a*)
沈降速度　settling velocity(*249a*)
沈降速度法　sedimentation velocity method(*245b*)
沈降反応　precipitation reaction(*217a*)
沈降平衡法　sedimentation equilibrium method(*245b*)
沈降粒子　sinking particle(*253b*)
沈子(ちんし)　sinker(*253b*)
沈子(ちんし)綱　footline(*108a*), leadline(*156b*), sinker line(*253b*)
沈子(ちんし)綱《底曳網の》　ground rope(*123b*)
沈性卵　demersal egg(*69a*)
沈船　wreck(*299b*)
鎮痛ペプチド　opioid peptide(*196b*)
沈殿　precipitation(*217a*)

追加免疫　booster(*35a*)
追加免疫効果　booster effect(*35a*)
対鰭(ついき)　horizontal fin(*133a*), paired fin(*201b*)
対(つい)漁具比較法　paired gear test

(201b)
追跡型　chasing(48a)
椎体　centrum(47a)
ついばみ食性　particulate feeding(204a)
通過通航権　right of transit passage(235b)
通常個虫　autozooid(24b)
通信装置，略号 DCE　data communication equipment(67a)
通水断面　cross-sectional area of flow(63b)
通性嫌気性〔細〕菌　facultative anaerobic bacterium(94a)
通性〔の〕　facultative(94a)
通電加熱　ohmic heating(194b)
通嚢(のう)　utriculus(289a)
ツーピース缶　two-piece can(286a)
通風乾燥　air drying(10a)
通報業務　information service(142b)
つがい交尾　extrapair copulation(93a)
使い捨て水深水温計，略号 XBT　expendable bathythermograph(92b)
津軽暖流　Tsugaru Warm Current(284b)
月平均水位　monthly mean sea level(178a)
突〔き〕ん棒　harpoon(127a)
佃(つくだ)煮　seasoned and cooked seafood(244a)
漬〔け〕　shelter(250b)
漬け場《ウナギの》　fasting station(94b)
対馬暖流　Tsushima Warm Current(284b)
筒《ウナギ用の》　hollow reed(132a)
筒　tube(284b)
ツナキサンチン　tunaxanthin(285a)
津波　tsunami(284b)
ツニシン　tunicin(285a)
角(つの)　jig(149b)
粒うに　sea urchin gonad cured in salt and alcohol(244b)
ツブ籠　sea-snail pot(244a)
つぶし　flatted shank(105b)
潰し物　raw fish for fish paste(227b)
壺網　hoop net trap(133a)，pound net(216a)

つみれ　boiled fish ball(34b)
釣　angling(16a)，fishing(101b)
釣糸　fishing line(102b)
吊糸　norsel(190b)
釣餌　fishing bait(102a)
釣漁具　angling gear(16a)
釣竿　fishing pole(102b)，fishing rod(103a)
釣道具　fishing tackle(103a)
釣針　hook(133a)
釣針選択性　hook selectivity(133a)
釣人　angler(16a)
釣堀　fishing pond(102b)

出会い角　angle of encounter(16a)
手網　scoop net(243a)
ディアディノキサンチン　diadinoxanthin(71b)
定位　orientation(198b)
DNA ウイルス　DNA virus(76b)
DNA 二本鎖切断　DNA double strand break(76a)
DNA バーコーディング　DNA barcoding(76a)
DNA フィンガープリント法　DNA fingerprinting(76a)
DNA 分解酵素，略号 DNase　deoxyribonuclease(70a)
DNA ポリメラーゼ　DNA polymerase(76a)
DNA マイクロアレイ　DNA microarray(76a)
DNA ワクチン　DNA vaccine(76a)
t 検定　t-test(284b)
T 細胞　T cell(273b)
TCA 回路　citric acid cycle(51a)，TCA cycle(273b)
ディーゼル機関　diesel engine(80a)
ディーゼル電気推進　diesel electric pro-

pulsion(278a)
D値　D value(273b)
ティーデマン小体　Tiedeman's body(76a)
TBA値　TBA value(72b)
ティーブイジー，略号TVG　time varied gain(72b)
ディーム　deme(278b)
Dループ〔領域〕　D-loop(69a)
低栄養　malnutrition(165a), undernutrition(287b)
低栄養細菌　oligotrophic bacterium(195b)
低温殺菌　low temperature pasteurization(162b), pasteurization(204b)
低温〔性細〕菌　psychrotrophic bacterium(223a)
低温〔性〕微生物　psychrotrophic microorganism(223a)
低温耐性〔細〕菌　psychrotolerant bacterium(223a)
低温長時間殺菌法，略語LTLT殺菌法　low temperature long time pasteurization(162b)
低温貯蔵　low temperature storage(162b)
低温流通機構　cold chain(54b)
低開発　underexploitation(287b)
低開発資源　underexploited stock(287b)
低危険種　least concern species(156b)
低クロール血症　hypochloremia(136b)
停係泊　anchoring(15b)
抵抗《電気》，略号R　resistance(232b)
低酸素　hypoxia(137a)
低次栄養段階　lower trophic level(162b)
底質　bottom sediment(35b)
底質汚染　bottom sediment pollution(35b), sediment contamination(245b)
底質改良　improvement of bottom materials(139b)
低質重油　bunker oil(39b)
定常解　stationary solution(262b)
定常過程　stationary stochastic process(262b)

定常状態　steady state(263a)
定常生命表　time-specific life table(278b)
定常波　stationary wave(262b)
定常分布　steady-state distribution(263a)
定数群体　coenobium(54a)
ディスカウントストア　discount store(74b)
ディスパージョンパラメータ　dispersion parameter(74b)
底生魚　demersal fish(69a)
底生生物　benthos(29b)
底生藻類　benthic algae(29b)
底節《甲殻類の》　coxa(62a)
汀(てい)線　shore line(251b)
底層定置網　bottom set net(35b)
底層流　bottom current(35b)
低速機関　low-speed engine(162b)
停滞　stagnation(261b)
停滞域　stagnant area(261b)
定置網　fixed net(105a), stationary net(248b), trap net(262b), set net(282a)
定置漁業権　set net fishery right(248b)
低潮　low water(162b)
低張尿　hypotonic urine(137a)
ディノフィシス　Dinophysis(73b)
ディノフィシストキシン　dinophysistoxin(73b)
低倍数体　hypoploid(136b)
底背の　basidorsal(28a)
停泊場所　berth(29b)
ディファレンシャルGPS，略号DGPS　differential global positioning system(72b)
ディファレンシャルディスプレイ法　differential display(72b)
ディフェンシン　defensin(68b)
底腹の　basiventral(28a)
ディプリュールラ〔幼生〕　dipleurula(73b)
泥分率　mud content(179b)
堤防被覆コンクリートブロック　armour concrete block(19b)
呈味試験　gustatory sensation test(124b)
呈味成分　taste-active component(273a)

低密度リポタンパク質　low-density lipoprotein(*162b*)
定率手数料制　fixed charge system(*105a*)
ティリング〔法〕，略号 TILLING　targeting induced local lesions in genomes(*273a*)
ディルドリン　dieldrin(*72b*)
データ収集システム，略号 DCS　data collection system(*67a*)
データベース　database(*67a*)
データマイニング　data mining(*67b*)
テーパリング　tapering(*272b*)
テーラー級数　Taylor's power(*273b*)
6-デオキシガラクトース　6-deoxygalactose(*70a*)
11-デオキシコルチコステロン，略号 DOC　11-deoxycorticosterone(*70a*)
デオキシリボース　D-2-deoxyribose(*70a*)
デオキシリボ核酸，略号 DNA　deoxyribonucleic acid(*70a*)
手鉤(かぎ)　gaff(*112b*)
デカルボキシラーゼ　decarboxylase(*67b*)
手木　dan leno〔stick〕(*66b*)
適応　adaptation(*6b*)
適応的標本抽出　adaptive sampling(*6b*)
適応度　fitness(*104b*)
適応能力　adaptability(*6b*)
適応病　adaptation syndrome(*6b*)
適合型資源量推定，略号 ADAPT(アダプト)　adaptive framework for the estimation of population size(*6b*)
適合度　goodness of fit(*122a*)
摘採　harvesting(*127a*)
適刺激　adequate stimulus(*7a*)
滴定　titration(*278b*)
てぐす(天蚕糸)　gangen(*113a*), gut(*125a*), lanyard(*154a*), snood(*255b*)
テクスチャー《食品の》　texture(*275b*)
てぐす(天蚕糸)結び　leader knot(*156a*)
出口管理　output control(*199b*)
デジタル信号　digital signal(*73a*)
デジタル総合サービス網，略号 ISDN　integrated service digital network(*144a*)
手結(す)き　weaving(*296b*)
テストステロン　testosterone(*275a*)
デスミン　desmin(*70b*)
デスモシン　desmosine(*71a*)
手釣　line fishing(*159a*)
手釣具　handline(*126a*)
テトラジェノコッカス　*Tetragenococcus*(*275a*)
テトラピロール　tetrapyrrole(*275a*)
テトラミン　tetramine(*275a*)
デトリタス　detritus(*71a*)
デトリタス食性　detritivorous(*71a*)
デトリタス食物連鎖　detritus food chain(*71a*)
テトロドトキシン　tetrodotoxin(*275b*)
デノボアッセンブリ　de novo assembly(*69b*)
デヒドロゲナーゼ　dehydrogenase(*68b*)
デミング〔の〕標本抽出　Deming sampling(*69a*)
デュアルビーム方式　dual-beam method(*80a*)
デリカテッセン　delicatessen(*68b*)
デリック　derrick(*70b*)
テリトリー　territory(*275a*)
デルーリー法　DeLury's method(*69a*)
デルタ法　delta method(*68b*)
テルペノイド　terpene(*274b*), terpenoid(*274b*)
テルペン　terpene(*274b*)
デルマタン硫酸　dermatan sulfate(*70b*)
デルモシスチジウム　*Dermocystidium*(*70b*)
テレサウンダー　tele-sounder(*273b*)
テレメトリー　telemetry(*273b*)
テロハネルス　*Thelohanellus*(*275b*)
デロビブリオ　*Bdellovibrio*(*29a*)
テロメラーゼ　telomerase(*273b*)
転移　metastasis(*173a*)
転移酵素　transferase(*281a*)
転位性遺伝因子　transposon(*282a*)

転移線　transferred position line(281a)
点過程　point process(213b)
転換効率　conversion efficiency(60a)
転換トロール漁船　converted deep sea trawl fishing vessel(60a)
臀鰭(き)，略号 A　anal fin(15a)
電気泳動〔法〕　electrophoresis(84a)
電気魚　electric fish(83b)
電気漁法　electric fishing(83b)
電気刺激　electric stimulus(84a)
電気受容　electroreception(84a)
電気受容器　electroreceptor(84a)
天気図　weather map(296b)
電気推進　electric propulsion(84a)
電気生理学　electrophysiology(84a)
臀鰭(き)前長　preanal length(216b)
電気柱　prism(218b)
電気伝導度水温深度計，略号 CTD　conductivity-temperature-depth meter(57b)
電気伝導度法　conductimetry(57b)
天球　celestial sphere(46a)
電極　electrode(84a)
天草　Ceylon moss(47a)
点源汚染　point source pollution(213b)
転向走性　tropotaxis(284a)
転座　translocation(281b)
電子運搬体　electron carrier(84a)
電磁海流計，略号 GEK　geomagnetic electrokinetograph(117a)
電磁感覚　electro-magnetic sense(84a)
電子供与体　electron donor(84a)
電子受容体　electron acceptor(84a)
電子伝達系　electron transport system(84a)
デンシトメトリー　densitometry(69b)
転写　transcription(281a)
転写因子　transcription factor(281a)
転写活性化様エフェクターヌクレアーゼ，略号 TALEN　transcription activator-like effector nuclease(281a)
天水線　meteoric water line(173a)
点推定　point estimate(213a)

伝染性サケ貧血症《サケ科魚類》，略号 ISA　infectious salmon anemia(142a)
伝染性膵臓壊(え)死症，略号 IPN　infectious pancreatic necrosis(142a)
伝染性造血器壊(え)死症，略号 IHN　infectious hematopoietic necrosis(142a)
伝染性の　epidemic(88b)
伝染性皮下・造血器壊(え)死症《クルマエビ類》，略号 IHHN　infectious hypodermal and hematopoietic necrosis(142a)
転送　forwarding(109a)
転送効率　transfer efficiency(281a)
天測略暦　obridged nautical almanac(193a)
天測暦　nautical almanac(183a)
伝達　transmission(281b)
伝達効率　transmission efficiency(281b)
伝達性薬剤耐性　transferable drug resistance(281a)
伝達馬力　delivered horse power(68b)
天頂　zenith(301a)
天底　nadir(182a)
天敵　natural enemy(183a)
天敵解放　enemy release(86a)
伝導《興奮の》　conduction(57b)
転倒温度計　reversing thermometer(234a)
伝統漁業　traditional fisheries(280b)
転倒採水器　reversing water bottle(234b)
電動発電機　motor generator(179a)
デンドログラム　dendrogram(69b)
天然アクトミオシン　natural actomyosin(182b)
天然寒天　natural agar(183a)
天然魚　wild fish(298b)
天然酸化防止剤　natural antioxidant(183a)
天然親魚　wild caught breeder(298b)
天然調味料　natural seasoning(183a)
天然トコフェロール　natural tocopherol(183a)
電波測位システム　single radio positioning system(253b)
天端幅　crest width(62b)

伝搬損失　transmission loss(281b)
天日乾燥　solar drying(256a)
でんぶ　boiled and flaked fish flour(34b)
てんぷらノイズ　frying noise(111a)
テンプレートマッチング　template matching(274a)
デンプン　starch(262b)
デンプン粒　starch granule(262b)
点滅　flicker(106a)
天文航法　astronomical navigation(21a)
天文潮　astronomical tide(21a)
天文薄明(はくめい)　astronomical twilight(21a)
転流　turn of tides(285b)
伝令DNA　messenger RNA(172a)

投網　cast net(44b), shooting(251b)
胴　trunk(284a)
等圧線　isobar(147b)
等圧面　isobaric surface(147b)
等位　equistasis(89b)
同位元素　isotope(148b)
同位体　isotope(148b)
同位体効果　isotope effect(148b)
同位体分別　isotope fractionation(148b)
等塩分線　isohaline(148a)
等温線　isotherm(148b)
等温線図　isotherm map(148b)
同化　anabolic pathway(14b)
同化作用　anabolism(14b)
同化糸　assimilatory filament(21a)
糖加水分解酵素　glycosidase(121a)
透過性　permeability(206b)
透過堤　permeable groin(206b)
等価〔の〕　equivalent(89b)
等価ビーム幅　equivalent beam width(89b)

東岸境界流　Eastern Boundary Current(80b)
動眼筋室　myodome(181a)
動眼神経　oculomotor nerve(193b)
導管部　tubule(285a)
頭鰭(き)　cephalic fin(47a)
投棄　discard(74a)
同期式〔の〕　synchronous(271b)
同期電動機　synchronism motor(271b)
同期発生群　cohort(54b)
同期発電機　synchronism generator(271b)
投棄物　debris(67b)
頭胸甲　carapace(42b)
等漁獲量曲線図　yield isopleth diagram(301a)
当期利益　net profit after tax(185b)
投棄率　discard rate(74a)
道具的条件反射　instrumental conditioned reflex(143b)
統計解析　statistical analysis(263a)
統計学　statistics(263a)
同形世代交代　alternation of isomorphic generations(13a)
同型接合体　homozygote(132b)
統計的仮説　statistical hypothesis(263a)
統計的年齢別漁獲モデル　statistical catch at age model(263a)
同形配偶　isogamy(148a)
同型配偶子性　homogamety(132b)
同形尾　isocercal tail(148a)
統計力学　statistical mechanics(263a)
統計量　statistic(263a)
峠状部　sill(252b)
凍結　freezing(110a)
凍結乾燥　freeze dry(109b)
凍結魚　frozen fish(110b)
凍結曲線　freezing curve(110a)
凍結魚艙　refrigerated fish hold(230b)
凍結時間　freezing time(110a)
凍結食品　frozen food(110b)
凍結精子　cryopreserved sperm(64a)
凍結速度　freezing rate(110a)

| 凍結貯蔵　frozen storage(*110b*)
| 凍結点　freezing point(*110a*)
| 凍結濃縮　freeze concentration(*109b*)
| 凍結能力　freezing capacity(*110a*)
| 凍結パン　freezing pan(*110a*)
| 凍結品　frozen product(*110b*)
| 凍結変性　freezing denaturation(*110a*)
| 凍結変性防止剤　cryoprotectant(*64a*)
| 凍結膨張　freezing expansion(*110a*)
| 凍結保護剤　cryoprotectant(*64a*)
| 凍結保存　cryopreservation(*64a*)
| 凍結焼け　freezer burn(*109b*)
| 凍結履歴　frozen history(*110b*)
| 動原体　centromere(*46b*)
| 動原体融合　Robertsonian translocation(*237a*)
| 糖原変性　glycogen degeneration(*120b*)
| 頭高　head depth(*127b*)
| 瞳孔　pupil(*223b*)
| 統合的解析　integrated analysis(*144a*)
| 瞳孔反射　pupillary reflex(*223b*)
| 頭骨　skull(*254b*)
| 当歳魚　yearling(*300b*)
| 東西距離　departure(*70a*)
| 搭載伝(てん)馬船　skiff(*254a*)
| 当座比率　quick ratio(*226a*)
| 同時期出生集団　cohort(*54b*)
| 同時潮時　cotidal hour(*61b*)
| 糖脂質　glycolipid(*121a*)
| 同時雌雄同体　simultaneous hermaphrodite(*253a*)
| 同時信頼区間　simultaneous confidence interval(*253a*)
| 灯質　character of light(*47b*)
| 同質遺伝子的　isogenic(*148a*)
| 糖質コルチコイド　glucocorticoid(*119b*)
| 同質三倍体　autotriploid(*24a*)
| 糖〔質〕代謝　carbohydrate metabolism(*42b*)
| 同質倍数体　autopolyploid(*23b*)
| 同質四倍体　autotetraploid(*24a*)
| 糖〔質〕利用能　carbohydrate availability(*42b*)
| 透視度　transparency(*282a*)
| 胴周長《魚体の》　girth(*118b*)
| 倒状臀鰭(き)長　length of depressed anal fin(*157a*)
| 倒状背鰭(き)長　length of depressed dorsal fin(*157a*)
| 桃色筋　pink muscle(*211a*)
| 頭腎　head kidney(*127b*)
| 糖新生　gluconeogenesis(*119b*)
| 等深線　isobath(*148a*)
| 同性内淘汰　intrasexual selection(*146b*)
| 透析　dialysis(*72a*)
| 投石床　artificial stonebed(*20a*)
| 透析平衡〔法〕　equilibrium dialysis〔method〕(*89b*)
| 頭節　scolex(*243a*)
| 動接合子　planozygote(*211b*)
| 套線《二枚貝の》　mantle line(*165b*)
| 同祖接合　autozygous(*24b*)
| 同祖染色体　homoeologous chromosome(*132b*)
| 淘汰　selection(*246a*)
| 淘汰圧　selection pressure(*246b*)
| 灯台　lighthouse(*158b*)
| 糖耐性　glucose tolerance(*120a*)
| 胴立〔つ〕　breast(*38a*), gavel(*114a*)
| 到達可能境界　accessible boundary(*4a*)
| 胴立つ環　breast ring(*38a*)
| 到達不能境界　inaccessible boundary(*139b*)
| 糖タンパク質　glycoprotein(*121a*)
| 等値線　contour line(*59a*)
| 頭長　head length(*127b*)
| 頭頂骨　parietal bone(*203b*)
| 頭頂骨棘(きょく)　parietal spine(*203b*)
| 等潮時　cotidal hour(*61b*)
| 等潮時図　cotidal chart(*61b*)
| 同潮時図　cotidal chart(*61b*)
| 等潮時線　cotidal line(*61b*)
| 同潮時線　cotidal line(*61b*)
| 等張授精法　isotonic method(*148b*)

当直　watch(294b)
胴突〔き〕型錘(おもり)　bank sinker(27a)
同定　identification(138a)
動的 MEY　dynamic MEY(80a)
動的粘弾性　dynamic viscoelasticity(80b)
動的平衡　dynamic equilibrium(80a)
糖転移酵素　glycosyltransferase(121a)
等電点　isoelectric point(148a)
等電点回収　isoelectric point purification(148a)
等電点クロマトグラフィー　isoelectric chromatography(148a)
稲田養鯉(り)　carp culture in paddy field(43b)
導灯　leading light(156a)
投縄　shooting(251b)
導入育種　breeding by introduction(38a)
投入量制限　input control(143b)
頭被　hood(133a)
導標　leading mark(156a)
等比容面　isosteric surface(148b)
頭部潰(かい)瘍病　head ulcer disease(128a)
頭部感覚孔　cephalic sensory canal(47a)
頭幅　head width(128a)
動物ステロール　zoosterol(301b)
動物相　fauna(95a)
動物内生〔の〕　endozoic(86a)
動物プランクトン　zooplankton(301b)
動物油脂　animal fat and oil(16a)
灯浮標　light buoy(158b)
頭帽　hood(133a)
同胞種　sibling species(252a)
等密度線　isopycnal(148b)
動脈　artery(19b)
動脈球　bulbous arteriosus(39b)
動脈 - 静脈吻(ふん)合　arteriovenous anastomosis(19b)
同名　homonym(132b)
透明細胞　hyaline cell(134b)
透明帯　hyaline zone(134b)

透明度　transparency(282a)
透明度板　Secchi disc(244b)
ドウモイ酸　domoic acid(77b)
動毛　kinocilium(151b)
洞様血管　sinus(253b)
導流工　training work(280b)
等流速線　isotach(148b)
導流堤　traing dike(280b)
等量主義《漁獲の》　equivalence(89b)
登録番号《船舶の》　official number(194a)
トーイングチェーン　towing chain(280a)
通し回遊　diadromous migration(71b)
通し回遊魚　diadromous fish(71b)
ドーパミン　dopamine(77b)
トキソイド　toxoid(280a)
特異境界　singular boundary(253b)
特異的生体防御機構　specific defense mechanism(259a)
特異動的作用，略号 SDA　specific dynamic action(259a)
独裁制　despotism(71a)
特性　characteristic(47b)
毒性　toxicity(280a)
特性関数《統計》　characteristic function(47b)
毒腺　venom gland(290b)
毒素　toxin(280a)
毒素型食中毒　foodborne intoxication(107b)
特定外来生物　invasive alien species(146b)
特定区画漁業権　Specified Demarcated Fishing Right(259a)
特定組合せ能力　specific combining ability(258b)
毒〔物〕　poison(213b)
特別決議事項　articles of special resolution(19b)
独立栄養　autotrophy(24a)
独立栄養〔細〕菌　autotrophic bacterium(24a)
独立栄養生物　autotroph(24a), lithotroph

(160b)
独立の法則　law of independence(155b)
独立変数　covariates(61b)
棘(とげ)抜け症《ウニ》　togenuke disease(278b)
ドコサヘキサエン酸, 略号 DHA, 22:6 n-3　docosahexaenoic acid(76b)
ドコサペンタエン酸, 略号 DPA, 22:5 n-3;22:5 n-6　docosapentaenoic acid(76b)
トコフェロール　tocopherol(278b)
土質調査　soil survey(256a)
度数分布図　histogram(131b)
塗装缶　lacquered can(153b)
土着の　autochthonous(23a)
特化〔した〕　specialized(258a)
突進速度　burst speed(40a)
突然変異　mutation(180b)
突然変異育種　breeding by mutations(38a)
突然変異体　mutant(180b)
突然変異の偏り　mutation bias(180b)
とったり　messenger rope(172a), riding rope(235b)
突堤　jetty(149b)
把(とっ)手細胞　manubrium(165b)
トップダウンアプローチ　top-down approach(279a)
トップダウン制御　top-down control(278a)
ドップラー効果　Doppler effect(77b)
ドップラー潮流計　Doppler current meter(77b)
ドップラーログ　Doppler log(77b)
トップローラー　top roller(279b)
ドデシル硫酸ナトリウム, 略号 SDS　sodium dodecyl sulfate(256a)
届出漁業　notified fisheries(191a)
ドナルドソン系　Donaldson strain(77b)
土嚢(のう)　sand bag(241a)
飛び石モデル　stepping stone model(263b)
ドメイン　domain(76b)
止め結び　overhand knot(199b)

共食い　cannibalism(42a)
とも(艫)帆　spanker(257b)
とも補償　mutual compensation(180b)
虎網　tiger net(278a)
ドライスモーク　dry and smoking(79b)
ドライペレット, 略号 DP　dry pellet(79b)
ドラムセイン　drum seine(79b)
トランシーバ　transceiver(280b)
トランスアミナーゼ　transaminase(280b)
トランスクリプトーム　transcriptome(281a)
トランスグルタミナーゼ　transglutaminase(281b)
トランスジェニック魚　transgenic fish(281b)
トランスフェクション　transfection(281a)
トランスフェラーゼ　transferase(281a)
トランスフェリン　transferrin(281b)
トランスポゾン　transposon(282a)
トランスポンダ　transponder(282a)
トランペット細胞　trumpet hyphae(284a)
取り上げ　harvesting(127a)
トリアシルグリセリン　triacylglycerine(282b)
トリアシルグリセロール, 略号 TG　triacylglycerol(282b)
鳥おどしライン　bird scaring line(32b)
ドリオラリア〔幼生〕　doliolaria(76b)
トリカルボン酸回路, 略号 TCA 回路　citric acid cycle(51a), tricarboxylic acid cycle(283a)
トリクチス期　tholichthys stage(276b)
トリクチス幼生　tholichthys larva(276b)
トリグリセリド　triglyceride(283a)
トリコーム　trichome(283a)
トリコジナ　Trichodina(283a)
トリコマリス　Trichomaris(283a)
ドリップ　drip(79a)
獲り残し資源量一定方策, 略号 CES　constant escapement strategy(58b)
トリプシン　trypsin(284a)
トリプシンインヒビター　trypsin inhibi-

tor(284a)
ドリフト　drift(79a)
トリプトファン, 略号 Trp, W　tryptophan(284b)
トリメチルアミン, 略号 TMA　trimethylamine(283a)
トリメチルアミンオキシド, 略号 TMAO　trimethylamine oxide(283b)
トリヨードチロニン, 略号 T3　3, 5, 3'-triiodothyronine(283a)
努力の有効度　effectiveness of effort(82b)
努力〔量〕《漁獲の》　effort(83a)
トリライン　tori line(279b)
トルク　torque(279b)
トレーサー　tracer(280b)
トレーサビリティ　traceability(280b)
トレオニン, 略号 Thr, T　threonine(276b)
ドレス　dressed fish(78b)
ドレッジ　dredge(78b)
とろ　fatty meat of tuna(95a)
トローリング　trolling(283b)
トロール網　trawl net(282b)
トロールウィンチ　trawl winch(282b)
トロール漁業　trawl fisheries(282b)
トロール漁船　trawler(282b)
トロール効率化装置, 略号 TED　trawl efficiency device(282a)
トロールヘッド　trawl head(282b)
トロール用魚群探知機　net sounder(185b)
トロコフォア〔幼生〕　trochophore(283b)
トロコフォラ〔幼生〕　trochophore(283b)
とろ箱　fish box(98a)
トロポニン　troponin(284a)
トロポミオシン　tropomyosin(284a)
とろろこんぶ(昆布)　scraped tangle(243a), tangle flake(272b)
トロンボキサン, 略号 TX　thromboxane(277b)
貪(どん)食細胞　phagocyte(207a)
貪(どん)食作用　phagocytosis(207a)
貪(どん)食率　phagocytic rate(207a)

トンプソン・バーケンロードの討論　Tompson-Burkenroad debate(279a)
トンプソン・ベルのモデル　Tompson-Bell model(278b)
トンボロ　tombolo(278b)

ナース細胞　nurse cell(192a)
内咽鰓(さい)骨　infrapharyngobranchial bone(142b)
内因性オピオイド　endogenous opioid(85b)
内因性鎮痛ペプチド　endogenous opioid(85b)
内因〔性〕の　endogenous(85b)
内温動物　endotherm(85b)
内顆粒層《網膜の》　inner nuclear layer(143a)
内境界膜《網膜の》　internal limiting membrane(145a)
内クチクラ　endocuticle(85b)
内在性プロテアーゼ　endogenous protease(85b)
内傘窩(か)　subumbrellar funnel(267b)
内肢　endopodite(85b)
内耳　inner ear(143a)
内耳側線野　octavolateralis area(193b)
内水面漁業　inland waters fisheries(143a)
内水面漁場管理委員会　Inland Waters Fishing Ground Management Commission(143a)
内水面地区漁協　Fisheries Cooperative Association of Inland Waters(99a)
内水面養殖　inland waters culture(143a)
内生枝　endogenous branch(85b)
内生胞子　endospore(85b)
内節　inner segment(143a)
内臓　viscera(292b)

| 内臓塊　visceral mass (292b)
内臓筋　visceral muscle (292b)
内臓骨　visceral skeleton (292b)
内臓真菌症　visceral mycosis (292b)
内臓頭蓋(がい)　visceral cranium (292b)
内臓動脈　coeliac artery (54a)
内柱《原索動物の》　endostyle (85b)
内的自然増加率　intrinsic rate of natural increase (146b)
内胚葉　endoderm (85b)
内鼻孔　internal nares (145a)
内皮細胞層《刺胞動物の》　gastrodermis (114a)
ナイフエッジ型選択性　knife-edge selection (151b)
内部寄生体　endoparasite (85b)
内部骨格　endoskeleton (85b)
内部出芽　internal budding (145a)
内部静振　internal seiche (145a)
内部跳水　internal jump (145a)
内部潮汐　internal tide (145a)
内部摩擦　internal friction (145a)
内分泌　endocrine (85a)
内分泌学　endocrinology (85b)
内分泌かく乱〔化学〕物質　endocrine disrupting chemicals (85b)
内分泌かく乱物質　endocrine disruptor (85a)
内分泌器官　endocrine organ (85b)
内網状層《網膜の》　inner plexiform layer (143a)
内翼状骨　entopterygoid (86b)
ナガーゼ　nagase (182b)
長い散在反復配列《塩基の》, 略号 LINE　long interspersed nuclear element (161b)
中落ち　back bone (25b)
仲卸売業者　jobber (150a)
流し網　drift net (79a)
流し刺網　drift gill net (79a)
中継ぎ《釣竿の》　mid-section (174b)
長嚢(ぶくろ)網　fyke net (112a)

流れ図　flow chart (106b)
流れ藻　drifting seaweed (79a)
流れ物　flotsam (106b)
ナグビブリオ　Nag-Vibrio (182b)
ナス型錘(おもり)　dipsey sinker (74a)
ナチュラルキラー細胞, 略語 NK 細胞　natural killer cell (183a)
ナッシュ均衡　Nash equilibrium (182b)
ナツメ型錘(おもり)　egg sinker (83a)
Na$^+$,K$^+$-ATP アーゼ　Na$^+$, K$^+$-ATPase (182a)
ナトリウムチャネル　sodium channel (256a)
斜め追い波　quartering sea (225b)
斜め向い波　bow sea (37a)
ナノプランクトン　nanoplankton (182b)
ナマコ　trepang (282b)
生すり身　water-leached and minced 〔fish〕meat (295a)
生デンプン　raw starch (227b)
鉛, 元素記号 Pb　lead (156a)
鉛綱　lead-cored line (156a)
なまり節　half-dried fushi (125b), semi-dried fushi (247a)
生ワクチン　live vaccine (161a)
波返し　parapet (202b)
波〔の〕回折　wave diffraction (295b)
波〔の〕周期　wave period (296a)
波〔の〕スペクトル　wave spectrum (296a)
波の谷　wave through (296a)
波のはい上〔が〕り　wave run up (296a)
波の山　wave crest (295b)
波よけ堤　wave-breaker (295b)
なむら　school (242b)
慣れ　habituation (125b)
なれずし　fermented seafood with rice (96a)
縄鉢　basket (28b)
縄張り　territory (275a)
南極海　Antarctic Ocean (16b)
南極収束線　Antarctic convergence (16b)
南極の海洋生物資源の保存に関する委員会, 略号 CCAMLR　Commission for

the Conservation of Antarctic Marine Living Resources(56a)
南極の海洋生物資源の保存に関する条約, 略号 CCAMLR Convention on the Conservation of Antarctic Marine Living Resources(60a)
軟骨骨化 endochondral ossification(85a)
軟骨性硬骨 cartilage bone(44a)
軟骨性頭蓋 chondrocranium(49b)
軟質鰭(き)条 camptotrichia(42a)
軟弱地盤 soft ground(256a)
軟条 soft ray(256a)
軟条背鰭(き) soft dorsal〔fin〕(256a)
軟水装置 water softener(295b)
ナンセン採水器 Nansen bottle(182a)
軟泥 ooze(195b)
南東大西洋漁業機関, 略号 SEAFO South East Atlantic Fisheries Organization(257a)
南東大西洋漁業国際委員会, 略号 ICSEAF International Commission for South East Atlantic Fisheries(145a)
ナンノクロロプシス Nannochloropsis(182b)
南方振動 southern oscillation(257b)

荷揚げ unloading(288a)
ニーダム嚢(のう) Needham's sac(183b)
二階網 double-linked set net(78a)
二価金属イオン輸送体 divalent metal transporter(75b)
二価染色体 bivalent chromosome(33a)
膠(にかわ) glue(120a)
肉芽腫(しゅ) granuloma(123a)
肉芽腫(しゅ)性炎 granulomatous inflammation(123a)
肉間骨 intermuscular bone(145a)

肉腫(しゅ) sarcoma(241a)
肉食性〔の〕 carnivorous(43b)
肉食動物 carnivore(43b)
肉詰機 meat stuffer(170a)
肉糊 fish〔meat〕paste(103b), meat paste(170a), salt-ground meat(240b)
肉挽(ひき)機 meat chopper(170a)
肉阜(ふ) caruncle(44b)
肉粉 meat meal(170a)
逃げ場所 refuge(230b)
二項分布《確率》 binomial distribution(30b)
煮凝(にこご)り〔食品〕 congealed food(57b)
ニコチンアミドアデニンジヌクレオチド, 略号 NAD$^+$(還元型:NADH) nicotinamide adenine dinucleotide(187a)
ニコチンアミドアデニンジヌクレオチドリン酸, 略号 NADP$^+$(還元型:NADPH) nicotinamide adenine dinucleotide phosphate(187a)
ニコチンアミド補酵素 nicotinamide coenzyme(187a)
ニコルソン・ベーリーの方程式 Nicholson-Bailey equation(187a)
二サイクル機関 two-stroke cycle engine(286a)
荷さばき場 auction shed(22b), market hall(167b)
二叉分枝 dichotomous branching(72b)
二酸化炭素解離曲線 carbon dioxide dissociation curve(43a)
二酸化炭素分圧 carbon dioxide partial pressure(43a)
二次エコー second-order echo(245a)
二次雄 secondary male(245a)
二次汚染 secondary pollution(245a)
二次血管系 secondary vessel system(245a)
二次構造《タンパク質の》 secondary structure(245a)
二次鰓(さい)弁 secondary gill lamella(244b)

二次性硬骨　secondary bone(244b)
二次生産　secondary production(245a)
二次生産者　secondary producer(245a)
二次性徴　secondary sexual character(245a)
二次代謝産物　secondary metabolite(245a)
二次ピットコネクション　secondary pit connection(245a)
ニジマス生殖系培養細胞，略語 RTG-2 細胞　rainbow trout gonadal cell line-2 (226b)
二次免疫応答　secondary immune response(244b)
二重落〔と〕し網　final trap(97b)
二重蛙又結び　double sheet bend(78a)
二重性網膜　duplex retina(80a)
二重層膜　bilayer membrane(30a)
二重反転プロペラ　contra-rotating propeller(59a)
二重標識　double tagging(78a)
二重標本抽出　double sampling(78a)
二重巻締機　double seamer(78a)
二重結び　two half hitch(285b)
二重免疫拡散法　double immunodiffusion (78a)
2進数　binary number(30b)
二尖(せん)頭　bicuspid(30a)
二艘(そう)式リングネット　two-boat ring net(285b)
二艘(そう)曳き底曳網　bull trawl(39b)
二相標本抽出　double sampling(78a), two-phase sampling(285b)
二段落〔と〕し網　double trap net(78a)
二段加熱法　two-step heating(286a)
二段箱網　double bag net(78a)
二段標本抽出　two-stage sampling(286a)
日輪　daily ring(66b)
日齢　daily age(66b)
日韓共同規制水域　Japan-Republic of Korea joint fisheries regulation water(149b)
日韓漁業協定　Fisheries Agreement of Japan and the Republic of Korea(98b)

日間成長率　daily growth rate(66b)
日射計　pyrheliometer(224b)
日周鉛直移動　diel vertical migration(72b)
日周潮　diurnal tide(75b)
日周リズム　diurnal rhythm(75b)
日ソ漁業協力協定　Fisheries-Cooperation Agreement of Japan and USSR(98b)
ニッチ　niche(187a)
日中漁業協定　Fisheries Agreement of Japan and the People's Republic of China (98b)
日潮不等　diurnal inequality(75b)
煮取法　wet rendering(297b)
ニトロゲナーゼ　nitrogenase(188a)
N-ニトロソジメチルアミン　N-nitrosodimethylamine(188b)
担い手　work force(299b)
二年生藻類　biennial algae(30a)
二倍体　diplont(73b)
二分子膜　bilayer membrane(30a)
二分染色体　dyad(80a)
二分胞子　bispore(33a)
二分胞子嚢(のう)　bisporangium(33a)
二分裂　binary fission(30b)
煮干し品《魚の》　boiled and dried fish(34b)
日本海　Japan Sea(149b)
日本海洋学会　The Oceanographic Society of Japan(275b)
日本海裂頭条虫　Diphyllobothrium nihonkaiense(73b)
日本型食生活　Japanese dietary style(149a)
日本工業規格，略号 JIS(ジィス)　Japan Industrial Standard(149a)
日本水産学会　The Japanese Society of Fisheries Science(275b)
日本水産学会誌　Nippon Suisan Gakkai-shi(187b)
日本農林規格，略号 JAS(ジャス)　Japan Agricultural Standard(149a)
二本針　double hook(78a)
日本貿易月表　Japan Exports and Imports

（149a）
日本貿易振興会, 略号 JETRO（ジェトロ）　Japan External Trade Organization（149a）
日本薬局方, 略号 JP　Japanese Pharmacopoeia（149a）
二枚おろし　filleting〔into two pieces〕（97a）
二〔命〕名法　binomial〔nomenclature〕（31a）
乳化　emulsification（85a）
乳化剤　emulsifying agent（85a）
入漁権《他人の漁区内への》　piscary（211b）
入漁料　fishing fee（102a）
入港届　declaration inward vessel（68a）
入鰓（さい）動脈　afferent branchial artery（8b）
入札　tender（274a）
乳酸　lactic acid（153b）
乳酸塩　lactate（153b）
乳酸脱水素酵素　lactate dehydrogenase（153b）
乳酸デヒドロゲナーゼ, 略号 LDH　lactate dehydrogenase（153b）
入射波　incident wave（140a）
入水管《二枚貝の》　inhalant siphon（142b）
入水管《ホヤ類の》　oral siphon（197a）
入水孔　oral aperture（197b）
ニューストン　neuston（186b）
乳腺　mammary gland（165a）
乳濁液　emulsion（85a）
乳頭腫（しゅ）　papilloma（202a）
乳頭状突起　papilla（202a）
ニュートン・ラフソン法　Newton-Raphson method（187a）
ニューラルネットワーク, 略号 NN　neural network（186a）
ニューロテンシン　neurotensin（186b）
ニューロペプチド　neuropeptide（186b）
ニューロマスト　neuromast（186a）
ニューロン　neuron（186a）
尿　urine（288b）
尿素　urea（288b）

尿素アダクト法　urea adduct method（288b）
尿素回路　urea cycle（288b）
尿素排出　ureotelism（288b）
尿素排出動物　ureotelic animal（288b）
尿嚢（のう）　allantoic sac（11b）
尿膜　allantois（11b）
任意交配　panmixis（pl. panmixia）（202a）, random mating（227a）
任意連鎖店　voluntary chain（293b）
人間と生物圏計画, 略号 MAB　Man and Biosphare Programme（165b）
妊娠日　conception date（57a）
妊娠率　pregnancy rate（217a）
認定当直部員　authorized watch（23a）
ニンヒドリン反応　ninhydrin reaction（187b）

縫い合〔わ〕せ　lacing（153b）
糠（ぬか）漬け《魚の》　cured fish with rice bran（64b）
糠（ぬか）漬け　fermentation with rice bran（96a）
抜き取り検査　sampling inspection（241a）
ヌクレアーゼ　nuclease（191a）
ヌクレオシド　nucleoside（191b）
ヌクレオソーム　nucleosome（191b）
5'-ヌクレオチダーゼ　5'-nucleotidase（191b）
ヌクレオチド　nucleotide（191b）
ヌクレオチド関連物質　nucleotide-related substance（191b）
沼　marsh（168a）
ヌル対立遺伝子　null allele（192a）

ね

根井の遺伝的距離　Nei's genetic distance (184a)

ネイマン〔の〕因子分解定理《統計》　Neyman factorization theorem (187a)

ネイマン〔の〕標本抽出　Neyman sampling (187a)

ネイマン・ピアソンの基本定理《統計》　Neyman-Pearson fundamental theorem (187a)

ネオキサンチン　neoxanthin (184b)

ネオサキシトキシン　neosaxitoxin (184b)

ネオテニー　neoteny (184b)

ネオベネデニア　Neobenedenia (184a)

根がかり　snagging (255b)

ネクトン　nekton (184a)

捩(ねじ)具　twister (285b)

ねじり剛性　torsional rigidity (279b)

ねじれ構造　torsion (279b)

ネズミチフス菌　Salmonella typhimurium (239a)

熱安定性　heat stability (128b)

熱塩循環　thermohaline circulation (276a)

熱塩フロント　thermohaline front (276a)

熱汚染　thermal pollution (276a)

熱拘(こう)縮　heat contracture (128a)

熱収支　heat budget (128a)

熱ショックタンパク質, 略号 HSP　heat shock protein (128a)

熱水噴出孔　hydrothermal vent (135b)

熱帯性低気圧　tropical cyclone (284a)

熱帯の　tropical (284a)

ネットサウンダー　net sounder (185b)

ネットソナー　net sonar (185b)

ネットゾンデ　net sonde (185b)

ネットプランクトン　net plankton (185b)

ネットホーラー　net hauler (185a)

熱風乾燥　hot gas drying (134a)

熱膨張　thermal expansion (276a)

熱量増加　heat increment (128a)

ねと　slime (254b)

ネブリン　nebulin (183b)

ネフローゼ　nephrosis (184b)

ネフロン　nephron (184b)

ねむり針　circle hook (50b)

NEMURO　North Pacific Ecosystem Model for Understanding Regional Oceanography (190b)

NEMURO.FISH　NEMURO for Including Saury and Herring (184a)

ネライストキシン　nereistoxin (184b)

ねりうに　paste of salted sea urchin egg (204b)

ねり餌　wet diet (297b)

ねり製品　surimi-based product, surimi seafood (269b)

粘液　mucus (179b)

粘液細胞　mucous cell (179b)

粘液糸　mucous string (179b)

粘液変性　mucous degeneration (179b)

粘液胞子虫　*Myxosporea* (181b)

粘液胞子虫性側湾症《ブリ》　myxosporean scoliosis (182a)

粘液胞子虫性眠り病《アマゴ・ヤマメ》　myxosporean sleeping disease (182a)

粘液胞子虫性脳脊髄炎《ブリ》　myxosporean encephalomyelitis (182a)

粘液胞子虫性やせ病《トラフグの》　myxosporean emaciation disease (181b)

年間総産卵量法, 略号 AEPM　annual egg production method (16a)

年級群　year class (300b), cohort

年級群解析　sequential population analysis (248a)

粘結剤　binder (30b)

年次検査　annual survey (16a)

粘質多糖　mucilagenous polysaccharide (179b)

稔性　fertility(*96b*)
粘性　viscosity(*292b*)
年代測定　age determination(*9a*)
粘弾性　viscoelasticity(*292b*)
粘着卵　adhesive egg(*7b*)
粘度　viscosity(*292b*)
燃料消費率　specific fuel consumption(*259a*)
燃料消費量　fuel consumption(*111b*)
燃料油　fuel oil(*111b*)
年輪　year ring(*300b*)
年輪形成　annulus formation(*16a*)
年齢群　age class(*9a*)
年齢体長相関表　age-length key(*9a*)
年齢別漁獲尾数　catch at age(*45a*)
年齢別産卵量　age-specific fecundity(*9a*)
年齢別死亡率　age-specific mortality rate(*9a*)
年齢別妊娠率　age-specific pregnancy rate(*9a*)

ノイズ　noise(*189a*)
ノイラミニダーゼ　neuraminidase(*186a*)
ノイラミン酸　neuraminic acid(*186a*)
脳　brain(*37a*)
脳炎　encephalitis(*85a*)
嚢(のう)果　cystocarp(*66a*)
〔脳〕下垂体　pituitary gland(*211b*)
農業廃水　agricultural waste water(*9b*)
農山漁村経済更生運動　economic recovery movement of agriculture, forestry and fisheries village(*81b*)
嚢(のう)子　cyst(*65b*)
嚢腫(のうしゅ)　cystoma(*66a*)
濃縮係数　concentration factor(*57a*)
嚢(のう)状体　coenocyte(*54a*)

脳神経　cranial nerve(*62a*)
脳神経節　cerebral ganglion(*47a*)
脳脊髄液　cerebrospinal fluid(*47a*)
脳腸ペプチド　brain-gut peptide(*37a*)
脳底部　basis cranii(*28a*)
能動漁具　active gear(*5b*)
能動免疫　active immunity(*5b*)
能動免疫〔処理〕　active immunization(*6a*)
能動輸送　active transport(*6a*)
脳波　brain wave(*37a*)
嚢(のう)斑　saccular macula(*238b*)
嚢(のう)胞　cyst(*65b*)
農薬　pesticide(*207a*)
農薬汚染　pollution by agricultural chemicals(*213b*)
膿瘍　abscess(*3b*)
農林漁業金融公庫　Agriculture, Forestry and Fisheries Finance Corporation(*9b*)
農林水産業生産指数　index number of agriculture, forestry and fishery product(*140a*)
農林水産省　Ministry of Agriculture, Forestry and Fisheries(*176a*)
農林中央金庫　Central Cooperative Bank for Agriculture and Forestry(*46b*)
ノーウォークウイルス下痢症　diarrheal disease of Norwalk's virus(*72a*)
ノーザンハイブリダイゼーション　Northern hybridization(*190b*)
ノーザンブロット法　Northern blot(*190b*)
ノープリウス眼　nauplian eye(*183a*)
ノープリウス〔幼生〕　nauplius(*183a*)
ノカルジア　Nocardia(*188b*)
のしいか　flattened and dried squid(*105b*)
ノジュール形成　nodule formation(*189a*)
ノジュラリン　nodularin(*188b*)
ノット　knot(*151b*)
ノニルフェノール　nonylphenol(*190a*)
伸び　elongation(*84b*)
昇〔り〕網　slope net(*255a*)
ノモグラム　nomogram(*189a*)

のり（海苔） nori(190a)
乗換え crossing over(63a)
ノリ需給調整協議会 Laver Supply and Demand Adjustment Council(155b)
ノルアドレナリン noradrenaline(190a)
ノルエピネフリン norepinephrine(190a)
ノンパラメトリック検定 non-parametric test(189b)

は

バーコード bar code(27b)
パーシャルフリージング partial freezing(203b)
パースウインチ purse winch(224a)
パースダビット purse davit(224a)
バーゼル条約 Basel Convention(28a)
パーセントSPR percent SPR(206a)
波圧 wave pressure(296a)
パーティクルガン法 particle gun method(204a)
ハーディ・ワインベルグの法則 Hardy-Weinberg law(127a)
ハーディ・ワインベルグ平衡 Hardy-Weinberg equilibrium(127a)
ハードルアー hard lure(127a)
バートレットの検定 Bertlett test(29b)
パーブアルブミン parvalbumin(204a)
ハーマンデイリーの持続可能な開発の原則 principles of sustainable development by Herman Daly(218b)
胚 embryo(84b)
肺 lung(163a)
バイオアッセイ bioassay(31a)
バイオインフォマティクス bioinformatics(31a)
バイオ系界面活性剤 biosurfactant(32a)
バイオセンサ biosensor(32a)
バイオソナー biosonar(32a)
バイオテクノロジー biotechnology(32a)
バイオテレメトリー biotelemetry(32a)
バイオマス biomass(32a)
バイオリアクター bioreactor(32a)
バイオリズム biological rhythm(31b), biorhythm(32a)
バイオレミディエーション bioremediation(32a)
バイオロギング biologging(31a)
胚芽 propagule(220b)
媒介生物 vector(290a)
排ガスエコノマイザ exhaust gas economizer(92a)
焙乾 broiling and drying(39a)
背間挿板 dorsal intercalary plate(77b)
背鰭(き)，略号D dorsal fin(77b)
背鰭(き)間隔 interdorsal〔fin〕(144b)
廃棄漁具 abandoned fishing gear(3a)
背鰭(き)前長 predorsal length(217a)
背筋 dorsal muscle(77b)
配偶行動 mating behavior(168b)
配偶子 gamete(113a)
配偶子形成 gametogenesis(113a)
配偶システム mating system(168b)
配偶子嚢(のう) gametangium(113a)
配偶者選択 mate choice(168b)
配偶子誘引物質 gamete attractant(113a)
配偶体 gametophyte(113a)
ハイグレーディング high-grading(131a)
背景雑音 ambient noise(13a)
背頸(けい)部 nuchal(191a)
敗血症 septicemia(248a)
背甲 carapace(42b)
背行血管 dorsal vessel(78a)
配合飼料 formula feed(109a)
背光反射 dorsal light response(77b)
背根 dorsal root(77b)
排出 excretion(92a)
焙焼 broiling(39a)
杯状細胞 goblet cell(121b)

排水　effluent(83a)
廃水　wastewater(294b)
排水基準　effluent standard(83a)
廃水処理　wastewater treatment(294b)
倍数性　polyploidy(214b)
倍数体　polyploid(214b)
倍数体育種　breeding by polyploidy(38a)
排精　spermiation(259b)
媒精　insemination(143b)
胚性幹細胞，略語 ES 細胞　embryonic stem cell(84b)
排泄　excretion(92a)
排泄物　feces(95a)
背線《珪藻類の》　raphe(227b)
配線用遮断器　molded-case circuit breaker(177a)
背側筋　epaxial muscle(88a)
背側屈筋　flexor dorsalis(105b)
背大動脈　dorsal aorta(77b)
排他的経済水域，略語 EEZ　exclusive economic zone(92a)
背中線　dorsal midline(77b)
バイ中毒　ivory shell poisoning(149a)
倍潮　overtide(200a)
バイト　byte(40b)
杯頭条虫　Proteocephalus(221b)
ハイドロコロイド　hydrocolloid(135a)
売買参加権　trade participating right(280b)
売買参加人　authorized buyer(23a)
背板《フジツボ類の》　tergite(274a)
背板《節足動物の》　tergum(274a)
廃フライ油　used frying oil(289a)
ハイブリッド形成　hybridization(134b)
背方向ターゲットストレングス《魚の》　dorsal aspect target strength(77b)
灰干〔し〕わかめ　ash-treated and dried wakame(20b)
背膜　dorsal lamina(77b)
廃油　waste oil(294b)
培養　culture(64b)
培養細胞　cultured cell(64b)

培養不能〔細〕菌，略号 VBNC または VNC　viable but nonculturable bacterium(291a)
排卵　ovulation(200a)
背鱗　elytron(84b)
ハイレトルト殺菌　high retort processing(131a)
パイロットチャート　pilot chart(211a)
ハウスキーピング遺伝子　housekeeping gene(134a)
ハウス養殖　green house culture(123a)
延(はえ)縄　longline(162a)
延(はえ)縄漁業　longline fisheries(162a)
延(はえ)縄漁船　longliner(162a)
延(はえ)縄式養殖　hanging aquaculture with longline(126a)
バキュロウイルス　baculovirus(26b)
バキュロウイルス性中腸腺壊(え)死症，略号 BMN　baculoviral midgut gland necrosis(26b)
バキュロウイルス・ペナエイ感染症《クルマエビ類》　tetrahedral baculovirosis(275a)
麦芽タンパク質粉末　malt protein flour(165a)
白色素〔細〕胞　leucophore(157b)
白色魚粉　white fish meal(298a)
白〔色〕筋　white muscle(298a)
白色雑音　white noise(298a)
白色体　leucoplast(157b)
薄層クロマトグラフィー，略号 TLC　thin-layer chromatography(276b)
端口　entrance(86b), mouth(179a)
バクテリア　Bacteria(26a)
バクテリオクロロフィル　bacteriochlorophyll(26b)
バクテリオファージ　bacteriophage(26b)
白点病《魚類》　white spot disease(298a)
白土処理　clay treatment(51b)
白熱灯　incandescent lamp(139b)
白斑　white fleck(298a)
白氷　milky ice(175a)

薄明（はくめい）　twilight（285b）
薄明（はくめい）視　twilight vision（285b）
舶用機関　marine engine（166b）
舶用軽油　marine diesel oil（166b）
暴露甲板　weather deck（296b）
波形勾配　wave steepness（296a）
箱網　bag（26b），bag net（26b）
波向　wave direction（295b）
波高　wave height（295b）
波高計　wave-height recorder（295b）
ハコフグ型期　ostracion boops stage（198b）
ハザード関数　hazard function（127b）
ハザードレート関数　hazard rate function（127b）
ハザードレートモデル　hazard rate model（127b）
バシオニム　basionym（28a）
梯子（はしご）状神経系　ladder-like nerve system（153b）
端止め　whipping（297b）
波状運動　undulatory movement（287b）
バシラス　Bacillus（25b）
パス解析　pass analysis（204a）
波速　wave speed（296a）
パソコン養殖　computer aquaculture（57a）
バソトシン　vasotocin（290a）
バソプレシン　vasopressin（290a）
ハダムシ症　skin fluke disease（254b）
破断応力　breaking stress（38a）
破断強度　breaking force（38a），breaking strength（38a）
破断ひずみ　breaking strain（38a）
破断凹み　penetration distance（205b）
鉢　skate（254a）
8字結び　figure of eight knot（97a）
八田（はちだ）網　octagonal lift net（193b）
鉢ポリプ　scyphopolyp（243b）
把駐力　anchor holding power（15b）
波長　wave length（296a）
バチルス　Bacillus（25b）
白化　albinism（10b）

発火　firing（97b）
発芽　germination（117b）
発芽管　germ tube（118a）
発芽体　germling（118a）
曝気装置　aeration apparatus（8a）
バックグランドアルジェー　background algae（25b）
白血球　leukocyte（157b）
白血病　leukemia（157b）
発見のポテンシャル　sighting potential（252a）
発酵　fermentation（96a）
発光器〔官〕　luminous organ（163a）
発光群　fireballs（97b）
発光〔細〕菌　luminescent bacterium（162b）
発酵食品　fermented food（96a）
発光信号　light signal（158b）
発光ダイオード，略号 LED　light-emitting diode（158b）
発光タンパク質　photoprotein（209a）
発散　divergence（76a）
発色剤　color developer（55a）
バッチ　patch（204b）
バッチ産卵数　batch fecundity（28b）
ハッチ・スラック回路　Hatch-Slack cycle（127b）
バッチ培養　batch culture（28b）
発電機　generator（115b）
発電器〔官〕　electric organ（84a）
発電機関　generator engine（115b）
発電機電位　generator potential（115b）
波止場　quay（225b）
花かつお（鰹）　shavings of katsuobushi（250a）
ハニカム　honey-comb（132b）
跳ね群れ　jumpers（150a）
ハプテン　hapten（126b）
パフトキシン　pahutoxin（201b）
ハプト藻類　haptophyte（126b）
ハプト鞭毛　haptonema（126b）
ハプロタイプ　haplotype（126b）

ハプロタイプ多様度, 略号 h　haplotypic diversity(126b)
波峰線　crest line(62b)
ハミルトン関数　Hamiltonian(126a)
ハムノイズ　hum noise(134b)
波面　crest line(62b)
破網　tears in netting(273b)
腹網　belly(29b)
パラクライン　paracline(202a)
パラコロ病　paracolo disease(202a)
バラスト水　ballast water(27a)
ばら凍結, 略号 IQF　individual quick freezing(141a)
パラトルモン　parathormone(203b)
腹肉　abdominal meat(3a)
パラニューロン　paraneuron(202b)
腹抜き《魚の》　eviscerated fish(91b)
バラノフ[の]モデル　Baranov model(27a)
腹開き　ventral splitting(290b)
パラミオシン　paramyosin(202b)
パラミロン　paramylon(202b)
パラメータ推定　estimation of parameters (90b)
バランスをとった漁獲　balanced harvest (26b)
張り網　stake net(112a), fyke net(261b)
針がかり　hooking(133a), strike(266a)
ハリス　leader(156a)
張り綱　guy(125a)
パリトキシン　palytoxin(202a)
針外し具　hook stripper(133a)
ハリフトロス　Haliphthoros(125b)
波力　wave force(295b)
バリン, 略号 Val, V　valine(289b)
バルーンネット　balloon net(27a)
パルス　pulse(223b)
パルスエコー法　pulse-echo method(223b)
パルス繰[り]返し速度　pulse repetition rate(223b)
パルス幅　pulse duration(223b)
パルブアルブミン　parvalbumin(204a)

パルミチン酸, 略号 16:0　palmitic acid (201b)
パルメラ世代　Palmella stage(201b)
パレオニスカス鱗　paleoniscoid scale(201b)
バレニン　balenine(27a)
ハレム　harem(127a)
波浪流　wave current(295b)
ハロクラスチシダ　Halocrusticida(125b)
ハロゲン灯　halogen lamp(126a)
ハロシニン　halocynine(126a)
パワースペクトル《波の》　power spectrum(216b)
パワーブロック　power block(216a)
範囲設定　scoping(243a)
半遠洋性の　hemipelagic(129a)
半解凍　partial thawing(204a)
半顆粒細胞　semigranular cell(247a)
半乾性油　semidrying oil(247a)
半球《地球の》　hemisphere(129a)
半球型篭　inkwell pot(143a)
反響　echo(81a), reverberation(234a)
半きょうだい　half sibs(125b)
半クローン生殖　hybridogenesis(134b)
半減期　half-life(125b)
反口極　aboral pole(3b)
反口側神経系　aboral nervous system(3b)
板骨層　lamellar bony layer(154a)
半細胞　semicell(247a)
反射　reflex(230b)
反射境界　reflecting boundary(230b)
反射係数　reflection coefficient(230b)
反射波　reflected wave(230b)
晩熟[性]　altricity(13a)
繁殖　breeding(38a), propagation(220b)
繁殖価　reproductive value(232b)
繁殖期　breeding season(38b)
汎食者　generalist(115b)
繁殖場　breeding ground(38b)
繁殖助長　promotion of propagation(220a)
繁殖成功度　reproductive success(232a)
繁殖努力　reproductive effort(232a)

繁殖のコスト　cost of reproduction(61b)
繁殖保護　conservation of reproduction(58a)
繁殖ポテンシャル，略号 RP　reproductive potential(232a)
半数体症候群　haploid syndrome(126b)
半数体の　haploid(126b)
伴性　sex linkage(249b)
晩成〔性〕　altricity(13a)
半接合体　hemizygote(129a)
搬送波位相　carrier phase(44a)
バンディング　banding(27a)
反転増幅器　inverting amplifier(147a)
半同胞　half sibs(125b)
バンド共有度指数，略号 BSI　band sharing index(27a)
パントテン酸　pantothenic acid(202a)
パンドレス　pan-dressed fish(202a)
ハンドロープ　hand rope(126a)
半日周潮　semi-diurnal tide(247a)
搬入量《水産物の》　secondary landing quantity(245a)
反応速度　reaction rate(228a)
半農半漁　fishery and agriculture household(100a)
販売事業　sale business(239a)
販売時点情報管理システム，略号 POS　point of sales(213a)
バンバン制御　bang-bang control(27a)
反復配列　repetitive sequence(232a)
反復配列数多型，略号 VNTR　variable number of tandem repeat(289b)
反復率　repeatability(232a)
半閉鎖〔性〕海域　semi-closed water area(247a)
判別関数　discriminant function(74b)
判別分析　discriminatory analysis(74b)
反流　countercurrent(61b)

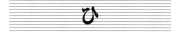

ヒアルロン酸　hyaluronic acid(134b)
P　P(201b)
Bmsy　Bmsy(34a)
BLUP 法　best linear unbiased prediction method(29b)
B 細胞　B cell(29a)
BCD コード，略号 BCD　binary coded decimal(30b)
B0　B0(25b)
B 染色体　B-chromosome(29a)
Bban　Bban
P 物質　substance P(267a)
ビーム　beam(29a)
ビームトロール　beam trawl(29a)
ビームパターン　beam pattern(29a)
ビーム幅　beam width(29a)
Blimit　Blimit(33b)
B リンパ球　B lymphocyte(34a)
非エステル化脂肪酸　nonesterified fatty acid(189b)
ビオトープ　biotope(32b)
ビオラキサンチン　violaxanthin(291b)
被殻　frustule(111a)
鼻殻　olfactory capsule(195a)
皮下腔　subdermal space(266b)
比較操業実験　comparative fishing experiment(56a)
比較測定　relative measurement(231b)
皮下血洞　subdermal sinus(266b)
東シナ海　East China Sea(80b)
皮下脂肪組織　subcutaneous adipose tissue(266b)
皮下神経網《腹足類の》　nerve plexus(184b)
皮下組織　hypodermis(136b)

干潟　tideland(*278a*)
干潟造成　formation of tideland(*109a*)
比活性　specific activity(*258b*)
光(ひかり)過敏症　photosensitization disease(*209b*)
光減衰係数　light attenuation coefficient(*158b*)
光刺激　light stimulus(*158b*)
光受容器　photoreceptor(*209a*)
光受容細胞　photoreceptive cell(*209a*)
光消散係数　light extinction coefficient(*158b*)
光群れ　shiners(*250b*)
微環境　microenvironment(*174a*)
非還元配偶子形成　unreduced gametogenesis(*288a*)
比肝重値　hepatosomatic index(*129b*)
尾鰭(き),略号 C　caudal fin(*45b*)
尾鰭(き)《クジラ類の》　fluke[s](*106b*)
尾鰭凹窩(びきおうか)　caudal pit(*45b*)
引き潮　ebb(*80b*)
引き潮流　ebb current(*81a*)
尾鰭(き)振動数　tail beat frequency(*272b*)
引出し綱　pulling out hawser(*223a*)
尾鰭(き)椎　ural vertebra(*288b*)
尾鰭(き)椎前脊椎骨　preural vertebra(*217b*)
非拮抗阻害　noncompetitive inhibition(*189a*)
曳綱　sweep line(*271a*)
引き波　backwash(*26a*)
曳縄　trolling gear(*284a*)
曳縄漁船　troller(*283b*)
曳縄釣　trolling(*283b*)
尾脚　uropod(*289a*)
非競争阻害　noncompetitive inhibition(*189a*)
尾棘(きょく)　caudal spine(*45b*)
鼻棘(きょく)　nasal spine(*182b*)
曳寄網　seine(*246a*)
引き寄せ綱　quarter rope(*225b*)

尾鰭(き)隆起縁　caudal keel(*45b*)
びく(魚籠)　fish basket(*98a*),fish pot(*103b*)
ビグネロン・ダール式トロール網　Vigneron-Dahl trawl(*291b*)
髭(ひげ)　palp(*201b*)
ひげ板《クジラの》　baleen(*27a*)
非計量的多次元尺度[構成]法　non-metric multidimensional scaling(*189b*)
非結核性抗酸菌症,略号 NTM　nontuberculous mycobacterial infection(*190a*)
非減数分裂　apomeiosis(*18a*)
非限定産卵　indeterminate spawning(*140a*)
非限定成長　indeterminate growth(*140a*)
鼻孔　nares(*182b*)
微好気性[細]菌　microaerophilic bacterium(*173b*)
微好気性微生物　microaerophilic microorganism(*173b*)
非更新資源　non-renewable resources(*189b*)
避航船　give-way vessel(*119a*)
非酵素的褐変　nonenzymatic browning(*189b*)
皮骨　dermal bone(*70b*)
尾骨　caudal skeleton(*45b*)
鼻骨　nasal bone(*182b*)
尾骨側突起　hypurapophysis(*137a*)
ピコプランクトン　picoplankton(*211a*)
飛砂　blown sand(*33b*)
皮鰓(さい)　papula(*202a*)
微細藻類　microalgae(*173b*)
瓢(ひさご)網　gourd-shaped set net(*122a*)
尾叉長　fork length(*108b*)
非酸素発生型光合成　anoxygenic photosynthesis(*16b*)
皮歯　dermal denticle(*70b*),placoid scale(*211b*)
菱目　diamond mesh(*72a*)
皮褶(しゅう)　fold(*107a*)
比重　specific gravity(*259a*)
非自由化水産品目　non-liberalized marine

product（189b）
比重計　hydrometer（135b）
微絨（じゅう）毛　microvillus（pl. microvilli）（174b）
微小管　microtubule（174b）
微小染色体　minute chromosome（176a）
微小藻体　microthallus（174b）
被食者　prey（218a）
被食者 - 捕食者関係　prey-predator interaction（218a）
ピシリケッチア　Piscirickettsia（211b）
非心 F 分布《確率》　noncentral F-distribution（189a）
非心カイ二乗分布《確率》　noncentral χ^2（chi-square）distribution（189a）
尾神経骨　uroneural bone（289a）
非心 t 分布《確率》　noncentral t-distribution（189a）
比推定　ratio estimation（227b）
ヒスタミン　histamine（131b）
ヒスタミン中毒　histamine poisoning（131b）
ヒスチジン, 略号 His, H　histidine（131b）
ヒスチジンデカルボキシラーゼ　histidine decarboxylase（131b）
ヒステリシス　hysteresis（137a）
ヒストリキネラ幼生　hystricinella larva（137a）
ヒストン　histone（131b）
ピストン式柱状採泥器　piston corer（211b）
歪（ひずみ）　distortion（75b）, strain（265b）
歪（ひずみ）ゲージ　strain gage（265b）
比成長(増加)率　specific growth rate（259a）
非政府組織, 略号 NGO　non-governmental organization（189b）
微生物　microorganism（174a）
微生物汚染　microbial contamination（173b）
微生物環　microbial loop（173b）
尾節　telson（274a）
尾舌骨　urohyal bone（288b）
非線形最小二乗推定　nonlinear least squares estimation（189b）

非選択的〔な〕　non-selective（190a）
皮層　cortex（61a）
皮層細胞　cortical cell（61a）
非損傷時復原性　intact stability（144a）
肥大《心臓, 臓器の》　hypertrophy（136b）
非対象種　unwanted species（288a）
ビタミン E　vitamin E（293a）
ビタミン A　vitamin A（292b）
ビタミン A アルコール　vitamin A alcohol（292b）
ビタミン A アルデヒド　vitamin A aldehyde（293a）
ビタミン A_1　vitamin A_1（292b）
ビタミン A 酸　vitamin A acid（292b）
ビタミン A_2　vitamin A_2（292b）
ビタミン A 油　vitamin A oil（293a）
ビタミン過剰症　hypervitaminosis（136b）
ビタミン拮抗体　vitamin antagonist（293a）
ビタミン K　vitamin K（293a）
ビタミン K_1　vitamin K_1（293a）
ビタミン欠乏症　vitaminosis（293a）
ビタミン混合物　vitamin mixture（293a）
ビタミン C　vitamin C（293a）
ビタミン D_2　vitamin D_2（293a）
ビタミン B_1　thiamin（276b）, vitamin B_1（293a）
ビタミン B_1 分解酵素　thiaminase（276b）
ビタミン B_2　vitamin B_2（293a）
ビタミン B_6　vitamin B_6（293a）
非タンパク質性窒素　nonproteinous nitrogen（189b）
非潮汐性の流れ　subtidal flow（267b）
尾椎　caudal vertebra（45b）
引っ掛け釣　ripper（236a）
引っ掛け針《釣の》　gig（118a）
引っ掛け針　ripping hook（236a）
必須アミノ酸　essential amino acid（90a）
必須アミノ酸指数, 略号 EAA 指数　essential amino acid index（90a）
必須栄養素　essential nutrient（90a）
必須元素　essential element（90a）

必須脂肪酸　essential fatty acid(90a)
ビット　bit(33a)
ビット／秒，略号 bps　bits per second(33a)
引張り強度　tensile strength(274a)
尾てい骨《ウミガメ類の》　pygal bone(224b)
ビテラリア〔幼生〕　vitellaria(293a)
ビテロジェニン　vitellogenin(293a)
非点源汚染　non-point source pollution(189b)
被度　coverage(61b)
微働遺伝子　minor gene(176a)
非働化　decomplementation(68a)
非同期式〔の〕　asynchronous(21b)
尾動脈　caudal artery(45b)
一重結び　overhand knot(199b)
非特異的細胞傷害性細胞，略号 NCC　non-specific cytotoxic cell(190a)
非特異的生体防御機構　non-specific defense mechanism(190a)
ひと結び　half hitch(125b)
1人1日当り水揚げ金額　landing value per person per day(154b)
ヒドロキシインドール-O-トランスフェラーゼ　hydroxyindol-O-transferase(136a)
ヒドロキシプロリン，略号 Hyp　hydroxyproline(136a)
ヒドロキシリシン，略号 Hyl　hydroxylysine(136a)
ヒドロ茎　hydrocaulus(135a)
ヒドロ根　hydrorhiza(135b)
ヒドロペルオキシダーゼ　hydroperoxidase(135b)
ヒドロペルオキシド　hydroperoxide(135b)
ヒドロ包　hydrotheca(135b)
ヒドロポリプ　hydropolyp(135b)
ヒドロラーゼ　hydrolase(135b)
避難港　refuge harbor(230b)
泌尿孔　urinary pore(288b)
泌尿生殖系　urogenital system(288b)

泌尿生殖孔　urogenital pore(288b)
比熱　specific heat(259a)
捻(ひね)り　kirbied point(151b)
被嚢(のう)《ホヤ類の》　tunic(285a)
被嚢(のう)軟化症《マボヤ》　soft tunic syndrome(256a)
ビバギナ　Bivagina(33a)
非反転増幅器　non-inverting amplifier(189b)
ひび　substrata for nori attachment(267a)
ひび立て式養殖　supporting system cultivation(269a)
非必須アミノ酸　nonessential amino acid(189b)
非標本誤差　non-sampling error(190a)
ビピンナリア〔幼生〕　bipinnaria(32b)
尾部下垂体　urophysis(289a)
非復元標本抽出　sampling without replacement(241a)
皮膚線虫症《コイ》　dermal nematodosis(70b)
尾部長　tail length(272b)
皮膚毒　skin toxin(254a)
灯船(ひぶね)　lighting boat(158b)
尾部棒状骨　urostyle(289a)
皮膚味蕾(らい)　terminal bud(274a)
ビブリオ　Vibrio(291b)
ビブリオバルニフィカス　Vibrio vulnificus(291b)
ビブリオ病　vibriosis(291b)
尾柄(へい)高　depth of caudal peduncle(70b)
非平衡余剰生産量モデル　non-equilibrium surplus production model(189b)
尾柄(へい)長　length of caudal peduncle(157a)
尾柄(へい)病　peduncle disease(205a)
尾柄(へい)部　caudal peduncle(45b)
ピペリジン　piperidine(211a)
微胞子虫　Microspora(174a)
ヒポキサンチン　hypoxanthine(137a)

非補償	depensation (70a)
非保存性	nonconservative property (189a)
ヒポタウリン	hypotaurine (136b)
飛沫帯	splash zone (260a), supralittoral zone (269a)
非マルコフ過程	non[-]Markov process (189b)
肥満細胞	mast cell (168a)
肥満症	obesity (192b)
肥満度	condition factor (57a)
費目別精査法	account classification method (4b)
火戻り	himodori (131b)
干物《魚介類の》	dried seafood (78b)
百葉箱	shelter (250b)
ビューフォート風力階級	Beaufort scale of wind force (29a)
ビュッフォンの針の問題《確率》	Buffon's needle problem (39b)
比容	specific volume (259a)
氷衣	ice glaze (137b)
錨(びょう)位	anchor position (15b)
漂泳生物	pelagos (205a)
氷縁	ice edge (137b)
鰾(ひょう)炎	swim bladder inflammation (271a)
氷温食品	deeply chilled food (68a)
氷温貯蔵	chilled storage (48b)
氷下漁業	ice fishing (137b)
表割	superficial cleavage (268b)
氷脚	ice foot (137b)
氷結率	ice crystal ratio (137b)
表現型	phenotype (207b)
表現型可塑性	phenotypic plasticity (207b)
表現型ずれ	phenodeviant (207b)
表現型分散, 略号 Vp	phenotypic variance (207b)
表現型変異	phenotypic variation (207b)
病原性	pathogenicity (204b)
病原性大腸菌, 略号 EPEC	enteropathogenic *Escherichia coli* (86b)
病原体	pathogen (204b)
氷湖	polynya (214b)
漂砂	littoral drift (160b)
氷山	iceberg (137b)
標識《鰭抜去などの》	mark (167b)
標識《迷子札による》	tag (272a)
標識遺伝子	marker gene (167b)
標識魚	tagged fish (272a)
標識死亡	extramortality due to tagging (93a)
標識装着	tagging (272a)
標識脱落	tag shedding (272b)
標識放流再捕実験	mark-recapture experiment (168a)
標識放流実験	marking experiment (167b), tagging experiment (272a)
標準化《品質の》	standardization (262a)
標準海水	standard sea water (262a)
標準化残差	standardized residual (262a)
標準化努力量	standardized effort (262a)
標準寒天	standard agar (261b)
標準球	standard sphere (262a)
標準原価	standard cost (262a)
標準誤差《推定量の》	standard error (262a)
標準深度	standard depth (262a)
標準代謝	standard metabolism (262a)
標準体長	standard length (262a)
標準断面図	standard cross section (262a)
標準比容偏差	thermosteric anomaly (276b)
標準物質	reference material (230a)
標準偏差	standard deviation (262a)
氷雪藻類	cryoalgae (63b)
鰾線虫症《ウナギ》	swim bladder nematodosis (271a)
氷蔵	iced storage (137b)
表層混合層	surface mixed layer (269a)
表層水	surface water (269b)
表層血合筋	superficial dark muscle (268b)
表層ドリフター	surface drifter (269b)
表層トロール	surface trawl (269b)
表層胞	cortical alveoli (61a)

錨(びょう)地　anchorage(15b)
漂着　stranding(265b)
表中層トロール　pelagic trawl(205a)
氷泥　ice slush(137b)
漂白　bleaching(33a)
氷盤　ice floe(137b)
表皮　epidermis(88b)
表皮下神経叢(そう)　subepidermal nerve plexus(267a)
表皮増生　epidermal hyperplasia(88b)
標本　sample(240b)
標本空間　sample space(240b)
標本誤差　sampling error(241a)
標本相関係数　sample correlation coefficient(240b)
標本抽出　sampling(241a)
標本抽出努力　sampling effort(241a)
標本抽出率　sampling fraction(241a)
標本分散　sample variance(240b)
標本平均　sample mean(240b)
表面張力波　capillary wave(42a)
表面反射　surface reflection(269b)
表面法　surface method(269b)
漂流　drift(79a)
氷冷収縮　chilling-induced contraction(48b)
日和見感染　opportunistic infection(196b)
日和見病原体　facultative pathogen(94a)
平形籠　flat pot(105b)
開き干し《魚の》　dried split fish(79a)
ヒラメラブドウイルス　hirame rhabdovirus(131b)
びり　slow grower(255a)
ピリオドグラム　periodgram(206a)
比率変化法，略語 CIR 法　changes in ratio method(47b)
ピリドキサール　pyridoxal(224b)
ピリドキサミン　pyridoxamine(224b)
ピリドキシン　pyridoxine(224b)
ビリベルジン　biliverdin(30b)
ピリミジン塩基　pyrimidine base(224b)
微粒子飼料　micro-particulate diet(174a)

微量　trace(280b)
微量栄養素　micronutrient(174a)
微量元素　trace element(280b)
ビリルビン　bilirubin(30b)
ビリン　bilin(30b)
ビルジ　bilge(30b)
ビルナウイルス　birnavirus(32b)
ピルビン酸　pyruvic acid(225a)
ピルビン酸キナーゼ，略号 PK　pyruvate kinase(224b)
ビルレンス　virulence(292a)
鰭(ひれ)　fin(97a)
鰭赤病《ウナギ》　red disease(229b)
比例標本抽出　proportional sampling(220b)
ピレノイド　pyrenoid(224b)
ひろ(尋)　fathom(94b)
ピロリン酸塩　pyrophosphate(224b)
貧栄養　oligotrophy(195b)
貧栄養海域　oligotrophic area(195a)
貧栄養湖　oligotrophic lake(195b)
ピンガー　pinger(211a)
瓶器　ampullary organ(14b)
ピング　ping(211a)
貧血　anemia(15b)
貧酸素水塊　oxygen depleted water(200b)
品質管理　quality control(225a)
品種　breed(38a)，variety(108b)
品種《分類学の》，略号 f.　forma(289b)
瓶詰〔食品〕　bottled food(35b)
頻度依存淘汰　frequency-dependent selection(110a)
瓶囊(のう)　ampulla(14b)
頻(ひん)脈　tachycardia(272a)
品目　item(148b)

ファジー制御　fuzzy control(112a)

ブイ　buoy(*39b*)
フィードオイル　feed oil(*95b*)
フィードバック　feedback(*95a*)
フィードバック管理　feedback management(*95b*)
フィードバック制御　feedback control(*95b*)
フィードバック阻害　feedback inhibition(*95b*)
フィードフォワード制御　feedforward control(*95b*)
V型オッターボード　V-board(*290a*)
V形機関　V-engine(*290b*)
フィコウロビリン　phycourobilin(*210b*)
フィコエリトリン　phycoerythrin(*210a*)
フィコエリトロシアニン　phycoerythrocyanin(*210a*)
フィコエリトロビリン　phycoerythrobilin(*210a*)
フィコシアニン　phycocyanin(*210a*)
フィコシアノビリン　phycocyanobilin(*210a*)
フィコビリソーム　phicobilisome(*207b*)
フィコビリタンパク質　phycobiliprotein(*210a*)
フィコビリビオリン　phycobiliviolin(*210a*)
フィコビリン　phycobilin(*210a*)
フィコプラスト　phycoplast(*210a*)
フィチン酸　phytic acid(*210b*)
ブイ追跡　buoy tracking(*40a*)
フィックの原理　Fick's principle(*97a*)
フィッシャー情報量　Fisher information(*100a*)
フィッシャーのスコア法　Fisher's score method(*100a*)
フィッシャーの正確確率検定　Fisher's exact probability test(*100a*)
フィッシャリーズサイエンス　Fisheries Science(*99b*)
フィッシュスティック　fish stick(*104b*)
フィッシュソリュブル　fish solubles(*104b*)
フィッシュフィンガー　fish finger(*101b*)
フィッシュブロック　fish block(*98a*)
フィッシュベース　FishBase(*98a*)
フィッシュボール　fish ball(*98a*)
フィッシュポンプ　fish pump(*104a*)
フィッシュミール　fish meal(*103b*)
フィッシングライン　fishing line(*102b*)
VD式トロール網　VD trawl(*290a*)
VPA統合モデル　stock synthesis(*265a*)
フィブリノーゲン　fibrinogen(*96b*)
フィブリン　fibrin(*96b*)
フィブロネクチン　fibronectin(*97a*)
フィヨルド　fjord(*105a*)
ブイライン《旋(まき)網の》　buoy line(*40a*)
ブイライン　lazyline(*156a*)
フィレー　fillet(*97a*)
Vローラー　V roller(*210b*)
フィロソーマ〔幼生〕　phyllosoma(*294a*)
風応力　wind stress(*299a*)
風向計　wind vane(*299a*)
封じ込め　containment(*58b*)
ブートストラップ法　bootstrap method(*35a*)
風土性〔の〕　endemic(*85a*)
フードマイレージ　food mileage(*108a*)
封入体　inclusion body(*140a*)
風波　wind wave(*299a*)
風配図　wind rose(*299a*)
風味　flavor(*105b*)
プール制《漁業生産の》　pool account of fishing production(*215a*)
富栄養化　eutrophication(*91b*)
富栄養湖　eutrophic lake(*91b*)
富栄養〔水〕域　eutrophic area(*91b*)
富栄養の　eutrophic(*91a*)
フェオフィチン　pheophytin(*207b*)
フェオフォルビド　pheophorbide(*207b*)
フェニルアラニン，略号 Phe, F　phenylalanine(*207b*)

フェリチン　ferritin(96a)
プエルルス〔幼生〕　puerulus(223a)
フェロモン　pheromone(207b)
不応期　refractory period(230b)
フォーレル水色階級　Forel's scale(108b)
フォックス〔の〕モデル　Fox model(109a)
フォトカプラ　photcapler(208b)
フォトバクテリウム　Photobacterium(209a)
フォワードジェネティクス　forward genetics(109a)
孵化　hatch(127a)
孵化池　hatching pond(127b)
付加価値生産性　value added productivity(289b)
付加価値通信網，略号 VAN　value added network(289b)
孵化器　incubator(140a)
不確実性　uncertainty(287a)
孵化酵素　hatching enzyme(127a)
深さ　throat(277a)
孵化場　hatchery(127a)
孵化腺　hatching gland(127a)
不活化　inactivation(139b)
不活化ワクチン　inactivated vaccine(139b)
不活性ガス装置　inert gas system(141b)
孵化日　hatch date(127a)
ふかひれ　dried shark fin(78b)
負荷量　load(161a)
ふかれ　drift(79a)
フカン　fucan(111a)
不関極《電気生理学の》　indifferent electrode(140b)
不乾性油　non-drying oil(189b)
不完全隔壁　incomplete mesentery(140a)
不完全優性　incomplete dominance(140a)
フカン硫酸　fucan sulfate(111a)
吹き寄せ　wind set up(299a)
不均一性　heterogeneity(130a)
不均衡　imbalance(138b)
腹位〔の〕　abdominal(3a)
フグ形　tetraodontiform(275a)

複眼　compound eye(56b)
副感触手　palp(201b)
腹間挿板　ventral intercalary plate(290b)
腹鰭(き)，略号 P2　pelvic fin(205a)
腹鰭(き)間突起　interpelvic process(146a)
腹鰭(き)肛門間隔　width between pelvic fin and anus(298b)
腹鰭(き)前長　prepelvic length(217b)
腹鰭(き)長　pelvic fin length(205a)
復元標本抽出　sampling with replacement(241a)
副原料　ingredient(142b)
腹甲　plastron(212a)
腹腔　abdominal cavity(3a)
複合仮説　composite hypothesis(56b)
副交感神経　parasympathetic nerve(203a)
腹行血管　ventral vessel(290b)
複合脂質　complex lipid(56b)
副甲状腺　parathyroid gland(203b)
複合性群体　compound colony(56b)
複合タンパク質　conjugated protein(57b)
複合養殖，略号 IMTA　Integrated Multi-Trophic Aquaculture(144a)
複合ロープ　composed rope(56b)
複合ワックス　complex wax(56b)
腹骨板　ventral plate(290b)
複婚　polygamy(214a)
腹根　ventral root(290b)
覆砂　cover sand(61b), sand overlaying(241a)
複雑さ　complexity(56b)
副産物　byproduct(40b)
副肢　epipodite(88b)
複糸(し)　twine(285b)
副次漁獲物　incidental catch(140a)
複子嚢(のう)　plurilocular sporangium(212b)
輻射軟骨　radialia(226a)
副腎　adrenal gland(7b)
副腎髄質　adrenal medulla(7b)
副振動　secondary undulation(245a)

副腎皮質　adrenal cortex(7b)
副腎皮質刺激ホルモン，略号 ACTH　adrenocorticotropic hormone(7b)
副腎皮質刺激ホルモン放出ホルモン，略号 CRH　corticotropin-releasing hormone(61a)
副腎皮質ホルモン　adrenocortical hormone(7b)
腹水　ascites(20a)
腹水症　dropsy(79a)
複数種 VPA，略号 MS-VPA　multi-species VPA(180a)
複数制　plural companies system(212b)
複相植物　diplont(73b)
腹側筋　hypaxial muscle(136a)
腹側屈筋　flexor ventralis(105b)
腹大動脈　ventral aorta(290b)
腹中線　ventral midline(290b)
フグ中毒　fugu poisoning(111b)
復調　demodulation(69a)
副蝶形骨　parasphenoid(203a)
腹椎　abdominal vertebra(3a)
フグ毒　puffer toxin(223a)
複二倍体　amphidiploid(14a)
腹板　sternite(263b)
腹部　abdomen(3a)
腹膜　peritoneum(206b)
腹膜炎　peritonitis(206b)
複雄性　diandric(72a)
複葉型オッターボード　biplane otter-board(32b)
袋網　bag net(26b), bag net(26b)
袋がかり〔の〕　pocketed(213a)
不顕性感染　subclinical infection(266b)
フコイジン　fucoidin(111b)
フコイダン　fucoidan(111a)
フコイダン分解酵素　fucoidanase(111b)
符号検定　sign test(252b)
不合理漁獲　illogical catch(138a)
フコーサン　fucosan(111b)
フコース　fucose(111b)

フコキサンチン　fucoxanthin(111b)
フサリウム　*Fusarium*(112a)
節〔類〕　boiled, smoke-dried and molded fish(35a)
節(ふし)　node(188b)
父子鑑別　paternity examination(204b)
浮腫(しゅ)　edema(82a)
浮上性飼料　porous pellet(215b)
浮上卵　floating egg(106a)
浮上卵率　floating egg ratio(106a)
腐食食物連鎖　detritus food chain(71a)
腐食性〔の〕　saprophagous(241a)
腐食連鎖　detritus food chain(71a)
不正尾　heterocercal tail(130a)
付属営業人　affix shopkeeper(8b)
付属骨格　appendicular skeleton(18b)
付属肢　appendage(18b)
付属小鱗　auxiliaries(24b)
付属鱗　scaly appendage(242a)
蓋(ふた)　opercle bone(196a)
二またかけ戦略　bet-hanging(30a)
フタル酸化合物　phthalic compound(210a)
縁(ふち)綱　gable(112b), selvedge(247a)
付着　attachment(22b)
付着珪藻　attached diatom(22b)
付着根　hapteron (*pl.* haptera)(126b)
付着〔細〕菌　attached bacterium(22b)
付着生物　attached organism(22b)
付着藻類　attached algae(22b)
付着部　holdfast(132a)
ブチルヒドロキシアニソール，略号 BHA　butylhydroxyanisol(40a)
不対鰭(ついき)　unpaired fin(288a)
普通筋　ordinary muscle(198a)
普通肉　ordinary meat(197b)
物価指数　index number of prices(140b)
復旧　rehabilitation(231a)
物質収支　material budget(168b)
物質循環　material cycle(168b)
プテリジン　pteridine(223a)
浮動　drift(79a)

埠(ふ)頭　quay(225b)
不透過堤　impermeable groin(139a)
ブドウ球菌　Staphylococcus(262b)
ブドウ球菌食中毒　staphylococcal food poisoning(262a)
不動精子　spermatium(259a)
不動精子囊(のう)　spermatangium(259a)
不動接合子　hypnozygote(136b)
不凍タンパク質　antifreeze protein(17b)
不動点　fixed point(105a)
ブドウ糖　glucose(119b)
不動配偶子　aplanogamete(18a)
不動配偶子接合　aplanogamy(18a)
不動胞子　aplanospore(18a)
不透明帯　opaque zone(196a)
不動毛　stereocilium(263b)
懐(ふところ)　gape(113a)
歩留り　yield rate(301a)
プトレッシン　putrescine(224b)
ふなずし　fermented crucian carp with rice (96a)
船溜〔り〕　boat harbor(34a)
船積み〔量〕　shipment(251a)
船曳(びき)網　boat seine(34a)
船宿　shipping agent(251a)
不妊(にん)　sterility(263b)
船揚〔げ〕場　quay of landing(225b)
船別割当て量, 略号 IVQ　individual vessel quota(141b)
不稔(ねん)　sterility(263b)
不燃性材料　non-combustible material (189a)
負の二項分布《確率》　negative binomial distribution(183b)
負のフィードバック　negative feedback (183b)
フノラン　funoran(112a)
フノリン　funorin(112a)
腐敗　spoilage(260b)
浮標　buoy(39b)
浮標錨(いかり)　dan anchor(66b)

浮標式　buoyage system(40a)
浮標綱　buoy line(40a), dan line(66b), flag line(105a), marker line(167b)
浮標縄　buoy line(40a)
浮標ブイ　dan buoy(66b)
部分水素添加　partial hydrogenation(203b)
部分加入　partial recruitment(204a)
部分尤(ゆう)度　partial likelihood(203b)
不分離　non-disjunction(189b)
不偏推定量　unbiased estimator(287a)
不偏性　unbiasness(287a)
不偏分散　unbiased variance(287a)
不飽和アルコール　unsaturated alcohol (288a)
不飽和脂肪酸　unsaturated fatty acid(288a)
n-3 不飽和脂肪酸　n-3 unsaturated fatty acid(182a)
n-6 不飽和脂肪酸　n-6 unsaturated fatty acid(182a)
浮遊珪藻　planktonic diatom(211b)
浮遊性〔の〕　pelagic(205a)
浮遊生物《水中の》　plankton(211b)
浮遊幼生　planktonic larva(211b)
浮遊卵　pelagic egg(205a)
不要物排除装置, 略号 TED　trash excluder device(282a)
プラーク形成細胞　plaque-forming cell (212a)
プラーク形成単位, 略号 PFU　plaque-forming unit(212a)
ブライドル　bridle(38b)
ブライドルチェーン　bridle chain(38b)
プライマー　primer(218a)
プライマーフェロモン　primer pheromone (218a)
ブライン　brine(38b)
ブラインシュリンプ　brine shrimp(38b)
ブライン凍結　brine freezing(38b)
ブラキオラリア〔幼生〕　brachiolaria(37a)
プラグ　plug(212b)
ブラケット　bracket(37a)

プラスチック汚染　plastic pollution(*212a*)
プラスマローゲン　plasmalogen(*212a*)
プラスミド　plasmid(*212a*)
フラックス　flux(*107a*)
プラヌラ〔幼生〕　planula(*212a*)
フラビンアデニンジヌクレオチド，略号 FAD(還元型：FADH₂)　flavin adenine dinucleotide(*105b*)
フラビンモノヌクレオチド，略号 FMN (還元型：FMNH₂)　flavin mononucleotide (*105b*)
フラボノイ　flavonoid(*105b*)
フラボバクテリウム　*Flavobacterium*(*105b*)
ブランキオマイセス　*Branchiomyces*(*37b*)
プランクトン　plankton(*211b*)
プランクトンネット　plankton net(*211b*)
フランス式籠　French pot(*110a*)
ブランチング　blanching(*33a*)
ブランド　brand(*37b*)
ブリーチング　bleaching(*33a*)
フリードマンの検定　Friedman test(*110b*)
フリーラジカル　free radical(*109b*)
ブリウイルス性腹水症《ブリ》　yellowtail viral ascites(*300b*)
振り塩漬〔け〕　dry salting(*79b*)
フリッパー　flipper(*106a*)
浮流土砂　suspended load(*270b*)
不漁　poor catch(*215a*)
浮力　buoyancy(*40a*)
浮力調節　buoyancy control(*40a*)
プリン塩基　purine base(*223b*)
篩（ふるい）　sieve(*252a*)
篩（ふるい）分け　screening(*243a*)
ブルーツーリズム　blue tourism(*34a*)
ブルーミート《かに缶詰の》　blue meat(*34a*)
プルーム　plume(*212b*)
ブルガーニンライン　Bulganin Line(*39b*)
プルキンエ現象　Purkinje's phenomenon (*223b*)
プルキンエ細胞　Purkinje cell(*223b*)
フルクトース　fructose(*111a*)

フルクトース 1, 6-ビスリン酸，略号 FBP　fructose 1, 6-bisphosphate(*111a*)
フルクトースビスリン酸アルドラーゼ　fructose-bisphosphate aldolase(*111a*)
プルテウス〔幼生〕　pluteus(*212b*)
ブルワーク　bulwark(*39b*)
フレーク　flake(*105a*)
フレオン　chlorofluorocarbon(*49a*), Freon(*110a*)
プレジオモナスシゲロイデス　*Plesiomonas shigelloides*(*212b*)
プレジャーボート　pleasure boat(*212b*)
プレゾエア〔幼生〕　prezoea(*218a*)
ブレベトキシン　brevetoxin(*38b*)
プレミア魚粉　premium fish meal(*217b*)
フローサイトメトリー　flow cytometry (*106b*)
ブローチング　broaching(*39a*)
プロオピオメラノコルチン，略号 POMC　proopiomelanocortin(*220a*)
プローブ　probe(*218b*)
プロカルプ　procarp(*219a*)
プロカレント鰭（き）　procurrent fin(*219a*)
プロカレント尾鰭（き）条　procurrent caudal ray(*219a*)
プログラム細胞死　programmed cell death(*219b*)
プロゲステロン　progesterone(*219b*)
プロスタグランジン，略号 PG　prostaglandin(*221a*)
プロタミン　protamine(*221a*)
ブロック凍結　block freezing(*33b*)
プロテアーゼ　protease(*221a*)
プロテアーゼ阻害物質　protease inhibitor (*221a*)
プロテイナーゼ　proteinase(*221b*)
プロテインシーケンサー　protein sequencer(*221b*)
プロテオグリカン　proteoglycan(*221b*)
プロトプラスト　protoplast(*222a*)
プロトン　proton(*222a*)

プロビタミン　provitamin(*222a*)
プロビタミン A　provitamin A(*222a*)
プロビタミン D₂　ergosterol(*89b*), provitamin D₂(*222a*)
プロビットモデル　probit model(*219a*)
プロファイル尤(ゆう)度　profile likelihood(*219a*)
プロフェノールオキシダーゼ《甲殻類の》,略号 proPO　prophenoloxidase(*220b*)
プロペラ　propeller(*220b*)
プロペラ効率　propeller efficiency(*220b*)
プロペラ効率比　relative rotative efficiency(*231b*)
プロペラ則　propeller's law(*220b*)
プロペラ馬力　propeller horse power(*220b*)
プロペラ鳴音　singing of propeller(*253a*)
プロホルモン　prohormone(*219b*)
プロモーター　promoter(*220a*)
プロラクチン, 略号 PRL　prolactin(*220a*)
プロラクチン放出因子, 略号 PRF　prolactin releasing factor(*220a*)
プロラクチン放出抑制因子, 略号 PIF　prolactin inhibiting factor(*220a*)
フロリドシド　floridoside(*106b*)
プロリン, 略号 Pro, P　proline(*220a*)
フロログルシノール　phloroglucinol(*208a*)
プロロセントラム　*Prorocentrum*(*221a*)
フロロタンニン　phlorotannin(*208a*)
フロン　chlorofluorocarbon(*49a*)
フロント　oceanic front(*193a*)
フロント渦　frontal eddy(*110b*)
糞　excrement(*92a*)
吻(ふん)　proboscis(*219a*)
吻(ふん)《魚類の》　snout(*255b*)
分圧　partial pressure(*203b*)
分解者　decomposer(*68a*)
分解層　decomposition layer(*68a*)
分解代謝　catabolism(*44b*), dissimilation(*75a*)
分解能　resolution(*232b*)

分割所有〔魚類〕資源　shared〔fish〕stock(*250a*)
分割表《統計》　contingency table(*59a*)
分岐　divergence(*76a*)
噴気孔　blowhole(*33b*)
分岐図　cladogram(*51a*)
噴気ポンプ　injector(*143a*)
吻(ふん)骨板　rostral plate(*237b*)
分散　variance(*289b*)
分散共分散行列　variance-covariance matrix(*289b*)
分散均一性《統計》　homoscedasticity(*132b*)
分散グラフ　scatter-graph(*242b*)
分散成長　diffuse growth(*73a*)
分散不均一《統計》　heteroscedasticity(*130b*)
分散分析, 略号 ANOVA　analysis of variance(*15a*)
分散率　dispersal rate(*74b*)
分枝　branching(*37b*)
分枝アミノ酸　branched chain amino acid(*37b*)
分子拡散　molecular diffusion(*177a*)
分枝過程　branching process(*37b*)
分枝脂肪酸　branched chain fatty acid(*37b*)
分子シャペロン　molecular chaperone(*177a*)
分子蒸留　molecular distillation(*177a*)
分子進化　molecular evolution(*177a*)
分子進化速度　molecular evolution rate(*177b*)
分枝軟条　branched ray(*37b*)
分子篩(ふるい)クロマトグラフィー　gel filtration(*114b*), molecular sieve chromatography(*177b*)
分子分散分析, 略号 AMOVA　analysis of molecular variance(*15a*)
分(ぶん)集団　subpopulation(*267a*)
噴水孔　spiracle(*260a*)
吻(ふん)長　snout length(*255b*)

分潮　tidal component(277b)
文鎮漕(こ)ぎ　drag combed-hook(78a)
吻(ふん)軟骨　rostral cartilage(237b)
分泌　secretion(245b)
分泌抗体　secretory antibody(245b)
分泌物　secrete(245b)
分泌葉　secretory lobe(245b)
分布　distribution(75b)
分別結晶　fractional crystallization(109a)
糞便汚染指標[細]菌　indicator bacterium of fecal pollution(140b)
フンボルト海流　　Humboldt Current(134b), Peru Current(206b)
粉末寒天　　　industrial agar(141b), powdered agar(216a)
粉末飼料　mash(168a)
噴霧乾燥　spray drying(261a)
噴霧凍結　spray freezing(261a)
噴門　cardia(43a)
噴門胃　cardiac stomach(43b)
分離　disjunction(74b), segregation(245b)
分離型細胞分裂　segregative cell division(246a)
分離線　separation line(248a)
分離帯　separation zone(248a)
分離の法則　law of segregation(155b)
分離板　separation disk(247b)
糞粒　fecal pellet(95a)
分類　classification(51b)
分類学　taxonomy(273b)
分裂溝　cleavage furrow(51b)
分裂組織　meristem(171b)

閉殻筋　adductor muscle(7a)
閉顎筋　adductor mandibula(7a)
平滑化　smoothing(255b)
平滑筋　smooth muscle(255b)
並岸流　longshore current(162a)
平均海面　mean sea level(170a)
平均高潮面　mean high water(169b)
平均世代時間　average generation length(24b)
平均ターゲットストレングス《魚の》　average target strength(24b)
平均対立遺伝子数　　average number of allele per locus(24b)
平均潮位　mean sea level(170a)
平均潮差　mean tide range(170a)
平均低潮面　mean low water(170a)
平均二乗誤差, 略号 MSE　mean square error(170a)
平均ヘテロ接合体率　average heterozygosity(24b)
平衡感覚　sense of equilibrium(247b)
平衡漁獲量　equilibrium catch(89b)
平衡砂　statoconia(263a)
平衡状態　equilibrium state(89b), steady state(263a)
平衡点　equilibrium point(89b)
平衡透析[法]　equilibrium dialysis[method](89b)
平衡胞　statocyst(263a)
米国海洋大気庁, 略号 NOAA　National Oceanic and Atmospheric Administration(182b)
米国漁業促進法　　American Fisheries Promotion Act(13a)
米国航空宇宙局, 略号 NASA　National Aeronautics and Space Administration(182b)
柄(へい)細胞　stalk cell(261b)
閉鎖型核分裂《細胞の》　　closed-type nuclear division(52a)
閉[鎖]個体群[資源]　closed population (stock)(52a)
閉鎖[性]海域　closed water area(52a), enclosed water(85b)

閉鎖生態系循環式養殖システム　closed ecological recirculating aquaculture system (*51b*)
閉鎖生態系生命維持システム，略号 CELSS　controlled ecological life support system (*59b*)
閉鎖性〔の〕　enclosed (*85a*)
閉鎖ネット　closing net (*52a*)
ベイズ合成　Bayesian synthesis (*29a*)
ベイズ情報量規準，略号 BIC　Bayesian information criterion (*28b*)
ベイズ統計学　Bayesian statistics (*28b*)
ベイズの定理　Bayes' theorem (*29a*)
ベイズ法　Bayesian method (*28b*)
平頂海山　guyot (*125a*), table-mount (*272a*)
平年差　anomaly (*16a*)
平板培養法　plate culture method (*212a*)
閉鰾(ひょう)魚　physoclistous fish (*210b*)
併用ワムシ　rotifer fed on chlorella and yeast (*238a*)
ペースメーカー電位　pacemaker potential (*201b*)
β-アラニン　β-alanine (*25a*)
β-カロテン　β-carotene (*25a*)
β-構造　β-structure (*25b*)
β-酸化《脂質の》　β-oxidation (*25b*)
β-シート構造　β-sheet structure (*25b*)
β-バレル　β-barrel (*25a*)
ベータ分布《確率》　beta distribution
β-マンナン　β-mannan (*25b*)
β-マンノシダーゼ　β-mannosidase (*25b*)
ベーリング海　Bering Sea (*29b*)
ヘキサクロロシクロヘキサン，略号 HCH　hexachlorocyclohexane (*130b*)
ヘキサミタ　Hexamita (*130b*)
べき乗則　power law (*216b*)
ヘキソースーリン酸側路　hexose monophosphate shunt (*130b*)
ヘキソキナーゼ　hexokinase (*130b*)
ベクター　vector (*290a*)
ペクテノトキシン　pectenotoxin (*204b*)
べこ病　beko disease (*29b*)
ベジアトア　Beggiatoa (*29b*)
へしこ　heshiko (*129b*)
ベステル　bester (*29b*)
ペターセン法　Petersen method (*207a*)
ベタイン　betaine (*30a*)
ヘッドライン　headline (*127b*)
ヘッドランド　headland (*127b*)
ヘッドロープ　head rope (*128a*)
ペディオコッカス　Pediococcus (*204b*)
ペディベリジャー〔幼生〕　pediveliger (*204b*)
ヘテラキシネ　Heteraxine (*130a*)
ヘテロカリオン　heterokaryon (*130a*)
ヘテロシグマ　Heterosigma (*130a*)
ヘテロシス　heterosis (*130a*)
ヘテロシス育種　breeding by heterosis (*38a*)
ヘテロシスト　heterocyst (*130a*)
ヘテロ接合度　heterozygosity (*130b*)
ヘテロプラスミー　heteroplasmy (*130a*)
ヘテロプラズモン性　heteroplasmy (*130a*)
ヘテロボツリウム　Heterobothrium (*130a*)
ヘドロ　hedoro (*128b*), sludge (*255a*)
ペニシリウム　Penicillium (*205b*)
ペニス　penis (*205b*)
ヘネグヤ　Henneguya (*129b*)
ベネデニア　Benedenia (*29b*)
ベバートン・ホルト型再生産曲線　recruitment curve of Beverton and Holt type (*229a*)
ベバートン・ホルト〔の〕モデル　Beverton and Holt model (*30a*)
ヘパトーマ　hepatoma (*129b*)
ヘパラン硫酸　heparan sulfate (*129b*)
ヘパリン　heparin (*129b*)
ヘビーメロミオシン，略号 HMM　heavy meromyosin (*128b*)
ペプシン　pepsin (*205b*)
ペプチド　peptide (*205b*)
ペプチドグリカン　peptidoglycan (*205b*)

ペプチドホルモン peptide hormone(205b)	変形細胞 amoebocyte(14a)
ペプトン peptone(205b)	変形シコン型 modified syconoid type (177a)
ヘマトクリット値 hematocrit value(129a)	変形半径 radius of deformation(226b)
ヘミ接合体 hemizygote(129a)	偏光 polarized light(213b)
ヘミセルロース hemicellulose(129a)	偏差 variation(289b)
ヘム heme(129a)	片鰓(さい) hemibranch(129a)
ヘムタンパク質 heme protein(129a)	弁鰓(さい) lamellibranchia(154a)
ヘモグロビン, 略号 Hb hemoglobin(129a)	変種《分類学の》, 略号 var. variety(289b)
ヘモシアニン hemocyanin(129a)	変数減少法 backward elimination(26a)
ペラゴス pelagos(205a)	変数誤差モデル errors in variable model(89b)
減らし目 bating(28b), netting taper(185b)	変数増加法 forward selection(109a)
ペラ・トムリンソン〔の〕モデル Pella-Tomlinson model(205a)	変性 denaturation(69a), unfolding(287b)
縁(へり)網 selvedge(247a)	偏性病原体 obligatory pathogen(192b)
ペリジニン peridinin(206a)	偏西風 westerlies(297a)
ベリジャー〔幼生〕 veliger(290a)	片節 proglottid(219b)
ペルー海流 Peru Current(206b)	ベンゼンヘキサクロリド, 略号 BHC benzene hexachloride(29b)
ペルオキシソーム peroxisome(206b)	偏相関係数 partial correlation coefficient(203b)
ペルオキシダーゼ peroxidase(206b)	変態 metamorphosis(172b)
ベルクマンの法則 Bergmann's rule(29b)	変調 modulation(177a)
ベルタランフィの成長式 von Bertalanffy growth equation(293b)	変動係数 coefficient of variation(54a)
ヘルトウィッヒ効果 Hertwig effect(129b)	変動性 variability(289b)
ベルヌーイ試行《確率》 Bernoulli trial(29b)	変動費 variable cost(289b)
ヘルパーT細胞 helper T cell(128b)	ペントースリン酸経路 pentose phosphate pathway(205b)
ヘルペスウイルス herpesvirus(129b)	変敗 rancidity(227a)
ヘルペスウイルス性造血器壊(え)死症 herpesviral hematopoietic necrosis(129b)	扁平細胞 pinacocyte(211a)
変異 variation(289b)	扁平石 sagitta(239a)
変異型 mutant(180b)	弁別限 difference limen(72b)
変異原性物質 mutagen(180b)	編網 braiding(37a)
変異性 variability(289b)	鞭毛 flagellum (pl. flagella)(105a)
偏位法 deflection method(68b)	鞭毛抗原 flagellar antigen(105a)
変温〔性〕動物 poikilothermic animal(213a)	鞭毛室 choanocyte(49b)
偏回帰係数 partial regression coefficient(204a)	偏利共生 commensalism(55b)
便宜置籍船, 略号 FOC flag of convenience ship(105a)	片利共生 commensalism(55b)
変形 deformity(68b)	

ほ

ボア　bore(35a)
ポアソン過程　Poisson process(213b)
ポアソン近似　Poisson approximation(213b)
ポアソン分布《確率》　Poisson distribution(213b)
ポアンカレ波　Poincare wave(213a)
保育場　nursery ground(192a)
ホイッスル　whistle(297b)
ボイラー　boiler(35a)
ポイントトランセクト標本抽出　point transect sampling(213b)
包囲化　encapsulation(85a)
方位角　azimuth(25a)
方位分解能　bearing resolution(29a)
棒浮き　stick-up float(264a)
棒受〔け〕網　stick-held dip net(264a)
棒受〔け〕網漁船　stick-held dip net fishing boat(264a)
防衛行動　defensive behavior(68b)
防疫　epidemic prevention(88b)
貿易統計　trades statistics(280b)
貿易風　trade-winds(280b)
防汚塗装　antifouling coating(17b)
放音　sound projection(257a)
防音　sound proof(257a)
崩壊　crash(62a)
包括適応度　inclusive fitness(140a)
防御抗原　protective antigen(221b)
方形籠　square pot(261b)
方形骨　quadrate bone(225a)
方形枠　quadrat(225a)
防げん材　fender(96a)
膀胱　urinary bladder(288b)
方向スペクトル　directional spectrum(74a)

縫(ほう)合部　symphysis(271b)
包枝　involucre(147a)
胞子　spore(260b)
傍糸球体装置　juxtaglomerular apparatus(150a)
胞子付け　spore attaching(260b)
胞子嚢(のう)　sporangium(260b)
胞子嚢(のう)群　sorus (pl. sori)(257a)
胞子非形成〔細〕菌　asporogenic bacterium(21a)
放射照度　irradiance(147b)
放射水溝　radial canal(226a)
放射性核種　radionuclide(226b)
放射性降下物　fallout(94a), radioactive fallout(226b)
放射性同位元素　radioisotope(226b)
放射性廃棄物　radioactive waste(226b)
放射能　radioactivity(226b)
放射能汚染　radioactive contamination(226a)
放射卵割　radial cleavage(226a)
胞子葉　sporophyll(260b)
棒状小体　rhabdoid(234b)
飽食　satiation(241b)
飽食給餌　satiation feeding(241b)
防食塗装　anticorrosive coating(17b)
紡錘形〔の〕　fusiform(112a)
放水口　freeing port(109b)
紡錘体　spindle(260a)
放精　ejaculation(83a)
放線菌類　actinomycetes(5b)
放線胞子　actinospore(5b)
包巣　house(134a)
法則収束《確率》　convergence in distribution(60a)
峰側板　carino-lateral(43b)
棒だら　dried round cod(78b)
膨張型救命艇　inflated lifeboat(142a)
膨張缶　swollen can(271a)
防潮ゲート　tide gate(278a)
防潮堤　tide embankment(277b)

膨張嚢(のう)	abdominal sac(3a)
防潮壁	sea wall(244b)
膨張弁	expansion valve(92b)
法定伝染病	legal infectious disease(157a)
法的制限体長	legal size limit(157a)
放電灯	discharged lamp(74a)
豊度	abundance(4a)
胞嚢(のう)《藻類の》	cyst(65b)
胞胚	blastula(33a)
防波柵	wave protection pile(296a)
防波堤	breakwater(38a)
防波堤釣	pier fishing(211a)
峰板	carina(43b)
防氷堤	ice-barrier(137b)
防腐剤	antiseptic(18a), preservative(217b)
Popeの近似式	Pope's approximation(215a)
傍分泌	paracrine(202a)
棒巻き	roll-up(237b)
抱卵数	fecundity(95a)
包卵腺	nidamental gland(187b)
放流	release(231b), stocking(265a)
放流効果	stocking efficiency(265a)
放流場	releasing ground(231b)
豊漁	good catch(122a)
飽和	saturation(242a)
飽和アルコール	saturated alcohol(242a)
飽和脂肪酸	saturated fatty acid(242a)
飽和水準	saturation level(242a)
飽和炭化水素	alkane(11b)
ホエールウォッチング	whale watching(297b)
頬(ほお)	cheek(48a)
ボーア効果	Bohr effect(34b)
ボースン	boatswain(34a)
ホーマ	Phoma(208a)
ボーマン嚢(のう)	Bowman's capsule(37a)
ボーメ度	Baume degree(28b)
ポーリ嚢(のう)	Polian vesicle(213b)
頬(ほお)鱗数	cheek scale(48a)
ホールデン効果	Haldane effect(125b)
ホールミール	whole meal(298a)
ボールローラ	ball roller(27a)
捕獲再捕法	capture-recapture method(42a)
簿記	book keeping(35a)
歩脚	pereiopod(206a)
捕脚	raptorial leg(227b)
保菌動物	carrier(44a)
ぼく《ウナギ》	oversized eel(200a)
墨汁嚢(のう)	ink sac(143a)
北西大西洋漁業機関,略号 NAFO	Northwest Atlantic Fisheries Organization(190b)
北西太平洋鯨類捕獲調査計画,略号 JARPN	Plan for the Japanese Whale Research Program under Special Permit in the Northwestern Part of the North Pacific(211b)
北転船	deep sea trawlers converted to North Pacific Ocean(68a)
北洋魚粉	white fish meal(298a)
北洋延(はえ)縄-刺網漁業	North Pacific Ocean long line and gill net fishery(190b)
母系 mRNA	maternal mRNA(168b)
捕鯨業	whaling(297b)
捕鯨銛(もり)	harpoon(127a)
ポケットビーチ	pocket beach(213a)
補欠分子族	prosthetic group(221a)
補酵素	coenzyme(54a)
補酵素 A,略号 CoA, CoASH	coenzyme A(54a)
保護細胞	cover cell(61b)
保護資源	protected stock(221a)
保護水面	conservation area(58a), protective area(221b), protected waters(221a)
星形機関	row-radial engine(238a)
ポジショナルクローニング	positional cloning(215b)
保持船	stand-on vessel(262a)
乾し海苔	dried nori(78b)
母仔免疫	maternal immunity(168b)

母集団《統計》	population (215a)
補助因子	cofactor (54b)
堡(ほ)礁	barrier reef (28a)
保証金制度	security money system (245b)
補償光度	compensation light intensity (56b)
補償光量	compensation irradiance (56a)
補償〔作用〕	compensation (56a)
補償深度	compensation depth (56a)
補償点	compensation point (56b)
補償法	compensation method (56b)
補助機関	auxiliary engine (24b)
捕食	predation (217a)
捕食圧	predation pressure (217a)
捕食者	predator (217a)
補助色素	accessory pigment (4a)
保持率	retention probability (233b)
乾〔し〕わかめ	dried wakame (79a)
保水性	water-holding capacity (295a)
母数《統計》	parameter (202b)
ホスファゲン	phosphagen (208a)
ホスファターゼ	phosphatase (208a)
ホスファチジルイノシトール	phosphatidylinositol (208a)
ホスファチジルエタノールアミン	phosphatidylethanolamine (208a)
ホスファチジルコリン	phosphatidylcholine (208a)
ホスファチジルセリン	phosphatidylserine (208a)
ホスファチジン酸	phosphatidic acid (208a)
ホスファチド	phosphatide (208a)
ホスホアルギニン	phosphoarginine (208a)
ホスホエノールピルビン酸, 略号 PEP	phosphoenolpyruvic acid (208b)
ホスホクレアチン	phosphocreatine (208b)
ホスホノ脂質	phosphonolipid (208b)
ホスホフルクトキナーゼ, 略号 PFK	phosphofructokinase (208b)
ホスホリパーゼ	phospholipase (208b)
ホスホリラーゼ	phosphorylase (208b)
ホスホリラーゼキナーゼ	phosphorylase kinase (208b)
補正	correction (61a)
母性遺伝	maternal inheritance (168b)
母性 mRNA	maternal mRNA (168b)
保全	conservation (58a)
母線	bus (40a)
母川回帰	mother river homing (178b)
母船式漁業	mother-ship type fisheries (178b)
保全生物学	conservation biology (58a)
細寒天	stringy agar (266a)
ボゾム	bosom (35a)
保存性	conservative property (58a)
保存料	antiseptic (18a), preservative (217b)
歩帯	ambulacrum (13a)
補体	complement (56b)
補体結合反応	complement fixation test (56b)
北極海	Arctic Ocean (19a)
北極星緯度法	latitude by Polaris (155b)
ポックス	pox (216b)
ホッケースティック型再生産曲線	hockey-stick stock-recruitment relationship (132a)
発赤	redness (229b)
ボツリヌス菌	*Clostridium botulinum* (52b)
ボツリヌス菌食中毒	botulism (36a)
ホテリングの T^2 検定	Hotelling's T^2 test (134a)
ホドグラフ	hodograph (132a)
ボトムアップアプローチ	bottom-up approach (36a)
ボトムアップ制御	bottom-up control (36a)
ボトルネック効果	bottleneck effect (35b)
ポニーボード	pony board (215a)
焔細胞	flame cell (105b)
ボビン	bobbin (34a)
ホプキンスの検定	Hopkins test (133a)
ホマリン	homarine (132b)
ホメオスタシス	homeostasis (132b)
ホメオティック遺伝子	homeotic gene

(132b)
ホモ接合体 homozygote(132b)
ボランタリーチェーン voluntary chain(293b)
ポリアクリルアミドゲル電気泳動, 略号 PAGE polyacrylamide gel electrophoresis(214a)
ポリアミド polyamide(214a)
ポリアミン polyamine(214a)
ポリープ polyp(214b)
ポリエーテル化合物 polyether compound(214a)
ポリエステル polyester(214a)
ポリエチレン polyethylene(214a)
ポリエドラ polyedra(214a)
ポリエン酸 polyenoic acid(214a)
掘起〔こ〕し具 rake(227a)
ポリジーン polygene(214b)
ポリビニルアルコール polyvinyl alcohol(215a)
ポリプ polyp(214b)
ポリフェノール性タンパク質 polyphenolic protein(214b)
ポリプロピレン polypropylene(214b)
ポリメラーゼ連鎖反応, 略号 PCR polymerase chain reaction(214b)
ホリングの円盤方程式 Holling's disk equation(132a)
ボルチライン bolch line(35a)
ポルフィラン porphyran(215b)
ポルフィロプシン porphyropsin(215b)
ホルマリン formalin(109a)
ホルムアルデヒド formaldehyde(108b)
ホルモゴン hormogone(134a)
ホルモン hormone(134a)
ホロ酵素 holoenzyme(132a)
ホロスリン holothurin(132a)
ホロトキシン holotoxin(132a)
ホワイトスポット病《クルマエビ類》 white spot disease(298a)
ホワイトミート white-meat tuna(298a)
ホワイトライン white line(298a)
本船付き wing end(299a)
ポンツーン pontoon(215a)
ぽんでん flag buoy(105a)
ぽんでん竿 flag pole(105a)
本能 instinct(143b)
ポンプ換水 pump ventilation(223b)
本結び reef knot(230a)
本目 flat knot(105b)
本目結節 reef knot(230a)
翻訳 translation(281b)
翻訳後修飾 post-translational modification(216a)

マーカーアシスト選抜, 略号 MAS maker-assisted selection(165a)
マーキング marking(167b)
マーケッティングミックス marketing mix(167b)
マーケットアプローチ market approach(167b)
マーチャンダイジング merchandising(171a)
毎回換水量 stroke volume of ventilation(266a)
毎回心拍出量 stroke volume of cardiac output(266a)
マイクロカプセル飼料 microencapsulated diet(174a)
マイクロコズム microcosm(173b)
マイクロサテライト DNA microsatellite DNA(174a)
マイクロタイター法 microtiter method(174b)
マイクロネクトン micronekton(174a)
マイクロ波加熱 microwave heating(174b)

マイクロ波センサ　microwave sensor（174b）

マイクロ波標識局，略号 racon　radar beacon（226a）

マイクロプランクトン　microplankton（174a）

マイクロホン電位　microphonic potential（174a）

埋在動物　infauna（142a）

マイトジェン　mitogen（176a）

マイトトキシン　maitotoxin（164b）

マウスナー細胞　Mauthner cell（169a）

マウンド堤　mound breakwater（179a）

曲がり　bend（29b）

旋（まき）網　purse seine（224a）

旋（まき）網漁船　purse seiner（224a）

旋（まき）網船団　purse seine fleet（224a）

旋（まき）網付属船　auxiliary vessel for purse seine（24b）

撒〔き〕餌　chum（50b）

撒〔き〕餌籠　chum can（50b）

巻き刺網　encircling gill net（85a）

撒き塩漬〔け〕　dry salting（79b）

巻波　plunging breaker（212b）

巻き結び　clove hitch（52b）

膜骨　membrane bone（171a）

膜処理　membrane process（171a）

膜タンパク質　membrane protein（171a）

膜電位　membrane potential（171a）

マクネマーの検定　MacNemar test（164a）

膜輸送　membrane transport（171a）

マグロ延（はえ）縄漁業　tuna longline fishery（285a）

マクロファージ　macrophage（164a）

マクロファージ活性化因子　macrophage activating factor（164a）

マクロファージ遊走阻止因子　macrophage migration inhibition factor（164a）

マクロファージ遊走阻止試験　macrophage migration inhibition test（164a）

マクロライド　macrolide（164a）

摩擦深度　depth of frictional influence（70b）

摩擦速度　shear velocity（250a）

増し目　increasing meshes（140a）

桝（ます）網　hoop net trap（133a），pound net（216a）

麻酔　anesthesia（15b）

マスキング効果　masking effect（168a）

マスクマッチング　mask matching（168a）

マスティゴネマ　mastigoneme（168b）

マスティゴプス〔幼生〕　mastigopus（168b）

マダイイリドウイルス　red seabream iridovirus（229b）

マダイイリドウイルス病　red seabream irridoviral disease（230a）

股網　bridle（38b）

待ち行列《確率》　waiting line（294a）

待ち時間《確率》　waiting time（294a）

待ち伏せ型　ambush（13a）

マッカーサーライン　MacArthur Line（164a）

末梢神経系　peripheral nervous system（206a）

末梢〔の〕　peripheral（206a）

マッセルウオッチ　mussel watch（180b）

マッチ-ミスマッチ仮説　match-mismatch hypothesis（168b）

マトリックス《生態学》　matrix（168b）

マトリックス《生物学》　matrix（168b）

マトリックスメタロプロテイナーゼ，略号 MMP　matrix metalloproteinase（168b）

マニュ的漁業　manufacturing fishery（166a）

マハラノビスの汎距離関数　Mahalanobis' generalized distance function（164a）

麻痺性貝毒　paralytic shellfish poison（202b）

まぶた　eyelid（93b）

真横に《船の》　abeam（3b）

マリーナ　marina（166a）

マリノベーション　marinovation（167b）

マリンエコラベル　marine eco-label（166b）

マリンスノー　marine snow（167a）

マリンスポーツ　marine sports(*167a*)
マリンツーリズム　marine tourism(*167a*)
マリンリゾート　marine resort(*167a*)
丸(まる)　round fish(*238a*)
マルコフ過程　Markov process(*167b*)
マルコフ連鎖　Markov chain(*167b*)
マルコフ連鎖モンテカルロ法，略号 MCMC　　Markov chain Monte Carlo (*167b*)
マルサス型増殖　Malthusian growth(*165a*)
マルサス係数　Malthusian parameter(*165a*)
丸シップ　maru ship(*168a*)
まるとくネット　Marutoku net(*168a*)
マルポール条約　Marine Pollution Treaty (*167a*)
丸干し　dried round fish(*78b*)
丸枠　hoop(*133a*)
丸枠付き覆い網　hooped cover(*133a*)
〔マロウズの〕Cp 統計量　〔Marrows'〕Cp statistic(*168a*)
マンカ〔幼生〕　manca(*165b*)
マンガン団塊　manganese nodule(*165b*)
蔓(まん)脚　cirrus(*51a*)
マングローブ　mangrove(*165b*)
慢性毒性　chronic toxicity(*50a*)
満潮　high water(*131b*)
マンナナーゼ　mannanase(*165b*)
マンニット　mannit(*165b*)
マンニトール　mannitol(*165b*)
マンヌロン酸　mannuronic acid(*165b*)
マンノース　mannose(*165b*)
マン・ホイットニーのU検定　Mann-Whitney U-test(*165b*)

身網　bag net(*26b*), body net(*34b*)
ミエロペルオキシダーゼ，略号 MPO　myeloperoxidase(*181a*)
澪(みお)　gut(*125a*), water-route(*295a*)
ミオキナーゼ　myokinase(*181a*)
ミオグロビン，略号 Mb　myoglobin(*181a*)
ミオゲン　myogen(*181a*)
ミオシン　myosin(*181b*)
ミオシン S-1　myosin S1(*181b*)
ミオシン H 鎖　myosin H chain(*181b*)
ミオシン L 鎖　myosin L chain(*181b*)
ミオシン軽鎖　myosin light chain(*181b*)
ミオシンサブフラグメント-1，略語ミオシン S-1　　myosin subfragment-1 (*181b*)
ミオシン重鎖　myosin heavy chain(*181b*)
ミオシン重鎖多量体　crosslinked myosin heavy chain(*63a*)
ミオシン B　myosin B(*181b*)
未開発資源　unexploited stock(*287b*)
ミカエリス定数，略号 Km　　Michaelis constant(*173b*)
ミカエリス・メンテン式　Michaelis-Menten equation(*173b*)
身欠きにしん　dried herring(*78b*)
味覚　taste sense(*273a*)
味覚器〔官〕　gustatory organ(*124b*)
見かけ波高　apparent wave height(*18b*)
見かけ比重　apparent specific gravity(*18b*)
見かけ密度　apparent density(*18b*)
ミキシジウム　*Myxidium*(*181b*)
幹縄　back rope(*25b*), ground line(*123b*), main line(*164b*), main rope(*164b*)
ミクソボルス　*Myxobolus*(*181b*)
ミクロコッカス　*Micrococcus*(*173b*)
ミクロシスチン　microcystin(*173b*)
ミクロフィラメント　microfilament(*174a*)
短い散在反復配列《塩基の》，略号 SINE　short interspersed nuclear element(*251b*)
ミシス〔幼生〕　mysis(*181b*)
水揚げ　landing(*154b*)
水揚物(ぶつ)　landed catch(*154a*)
水揚量　landed quantity(*154b*)

ミズカビ　*Saprolegnia*(241a)
ミズカビ病　saploregniasis(241a)
水変〔わ〕り　discoloration of water(74a)
水呼吸　water breathing(294b)
水先人　pilot(211a)
水晒し　leaching(156a), washing(294b)
水作り　preparation of rearing water(217b)
水煮缶詰　canned food in brine(42a)
水の華(はな)　water bloom(294b)
水張り凍結　ice-block freezing(137b)
未成魚　immature fish(138b)
溝　gullet(124b)
溝《鱗の》　radii(226a)
乱れ　turbulence(285a)
道糸　main line(164b)
満ち潮　flood(106b)
密殖　dense aquaculture(69b), dense culture(69b)
密度　density(69b)
密度依存性　density dependency(69b)
密度依存的効果　density dependent effect(69b)
密度依存的死亡　density dependent mortality(69b)
密度依存的成長　density dependent growth(69b)
密度依存的調節　density dependent regulation(69b)
密度依存的要因　density dependent factor(69b)
密度効果　density effect(70a)
密度勾配　density gradient(70a)
密度従属性　density dependency(69b)
密度独立性　density independency(70a)
密度躍層　pycnocline(224b)
密度流　density current(69b)
三つ又サルカン(猿環)　3-way ring swivel(296a)
三つ目板　delta plate(68b)
見積り家族労賃　estimated family wages(90b)

密漁　poaching(213a)
密漁者　poacher(213a)
ミティゲーション　mitigation(176a)
ミト口(ぐち)　bosom(35a)
ミトコンドリア　mitochondrion (*pl.* mitochondria)(176a)
ミトコンドリア DNA　mitochondrial DNA(176a)
緑カキ　green oyster(123b)
水俣病　Minamata disease(175a)
みなみまぐろの保存のための条約，略号 CCSBT　Convention for the Conservation of Southern Bluefin Tuna(59b)
みなみまぐろ保存委員会，略号 CCSBT　Commision for the Conservation of Southern Bluefin Tuna(55b)
ミニサテライト DNA　minisatellite DNA(175b)
ミニマックス推定量　minimax estimator(175b)
ミネラル混合物　mineral mixture(175b)
見張台　crow's nest(63b)
未評価，略号 NE　not evaluated(191a)
未評価種　not evaluated species(191a)
見本取引　sale by sample(239a)
脈絡膜　choroid membrane(50a)
宮崎肺吸虫　*Paragonimus miyazakii*(202b)
味蕾(らい)　taste bud(273a)
未利用資源　unused resources(288a)
みりん干し《魚の》　mirin-seasoned and dried fish(176a)
ミレニアム生態系評価，略号 MA　Millennium Ecosystem Assessment(175a)
民間漁業協定　fisheries agreement by private sector(98b)

無胃魚　stomachless fish(265a)
迎[い]角　attack angle(22b)
無芽胞[細]菌　asporogenic bacterium(21a)
無顆粒細胞　hyaline cell(134b)
無管鰾(ぴょう)魚　physoclistous fish(210b)
無機栄養生物　lithotroph(160b)
無気管鰾(ぴょう)　physoclistous swim bladder(210b)
無機質　mineral(175b)
むき身《貝の》　shucked shellfish(252a)
無給餌養殖　non-feeding culture(189b)
無機リン酸, 略号 Pi　inorganic phosphate(143a)
無菌化　sterilization(263b)
無血清培地《細胞培養用の》　serum-free medium(248a)
無結節網　knotless net(151b)
無限母集団　infinite population(142a)
無光層　aphotic zone(18a)
ムコ多糖　glycosaminoglycan(121a), mucopolysaccharide(179b)
無作為標本抽出　random sampling(227a)
無酸素水　anoxic water(16b)
無酸素水塊　anoxic water mass(16b)
無酸素層　anoxic layer(16b)
無酸素[の]　anoxic(16b)
無糸球体腎　aglomerular kidney(9b)
無主物　ownerless property(200a)
無主物先占　occupation of res nullius(193a)
むしり取り型　grazing(123a)
無人機関区域　unattended machinery space(287a)
娘群体　daughter colony(67b)
娘定数群体　daughter coenobium(67b)
無性生殖　asexual reproduction(20b)
無性世代　asexual generation(20b)
無生物層　azoic zone(25a)
無性葉状体　plethysmothallus(212a)
無脊椎動物　invertebrate(146b)

無線標識局　radio beacon station(226b)
無線方位測定機　radio direction finder(226b)
霧中信号　fog signal(107a)
無潮点　amphidromic point(14a)
ムチン　mucin(179b)
無対鰭　vertical fin(291a)
無店舗販売　non-store retailing(190a)
胸　breast(38a)
無配生殖　apogamy(18a)
無配胞子　parthenospore(203b)
無鰾(ひょう)魚　bladderless fish(33a)
無胞子生殖　apospory(18a)
群がり　aggregation(9b)
紫汁腺　purple gland(223b)
無流層　motionless layer(178b)
ムレイン　murein(180b)
群れ効果　group effect(123b)
群れ行動　schooling behavior(242b)

眼　eye(93b)
目合[い]　mesh size(171b)
目合外径　mesh length(171b)
目合内径　mesh opening(171b)
銘柄取引き　brand transaction(37b)
明順応　light adaptation(158b)
明所視　photopic vision(209a)
迷走神経　vagus nerve(289b)
迷走葉　vagal lobe(289b)
目板　mesh bar(171b), netting gauge(185b)
命名法　nomenclature(189a)
名目漁獲努力量　nominal fishing effort(189a)
メイラード反応　Maillard reaction(164b)
迷路器官　labyrinth organ(153b)
メインローブ　main lobe(164b)

目がかり	gilling (118b)
目がかり〔の〕	gilled (118a)
メガプランクトン	megaplankton (170b)
めかぶワカメ	sporophyll of wakame (260b)
メガロパ〔幼生〕	megalopa (170b)
〔メキシコ〕湾流	Gulf Stream (124b)
目刺し	wedging (296b)
雌継〔ぎ〕口《釣竿の》	female ferrule (96a)
雌特異タンパク	female-specific protein (96a)
メソプランクトン	mesoplankton (172a)
メタ個体群	metapopulation (173a)
メタゾエア〔幼生〕	metazoea (173a)
メタノール溶媒分解	methanolysis (173a)
メタルハライド灯	metal halide lamp (172b)
メタロチオネイン	metallothionein (172b)
メタン	methane (173a)
メタン〔細菌〕	methanogen (173a)
メタン食物連鎖	food web fueled by methane-derived carbon (108a)
メタンチオール	methanethiol (173a)
メチオニン, 略号 Met, M	methionine (173a)
4-O-メチル-D-グルコサミン	4-O-methyl-D-glucosamine (173a)
メチルヒスチジン	methylhistidine (173a)
メチルメルカプタン	methylmercaptan (173b)
滅菌	sterilization (263b)
メッケル軟骨	Meckel's cartilage (170a)
メッセンジャーRNA, 略号 mRNA	messenger RNA (172a)
目通し糸	poach line (213a)
メト化率《ミオグロビンの》	metmyoglobin percent (173b)
メトヘモグロビン血症《ウナギ》	methemoglobinemia (173a)
メトミオグロビン	metmyoglobin (173b)
雌節	dried bonito wing meat of ventral part (78b), katsuobushi of abdominal fillet (150b)
めふん	salted and fermented salmon kidney (240a)
メラトニン	melatonin (171a)
メラニン	melanin (170b)
メラニン凝集ホルモン, 略号 MCH	melanin-concentrating hormone (170b)
メラノイジン	melanoidin (170b)
免疫	immunity (138b)
免疫応答	immune response (138b)
免疫監視機構	immune surveillance (138b)
免疫寛容	immune tolerance (138b)
免疫記憶	immune memory (138b)
免疫グロブリン, 略号 Ig	immunoglobulin (139a)
免疫蛍光〔法〕	immunofluorescence (139a)
免疫原	immunogen (139a)
免疫原性	immunogenicity (139a)
免疫増強剤	immunopotentiator (139a)
免疫調整剤	immunomodulator (139a)
免疫電気泳動〔法〕	immunoelectrophoresis (139a)
免疫〔の〕	immune (138b)
免疫賦活剤	immunoactivator (139a)
免疫複合体	immune complex (138b)
免疫ブロット法	immunoblotting (139a)
免疫抑制	immunosuppression (139a)
免許漁業	granted fishery (123a)
面積散乱強度《魚の》, 略号 SA	area scattering strength (19a)
メンデル集団	Mendelian population (171a)
メンデルの〔遺伝〕法則	Mendel's laws (171a)
面盤	velum (290a)

| 藻(も) | alga (pl. algae) (11a) |

モイストペレット moist pellet(177a)
毛鰓(さい) trichobranchiate gill(283a)
毛巣 cryptostoma (pl. cryptostomata)(64a)
盲腸 blind gut(33b), caecum(41a)
盲嚢(のう) caecum(41a)
網膜 retina(233b)
網膜運動反応 retinomotor response(233b)
網膜電図,略号 ERG electroretinogram(84a)
毛様突起 ciliary process(50b)
モーゼスの検定 Moses test(178b)
モータータンパク質 motor protein(179a)
モーメント推定量 moment estimator(177b)
モーメント母関数《確率》 moment generating function(177b)
目《分類学の》,略号 ord. order(197b)
目視調査 visual survey(292b)
目視法 sighting method(252a)
目的関数 objective function(192b)
目標管理基準,略号 TRP target reference point(273a)
モザイク mosaic(178b)
緩子(もじ)網 fine square netting(97b)
模式標本 type specimen(286a)
モチリン motilin(178b)
モデル化 modelling(176b)
モデル誤差 model error(176b)
モデル選択 model selection(176b)
戻し交雑 backcross(25b)
戻し交雑第一代 B₁(25b)
戻り degradation of fish〔meat〕paste gel(68b)
戻り散乱 backscattering(25b)
戻り臭 reversion flavor(234b)
戻り誘発プロテアーゼ modori-inducing proteinase(177a)
物揚げ場 lighter's wharf(158b)
モノアシルグリセリン monoacylglycerin(177b)
モノアシルグリセロール,略号 MG monoacylglycerol(177b)
モノカイン monokine(177b)
モノクローナル抗体 monoclonal antibody(177b)
モノドン型バキュロウイルス感染症《クルマエビ類》 penaeus monodon-type baculovirus disease(205a)
藻場 seaweed bed(244b)
藻場造成 production of algal bed(219a), seaweed bed construction(244b)
模倣 imitation(138b)
もやい結び bowline knot(37a)
モラカンサス期 molacanthus stage(177a)
モラカンサス幼生 molacanthus larva(177a)
モラキセラ Moraxella(178a)
銛(もり) dart(67a), harpoon(127a)
モルガン菌 Morganella morganii(178a)
モルガン単位 Morgan unit(178b)
モルフォリノアンチセンスオリゴ morpholino antisense oligonucleotide(178b)
門《植物分類の》,略号 div. division(76a)
門《分類学の》 phylum(210b)
門歯 incisor(140a)
モンスーン monsoon(178a)
モンテカルロ法 Monte Carlo method(178a)
文部科学省 Ministry of Education, Culture, Sports, Science and Technology(176a)

ヤーン yarn(300b)
焼きあご roast flyingfish(237a)
焼き海苔 roasted laver(237a), toasted nori(278b)
焼き干し品《魚の》 broiled and dried fish

(39a)
葯(やく)　anther(17a)
薬剤感受性　drug sensitivity(79b)
薬剤耐性〔細〕菌　drug resistant bacterium(79a)
躍層　discontinuity layer(74b)
薬物代謝酵素系　drug-metabolizing enzyme system(79a)
薬浴　bath treatment(28b)
焼け肉《マグロの》　burnt meat(40a)
焼け肉　burnt tuna(40a)
夜行性〔の〕　nocturnal(188b)
ヤコウチュウ　Noctiluca(188b)
矢じり構造　arrowhead structure(19b)
やす　gig(118a), spear(258a)
野生型　wild type(298b)
野生型遺伝子　wild-type allele(298b)
野生生物　wildlife(298b)
野生絶滅, 略号 EW　extinct in the wild(93a)
野生絶滅種　extinct in the wild species(93a)
八手(やつで)網　octagonal lift net(193b)
雇われ　employee(85a)
簗(やな)　fish pound(103b)
簗(やな)漁業　weir-fishery(297a)
破れ止め　rip stopper(236a)

油圧アクチュエータ　hydraulic-oil actuator(135a)
油圧シリンダ　hydraulic-oil cylinder(135a)
油圧ポンプ　hydraulic-oil pump(135a)
油圧モータ　hydraulic-oil motor(135a)
油圧ユニット　hydraulic-oil power unit(135a)
優位　dominance(76b)
有意水準　significance level(252b)
誘引突起　illicium(138a)
誘引物質　attractant(22b)
遊泳運動　swimming movement(271a)
遊泳脚　pleopod(212b)
遊泳曲線　swimming curve(271a)
遊泳〔性〕生物　nekton(184a)
遊泳速度　swimming speed(271a)
UMP 検定　UMP test(287a)
UMPU 検定　UMPU test(287a)
有害遺伝子　deleterious gene(68b)
融解壊(え)死　liquefactive necrosis(160b)
有害藻類の増殖　harmful algal bloom(127a)
有害廃棄物　hazardous waste(127b)
有害プランクトン　harmful plankton(127a)
雄核発生　androgenesis(15b)
ユーカリア　Eucarya(91a)
有管鰾(ぴょう)魚　physostomous fish(210b)
有機栄養生物　organotroph(198a)
有機塩素化合物　organochlorine compound(198a)
有気管鰾(ぴょう)　physostomous swim bladder(210b)
有機スズ化合物　organotin compound(198a)
有機〔態〕炭素　organic carbon(198a)
有機〔態〕窒素　organic nitrogen(198a)
有義波　significant wave(252b)
有義波高　significant wave height(252b)
有機物　organic substance(198a)
有機物負荷　organic matter loading(198a)
遊漁　recreational fishing(229a)
遊漁規制　regulation for sports fishing(231a)
遊漁船　recreational fishing boat(229a)
遊漁対象魚　game fish(113a)
遊漁用漁獲割当て量　recreational quota(229a)
遊漁料　recreational fishing fee(229a)
有機リン化合物　organophosphorus compound(198a)

有限集団　finite population (97b)
有限母集団　finite population (97b)
有限補正　finite correction (97b)
融合核　synkaryon (271b)
有効漁獲強度　effective [overall] fishing intensity (82b)
有効漁獲努力量　effective fishing effort (82b)
融合細胞《紅藻類の》　fusion cell (112a)
有効推定量　efficient estimator (83a)
有効数字　significant figures (252b)
有効性　efficiency (83a)
有効性リシン　available lysine (24b)
有効積算水温　effective accumulated water temperature (82b)
有光層　photic zone (208b)
有効探索幅　effective search width (82b)
有効馬力《船の》　effective horse power (82b)
有糸分裂　mitosis (176a)
有糸分裂促進因子　mitogen (176a)
湧昇　upwelling (288b)
湧昇流　upwelling flow (288b)
優性　dominance (76b)
優性遺伝分散, 略号 VD　dominance genetic variance (77a)
優性効果　dominance effect (77a)
有性生殖　sexual reproduction (250a)
有性世代　sexual generation (249b)
雄性前核　male pronucleus (165a)
雄性先熟　protandry (221a)
優性[の]　dominant (77a)
優性の法則　law of dominance (155b)
雄性配偶子　male gamete (165a)
雄性発生　androgenesis (15b)
優性分散　dominance genetic variance (77a)
優性偏差　dominance deviation (77a)
雄性ホルモン　male sex hormone (165a)
有節サンゴモ　articulated coralline red alga (20a)
優占種　dominant species (77a)

優先順位　order of priority (197b)
優占度　dominance (76b)
遊走細胞　swarmer (271a)
遊走子　zoospore (301b)
遊走子嚢《のう》　zoosporangium (301b)
尤 (ゆう) 度　likelihood (159a)
誘導　attraction (22b)
誘導結合プラズマ質量分析計, 略号 ICP-MS　inductivity coupled plasma mass spectrometer (141b)
誘導脂質　derived lipid (70b)
誘導電動機　induction motor (141b)
尤 (ゆう) 度関数　likelihood function (159a)
有毒渦鞭毛藻類　toxic dinoflagellates (280a)
有毒廃水　poisonous waste water (213b)
有毒プランクトン　toxic plankton (280a)
尤 (ゆう) 度比, 略号 LR　likelihood ratio (159a)
尤 (ゆう) 度比検定, 略号 LRT　likelihood ratio test (159a)
尤 (ゆう) 度方程式　likelihood equation (159a)
ユウバクテリア　Eubacterium (91a)
有鰾 (ひょう) 魚　bladder fish (33a)
有毛細胞　hair cell (125b)
幽門　pylorus (224b)
幽門胃　pyloric stomach (224b)
幽門垂　pyloric caecum (pl. caeca) (224b)
幽門腺　pyloric gland (224b)
幽門部　pyloric portion (224b)
遊離アミノ酸　free amino acid (109b)
遊離感丘　free neuromast (109b)
遊離基捕捉剤　free radical scavenger (109b)
遊離棘 (きょく)　detached spine (71a)
遊離脂肪酸　free fatty acid (109b)
遊離軟条　detached ray (71a)
ユール・ウオーカーの方程式　Yule-Walker equation (301a)
油球　oil droplet (194b)
油脂　oil and fat (194b)

油脂酵母　ω-yeast(192b)
油脂酵母ワムシ　rotifer fed on ω-yeast(238a)
油水分離装置　bilge separator(30b)
輸精管　vas deferens(290a)
油槽　oil tank(194b)
輸送　transport(282a)
油ちょう　frying(111a)
湯煮　boiling(35a)
油膜　oil slick(194b)
輸卵管　oviduct(200a)
輸卵溝　oviducal channel(200a)

葉(よう)　lobe(161a)
ヨウ化プロピジウム，略号PI　propidium iodide(220b)
幼魚　fingerling(97b)
養魚　fish farming(101b)
養魚場　fishfarm(101b)
養魚用水　water supply for fish culture(295b)
溶菌反応　bacteriolysis(26b)
葉形仔魚　leptocephalus (*pl.* leptocephali)(157a)
幼形成熟　neoteny(184b)，progenesis(219b)
葉形尾　leptocercal tail(157a)
溶血〔現象〕　hemolysis(129a)
溶血性貧血　hemolytic anemia(129a)
溶血性補体活性　hemolytic complement activity(129a)
溶原〔細菌〕　lysogenic bacterium(163b)
溶原性　lysogeny(163b)
腰骨　pelvic bone(205a)
溶質　solute(256b)
養子免疫　adoptive immunity(7b)

溶出　release(231b)
溶出液　effluent(83a)
溶出速度　release rate(231b)
揚縄機　line hauler(159a)
葉状鰓(さい)　phyllobranchiate gill(210b)
洋上すり身　surimi manufactured on board(270a)
葉状部　blade(33a)
葉状鱗　leptoid scale(157a)
養殖　aquaculture(18b)，culture(64b)
養殖池　culture pond(64b)
養殖化《魚の》　domestication(76b)
養殖魚　cultured fish(64b)
養殖場　aquaculture farm(18b)
養殖場《魚類の》　fishfarm(101b)
養殖場造成　mariculture ground reclamation(166a)
幼生　larva (*pl.* larvae)(155a)
養成親魚　reared breeding fish(228a)
傭(よう)船　charter boat(47b)
ヨウ素価　iodine value(147a)
溶存酸素，略号DO　dissolved oxygen(75a)
溶存態有機物，略号DOM　dissolved organic matter(75a)
溶存物質　dissolved material(75a)
溶存無機〔態〕窒素，略号DIN　dissolved inorganic nitrogen(75a)
溶存無機〔態〕リン酸，略号DIP　dissolved inorganic phosphate(75a)
溶存有機〔態〕炭素，略号DOC　dissolved organic carbon(75a)
溶存有機〔態〕窒素，略号DON　dissolved organic nitrogen(75a)
溶存有機〔態〕リン酸，略号DOP　dissolved organic phosphate(75a)
腰帯　pelvic girdle(205a)
溶脱《土壌の》　eluviation(84b)
幼虫移行症　larval migrans(155a)
腰椎　lumbar vertebra(162b)
揚錨機　windlass(298b)

養鼈（べつ）　soft-shelled turtle culture（256a）
羊膜　amnion（14a）
養鰻（まん）　eel aquaculture（82b）
揚網　hauling（127b）
揚網機　net hauler（185a）
孕（よう）卵数　fecundity（95a）
揚力係数　lift coefficient（158a）
葉緑体　chloroplast（49b）
翼耳骨　pterotic bone（223a）
翼耳骨棘（きょく）　pterotic spine（223a）
翼状骨　pterygoid bone（223a）
抑制《カキの》　hardning（127a）
抑制《行動の》　inhibition（142b）
翼蝶形骨　pterosphenoid（223a）
翼幅　span（257b）
横型V字オッターボード　rectangular V-section otterboard（229a）
横型平板オッターボード　rectangular flat otterboard（229a）
横川吸虫　*Metagonimus yokogawai*（172b）
横V型オッターボード　Vee type otterboard（290a）
余剰原則　surplus principle（270a）
余剰生産　surplus production（270a）
余剰生産モデル　surplus production model（270a）
四つ手網　four-angle dip net（109a）
四つ割り　quarter fillet（225b）
呼出符号　call sign（41b）
予防　prophylaxis（220b）
予防接種　vaccination（289a）
予防的原理　precautionary principle（217a）
予防的取組み　precautionary approach（216b）
読み取り枠　open reading frame（196a）
予約相対取引　reserved relative dealings（232b）
余裕水深　under keel clearance（287b）
撚（よ）り　ply（212b）
撚（よ）り戻し　swivel（271a）

ヨルトの仮説　Hjort's hypothesis（132a）
予冷　pre-cooling（217a）
四価染色体　quadrivalent chromosome（225a）
四サイクル機関　four-stroke cycle engine（109a）
四倍体　tetraploid（275a）

擂潰（らいかい）　grinding（123b）
擂潰（らいかい）機　meat grinder（170a）
ライディッヒ細胞　Leydig cell（157b）
ライトミート　light-meat tuna（158b）
ライトメロミオシン，略号LMM　light meromyosin（158b）
ライフジャケット　life jacket（158a）
ライフベスト　life jacket（158a）
ラインウィーバー・バークプロット　Lineweaver-Burk plot（159b）
ライントランセクト標本抽出　line transect sampling（159a）
ライントランセクト法　linetransect sampling（159b）
ラインホーラー　line hauler（159a）
ラウンド　round fish（238a）
ラグーン　lagoon（154a）
落潮　ebb（80b）
ラクトコッカス　*Lactococcus*（153b）
ラクトバチルス　*Lactobacillus*（153b）
ラゲナ　lagena（153b）
ラゲニジウム　*Lagenidium*（153b）
ラジオイムノアッセイ，略号RIA　radioimmunoassay（226b）
ラジカル捕捉物質　radical scavenger（226a）
羅針盤　compass（56a）
らせん菌　spirillum (*pl.* spirilla)（260a）

らせん腸　valvular intestine(289b)
らせん弁　spiral valve(260a)
らせん卵割　spiral cleavage(260a)
ラッセル網地　Raschel webbing(227b)
ラッセルの方程式　Russell's equation(238b)
RAD-seq　restriction site associated DNA sequence(233a)
ラテン方格　Latin square design(155b)
ラトケ嚢(のう)　Rathke's pouch(227b)
ラニーニャ　La Nina (Niña)(154b)
ラフィド藻類　Raphidophyte(227b)
ラブドウイルス　rhabdovirus(234b)
ラブラドル海流　Labrador Current(153b)
ラミナラナーゼ　laminarinase(154a)
ラミナラン　laminaran(154a)
ラミナリオリゴ糖　laminarioligosaccharide(154a)
ラミナリナーゼ　laminarinase(154a)
ラミナリン　laminarin(154a)
ラミニン　laminin(154a)
ラム換水　ram ventilation(227a)
ラムサール条約　Ramsar Convention(227a)
ラムナン硫酸　rhamnan sulfate(234b)
ラムレガシーデータベース　RAM legacy database(227a)
ラメラ　lamella(154a)
羅網　entangling(86b)
羅網率　enmeshed rate(86a)
卵　egg(83a)
卵円腺　oval gland(199b)
卵円体　oval body(199b)
卵黄顆粒　yolk granule(301a)
卵黄球　yolk globule(301a)
卵黄形成抑制ホルモン　vitellogenesis-inhibiting hormone(293a)
卵黄嚢(のう)　yolk sac(301a)
卵黄胞　yolk vesicle(301a)
卵黄粒　yolk granule(301a)
乱塊法　randomized blocks design(227a)
卵核　female pronucleus(96a)

乱獲　overfishing(199b)
卵核胞　germinal vesicle(117b)
卵核胞崩壊, 略号 GVBD　germinal vesicle breakdown(117b)
卵割　cleavage(51b)
卵割腔　blastocoel(33a)
ラングミュア循環　Langmuir circulation(154b)
卵形成　oogenesis(195b)
ランゲルハンス島　islet of Langerhans(147b)
卵原細胞　oogonium (pl. oogonia)(195b)
乱婚　promiscuity(220a)
卵・仔魚輸送　egg and larval transport(83a)
卵質　egg quality(83a)
卵室　ovicell(200a)
藍色細菌　cyanobacteria(65a)
卵生　oviparity(200a)
卵成熟　oocyte maturation(195b)
卵成熟促起因子, 略号 MPF　maturation promoting factor(169a)
卵成熟誘起物質, 略号 MIS　maturation inducing substance(169a)
卵生殖　oogamy(195b)
卵生殖の　oogamous(195b)
卵精巣　ovotestis(200a)
卵生〔の〕　oviparous(200a)
卵巣　ovary(199b)
卵巣腔　ovarian cavity(199b)
藍藻素　phycocyanin(210a)
藍藻毒　cyanobacterial toxin(65a)
卵巣薄板　ovarian lamella(199b)
卵巣肥大症《マガキ》　ovary enlargement disease(199b)
藍藻類　blue-green algae(34a)
卵胎生　ovoviviparity(200a)
卵胎生〔の〕　ovoviviparous(200a)
ランダムウォーク《確率》　random walk(227a)
ランダムエステル交換　random interes-

terification(227a)
ランダム増幅多型 DNA 法，略号 RAPD　random amplified polymorphic DNA(227a)
ランダム分布　random distribution(227a)
乱積み　random masonry(227a)
卵嚢(のう)　ovisac(200a)
卵白　egg white(83a)
卵白腺　albumen gland(10b)
ランパラ網　lampara net(154a)
ランプブラシ染色体　lampbrush chromosome(154a)
卵胞子　oospore(195b)
卵母細胞　oocyte(195b)
卵膜　egg membrane(83a)
卵膜軟化症《サケ科魚類》　soft egg disease(256a)
卵膜軟化症　soft egg disease(256a)
卵門　micropyle(174a)
乱流　turbulent flow(285b)
乱流拡散　turbulent diffusion(285a)

リアーゼ　lyase(163a)
リアクタンス　reactance(228a)
リアス式海岸　rias coast(235a)
リアルタイム PCR　real-time PCR(228a)
リー現象　Lee's phenomenon(156b)
リーダーノット　leader knot(156a)
リール　reel(230a)
リガーゼ　ligase(158a)
離岸堤　offshore breakwater(194a)
リガンド　ligand(158a)
離岸流　rip current(236a)
離鰭(き)　fin-let(97b)
力学系　dynamical system(80a)
力学的高《海面の》　dynamic height(80a)
離棘　detached spine(71a)

陸起源性[の]　terrigenous(274b)
陸繋砂嘴(りくけいさし)　tombolo(278b)
陸上すり身　land-processed frozen surimi(154a)
陸上[の]　terrestrial(274b)
陸棚海域　shelf sea(250b)
リグナムバイタ　lignumvitae(158b)
陸標　land mark(154b)
陸封型　landlocked form(154b)
リケッチア　rickettsia(235b)
利ざや　distributional margin(75b)
離散時間モデル　time-discrete model(278a)
離散フーリエ変換，略号 DFT　discrete Fourier transform(74b)
離漿　syneresis(271b)
李承晩ライン　Syngman Rhee Line(271b)
リシン，略号 Lys，K　lysine(163b)
リスク愛好的　risk loving(236b)
リスク回避的　risk aversion(236b)
リスク管理　risk management(236b)
リスク中立的　risk neutral(236b)
リステリアモノサイトゲネス　*Listeria monocytogenes*(160b)
リソソーム　lysosome(163b)
リゾチーム　lysozyme(163b)
リゾビスホスファチジン酸塩　lysobisphosphatidate(163b)
リゾホスホリパーゼ　lysophospholipase(163b)
リゾリン脂質　lysophospholipid(163b)
利他行動　altruistic behavior(13a)
リチャードソン数　Richardson number(235b)
リチャードの成長式　Richard growth equation(235b)
リッカー型再生産曲線　recruitment curve of Ricker type(229a)
リッジ回帰　ridge regression(235b)
律速酵素　key enzyme(151a)
立体視　stereoscopic vision(263b)
立鱗病《コイ・キンギョ》　scale protru-

sion disease(242a)
リテーナー《かまぼこ用》 retainer(233b)
離島振興法 Solitary Islands Development Law(256b)
リノール酸, 略号 18:2 n-6 linoleic acid(159b)
リノレン酸, 略号 18:3 n-3；18:3 n-6 linolenic acid(159b)
リバースジェネティクス reverse genetics(234a)
リパーゼ lipase(159b)
リフォールディング refolding(230b)
リブロースビスリン酸カルボキシラーゼ, 略号 rubisco(ルビスコ) ribulose-bisphosphate carboxylase(235b)
リボース ribose(235a)
リボ核酸, 略号 RNA ribonucleic acid(235a)
リポキシゲナーゼ lipoxygenase(160b)
リポゲニック酵素 lipogenic enzyme(160a)
リボザイム ribozyme(235b)
リボソーム ribosome(160b), liposome(235b)
リボソーム RNA, 略号 rRNA ribosomal RNA(235a)
リポ多糖 lipopolysaccharide(160b)
リポタンパク質 lipoprotein(160b)
リボヌクレアーゼ, 略語 RN アーゼ ribonuclease(235a)
リポビテリン lipovitellin(160b)
リポフェクション法 lipofection(160b)
リボフラビン riboflavin(235a)
リマン海流 Liman Current(159a)
リモートセンシング remote sensing(231b)
略式両尾 abbreviated diphycercal tail(3a)
硫安分画 ammonium sulfate fractionation(14a)
流域 watershed(295b)
流域管理 watershed management(295b)
硫化水素 hydrogen sulfide(135a)

硫化物 sulfide(268a)
流況図 current pattern map(64b)
粒径 grain size(122b)
流向 current direction(64b)
流行性潰瘍症候群, 略号 EUS epizootic ulcerative syndrome(89a)
流行性造血器壊死症《レッドフィンパーチ・ニジマス》 epizootic hematopoietic necrosis(89a)
リューコン型 leuconoid type(157b)
硫酸〔化〕多糖 sulfated polysaccharide(268a)
硫酸化フカン sulfated fucans(267b)
硫酸還元 sulfate reduction(268a)
硫酸還元〔細〕菌 sulfate reducing bacterium(268a)
粒子計数器 particle counter(204a)
粒子サイズ分析 particle-size analysis(204a)
粒子状物質, 略号 PM particulate matter(204a)
粒子変位 particle displacement(204a)
流出境界 exit boundary(92a)
流出溝 exhalant canal(92a)
流出水 effluent(83a)
流水解凍 thawing with flowing water(275b)
流水式 flow-through system(106b)
流水式養魚 fish culture in running water pond(98a)
流水式養殖 running water pond culture(238b)
流跡線 trajectory(280b)
流速 current velocity(64b)
流束 flux(107a)
流速計 current meter(64b)
流速勾配 shear(250a)
流体力学 hydrodynamics(135a)
流通 distribution(75b)
流通業者 distributor(75b)
流通段階別価格 price at each marketing stage(218a)

流通マージン	distributional margin (75b)
流動細胞計測法	flow cytometry (106b)
流動資産	liquid assets (160b)
流動資本	floating capital (106a)
流動比率	current ratio (64b)
流動負債	floating debt (106a)
粒度分析	grain-size analysis (122b)
流入境界	entrance boundary (86b)
流入溝	incurrent canal (140a)
流入負荷	inflowing load (142a)
流配図	current rose (64b)
領域	domain (76b)
両落〔と〕し網	set net with both side traps (248b)
領海	territorial waters (274b)
両賭け戦略	bet hedging (30a)
利用可能度《資源の》	availability (24b)
両側検定	both-sided test (35b)
両側相称	bilateral symmetry (30a)
両眼間隔	interorbital space (146a)
両眼間隔幅	interorbital width (146a)
両眼視	binocular vision (30b)
両眼視野	binocular visual field (30b)
漁期間雇用	fishing season employment (103a)
両式呼吸動物	bimodal breather (30b)
利用事業	utility business (289a)
両性生殖	bisexual reproduction (32b)
両性生殖雌虫	mictic female (174a)
両性〔の〕	bisexual (32b)
両接型	amphistylic type (14a)
両側回遊	amphidromous migration (14a)
両側有色現象	ambicoloration (13a)
量的遺伝学	quantitative genetics (225a)
量的形質	quantitative character (225a), quantitative trait (225a)
量的形質遺伝子座，略号 QTL	quantitative trait loci (225a)
両天秤釣	sling-ding (254b)
梁（りょう）軟骨	trabecular cartilage (280b)
菱（りょう）脳	rhombencephalon (235a)
稜鱗	scutes (243a), ventral scutes (290b)
緑肝	green liver (123b)
緑色蛍光タンパク質，略号 GFP	green fluorescent protein (123a)
緑藻類	green algae (123a)
緑変	green discoloration (123a)
緑変肉	green meat (123b)
履歴効果	hysteresis (137a)
臨界深度	critical depth (62b)
臨界帯域	critical band (62b)
臨界値の定理	marginal value theorem (166a)
臨界日長	critical day length (62b)
臨界比	critical ratio (63a)
臨界遊泳速度	critical swimming speed (63a)
臨界融合周波数	critical fusion frequency (63a)
リンキクチス幼生	rhynchichthys larva (235a)
リングストリッパー	ring stripper (236a)
リングビアトキシン	lyngbyatoxin (163a)
リンゴ酸デヒドロゲナーゼ，略号 MDH	malate dehydrogenase (165a)
鱗骨	squamosal bone (261b)
リンコトウチオン〔幼生〕	rhynchoteuthion (235a)
輪採制	rotational harvesting (238a)
リン酸化	phosphorylation (208b)
リン酸化酵素	kinase (151a)
リン酸源	phosphagen (208a)
鱗式	scale formula (242a)
リン脂質	phospholipid (208b)
臨時性プランクトン	tychoplankton (286a)
リン循環	phosphorus cycling (208b)
鱗鞘（しょう）	scaly sheath (242a)
鱗状鰭（き）条	lepidotrichia (157a)
隣接的雌雄同体	sequential hermaphroditism (248a)
リンタンパク質	phosphoprotein (208b)
リンパ球	lymphocyte (163a)

リンパ腫(しゅ)　lymphoma(163a)
鱗板　scaly plate(242a)
鱗板《無脊椎動物の》　scutes(243a)
リンホカイン　lymphokine(163a)
リンホシスチス病, 略号 LD　lymphocystis disease(163a)
鱗紋　marks on scale(168a)
輪紋状四分胞子嚢(のう)　zonate tetrasporangium(301b)

類結節症《ブリ》　pseudotuberculosis(223a)
類膠変性　colloid degeneration(55a)
涙骨下縁棘(きょく)　spine of lower edge of lachrymal(260a)
類線維素変性　fibrinoid degeneration(96b)
ルート効果　Root effect(237b)
ルシフェラーゼ　luciferase(162b)
ルシフェリン　luciferin(162b)
ルテイン　lutein(163a)

零位法　null method(192a)
齢階層　age group(9a)
冷却海水, 略号 RSW　refrigerated sea water(230b)
冷却収縮　cold shortening(54b)
冷燻品　cold smoked product(54b)
冷燻法　cold smoking(54b)
齢形質　age character(9a)
冷血動物　poikilotherm(213a)
齢構成　age structure(9a)
齢構成個体群モデル　age-structured population model(9a)
齢査定　age determination(9a)
齢査定誤差　ag[e]ing error(9a)
冷水魚　cold water fish(55a)
冷水病　cold water disease(54b)
冷蔵　refrigeration(230b)
冷蔵庫　refrigerator(230b)
冷蔵施設　cold storing facilities(54b)
冷蔵〔室〕　cold storage(54b)
冷蔵倉庫　refrigerated warehouse(230b)
齢組成　age composition(9a)
冷凍　refrigeration(230b)
冷凍網《ノリの》　deep-frozen nori net(68a)
冷凍魚　frozen fish(110b)
冷凍〔魚〕運搬船　refrigerated fish carrier(230b)
冷凍庫　refrigerator(230b)
冷凍食品　frozen food(110b)
冷凍すり身　flozen fish paste(110b), frozen surimi(110b)
冷凍倉庫　refrigerated warehouse(230b)
冷凍貯蔵　frozen storage(110b)
冷凍品　frozen product(110b)
冷凍変性　freezing denaturation(110a)
冷凍変性防止剤　cryoprotectant(64a)
冷凍焼け　freezer burn(109b)
レイノルズ応力　Reynolds stress(234b)
レイノルズ数　Reynolds number(234b)
冷媒　refrigerant(230b)
冷風乾燥　cold blast drying(54b)
齢分布　age distribution(9a)
齢別生命表　cohort life table(54b)
レイリー散乱　Rayleigh scattering(227b)
レーダー　radar(226a)
レオウイルス　reovirus(232a)
礫(れき)石　lapillus(155a)
レクチン　lectin(156b)
レクチン経路《補体の》　lectin complement pathway(156b)
レジームシフト　regime shift(231a)
レシチン　lecithin(156b),

phosphatidylcholine(208a)
レジリエンス《生態系の》 resilience(232b)
レスリー行列 Leslie matrix(157a)
レスリー法 DeLury's method(69a), Leslie method(157b)
レチナール retinal(233b)
レチノイン酸 retinoic acid(233b)
レチノール retinol(233b)
レチノクローム retinochrome(233b)
レッコボート seine skiff(246a)
劣性〔の〕 recessive(228b)
劣性有害遺伝子 recessive deleterious gene(228b)
レッドデータブック Red Data Book(229b)
レッドフィールド比 Redfield ratio(229b)
レッドマウス病《サケ科魚類》 enteric red mouth disease(86b)
レッドリスト Red List(229b)
レッドリストの種別 Red List category (229b)
レドックス平衡 redox balance(229b)
レトルト retort(233b)
レトルト殺菌 retort processing(234a)
レトルトパウチ retort pouch(234a)
レトルト〔パウチ〕食品 retort-pouched food(234a)
レトルト焼け retort burn(233b)
レトロスペクティブ解析 retrospective analysis(234a)
レトロポゾン retroposon(234a)
レニン renin(232a)
レニン‐アンジオテンシン系 renin-angiotensin system(232a)
レプチン leptin(157a)
レプトセファルス leptocephalus (pl. leptocephali)(157a)
レポーター遺伝子 reporter gene(232a)
連 string(266a)
連結関数 link function(159b)
連結経路 connecting channel(58a)
連結ワイヤー joining wire(150a)

連検定 run test(238b)
連鎖《反応の》 chain(47b)
連鎖 linkage(159b)
レンサ球菌症 streptococcosis(265b)
連鎖群 linkage group(159b)
連鎖体 hormogone(134a)
連鎖地図 linkage map(159b)
連鎖不均衡 linkage disequilibrium(159b)
連鎖不平衡 linkage disequilibrium(159b)
連鎖マッピング linkage mapping(159b)
連室細管 siphuncle(254a)
連続最大出力 maximum continuous output (169a)
連続時間モデル time-continuous model (278a)
連続スペクトル continuous spectrum(59a)
連続定格 continuous rating(59a)
連続培養 continuous culture(59a)
連絡細胞 connecting cell(58a)
連絡糸 connection filament(58a)

ロイコトリエン leukotriene(157b)
ロイコノストック Leuconostoc(157b)
ロイシン,略号 Leu, L leucine(157b)
ロイン loin(161b)
ろう(蠟) wax(296a)
労賃率 labor expenses ratio to fisheries income(153a)
漏斗 eye(93b), funnel(111b)
漏斗網 flapper(105b), funnel net(112a)
労働環境 working environment(299b)
労働協約 labor agreement(153a)
労働生産性 labor productivity(153b)
漏斗張り綱 eye line(93b)
漏斗枠 eye(93b), hoop(133a)
ローカルエリアネットワーク,略号

LAN(ラン)　local area network（161a）
ローブ　lobe（161a）
ロープトロール　rope trawl（237b）
濾過　filtration（97a）
ロガー　logger（161b）
濾過食者　filter feeder（97a）
濾過食性　filter feeding（97a）
濾過水量　water filtering volume（295a）
濾過性微生物　filtrable microorganism（97a）
濾過装置　filtration equipment（97a）
濾過速度　filtration rate（97a）
肋甲板　costal scute（61a）
六炭糖　hexose（130b）
六倍体　hexaploid（130b）
六分儀　sextant（249b）
ロジスティック曲線　logistic curve（161b）
ロジットモデル　logit model（161b）
濾水計　flow meter（106b）
濾水量　water filtering volume（295a）
ロスビー数　Rossby number（237b）
ロスビー波　Rossby wave（237b）
ロスビー変形半径　Rossby radius of deformation（237b）
ロス率　loss rate（162a）
ロゼット形成細胞　rosette forming cell（237b）
ロゼット法　rosette technique（237b）
六角網目　hexamesh（130b）
肋骨　rib（235a）
肋骨板　pleural（212b）
ロトカ・ボルテラの方程式　Lotka-Volterra equation（162a）
ロドプシン　rhodopsin（235a）
ロバートソン転座　Robertsonian translocation（237b）
ロバートソンの成長式　Robertson growth equation（237a）
濾胞細胞　follicle cell（107b）
濾胞刺激ホルモン　follicle-stimulating hormone（107b）

濾胞閉鎖　atresia（22a），follicular atresia（107b）
ロラン　loran（162a）
露領漁業　fisheries managed by Japanese in far east Russia（99b）
ロレンチニ瓶　Lorenzini's ampulla（162a）
ロンドン・ダンピング条約　London Dumping Convention（161b）

わ

ワーピングエンド　warping end（294b）
ワープ　warp（294a）
ワーリングブレンダー　Waring blender（294a）
Y器官　Y organ（301a）
Y染色体　Y-chromosome（300b）
ワイブル分布《確率》　Weibull distribution（296b）
ワイヤー　wire rope（299a）
ワイヤーロープ　wire rope（299a）
矮(わい)雄　dwarf male（80a）
脇網　side panel（252a）
枠組み　framework（109b）
ワクチン　vaccine（289a）
枠取り調査　quadrate survey（225a）
ワシントン条約　Washington Treaty（294b）
ワスプウェイスト制御　wasp-waist control（294b）
ワタカビ　Achlya（4b）
ワックス　wax（296a）
割当て量《漁獲量の》　quota（226a）
割引後純利益　discounted net revenues（74b）
割引率　discount rate（74b）
ワルフォード[の]直線　Walford line（294a）
湾口改良　improvement of bay entrance

(139b)
腕節　carpus(44a)

付　録

I. 水産生物　和名・学名・英名一覧

和名・学名・英名

1. 魚類 (*463*)　2. 無脊椎動物 (*476*)　3. 爬虫類 (*486*)
4. 哺乳類 (*486*)　5. 植物 (*488*)

学名・和名・英名

6. 魚類 (*500*)　7. 無脊椎動物 (*513*)　8. 爬虫類 (*522*)
9. 哺乳類 (*522*)　10. 植物 (*523*)

英名・和名・学名

11. 魚類 (*536*)　12. 無脊椎動物 (*550*)　13. 爬虫類 (*560*)
14. 哺乳類 (*560*)　15. 植物 (*561*)

II. 図　録

1. 各種の籠 (*571*)　2. 内耳と耳石 (*572*)　3. プランクトンネット (*572*)　4. 標識 (*573*)　5. カイアシ類 (*573*)　6. 珪藻類 (*574*)　7. 藻場 (*574*)　8. ウナギの生活史 (*575*)　9. 成長式 (*575*)　10. 再生産曲線 (*575*)　11. シェーファーモデルとMSY (*576*)　12. 体長 (*576*)　13. 主な地域漁業管理機関と対象水域 (*576*)　14. ニジマスの脳 (*577*)　15. 魚類循環系の模式図 (*578*)　16. 魚類の内分泌系 (*579*)　17. 真骨魚類の下垂体 (*579*)　18. 魚類のステロイドホルモンの生合成経路 (*580*)　19. ヒラメの変態過程 (*581*)　20.

鰓の構造（582） 21. 三倍体，四倍体の作出原理（582） 22. 雌性発生二倍体の作出原理（583） 23. 異種間交雑と倍数体誘起（583） 24. 代表的な魚介類筋肉の成分組成（584） 25. 魚介類のエキス成分組成（585） 26. 魚肉全脂質の脂肪酸組成（586） 27. 海藻の多糖類（587） 28. 魚の処理（588） 29. 筋肉の構造（589） 30. 魚類の筋肉の構造（590） 31. 世界の海洋表層の主要な海流分布（590） 32. 日本近海の海流（591） 33. 潮目の分類（592） 34. 波動（592）

1. 魚類　和名・学名・英名

和　名	学　名	英　名
アイゴ	*Siganus fuscescens*	dusky spinefoot, mottled spinefoot
アイゴ科	Siganidae	rabbitfish, spinefoot
アイザメ	*Centrophorus atromarginatus*	blackfin gulper shark, dwarf gulper shark
アイナメ	*Hexagrammos otakii*	fat greenling
アイナメ科	Hexagrammidae	greenling
アオザメ	*Isurus oxyrinchus*	shortfin mako
アオダイ	*Paracaesio caerulea*	Japanese snapper
アオハタ	*Epinephelus awoara*	yellow grouper
アオブダイ	*Scarus ovifrons*	knobsnout parrotfish
アオメエソ科	Chlorophthalmidae	greeneye
アカアマダイ	*Branchiostegus japonicus*	horsehead tilefish
アカエイ	*Dasyatis akajei*	whip stingray
アカエイ科	Dasyatidae	stingray
アカカマス	*Sphyraena pinguis*	brown barracuda, red barracuda
アカガレイ	*Hippoglossoides dubius*	flathead flounder
アカグツ科	Ogcocephalidae	batfish
アカシタビラメ	*Cynoglossus joyneri*	red tonguesole
アカハタ	*Epinephelus fasciatus*	blacktip grouper
アカマンボウ	*Lampris guttatus*	opah
アカムツ	*Doederleinia berycoides*	blackthroat seaperch
アカメバル	*Sebastes inermis*	
アカヤガラ	*Fistularia petimba*	red cornetfish, smooth flutemouth
アコウダイ	*Sebastes matsubarae*	Matsubara's red rockfish
アサバガレイ	*Pleuronectes mochigarei*	dusky sole
アサヒダイ	*Pagellus bellottii*	red pandora
アジ科	Carangidae	jack, pompano
アシロ科	Ophidiidae	brotula, cusk-eel
アナゴ科	Congridae	conger eel, garden eel
アブラソコムツ	*Lepidocybium flavobrunneum*	escolar
アブラツノザメ	*Squalus acanthias*	piked dogfish, spiny dogfish
アブラボウズ	*Erilepis zonifer*	skilfish
アマゴ→サツキマス		
アマダイ科	Branchiostegidae	tilefish

アメマス（エゾイワナ）	*Salvelinus leucomaenis leucomaenis*	whitespotted char
アメリカウナギ	*Anguilla rostrata*	American eel
アユ	*Plecoglossus altivelis altivelis*	ayu sweetfish
アラ	*Niphon spinosus*	ara
アラスカキチジ	*Sebastolobus alascanus*	shortspine thornyhead
アラスカメヌケ	*Sebastes alutus*	Pacific ocean perch
アンコウ	*Lophiomus setigerus*	blackmouth angler, blackmouth goosefish
アンコウ科	Lophiidae	goosefish
イカナゴ	*Ammodytes japonicus*	western sand lance
イサキ	*Parapristipoma trilineatum*	chicken grunt, threeline grunt
イサキ科	Haemulidae	grunt, sweetlip
イシガキダイ	*Oplegnathus punctatus*	spotted beakfish, spotted knifejaw
イシガレイ	*Kareius bicoloratus*	stone flounder
イシダイ	*Oplegnathus fasciatus*	barred knifejaw, striped beakfish
イズカサゴ	*Scorpaena neglecta*	Izu scorpionfish
イスズミ	*Kyphosus vaigiensis*	brassy chub
イソギンポ科	Blenniidae	combtooth blenny
イソフエフキ	*Lethrinus atkinsoni*	Pacific yellowtail emperor
イッテンアカタチ	*Acanthocepola limbata*	blackspot bandfish
イットウダイ科	Holocentridae	soldierfish, squirrelfish
イトウ	*Hucho perryi*	Japanese huchen, Sakhalin taimen
イトヒキアジ	*Alectis ciliaris*	African pompano
イトヒキダラ	*Laemonema longipes*	longfin codling
イトヨリダイ	*Nemipterus virgatus*	golden threadfin bream
イトヨリダイ科	Nemipteridae	threadfin bream
イヌノシタ	*Cynoglossus robustus*	robust tonguefish
イバラヒゲ	*Coryphaenoides acrolepis*	Pacific grenadier, roughscale rattail
イボダイ	*Psenopsis anomala*	Pacific rudderfish
イラコアナゴ	*Synaphobranchus kaupii*	Kaup's arrowtooth eel, northern cutthroat eel
ウグイ	*Tribolodon hakonensis*	big-scaled redfin
ウサギアイナメ	*Hexagrammos lagocephalus*	rock greenling
ウシノシタ科	Cynoglossidae	tongue sole, tonguefish
ウスバハギ	*Aluterus monoceros*	unicorn leatherjacket filefish
ウスメバル	*Sebastes thompsoni*	goldeye rockfish

ウツボ	*Gymnothorax kidako*	Kidako moray
ウツボ科	Muraenidae	moray eel
ウナギ科	Anguillidae	freshwater eel
ウマヅラハギ	*Thamnaconus modestus*	black scraper
ウミタナゴ	*Ditrema temminckii temminckii*	
ウミタナゴ科	Embiotocidae	surfperch
ウメイロ	*Paracaesio xanthura*	yellowtail blue snapper
ウルメイワシ	*Etrumeus teres*	red-eye round herring
ウロコマグロ（ガストロ）	*Gasterochisma melampus*	butterfly kingfish
エソ科	Synodontidae	lizardfish
エゾイソアイナメ	*Physiculus maximowiczi*	brown hakeling
エゾイワナ→アメマス		
エゾメバル	*Sebastes taczanowskii*	white-edged rockfish
オアカムロ	*Decapterus tabl*	redtail scad, roughear scad
オイカワ	*Opsariichthys platypus*	freshwater minnow
オオイカナゴ	*Ammodytes heian*	peaceful sand lance
オオクチ→マジェランアイナメ		
オオクチバス	*Micropterus salmoides*	largemouth black bass
オオサガ	*Sebastes iracundus*	angry rockfish
オオニベ	*Argyrosomus japonicus*	Japanese meagre
オオヒメ	*Pristipomoides filamentosus*	crimson jobfish
オオメナツトビ	*Cypselurus unicolor*	limpid-wing flyingfish
オオモンハタ	*Epinephelus areolatus*	areolate grouper
オキアカウオ→チヒロアカウオ		
オキヒラス（ワレフー）	*Seriolella brama*	common warehou
オニアジ	*Megalaspis cordyla*	torpedo scad
オニオコゼ	*Inimicus japonicus*	devil stinger
オニカサゴ	*Scorpaenopsis cirrosa*	weedy stingfish
オニカマス	*Sphyraena barracuda*	great barracuda
オヒョウ	*Hippoglossus stenolepis*	Pacific halibut
オビレダチ	*Lepidopus caudatus*	silver scabbardfish
カイワリ	*Kaiwarinus equula*	whitefin trevally
カエルアンコウ科	Antennariidae	frogfish
カサゴ	*Sebastiscus marmoratus*	false kelpfish, marbled rockfish
カジカ	*Cottus pollux*	Japanese fluvial sculpin
カジカ科	Cottidae	sculpin

ガストロ→ウロコマグロ		
カタクチイワシ	*Engraulis japonica*	Japanese anchovy
カタクチイワシ科	Engraulidae	anchovy
カダヤシ	*Gambusia affinis*	mosquitofish
カツオ	*Katsuwonus pelamis*	skipjack tuna
カナガシラ	*Lepidotrigla microptera*	redwing searobin
カマスサワラ	*Acanthocybium solandri*	wahoo
カマス科	Sphyraenidae	barracuda
カムルチー	*Channa argus*	snakehead
カラスガレイ	*Reinhardtius hippoglossoides*	Greenland halibut
カラフトシシャモ	*Mallotus villosus*	capelin
カラフトマス	*Oncorhynchus gorbuscha*	humpback salmon, pink salmon
カリフォルニアビラメ	*Paralichthys californicus*	California flounder, California halibut
カレイ科	Pleuronectidae	righteye flounder
カワスズメ	*Oreochromis mossambicus*	Mozambique tilapia
カワハギ	*Stephanolepis cirrhifer*	threadsail filefish
カワハギ科	Monacanthidae	filefish
カワマス	*Salvelinus fontinalis*	brook trout
カワヤツメ	*Lethenteron japonicum*	Arctic lamprey
ガンギエイ	*Dipturus kwangtungensis*	Kwangtung skate
ガンギエイ科	Rajidae	skate
カンパチ	*Seriola dumerili*	greater amberjack
カンモンハタ	*Epinephelus merra*	honeycomb grouper
キアンコウ	*Lophius litulon*	yellow goosefish
キグチ	*Larimichthys polyactis*	yellow croaker
キジハタ	*Epinephelus akaara*	Hong Kong grouper
ギス	*Pterothrissus gissu*	Japanese gissu
ギスカジカ	*Myoxocephalus stelleri*	frog sculpin, Steller's sculpin
キス科	Sillaginidae	sillago, smelt-whiting
キダイ	*Dentex hypselosomus*	yellowback seabream
キタノホッケ	*Pleurogrammus monopterygius*	Atka mackerel
キタノメダカ	*Oryzias sakaizumii*	northern medaka
キチジ	*Sebastolobus macrochir*	broadbanded thornyhead, broadfin thornyhead
キチヌ	*Acanthopagrus latus*	yellowfin seabream
キツネメバル	*Sebastes vulpes*	fox jacopever
キハダ	*Thunnus albacares*	yellowfin tuna
キビナゴ	*Spratelloides gracilis*	silver-stripe round herring
キレンコ	*Pterogymnus laniarius*	panga seabream

キュウセン	*Parajulis poecileptera*	multicolorfin rainbowfish
キュウリウオ	*Osmerus dentex*	Pacific rainbow smelt
キュウリウオ科	Osmeridae	smelt
ギンガメアジ	*Caranx sexfasciatus*	bigeye trevally
ギンザケ	*Oncorhynchus kisutch*	coho salmon, silver salmon
ギンダラ	*Anoplopoma fimbria*	sablefish
キンチャクダイ科	Pomacanthidae	angelfish
キントキダイ	*Priacanthus macracanthus*	red bigeye, red bullseye
キントキダイ科	Priacanthidae	bigeye, catalufa
ギンブナ	*Carassius* sp.	
ギンポ	*Pholis nebulosa*	tidepool gunnel
キンメダイ	*Beryx splendens*	slender alfonsino, splendid alfonsino
ギンワレフー→シルバー		
クエ	*Epinephelus bruneus*	longtooth grouper
クサカリツボダイ	*Pseudopentaceros wheeleri*	longfin armorhead, slender armorhead
クサフグ	*Takifugu alboplumbeus*	grass puffer
グッピー	*Poecilia reticulata*	guppy
クマノミ	*Amphiprion clarkii*	Clark's anemonefish, yellowtail clownfish
クラカケトラギス	*Parapercis sexfasciata*	grub fish
グルクマ	*Rastrelliger kanagurta*	Indian mackerel
クロウシノシタ	*Paraplagusia japonica*	black cow-tongue
クロエソ	*Saurida umeyoshii*	
クロカジキ	*Makaira mazara*	Indo-Pacific blue marlin
クロガシラガレイ	*Pleuronectes schrenki*	crosshead flounder
クロサギ	*Gerres equulus*	Japanese silver-biddy
クロサバフグ	*Lagocephalus cheesemanii*	Cheeseman's puffer
クロシビカマス	*Promethichthys prometheus*	Roudi escolar
クロソイ	*Sebastes schlegelii*	Korean rockfish
クロダイ	*Acanthopagrus schlegelii*	black porgy, blackhead seabream
クロタチカマス科	Gempylidae	snake mackerel
クロヒレマグロ	*Thunnus atlanticus*	blackfin tuna
クロマグロ	*Thunnus orientalis*	Pacific bluefin tuna
クロメバル	*Sebastes ventricosus*	
ケムシカジカ	*Hemitripterus villosus*	sea raven, shaggy sculpin
ゲンゲ科	Zoarcidae	eelpout
ゲンゴロウブナ	*Carassius cuvieri*	Japanese white crucian carp

コイ	*Cyprinus carpio*	common carp
コイチ	*Nibea albiflora*	yellow drum
コイ科	Cyprinidae	carp, minnow
ゴウシュウマダイ	*Pagrus auratus*	silver seabream
コウライアカシタビラメ	*Cynoglossus abbreviatus*	three-lined tongue sole
コオリカマス	*Champsocephalus gunnari*	mackerel icefish
コガネガレイ	*Pleuronectes asper*	yellowfin sole
コクチバス	*Micropterus dolomieu*	smallmouth bass
コケビラメ	*Citharoides macrolepidotus*	branched ray flounder, large-scale flounder
コシナガ	*Thunnus tonggol*	longtail tuna
コショウダイ	*Plectorhinchus cinctus*	crescent sweetlips, threebanded sweetlip
コチ科	Platycephalidae	flathead
コトヒキ	*Terapon jarbua*	crescent perch, Jarbua terapon
コノシロ	*Konosirus punctatus*	dotted gizzard shad, konoshiro gizzard shad
コバンザメ	*Echeneis naucrates*	live sharksucker, slender suckerfish
コマイ	*Eleginus gracilis*	saffron cod
ゴマサバ	*Scomber australasicus*	blue mackerel, spotted chub mackerel
ゴマフグ	*Takifugu stictonotus*	spottyback puffer
コモンフグ	*Takifugu flavipterus*	fine patterned puffer
ゴンズイ	*Plotosus japonicus*	Japanese eeltail catfish
サクラマス（ヤマメ）	*Oncorhynchus masou masou*	cherry salmon, masu salmon
サケ	*Oncorhynchus keta*	chum salmon, keta salmon
サケ科	Salmonidae	salmon, salmonid
ササウシノシタ科	Soleidae	sole
サツキマス（アマゴ）	*Oncorhynchus masou ishikawae*	amago salmon, red-spotted masu salmon, satsukimasu salmon
サッパ	*Sardinella zunasi*	Japanese sardinella
サバヒー	*Chanos chanos*	milkfish
サバ科	Scombridae	bonito, mackerel
サラサハタ	*Chromileptes altivelis*	humpback grouper
サメガレイ	*Clidoderma asperrimum*	roughscale flounder, roughscale sole
サヨリ	*Hyporhamphus sajori*	Japanese halfbeak
サヨリ科	Hemiramphidae	halfbeak

サワラ	*Scomberomorus niphonius*	Japanese Spanish mackerel
サンコウメヌケ	*Sebastes flammeus*	fiery rockfish
サンマ	*Cololabis saira*	Pacific saury
シイラ	*Coryphaena hippurus*	common dolphinfish
シシャモ	*Spirinchus lanceolatus*	Japanese longfin smelt, shishamo smelt
シナマナガツオ	*Pampus chinensis*	Chinese silver pomfret
シマアジ	*Pseudocaranx dentex*	white trevally
シマイサキ	*Rhynchopelates oxyrhynchus*	fourstriped grunter, sharpnose tigerfish
シマガツオ	*Brama japonica*	Pacific pomfret
シマガツオ科	Bramidae	pomfret
シマフグ	*Takifugu xanthopterus*	yellowfin pufferfish
シュムシュガレイ	*Pleuronectes bilineatus*	rock sole
シュモクザメ科	Sphyrnidae	hammerhead shark
ショウサイフグ	*Takifugu snyderi*	vermiculated puffer
シラウオ	*Salangichthys microdon*	Japanese icefish
シルバー（ギンワレフー）	*Seriolella punctata*	silver warehou
シロウオ	*Leucopsarion petersii*	ice goby
シロカジキ	*Istiophorus indica*	black marlin
シロギス	*Sillago japonica*	Japanese sillago
シログチ	*Pennahia argentata*	silver croaker
シロクラベラ	*Choerodon schoenleinii*	blackspot tuskfish
シロサバフグ	*Lagocephalus spadiceus*	half-smooth golden pufferfish
シロメバル	*Sebastes cheni*	
ジンベエザメ	*Rhincodon typus*	whale shark
スケトウダラ	*Gadus chalcogrammus*	Alaska pollock, walleye pollock
スジアラ	*Plectropomus leopardus*	leopard coralgrouper
スズキ	*Lateolabrax japonicus*	Japanese seabass
スズメダイ	*Chromis notata*	pearl-spot chromis
スズメダイ科	Pomacentridae	damselfish
スナガレイ	*Pleuronectes punctatissimus*	longsnout flounder, sand flounder, speckled flounder
スマ	*Euthynnus affinis*	kawakawa
センネンダイ	*Lutjanus sebae*	emperor red snapper
ソウギョ	*Ctenopharyngodon idellus*	grass carp, white amur
ソウハチ	*Hippoglossoides pinetorum*	sohachi, sohachi flounder
ソコガンギエイ	*Bathyraja bergi*	bottom skate
ソコダラ科	Macrouridae	grenadier, rattail

タイセイヨウアカウオ→モトアカウオ		
タイセイヨウクロマグロ	*Thunnus thynnus*	Atlantic bluefin tuna
タイセイヨウサケ	*Salmo salar*	Atlantic salmon
タイセイヨウサバ	*Scomber scombrus*	Atlantic mackerel
タイセイヨウニシン	*Clupea harengus*	Atlantic herring
タイ科	Sparidae	porgy, sea bream
タカサゴ	*Pterocaesio digramma*	double-lined fusilier
タカサゴ科	Caesionidae	fusilier
タカノハダイ	*Goniistius zonatus*	spottedtail morwong
タカベ	*Labracoglossa argentiventris*	yellowstriped butterfish
タケノコメバル	*Sebastes oblongus*	oblong rockfish
タチウオ	*Trichiurus japonicus*	largehead hairtail
タチウオ科	Trichiuridae	cutlassfish
ダツ	*Strongylura anastomella*	Pacific needlefish
タツノオトシゴ	*Hippocampus coronatus*	crowned seahorse, horned seahorse
ダツ科	Belonidae	needlefish
タヌキメバル	*Sebastes zonatus*	banded jacopever
タマガシラ	*Parascolopsis inermis*	unarmed dwarf monocle bream
タラ科	Gadidae	cod
ダルマガレイ科	Bothidae	lefteye flounder
チカ	*Hypomesus japonicus*	Japanese surfsmelt
チゴダラ	*Physiculus japonicus*	Japanese codling
チゴダラ科	Moridae	morid cod
チダイ	*Evynnis tumifrons*	crimson seabream
チヒロアカウオ (オキアカウオ)	*Sebastes mentella*	beaked redfish, deepwater redfish
チャイロマルハタ	*Epinephelus coioides*	orange-spotted grouper
チャネルキャットフィッシュ	*Ictalurus punctatus*	channel catfish
チョウザメ	*Acipenser medirostris*	green sturgeon
チョウザメ科	Acipenseridae	sturgeon
チョウチョウウオ	*Chaetodon auripes*	golden butterflyfish, oriental butterflyfish
チョウチョウウオ科	Chaetodontidae	butterflyfish
チリマアジ	*Trachurus murphyi*	Chilean jack mackerel
ツクシトビウオ	*Cypselurus doederleini*	narrowtongue flyingfish
ツバメウオ	*Platax teira*	longfin batfish
ツムブリ	*Elagatis bipinnulata*	rainbow runner

テンジクダイ	*Jaydia lineata*	Indian perch, verticalstriped cardinalfish
テンジクダイ科	Apogonidae	cardinalfish
トウゴロウイワシ科	Atherinidae	silverside
トカゲエソ	*Saurida elongata*	slender lizardfish
トクビレ	*Podothecus sachi*	snail-fin poacher
トゲカジカ	*Myoxocephalus polyacanthocephalus*	great sculpin
ドジョウ	*Misgurnus anguillicaudatus*	oriental weatherfish, pond loach
ドジョウ科	Cobitidae	loach
ドチザメ	*Triakis scyllium*	banded houndshark
トビウオ	*Cypselurus agoo*	Japanese flyingfish
トビウオ科	Exocoetidae	flyingfish
トビエイ科	Myliobatididae	eagle ray
トラギス科	Pinguipedidae	sandperch
トラフグ	*Takifugu rubripes*	Japanese pufferfish, tiger pufferfish
ナイルティラピア	*Oreochromis niloticus*	Nile tilapia
ナガヅカ	*Stichaeus grigorjewi*	long shanny
ナシフグ	*Takifugu vermicularis*	purple puffer
ナツビラメ	*Paralichthys dentatus*	summer flounder
ナマズ	*Silurus asotus*	Amur catfish
ナミハタ	*Epinephelus ongus*	white-streaked grouper
ナンヨウブダイ	*Chlorurus microrhinos*	steephead parrotfish
ニギス	*Glossanodon semifasciatus*	deep-sea smelt
ニザダイ	*Prionurus scalprum*	scalpel sawtail
ニザダイ科	Acanthuridae	surgeonfish, tang, unicornfish
ニジカジカ	*Alcichthys elongatus*	elkhorn sculpin
ニシマアジ	*Trachurus trachurus*	Atlantic horse mackerel
ニシマガレイ	*Limanda limanda*	common dab
ニジマス	*Oncorhynchus mykiss*	rainbow trout
ニシン	*Clupea pallasii*	Pacific herring
ニシン科	Clupeidae	herring, menhaden, sardine, shad
ニベ	*Nibea mitsukurii*	honnibe croaker
ニベ科	Sciaenidae	croaker, drum
ニホンウナギ	*Anguilla japonica*	Japanese eel
ニュージーランドマアジ（ミナミマアジ）	*Trachurus declivis*	greenback horse mackerel

ニュージーランドへ
　イク→ヒタチダラ

ヌタウナギ	*Eptatretus burgeri*	inshore hagfish
ヌマガレイ	*Platichthys stellatus*	starry flounder
ネズッポ科	Callionymidae	dragonet
ネズミゴチ	*Repomucenus curvicornis*	horn dragonet
ネズミザメ	*Lamna ditropis*	salmon shark
ネンブツダイ	*Ostorhinchus semilineatus*	half-lined cardinal
ノロゲンゲ	*Bothrocara hollandi*	Japan-sea eelpout
ハガツオ	*Sarda orientalis*	striped bonito
ハクレン	*Hypophthalmichthys molitrix*	silver carp
ハコフグ	*Ostracion immaculatum*	bluespotted boxfish
バショウカジキ	*Istiophorus platypterus*	Indo-Pacific sailfish
ハゼ科	Gobiidae	goby
ハダカイワシ科	Myctophidae	lanternfish
ハタハタ	*Arctoscopus japonicus*	Japanese sandfish, sailfin sandfish
バターフィッシュ	*Peprilus triacanthus*	Atlantic butterfish
ハタ科	Serranidae	basslet, grouper, sea bass, soapfish
ハチワレ	*Alopias superciliosus*	bigeye thresher
ハツメ	*Sebastes owstoni*	Owston's rockfish
ハドック	*Melanogrammus aeglefinus*	haddock
ハナフエダイ	*Pristipomoides argyrogrammicus*	ornate jobfish
ババガレイ	*Microstomus achne*	slime flounder
ハマダイ	*Etelis coruscans*	deepwater longtail red snapper, ruby snapper
ハマトビウオ	*Cypselurus pinnatibarbatus japonicus*	coast flyingfish
ハマフエフキ	*Lethrinus nebulosus*	spangled emperor
ハモ	*Muraenesox cinereus*	daggertooth pike conger
ハモ科	Muraenesocidae	pike conger, pike eel
バラクータ	*Thyrsites atun*	snoek
バラハタ	*Variola louti*	yellow-edged lyretail
バラフエダイ	*Lutjanus bohar*	two-spot red snapper
バラムツ	*Ruvettus pretiosus*	oilfish
バラメヌケ	*Sebastes baramenuke*	brickred rockfish
ハリセンボン	*Diodon holocanthus*	longspined porcupinefish
ヒイラギ	*Nuchequula nuchalis*	spotnape ponyfish
ヒガンフグ	*Takifugu pardalis*	panther puffer

ヒタチダラ（ニュージーランドヘイク）	*Merluccius australis*	southern hake
ヒブダイ	*Scarus ghobban*	blue-barred parrotfish
ヒメジ	*Upeneus japonicus*	bensasi goatfish
ヒメジ科	Mullidae	goatfish
ヒメダイ	*Pristipomoides sieboldii*	lavender jobfish
ヒメフエダイ	*Lutjanus gibbus*	humpback red snapper
ヒメマス→ベニザケ		
ヒラソウダ	*Auxis thazard thazard*	frigate tuna
ヒラマサ	*Seriola aureovittata*	
ヒラメ	*Paralichthys olivaceus*	bastard halibut
ヒレグロ	*Glyptocephalus stelleri*	blackfin flounder
ビンナガ	*Thunnus alalunga*	albacore
フエダイ	*Lutjanus stellatus*	star snapper
フエダイ科	Lutjanidae	snapper
フエフキダイ科	Lethrinidae	emperor, large-eye bream
フグ科	Tetraodontidae	puffer
フサカサゴ科	Scorpaenidae	scorpionfish
ブダイ	*Calotomus japonicus*	Japanese parrotfish
ブダイ科	Scaridae	parrotfish
ブタスダラ	*Micromesistius poutassou*	blue whiting
ブラウントラウト	*Salmo trutta*	brown trout, sea trout
ブリ	*Seriola quinqueradiata*	Japanese amberjack
ブルーギル	*Lepomis macrochirus macrochirus*	bluegill
プレイス	*Pleuronectes platessa*	European plaice
ヘダイ	*Rhabdosargus sarba*	goldlined seabream
ベニザケ（ヒメマス）	*Oncorhynchus nerka*	red salmon, sockeye salmon
ペヘレイ	*Odontesthes bonariensis*	Argentinian silverside
ベラ科	Labridae	wrasse
ペルーアンチョビ	*Engraulis ringens*	anchoveta, Peruvian anchovy
ホウボウ	*Chelidonichthys spinosus*	spiny red gurnard
ホウボウ科	Triglidae	gurnard, searobin
ホキ	*Macruronus novaezelandiae*	blue grenadier
ホシガレイ	*Verasper variegatus*	spotted halibut
ホシザメ	*Mustelus manazo*	starspotted smooth-hound
ホソガツオ	*Allothunnus fallai*	slender tuna
ホソトビウオ	*Cypselurus hiraii*	darkedged-wing flyingfish
ホテイウオ	*Aptocyclus ventricosus*	smooth lumpsucker
ホッケ	*Pleurogrammus azonus*	Okhotsk atka mackerel

ホホジロザメ	*Carcharodon carcharias*	great white shark
ボラ	*Mugil cephalus cephalus*	flathead grey mullet
ボラ科	Mugilidae	mullet
ホンニベ	*Miichthys miiuy*	brown croaker, mi-iuy croaker
ホンモロコ	*Gnathopogon caerulescens*	honmoroko, willow shiner
マアジ	*Trachurus japonicus*	Japanese jack mackerel
マアナゴ	*Conger myriaster*	whitespotted conger
マイワシ	*Sardinops melanostictus*	Japanese pilchard, Japanese sardine
マエソ	*Saurida macrolepis*	brushtooth lizardfish
マカジキ	*Kajikia audax*	striped marlin
マカジキ科	Istiophoridae	billfish
マガレイ	*Pleuronectes herzensteini*	littlemouth flounder, yellow striped flounder
マコガレイ	*Pleuronectes yokohamae*	marbled sole
マゴチ	*Platycephalus* sp.	
マサバ	*Scomber japonicus*	chub mackerel
マジェランアイナメ（オオクチ）	*Dissostichus eleginoides*	Patagonian toothfish
マスノスケ	*Oncorhynchus tschawytscha*	Chinook salmon, king salmon, spring salmon
マダイ	*Pagrus major*	Japanese seabream, red seabream
マタナゴ	*Ditrema temminckii pacificum*	
マダラ	*Gadus macrocephalus*	Pacific cod
マツカワ	*Verasper moseri*	barfin flounder
マツダイ	*Lobotes surinamensis*	tripletail
マトイシモチ	*Jaydia carinatus*	ocellate cardinalfish, spotsail cardinalfish
マトウダイ	*Zeus faber*	John dory
マナガツオ	*Pampus punctatissimus*	
マナガツオ科	Stromateidae	butterfish
マハゼ	*Acanthogobius flavimanus*	yellowfin goby
マハタ	*Epinephelus septemfasciatus*	convict grouper
マフグ	*Takifugu porphyreus*	genuine puffer
マルアジ	*Decapterus maruadsi*	Japanese scad
マルアナゴ	*Ophichthus remiger*	punctuated snake-eel
マルソウダ	*Auxis rochei rochei*	bullet tuna
マンボウ	*Mola* sp.	
マンボウ科	Molidae	mola, ocean sunfish
ミギガレイ	*Dexistes rikuzenius*	Rikuzen flounder

ミシマオコゼ	*Uranoscopus japonicus*	Japanese stargazer
ミナミアカヒゲ（リング）	*Genypterus blacodes*	pink cusk-eel
ミナミゴンズイ	*Plotosus lineatus*	striped eel catfish
ミナミダラ	*Micromesistius australis*	southern blue whiting
ミナミホウボウ	*Chelidonichthys kumu*	bluefin gurnard
ミナミアジ→ニュージーランドマアジ		
ミナミマグロ	*Thunnus maccoyii*	southern bluefin tuna
ミナミメダカ	*Oryzias latipes*	Japanese medaka, Japanese rice fish
ミナミユメカサゴ	*Helicolenus percoides*	red gurnard perch
ムシガレイ	*Eopsetta grigorjewi*	shotted halibut
ムツ	*Scombrops boops*	gnomefish, Japanese bluefish
ムラソイ	*Sebastes pachycephalus*	mottled rockfish, spotbelly rockfish
ムロアジ	*Decapterus muroadsi*	amberstripe scad, brownstriped mackerel scad
メアジ	*Selar crumenophthalmus*	bigeye scad
メイタガレイ	*Pleuronichthys lighti*	ridged-eye flounder
メイチダイ	*Gymnocranius griseus*	grey large-eye bream
メカジキ	*Xiphias gladius*	swordfish
メガネカスベ	*Raja pulchra*	mottled skate
メジナ	*Girella punctata*	largescale blackfish
メジナ科	Girellidae	nibbler
メジロザメ科	Carcharhinidae	requiem shark
メダイ	*Hyperoglyphe japonica*	Japanese butterfish, Pacific barrelfish
メナダ	*Chelon haematocheilus*	redlip mullet, so-iuy mullet
メバチ	*Thunnus obesus*	bigeye tuna
メバル科	Sebastidae	rockfish, rockcod, thornyhead
メルルーサ	*Merluccius capensis*	shallow-water Cape hake
モツゴ	*Pseudorasbora parva*	stone moroko
モトアカウオ（タイセイヨウアカウオ）	*Sebastes norvegicus*	golden redfish
モトギス	*Sillago sihama*	silver sillago
モロ	*Decapterus macrosoma*	shortfin scad
モンガラカワハギ科	Balistidae	triggerfish
ヤイトハタ	*Epinephelus malabaricus*	Malabar grouper

和名	学名	英名
ヤナギノマイ	*Sebastes steindachneri*	yellow body rockfish
ヤナギムシガレイ	*Tanakius kitaharae*	willowy flounder
ヤマトカマス	*Sphyraena japonica*	Japanese barracuda
ヤマメ→サクラマス		
ユメカサゴ	*Helicolenus hilgendorfi*	Hilgendorf saucord
ヨウジウオ科	Syngnathidae	pipefish, pipehorse, seahorse
ヨーロッパウナギ	*Anguilla anguilla*	European eel
ヨーロッパマダイ	*Pagrus pagrus*	red porgy
ヨコシマサワラ	*Scomberomorus commerson*	narrow-barred Spanish mackerel
ヨゴレ	*Carcharhinus longimanus*	oceanic whitetip shark
ヨシキリザメ	*Prionace glauca*	blue shark
ヨスジフエダイ	*Lutjanus kasmira*	common bluestripe snapper
ヨロイイタチウオ	*Hoplobrotula armata*	armored brotula, armoured cusk
リボンカスベ	*Bathyraja diplotaenia*	dusky-pink skate
リング→ミナミアカヒゲ		
レイクトラウト	*Salvelinus namaycush*	lake trout
ワカサギ	*Hypomesus nipponensis*	Japanese smelt
ワニエソ	*Saurida wanieso*	wanieso lizardfish
ワレフー→オキヒラス		

2. 無脊椎動物　和名・学名・英名

和　名	学　名	英　名
アオイガイ	*Argonauta argo*	paper nautilus
アオゴカイ	*Perinereis aibuhitensis*	Korean lugworm
アオリイカ	*Sepioteuthis lessoniana*	big fin reef squid, oval squid
アカアワビ	*Haliotis rubra*	ruber abalone
アカイカ	*Ommastrephes bartrami*	neon flying squid
アカウニ	*Pseudocentrotus depressus*	depressed red sea urchin
アカガイ	*Scapharca broughtonii*	bloody cockle, Broughton's ark shell
アカガイ類→リュウキュウサルボウガイ亜科		
アカザエビ	*Metanephrops japonicus*	Japanese lobster
アカザエビ科	Nephropidae	lobsterette, true robster
アカサンゴ	*Collarium japopnicum*	red precius coral

アカテノコギリガザミ	*Scylla olivacea*	orange mud crab
アカニシ	*Rapana venosa*	rapa whelk, topshell
アカネアワビ	*Haliotis rufescens*	red abalone
アクキガイ	*Murex troscheli*	murex shell
アクキガイ科	Muricidae	murex shell
アコヤガイ	*Pinctada fucata martensi*	pearl oyster
アサヒガニ	*Ranina ranina*	frog crab, spanner crab
アサリ	*Ruditapes philippinarum*	baby-neck clam, manila clam, short-neck clam
アミダコ	*Ocythoe tuberculata*	tuberculate pelagic octopus
アミメノコギリガザミ	*Scylla serrata*	giant mangrove crab, giant mud crab
アミ目	Mysidacea	mysid shrimp, oppossum shrimp
アメフラシ	*Aplysia kurodai*	Kuroda's sea hare
アメリカイチョウガニ	*Cancer majister*	dungeness crab
アメリカオオアカイカ	*Dosidicus gigas*	jumbo flying squid
アメリカガキ（バージニアガキ）	*Crassostrea virginica*	American oyster, Atlantic oyster, eastern oyster
アメリカザリガニ	*Procambarus clarkii*	crayfish, red swamp crawfish
アメリカナミガイ	*Panopea generosa*	Pacific geoduck
アメリカンロブスター	*Homarus americanus*	lobster
アルゼンチンイレックス→アルゼンチンマツイカ		
アルゼンチンマツイカ（アルゼンチンイレックス）	*Illex argentinus*	Argentine shortfin squid
アワビ類→ミミガイ属		
イイダコ	*Amphioctopus fangsiao*	Japanese ocellate octopus
イガイ	*Mytilus coruscus*	Japanese native mussel
イカリムシ	*Lernaea cyprinacea*	anchor worm
イケチョウガイ	*Hyriopsis schlegeli*	pearly freshwater mussel
イサザアミ属	*Neomysis*	mysid shrimp
イシサンゴ目	Scleractinia	stone coral
イセエビ	*Panulirus japonicus*	Japanese spiny lobster

イセエビ科	Palinuridae	spiny lobster
イソカイメン類→普通海綿綱		
イソギンチャク目	Actiniaria	sea anemone
イタボガキ	*Ostrea denselamellosa*	densely lamellated oyster
イタボガキ科	Ostreidae	oyster
イタヤガイ	*Pecten albicans*	Japanese scallop
イタヤガイ科	Pectinidae	scallop
イッカククモガニ	*Pyromaia tuberculata*	American spider crab
イトマキヒトデ	*Asterina pectinifera*	bat star
イモガイ科	Conidae	cone shell
イヨスダレ	*Paphia undulata*	undulating venus
イレックス属→マツイカ属		
イワガキ	*Crassostrea nippona*	rock oyster
イワガニ	*Pachygrapsus crassipes*	shore crab
ウグイスガイ	*Pteria brevialata*	swift wing oyster, wing oyster
ウシエビ	*Penaeus monodon*	black tiger prawn, giant tiger prawn
ウスヒラアワビ	*Haliotis laevigata*	greenlip abalone
渦虫綱	Turbellaria	flatworm
ウチダザリガニ	*Pacifastacus leniusculus trowbridgii*	signal crayfish
ウチワエビ	*Ibacus ciliatus*	Japanese fan lobster, shovelnosed lobster, slipper lobster
ウニ綱	Echinoidea	sea urchin
ウバガイ	*Pseudocardium sachalinensis*	hen clam
ウミウサギガイ	*Ovula ovum*	egg cowry
ウミウシ類→裸鰓亜目		
ウミエラ	*Leiopterus fimbriatus*	sea pen
ウミケムシ科	Amphinomidae	fire worm
ウミニナ属	*Batillaria*	horn shell, mud creeper
ウミホタル	*Cypridina hilgendorfi*	seed shrimp
エゾアワビ	*Haliotis discus hannai*	Yezo abalone
エゾバイ	*Buccinum middendorffi*	Middendorff's buccinum
エゾバイ属	*Buccinum*	buccinum
エゾバフンウニ	*Strongylocentrotus intermedius*	short-spined sea urchin
エゾボラ	*Neptunea polycostata*	neptunea, whelk
エゾボラ属	*Neptunea*	Ezo neptunea

エチゼンクラゲ	*Nemopilema nomurai*	Echizen jellyfish, Nomura's jellyfish
エボシガイ	*Lepas anatifera*	gooseneck barnacle
オウギガニ科	Xanthidae	dark-finger coral crab
オウムガイ	*Nautilus pompilius*	chambered nautilus, pearly nautilus
オオノガイ	*Mya arenaria oonogai*	soft-shell clam
オーストラリアイセエビ	*Panulirus cygnus*	western rocklobster
オーストラリアトコブシ	*Haliotis roei*	Roe's abalone
オキアミ目	Euphausiacea	euphausiid, krill
オキナエビス	*Mikadotrochus beyrichii*	slit shell
オキナマコ	*Parastichopus nigripunctatus*	sea cucumber
オキノテヅルモズル	*Gorgonocephalus caryi*	basket star
オニテナガエビ	*Macrobrachium rosenbergi*	giant river prawn
オニヒトデ	*Acanthaster planci*	crown-of-thorn
オリンピアガキ	*Ostrea lurida*	Olympia oyster
カイアシ亜綱（橈脚亜綱）	Copepoda	copepod
貝虫亜綱	Ostracoda	ostracod
海綿動物門	Porifera	sponge
カキナカセ	*Urosalpinx cinerea*	oyster drill
カサガイ	*Cellana mazatlanica*	Bonin limpet
カサガイ目	Patellogastropoda	limpet
ガザミ	*Portunus trituberculatus*	horse crab, Japanese blue crab
ガザミ類→ワタリガニ科		
カシパン類→タコノマクラ目		
花虫綱	Anthozoa	anthozoan
カツオノエボシ	*Physalia physalis*	Portuguese man-of-war
カニダマシ科	Porcellanidae	porcellain crab
カブトガニ	*Tachypleus tridentatus*	Chinese horseshoe crab, Japanese horseshoe crab
カブトガニ科	Limuridae	horseshoe crab
ガマノセアワビ	*Haliotis corrugata*	pink abalone
カミナリイカ	*Sepia lycidas*	kisslip cuttlefish
カラスガイ	*Cristaria plicata*	Cockscomb pearl mussel
カリフォルニアヤリイカ	*Doryteuthis opalescens*	California market squid

カワヒバリガイ	*Limnoperna fortunei*	golden mussel
ガンガゼ	*Diadema setosum*	longspine black urchin
キクイムシ	*Limnoria lignorum*	gribble
キンコ	*Cucumaria frondose japonica*	northern sea cucumber, orange footed sea cucumber
クジャクアワビ	*Haliotis fulgens*	green abalone
クダヒゲエビ科	Solenoceridae	solenocerid shrimp
掘足綱→ツノガイ綱		
クモガイ	*Lambis lambis*	common spider conch, spider shell
クモガニ科	Majidae	spider crab
クモヒトデ綱	Ophiuroidea	brittle star
クルマエビ	*Marsupenaeus japonicus*	kuruma prawn, Japanese shrimp
クロアワビ	*Haliotis discus*	disk abalone
クロタイラギ	*Atrina vexillum*	Indo-Pacific pen shell
クロチョウガイ	*Pinctada margaritifera*	black-lip pearl oyster
クロナマコ	*Holothuria atra*	lollyfish, sea cucumber
ケガニ	*Erimacrus isenbeckii*	horsehair crab
ケヤリムシ科	Sabellidae	fan worm
ケンサキイカ	*Uroteuthis edulis*	swordtip squid
コウイカ	*Sepia esculenta*	golden cuttlefish
コウイカ目	Sepiida	cuttlefish
甲殻亜門	Crustacea	crustacean
コウライエビ	*Fenneropenaeus chinensis*	Chinese prawn
ゴカイ	*Neanthes diversicolor*	sand worm
ゴカイ科	Nereididae	clam worm
コガネウロコムシ	*Aphrodita aculeata*	sea mouse
コケムシ類	Bryozoa	moss animal, sea mat, sea moss
コシオリエビ科	Galatheidae	squat lobster
鰓脚綱	Branchiopoda	water flea
サクラエビ	*Lucensosergia lucens*	Sakura shrimp
サクラガイ	*Nitidotellina nitidula*	tellin shell
サザエ	*Turbo sazae*	horned turban, spiny top shell
サザエ類→リュウテン属		
ザリガニ上科	Astacoidea	crayfish
ザルガイ	*Vasticardium burchardi*	Burchard's cockle, heart shell
ザルガイ科	Cardiidae	cockle, heart shell
サルパ科	Salpidae	salp

サルボウガイ	*Scapharca kagoshimensis*	half-crenate ark shell, subcrenated ark shell
サワガニ	*Geothelphusa dehaani*	Japanese freshwater crab, river crab
シオフキガイ	*Mactra veneriformis*	duck clam, trough shell
シオマネキ	*Uca arcuata*	fiddler crab
シオマネキ属	*Uca*	fiddler crab
シオミズツボワムシ	*Brachionus plicatilis*	rotifer
枝角目→ミジンコ目		
シジミ属	*Corbicula*	freshwater clam
シナハマグリ	*Meretrix pethechialis*	spotted hard clam
シバエビ	*Metapenaeus joyneri*	Shiba prawn
刺胞動物門	Cnidaria	cnidarian
シャコ	*Oratosquilla oratoria*	edible mantis shrimp
シャコガイ属	*Tridacna*	giant clam
シャコ目	Stomatopoda	mantis shrimp
ジャノメガザミ	*Portunus sanguinolentus*	red-spotted swimming crab, three-spot swimming crab
十脚目	Decapoda	decapod
鞘形亜綱	Coleoidea	coleoid
シラエビ	*Pasiphaea japonica*	glass shrimp
シラヒゲウニ	*Tripneustes pileolus*	white spin sea urchin
シリヤケイカ	*Sepiella japonica*	Japanese spineless cuttlefish
シロチョウガイ	*Pinctada maxima*	gold-lip pearl oyster, silver-lip pearl oyster
スクミリンゴガイ	*Pomacea canaliculata*	golden apple snail
スナイトマキ	*Ctenodiscus crispatus*	mud-star
スナガニ	*Ocypode stimpsoni*	sand crab
スミノエガキ	*Crassostrea ariakensis*	Ariake oyster
スルメイカ	*Todarodes pacificus*	Japanese common squid
ズワイガニ	*Chionoecetes opilio*	queen crab, snow crab, tanner crab
セイヨウトコブシ	*Haliotis tuberculata*	tuberculate ormer
石灰海綿綱	Calcarea	calcareous sponge
節足動物門	Arthropoda	arthropod
セミエビ	*Scyllarides squamosus*	blunt slipper lobster, locust lobster
線虫動物門	Nematoda	nematode, round worm
ソデイカ	*Thysanoteuthis rhombus*	diamond-back squid
ソデボラ科	Strombidae	conch shell
ダイオウイカ	*Architeuthis dux*	giant squid

タイラギ	*Atrina japonica*	comb pen shell
タイワンシジミ	*Corbicula fluminea*	Asian clam
タカアシガニ	*Macrocheira kaempferi*	giant spider crab
タカラガイ科	Cypraeidae	cowry
タコノマクラ目（カシパン類）	Clypeasteroida	sand dollar
タテジマフジツボ	*Balanus amphitrite*	striped barnacle
タニシ属	*Cipangopaludina*	trapdoor snail
多板綱（ヒザラガイ類）	Polyplacophora	chiton
タマガイ科	Naticidae	moon shell
タマキビガイ	*Littorina brevicula*	periwinkle
タマキビガイ科	Littorinidae	periwinkle
タラバガニ	*Paralithodes camtschaticus*	Alaskan king crab
タラバガニ属	*Paralithodes*	king crab
端脚目	Amphipoda	amphipod
チチュウカイミドリガニ	*Carcinus aestuarii*	green crab
チヒロエビ属	*Aristeomorpha*	red shrimp
チュウゴクモクズガニ	*Eriocheir sinensis*	Chinese mitten crab
チョウ	*Argulus japonicus*	carp louse
チョウセンハマグリ	*Meretrix lamarckii*	hard clam, Lamarck's meretrix
ツキヒガイ	*Amusium japonicum*	Japanese moon scallop, saucer scallop
ツツイカ目	Teuthida	squid
ツノガイ	*Antalis weinkauffi*	tooth shell, tusk shell
ツノガイ綱（掘足綱）	Scaphopoda	scaphopod, tusk shell
ツメタガイ	*Glossaulax didyma*	bladder moon, necklace shell
テッポウエビ	*Alpheus brevicristatus*	snapping shrimp
テッポウエビ属	*Alpheus*	snapping shrimp
テナガエビ	*Macrobrachium nipponense*	oriental river prawn
テナガエビ属	*Macrobrachium*	river prawn
テナガダコ	*Octopus minor*	long-armed octopus
等脚目	Isopoda	isopod
頭足綱	Cephalopoda	cephalopod
トゲノコギリガザミ	*Scylla paramamosain*	green mud crab
トコブシ	*Haliotis diversicolor aquatilis*	Japanese abalone
トヤマエビ	*Pandalus hypsinotus*	coonstripe shrimp
トリガイ	*Fulvia mutica*	egg cockle, Japanese cockle

ナガウニ	*Echinometra mathaei*	oval sea urchin
ナガニシ	*Fusinus perplexus*	spindle shell
ナマコ綱	Holothroidea	sea cucumber
ナミガイ	*Panopea japonica*	geoduck, Japanese geoduck
ナンキョクオキアミ	*Euphausia superba*	Antarctic krill
軟体動物門	Mollusca	mollusc, mollusk
ニオガイ	*Barnea manilensis*	piddock
ニシキウズガイ	*Trochus maculatus*	maculated top, top shell
ニセクロナマコ	*Holothuria leucospilota*	sea cucumber, white threads fish
ニホンザリガニ	*Cambroides japonicus*	Japanese crayfish
二枚貝綱	Bivalvia	bivalve
ヌマエビ	*Paratya compressa*	freshwater atyid shrimp
ノコギリガザミ属	*Scylla*	mangrove crab, mud crab
バージニアガキ →アメリカガキ		
バイ	*Babylonia japonica*	ivory shell, Japanese babylon
バカガイ	*Mactra chinensis*	Chinese surf clam, radiated trough clam
バカガイ科	Mactridae	surf clam
ハスノハカシパン	*Scaphechirus mirabilis*	sand dollar
鉢クラゲ類→鉢虫綱		
鉢虫綱（鉢クラゲ類）	Scypozoa	jellyfish
ハナサキガニ	*Paralithodes brevipes*	blue king crab
バナメイエビ	*Litopenaeus vannamei*	Pacific white shrimp, white leg shrimp
バフンウニ	*Hemicentrotus pulcherrimus*	elegant sea urchin, Japanese green sea urchin
ハボウキガイ	*Pinna bicolor*	bicolor pen shell
ハボウキガイ科	Pinnidae	pen shell
ハマグリ	*Meretrix lusoria*	Japanese hard clam, poker-tip venus
ハマグリ属	*Meretrix*	hard clam
ハマトビムシ	*Orchestia gammarella*	sand hopper
ビクトリアアワビ	*Haliotis conicopora*	brownlip abalone
ヒザラガイ	*Acanthopleura japonica*	Japanese thorny chiton
ヒザラガイ類→多板綱		
尾索動物門（ホヤ類）	Urochordata (Tunicata)	tunicate, urochordate

ビゼンクラゲ	*Rhopilema esculentum*	edible jellyfish
ヒトデ綱	Asteroidea	sea star
ヒドロ虫綱	Hydrozoa	hydroid
ビノスガイ	*Mercenaria stimpsoni*	quahog
紐型動物門（ヒモムシ類）	Nemertini	ribbon worm
ヒモムシ類→紐型動物門		
ヒラムシ目	Polycladida	flatworm
腹足綱	Gastropoda	gastropod, snail
フジツボ下綱（蔓脚下綱）	Cirripedia	barnacle, cirriped
フジツボ属	*Balanus*	acorn barnacle
普通海綿綱（イソカイメン類）	Demospongiae	horny sponge
フナクイムシ	*Teredo navalis*	shipworm
ブンブクチャガマ	*Schizaster lacunosus*	heart urchin
ベニズワイガニ	*Chionoecetes japonicus*	red snow crab, red tanner crab
扁形動物門	Platyhelminthes	flatworm
ホウネンエビ	*Branchinella kugenumaensis*	fairy shrimp
星口動物（ホシムシ類）	Sipuncula	peanut worm
ホシダカラ	*Cypraea tigris*	tiger cowry
ホシムシ類→星口動物門		
ホタテガイ	*Patinopecten yessoensis*	Yezo giant scallop
ホタルイカ	*Watasenia scintillans*	firefly squid
ボタンエビ	*Pandalus nipponensis*	botan shrimp
ホッコクアカエビ	*Pandalus eous*	Alaska pink shrimp
ホヤ類→尾索動物門		
ホラガイ	*Charonia tritonis*	trumpet shell
ホンビノスガイ	*Mercenaria mercenaria*	cherry stone clam, hard clam, northern quahog
ホンホッコクアカエビ	*Pandalus borealis*	northern shrimp, pink shrimp
マガキ	*Crassostrea gigas*	giant Pacific oyster, Japanese oyster
マシジミ	*Corbicula leana*	Asian clam
マテガイ属	*Solen*	jacknife clam
マダカアワビ	*Haliotis madaka*	giant abalone
マダコ	*Octopus sinensis*	Japanese common octopus

マツイカ属（イレックス属）	*Illex*	short finned squid
マテガイ	*Solen strictus*	Gould's jacknife clam
マナマコ	*Aposticopus japonicus*	Japanese common sea cucumber
マヒトデ	*Asterias amurensis*	purple star, northern Pacific seastar
マボヤ	*Halocynthia roretzi*	common sea squirt
蔓脚下綱→フジツボ下綱		
マンハッタンボヤ	*Molgula manhattensis*	sea grape
ミジンコ	*Daphnia pulex*	cladocera, water flea
ミジンコ目（枝角目）	Cladocera	cladocera
ミズクラゲ	*Aurelia coerulea*	moon jellyfish
ミズダコ	*Enteroctopus dofleini*	North Pacific giant octopus
ミドリイガイ	*Perna viridis*	green mussel
ミナミイセエビ属	*Jasus*	Donkey's ear abalone
ミミガイ	*Haliotis asinina*	ear shell
ミミガイ属（アワビ類）	*Haliotis*	abalone
ミルクイガイ	*Tresus keenae*	Keen's gaper
ムラサキイガイ	*Mytilus galloprovincialis*	Mediterranean blue mussel
ムラサキウニ	*Anthocidaris crassispina*	hard-spined sea urchin
メガイアワビ	*Haliotis gigantea*	Siebold's abalone
モクズガニ	*Eriocheir japonicus*	Japanese mitten crab
モクヨクカイメン	*Spongia officinalis*	bath sponge
ヤコウガイ	*Turbo marmoratus*	green turban
ヤシガニ	*Birgus latro*	coconut crab
ヤツシロガイ	*Tonna luteostoma*	tun shell
ヤドカリ上科	Paguroidea	hermit crab
ヤムシ属	*Sagitta*	arrow worm
ヤリイカ	*Heterololigo bleekeri*	spear squid
ヤリイカ科	Loliginidae	inshore squid, pencil squid
ユウレイボヤ	*Ciona savignyi*	sea squirt
ユムシ	*Urechis unicinctus*	fat innkeeper worm
ユムシ動物門	Echiura	spoon worm
ヨーロッパアカザエビ	*Nephrops norvegicus*	Norway lobster
ヨーロッパイガイ	*Mytilus edulis*	common blue mussel
ヨーロッパイチョウガニ	*Cancer pagurus*	edible crab

和 名	学 名	英 名
ヨーロッパエゾバイ	*Buccinum undatum*	common whelk
ヨーロッパタマキビ	*Littorina littorea*	common periwinkle
ヨーロッパヒラガキ	*Ostrea edulis*	Europian flat oyster
ヨーロッパフジツボ	*Balanus improvisus*	acorn barnacle, bay barnacle
ヨシエビ	*Metapenaeus ensis*	greasyback shrimp
裸鰓亜目（ウミウシ類）	Nudibranchia	seaslug
リュウキュウサルボウガイ亜科（アカガイ類）	Anadarinae	ark shell
リュウテン属（サザエ類）	*Turbo*	turban shell
輪形動物門	Rotifera	rotifer
レイシガイ属	*Thais*	rock shell
ワタリガニ科（ガザミ類）	Portunidae	swimming crab

3. 爬虫類 和名・学名・英名

和 名	学 名	英 名
アオウミガメ	*Chelonia mydas*	green turtle
アカウミガメ	*Caretta caretta*	loggerhead turtle
ウミガメ科	Cheloniidae	sea turtle
オサガメ	*Dermochelys coriacea*	leatherback turtle
スッポン科	Trionychidae	softshell turtle
タイマイ	*Eretmochelys imbricata*	hawksbill turtle
ニホンスッポン	*Pelodiscus sinensis*	Chinese soft-shelled turtle
ヒメウミガメ	*Lepidochelys olivacea*	olive ridley turtle, Pacific ridley
ミシシッピアカミミガメ	*Trachemys scripta elegans*	red-eared slider

4. 哺乳類 和名・学名・英名

和 名	学 名	英 名
アザラシ科	Phocidae	earless seal, true seal
アシカ科	Otariidae	eared seal
イシイルカ	*Phocoenoides dalli*	Dall's porpoise
イワシクジラ	*Balaenoptera borealis*	sei whale
オキゴンドウ	*Pseudorca crassidens*	false killer whale
カマイルカ	*Lagenorhynchus obliquidens*	Pacific white-sided dolphin

カリフォルニアアシカ	*Zalophus californianus*	Californian sea lion
キタオットセイ	*Callorhinus ursinus*	northern fur seal
キタトックリクジラ	*Hyperoodon ampullatus*	northern bottlenose whale
クロミンククジラ	*Balaenoptera bonaerensis*	Antarctic minke whale
コククジラ	*Eschrichtius robustus*	gray whale
コビレゴンドウ	*Globicephala macrorhynchus*	short-finned pilot whale
ゴマフアザラシ	*Phoca largha*	spotted seal
ザトウクジラ	*Megaptera novaeangliae*	humpback whale
シャチ	*Orcinus orca*	killer whale
ジュゴン	*Dugong dugon*	dugong
シロイルカ	*Delphinapterus leucas*	beluga, white whale
シロナガスクジラ	*Balaenoptera musculus*	blue whale
スジイルカ	*Stenella coeruleoalba*	striped dolphin
スナメリ	*Neophocaena phocaenoides*	finless porpoise
ゼニガタアザラシ	*Phoca vitulina*	common seal, harbor seal
セミクジラ	*Eubalaena japonica*	North Pacific right whale
タイヘイヨウセイウチ	*Odobenus rosmarus divergens*	Pacific walrus
ツチクジラ	*Berardius bairdii*	Baird's beaked whale
トド	*Eumetopias jubatus*	Steller sea lion
ナガスクジラ	*Balaenoptera physalus*	fin whale
ニタリクジラ	*Balaenoptera edeni*	Bryde's whale
ハクジラ亜目	Odontoceti	toothed whale
ハナゴンドウ	*Grampus griseus*	Risso's dolphin
ハンドウイルカ	*Tursiops truncatus*	bottlenose dolphin, common bottlenose dolphin
ヒゲクジラ亜目	Mysticeti	baleen whale
ホッキョククジラ	*Balaena mysticetus*	bowhead whale
マイルカ	*Delphinus delphis*	short-beaked common dolphin
マダライルカ	*Stenella attenuata*	pantropical spotted dolphin
マッコウクジラ	*Physeter macrocephalus*	sperm whale
ミナミトックリクジラ	*Hyperoodon planifrons*	southern bottlenose whale
ミンククジラ	*Balaenoptera acutorostrata*	common minke whale
ラッコ	*Enhydra lutris*	sea otter
ワモンアザラシ	*Phoca hispida*	ringed seal

5. 植物　和名・学名・英名

和　名	学　名	英　名
アイアカシオ属	*Trichodesmium*	
アイヌワカメ属	*Alaria*	
アイヌワカメ属の一種	*Alaria esculenta*	bedderlock (Scotland), daberlock (Scotland), henware (Orkneys), honey ware, mair-injarin (Iceland), mirkle (Orkneys)
アイヌワカメ属の一種	*Alaria valida*	wing kelp
アオコ属	*Microcystis*	
アオサ属	*Ulva*	
アオサ属の一種	*Ulva lactuca*	green laver, sea-lettuce
アオノリ属	*Enteromorpha*	
アオミドロ類	*Spirogyra* spp.	water net, water silk
アオワカメ	*Undaria peterseniana*	
アガーディエラ属の一種	*Agardhiella coulteri*	coulter's seaweed
アカシオモ→ヘテロシグマ属の一種		
アカバギンナンソウ	*Mazzaella japonica*	
アカモク	*Sargassum horneri*	
アサクサノリ	*Pyropia tenera*	nori
アシツキ	*Nostoc verrucosum*	
アスコフィルム属の一種	*Ascophyllum nodosum*	knobbed wrack, knotted wrack, yellow tang (Orkneys)
アツバアマノリ	*Pyropia crassa*	
アツバスジコンブ	*Saccharina kurilensis*	
アナアオサ	*Ulva pertusa*	green dried laver, sea-lettuce
アナベナ属	*Anabaena*	
アナメ属	*Agarum*	
アナメ属の一種	*Agarum fimbriatum*	sea colander
アマクサキリンサイ	*Eucheuma amakusaense*	
アマノリ属	*Pyropia*	
アマノリ類	*Porphyra* spp.	karengo (New Zealand), laver, nori, slack (Scotland), sloke (Ireland), slouk (Ireland), sloukaen (Ireland), sloukaum (Ireland)

アマモ	*Zostera marina*	eel grass, sea grass
アマモ属	*Zostera*	sea grass
アミクサ	*Ceramium boydenii*	
アミジグサ	*Dictyota dichotoma*	
アミジグサ属	*Dictyota*	
アヤギヌ	*Caloglossa continua*	
アラメ	*Eisenia bicyclis*	
アルシディウム属の一種	*Alsidium helminthochorton*	Corsican moss
アレクサンドリウム属	*Alexandorium*	
アワビモ属	*Ulvella*	
アントクメ	*Eckloniopsis radicosa*	
イギス	*Ceramium kondoi*	
イギス属の一種	*Ceramium pacificum*	pottery seaweed
イシクラゲ	*Nostoc commune*	
イシゲ	*Ishige okamurae*	
イシゴロモ属	*Lithophyllum*	
イシモズク属	*Sphaerotrichia*	
イシモ属	*Lithothamnion*	red rock crust
イソガワラ属	*Ralfsia*	
イソマツ属の一種	*Gastroclonium coulteri*	sea belly
イソモク	*Sargassum hemiphyllum*	
イソモッカ	*Catenella caespitosa*	
イタニグサ	*Ahnfeltia fastigiata*	bushy Ahnfelt's seaweed
イタニグサ属の一種	*Ahnfeltia gigartinoides*	loose Ahnfelt's seaweed
イチマツノリ	*Pyropia seriata*	nori
イデユコゴメ	*Cyanidium caldarium*	
イトグサ属	*Polysiphonia*	
イトグサ属の一種	*Polysiphonia collinsii*	polly Collins
イトグサ属の一種	*Polysiphonia hendryi*	polly Hendry
イトグサ属の一種	*Polysiphonia pacifica*	polly Pacific
イバラノリ	*Hypnea asiatica*	
イバラノリ属の一種	*Hypnea nidifica*	limu huna（= hidden limu）
イバラノリ属の一種	*Hypnea spicifera*	green tip
イボツノマタ	*Chondrus verrucosus*	
イリドフィクス類	*Iridophycus* spp.	iredescent seaweed
イワズタ属	*Caulerpa*	
イワヒゲ属	*Myelophycus*	
隠花植物	*Cryptogamae*	no flowering plant
ウイキョウモ	*Dictyosiphon foeniculaceus*	

ウイキョウモ属	*Dictyosiphon*	
ウシケノリ	*Bangia atropurpurea*	
ウシケノリ属	*Bangia*	
ウスバアオノリ	*Ulva linza*	
ウスバノリモドキ属の一種	*Hymenena flabelligera*	veined fan
渦鞭毛藻類	Dinoflagellate	dinoflagellate
ウタスツノリ	*Pyropia kinositae*	
ウップルイノリ	*Pyropia pseudolinearia*	
ウミイトカクシ	*Fibrocapsa japonica*	
ウミウチワ	*Padina arborescens*	peacock's tail
ウミウチワ属	*Padina*	
ウミゾウメン	*Nemalion vermiculare*	
ウミゾウメン属	*Nemalion*	
ウミトラノオ	*Sargassum thunbergii*	
ウルシグサ	*Desmarestia ligulata*	maiden's hair
ウルシグサ属	*Desmarestia*	
ウルシグサ属の一種	*Desmarestia intermedia*	loose color changer
ウルシグサ属の一種	*Desmarestia munda*	wide color changer
エグリジア	*Egregia laevigata*	ribbon kelp
エグリジア属	*Egregia*	feather boa kelp
エゴノリ	*Campylaephora hypnaeoides*	
エゾイシゲ属の一種	*Pelvetia canaliculata*	channal wrack, cow-tang
エゾフクロノリ属の一種	*Coilodesme californica*	stick bag
エナガコンブ	*Saccharina longipedalis*	
エビアマモ	*Phyllospadix japonica*	
円石藻類	Coccolitophorid	coccolitophorid
エンドウコンブ	*Saccharina yendoana*	
オオウキモ類	*Macrocystis* spp.	vine kelp
オオウキモ属の一種	*Macrocystis integrifolia*	small perennial kelp
オオウキモ属の一種	*Macrocystis pyrifera*	brown kelp, giant perennial kelp, great kelp, long bladder kelp
オオノノリ	*Pyropia onoi*	
オオバアサクサノリ	*Pyropia tenera* var. *tamatsuensis*	
オオバモク	*Sargassum ringgoldianum* ssp. *ringgoldianum*	
オキツノリ	*Ahnfeltiopsis flabelliformis*	
オキツノリ属の一種	*Ahnfeltiopsis vermicularis*	limu koele（= dry limu）
オキツバラ属の一種	*Constantinea simplex*	cup and saucer
オキナワモズク	*Cladosiphon okamuranus*	

オキナワモズク属	*Cladosiphon*	
オゴノリ	*Gracilaria vermiculophylla*	Chinese moss, false Ceylon moss, sea string, sewing thread
オゴノリ属	*Gracilaria*	
オニアマノリ	*Pyropia dentata*	
オニクサ	*Gelidium japonicum*	
オニコンブ	*Saccharina japonica* var. *diabolica*	
オニワカメ	*Alaria fistulosa*	stringy kelp（Alaska）
オバクサ	*Pterocladiella tenuis*	
カイガラアマノリ	*Pyropia tenuipedalis*	
カイメンソウ	*Ceratodictyon spongiosum*	
カギイバラノリ	*Hypnea japonica*	
カクレスジ属の一種	*Cryptopleura ruprechtiana*	hidden rib, ruche
ガゴメコンブ	*Saccharina sculpera*	
カザシグサ属の一種	*Griffithsia pacifica*	Griffith seaweed
カサノリ	*Acetabularia ryukyuensis*	
カサノリ属	*Acetabularia*	
カジメ	*Ecklonia cava*	
カジメ属の一種	*Ecklonia buccinalis*	bamboo seaweed
カジメ属の一種	*Ecklonia maxima*	sea bamboo
ガッガラコンブ	*Saccharina coriacea*	
褐藻綱	*Phaeophyceae*	brown algae
カニノテ属	*Amphiroa*	
カヤベノリ	*Pyropia moriensis*	
カヤモノリ	*Scytosiphon lomentaria*	whip tube
カヤモノリ属	*Scytosiphon*	
ガラガラ属	*Titanocarpa*	
カラフトコンブ	*Saccharina latissima*	
カラフトトロロコンブ	*Saccharina sachalinensis*	dabbylock, langetiff, sugar wrack
カリタムニオン属の一種	*Callithamnion pikeanum*	beauty bush
カワノリ	*Prasiola japonica*	
カワモズク属	*Batrachospermum*	
キイロタサ	*Wildemania occidentalis*	
ギガルティナ属の一種	*Gigartina exasperata*	Turkish towel
ギガルティナ類	*Gigartina* spp.	grapestone
キヌクサ	*Gelidium linoides*	
ギムノジニウム属	*Gymnodinium*	

ギムノジニウム属の一種	*Gymnodinium microadriaticum*	zooxanthella
キリンサイ	*Eucheuma denticulatum*	agar（Luigga）
キリンサイ属	*Eucheuma*	
キントキ	*Prionitis angusta*	
キントキ	*Grateloupia angusta*	
キントキ属の一種	*Prionitis lyallii*	Lyall's seaweed
クシバニセカレキグサ	*Farlowia mollis*	Farlow seaweed
クシベニヒバ属の一種	*Ptilota filicina*	red wing
クビレズタ	*Caulerpa lentillifera*	
クリプト植物門	Cryptophyta	cryptomonad
グロエオカプサ属の一種	*Gloeocapsa magna*	mountain dulse, murlin（Ireland）
クロガシラ属	*Sphacelaria*	
クロキズタ	*Caulerpa scalpelliformis* var. *scalpelliformis*	
クロシオメ属の一種	*Hedophyllum sessile*	sea cabbage
クロノリ	*Porphyra okamurae*	
クロハギンナンソウ	*Chondrus yendoi*	
クロメ	*Ecklonia kurome*	
クロモ	*Papenfussiella kuromo*	
クロモ属	*Papenfussiella*	
クロレラ属	*Chlorella*	
珪藻綱	Bacillariophyceae	diatom
顕花植物	Phanerogamae	flowering plant
紅藻綱	Rhodophyceae	red algae
コケモドキ	*Bostrychia tenella*	
コスジノリ	*Porphyra angusta*	
コトジツノマタ	*Chondrus elatus*	
コナハダ属	*Liagora*	
コノハノリ属の一種	*Delesseria decipiens*	baron Delessert
コバンケイソウ属	*Cocconeis*	
ゴヘイコンブ	*Laminaria yezoensis*	
ゴヘイコンブ属	*Laminaria*	
ゴヘイコンブ属の一種	*Laminaria andersonii*	devil's appron, split whip wrack
ゴヘイコンブ属の一種	*Laminaria bullata*	blister wrack

ゴヘイコンブ属の一種	*Laminaria cloustoni*	cowstail, flan, kelpie (Caldy Island), laminaria tent, leag (Kyleakin), liver weed (South England), mhare (Kintyre), oarweed, pennant weed (South England), pillie weed, pleace weed, scarf weed, sea kale (Loch Fyne), sea rod, sea tangle-tent, slid vare (Kintyre), swart, ware (Scotland), weather grass, wheelbang (= seahouse) (Northumberland)
ゴヘイコンブ属の一種（茎）	*Laminaria cloustoni* (stem)	tang, tangle (Scotland), tangle tail (Whitburn)
ゴヘイコンブ属の一種	*Laminaria digitata*	braggair, liadhaig, red ware (Orkneys), red wrack (Orkneys), sea girdle (England), sea wand (Highlands), sea ware (Orkneys)
ゴヘイコンブ属の一種	*Laminaria digitata* var. *stenophylla*	bardarrig, redtop
ゴヘイコンブ属の一種（茎）	*Laminaria digitata* (stem)	tangle (Scotland)
ゴヘイコンブ属の一種	*Laminaria farlowii*	devil's appron
コメノリ	*Polyopes prolifer*	
コモングサ	*Spatoglossum pacificum*	
コンブ属	*Saccharina*	
コンブ目	Laminariales	kelp
サガラメ	*Eisenia arborea*	
サボテングサ属	*Halimeda*	
サルコディオテカ属の一種	*Sarcodiotheca furcata*	red serving fork
サンゴモ	*Corallina officinalis*	tide pool coral
サンゴモ属	*Corallina*	
サンゴモ属の一変種	*Corallina gracilis* var. *densa*	graceful coral
サンゴモ類	*Calliarthron* spp.	bead coral
シアノバクテリア（藍細菌）	Cyanobacteria	blue-green algae, cyanophyte
シオグサ属	*Cladophora*	blanket weed

シオミドロ	*Ectocarpus siliculosus*	
シオミドロ属	*Ectocarpus*	
シマテングサ	*Gelidiella acerosa*	
ジャイアントケルプ類	*Alaria* spp.	giant kelp
ジャイアントケルプ類	*Macrocystis* spp.	giant kelp
ジャイアントケルプ類	*Nereocystis* spp.	giant kelp
シャジクモ属	*Chara*	
シャットネラ属	*Chattonella*	
シューリア属の一種	*Suhria vittata*	red ribbon
種子植物門	Spermatophyta	spermatophyte
ジュズモ属	*Chaetomorpha*	
ジョロモク属	*Myagropsis*	
スイゼンジノリ（水前寺苔）	*Aphanothece sacrum*	
スガモ	*Phyllospadix iwatensis*	
スギノリ	*Chondracanthus tenellus*	
スケレトネマ属	*Skeletonema*	
スサビノリ	*Pyropia yezoensis*	
スジアオノリ	*Enteromorpha prolifera*	
スジアオノリ	*Ulva prolifera*	
スジメ	*Costaria costata*	seersucker
スジメ属	*Costaria*	
セイヨウハバノリ属	*Petalonia*	
セイヨウフジマツモ属の一種	*Rhodomela larix*	black pine
接合藻目→チリモ目		
接合藻類	Conjugatae	
センナリズタ	*Caulerpa racemosa* var. *clavifera* f. *macrophysa*	limu fua-fua
ソゾ属	*Laurencia*	
ソゾ属の一種	*Laurencia pinnatifida*	pepper dulse（Scotland）
ソゾ属の一種	*Laurencia spectabilis*	sea laurel
ソゾマクラ属の一種	*Janczewskia gardneri*	parasitic sea laure
ソメワケアマノリ	*Pyropia katadae*	
タオヤギソウ	*Chrysymenia wrightii*	
タネガシマノリ	*Pyropia tanegashimensis*	
タマハハキモク	*Sargassum muticum*	
タルケイソウ属	*Melosira*	

和名	学名	英名
ダルス	*Palmaria palmata*	crannogh (Ireland), dillesk (Ireland), dillisk (Ireland), dulse (Scotland), horse seaweed (Norway, Lapland), Neptune's girdle, red kale, sea devil (Norway, Lapland), water-leaf (Scotland), sea kale (Philadelphia)
ダルス属	*Palmaria*	
チシマクロノリ	*Pyropia kurogii*	
チリモ目（接合藻目）	*Zygnematales*	desmid
ツクシアマノリ	*Porphyra yamadae*	
ツノマタ	*Chondrus ocellatus*	
ツノモ属	*Ceratium*	
ツメケイソウ属	*Achnanthes*	
ツルアラメ	*Ecklonia stolonifera*	
ツルモ	*Chorda filum*	bootlace weed, sea lace, sea twine
ツルモ属の一種	*Chorda asiatica*	
テングサ属	*Gelidium*	limu lo-loa (= long limu)
テングサ属の一種	*Gelidium cartilagineum*	red lace
テングサ属の一種	*Gelidium coronopifolia*	limu manauea
テングサ属の一種	*Gelidium pristoides*	brown sea parsley
ドゥルビレア	*Durvillea antarctica*	bull kelp (New Zealand)
ドゥルビレア類	*Sarcophycus* (= *Durvillea*) spp.	southern bull kelp
トゲウルシグサ	*Desmarestia aculeata*	crisp color changer
トゲキリンサイ	*Eucheuma serra*	boeleony lepipan (Bali)
トサカノリ	*Meristotheca papulosa*	
トサカモドキ属の一種	*Callophyllis edentata*	red sea fan
トロロコンブ	*Kjellmaniella gyrata*	
トロロコンブ	*Saccharina gyrata*	
ナガコンブ	*Saccharina longissima*	
ナガモツモ属	*Chordaria*	
ナミマクラ属	*Elachista*	
ナンブグサ	*Gelidium subfastigiatum*	
ニセフトモズク属	*Eudesme*	
ネコアシコンブ属	*Arthrothamnus*	
ネザシハネモ	*Bryopsis corticulans*	sea fern
ネダシグサ属	*Rhizoclonium*	

ネバリモ	*Leathesia difformis*	
ネバリモ属	*Leathesia*	
ネンジュモ属	*Nostoc*	
ノコギリヒバ属の一種	*Odonthalia washingtoniensis*	curry comb
ノコギリモク	*Sargassum macrocarpum*	
ハツサイ→ファーツァイ		
ハネグサ属の一種	*Pterosiphonia bipinnata*	black tassel
ハネグサ属の一種	*Pterosiphonia dendroidea*	angel wing
ハネグサ属の一種	*Pterosiphonia gracilis*	baby angel wing
ハネケイソウ属	*Pinnularia*	
ハネモ	*Bryopsis plumosa*	
ハネモ属	*Bryopsis*	
ハバノリ	*Endarachne binghamiae*	
ハバノリ	*Petalonia binghamiae*	
ハバモドキ	*Punctaria latifolia*	brown sieve
ハバモドキ属	*Punctaria*	
ハプト藻綱	Haptophyceae	haptophyte
ハリガネ	*Ahnfeltiopsis paradoxa*	
ハリドリス属の一種	*Halidrys siliquosa*	pod weed
ハリドリス類	*Halidrys* spp.	sea oak
パルモ藻綱	Palmophyceae	palmophyte
バロニア	*Valonia utricularis*	
バロニア属	*Valonia*	
ヒカリモ	*Ochromonas vischeri*	
ヒジキ	*Sargassum fusiforme*	
ヒトエグサ	*Monostroma nitidum*	
ヒトエグサ属	*Monostroma*	
ヒバマタ	*Fucus distichus* ssp. *evanescens*	
ヒバマタ属	*Fucus*	
ヒバマタ属の一種	*Fucus furcatus*	popping wrack, rockweed
ヒバマタ属の一種	*Fucus serratus*	black wrack, prickly tang (Orkneys), serrated wrack
ヒバマタ属の一種	*Fucus spiralis*	flat wrack
ヒバマタ属の一種	*Fucus vesiculosus*	black tang, bladder wrack, lady wrack, paddy-tang (Orkneys)
ヒビミドロ	*Ulothrix flacca*	
ヒマンタリア属の一種	*Himanthalia lorea*	button weed, thong weed

ヒメアオノリ属	*Blidingia*	
ヒメウスベニ属の一種	*Erythroglossum intermedium*	dainty leaf
ヒラアオノリ	*Enteromorpha compressa*	green confetii
ヒラガラガラ属	*Dichotomaria*	
ヒラクサ	*Ptilophora subcostata*	
ビロウドガラガラ属	*Galaxaura*	
ヒロハノヒトエグサ	*Monostroma latissimum*	
ヒロメ	*Undaria undarioides*	
ファーツァイ（髪菜, ハッサイ）	*Nostoc commune* var. *flagelliforme*	
フイリタサ	*Wildemania variegata*	
フィロギガス属（茎）	*Phyllogigas*（stem）	goitre stick（South America）
フクロノリ	*Colpomenia sinuosa*	oyster thief, pocket thief
フクロノリ属	*Colpomenia*	
フクロフノリ	*Gloiopeltis furcata*	
フサノリ	*Scinaia japonica*	
フサノリ属	*Scinaia*	
フシツナギ属	*Lomentaria*	
フタツガサネ属の一種	*Antithamnion pacficum*	hooked skein
フタツガサネ属の一種	*Antithamnion uncinatum*	hooked rope
プテリゴフォラ属の一種	*Pterygophora californica*	pompon
プテロコンドリア属の一種	*Pterochondria woodii*	tassel wing
フトモズク	*Tinocladia crassa*	
フトモズク属	*Tinocladia*	
フナガタケイソウ属	*Navicula*	
フノリ属	*Gloiopeltis*	
フノリ属の一種	*Endocladia muricata*	nail brush
ブルウキモ	*Nereocystis luetkeana*	bull kelp（California, Alaska）, seatron（Northwest America）, black kelp, bladder kelp, sea otter's cabbage
プレウロフィクス属の一種	*Pleurophycus gardneri*	sea spatula
プロクロロン植物門	*Prochlorophyta*	prochloron

ヘテロシグマ属の一種(アカシオモ)	*Heterosigma akashiwo*	
ベニスナゴ属の一種	*Schizymenia pacifica*	sea rose
ベニタサ	*Wildemania amplissima*	
ベニタサ属	*Wildemania*	
ベニフクロノリ属の一種	*Halosaccion glandiforme*	sea sac
ペラゴフィクス属の一種	*Pelagophycus porra*	elk kelp
ペラゴフィクス類	*Pelagophycus* spp.	sea orange, sea pumpkin
ベンテンアマノリ	*Pyropia ishigecola*	
ボウアオノリ	*Enteromorpha intestinalis*	limu ele-ele (= black limu), link confetti
ボウアオノリ	*Ulva intestinalis*	
ポステルシア属の一種	*Postelsia palmaeformis*	sea palm
ホソメコンブ	*Saccharina japonica* var. *religiosa*	
ポリネウラ属の一種	*Polyneura latissima*	crisscross network
ポルフィラ属	*Porphyra*	
ポルフィラ属の一種	*Porphyra lanceolata*	red jabot laver
ポルフィラ属の一種	*Porphyra naiadum*	red fringe
ポルフィラ属の一種	*Porphyra perforata*	red laver
ホルモシラ	*Hormosira bancksii*	Neptune's necklace, bell weed, sea grape
ホンダワラ	*Sargassum fulvellum*	gulf weed, horsetail tang, sealentil
ホンダワラ属	*Sargassum*	
ホンダワラ類の一種	*Cystophyllum geminatum*	bladder leaf
ホンダワラ類の一種	*Cystoseira ericoides*	rainbow bladder weed
ホンダワラ類の一種	*Cystoseira osmundacea*	woody chain bladder
ホンダワラ類の一種	*Cystoseira ramariscifolia*	bladder weed
マクサ	*Gelidium elegans*	Ceylon moss
マクリ	*Digenea simplex*	
マコンブ	*Saccharina japonica*	
マツノリ	*Polyopes affinis*	
マツモ	*Analipus japonicus*	fir needle
マフノリ	*Gloiopeltis tenax*	
マリモ	*Cladophora sauteri*	
マルバアサクサノリ	*Pyropia kuniedae*	
マルバアマノリ	*Pyropia suborbiculata*	
マルバツノマタ	*Chondrus nipponicus*	

ミクロクラディア属の一種	*Microcladia borealis*	coarse sea lace
ミクロクラディア類	*Microcladia* spp.	delicate sea lace
ミスジコンブ	*Cymathere triplicata*	triple rib
ミツイシコンブ	*Saccharina angustata*	
ミドリムシ属	*Euglena*	
ミドリムシ藻綱	Euglenophyceae	euglenoid
ミリオネマ属	*Myrionema*	
ミリン	*Solieria pacifica*	
ミル	*Codium fragile*	sea staghorn
ミル属	*Codium*	
ミル属の一種	*Codium setchellii*	spongy cushion
ムカデノリ	*Grateloupia asiatica*	limu hulu-hulu waena
ムカデノリ属の一種	*Grateloupia pinnata*	pointed lynx
ムチモ	*Cutleria cylindrica*	
ムチモ属	*Cutleria*	
ムロネアマノリ	*Porphyra akasakae*	
モカサ属	*Pneophyllum*	
モサズキ属	*Jania*	
モズク	*Nemacystus decipiens*	
モンナシグサ属	*Spatoglossum*	
ヤコウチュウ（夜光虫）	*Noctiluca* spp.	
ヤツマタモク	*Sargassum patens*	
ヤナギノリ属	*Chondria*	
ヤハズグサ	*Dictyopteris latiuscula*	
ヤハズグサ属	*Dictyopteris*	
ヤハズグサ属の一種	*Dictyopteris plagiogramma*	limu lipoa
ヤハズツノマタ	*Chondrus ocellatus* f. *crispus*	carragheen, curly gristle moss, curly moss, gristle moss, Irish moss, jelly moss, lichen, pearl moss, rock moss, sea pearl moss
ヤブレアマノリ	*Pyropia lacerata*	
ユカリ	*Plocamium telfairiae*	sea comb
ユレモ属	*Oscillatoria*	
ヨレアオノリ	*Enteromorpha flexuosa*	limu ele-ele（= black limu）
ヨレクサ	*Gelidium vagum*	
ラセンモ属	*Spirulina*	
ラッパモク属	*Turbinaria*	
ラフィド藻綱	Raphidophyceae	raphidophyte

藍細菌→シアノバクテリア		
藍藻綱	Cyanophyceae	blue-green algae, cyanophyte
リシリコンブ	*Saccharina japonica* var. *ochotensis*	
リュウキュウツノマタ	*Eucheuma muricatum*	agar-agar (Galipoeda), agar-geser (Ceram Island), agar-poeloe (Spermonde)
緑藻綱	Chlorophyceae	green algae
ワカメ	*Undaria pinnatifida*	wakame, sea mustard
ワカメ属	*Undaria*	
ワツナギソウ属	*Champia*	

6. 魚類 学名・和名・英名

学 名	和 名	英 名
Acanthocepola limbata	イッテンアカタチ	blackspot bandfish
Acanthocybium solandri	カマスサワラ	wahoo
Acanthogobius flavimanus	マハゼ	yellowfin goby
Acanthopagrus latus	キチヌ	yellowfin seabream
Acanthopagrus schlegelii	クロダイ	black porgy, blackhead seabream
Acanthuridae	ニザダイ科	surgeonfish, tang, unicornfish
Acipenser medirostris	チョウザメ	green sturgeon
Acipenseridae	チョウザメ科	sturgeon
Alcichthys elongatus	ニジカジカ	elkhorn sculpin
Alectis ciliaris	イトヒキアジ	African pompano
Allothunnus fallai	ホソガツオ	slender tuna
Alopias superciliosus	ハチワレ	bigeye thresher
Aluterus monoceros	ウスバハギ	unicorn leatherjacket filefish
Ammodytes heian	オオイカナゴ	peaceful sand lance
Ammodytes japonicus	イカナゴ	western sand lance
Amphiprion clarkii	クマノミ	Clark's anemonefish, yellowtail clownfish
Anguilla anguilla	ヨーロッパウナギ	European eel
Anguilla japonica	ニホンウナギ	Japanese eel
Anguilla rostrata	アメリカウナギ	American eel
Anguillidae	ウナギ科	freshwater eel
Anoplopoma fimbria	ギンダラ	sablefish
Antennariidae	カエルアンコウ科	frogfish
Apogonidae	テンジクダイ科	cardinalfish

Aptocyclus ventricosus	ホテイウオ	smooth lumpsucker
Arctoscopus japonicus	ハタハタ	Japanese sandfish, sailfin sandfish
Argyrosomus japonicus	オオニベ	Japanese meagre
Atherinidae	トウゴロウイワシ科	silverside
Auxis rochei rochei	マルソウダ	bullet tuna
Auxis thazard thazard	ヒラソウダ	frigate tuna
Balistidae	モンガラカワハギ科	triggerfish
Bathyraja bergi	ソコガンギエイ	bottom skate
Bathyraja diplotaenia	リボンカスベ	dusky-pink skate
Belonidae	ダツ科	needlefish
Beryx splendens	キンメダイ	slender alfonsino, splendid alfonsino
Blenniidae	イソギンポ科	combtooth blenny
Bothidae	ダルマガレイ科	lefteye flounder
Bothrocara hollandi	ノロゲンゲ	Japan-sea eelpout
Brama japonica	シマガツオ	Pacific pomfret
Bramidae	シマガツオ科	pomfret
Branchiostegidae	アマダイ科	tilefish
Branchiostegus japonicus	アカアマダイ	horsehead tilefish
Caesionidae	タカサゴ科	fusilier
Callionymidae	ネズッポ科	dragonet
Calotomus japonicus	ブダイ	Japanese parrotfish
Carangidae	アジ科	jack, pompano
Caranx sexfasciatus	ギンガメアジ	bigeye trevally
Carassius cuvieri	ゲンゴロウブナ	Japanese white crucian carp
Carcharhinidae	メジロザメ科	requiem shark
Carcharhinus longimanus	ヨゴレ	oceanic whitetip shark
Carcharodon carcharias	ホホジロザメ	great white shark
Centrophorus atromarginatus	アイザメ	blackfin gulper shark, dwarf gulper shark
Chaetodon auripes	チョウチョウウオ	golden butterflyfish, oriental butterflyfish
Chaetodontidae	チョウチョウウオ科	butterflyfish
Champsocephalus gunnari	コオリカマス	mackerel icefish
Channa argus	カムルチー	snakehead
Chanos chanos	サバヒー	milkfish
Chelidonichthys kumu	ミナミホウボウ	bluefin gurnard
Chelidonichthys spinosus	ホウボウ	spiny red gurnard
Chelon haematocheilus	メナダ	redlip mullet, so-iuy mullet
Chlorophthalmidae	アオメエソ科	greeneye

Chlorurus microrhinos	ナンヨウブダイ	steephead parrotfish
Choerodon schoenleinii	シロクラベラ	blackspot tuskfish
Chromileptes altivelis	サラサハタ	humpback grouper
Chromis notata	スズメダイ	pearl-spot chromis
Citharoides macrolepidotus	コケビラメ	branched ray flounder, large-scale flounder
Clidoderma asperrimum	サメガレイ	roughscale flounder, roughscale sole
Clupea harengus	タイセイヨウニシン	Atlantic herring
Clupea pallasii	ニシン	Pacific herring
Clupeidae	ニシン科	herring, menhaden, sardine, shad
Cobitidae	ドジョウ科	loach
Cololabis saira	サンマ	Pacific saury
Conger myriaster	マアナゴ	whitespotted conger
Congridae	アナゴ科	conger eel, garden eel
Coryphaena hippurus	シイラ	common dolphinfish
Coryphaenoides acrolepis	イバラヒゲ	Pacific grenadier, roughscale rattail
Cottidae	カジカ科	sculpin
Cottus pollux	カジカ	Japanese fluvial sculpin
Ctenopharyngodon idellus	ソウギョ	grass carp, white amur
Cynoglossidae	ウシノシタ科	tongue sole, tonguefish
Cynoglossus abbreviatus	コウライアカシタビラメ	three-lined tongue sole
Cynoglossus joyneri	アカシタビラメ	red tonguesole
Cynoglossus robustus	イヌノシタ	robust tonguefish
Cyprinidae	コイ科	carp, minnow
Cyprinus carpio	コイ	common carp
Cypselurus agoo	トビウオ	Japanese flyingfish
Cypselurus doederleini	ツクシトビウオ	narrowtongue flyingfish
Cypselurus hiraii	ホソトビウオ	darkedged-wing flyingfish
Cypselurus pinnatibarbatus japonicus	ハマトビウオ	coast flyingfish
Cypselurus unicolor	オオメナツトビ	limpid-wing flyingfish
Dasyatidae	アカエイ科	stingray
Dasyatis akajei	アカエイ	whip stingray
Decapterus macrosoma	モロ	shortfin scad
Decapterus maruadsi	マルアジ	Japanese scad
Decapterus muroadsi	ムロアジ	amberstripe scad, brownstriped mackerel scad

Decapterus tabl	オアカムロ	redtail scad, roughear scad
Dentex hypselosomus	キダイ	yellowback seabream
Dexistes rikuzenius	ミギガレイ	Rikuzen flounder
Diodon holocanthus	ハリセンボン	longspined porcupinefish
Dipturus kwangtungensis	ガンギエイ	Kwangtung skate
Dissostichus eleginoides	マジェランアイナメ（オオクチ）	Patagonian toothfish
Ditrema temminckii pacificum	マタナゴ	
Ditrema temminckii temminckii	ウミタナゴ	
Doederleinia berycoides	アカムツ	blackthroat seaperch
Echeneis naucrates	コバンザメ	live sharksucker, slender suckerfish
Elagatis bipinnulata	ツムブリ	rainbow runner
Eleginus gracilis	コマイ	saffron cod
Embiotocidae	ウミタナゴ科	surfperch
Engraulidae	カタクチイワシ科	anchovy
Engraulis japonica	カタクチイワシ	Japanese anchovy
Engraulis ringens	ペルーアンチョビ	anchoveta, Peruvian anchovy
Eopsetta grigorjewi	ムシガレイ	shotted halibut
Epinephelus akaara	キジハタ	Hong Kong grouper
Epinephelus areolatus	オオモンハタ	areolate grouper
Epinephelus awoara	アオハタ	yellow grouper
Epinephelus bruneus	クエ	longtooth grouper
Epinephelus coioides	チャイロマルハタ	orange-spotted grouper
Epinephelus fasciatus	アカハタ	blacktip grouper
Epinephelus malabaricus	ヤイトハタ	Malabar grouper
Epinephelus merra	カンモンハタ	honeycomb grouper
Epinephelus ongus	ナミハタ	white-streaked grouper
Epinephelus septemfasciatus	マハタ	convict grouper
Eptatretus burgeri	ヌタウナギ	inshore hagfish
Erilepis zonifer	アブラボウズ	skilfish
Etelis coruscans	ハマダイ	deepwater longtail red snapper, ruby snapper
Etrumeus teres	ウルメイワシ	red-eye round herring
Euthynnus affinis	スマ	kawakawa
Evynnis tumifrons	チダイ	crimson seabream
Exocoetidae	トビウオ科	flyingfish
Fistularia petimba	アカヤガラ	red cornetfish, smooth flutemouth
Gadidae	タラ科	cod

Gadus chalcogrammus	スケトウダラ	Alaska pollock, walleye pollock
Gadus macrocephalus	マダラ	Pacific cod
Gambusia affinis	カダヤシ	mosquitofish
Gasterochisma melampus	ウロコマグロ（ガストロ）	butterfly kingfish
Gempylidae	クロタチカマス科	snake mackerel
Genypterus blacodes	ミナミアカヒゲ（リング）	pink cusk-eel
Gerres equulus	クロサギ	Japanese silver-biddy
Girella punctata	メジナ	largescale blackfish
Girellidae	メジナ科	nibbler
Glossanodon semifasciatus	ニギス	deep-sea smelt
Glyptocephalus stelleri	ヒレグロ	blackfin flounder
Gnathopogon caerulescens	ホンモロコ	honmoroko, willow shiner
Gobiidae	ハゼ科	goby
Goniistius zonatus	タカノハダイ	spottedtail morwong
Gymnocranius griseus	メイチダイ	grey large-eye bream
Gymnothorax kidako	ウツボ	Kidako moray
Haemulidae	イサキ科	grunt, sweetlip
Helicolenus hilgendorfi	ユメカサゴ	Hilgendorf saucord
Helicolenus percoides	ミナミユメカサゴ	red gurnard perch
Hemiramphidae	サヨリ科	halfbeak
Hemitripterus villosus	ケムシカジカ	sea raven, shaggy sculpin
Hexagrammidae	アイナメ科	greenling
Hexagrammos lagocephalus	ウサギアイナメ	rock greenling
Hexagrammos otakii	アイナメ	fat greenling
Hippocampus coronatus	タツノオトシゴ	crowned seahorse, horned seahorse
Hippoglossoides dubius	アカガレイ	flathead flounder
Hippoglossoides pinetorum	ソウハチ	sohachi, sohachi flounder
Hippoglossus stenolepis	オヒョウ	Pacific halibut
Holocentridae	イットウダイ科	soldierfish, squirrelfish
Hoplobrotula armata	ヨロイイタチウオ	armored brotula, armoured cusk
Hucho perryi	イトウ	Japanese huchen, Sakhalin taimen
Hyperoglyphe japonica	メダイ	Japanese butterfish, Pacific barrelfish
Hypomesus japonicus	チカ	Japanese surfsmelt
Hypomesus nipponensis	ワカサギ	Japanese smelt

Hypophthalmichthys molitrix	ハクレン	silver carp
Hyporhamphus sajori	サヨリ	Japanese halfbeak
Ictalurus punctatus	チャネルキャットフィッシュ	channel catfish
Inimicus japonicus	オニオコゼ	devil stinger
Istiophoridae	マカジキ科	billfish
Istiophorus indica	シロカジキ	black marlin
Istiophorus platypterus	バショウカジキ	Indo-Pacific sailfish
Isurus oxyrinchus	アオザメ	shortfin mako
Jaydia carinatus	マトイシモチ	ocellate cardinalfish, spotsail cardinalfish
Jaydia lineata	テンジクダイ	Indian perch, verticalstriped cardinalfish
Kaiwarinus equula	カイワリ	whitefin trevally
Kajikia audax	マカジキ	striped marlin
Kareius bicoloratus	イシガレイ	stone flounder
Katsuwonus pelamis	カツオ	skipjack tuna
Konosirus punctatus	コノシロ	dotted gizzard shad, konoshiro gizzard shad
Kyphosus vaigiensis	イスズミ	brassy chub
Labracoglossa argentiventris	タカベ	yellowstriped butterfish
Labridae	ベラ科	wrasse
Laemonema longipes	イトヒキダラ	longfin codling
Lagocephalus cheesemanii	クロサバフグ	Cheeseman's puffer
Lagocephalus spadiceus	シロサバフグ	half-smooth golden pufferfish
Lamna ditropis	ネズミザメ	salmon shark
Lampris guttatus	アカマンボウ	opah
Larimichthys polyactis	キグチ	yellow croaker
Lateolabrax japonicus	スズキ	Japanese seabass
Lepidocybium flavobrunneum	アブラソコムツ	escolar
Lepidopus caudatus	オビレダチ	silver scabbardfish
Lepidotrigla microptera	カナガシラ	redwing searobin
Lepomis macrochirus macrochirus	ブルーギル	bluegill
Lethenteron japonicum	カワヤツメ	Arctic lamprey
Lethrinidae	フエフキダイ科	emperor, large-eye bream
Lethrinus atkinsoni	イソフエフキ	Pacific yellowtail emperor
Lethrinus nebulosus	ハマフエフキ	spangled emperor
Leucopsarion petersii	シロウオ	ice goby
Limanda limanda	ニシマガレイ	common dab
Lobotes surinamensis	マツダイ	tripletail
Lophiidae	アンコウ科	goosefish

Lophiomus setigerus	アンコウ	blackmouth angler, blackmouth goosefish
Lophius litulon	キアンコウ	yellow goosefish
Lutjanidae	フエダイ科	snapper
Lutjanus bohar	バラフエダイ	two-spot red snapper
Lutjanus gibbus	ヒメフエダイ	humpback red snapper
Lutjanus kasmira	ヨスジフエダイ	common bluestripe snapper
Lutjanus sebae	センネンダイ	emperor red snapper
Lutjanus stellatus	フエダイ	star snapper
Macrouridae	ソコダラ科	grenadier, rattail
Macruronus novaezelandiae	ホキ	blue grenadier
Makaira mazara	クロカジキ	Indo-Pacific blue marlin
Mallotus villosus	カラフトシシャモ	capelin
Megalaspis cordyla	オニアジ	torpedo scad
Melanogrammus aeglefinus	ハドック	haddock
Merluccius australis	ヒタチダラ（ニュージーランドヘイク）	southern hake
Merluccius capensis	メルルーサ	shallow-water Cape hake
Micromesistius australis	ミナミダラ	southern blue whiting
Micromesistius poutassou	プタスダラ	blue whiting
Micropterus dolomieu	コクチバス	smallmouth bass
Micropterus salmoides	オオクチバス	largemouth black bass
Microstomus achne	ババガレイ	slime flounder
Miichthys miiuy	ホンニベ	brown croaker, mi-iuy croaker
Misgurnus anguillicaudatus	ドジョウ	oriental weatherfish, pond loach
Molidae	マンボウ科	mola, ocean sunfish
Monacanthidae	カワハギ科	filefish
Moridae	チゴダラ科	morid cod
Mugil cephalus cephalus	ボラ	flathead grey mullet
Mugilidae	ボラ科	mullet
Mullidae	ヒメジ科	goatfish
Muraenesocidae	ハモ科	pike conger, pike eel
Muraenesox cinereus	ハモ	daggertooth pike conger
Muraenidae	ウツボ科	moray eel
Mustelus manazo	ホシザメ	starspotted smooth-hound
Myctophidae	ハダカイワシ科	lanternfish
Myliobatididae	トビエイ科	eagle ray
Myoxocephalus polyacanthocephalus	トゲカジカ	great sculpin

Myoxocephalus stelleri	ギスカジカ	frog sculpin, Steller's sculpin
Nemipteridae	イトヨリダイ科	threadfin bream
Nemipterus virgatus	イトヨリダイ	golden threadfin bream
Nibea albiflora	コイチ	yellow drum
Nibea mitsukurii	ニベ	honnibe croaker
Niphon spinosus	アラ	ara
Nuchequula nuchalis	ヒイラギ	spotnape ponyfish
Odontesthes bonariensis	ペヘレイ	Argentinian silverside
Ogcocephalidae	アカグツ科	batfish
Oncorhynchus gorbuscha	カラフトマス	humpback salmon, pink salmon
Oncorhynchus keta	サケ	chum salmon, keta salmon
Oncorhynchus kisutch	ギンザケ	coho salmon, silver salmon
Oncorhynchus masou ishikawae	サツキマス（アマゴ）	amago salmon, red-spotted masu salmon, satsukimasu salmon
Oncorhynchus masou masou	サクラマス（ヤマメ）	cherry salmon, masu salmon
Oncorhynchus mykiss	ニジマス	rainbow trout
Oncorhynchus nerka	ベニザケ（ヒメマス）	red salmon, sockeye salmon
Oncorhynchus tschawytscha	マスノスケ	Chinook salmon, king salmon, spring salmon
Ophichthus remiger	マルアナゴ	punctuated snake-eel
Ophidiidae	アシロ科	brotula, cusk-eel
Oplegnathus fasciatus	イシダイ	barred knifejaw, striped beakfish
Oplegnathus punctatus	イシガキダイ	spotted beakfish, spotted knifejaw
Opsariichthys platypus	オイカワ	freshwater minnow
Oreochromis mossambicus	カワスズメ	Mozambique tilapia
Oreochromis niloticus	ナイルティラピア	Nile tilapia
Oryzias latipes	ミナミメダカ	Japanese medaka, Japanese rice fish
Oryzias sakaizumii	キタノメダカ	northern medaka
Osmeridae	キュウリウオ科	smelt
Osmerus dentex	キュウリウオ	Pacific rainbow smelt
Ostorhinchus semilineatus	ネンブツダイ	half-lined cardinal
Ostracion immaculatum	ハコフグ	bluespotted boxfish
Pagellus bellottii	アサヒダイ	red pandora
Pagrus auratus	ゴウシュウマダイ	silver seabream

Pagrus major	マダイ	Japanese seabream, red seabream
Pagrus pagrus	ヨーロッパマダイ	red porgy
Pampus chinensis	シナマナガツオ	Chinese silver pomfret
Pampus punctatissimus	マナガツオ	
Paracaesio caerulea	アオダイ	Japanese snapper
Paracaesio xanthura	ウメイロ	yellowtail blue snapper
Parajulis poecileptera	キュウセン	multicolorfin rainbowfish
Paralichthys californicus	カリフォルニアビラメ	California flounder, California halibut
Paralichthys dentatus	ナツビラメ	summer flounder
Paralichthys olivaceus	ヒラメ	bastard halibut
Parapercis sexfasciata	クラカケトラギス	grub fish
Paraplagusia japonica	クロウシノシタ	black cow-tongue
Parapristipoma trilineatum	イサキ	chicken grunt, threeline grunt
Parascolopsis inermis	タマガシラ	unarmed dwarf monocle bream
Pennahia argentata	シログチ	silver croaker
Peprilus triacanthus	バターフィッシュ	Atlantic butterfish
Pholis nebulosa	ギンポ	tidepool gunnel
Physiculus japonicus	チゴダラ	Japanese codling
Physiculus maximowiczi	エゾイソアイナメ	brown hakeling
Pinguipedidae	トラギス科	sandperch
Platax teira	ツバメウオ	longfin batfish
Platichthys stellatus	ヌマガレイ	starry flounder
Platycephalidae	コチ科	flathead
Plecoglossus altivelis altivelis	アユ	ayu sweetfish
Plectorhinchus cinctus	コショウダイ	crescent sweetlips, threebanded sweetlip
Plectropomus leopardus	スジアラ	leopard coralgrouper
Pleurogrammus azonus	ホッケ	Okhotsk atka mackerel
Pleurogrammus monopterygius	キタノホッケ	Atka mackerel
Pleuronectes asper	コガネガレイ	yellowfin sole
Pleuronectes bilineatus	シュムシュガレイ	rock sole
Pleuronectes herzensteini	マガレイ	littlemouth flounder, yellow striped flounder
Pleuronectes mochigarei	アサバガレイ	dusky sole
Pleuronectes platessa	プレイス	European plaice
Pleuronectes punctatissimus	スナガレイ	longsnout flounder, sand flounder, speckled flounder
Pleuronectes schrenki	クロガシラガレイ	cresthead flounder
Pleuronectes yokohamae	マコガレイ	marbled sole

Pleuronectidae	カレイ科	righteye flounder
Pleuronichthys lighti	メイタガレイ	ridged-eye flounder
Plotosus japonicus	ゴンズイ	Japanese eeltail catfish
Plotosus lineatus	ミナミゴンズイ	striped eel catfish
Podothecus sachi	トクビレ	snail-fin poacher
Poecilia reticulata	グッピー	guppy
Pomacanthidae	キンチャクダイ科	angelfish
Pomacentridae	スズメダイ科	damselfish
Priacanthidae	キントキダイ科	bigeye, catalufa
Priacanthus macracanthus	キントキダイ	red bigeye, red bullseye
Prionace glauca	ヨシキリザメ	blue shark
Prionurus scalprum	ニザダイ	scalpel sawtail
Pristipomoides argyrogrammicus	ハナフエダイ	ornate jobfish
Pristipomoides filamentosus	オオヒメ	crimson jobfish
Pristipomoides sieboldii	ヒメダイ	lavender jobfish
Promethichthys prometheus	クロシビカマス	Roudi escolar
Psenopsis anomala	イボダイ	Pacific rudderfish
Pseudocaranx dentex	シマアジ	white trevally
Pseudopentaceros wheeleri	クサカリツボダイ	longfin armorhead, slender armorhead
Pseudorasbora parva	モツゴ	stone moroko
Pterocaesio digramma	タカサゴ	double-lined fusilier
Pterogymnus laniarius	キレンコ	panga seabream
Pterothrissus gissu	ギス	Japanese gissu
Raja pulchra	メガネカスベ	mottled skate
Rajidae	ガンギエイ科	skate
Rastrelliger kanagurta	グルクマ	Indian mackerel
Reinhardtius hippoglossoides	カラスガレイ	Greenland halibut
Repomucenus curvicornis	ネズミゴチ	horn dragonet
Rhabdosargus sarba	ヘダイ	goldlined seabream
Rhincodon typus	ジンベエザメ	whale shark
Rhynchopelates oxyrhynchus	シマイサキ	fourstriped grunter, sharpnose tigerfish
Ruvettus pretiosus	バラムツ	oilfish
Salangichthys microdon	シラウオ	Japanese icefish
Salmo salar	タイセイヨウサケ	Atlantic salmon
Salmo trutta	ブラウントラウト	brown trout, sea trout
Salmonidae	サケ科	salmon, salmonid
Salvelinus fontinalis	カワマス	brook trout
Salvelinus leucomaenis leucomaenis	アメマス（エゾイワナ）	whitespotted char

Salvelinus namaycush	レイクトラウト	lake trout
Sarda orientalis	ハガツオ	striped bonito
Sardinella zunasi	サッパ	Japanese sardinella
Sardinops melanostictus	マイワシ	Japanese pilchard, Japanese sardine
Saurida elongata	トカゲエソ	slender lizardfish
Saurida macrolepis	マエソ	brushtooth lizardfish
Saurida umeyoshii	クロエソ	
Saurida wanieso	ワニエソ	wanieso lizardfish
Scaridae	ブダイ科	parrotfish
Scarus ghobban	ヒブダイ	blue-barred parrotfish
Scarus ovifrons	アオブダイ	knobsnout parrotfish
Sciaenidae	ニベ科	croaker, drum
Scomber australasicus	ゴマサバ	blue mackerel, spotted chub mackerel
Scomber japonicus	マサバ	chub mackerel
Scomber scombrus	タイセイヨウサバ	Atlantic mackerel
Scomberomorus commerson	ヨコシマサワラ	narrow-barred Spanish mackerel
Scomberomorus niphonius	サワラ	Japanese Spanish mackerel
Scombridae	サバ科	bonito, mackerel
Scombrops boops	ムツ	gnomefish, Japanese bluefish
Scorpaena neglecta	イズカサゴ	Izu scorpionfish
Scorpaenidae	フサカサゴ科	scorpionfish
Scorpaenopsis cirrosa	オニカサゴ	weedy stingfish
Sebastes alutus	アラスカメヌケ	Pacific ocean perch
Sebastes baramenuke	バラメヌケ	brickred rockfish
Sebastes cheni	シロメバル	
Sebastes flammeus	サンコウメヌケ	fiery rockfish
Sebastes inermis	アカメバル	
Sebastes iracundus	オオサガ	angry rockfish
Sebastes matsubarae	アコウダイ	Matsubara's red rockfish
Sebastes mentella	チヒロアカウオ（オキアカウオ）	beaked redfish, deepwater redfish
Sebastes norvegicus	モトアカウオ（タイセイヨウアカウオ）	golden redfish
Sebastes oblongus	タケノコメバル	oblong rockfish
Sebastes owstoni	ハツメ	Owston's rockfish
Sebastes pachycephalus	ムラソイ	mottled rockfish, spotbelly rockfish

Sebastes schlegelii	クロソイ	Korean rockfish
Sebastes steindachneri	ヤナギノマイ	yellow body rockfish
Sebastes taczanowskii	エゾメバル	white-edged rockfish
Sebastes thompsoni	ウスメバル	goldeye rockfish
Sebastes ventricosus	クロメバル	
Sebastes vulpes	キツネメバル	fox jacopever
Sebastes zonatus	タヌキメバル	banded jacopever
Sebastidae	メバル科	rockfish, rockcod, thornyhead
Sebastiscus marmoratus	カサゴ	false kelpfish, marbled rockfish
Sebastolobus alascanus	アラスカキチジ	shortspine thornyhead
Sebastolobus macrochir	キチジ	broadbanded thornyhead, broadfin thornyhead
Selar crumenophthalmus	メアジ	bigeye scad
Seriola aureovittata	ヒラマサ	
Seriola dumerili	カンパチ	greater amberjack
Seriola quinqueradiata	ブリ	Japanese amberjack
Seriolella brama	オキヒラス（ワレフー）	common warehou
Seriolella punctata	シルバー（ギンワレフー）	silver warehou
Serranidae	ハタ科	basslet, grouper, sea bass, soapfish
Siganidae	アイゴ科	rabbitfish, spinefoot
Siganus fuscescens	アイゴ	dusky spinefoot, mottled spinefoot
Sillaginidae	キス科	sillago, smelt-whiting
Sillago japonica	シロギス	Japanese sillago
Sillago sihama	モトギス	silver sillago
Silurus asotus	ナマズ	Amur catfish
Soleidae	ササウシノシタ科	sole
Sparidae	タイ科	porgy, sea bream
Sphyraena barracuda	オニカマス	great barracuda
Sphyraena japonica	ヤマトカマス	Japanese barracuda
Sphyraena pinguis	アカカマス	brown barracuda, red barracuda
Sphyraenidae	カマス科	barracuda
Sphyrnidae	シュモクザメ科	hammerhead shark
Spirinchus lanceolatus	シシャモ	Japanese longfin smelt, shishamo smelt
Spratelloides gracilis	キビナゴ	silver-stripe round herring
Squalus acanthias	アブラツノザメ	piked dogfish, spiny dogfish

Stephanolepis cirrhifer	カワハギ	threadsail filefish
Stichaeus grigorjewi	ナガヅカ	long shanny
Stromateidae	マナガツオ科	butterfish
Strongylura anastomella	ダツ	Pacific needlefish
Synaphobranchus kaupii	イラコアナゴ	Kaup's arrowtooth eel, northern cutthroat eel
Syngnathidae	ヨウジウオ科	pipefish, pipehorse, seahorse
Synodontidae	エソ科	lizardfish
Takifugu alboplumbeus	クサフグ	grass puffer
Takifugu flavipterus	コモンフグ	fine patterned puffer
Takifugu pardalis	ヒガンフグ	panther puffer
Takifugu porphyreus	マフグ	genuine puffer
Takifugu rubripes	トラフグ	Japanese pufferfish, tiger pufferfish
Takifugu snyderi	ショウサイフグ	vermiculated puffer
Takifugu stictonotus	ゴマフグ	spottyback puffer
Takifugu vermicularis	ナシフグ	purple puffer
Takifugu xanthopterus	シマフグ	yellowfin pufferfish
Tanakius kitaharae	ヤナギムシガレイ	willowy flounder
Terapon jarbua	コトヒキ	crescent perch, Jarbua terapon
Tetraodontidae	フグ科	puffer
Thamnaconus modestus	ウマヅラハギ	black scraper
Thunnus alalunga	ビンナガ	albacore
Thunnus albacares	キハダ	yellowfin tuna
Thunnus atlanticus	クロヒレマグロ	blackfin tuna
Thunnus maccoyii	ミナミマグロ	southern bluefin tuna
Thunnus obesus	メバチ	bigeye tuna
Thunnus orientalis	クロマグロ	Pacific bluefin tuna
Thunnus thynnus	タイセイヨウクロマグロ	Atlantic bluefin tuna
Thunnus tonggol	コシナガ	longtail tuna
Thyrsites atun	バラクータ	snoek
Trachurus declivis	ニュージーランドマアジ（ミナミマアジ）	greenback horse mackerel
Trachurus japonicus	マアジ	Japanese jack mackerel
Trachurus murphyi	チリマアジ	Chilean jack mackerel
Trachurus trachurus	ニシマアジ	Atlantic horse mackerel
Triakis scyllium	ドチザメ	banded houndshark
Tribolodon hakonensis	ウグイ	big-scaled redfin

Trichiuridae	タチウオ科	cutlassfish
Trichiurus japonicus	タチウオ	largehead hairtail
Triglidae	ホウボウ科	gurnard, searobin
Upeneus japonicus	ヒメジ	bensasi goatfish
Uranoscopus japonicus	ミシマオコゼ	Japanese stargazer
Variola louti	バラハタ	yellow-edged lyretail
Verasper moseri	マツカワ	barfin flounder
Verasper variegatus	ホシガレイ	spotted halibut
Xiphias gladius	メカジキ	swordfish
Zeus faber	マトウダイ	John dory
Zoarcidae	ゲンゲ科	eelpout

7. 無脊椎動物　学名・和名・英名

学　名	和　名	英　名
Acanthaster planci	オニヒトデ	crown-of-thorn
Acanthopleura japonica	ヒザラガイ	Japanese thorny chiton
Actiniaria	イソギンチャク目	sea anemone
Alpheus	テッポウエビ属	snapping shrimp
Alpheus brevicristatus	テッポウエビ	snapping shrimp
Amphinomidae	ウミケムシ科	fire worm
Amphioctopus fangsiao	イイダコ	Japanese ocellate octopus
Amphipoda	端脚目	amphipod
Amusium japonicum	ツキヒガイ	Japanese moon scallop, saucer scallop
Anadarinae	リュウキュウサルボウガイ亜科（アカガイ類）	ark shell
Antalis weinkauffi	ツノガイ	tooth shell, tusk shell
Anthocidaris crassispina	ムラサキウニ	hard-spined sea urchin
Anthozoa	花虫綱	anthozoan
Aphrodita aculeata	コガネウロコムシ	sea mouse
Aplysia kurodai	アメフラシ	Kuroda's sea hare
Aposticopus japonicus	マナマコ	Japanese common sea cucumber
Architeuthis dux	ダイオウイカ	giant squid
Argonauta argo	アオイガイ	paper nautilus
Argulus japonicus	チョウ	carp louse
Aristeomorpha	チヒロエビ属	red shrimp
Arthropoda	節足動物門	arthropod

Astacoidea	ザリガニ上科	crayfish
Asterias amurensis	マヒトデ	purple star, northern Pacific seastar
Asterina pectinifera	イトマキヒトデ	bat star
Atrina vexillum	クロタイラギ	Indo-Pacific pen shell
Asteroidea	ヒトデ綱	sea star
Atrina japonica	タイラギ	comb pen shell
Aurelia coerulea	ミズクラゲ	moon jellyfish
Babylonia japonica	バイ	ivory shell, Japanese babylon
Balanus	フジツボ属	acorn barnacle
Balanus amphitrite	タテジマフジツボ	striped barnacle
Balanus improvisus	ヨーロッパフジツボ	acorn barnacle, bay barnacle
Barnea manilensis	ニオガイ	piddock
Batillaria	ウミニナ属	horn shell, mud creeper
Birgus latro	ヤシガニ	coconut crab
Bivalvia	二枚貝綱	bivalve
Brachionus plicatilis	シオミズツボワムシ	rotifer
Branchinella kugenumaensis	ホウネンエビ	fairy shrimp
Branchiopoda	鰓脚綱	water flea
Bryozoa	コケムシ類	moss animal, sea mat, sea moss
Buccinum	エゾバイ属	buccinum
Buccinum middendorffi	エゾバイ	Middendorff's buccinum
Buccinum undatum	ヨーロッパエゾバイ	common whelk
Calcarea	石灰海綿綱	calcareous sponge
Cambroides japonicus	ニホンザリガニ	Japanese crayfish
Cancer majister	アメリカイチョウガニ	dungeness crab
Cancer pagurus	ヨーロッパイチョウガニ	edible crab
Carcinus aestuarii	チチュウカイミドリガニ	green crab
Cardiidae	ザルガイ科	cockle, heart shell
Cellana mazatlanica	カサガイ	Bonin limpet
Cephalopoda	頭足綱	cephalopod
Charonia tritonis	ホラガイ	trumpet shell
Chionoecetes japonicus	ベニズワイガニ	red snow crab, red tanner crab
Chionoecetes opilio	ズワイガニ	queen crab, snow crab, tanner crab
Ciona savignyi	ユウレイボヤ	sea squirt
Cipangopaludina	タニシ属	trapdoor snail

Cirripedia	フジツボ下綱（蔓脚下綱）	barnacle, cirriped
Cladocera	ミジンコ目（枝角目）	cladocera
Clypeasteroida	タコノマクラ目（カシパン類）	sand dollar
Cnidaria	刺胞動物門	cnidarian
Coleoidea	鞘形亜綱	coleoid
Collarium japopnicum	アカサンゴ	red precius coral
Conidae	イモガイ科	cone shell
Copepoda	カイアシ亜綱（橈脚亜綱）	copepod
Corbicula	シジミ属	freshwater clam
Corbicula fluminea	タイワンシジミ	Asian clam
Corbicula leana	マシジミ	Asian clam
Crassostrea ariakensis	スミノエガキ	Ariake oyster
Crassostrea gigas	マガキ	giant Pacific oyster, Japanese oyster
Crassostrea nippona	イワガキ	rock oyster
Crassostrea virginica	アメリカガキ（バージニアガキ）	American oyster, Atlantic oyster, eastern oyster
Cristaria plicata	カラスガイ	Cockscomb pearl mussel
Crustacea	甲殻亜門	crustacean
Ctenodiscus crispatus	スナイトマキ	mud-star
Cucumaria frondose japonica	キンコ	northern sea cucumber, orange footed sea cucumber
Cypraea tigris	ホシダカラ	tiger cowry
Cypraeidae	タカラガイ科	cowry
Cypridina hilgendorfi	ウミホタル	seed shrimp
Daphnia pulex	ミジンコ	cladocera, water flea
Decapoda	十脚目	decapod
Demospongiae	普通海綿綱（イソカイメン類）	horny sponge
Diadema setosum	ガンガゼ	longspine black urchin
Doryteuthis opalescens	カリフォルニアヤリイカ	California market squid
Dosidicus gigas	アメリカオオアカイカ	jumbo flying squid
Echinoidea	ウニ綱	sea urchin
Echinometra mathaei	ナガウニ	oval sea urchin
Echiura	ユムシ動物門	spoon worm

Enteroctopus dofleini	ミズダコ	North Pacific giant octopus
Erimacrus isenbeckii	ケガニ	horsehair crab
Eriocheir japonicus	モクズガニ	Japanese mitten crab
Eriocheir sinensis	チュウゴクモクズガニ	Chinese mitten crab
Euphausia superba	ナンキョクオキアミ	Antarctic krill
Euphausiacea	オキアミ目	euphausiid, krill
Fenneropenaeus chinensis	コウライエビ	Chinese prawn
Fulvia mutica	トリガイ	egg cockle, Japanese cockle
Fusinus perplexus	ナガニシ	spindle shell
Galatheidae	コシオリエビ科	squat lobster
Gastropoda	腹足綱	gastropod, snail
Geothelphusa dehaani	サワガニ	Japanese freshwater crab, river crab
Glossaulax didyma	ツメタガイ	bladder moon, necklace shell
Gorgonocephalus caryi	オキノテズルモズル	basket star
Haliotis	ミミガイ属（アワビ類）	abalone
Haliotis asinina	ミミガイ	Donkey's ear abalone
Haliotis conicopora	ビクトリアアワビ	brownlip abalone
Haliotis corrugata	ガマノセアワビ	pink abalone
Haliotis discus	クロアワビ	disk abalone
Haliotis discus hannai	エゾアワビ	Yezo abalone
Haliotis diversicolor aquatilis	トコブシ	Japanese abalone
Haliotis fulgens	クジャクアワビ	green abalone
Haliotis gigantea	メガイアワビ	Siebold's abalone
Haliotis laevigata	ウスヒラアワビ	greenlip abalone
Haliotis madaka	マダカアワビ	giant abalone
Haliotis roei	オーストラリアトコブシ	Roe's abalone
Haliotis rubra	アカアワビ	ruber abalone
Haliotis rufescens	アカネアワビ	red abalone
Haliotis tuberculata	セイヨウトコブシ	tuberculate ormer
Halocynthia roretzi	マボヤ	common sea squirt
Hemicentrotus pulcherrimus	バフンウニ	elegant sea urchin, Japanese green sea urchin
Heterololigo bleekeri	ヤリイカ	spear squid
Holothroidea	ナマコ綱	sea cucumber
Holothuria atra	クロナマコ	lollyfish, sea cucumber
Holothuria leucospilota	ニセクロナマコ	sea cucumber, white threads fish

Homarus americanus	アメリカンロブスター	lobster
Hydrozoa	ヒドロ虫綱	hydroid
Hyriopsis schlegeli	イケチョウガイ	pearly freshwater mussel
Ibacus ciliatus	ウチワエビ	Japanese fan lobster, shovelnosed lobster, slipper lobster
Illex	マツイカ属（イレックス属）	short finned squid
Illex argentinus	アルゼンチンマツイカ（アルゼンチンイレックス）	Argentine shortfin squid
Isopoda	等脚目	isopod
Jasus	ミナミイセエビ属	rock lobster
Lambis lambis	クモガイ	common spider conch, spider shell
Leiopterus fimbriatus	ウミエラ	sea pen
Lepas anatifera	エボシガイ	gooseneck barnacle
Lernaea cyprinacea	イカリムシ	anchor worm
Limnoperna fortunei	カワヒバリガイ	golden mussel
Limnoria lignorum	キクイムシ	gribble
Limuridae	カブトガニ科	horseshoe crab
Litopenaeus vannamei	バナメイエビ	Pacific white shrimp, white leg shrimp
Littorina brevicula	タマキビガイ	periwinkle
Littorina littorea	ヨーロッパタマキビ	common periwinkle
Littorinidae	タマキビガイ科	periwinkle
Loliginidae	ヤリイカ科	inshore squid, pencil squid
Lucensosergia lucens	サクラエビ	Sakura shrimp
Macrobrachium	テナガエビ属	river prawn
Macrobrachium nipponense	テナガエビ	oriental river prawn
Macrobrachium rosenbergi	オニテナガエビ	giant river prawn
Macrocheira kaempferi	タカアシガニ	giant spider crab
Mactra chinensis	バカガイ	Chinese surf clam, radiated trough clam
Mactra veneriformis	シオフキガイ	duck clam, trough shell
Mactridae	バカガイ科	surf clam
Majidae	クモガニ科	spider crab
Marsupenaeus japonicus	クルマエビ	kuruma prawn, Japanese shrimp
Mercenaria mercenaria	ホンビノスガイ	cherry stone clam, hard clam, northern quahog

Mercenaria stimpsoni	ビノスガイ	quahog
Meretrix	ハマグリ属	hard clam
Meretrix lamarckii	チョウセンハマグリ	hard clam, Lamarck's meretrix
Meretrix lusoria	ハマグリ	Japanese hard clam, poker-tip venus
Meretrix pethechialis	シナハマグリ	spotted hard clam
Metanephrops japonicus	アカザエビ	Japanese lobster
Metapenaeus ensis	ヨシエビ	greasyback shrimp
Metapenaeus joyneri	シバエビ	Shiba prawn
Mikadotrochus beyrichii	オキナエビス	slit shell
Molgula manhattensis	マンハッタンボヤ	sea grape
Mollusca	軟体動物門	mollusc, mollusk
Murex troscheli	アクキガイ	murex shell
Muricidae	アクキガイ科	murex shell
Mya arenaria oonogai	オオノガイ	soft-shell clam
Mysidacea	アミ目	mysid shrimp, oppossum shrimp
Mytilus coruscus	イガイ	Japanese native mussel
Mytilus edulis	ヨーロッパイガイ	common blue mussel
Mytilus galloprovincialis	ムラサキイガイ	Mediterranean blue mussel
Naticidae	タマガイ科	moon shell
Nautilus pompilius	オウムガイ	chambered nautilus, pearly nautilus
Neanthes diversicolor	ゴカイ	sand worm
Nematoda	線虫動物門	nematode, round worm
Nemertini	紐型動物門（ヒモムシ類）	ribbon worm
Nemopilema nomurai	エチゼンクラゲ	Echizen jellyfish, Nomura's jellyfish
Neomysis	イサザアミ属	mysid shrimp
Nephropidae	アカザエビ科	lobsterette, true robster
Nephrops norvegicus	ヨーロッパアカザエビ	Norway lobster
Neptunea	エゾボラ属	neptunea, whelk
Neptunea polycostata	エゾボラ	Ezo neptunea
Nereididae	ゴカイ科	clam worm
Nitidotellina nitidula	サクラガイ	tellin shell
Nudibranchia	裸鰓亜目（ウミウシ類）	seaslug
Octopus minor	テナガダコ	long-armed octopus
Octopus sinensis	マダコ	Japanese common octopus

Ocypode stimpsoni	スナガニ	sand crab
Ocythoe tuberculata	アミダコ	tuberculate pelagic octopus
Ommastrephes bartrami	アカイカ	neon flying squid
Ophiuroidea	クモヒトデ綱	brittle star
Oratosquilla oratoria	シャコ	edible mantis shrimp
Orchestia gammarella	ハマトビムシ	sand hopper
Ostracoda	貝虫亜綱	ostracod
Ostrea denselamellosa	イタボガキ	densely lamellated oyster
Ostrea edulis	ヨーロッパヒラガキ	Europian flat oyster
Ostrea lurida	オリンピアガキ	Olympia oyster
Ostreidae	イタボガキ科	oyster
Ovula ovum	ウミウサギガイ	egg cowry
Pachygrapsus crassipes	イワガニ	shore crab
Pacifastacus leniusculus trowbridgii	ウチダザリガニ	signal crayfish
Paguroidea	ヤドカリ上科	hermit crab
Palinuridae	イセエビ科	spiny lobster
Pandalus borealis	ホンホッコクアカエビ	northern shrimp, pink shrimp
Pandalus eous	ホッコクアカエビ	Alaska pink shrimp
Pandalus hypsinotus	トヤマエビ	coonstripe shrimp
Pandalus nipponensis	ボタンエビ	botan shrimp
Panopea generosa	アメリカナミガイ	Pacific geoduck
Panopea japonica	ナミガイ	geoduck, Japanese geoduck
Panulirus cygnus	オーストラリアイセエビ	western rocklobster
Panulirus japonicus	イセエビ	Japanese spiny lobster
Paphia undulata	イヨスダレ	undulating venus
Paralithodes	タラバガニ属	king crab
Paralithodes brevipes	ハナサキガニ	blue king crab
Paralithodes camtschaticus	タラバガニ	Alaskan king crab
Parastichopus nigripunctatus	オキナマコ	sea cucumber
Paratya compressa	ヌマエビ	freshwater atyid shrimp
Pasiphaea japonica	シラエビ	glass shrimp
Patellogastropoda	カサガイ目	limpet
Patinopecten yessoensis	ホタテガイ	Yezo giant scallop
Pecten albicans	イタヤガイ	Japanese scallop
Pectinidae	イタヤガイ科	scallop
Penaeus monodon	ウシエビ	black tiger prawn, giant tiger prawn
Perinereis aibuhitensis	アオゴカイ	Korean lugworm

Perna viridis	ミドリイガイ	green mussel
Physalia physalis	カツオノエボシ	Portuguese man-of-war
Pinctada fucata martensi	アコヤガイ	pearl oyster
Pinctada margaritifera	クロチョウガイ	black-lip pearl oyster
Pinctada maxima	シロチョウガイ	gold-lip pearl oyster, silver-lip pearl oyster
Pinna bicolor	ハボウキガイ	bicolor pen shell
Pinnidae	ハボウキガイ科	pen shell
Platyhelminthes	扁形動物門	flatworm
Polycladida	ヒラムシ目	flatworm
Polyplacophora	多板綱（ヒザラガイ類）	chiton
Pomacea canaliculata	スクミリンゴガイ	golden apple snail
Porcellanidae	カニダマシ科	porcellain crab
Porifera	海綿動物門	sponge
Portunidae	ワタリガニ科（ガザミ類）	swimming crab
Portunus sanguinolentus	ジャノメガザミ	red-spotted swimming crab, three-spot swimming crab
Portunus trituberculatus	ガザミ	horse crab, Japanese blue crab
Procambarus clarkii	アメリカザリガニ	crayfish, red swamp crawfish
Pseudocardium sachalinensis	ウバガイ	hen clam
Pseudocentrotus depressus	アカウニ	depressed red sea urchin
Pteria brevialata	ウグイスガイ	swift wing oyster, wing oyster
Pyromaia tuberculata	イッカククモガニ	American spider crab
Ranina ranina	アサヒガニ	frog crab, spanner crab
Rapana venosa	アカニシ	rapa whelk, topshell
Rhopilema esculentum	ビゼンクラゲ	edible jellyfish
Rotifera	輪形動物門	rotifer
Ruditapes philippinarum	アサリ	baby-neck clam, manila clam, short-neck clam
Sabellidae	ケヤリムシ科	fan worm
Sagitta	ヤムシ属	arrow worm
Salpidae	サルパ科	salp
Scapharca broughtonii	アカガイ	bloody cockle, Broughton's ark shell
Scapharca kagoshimensis	サルボウガイ	half-crenate ark shell, subcrenated ark shell
Scaphechirus mirabilis	ハスノハカシパン	sand dollar
Scaphopoda	ツノガイ綱（掘足綱）	scaphopod, tusk shell

Schizaster lacunosus	ブンブクチャガマ	heart urchin
Scleractinia	イシサンゴ目	stone coral
Scylla	ノコギリガザミ属	mangrove crab, mud crab
Scylla olivacea	アカテノコギリガザミ	orange mud crab
Scylla paramamosain	トゲノコギリガザミ	green mud crab
Scylla serrata	アミメノコギリガザミ	giant mangrove crab, giant mud crab
Scyllarides squamosus	セミエビ	blunt slipper lobster, locust lobster
Scypozoa	鉢虫綱（鉢クラゲ類）	jellyfish
Sepia esculenta	コウイカ	golden cuttlefish
Sepia lycidas	カミナリイカ	kisslip cuttlefish
Sepiella japonica	シリヤケイカ	Japanese spineless cuttlefish
Sepiida	コウイカ目	cuttlefish
Sepioteuthis lessoniana	アオリイカ	big fin reef squid, oval squid
Sipuncula	星口動物門（ホシムシ類）	peanut worm
Solen	マテガイ属	jacknife clam
Solen strictus	マテガイ	Gould's jacknife clam
Solenoceridae	クダヒゲエビ科	solenocerid shrimp
Spongia officinalis	モクヨクカイメン	bath sponge
Stomatopoda	シャコ目	mantis shrimp
Strombidae	ソデボラ科	conch shell
Strongylocentrotus intermedius	エゾバフンウニ	short-spined sea urchin
Tachypleus tridentatus	カブトガニ	Chinese horseshoe crab, Japanese horseshoe crab
Teredo navalis	フナクイムシ	shipworm
Teuthida	ツツイカ目	squid
Thais	レイシガイ属	rock shell
Thysanoteuthis rhombus	ソデイカ	diamond-back squid
Todarodes pacificus	スルメイカ	Japanese common squid
Tonna luteostoma	ヤツシロガイ	tun shell
Tresus keenae	ミルクイガイ	Keen's gaper
Tridacna	シャコガイ属	giant clam
Tripneustes pileolus	シラヒゲウニ	white spin sea urchin
Trochus maculatus	ニシキウズガイ	maculated top, top shell
Turbellaria	渦虫綱	flatworm
Turbo	リュウテン属（サザエ類）	turban shell

学 名	和 名	英 名
Turbo sazae	サザエ	horned turban, spiny top shell
Turbo marmoratus	ヤコウガイ	green turban
Uca	シオマネキ属	fiddler crab
Uca arcuata	シオマネキ	fiddler crab
Urechis unicinctus	ユムシ	fat innkeeper worm
Urochordata (Tunicata)	尾索動物門（ホヤ類）	tunicate, urochordate
Urosalpinx cinerea	カキナカセ	oyster drill
Uroteuthis edulis	ケンサキイカ	swordtip squid
Vasticardium burchardi	ザルガイ	Burchard's cockle, heart shell
Watasenia scintillans	ホタルイカ	firefly squid
Xanthidae	オウギガニ科	dark-finger coral crab

8. 爬虫類　学名・和名・英名

学 名	和 名	英 名
Caretta caretta	アカウミガメ	loggerhead turtle
Chelonia mydas	アオウミガメ	green turtle
Cheloniidae	ウミガメ科	sea turtle
Dermochelys coriacea	オサガメ	leatherback turtle
Eretmochelys imbricata	タイマイ	hawksbill turtle
Lepidochelys olivacea	ヒメウミガメ	olive ridley turtle, Pacific ridley
Pelodiscus sinensis	ニホンスッポン	Chinese soft-shelled turtle
Trachemys scripta elegans	ミシシッピアカミミガメ	red-eared slider
Trionychidae	スッポン科	softshell turtle

9. 哺乳類　学名・和名・英名

学 名	和 名	英 名
Balaena mysticetus	ホッキョククジラ	bowhead whale
Balaenoptera acutorostrata	ミンククジラ	common minke whale
Balaenoptera bonaerensis	クロミンククジラ	Antarctic minke whale
Balaenoptera borealis	イワシクジラ	sei whale
Balaenoptera edeni	ニタリクジラ	Bryde's whale
Balaenoptera musculus	シロナガスクジラ	blue whale
Balaenoptera physalus	ナガスクジラ	fin whale
Berardius bairdii	ツチクジラ	Baird's beaked whale
Callorhinus ursinus	キタオットセイ	northern fur seal

学名	和名	英名
Delphinapterus leucas	シロイルカ	beluga, white whale
Delphinus delphis	マイルカ	short-beaked common dolphin
Dugong dugon	ジュゴン	dugong
Enhydra lutris	ラッコ	sea otter
Eschrichtius robustus	コククジラ	gray whale
Eubalaena japonica	セミクジラ	North Pacific right whale
Eumetopias jubatus	トド	Steller sea lion
Globicephala macrorhynchus	コビレゴンドウ	short-finned pilot whale
Grampus griseus	ハナゴンドウ	Risso's dolphin
Hyperoodon ampullatus	キタトックリクジラ	northern bottlenose whale
Hyperoodon planifrons	ミナミトックリクジラ	southern bottlenose whale
Lagenorhynchus obliquidens	カマイルカ	Pacific white-sided dolphin
Megaptera novaeangliae	ザトウクジラ	humpback whale
Mysticeti	ヒゲクジラ亜目	baleen whale
Neophocaena phocaenoides	スナメリ	finless porpoise
Odobenus rosmarus divergens	タイヘイヨウセイウチ	Pacific walrus
Odontoceti	ハクジラ亜目	toothed whale
Orcinus orca	シャチ	killer whale
Otariidae	アシカ科	eared seal
Phoca hispida	ワモンアザラシ	ringed seal
Phoca largha	ゴマフアザラシ	spotted seal
Phoca vitulina	ゼニガタアザラシ	common seal, harbor seal
Phocidae	アザラシ科	earless seal, true seal
Phocoenoides dalli	イシイルカ	Dall's porpoise
Physeter macrocephalus	マッコウクジラ	sperm whale
Pseudorca crassidens	オキゴンドウ	false killer whale
Stenella attenuata	マダライルカ	pantropical spotted dolphin
Stenella coeruleoalba	スジイルカ	striped dolphin
Tursiops truncatus	ハンドウイルカ	bottlenose dolphin, common bottlenose dolphin
Zalophus californianus	カリフォルニアアシカ	Californian sea lion

10. 植物 学名・和名・英名

学名	和名	英名
Acetabularia	カサノリ属	
Acetabularia ryukyuensis	カサノリ	
Achnanthes	ツメケイソウ属	

Agardhiella coulteri	アガーディエラ属の一種	coulter's seaweed
Agarum	アナメ属	
Agarum fimbriatum	アナメ属の一種	sea colander
Ahnfeltia fastigiata	イタニグサ	bushy Ahnfelt's seaweed
Ahnfeltia gigartinoides	イタニグサ属の一種	loose Ahnfelt's seaweed
Ahnfeltiopsis flabelliformis	オキツノリ	
Ahnfeltiopsis paradoxa	ハリガネ	
Ahnfeltiopsis vermicularis	オキツノリ属の一種	limu koele（= dry limu）
Alaria	アイヌワカメ属	
Alaria esculenta	アイヌワカメの一種	bedderlock (Scotland), daberlock (Scotland), henware (Orkneys), honey ware, mair-injarin (Iceland), mirkle (Orkneys)
Alaria fistulosa	オニワカメ	stringy kelp（Alaska）
Alaria spp.	ジャイアントケルプ類	giant kelp
Alaria valida	アイヌワカメ属の一種	wing kelp
Alexandorium	アレクサンドリウム属	
Alsidium helminthochorton	アルシディウム属の一種	Corsican moss
Amphiroa	カニノテ属	
Anabaena	アナベナ属	
Analipus japonicus	マツモ	fir needle
Antithamnion pacficum	フタツガサネ属の一種	hooked skein
Antithamnion uncinatum	フタツガサネ属の一種	hooked rope
Aphanothece sacrum	スイゼンジノリ（水前寺苔）	
Arthrothamnus	ネコアシコンブ属	
Ascophyllum nodosum	アスコフィルム属の一種	knobbed wrack, knotted wrack, yellow tang（Orkneys）
Bacillariophyceae	珪藻綱	diatom
Bangia	ウシケノリ属	
Bangia atropurpurea	ウシケノリ	
Batrachospermum	カワモヅク属	
Blidingia	ヒメアオノリ属	
Bostrychia tenella	コケモドキ	

Bryopsis	ハネモ属	
Bryopsis corticulans	ネザシハネモ	sea fern
Bryopsis plumosa	ハネモ	
Calliarthron spp.	サンゴモ類	bead coral
Callithamnion pikeanum	カリタムニオン属の一種	beauty bush
Callophyllis edentata	トサカモドキ属の一種	red sea fan
Caloglossa continua	アヤギヌ	
Campylaephora hypnaeoides	エゴノリ	
Catenella caespitosa	イソモッカ	
Caulerpa	イワズタ属	
Caulerpa lentillifera	クビレズタ	
Caulerpa racemosa var. *clavifera* f. *macrophysa*	センナリズタ	limu fua-fua
Caulerpa scalpelliformis var. *scalpelliformis*	クロキズタ	
Ceramium boydenii	アミクサ	
Ceramium kondoi	イギス	
Ceramium pacificum	イギス属の一種	pottery seaweed
Ceratium	ツノモ属	
Ceratodictyon spongiosum	カイメンソウ	
Chaetomorpha	ジュズモ属	
Champia	ワツナギソウ属	
Chara	シャジクモ属	
Chattonella	シャットネラ属	
Chlorella	クロレラ属	
Chlorophyceae	緑藻綱	green algae
Chondracanthus tenellus	スギノリ	
Chondria	ヤナギノリ属	
Chondrus elatus	コトジツノマタ	
Chondrus nipponicus	マルバツノマタ	
Chondrus ocellatus	ツノマタ	
Chondrus ocellatus f. *crispus*	ヤハズツノマタ	carragheen, curly gristle moss, curly moss, gristle moss, Irish moss, jelly moss, lichen, pearl moss, rock moss, sea pearl moss
Chondrus verrucosus	イボツノマタ	
Chondrus yendoi	クロハギンナンソウ	
Chorda asiatica	ツルモ属の一種	

Chorda filum	ツルモ	bootlace weed, sea lace, sea twine
Chordaria	ナガモツモ属	
Chrysymenia wrightii	タオヤギソウ	
Cladophora	シオグサ属	blanket weed
Cladophora sauteri	マリモ	
Cladosiphon	オキナワモズク属	
Cladosiphon okamuranus	オキナワモズク	
Coccolitophorid	円石藻類	coccolitophorid
Cocconeis	コバンケイソウ属	
Codium	ミル属	
Codium fragile	ミル	sea staghorn
Codium setchellii	ミル属の一種	spongy cushion
Coilodesme californica	エゾフクロノリ属の一種	stick bag
Colpomenia	フクロノリ属	
Colpomenia sinuosa	フクロノリ	oyster thief, pocket thief
Conjugatae	接合藻類	
Constantinea simplex	オキツバラ属の一種	cup and saucer
Corallina	サンゴモ属	
Corallina gracilis var. *densa*	サンゴモ属の一変種	graceful coral
Corallina officinalis	サンゴモ	tide pool coral
Costaria	スジメ属	
Costaria costata	スジメ	seersucker
Cryptogamae	隠花植物	no flowering plant
Cryptophyta	クリプト植物門	cryptomonad
Cryptopleura ruprechtiana	カクレスジ属の一種	hidden rib, ruche
Cutleria	ムチモ属	
Cutleria cylindrica	ムチモ	
Cyanidium caldarium	イデユコゴメ	
Cyanobacteria	シアノバクテリア（藍細菌）	blue-green algae, cyanophyte
Cyanophyceae	藍藻綱	blue-green algae, cyanophyte
Cymathere triplicata	ミスジコンブ	triple rib
Cystophyllum geminatum	ホンダワラ類の一種	bladder leaf
Cystoseira ericoides	ホンダワラ類の一種	rainbow bladder weed
Cystoseira osmundacea	ホンダワラ類の一種	woody chain bladder
Cystoseira ramariscifolia	ホンダワラ類の一種	bladder weed
Delesseria decipiens	コノハノリ属の一種	baron Delessert
Desmarestia	ウルシグサ属	
Desmarestia aculeata	トゲウルシグサ	crisp color changer

Desmarestia intermedia	ウルシグサ属の一種	loose color changer
Desmarestia ligulata	ウルシグサ	maiden's hair
Desmarestia munda	ウルシグサ属の一種	wide color changer
Dichotomaria	ヒラガラガラ属	
Dictyopteris	ヤハズグサ属	
Dictyopteris latiuscula	ヤハズグサ	
Dictyopteris plagiogramma	ヤハズグサ属の一種	limu lipoa
Dictyosiphon	ウイキョウモ属	
Dictyosiphon foeniculaceus	ウイキョウモ	
Dictyota	アミジグサ属	
Dictyota dichotoma	アミジグサ	
Digenea simplex	マクリ	
Dinoflagellate	渦鞭毛藻類	dinoflagellate
Durvillea antarctica	ドゥルビレア	bull kelp（New Zealand）
Ecklonia buccinalis	カジメ属の一種	bamboo seaweed
Ecklonia cava	カジメ	
Ecklonia kurome	クロメ	
Ecklonia maxima	カジメ属の一種	sea bamboo
Ecklonia stolonifera	ツルアラメ	
Eckloniopsis radicosa	アントクメ	
Ectocarpus	シオミドロ属	
Ectocarpus siliculosus	シオミドロ	
Egregia	エグリジア属	feather boa kelp
Egregia laevigata	エグリジア	ribbon kelp
Eisenia arborea	サガラメ	
Eisenia bicyclis	アラメ	
Elachista	ナミマクラ属	
Endarachne binghamiae	ハバノリ	
Endocladia muricata	フノリ属の一種	nail brush
Enteromorpha	アオノリ属	
Enteromorpha compressa	ヒラアオノリ	green confetii
Enteromorpha flexuosa	ヨレアオノリ	limu ele-ele（= black limu）
Enteromorpha intestinalis	ボウアオノリ	limu ele-ele（= black limu）, link confetti
Enteromorpha prolifera	スジアオノリ	
Erythroglossum intermedium	ヒメウスベニ属の一種	dainty leaf
Eucheuma	キリンサイ属	
Eucheuma amakusaense	アマクサキリンサイ	
Eucheuma denticulatum	キリンサイ	agar（Luigga）

Eucheuma muricatum	リュウキュウツノマタ	agar-agar（Galipoeda），agar-geser（Ceram Island），agar-poeloe（Spermonde）
Eucheuma serra	トゲキリンサイ	boeleony lepipan（Bali）
Eudesme	ニセフトモズク属	
Euglena	ミドリムシ属	
Euglenophyceae	ミドリムシ藻綱	euglenoid
Farlowia mollis	クシバニセカレキグサ	Farlow seaweed
Fibrocapsa japonica	ウミイトカクシ	
Fucus	ヒバマタ属	
Fucus distichus ssp. *evanescens*	ヒバマタ	
Fucus furcatus	ヒバマタ属の一種	popping wrack, rockweed,
Fucus serratus	ヒバマタ属の一種	black wrack, prickly tang（Orkneys），serrated wrack
Fucus spiralis	ヒバマタ属の一種	flat wrack
Fucus vesiculosus	ヒバマタ属の一種	black tang, bladder wrack, lady wrack, paddy-tang（Orkneys）
Galaxaura	ビロウドガラガラ属	
Gastroclonium coulteri	イソマツ属の一種	sea belly
Gelidiella acerosa	シマテングサ	
Gelidium	テングサ属	limu lo-loa（= long limu）
Gelidium cartilagineum	テングサ属の一種	red lace
Gelidium coronopifolia	テングサ属の一種	limu manauea
Gelidium elegans	マクサ	Ceylon moss
Gelidium japonicum	オニクサ	
Gelidium linoides	キヌクサ	
Gelidium pristoides	テングサ属の一種	brown sea parsley
Gelidium subfastigiatum	ナンブグサ	
Gelidium vagum	ヨレクサ	
Gigartina exasperata	ギガルティナ属の一種	Turkish towel
Gigartina spp.	ギガルティナ類	grapestone
Gloeocapsa magna	グロエオカプサ属の一種	mountain dulse, murlin（Ireland）
Gloiopeltis	フノリ属	
Gloiopeltis furcata	フクロフノリ	
Gloiopeltis tenax	マフノリ	
Gracilaria	オゴノリ属	
Gracilaria vermiculophylla	オゴノリ	Chinese moss, false Ceylon moss, sea string, sewing thread

Grateloupia angusta	キントキ	
Grateloupia asiatica	ムカデノリ	limu hulu-hulu waena
Grateloupia pinnata	ムカデノリ属の一種	pointed lynx
Griffithsia pacifica	カザシグサ属の一種	Griffith seaweed
Gymnodinium	ギムノジニウム属	
Gymnodinium microadriaticum	ギムノジニウム属の一種	zooxanthella
Halidrys siliquosa	ハリドリス属の一種	pod weed
Halidrys spp.	ハリドリス類	sea oak
Halimeda	サボテングサ属	
Halosaccion glandiforme	ベニフクロノリ属の一種	sea sac
Haptophyceae	ハプト藻綱	haptophyte
Hedophyllum sessile	クロシオメ属の一種	sea cabbage
Heterosigma akashiwo	ヘテロシグマ属の一種（アカシオモ）	
Himanthalia lorea	ヒマンタリア属の一種	button weed, thong weed
Hormosira bancksii	ホルモシラ	Neptune's necklace, bell weed, sea grape
Hymenena flabelligera	ウスバノリモドキ属の一種	veined fan
Hypnea asiatica	イバラノリ	
Hypnea japonica	カギイバラノリ	
Hypnea nidifica	イバラノリ属の一種	limu huna（= hidden limu）
Hypnea spicifera	イバラノリ属の一種	green tip
Iridophycus spp.	イリドフィクス類	iredescent seaweed
Ishige okamurae	イシゲ	
Janczewskia gardneri	ソゾマクラ属の一種	parasitic sea laure
Jania	モサズキ属	
Kjellmaniella gyrata	トロロコンブ	
Laminaria	ゴヘイコンブ属	
Laminaria andersonii	ゴヘイコンブ属の一種	devil's apron, split whip wrack
Laminaria bullata	ゴヘイコンブ属の一種	blister wrack

Laminaria cloustoni	ゴヘイコンブ属の一種	cowtail, flan, kelpie (Caldy Island), laminaria tent, leag (Kyleakin), liver weed (South England), mhare (Kintyre), oarweed, pennant weed (South England), pillie weed, pleace weed, scarf weed, sea kale (Loch Fyne), sea rod, sea tangle-tent, slid vare (Kintyre), swart, ware (Scotland), weather grass, wheelbang (= seahouse) (Northumberland)
Laminaria cloustoni (stem)	ゴヘイコンブ属の一種（茎）	tang, tangle (Scotland), tangle tail (Whitburn)
Laminaria digitata	ゴヘイコンブ属の一種	braggair, liadhaig, red ware (Orkneys), red wrack (Orkneys), sea girdle (England), sea wand (Highlands), sea ware (Orkneys)
Laminaria digitata var. *stenophylla*	ゴヘイコンブ属の一種	bardarrig, redtop
Laminaria digitata (stem)	ゴヘイコンブ属の一種（茎）	tangle (Scotland)
Laminaria farlowii	ゴヘイコンブ属の一種	devil's apron
Laminaria yezoensis	ゴヘイコンブ	
Laminariales	コンブ目	kelp
Laurencia	ソゾ属	
Laurencia pinnatifida	ソゾ属の一種	pepper dulse (Scotland)
Laurencia spectabilis	ソゾ属の一種	sea laurel
Leathesia	ネバリモ属	
Leathesia difformis	ネバリモ	
Liagora	コナハダ属	
Lithophyllum	イシゴロモ属	
Lithothamnion	イシモ属	red rock crust
Lomentaria	フシツナギ属	
Macrocystis integrifolia	オオウキモ属の一種	small perennial kelp
Macrocystis pyrifera	オオウキモ属の一種	brown kelp, giant perennial kelp, great kelp, long bladder kelp

Macrocystis spp.	オオウキモ類	vine kelp
Macrocystis spp.	ジャイアントケルプ類	giant kelp
Mazzaella japonica	アカバギンナンソウ	
Melosira	タルケイソウ属	
Meristotheca papulosa	トサカノリ	
Microcladia borealis	ミクロクラディア属の一種	coarse sea lace
Microcladia spp.	ミクロクラディア類	delicate sea lace
Microcystis	アオコ属	
Monostroma	ヒトエグサ属	
Monostroma latissimum	ヒロハノヒトエグサ	
Monostroma nitidum	ヒトエグサ	
Myagropsis	ジョロモク属	
Myelophycus	イワヒゲ属	
Myrionema	ミリオネマ属	
Navicula	フナガタケイソウ属	
Nemacystus decipiens	モズク	
Nemalion	ウミゾウメン属	
Nemalion vermiculare	ウミゾウメン	
Nereocystis luetkeana	ブルウキモ	bull kelp (California, Alaska), seatron (Northwest America), black kelp, bladder kelp, sea otter's cabbage
Nereocystis spp.	ジャイアントケルプ類	giant kelp
Noctiluca spp.	ヤコウチュウ（夜光虫）	
Nostoc	ネンジュモ属	
Nostoc commune	イシクラゲ	
Nostoc commune var. *flagelliforme*	ファーツァイ（髪菜, ハツサイ）	
Nostoc verrucosum	アシツキ	
Ochromonas vischeri	ヒカリモ	
Odonthalia washingtoniensis	ノコギリヒバ属の一種	curry comb
Oscillatoria	ユレモ属	
Padina	ウミウチワ属	
Padina arborescens	ウミウチワ	peacock's tail
Palmaria	ダルス属	

Palmaria palmata	ダルス	crannogh (Ireland), dillesk (Ireland), dillisk (Ireland), dulse (Scotland), horse seaweed (Norway, Lapland), Neptune's girdle, red kale, sea devil (Norway, Lapland), water-leaf (Scotland), sea kale (Philadelphia)
Palmophyceae	パルモ藻綱	palmophyte
Papenfussiella	クロモ属	
Papenfussiella kuromo	クロモ	
Pelagophycus porra	ペラゴフィクス属の一種	elk kelp
Pelagophycus spp.	ペラゴフィクス類	sea orange, sea pumpkin
Pelvetia canaliculata	エゾイシゲ属の一種	channal wrack, cow-tang
Petalonia	セイヨウハバノリ属	
Petalonia binghamiae	ハバノリ	
Phaeophyceae	褐藻綱	brown algae
Phanerogamae	顕花植物	flowering plant
Phyllogigas (stem)	フィロギガス属（茎）	goitre stick (South America)
Phyllospadix iwatensis	スガモ	
Phyllospadix japonica	エビアマモ	
Pinnularia	ハネケイソウ属	
Pleurophycus gardneri	プレウロフィクス属の一種	sea spatula
Plocamium telfairiae	ユカリ	sea comb
Pneophyllum	モカサ属	
Polyneura latissima	ポリネウラ属の一種	crisscross network
Polyopes affinis	マツノリ	
Polyopes prolifer	コメノリ	
Polysiphonia	イトグサ属	
Polysiphonia collinsii	イトグサ属の一種	polly Collins
Polysiphonia hendryi	イトグサ属の一種	polly Hendry
Polysiphonia pacifica	イトグサ属の一種	polly Pacific
Porphyra	ポルフィラ属	
Porphyra akasakae	ムロネアマノリ	
Porphyra angusta	コスジノリ	
Porphyra lanceolata	ポルフィラ属の一種	red jabot laver
Porphyra naiadum	ポルフィラ属の一種	red fringe
Porphyra okamurae	クロノリ	

Porphyra perforata	ポルフィラ属の一種	red laver
Porphyra spp.	アマノリ類	karengo (New Zealand), laver, nori, slack (Scotland), sloke (Ireland), slouk (Ireland), sloukaen (Ireland), sloukaum (Ireland)
Porphyra yamadae	ツクシアマノリ	
Postelsia palmaeformis	ポステルシア属の一種	sea palm
Prasiola japonica	カワノリ	
Prionitis angusta	キントキ	
Prionitis lyallii	キントキ属の一種	Lyall's seaweed
Prochlorophyta	プロクロロン植物門	prochloron
Pterochondria woodii	プテロコンドリア属の一種	tassel wing
Pterocladiella tenuis	オバクサ	
Pterosiphonia bipinnata	ハネグサ属の一種	black tassel
Pterosiphonia dendroidea	ハネグサ属の一種	angel wing
Pterosiphonia gracilis	ハネグサ属の一種	baby angel wing
Pterygophora californica	プテリゴフォラ属の一種	pompon
Ptilophora subcostata	ヒラクサ	
Ptilota filicina	クシベニヒバ属の一種	red wing
Punctaria	ハバモドキ属	
Punctaria latifolia	ハバモドキ	brown sieve
Pyropia	アマノリ属	
Pyropia crassa	アツバアマノリ	
Pyropia dentata	オニアマノリ	
Pyropia ishigecola	ベンテンアマノリ	
Pyropia katadae	ソメワケアマノリ	
Pyropia kinositae	ウタスツノリ	
Pyropia kuniedae	マルバアサクサノリ	
Pyropia kurogii	チシマクロノリ	
Pyropia lacerata	ヤブレアマノリ	
Pyropia moriensis	カヤベノリ	
Pyropia onoi	オオノノリ	
Pyropia pseudolinearia	ウップルイノリ	
Pyropia seriata	イチマツノリ	nori
Pyropia suborbiculata	マルバアマノリ	
Pyropia tanegashimensis	タネガシマノリ	

Pyropia tenera	アサクサノリ	nori
Pyropia tenera var. *tamatsuensis*	オオバアサクサノリ	
Pyropia tenuipedalis	カイガラアマノリ	
Pyropia yezoensis	スサビノリ	
Ralfsia	イソガワラ属	
Raphidophyceae	ラフィド藻綱	raphidophyte
Rhizoclonium	ネダシグサ属	
Rhodomela larix	セイヨウフジマツモ属の一種	black pine
Rhodophyceae	紅藻綱	red algae
Saccharina	コンブ属	
Saccharina angustata	ミツイシコンブ	
Saccharina coriacea	ガッガラコンブ	
Saccharina gyrata	トロロコンブ	
Saccharina japonica	マコンブ	
Saccharina japonica var. *diabolica*	オニコンブ	
Saccharina japonica var. *ochotensis*	リシリコンブ	
Saccharina japonica var. *religiosa*	ホソメコンブ	
Saccharina kurilensis	アツバスジコンブ	
Saccharina latissima	カラフトコンブ	
Saccharina longipedalis	エナガコンブ	
Saccharina longissima	ナガコンブ	
Saccharina sachalinensis	カラフトトロロコンブ	dabbylock, langetiff, sugar wrack
Saccharina sculpera	ガゴメコンブ	
Saccharina yendoana	エンドウコンブ	
Sarcodiotheca furcata	サルコディオテカ属の一種	red serving fork
Sarcophycus (= *Durvillea*) spp.	ドゥルビレア類	southern bull kelp
Sargassum	ホンダワラ属	
Sargassum fulvellum	ホンダワラ	gulf weed, horsetail tang, sealentil
Sargassum fusiforme	ヒジキ	
Sargassum hemiphyllum	イソモク	
Sargassum horneri	アカモク	
Sargassum macrocarpum	ノコギリモク	
Sargassum muticum	タマハハキモク	
Sargassum patens	ヤツマタモク	
Sargassum ringgoldianum ssp. *ringgoldianum*	オオバモク	

Sargassum thunbergii	ウミトラノオ	
Schizymenia pacifica	ベニスナゴ属の一種	sea rose
Scinaia	フサノリ属	
Scinaia japonica	フサノリ	
Scytosiphon	カヤモノリ属	
Scytosiphon lomentaria	カヤモノリ	whip tube
Skeletonema	スケレトネマ属	
Solieria pacifica	ミリン	
Spatoglossum	モンナシグサ属	
Spatoglossum pacificum	コモングサ	
Spermatophyta	種子植物門	spermatophyte
Sphacelaria	クロガシラ属	
Sphaerotrichia	イシモズク属	
Spirogyra spp.	アオミドロ類	water net, water silk
Spirulina	ラセンモ属	
Suhria vittata	シューリア属の一種	red ribbon
Tinocladia	フトモズク属	
Tinocladia crassa	フトモズク	
Titanocarpa	ガラガラ属	
Trichodesmium	アイアカシオ属	
Turbinaria	ラッパモク属	
Ulothrix flacca	ヒビミドロ	
Ulva	アオサ属	
Ulva intestinalis	ボウアオノリ	
Ulva lactuca	アオサ属の一種	green laver, sea-lettuce
Ulva linza	ウスバアオノリ	
Ulva pertusa	アナアオサ	green dried laver, sea-lettuce
Ulva prolifera	スジアオノリ	
Ulvella	アワビモ属	
Undaria	ワカメ属	
Undaria peterseniana	アオワカメ	
Undaria pinnatifida	ワカメ	wakame, sea mustard
Undaria undarioides	ヒロメ	
Valonia	バロニア属	
Valonia utricularis	バロニア	
Wildemania	ベニタサ属	
Wildemania amplissima	ベニタサ	
Wildemania occidentalis	キイロタサ	
Wildemania variegata	フイリタサ	
Zostera	アマモ属	sea grass
Zostera marina	アマモ	eel grass, sea grass

| Zygnematales | | チリモ目（接合藻 desmid 目） | |

11. 魚類 英名・和名・学名

英　名	和　名	学　名
African pompano	イトヒキアジ	*Alectis ciliaris*
Alaska pollock	スケトウダラ	*Gadus chalcogrammus*
albacore	ビンナガ	*Thunnus alalunga*
amago salmon	サツキマス（アマゴ）	*Oncorhynchus masou ishikawae*
amberstripe scad	ムロアジ	*Decapterus muroadsi*
American eel	アメリカウナギ	*Anguilla rostrata*
Amur catfish	ナマズ	*Silurus asotus*
anchoveta	ペルーアンチョビ	*Engraulis ringens*
anchovy	カタクチイワシ科	Engraulidae
angelfish	キンチャクダイ科	Pomacanthidae
angry rockfish	オオサガ	*Sebastes iracundus*
ara	アラ	*Niphon spinosus*
Arctic lamprey	カワヤツメ	*Lethenteron japonicum*
areolate grouper	オオモンハタ	*Epinephelus areolatus*
Argentinian silverside	ペヘレイ	*Odontesthes bonariensis*
armored brotula	ヨロイイタチウオ	*Hoplobrotula armata*
armoured cusk	ヨロイイタチウオ	*Hoplobrotula armata*
Atka mackerel	キタノホッケ	*Pleurogrammus monopterygius*
Atlantic bluefin tuna	タイセイヨウクロマグロ	*Thunnus thynnus*
Atlantic butterfish	バターフィッシュ	*Peprilus triacanthus*
Atlantic herring	タイセイヨウニシン	*Clupea harengus*
Atlantic horse mackerel	ニシマアジ	*Trachurus trachurus*
Atlantic mackerel	タイセイヨウサバ	*Scomber scombrus*
Atlantic salmon	タイセイヨウサケ	*Salmo salar*
ayu sweetfish	アユ	*Plecoglossus altivelis altivelis*
banded houndshark	ドチザメ	*Triakis scyllium*
banded jacopever	タヌキメバル	*Sebastes zonatus*
barfin flounder	マツカワ	*Verasper moseri*
barracuda	カマス科	Sphyraenidae
barred knifejaw	イシダイ	*Oplegnathus fasciatus*
basslet	ハタ科	Serranidae
bastard halibut	ヒラメ	*Paralichthys olivaceus*

batfish	アカグツ科	Ogcocephalidae
beaked redfish	チヒロアカウオ（オキアカウオ）	Sebastes mentella
bensasi goatfish	ヒメジ	Upeneus japonicus
bigeye	キントキダイ科	Priacanthidae
bigeye scad	メアジ	Selar crumenophthalmus
bigeye thresher	ハチワレ	Alopias superciliosus
bigeye trevally	ギンガメアジ	Caranx sexfasciatus
bigeye tuna	メバチ	Thunnus obesus
big-scaled redfin	ウグイ	Tribolodon hakonensis
billfish	マカジキ科	Istiophoridae
black cow-tongue	クロウシノシタ	Paraplagusia japonica
black marlin	シロカジキ	Istiophorus indica
black porgy	クロダイ	Acanthopagrus schlegelii
black scraper	ウマヅラハギ	Thamnaconus modestus
blackfin flounder	ヒレグロ	Glyptocephalus stelleri
blackfin gulper shark	アイザメ	Centrophorus atromarginatus
blackfin tuna	クロヒレマグロ	Thunnus atlanticus
blackhead seabream	クロダイ	Acanthopagrus schlegelii
blackmouth angler	アンコウ	Lophiomus setigerus
blackmouth goosefish	アンコウ	Lophiomus setigerus
blackspot bandfish	イッテンアカタチ	Acanthocepola limbata
blackspot tuskfish	シロクラベラ	Choerodon schoenleinii
blackthroat seaperch	アカムツ	Doederleinia berycoides
blacktip grouper	アカハタ	Epinephelus fasciatus
blue grenadier	ホキ	Macruronus novaezelandiae
blue mackerel	ゴマサバ	Scomber australasicus
blue shark	ヨシキリザメ	Prionace glauca
blue whiting	プタスダラ	Micromesistius poutassou
blue-barred parrotfish	ヒブダイ	Scarus ghobban
bluefin gurnard	ミナミホウボウ	Chelidonichthys kumu
bluegill	ブルーギル	Lepomis macrochirus macrochirus
bluespotted boxfish	ハコフグ	Ostracion immaculatum
bonito	サバ科	Scombridae
bottom skate	ソコガンギエイ	Bathyraja bergi
branched ray flounder	コケビラメ	Citharoides macrolepidotus
brassy chub	イスズミ	Kyphosus vaigiensis
brickred rockfish	バラメヌケ	Sebastes baramenuke
broadbanded thornyhead	キチジ	Sebastolobus macrochir
broadfin thornyhead	キチジ	Sebastolobus macrochir
brook trout	カワマス	Salvelinus fontinalis

brotula	アシロ科	*Ophidiidae*
brown barracuda	アカカマス	*Sphyraena pinguis*
brown croaker	ホンニベ	*Miichthys miiuy*
brown hakeling	エゾイソアイナメ	*Physiculus maximowiczi*
brown trout	ブラウントラウト	*Salmo trutta*
brownstriped mackerel scad	ムロアジ	*Decapterus muroadsi*
brushtooth lizardfish	マエソ	*Saurida macrolepis*
bullet tuna	マルソウダ	*Auxis rochei rochei*
butterfish	マナガツオ科	*Stromateidae*
butterfly kingfish	ウロコマグロ（ガストロ）	*Gasterochisma melampus*
butterflyfish	チョウチョウウオ科	Chaetodontidae
California flounder	カリフォルニアビラメ	*Paralichthys californicus*
California halibut	カリフォルニアビラメ	*Paralichthys californicus*
capelin	カラフトシシャモ	*Mallotus villosus*
cardinalfish	テンジクダイ科	*Apogonidae*
carp	コイ科	Cyprinidae
catalufa	キントキダイ科	Priacanthidae
channel catfish	チャネルキャットフィッシュ	*Ictalurus punctatus*
Cheeseman's puffer	クロサバフグ	*Lagocephalus cheesemanii*
cherry salmon	サクラマス（ヤマメ）	*Oncorhynchus masou masou*
chicken grunt	イサキ	*Parapristipoma trilineatum*
Chilean jack mackerel	チリマアジ	*Trachurus murphyi*
Chinese silver pomfret	シナマナガツオ	*Pampus chinensis*
Chinook salmon	マスノスケ	*Oncorhynchus tschawytscha*
chub mackerel	マサバ	*Scomber japonicus*
chum salmon	サケ	*Oncorhynchus keta*
Clark's anemonefish	クマノミ	*Amphiprion clarkii*
coast flyingfish	ハマトビウオ	*Cypselurus pinnatibarbatus japonicus*
cod	タラ科	Gadidae
coho salmon	ギンザケ	*Oncorhynchus kisutch*
combtooth blenny	イソギンポ科	Blenniidae
common bluestripe snapper	ヨスジフエダイ	*Lutjanus kasmira*
common carp	コイ	*Cyprinus carpio*
common dab	ニシマガレイ	*Limanda limanda*
common dolphinfish	シイラ	*Coryphaena hippurus*

common warehou	オキヒラス（ワレフー）	*Seriolella brama*
conger eel	アナゴ科	Congridae
convict grouper	マハタ	*Epinephelus septemfasciatus*
crescent perch	コトヒキ	*Terapon jarbua*
crescent sweetlips	コショウダイ	*Plectorhinchus cinctus*
cresthead flounder	クロガシラガレイ	*Pleuronectes schrenki*
crimson jobfish	オオヒメ	*Pristipomoides filamentosus*
crimson seabream	チダイ	*Evynnis tumifrons*
croaker	ニベ科	Sciaenidae
crowned seahorse	タツノオトシゴ	*Hippocampus coronatus*
cusk-eel	アシロ科	Ophidiidae
cutlassfish	タチウオ科	Trichiuridae
daggertooth pike conger	ハモ	*Muraenesox cinereus*
damselfish	スズメダイ科	Pomacentridae
darkedged-wing flyingfish	ホソトビウオ	*Cypselurus hiraii*
deep-sea smelt	ニギス	*Glossanodon semifasciatus*
deepwater longtail red snapper	ハマダイ	*Etelis coruscans*
deepwater redfish	チヒロアカウオ（オキアカウオ）	*Sebastes mentella*
devil stinger	オニオコゼ	*Inimicus japonicus*
dotted gizzard shad	コノシロ	*Konosirus punctatus*
double-lined fusilier	タカサゴ	*Pterocaesio digramma*
dragonet	ネズッポ科	Callionymidae
drum	ニベ科	Sciaenidae
dusky sole	アサバガレイ	*Pleuronectes mochigarei*
dusky spinefoot	アイゴ	*Siganus fuscescens*
dusky-pink skate	リボンカスベ	*Bathyraja diplotaenia*
dwarf gulper shark	アイザメ	*Centrophorus atromarginatus*
eagle ray	トビエイ科	Myliobatididae
eelpout	ゲンゲ科	Zoarcidae
elkhorn sculpin	ニジカジカ	*Alcichthys elongatus*
emperor	フエフキダイ科	Lethrinidae
emperor red snapper	センネンダイ	*Lutjanus sebae*
escolar	アブラソコムツ	*Lepidocybium flavobrunneum*
European eel	ヨーロッパウナギ	*Anguilla anguilla*
European plaice	プレイス	*Pleuronectes platessa*
false kelpfish	カサゴ	*Sebastiscus marmoratus*
fat greenling	アイナメ	*Hexagrammos otakii*
fiery rockfish	サンコウメヌケ	*Sebastes flammeus*
filefish	カワハギ科	Monacanthidae

fine patterned puffer	コモンフグ	*Takifugu flavipterus*
flathead	コチ科	Platycephalidae
flathead flounder	アカガレイ	*Hippoglossoides dubius*
flathead grey mullet	ボラ	*Mugil cephalus cephalus*
flyingfish	トビウオ科	Exocoetidae
fourstriped grunter	シマイサキ	*Rhynchopelates oxyrhynchus*
fox jacopever	キツネメバル	*Sebastes vulpes*
freshwater eel	ウナギ科	Anguillidae
freshwater minnow	オイカワ	*Opsariichthys platypus*
frigate tuna	ヒラソウダ	*Auxis thazard thazard*
frog sculpin	ギスカジカ	*Myoxocephalus stelleri*
frogfish	カエルアンコウ科	Antennariidae
fusilier	タカサゴ科	Caesionidae
garden eel	アナゴ科	Congridae
genuine puffer	マフグ	*Takifugu porphyreus*
gnomefish	ムツ	*Scombrops boops*
goatfish	ヒメジ科	Mullidae
goby	ハゼ科	Gobiidae
golden butterflyfish	チョウチョウウオ	*Chaetodon auripes*
golden redfish	モトアカウオ（タイセイヨウアカウオ）	*Sebastes norvegicus*
golden threadfin bream	イトヨリダイ	*Nemipterus virgatus*
goldeye rockfish	ウスメバル	*Sebastes thompsoni*
goldlined seabream	ヘダイ	*Rhabdosargus sarba*
goosefish	アンコウ科	Lophiidae
grass carp	ソウギョ	*Ctenopharyngodon idellus*
grass puffer	クサフグ	*Takifugu alboplumbeus*
great barracuda	オニカマス	*Sphyraena barracuda*
great sculpin	トゲカジカ	*Myoxocephalus polyacanthocephalus*
great white shark	ホホジロザメ	*Carcharodon carcharias*
greater amberjack	カンパチ	*Seriola dumerili*
green sturgeon	チョウザメ	*Acipenser medirostris*
greenback horse mackerel	ニュージーランドマアジ（ミナミマアジ）	*Trachurus declivis*
greeneye	アオメエソ科	Chlorophthalmidae
Greenland halibut	カラスガレイ	*Reinhardtius hippoglossoides*
greenling	アイナメ科	Hexagrammidae
grenadier	ソコダラ科	Macrouridae

grey large-eye bream	メイチダイ	*Gymnocranius griseus*
grouper	ハタ科	Serranidae
grub fish	クラカケトラギス	*Parapercis sexfasciata*
grunt	イサキ科	Haemulidae
guppy	グッピー	*Poecilia reticulata*
gurnard	ホウボウ科	Triglidae
haddock	ハドック	*Melanogrammus aeglefinus*
halfbeak	サヨリ科	Hemiramphidae
half-lined cardinal	ネンブツダイ	*Ostorhinchus semilineatus*
half-smooth golden pufferfish	シロサバフグ	*Lagocephalus spadiceus*
hammerhead shark	シュモクザメ科	Sphyrnidae
herring	ニシン科	Clupeidae
Hilgendorf saucord	ユメカサゴ	*Helicolenus hilgendorfi*
honeycomb grouper	カンモンハタ	*Epinephelus merra*
Hong Kong grouper	キジハタ	*Epinephelus akaara*
honmoroko	ホンモロコ	*Gnathopogon caerulescens*
honnibe croaker	ニベ	*Nibea mitsukurii*
horn dragonet	ネズミゴチ	*Repomucenus curvicornis*
horned seahorse	タツノオトシゴ	*Hippocampus coronatus*
horsehead tilefish	アカアマダイ	*Branchiostegus japonicus*
humpback grouper	サラサハタ	*Chromileptes altivelis*
humpback red snapper	ヒメフエダイ	*Lutjanus gibbus*
humpback salmon	カラフトマス	*Oncorhynchus gorbuscha*
ice goby	シロウオ	*Leucopsarion petersii*
Indian mackerel	グルクマ	*Rastrelliger kanagurta*
Indian perch	テンジクダイ	*Jaydia lineata*
Indo-Pacific blue marlin	クロカジキ	*Makaira mazara*
Indo-Pacific sailfish	バショウカジキ	*Istiophorus platypterus*
inshore hagfish	ヌタウナギ	*Eptatretus burgeri*
Izu scorpionfish	イズカサゴ	*Scorpaena neglecta*
jack	アジ科	Carangidae
Japanese amberjack	ブリ	*Seriola quinqueradiata*
Japanese anchovy	カタクチイワシ	*Engraulis japonica*
Japanese barracuda	ヤマトカマス	*Sphyraena japonica*
Japanese bluefish	ムツ	*Scombrops boops*
Japanese butterfish	メダイ	*Hyperoglyphe japonica*
Japanese codling	チゴダラ	*Physiculus japonicus*
Japanese eel	ニホンウナギ	*Anguilla japonica*
Japanese eeltail catfish	ゴンズイ	*Plotosus japonicus*
Japanese fluvial sculpin	カジカ	*Cottus pollux*
Japanese flyingfish	トビウオ	*Cypselurus agoo*

Japanese gissu	ギス	*Pterothrissus gissu*
Japanese halfbeak	サヨリ	*Hyporhamphus sajori*
Japanese huchen	イトウ	*Hucho perryi*
Japanese icefish	シラウオ	*Salangichthys microdon*
Japanese jack mackerel	マアジ	*Trachurus japonicus*
Japanese longfin smelt	シシャモ	*Spirinchus lanceolatus*
Japanese meagre	オオニベ	*Argyrosomus japonicus*
Japanese medaka	ミナミメダカ	*Oryzias latipes*
Japanese parrotfish	ブダイ	*Calotomus japonicus*
Japanese pilchard	マイワシ	*Sardinops melanostictus*
Japanese pufferfish	トラフグ	*Takifugu rubripes*
Japanese rice fish	ミナミメダカ	*Oryzias latipes*
Japanese sandfish	ハタハタ	*Arctoscopus japonicus*
Japanese sardine	マイワシ	*Sardinops melanostictus*
Japanese sardinella	サッパ	*Sardinella zunasi*
Japanese scad	マルアジ	*Decapterus maruadsi*
Japanese seabass	スズキ	*Lateolabrax japonicus*
Japanese seabream	マダイ	*Pagrus major*
Japanese sillago	シロギス	*Sillago japonica*
Japanese silver-biddy	クロサギ	*Gerres equulus*
Japanese smelt	ワカサギ	*Hypomesus nipponensis*
Japanese snapper	アオダイ	*Paracaesio caerulea*
Japanese Spanish mackerel	サワラ	*Scomberomorus niphonius*
Japanese stargazer	ミシマオコゼ	*Uranoscopus japonicus*
Japanese surfsmelt	チカ	*Hypomesus japonicus*
Japanese white crucian carp	ゲンゴロウブナ	*Carassius cuvieri*
Japan-sea eelpout	ノロゲンゲ	*Bothrocara hollandi*
Jarbua terapon	コトヒキ	*Terapon jarbua*
John dory	マトウダイ	*Zeus faber*
Kaup's arrowtooth eel	イラコアナゴ	*Synaphobranchus kaupii*
kawakawa	スマ	*Euthynnus affinis*
keta salmon	サケ	*Oncorhynchus keta*
Kidako moray	ウツボ	*Gymnothorax kidako*
king salmon	マスノスケ	*Oncorhynchus tschawytscha*
knobsnout parrotfish	アオブダイ	*Scarus ovifrons*
konoshiro gizzard shad	コノシロ	*Konosirus punctatus*
Korean rockfish	クロソイ	*Sebastes schlegelii*
Kwangtung skate	ガンギエイ	*Dipturus kwangtungensis*
lake trout	レイクトラウト	*Salvelinus namaycush*
lanternfish	ハダカイワシ科	Myctophidae
large-eye bream	フエフキダイ科	Lethrinidae

largehead hairtail	タチウオ	*Trichiurus japonicus*
largemouth black bass	オオクチバス	*Micropterus salmoides*
largescale blackfish	メジナ	*Girella punctata*
large-scale flounder	コケビラメ	*Citharoides macrolepidotus*
lavender jobfish	ヒメダイ	*Pristipomoides sieboldii*
lefteye flounder	ダルマガレイ科	Bothidae
leopard coralgrouper	スジアラ	*Plectropomus leopardus*
limpid-wing flyingfish	オオメナツトビ	*Cypselurus unicolor*
littlemouth flounder	マガレイ	*Pleuronectes herzensteini*
live sharksucker	コバンザメ	*Echeneis naucrates*
lizardfish	エソ科	Synodontidae
loach	ドジョウ科	Cobitidae
long shanny	ナガヅカ	*Stichaeus grigorjewi*
longfin armorhead	クサカリツボダイ	*Pseudopentaceros wheeleri*
longfin batfish	ツバメウオ	*Platax teira*
longfin codling	イトヒキダラ	*Laemonema longipes*
longsnout flounder	スナガレイ	*Pleuronectes punctatissimus*
longspined porcupinefish	ハリセンボン	*Diodon holocanthus*
longtail tuna	コシナガ	*Thunnus tonggol*
longtooth grouper	クエ	*Epinephelus bruneus*
mackerel	サバ科	Scombridae
mackerel icefish	コオリカマス	*Champsocephalus gunnari*
Malabar grouper	ヤイトハタ	*Epinephelus malabaricus*
marbled rockfish	カサゴ	*Sebastiscus marmoratus*
marbled sole	マコガレイ	*Pleuronectes yokohamae*
masu salmon	サクラマス（ヤマメ）	*Oncorhynchus masou masou*
Matsubara's red rockfish	アコウダイ	*Sebastes matsubarae*
menhaden	ニシン科	Clupeidae
mi-iuy croaker	ホンニベ	*Miichthys miiuy*
milkfish	サバヒー	*Chanos chanos*
minnow	コイ科	Cyprinidae
mola	マンボウ科	Molidae
moray eel	ウツボ科	Muraenidae
morid cod	チゴダラ科	Moridae
mosquitofish	カダヤシ	*Gambusia affinis*
mottled rockfish	ムラソイ	*Sebastes pachycephalus*
mottled skate	メガネカスベ	*Raja pulchra*
mottled spinefoot	アイゴ	*Siganus fuscescens*
Mozambique tilapia	カワスズメ	*Oreochromis mossambicus*
mullet	ボラ科	Mugilidae

multicolorfin rainbowfish	キュウセン	*Parajulis poecileptera*
narrow-barred Spanish mackerel	ヨコシマサワラ	*Scomberomorus commerson*
narrowtongue flyingfish	ツクシトビウオ	*Cypselurus doederleini*
needlefish	ダツ科	Belonidae
nibbler	メジナ科	Girellidae
Nile tilapia	ナイルティラピア	*Oreochromis niloticus*
northern cutthroat eel	イラコアナゴ	*Synaphobranchus kaupii*
northern medaka	キタノメダカ	*Oryzias sakaizumii*
oblong rockfish	タケノコメバル	*Sebastes oblongus*
ocean sunfish	マンボウ科	Molidae
oceanic whitetip shark	ヨゴレ	*Carcharhinus longimanus*
ocellate cardinalfish	マトイシモチ	*Jaydia carinatus*
oilfish	バラムツ	*Ruvettus pretiosus*
Okhotsk atka mackerel	ホッケ	*Pleurogrammus azonus*
opah	アカマンボウ	*Lampris guttatus*
orange-spotted grouper	チャイロマルハタ	*Epinephelus coioides*
oriental butterflyfish	チョウチョウウオ	*Chaetodon auripes*
oriental weatherfish	ドジョウ	*Misgurnus anguillicaudatus*
ornate jobfish	ハナフエダイ	*Pristipomoides argyrogrammicus*
Owston's rockfish	ハツメ	*Sebastes owstoni*
Pacific barrelfish	メダイ	*Hyperoglyphe japonica*
Pacific bluefin tuna	クロマグロ	*Thunnus orientalis*
Pacific cod	マダラ	*Gadus macrocephalus*
Pacific grenadier	イバラヒゲ	*Coryphaenoides acrolepis*
Pacific halibut	オヒョウ	*Hippoglossus stenolepis*
Pacific herring	ニシン	*Clupea pallasii*
Pacific needlefish	ダツ	*Strongylura anastomella*
Pacific ocean perch	アラスカメヌケ	*Sebastes alutus*
Pacific pomfret	シマガツオ	*Brama japonica*
Pacific rainbow smelt	キュウリウオ	*Osmerus dentex*
Pacific rudderfish	イボダイ	*Psenopsis anomala*
Pacific saury	サンマ	*Cololabis saira*
Pacific yellowtail emperor	イソフエフキ	*Lethrinus atkinsoni*
panga seabream	キレンコ	*Pterogymnus laniarius*
panther puffer	ヒガンフグ	*Takifugu pardalis*
parrotfish	ブダイ科	Scaridae
Patagonian toothfish	マジェランアイナメ（オオクチ）	*Dissostichus eleginoides*
peaceful sand lance	オオイカナゴ	*Ammodytes heian*
pearl-spot chromis	スズメダイ	*Chromis notata*

Peruvian anchovy	ペルーアンチョビ	*Engraulis ringens*
pike conger	ハモ科	Muraenesocidae
pike eel	ハモ科	Muraenesocidae
piked dogfish	アブラツノザメ	*Squalus acanthias*
pink cusk-eel	ミナミアカヒゲ（リング）	*Genypterus blacodes*
pink salmon	カラフトマス	*Oncorhynchus gorbuscha*
pipefish	ヨウジウオ科	Syngnathidae
pipehorse	ヨウジウオ科	Syngnathidae
pomfret	シマガツオ科	Bramidae
pompano	アジ科	Carangidae
pond loach	ドジョウ	*Misgurnus anguillicaudatus*
porgy	タイ科	Sparidae
puffer	フグ科	Tetraodontidae
punctuated snake-eel	マルアナゴ	*Ophichthus remiger*
purple puffer	ナシフグ	*Takifugu vermicularis*
rabbitfish	アイゴ科	Siganidae
rainbow runner	ツムブリ	*Elagatis bipinnulata*
rainbow trout	ニジマス	*Oncorhynchus mykiss*
rattail	ソコダラ科	Macrouridae
red barracuda	アカカマス	*Sphyraena pinguis*
red bigeye	キントキダイ	*Priacanthus macracanthus*
red bullseye	キントキダイ	*Priacanthus macracanthus*
red cornetfish	アカヤガラ	*Fistularia petimba*
red gurnard perch	ミナミユメカサゴ	*Helicolenus percoides*
red pandora	アサヒダイ	*Pagellus bellottii*
red porgy	ヨーロッパマダイ	*Pagrus pagrus*
red salmon	ベニザケ（ヒメマス）	*Oncorhynchus nerka*
red seabream	マダイ	*Pagrus major*
red tonguesole	アカシタビラメ	*Cynoglossus joyneri*
red-eye round herring	ウルメイワシ	*Etrumeus teres*
redlip mullet	メナダ	*Chelon haematocheilus*
red-spotted masu salmon	サツキマス（アマゴ）	*Oncorhynchus masou ishikawae*
redtail scad	オアカムロ	*Decapterus tabl*
redwing searobin	カナガシラ	*Lepidotrigla microptera*
requiem shark	メジロザメ科	Carcharhinidae
ridged-eye flounder	メイタガレイ	*Pleuronichthys lighti*
righteye flounder	カレイ科	Pleuronectidae
Rikuzen flounder	ミギガレイ	*Dexistes rikuzenius*

robust tonguefish	イヌノシタ	*Cynoglossus robustus*
rock greenling	ウサギアイナメ	*Hexagrammos lagocephalus*
rock sole	シュムシュガレイ	*Pleuronectes bilineatus*
rockcod	メバル科	Sebastidae
rockfish	メバル科	Sebastidae
Roudi escolar	クロシビカマス	*Promethichthys prometheus*
roughear scad	オアカムロ	*Decapterus tabl*
roughscale flounder	サメガレイ	*Clidoderma asperrimum*
roughscale rattail	イバラヒゲ	*Coryphaenoides acrolepis*
roughscale sole	サメガレイ	*Clidoderma asperrimum*
ruby snapper	ハマダイ	*Etelis coruscans*
sablefish	ギンダラ	*Anoplopoma fimbria*
saffron cod	コマイ	*Eleginus gracilis*
sailfin sandfish	ハタハタ	*Arctoscopus japonicus*
Sakhalin taimen	イトウ	*Hucho perryi*
salmon	サケ科	Salmonidae
salmon shark	ネズミザメ	*Lamna ditropis*
salmonid	サケ科	Salmonidae
sand flounder	スナガレイ	*Pleuronectes punctatissimus*
sandperch	トラギス科	Pinguipedidae
sardine	ニシン科	Clupeidae
satsukimasu salmon	サツキマス（アマゴ）	*Oncorhynchus masou ishikawae*
scalpel sawtail	ニザダイ	*Prionurus scalprum*
scorpionfish	フサカサゴ科	Scorpaenidae
sculpin	カジカ科	Cottidae
sea bass	ハタ科	Serranidae
sea bream	タイ科	Sparidae
sea raven	ケムシカジカ	*Hemitripterus villosus*
sea trout	ブラウントラウト	*Salmo trutta*
seahorse	ヨウジウオ科	Syngnathidae
searobin	ホウボウ科	Triglidae
shad	ニシン科	Clupeidae
shaggy sculpin	ケムシカジカ	*Hemitripterus villosus*
shallow-water Cape hake	メルルーサ	*Merluccius capensis*
sharpnose tigerfish	シマイサキ	*Rhynchopelates oxyrhynchus*
shishamo smelt	シシャモ	*Spirinchus lanceolatus*
shortfin mako	アオザメ	*Isurus oxyrinchus*
shortfin scad	モロ	*Decapterus macrosoma*
shortspine thornyhead	アラスカキチジ	*Sebastolobus alascanus*
shotted halibut	ムシガレイ	*Eopsetta grigorjewi*

sillago	キス科	Sillaginidae
silver carp	ハクレン	*Hypophthalmichthys molitrix*
silver croaker	シログチ	*Pennahia argentata*
silver salmon	ギンザケ	*Oncorhynchus kisutch*
silver scabbardfish	オビレダチ	*Lepidopus caudatus*
silver seabream	ゴウシュウマダイ	*Pagrus auratus*
silver sillago	モトギス	*Sillago sihama*
silver warehou	シルバー（ギンワレフー）	*Seriolella punctata*
silverside	トウゴロウイワシ科	Atherinidae
silver-stripe round herring	キビナゴ	*Spratelloides gracilis*
skate	ガンギエイ科	Rajidae
skilfish	アブラボウズ	*Erilepis zonifer*
skipjack tuna	カツオ	*Katsuwonus pelamis*
slender alfonsino	キンメダイ	*Beryx splendens*
slender armorhead	クサカリツボダイ	*Pseudopentaceros wheeleri*
slender lizardfish	トカゲエソ	*Saurida elongata*
slender suckerfish	コバンザメ	*Echeneis naucrates*
slender tuna	ホソガツオ	*Allothunnus fallai*
slime flounder	ババガレイ	*Microstomus achne*
smallmouth bass	コクチバス	*Micropterus dolomieu*
smelt	キュウリウオ科	Osmeridae
smelt-whiting	キス科	Sillaginidae
smooth flutemouth	アカヤガラ	*Fistularia petimba*
smooth lumpsucker	ホテイウオ	*Aptocyclus ventricosus*
snail-fin poacher	トクビレ	*Podothecus sachi*
snake mackerel	クロタチカマス科	Gempylidae
snakehead	カムルチー	*Channa argus*
snapper	フエダイ科	Lutjanidae
snoek	バラクータ	*Thyrsites atun*
soapfish	ハタ科	Serranidae
sockeye salmon	ベニザケ（ヒメマス）	*Oncorhynchus nerka*
sohachi	ソウハチ	*Hippoglossoides pinetorum*
sohachi flounder	ソウハチ	*Hippoglossoides pinetorum*
so-iuy mullet	メナダ	*Chelon haematocheilus*
soldierfish	イットウダイ科	Holocentridae
sole	ササウシノシタ科	Soleidae
southern blue whiting	ミナミダラ	*Micromesistius australis*
southern bluefin tuna	ミナミマグロ	*Thunnus maccoyii*

southern hake	ヒタチダラ（ニュージーランドヘイク）	*Merluccius australis*
spangled emperor	ハマフエフキ	*Lethrinus nebulosus*
speckled flounder	スナガレイ	*Pleuronectes punctatissimus*
spinefoot	アイゴ科	Siganidae
spiny dogfish	アブラツノザメ	*Squalus acanthias*
spiny red gurnard	ホウボウ	*Chelidonichthys spinosus*
splendid alfonsino	キンメダイ	*Beryx splendens*
spotbelly rockfish	ムラソイ	*Sebastes pachycephalus*
spotnape ponyfish	ヒイラギ	*Nuchequula nuchalis*
spotsail cardinalfish	マトイシモチ	*Jaydia carinatus*
spotted beakfish	イシガキダイ	*Oplegnathus punctatus*
spotted chub mackerel	ゴマサバ	*Scomber australasicus*
spotted halibut	ホシガレイ	*Verasper variegatus*
spotted knifejaw	イシガキダイ	*Oplegnathus punctatus*
spottedtail morwong	タカノハダイ	*Goniistius zonatus*
spottyback puffer	ゴマフグ	*Takifugu stictonotus*
spring salmon	マスノスケ	*Oncorhynchus tschawytscha*
squirrelfish	イットウダイ科	Holocentridae
star snapper	フエダイ	*Lutjanus stellatus*
starry flounder	ヌマガレイ	*Platichthys stellatus*
starspotted smooth-hound	ホシザメ	*Mustelus manazo*
steephead parrotfish	ナンヨウブダイ	*Chlorurus microrhinos*
Steller's sculpin	ギスカジカ	*Myoxocephalus stelleri*
stingray	アカエイ科	Dasyatidae
stone flounder	イシガレイ	*Kareius bicoloratus*
stone moroko	モツゴ	*Pseudorasbora parva*
striped beakfish	イシダイ	*Oplegnathus fasciatus*
striped bonito	ハガツオ	*Sarda orientalis*
striped eel catfish	ミナミゴンズイ	*Plotosus lineatus*
striped marlin	マカジキ	*Kajikia audax*
sturgeon	チョウザメ科	Acipenseridae
summer flounder	ナツビラメ	*Paralichthys dentatus*
surfperch	ウミタナゴ科	Embiotocidae
surgeonfish	ニザダイ科	Acanthuridae
sweetlip	イサキ科	Haemulidae
swordfish	メカジキ	*Xiphias gladius*
tang	ニザダイ科	Acanthuridae
thornyhead	メバル科	Sebastidae
threadfin bream	イトヨリダイ科	Nemipteridae

threadsail filefish	カワハギ	*Stephanolepis cirrhifer*
threebanded sweetlip	コショウダイ	*Plectorhinchus cinctus*
threeline grunt	イサキ	*Parapristipoma trilineatum*
three-lined tongue sole	コウライアカシタビラメ	*Cynoglossus abbreviatus*
tidepool gunnel	ギンポ	*Pholis nebulosa*
tiger pufferfish	トラフグ	*Takifugu rubripes*
tilefish	アマダイ科	Branchiostegidae
tongue sole	ウシノシタ科	Cynoglossidae
tonguefish	ウシノシタ科	Cynoglossidae
torpedo scad	オニアジ	*Megalaspis cordyla*
triggerfish	モンガラカワハギ科	Balistidae
tripletail	マツダイ	*Lobotes surinamensis*
two-spot red snapper	バラフエダイ	*Lutjanus bohar*
unarmed dwarf monocle bream	タマガシラ	*Parascolopsis inermis*
unicorn leatherjacket filefish	ウスバハギ	*Aluterus monoceros*
unicornfish	ニザダイ科	Acanthuridae
vermiculated puffer	ショウサイフグ	*Takifugu snyderi*
verticalstriped cardinalfish	テンジクダイ	*Jaydia lineata*
wahoo	カマスサワラ	*Acanthocybium solandri*
walleye pollock	スケトウダラ	*Gadus chalcogrammus*
wanieso lizardfish	ワニエソ	*Saurida wanieso*
weedy stingfish	オニカサゴ	*Scorpaenopsis cirrosa*
western sand lance	イカナゴ	*Ammodytes japonicus*
whale shark	ジンベエザメ	*Rhincodon typus*
whip stingray	アカエイ	*Dasyatis akajei*
white amur	ソウギョ	*Ctenopharyngodon idellus*
white trevally	シマアジ	*Pseudocaranx dentex*
white-edged rockfish	エゾメバル	*Sebastes taczanowskii*
whitefin trevally	カイワリ	*Kaiwarinus equula*
whitespotted char	アメマス (エゾイワナ)	*Salvelinus leucomaenis leucomaenis*
whitespotted conger	マアナゴ	*Conger myriaster*
white-streaked grouper	ナミハタ	*Epinephelus ongus*
willow shiner	ホンモロコ	*Gnathopogon caerulescens*
willowy flounder	ヤナギムシガレイ	*Tanakius kitaharae*
wrasse	ベラ科	Labridae
yellow body rockfish	ヤナギノマイ	*Sebastes steindachneri*
yellow croaker	キグチ	*Larimichthys polyactis*
yellow drum	コイチ	*Nibea albiflora*
yellow goosefish	キアンコウ	*Lophius litulon*

yellow grouper	アオハタ	*Epinephelus awoara*
yellow striped flounder	マガレイ	*Pleuronectes herzensteini*
yellowback seabream	キダイ	*Dentex hypselosomus*
yellow-edged lyretail	バラハタ	*Variola louti*
yellowfin goby	マハゼ	*Acanthogobius flavimanus*
yellowfin pufferfish	シマフグ	*Takifugu xanthopterus*
yellowfin seabream	キチヌ	*Acanthopagrus latus*
yellowfin sole	コガネガレイ	*Pleuronectes asper*
yellowfin tuna	キハダ	*Thunnus albacares*
yellowstriped butterfish	タカベ	*Labracoglossa argentiventris*
yellowtail blue snapper	ウメイロ	*Paracaesio xanthura*
yellowtail clownfish	クマノミ	*Amphiprion clarkii*

12. 無脊椎動物 英名・和名・学名

英　名	和　名	学　名
abalone	ミミガイ属（アワビ類）	*Haliotis*
acorn barnacle	フジツボ属	*Balanus*
acorn barnacle	ヨーロッパフジツボ	*Balanus improvisus*
Alaska pink shrimp	ホッコクアカエビ	*Pandalus eous*
Alaskan king crab	タラバガニ	*Paralithodes camtschaticus*
American oyster	アメリカガキ（バージニアガキ）	*Crassostrea virginica*
American spider crab	イッカククモガニ	*Pyromaia tuberculata*
amphipod	端脚目	Amphipoda
anchor worm	イカリムシ	*Lernaea cyprinacea*
Antarctic krill	ナンキョクオキアミ	*Euphausia superba*
anthozoan	花虫綱	Anthozoa
Argentine shortfin squid	アルゼンチンマツイカ（アルゼンチンイレックス）	*Illex argentinus*
Ariake oyster	スミノエガキ	*Crassostrea ariakensis*
ark shell	リュウキュウサルボウガイ亜科（アカガイ類）	Anadarinae
arrow worm	ヤムシ属	*Sagitta*
arthropod	節足動物門	Arthropoda
Asian clam	タイワンシジミ	*Corbicula fluminea*
Asian clam	マシジミ	*Corbicula leana*

Atlantic oyster	アメリカガキ（バージニアガキ）	*Crassostrea virginica*
baby-neck clam	アサリ	*Ruditapes philippinarum*
barnacle	フジツボ下綱（蔓脚下綱）	Cirripedia
basket star	オキノテヅルモヅル	*Gorgonocephalus caryi*
bat star	イトマキヒトデ	*Asterina pectinifera*
bath sponge	モクヨクカイメン	*Spongia officinalis*
bay barnacle	ヨーロッパフジツボ	*Balanus improvisus*
bicolor pen shell	ハボウキガイ	*Pinna bicolor*
big fin reef squid	アオリイカ	*Sepioteuthis lessoniana*
bivalve	二枚貝綱	Bivalvia
black-lip pearl oyster	クロチョウガイ	*Pinctada margaritifera*
black tiger prawn	ウシエビ	*Penaeus monodon*
bladder moon	ツメタガイ	*Glossaulax didyma*
bloody cockle	アカガイ	*Scapharca broughtonii*
blue king crab	ハナサキガニ	*Paralithodes brevipes*
blunt slipper lobster	セミエビ	*Scyllarides squamosus*
Bonin limpet	カサガイ	*Cellana mazatlanica*
botan shrimp	ボタンエビ	*Pandalus nipponensis*
brittle star	クモヒトデ綱	Ophiuroidea
Broughton's ark shell	アカガイ	*Scapharca broughtonii*
brownlip abalone	ビクトリアアワビ	*Haliotis conicopora*
buccinum	エゾバイ属	*Buccinum*
Burchard's cockle	ザルガイ	*Vasticardium burchardi*
calcareous sponge	石灰海綿綱	Calcarea
California market squid	カリフォルニアヤリイカ	*Doryteuthis opalescens*
carp louse	チョウ	*Argulus japonicus*
cephalopod	頭足綱	Cephalopoda
chambered nautilus	オウムガイ	*Nautilus pompilius*
cherry stone clam	ホンビノスガイ	*Mercenaria mercenaria*
Chinese horseshoe crab	カブトガニ	*Tachypleus tridentatus*
Chinese mitten crab	チュウゴクモクズガニ	*Eriocheir sinensis*
Chinese prawn	コウライエビ	*Fenneropenaeus chinensis*
Chinese surf clam	バカガイ	*Mactra chinensis*
chiton	多板綱（ヒザラガイ類）	Polyplacophora
cirriped	フジツボ下綱（蔓脚下綱）	Cirripedia

cladocera	ミジンコ目（枝角目）	Cladocera
clam worm	ゴカイ科	Nereididae
cnidarian	刺胞動物門	Cnidaria
cockle	ザルガイ科	Cardiidae
Cockscomb pearl mussel	カラスガイ	*Cristaria plicata*
coconut crab	ヤシガニ	*Birgus latro*
coleoid	鞘形亜綱	Coleoidea
comb pen shell	タイラギ	*Atrina japonica*
common blue mussel	ヨーロッパイガイ	*Mytilus edulis*
common periwinkle	ヨーロッパタマキビ	*Littorina littorea*
common sea squirt	マボヤ	*Halocynthia roretzi*
common spider conch	クモガイ	*Lambis lambis*
common whelk	ヨーロッパエゾバイ	*Buccinum undatum*
conch shell	ソデボラ科	Strombidae
cone shell	イモガイ科	Conidae
coonstripe shrimp	トヤマエビ	*Pandalus hypsinotus*
copepod	カイアシ亜綱（橈脚亜綱）	Copepoda
cowry	タカラガイ科	Cypraeidae
crayfish	ザリガニ上科	Astacoidea
crown-of-thorn	オニヒトデ	*Acanthaster planci*
crustacean	甲殻亜門	Crustacea
cuttlefish	コウイカ目	Sepiida
dark-finger coral crab	オウギガニ科	Xanthidae
decapod	十脚目	Decapoda
densely lamellated oyster	イタボガキ	*Ostrea denselamellosa*
depressed red sea urchin	アカウニ	*Pseudocentrotus depressus*
diamond-back squid	ソデイカ	*Thysanoteuthis rhombus*
disk abalone	クロアワビ	*Haliotis discus*
Donkey's ear abalone	ミミガイ	*Haliotis asinina*
duck clam	シオフキガイ	*Mactra veneriformis*
dungeness crab	アメリカイチョウガニ	*Cancer majister*
eastern oyster	アメリカガキ（バージニアガキ）	*Crassostrea virginica*
Echizen jellyfish	エチゼンクラゲ	*Nemopilema nomurai*
edible crab	ヨーロッパイチョウガニ	*Cancer pagurus*
edible jellyfish	ビゼンクラゲ	*Rhopilema esculentum*
edible mantis shrimp	シャコ	*Oratosquilla oratoria*

egg cockle	トリガイ	*Fulvia mutica*
egg cowry	ウミウサギガイ	*Ovula ovum*
elegant sea urchin	バフンウニ	*Hemicentrotus pulcherrimus*
euphausiid	オキアミ目	Euphausiacea
Europian flat oyster	ヨーロッパヒラガキ	*Ostrea edulis*
Ezo neptunea	エゾボラ	*Neptunea polycostata*
fairy shrimp	ホウネンエビ	*Branchinella kugenumaensis*
fan worm	ケヤリムシ科	Sabellidae
fat innkeeper worm	ユムシ	*Urechis unicinctus*
fiddler crab	シオマネキ属	*Uca*
fire worm	ウミケムシ科	Amphinomidae
firefly squid	ホタルイカ	*Watasenia scintillans*
flatworm	扁形動物門	Platyhelminthes
freshwater atyid shrimp	ヌマエビ	*Paratya compressa*
freshwater clam	シジミ属	*Corbicula*
frog crab	アサヒガニ	*Ranina ranina*
gastropod	腹足綱	Gastropoda
geoduck	ナミガイ	*Panopea japonica*
giant abalone	マダカアワビ	*Haliotis madaka*
giant clam	シャコガイ属	*Tridacna*
giant mangrove crab	アミメノコギリガザミ	*Scylla serrata*
giant mud crab	アミメノコギリガザミ	*Scylla serrata*
giant Pacific oyster	マガキ	*Crassostrea gigas*
giant river prawn	オニテナガエビ	*Macrobrachium rosenbergi*
giant spider crab	タカアシガニ	*Macrocheira kaempferi*
giant squid	ダイオウイカ	*Architeuthis dux*
giant tiger prawn	ウシエビ	*Penaeus monodon*
glass shrimp	シラエビ	*Pasiphaea japonica*
gold-lip pearl oyster	シロチョウガイ	*Pinctada maxima*
golden apple snail	スクミリンゴガイ	*Pomacea canaliculata*
golden cuttlefish	コウイカ	*Sepia esculenta*
golden mussel	カワヒバリガイ	*Limnoperna fortunei*
gooseneck barnacle	エボシガイ	*Lepas anatifera*
Gould's jacknife clam	マテガイ	*Solen strictus*
greasyback shrimp	ヨシエビ	*Metapenaeus ensis*
green abalone	クジャクアワビ	*Haliotis fulgens*
green crab	チチュウカイミドリガニ	*Carcinus aestuarii*
green mud crab	トゲノコギリガザミ	*Scylla paramamosain*

green mussel	ミドリイガイ	*Perna viridis*
green turban	ヤコウガイ	*Turbo marmoratus*
greenlip abalone	ウスヒラアワビ	*Haliotis laevigata*
gribble	キクイムシ	*Limnoria lignorum*
half-crenate ark shell	サルボウガイ	*Scapharca kagoshimensis*
hard clam	ハマグリ属	*Meretrix*
hard clam	チョウセンハマグリ	*Meretrix lamarckii*
hard clam	ホンビノスガイ	*Mercenaria mercenaria*
hard-spined sea urchin	ムラサキウニ	*Anthocidaris crassispina*
heart shell	ザルガイ科	Cardiidae
heart urchin	ブンブクチャガマ	*Schizaster lacunosus*
hen clam	ウバガイ	*Pseudocardium sachalinensis*
hermit crab	ヤドカリ上科	Paguroidea
horn shell	ウミニナ属	*Batillaria*
horned turban	サザエ	*Turbo sazae*
horny sponge	普通海綿綱（イソカイメン類）	Demospongiae
horse crab	ガザミ	*Portunus trituberculatus*
horsehair crab	ケガニ	*Erimacrus isenbeckii*
horseshoe crab	カブトガニ科	Limuridae
hydroid	ヒドロ虫綱	Hydrozoa
Indo-Pacific pen shell	クロタイラギ	*Atrina vexillum*
inshore squid	ヤリイカ科	Loliginidae
isopod	等脚目	Isopoda
ivory shell	バイ	*Babylonia japonica*
jacknife clam	マテガイ属	*Solen*
Japanese abalone	トコブシ	*Haliotis diversicolor aquatilis*
Japanese babylon	バイ	*Babylonia japonica*
Japanese blue crab	ガザミ	*Portunus trituberculatus*
Japanese cockle	トリガイ	*Fulvia mutica*
Japanese common octopus	マダコ	*Octopus sinensis*
Japanese common sea cucumber	マナマコ	*Aposticopus japonicus*
Japanese common squid	スルメイカ	*Todarodes pacificus*
Japanese crayfish	ニホンザリガニ	*Cambroides japonicus*
Japanese fan lobster	ウチワエビ	*Ibacus ciliatus*
Japanese freshwater crab	サワガニ	*Geothelphusa dehaani*
Japanese geoduck	ナミガイ	*Panopea japonica*
Japanese green sea urchin	バフンウニ	*Hemicentrotus pulcherrimus*
Japanese hard clam	ハマグリ	*Meretrix lusoria*
Japanese horseshoe crab	カブトガニ	*Tachypleus tridentatus*
Japanese lobster	アカザエビ	*Metanephrops japonicus*

Japanese mitten crab	モクズガニ	*Eriocheir japonicus*
Japanese moon scallop	ツキヒガイ	*Amusium japonicum*
Japanese native mussel	イガイ	*Mytilus coruscus*
Japanese ocellate octopus	イイダコ	*Amphioctopus fangsiao*
Japanese oyster	マガキ	*Crassostrea gigas*
Japanese scallop	イタヤガイ	*Pecten albicans*
Japanese shrimp	クルマエビ	*Marsupenaeus japonicus*
Japanese spineless cuttlefish	シリヤケイカ	*Sepiella japonica*
Japanese spiny lobster	イセエビ	*Panulirus japonicus*
Japanese thorny chiton	ヒザラガイ	*Acanthopleura japonica*
jellyfish	鉢虫綱（鉢クラゲ類）	Scypozoa
jumbo flying squid	アメリカオオアカイカ	*Dosidicus gigas*
Keen's gaper	ミルクイガイ	*Tresus keenae*
king crab	タラバガニ属	*Paralithodes*
kisslip cuttlefish	カミナリイカ	*Sepia lycidas*
Korean lugworm	アオゴカイ	*Perinereis aibuhitensis*
krill	オキアミ目	Euphausiacea
Kuroda's sea hare	アメフラシ	*Aplysia kurodai*
kuruma prawn	クルマエビ	*Marsupenaeus japonicus*
Lamarck's meretrix	チョウセンハマグリ	*Meretrix lamarckii*
limpet	カサガイ目	Patellogastropoda
lobster	アメリカンロブスター	*Homarus americanus*
lobsterette	アカザエビ科	Nephropidae
locust lobster	セミエビ	*Scyllarides squamosus*
lollyfish	クロナマコ	*Holothuria atra*
long-armed octopus	テナガダコ	*Octopus minor*
longspine black urchin	ガンガゼ	*Diadema setosum*
maculated top	ニシキウズガイ	*Trochus maculatus*
mangrove crab	ノコギリガザミ属	*Scylla*
manila clam	アサリ	*Ruditapes philippinarum*
mantis shrimp	シャコ目	Stomatopoda
Mediterranean blue mussel	ムラサキイガイ	*Mytilus galloprovincialis*
Middendorff's buccinum	エゾバイ	*Buccinum middendorffi*
mollusc	軟体動物門	Mollusca
mollusk	軟体動物門	Mollusca
moon jellyfish	ミズクラゲ	*Aurelia coerulea*
moon shell	タマガイ科	Naticidae
moss animal	コケムシ類	Bryozoa

mud crab	ノコギリガザミ属	*Scylla*
mud creeper	ウミニナ属	*Batillaria*
mud-star	スナイトマキ	*Ctenodiscus crispatus*
murex shell	アクキガイ科	Muricidae
mysid shrimp	アミ目	Mysidacea
necklace shell	ツメタガイ	*Glossaulax didyma*
nematode	線虫動物門	Nematoda
neon flying squid	アカイカ	*Ommastrephes bartrami*
neptunea	エゾボラ属	*Neptunea*
Nomura's jellyfish	エチゼンクラゲ	*Nemopilema nomurai*
North Pacific giant octopus	ミズダコ	*Enteroctopus dofleini*
northern Pacific seastar	マヒトデ	*Asterias amurensis*
northern quahog	ホンビノスガイ	*Mercenaria mercenaria*
northern sea cucumber	キンコ	*Cucumaria frondose japonica*
northern shrimp	ホンホッコクアカエビ	*Pandalus borealis*
Norway lobster	ヨーロッパアカザエビ	*Nephrops norvegicus*
Olympia oyster	オリンピアガキ	*Ostrea lurida*
oppossum shrimp	アミ目	Mysidacea
orange footed sea cucumber	キンコ	*Cucumaria frondose japonica*
orange mud crab	アカテノコギリガザミ	*Scylla olivacea*
oriental river prawn	テナガエビ	*Macrobrachium nipponense*
ostracod	貝虫亜綱	Ostracoda
oval sea urchin	ナガウニ	*Echinometra mathaei*
oval squid	アオリイカ	*Sepioteuthis lessoniana*
oyster	イタボガキ科	Ostreidae
oyster drill	カキナカセ	*Urosalpinx cinerea*
Pacific geoduck	アメリカナミガイ	*Panopea generosa*
Pacific white shrimp	バナメイエビ	*Litopenaeus vannamei*
paper nautilus	アオイガイ	*Argonauta argo*
peanut worm	星口動物門（ホシムシ類）	Sipuncula
pearl oyster	アコヤガイ	*Pinctada fucata martensi*
pearly freshwater mussel	イケチョウガイ	*Hyriopsis schlegeli*
pearly nautilus	オウムガイ	*Nautilus pompilius*
pen shell	ハボウキガイ科	Pinnidae
pencil squid	ヤリイカ科	Loliginidae
periwinkle	タマキビガイ科	Littorinidae
periwinkle	タマキビガイ	*Littorina brevicula*

piddock	ニオガイ	*Barnea manilensis*
pink abalone	ガマノセアワビ	*Haliotis corrugata*
pink shrimp	ホンホッコクアカエビ	*Pandalus borealis*
poker-tip venus	ハマグリ	*Meretrix lusoria*
porcellain crab	カニダマシ科	Porcellanidae
Portuguese man-of-war	カツオノエボシ	*Physalia physalis*
purple star	マヒトデ	*Asterias amurensis*
quahog	ビノスガイ	*Mercenaria stimpsoni*
queen crab	ズワイガニ	*Chionoecetes opilio*
radiated trough clam	バカガイ	*Mactra chinensis*
rapa whelk	アカニシ	*Rapana venosa*
red abalone	アカネアワビ	*Haliotis rufescens*
red precius coral	アカサンゴ	*Collarium japopnicum*
red shrimp	チヒロエビ属	*Aristeomorpha*
red snow crab	ベニズワイガニ	*Chionoecetes japonicus*
red swamp crawfish	アメリカザリガニ	*Procambarus clarkii*
red tanner crab	ベニズワイガニ	*Chionoecetes japonicus*
red-spotted swimming crab	ジャノメガザミ	*Portunus sanguinolentus*
ribbon worm	紐型動物門（ヒモムシ類）	Nemertini
river crab	サワガニ	*Geothelphusa dehaani*
river prawn	テナガエビ属	*Macrobrachium*
rock lobster	ミナミイセエビ属	*Jasus*
rock oyster	イワガキ	*Crassostrea nippona*
rock shell	レイシガイ属	*Thais*
Roe's abalone	オーストラリアトコブシ	*Haliotis roei*
rotifer	輪形動物門	Rotifera
rotifer	シオミズツボワムシ	*Brachionus plicatilis*
round worm	線虫動物門	Nematoda
ruber abalone	アカアワビ	*Haliotis rubra*
Sakura shrimp	サクラエビ	*Lucensosergia lucens*
salp	サルパ科	Salpidae
sand crab	スナガニ	*Ocypode stimpsoni*
sand dollar	タコノマクラ目（カシパン類）	Clypeasteroida
sand hopper	ハマトビムシ	*Orchestia gammarella*
sand worm	ゴカイ	*Neanthes diversicolor*
saucer scallop	ツキヒガイ	*Amusium japonicum*
scallop	イタヤガイ科	Pectinidae

scaphopod	ツノガイ綱（掘足綱）	Scaphopoda
sea anemone	イソギンチャク目	Actiniaria
sea cucumber	ナマコ綱	Holothroidea
sea grape	マンハッタンボヤ	*Molgula manhattensis*
sea mat	コケムシ類	Bryozoa
sea moss	コケムシ類	Bryozoa
sea mouse	コガネウロコムシ	*Aphrodita aculeata*
sea pen	ウミエラ	*Leiopterus fimbriatus*
sea squirt	ユウレイボヤ	*Ciona savignyi*
sea star	ヒトデ綱	Asteroidea
sea urchin	ウニ綱	Echinoidea
seaslug	裸鰓目（ウミウシ類）	Nudibranchia
seed shrimp	ウミホタル	*Cypridina hilgendorfi*
Shiba prawn	シバエビ	*Metapenaeus joyneri*
shipworm	フナクイムシ	*Teredo navalis*
shore crab	イワガニ	*Pachygrapsus crassipes*
short finned squid	マツイカ属（イレックス属）	*Illex*
short-neck clam	アサリ	*Ruditapes philippinarum*
short-spined sea urchin	エゾバフンウニ	*Strongylocentrotus intermedius*
shovelnosed lobster	ウチワエビ	*Ibacus ciliatus*
Siebold's abalone	メガイアワビ	*Haliotis gigantea*
signal crayfish	ウチダザリガニ	*Pacifastacus leniusculus trowbridgii*
silver-lip pearl oyster	シロチョウガイ	*Pinctada maxima*
slipper lobster	ウチワエビ	*Ibacus ciliatus*
slit shell	オキナエビス	*Mikadotrochus beyrichii*
snail	腹足綱	Gastropoda
snapping shrimp	テッポウエビ属	*Alpheus*
snow crab	ズワイガニ	*Chionoecetes opilio*
soft-shell clam	オオノガイ	*Mya arenaria oonogai*
solenocerid shrimp	クダヒゲエビ科	Solenoceridae
spanner crab	アサヒガニ	*Ranina ranina*
spear squid	ヤリイカ	*Heterololigo bleekeri*
spider crab	クモガニ科	Majidae
spider shell	クモガイ	*Lambis lambis*
spindle shell	ナガニシ	*Fusinus perplexus*
spiny lobster	イセエビ科	Palinuridae
spiny top shell	サザエ	*Turbo sazae*

sponge	海綿動物門	Porifera
spoon worm	ユムシ動物門	Echiura
spotted hard clam	シナハマグリ	*Meretrix pethechialis*
squat lobster	コシオリエビ科	Galatheidae
squid	ツツイカ目	Teuthida
stone coral	イシサンゴ目	Scleractinia
striped barnacle	タテジマフジツボ	*Balanus amphitrite*
subcrenated ark shell	サルボウガイ	*Scapharca kagoshimensis*
surf clam	バカガイ科	Mactridae
swift wing oyster	ウグイスガイ	*Pteria brevialata*
swimming crab	ワタリガニ科（ガザミ類）	Portunidae
swordtip squid	ケンサキイカ	*Uroteuthis edulis*
tanner crab	ズワイガニ	*Chionoecetes opilio*
tellin shell	サクラガイ	*Nitidotellina nitidula*
three-spot swimming crab	ジャノメガザミ	*Portunus sanguinolentus*
tiger cowry	ホシダカラ	*Cypraea tigris*
tooth shell	ツノガイ	*Antalis weinkauffi*
top shell	ニシキウズガイ	*Trochus maculatus*
topshell	アカニシ	*Rapana venosa*
trapdoor snail	タニシ属	*Cipangopaludina*
trough shell	シオフキガイ	*Mactra veneriformis*
true robster	アカザエビ科	Nephropidae
trumpet shell	ホラガイ	*Charonia tritonis*
tuberculate ormer	セイヨウトコブシ	*Haliotis tuberculata*
tuberculate pelagic octopus	アミダコ	*Ocythoe tuberculata*
tun shell	ヤツシロガイ	*Tonna luteostoma*
tunicate	尾索動物門（ホヤ類）	Urochordata（Tunicata）
turban shell	リュウテン属（サザエ類）	*Turbo*
tusk shell	ツノガイ綱（掘足綱）	Scaphopoda
undulating venus	イヨスダレ	*Paphia undulata*
urochordate	尾索動物門（ホヤ類）	Urochordata（Tunicata）
water flea	鰓脚綱	Branchiopoda
water flea	ミジンコ	*Daphnia pulex*
western rocklobster	オーストラリアイセエビ	*Panulirus cygnus*
whelk	エゾボラ属	*Neptunea*

white leg shrimp	バナメイエビ	*Litopenaeus vannamei*
white spin sea urchin	シラヒゲウニ	*Tripneustes pileolus*
white threads fish	ニセクロナマコ	*Holothuria leucospilota*
wing oyster	ウグイスガイ	*Pteria brevialata*
Yezo abalone	エゾアワビ	*Haliotis discus hannai*
Yezo giant scallop	ホタテガイ	*Patinopecten yessoensis*

13. 爬虫類 英名・和名・学名

英 名	和 名	学 名
Chinese soft-shelled turtle	ニホンスッポン	*Pelodiscus sinensis*
green turtle	アオウミガメ	*Chelonia mydas*
hawksbill turtle	タイマイ	*Eretmochelys imbricata*
leatherback turtle	オサガメ	*Dermochelys coriacea*
loggerhead turtle	アカウミガメ	*Caretta caretta*
olive ridley turtle	ヒメウミガメ	*Lepidochelys olivacea*
Pacific ridley	ヒメウミガメ	*Lepidochelys olivacea*
red-eared slider	ミシシッピアカミミガメ	*Trachemys scripta elegans*
sea turtle	ウミガメ科	Cheloniidae
softshell turtle	スッポン科	Trionychidae

14. 哺乳類 英名・和名・学名

英 名	和 名	学 名
Antarctic minke whale	クロミンククジラ	*Balaenoptera bonaerensis*
Baird's beaked whale	ツチクジラ	*Berardius bairdii*
baleen whale	ヒゲクジラ亜目	Mysticeti
beluga	シロイルカ	*Delphinapterus leucas*
blue whale	シロナガスクジラ	*Balaenoptera musculus*
bottlenose dolphin	ハンドウイルカ	*Tursiops truncatus*
bowhead whale	ホッキョククジラ	*Balaena mysticetus*
Bryde's whale	ニタリクジラ	*Balaenoptera edeni*
Californian sea lion	カリフォルニアアシカ	*Zalophus californianus*
common bottlenose dolphin	ハンドウイルカ	*Tursiops truncatus*
common minke whale	ミンククジラ	*Balaenoptera acutorostrata*
common seal	ゼニガタアザラシ	*Phoca vitulina*
Dall's porpoise	イシイルカ	*Phocoenoides dalli*
dugong	ジュゴン	*Dugong dugon*
eared seal	アシカ科	Otariidae

英名	和名	学名
earless seal	アザラシ科	Phocidae
false killer whale	オキゴンドウ	*Pseudorca crassidens*
fin whale	ナガスクジラ	*Balaenoptera physalus*
finless porpoise	スナメリ	*Neophocaena phocaenoides*
gray whale	コククジラ	*Eschrichtius robustus*
harbor seal	ゼニガタアザラシ	*Phoca vitulina*
humpback whale	ザトウクジラ	*Megaptera novaeangliae*
killer whale	シャチ	*Orcinus orca*
North Pacific right whale	セミクジラ	*Eubalaena japonica*
northern bottlenose whale	キタトックリクジラ	*Hyperoodon ampullatus*
northern fur seal	キタオットセイ	*Callorhinus ursinus*
Pacific walrus	タイヘイヨウセイウチ	*Odobenus rosmarus divergens*
Pacific white-sided dolphin	カマイルカ	*Lagenorhynchus obliquidens*
pantropical spotted dolphin	マダライルカ	*Stenella attenuata*
ringed seal	ワモンアザラシ	*Phoca hispida*
Risso's dolphin	ハナゴンドウ	*Grampus griseus*
sea otter	ラッコ	*Enhydra lutris*
sei whale	イワシクジラ	*Balaenoptera borealis*
short-beaked common dolphin	マイルカ	*Delphinus delphis*
short-finned pilot whale	コビレゴンドウ	*Globicephala macrorhynchus*
southern bottlenose whale	ミナミトックリクジラ	*Hyperoodon planifrons*
sperm whale	マッコウクジラ	*Physeter macrocephalus*
spotted seal	ゴマフアザラシ	*Phoca largha*
Steller sea lion	トド	*Eumetopias jubatus*
striped dolphin	スジイルカ	*Stenella coeruleoalba*
toothed whale	ハクジラ亜目	Odontoceti
true seal	アザラシ科	Phocidae
white whale	シロイルカ	*Delphinapterus leucas*

15. 植物　英名・和名・学名

英　名	和　名	学　名
agar-agar（Galipoeda）	リュウキュウツノマタ	*Eucheuma muricatum*
agar-geser（Ceram Island）	リュウキュウツノマタ	*Eucheuma muricatum*
agar-poeloe（Spermonde）	リュウキュウツノマタ	*Eucheuma muricatum*
agar（Luigga）	キリンサイ	*Eucheuma denticulatum*

angel wing	ハネグサ属の一種	*Pterosiphonia dendroidea*
baby angel wing	ハネグサ属の一種	*Pterosiphonia gracilis*
bamboo seaweed	カジメ属の一種	*Ecklonia buccinalis*
bardarrig	ゴヘイコンブ属の一種	*Laminaria digitata* var. *stenophylla*
baron Delessert	コノハノリ属の一種	*Delesseria decipiens*
bead coral	サンゴモ類	*Calliarthron* spp.
beauty bush	カリタムニオン属の一種	*Callithamnion pikeanum*
bedderlock (Scotland)	アイヌワカメ属の一種	*Alaria esculenta*
bell weed	ホルモシラ	*Hormosira bancksii*
black kelp	ブルウキモ	*Nereocystis luetkeana*
black pine	セイヨウフジマツモ属の一種	*Rhodomela larix*
black tang	ヒバマタ属の一種	*Fucus vesiculosus*
black tassel	ハネグサ属の一種	*Pterosiphonia bipinnata*
black wrack	ヒバマタ属の一種	*Fucus serratus*
bladder kelp	ブルウキモ	*Nereocystis luetkeana*
bladder leaf	ホンダワラ類の一種	*Cystophyllum geminatum*
bladder weed	ホンダワラ類の一種	*Cystoseira ramariscifolia*
bladder wrack	ヒバマタ属の一種	*Fucus vesiculosus*
blanket weed	シオグサ属	*Cladophora*
blister wrack	ゴヘイコンブ属の一種	*Laminaria bullata*
blue-green algae	シアノバクテリア（藍細菌）	Cyanobacteria
blue-green algae	藍藻綱	Cyanophyceae
boeleony lepipan (Bali)	トゲキリンサイ	*Eucheuma serra*
bootlace weed	ツルモ	*Chorda filum*
braggair	ゴヘイコンブ属の一種	*Laminaria digitata*
brown algae	褐藻綱	Phaeophyceae
brown kelp	オオウキモ属の一種	*Macrocystis pyrifera*
brown sea parsley	テングサ属の一種	*Gelidium pristoides*
brown sieve	ハバモドキ	*Punctaria latifolia*
bull kelp (California, Alaska)	ブルウキモ	*Nereocystis luetkeana*
bull kelp (New Zealand)	ドゥルビレア	*Durvillea antarctica*
bushy Ahnfelt's seaweed	イタニグサ	*Ahnfeltia fastigiata*
button weed	ヒマンタリア属の一種	*Himanthalia lorea*

carragheen	ヤハズツノマタ	*Chondrus ocellatus* f. *crispus*
Ceylon moss	マクサ	*Gelidium elegans*
channal wrack	エゾイシゲ属の一種	*Pelvetia canaliculata*
Chinese moss	オゴノリ	*Gracilaria vermiculophylla*
coarse sea lace	ミクロクラディア属の一種	*Microcladia borealis*
coccolitophorid	円石藻類	Coccolitophorid
Corsican moss	アルシディウム属の一種	*Alsidium helminthochorton*
coulter's seaweed	アガーディエラ属の一種	*Agardhiella coulteri*
cow-tang	エゾイシゲ属の一種	*Pelvetia canaliculata*
cowstail	ゴヘイコンブ属の一種	*Laminaria cloustoni*
crannogh (Ireland)	ダルス	*Palmaria palmata*
crisp color changer	トゲウルシグサ	*Desmarestia aculeata*
crisscross network	ポリネウラ属の一種	*Polyneura latissima*
cryptomonad	クリプト植物門	Cryptophyta
cup and saucer	オキツバラ属の一種	*Constantinea simplex*
curly gristle moss	ヤハズツノマタ	*Chondrus ocellatus* f. *crispus*
curly moss	ヤハズツノマタ	*Chondrus ocellatus* f. *crispus*
curry comb	ノコギリヒバ属の一種	*Odonthalia washingtoniensis*
cyanophyte	シアノバクテリア（藍細菌）	Cyanobacteria
cyanophyte	藍藻綱	Cyanophyceae
dabbylock	カラフトトロロコンブ	*Saccharina sachalinensis*
daberlock (Scotland)	アイヌワカメ属の一種	*Alaria esculenta*
dainty leaf	ヒメウスベニ属の一種	*Erythroglossum intermedium*
delicate sea lace	ミクロクラディア類	*Microcladia* spp.
desmid	チリモ目（接合藻目）	Zygnematales
devil's appron	ゴヘイコンブ属の一種	*Laminaria farlowii*
devil's appron	ゴヘイコンブ属の一種	*Laminaria andersonii*
diatom	珪藻綱	Bacillariophyceae
dillesk (Ireland)	ダルス	*Palmaria palmata*

dillisk (Ireland)	ダルス	*Palmaria palmata*
dinoflagellate	渦鞭毛藻類	Dinoflagellate
dulse (Scotland)	ダルス	*Palmaria palmata*
eel grass	アマモ	*Zostera marina*
elk kelp	ペラゴフィクス属の一種	*Pelagophycus porra*
euglenoid	ミドリムシ藻綱	Euglenophyceae
false Ceylon moss	オゴノリ	*Gracilaria vermiculophylla*
Farlow seaweed	クシバニセカレキグサ	*Farlowia mollis*
feather boa kelp	エグリジア属	*Egregia*
fir needle	マツモ	*Analipus japonicus*
flan	ゴヘイコンブ属の一種	*Laminaria cloustoni*
flat wrack	ヒバマタ属の一種	*Fucus spiralis*
flowering plant	顕花植物	Phanerogamae
giant kelp	ジャイアントケルプ類	*Alaria* spp.
giant kelp	ジャイアントケルプ類	*Macrocystis* spp.
giant kelp	ジャイアントケルプ類	*Nereocystis* spp.
giant perennial kelp	オオウキモ属の一種	*Macrocystis pyrifera*
goitre stick (South America)	フィロギガス属(茎)	*Phyllogigas* (stem)
graceful coral	サンゴモ属の一変種	*Corallina gracilis* var. *densa*
grapestone	ギガルティナ類	*Gigartina* spp.
great kelp	オオウキモ属の一種	*Macrocystis pyrifera*
green algae	緑藻綱	Chlorophyceae
green confetii	ヒラアオノリ	*Enteromorpha compressa*
green dried lave	アナアオサ	*Ulva pertusa*
green lave	アオサ属の一種	*Ulva lactuca*
green tip	イバラノリ属の一種	*Hypnea spicifera*
Griffith seaweed	カザシグサ属の一種	*Griffithsia pacifica*
gristle moss	ヤハズツノマタ	*Chondrus ocellatus* f. *crispus*
gulf weed	ホンダワラ	*Sargassum fulvellum*
haptophyte	ハプト藻綱	Haptophyceae
henware (Orkneys)	アイヌワカメ属の一種	*Alaria esculenta*
hidden rib	カクレスジ属の一種	*Cryptopleura ruprechtiana*

honey ware	アイヌワカメ属の一種	*Alaria esculenta*
hooked rope	フタツガサネ属の一種	*Antithamnion uncinatum*
hooked skein	フタツガサネ属の一種	*Antithamnion pacficum*
horse seaweed (Norway, Lapland)	ダルス	*Palmaria palmata*
horsetail tang	ホンダワラ	*Sargassum fulvellum*
iredescent seaweed	イリドフィクス類	*Iridophycus* spp.
Irish moss	ヤハズツノマタ	*Chondrus ocellatus* f. *crispus*
jelly moss	ヤハズツノマタ	*Chondrus ocellatus* f. *crispus*
karengo (New Zealand)	アマノリ類	*Porphyra* spp.
kelp	コンブ目	Laminariales
kelpie (Caldy Island)	ゴヘイコンブ属の一種	*Laminaria cloustoni*
knobbed wrack	アスコフィルム属の一種	*Ascophyllum nodosum*
knotted wrack	アスコフィルム属の一種	*Ascophyllum nodosum*
lady wrack	ヒバマタ属の一種	*Fucus vesiculosus*
laminaria tent	ゴヘイコンブ属の一種	*Laminaria cloustoni*
langetiff	カラフトトロロコンブ	*Saccharina sachalinensis*
laver	アマノリ類	*Porphyra* spp.
leag (Kyleakin)	ゴヘイコンブ属の一種	*Laminaria cloustoni*
liadhaig	ゴヘイコンブ属の一種	*Laminaria digitata*
lichen	ヤハズツノマタ	*Chondrus ocellatus* f. *crispus*
limu ele-ele (= black limu)	ヨレアオノリ	*Enteromorpha flexuosa*
limu ele-ele (= black limu)	ボウアオノリ	*Enteromorpha intestinalis*
limu fua-fua	センナリヅタ	*Caulerpa racemosa* var. *clavifera* f. *macrophysa*
limu hulu-hulu waena	ムカデノリ	*Grateloupia asiatica*
limu huna (= hidden limu)	イバラノリ属の一種	*Hypnea nidifica*
limu koele (= dry limu)	オキツノリ属の一種	*Ahnfeltiopsis vermicularis*
limu lipoa	ヤハズグサ属の一種	*Dictyopteris plagiogramma*
limu lo-loa (= long limu)	テングサ属	*Gelidium*
limu manauea	テングサ属の一種	*Gelidium coronopifolia*

link confetti	ボウアオノリ	*Enteromorpha intestinalis*
liver weed (South England)	ゴヘイコンブ属の一種	*Laminaria cloustoni*
long bladder kelp	オオウキモ属の一種	*Macrocystis pyrifera*
loose Ahnfelt's seaweed	イタニグサ属の一種	*Ahnfeltia gigartinoides*
loose color changer	ウルシグサ属の一種	*Desmarestia intermedia*
Lyall's seaweed	キントキ属の一種	*Prionitis lyallii*
maiden's hair	ウルシグサ	*Desmarestia ligulata*
mair-injarin (Iceland)	アイヌワカメ属の一種	*Alaria esculenta*
mhare (Kintyre)	ゴヘイコンブ属の一種	*Laminaria cloustoni*
mirkle (Orkneys)	アイヌワカメ属の一種	*Alaria esculenta*
mountain dulse	グロエオカプサ属の一種	*Gloeocapsa magna*
murlin (Ireland)	グロエオカプサ属の一種	*Gloeocapsa magna*
nail brush	フノリ属の一種	*Endocladia muricata*
Neptune's girdle	ダルス	*Palmaria palmata*
Neptune's necklace	ホルモシラ	*Hormosira bancksii*
no flowering plant	隠花植物	Cryptogamae
nori	アマノリ類	*Porphyra* spp.
nori	アサクサノリ	*Pyropia tenera*
nori	イチマツノリ	*Pyropia seriata*
oarweed	ゴヘイコンブ属の一種	*Laminaria cloustoni*
oyster thief	フクロノリ	*Colpomenia sinuosa*
paddy-tang (Orkneys)	ヒバマタ属の一種	*Fucus vesiculosus*
palmophyte	パルモ藻綱	Palmophyceae
parasitic sea laure	ソゾマクラ属の一種	*Janczewskia gardneri*
peacock's tail	ウミウチワ	*Padina arborescens*
pearl moss	ヤハズツノマタ	*Chondrus ocellatus* f. *crispus*
pennant weed (South England)	ゴヘイコンブ属の一種	*Laminaria cloustoni*
pepper dulse (Scotland)	ソゾ属の一種	*Laurencia pinnatifida*
pillie weed	ゴヘイコンブ属の一種	*Laminaria cloustoni*
pleace weed	ゴヘイコンブ属の一種	*Laminaria cloustoni*
pocket thief	フクロノリ	*Colpomenia sinuosa*

pod weed	ハリドリス属の一種	*Halidrys siliquosa*
pointed lynx	ムカデノリ属の一種	*Grateloupia pinnata*
polly Collins	イトグサ属の一種	*Polysiphonia collinsii*
polly Hendry	イトグサ属の一種	*Polysiphonia hendryi*
polly Pacific	イトグサ属の一種	*Polysiphonia pacifica*
pompon	プテリゴフォラ属の一種	*Pterygophora californica*
popping wrack	ヒバマタ属の一種	*Fucus furcatus*
pottery seaweed	イギス属の一種	*Ceramium pacificum*
prickly tang (Orkneys)	ヒバマタ属の一種	*Fucus serratus*
prochloron	プロクロロン植物門	Prochlorophyta
rainbow bladder weed	ホンダワラ類の一種	*Cystoseira ericoides*
raphidophyte	ラフィド藻綱	Raphidophyceae
red algae	紅藻綱	Rhodophyceae
red fringe	ポルフィラ属の一種	*Porphyra naiadum*
red jabot laver	ポルフィラ属の一種	*Porphyra lanceolata*
red kale	ダルス	*Palmaria palmata*
red lace	テングサ属の一種	*Gelidium cartilagineum*
red laver	ポルフィラ属の一種	*Porphyra perforata*
red ribbon	シューリア属の一種	*Suhria vittata*
red rock crust	イシモ属	*Lithothamnion*
red sea fan	トサカモドキ属の一種	*Callophyllis edentata*
red serving fork	サルコディオテカ属の一種	*Sarcodiotheca furcata*
red ware (Orkneys)	ゴヘイコンブ属の一種	*Laminaria digitata*
red wing	クシベニヒバ属の一種	*Ptilota filicina*
red wrack (Orkneys)	ゴヘイコンブ属の一種	*Laminaria digitata*
redtop	ゴヘイコンブ属の一種	*Laminaria digitata* var. *stenophylla*
ribbon kelp	エグリジア	*Egregia laevigata*
rock moss	ヤハズツノマタ	*Chondrus ocellatus* f. *crispus*
rockweed	ヒバマタ属の一種	*Fucus furcatus*
ruche	カクレスジ属の一種	*Cryptopleura ruprechtiana*
scarf weed	ゴヘイコンブ属の一種	*Laminaria cloustoni*
sea bamboo	カジメ属の一種	*Ecklonia maxima*
sea belly	イソマツ属の一種	*Gastroclonium coulteri*

sea cabbage	クロシオメ属の一種	*Hedophyllum sessile*
sea colander	アナメ属の一種	*Agarum fimbriatum*
sea comb	ユカリ	*Plocamium telfairiae*
sea devil (Norway, Lapland)	ダルス	*Palmaria palmata*
sea fern	ネザシハネモ	*Bryopsis corticulans*
sea girdle (England)	ゴヘイコンブ属の一種	*Laminaria digitata*
sea grape	ホルモシラ	*Hormosira bancksii*
sea grass	アマモ	*Zostera marina*
sea grass	アマモ属	*Zostera*
sea kale (Loch Fyne)	ゴヘイコンブ属の一種	*Laminaria cloustoni*
sea kale (Philadelphia)	ダルス	*Palmaria palmata*
sea lace	ツルモ	*Chorda filum*
sea laurel	ソゾ属の一種	*Laurencia spectabilis*
sea mustard	ワカメ	*Undaria pinnatifida*
sea oak	ハリドリス類	*Halidrys* spp.
sea orange	ペラゴフィクス類	*Pelagophycus* spp.
sea otter's cabbage	ブルウキモ	*Nereocystis luetkeana*
sea palm	ポステルシア属の一種	*Postelsia palmaeformis*
sea pearl moss	ヤハズツノマタ	*Chondrus ocellatus* f. *crispus*
sea pumpkin	ペラゴフィクス類	*Pelagophycus* spp.
sea rod	ゴヘイコンブ属の一種	*Laminaria cloustoni*
sea rose	ベニスナゴ属の一種	*Schizymenia pacifica*
sea sac	ベニフクロノリ属の一種	*Halosaccion glandiforme*
sea spatula	プレウロフィクス属の一種	*Pleurophycus gardneri*
sea staghorn	ミル	*Codium fragile*
sea string	オゴノリ	*Gracilaria vermiculophylla*
sea tangle-tent	ゴヘイコンブ属の一種	*Laminaria cloustoni*
sea twine	ツルモ	*Chorda filum*
sea wand (Highlands)	ゴヘイコンブ属の一種	*Laminaria digitata*
sea ware (Orkneys)	ゴヘイコンブ属の一種	*Laminaria digitata*
sea-lettuce	アナアオサ	*Ulva pertusa*
sea-lettuce	アオサ属の一種	*Ulva lactuca*

sealentil	ホンダワラ	*Sargassum fulvellum*
seatron (Northwest America)	ブルキモ	*Nereocystis luetkeana*
seersucker	スジメ	*Costaria costata*
serrated wrack	ヒバマタ属の一種	*Fucus serratus*
sewing thread	オゴノリ	*Gracilaria vermiculophylla*
slack (Scotland)	アマノリ類	*Porphyra* spp.
slid vare (Kintyre)	ゴヘイコンブ属の一種	*Laminaria cloustoni*
sloke (Ireland)	アマノリ類	*Porphyra* spp.
slouk (Ireland)	アマノリ類	*Porphyra* spp.
sloukaen (Ireland)	アマノリ類	*Porphyra* spp.
sloukaum (Ireland)	アマノリ類	*Porphyra* spp.
small perennial kelp	オオウキモ属の一種	*Macrocystis integrifolia*
southern bull kelp	ドゥルビレア類	*Sarcophycus* (= *Durvillea*) spp.
spermatophyte	種子植物門	Spermatophyta
split whip wrack	ゴヘイコンブ属の一種	*Laminaria andersonii*
spongy cushion	ミル属の一種	*Codium setchellii*
stick bag	エゾフクロノリ属の一種	*Coilodesme californica*
stringy kelp (Alaska)	オニワカメ	*Alaria fistulosa*
sugar wrack	カラフトトロロコンブ	*Saccharina sachalinensis*
swart (Scotland)	ゴヘイコンブ属の一種	*Laminaria cloustoni*
tang	ゴヘイコンブ属の一種（茎）	*Laminaria cloustoni* (stem)
tangle (Scotland)	ゴヘイコンブ属の一種（茎）	*Laminaria cloustoni* (stem)
tangle (Scotland)	ゴヘイコンブ属の一種（茎）	*Laminaria digitata* (stem)
tangle tail (Whitburn)	ゴヘイコンブ属の一種（茎）	*Laminaria cloustoni* (stem)
tassel wing	プテロコンドリア属の一種	*Pterochondria woodii*
thong weed	ヒマンタリア属の一種	*Himanthalia lorea*
tide pool coral	サンゴモ	*Corallina officinalis*
triple rib	ミスジコンブ	*Cymathere triplicata*
Turkish towel	ギガルティナ属の一種	*Gigartina exasperata*

veined fan	ウスバノリモドキ属の一種	*Hymenena flabelligera*
vine kelp	オオウキモ類	*Macrocystis* spp.
wakame	ワカメ	*Undaria pinnatifida*
ware (Scotland)	ゴヘイコンブ属の一種	*Laminaria cloustoni*
water net	アオミドロ類	*Spirogyra* spp.
water silk	アオミドロ類	*Spirogyra* spp.
water-leaf (Scotland)	ダルス	*Palmaria palmata*
weather grass	ゴヘイコンブ属の一種	*Laminaria cloustoni*
wheelbang (= seahouse) (Northumberland)	ゴヘイコンブ属の一種	*Laminaria cloustoni*
whip tube	カヤモノリ	*Scytosiphon lomentaria*
wide color changer	ウルシグサ属の一種	*Desmarestia munda*
wing kelp	アイヌワカメ属の一種	*Alaria valida*
woody chain bladder	ホンダワラ類の一種	*Cystoseira osmundacea*
yellow tang (Orkneys)	アスコフィルム属の一種	*Ascophyllum nodosum*
zooxanthella	ギムノジニウム属の一種	*Gymnodinium microadriaticum*

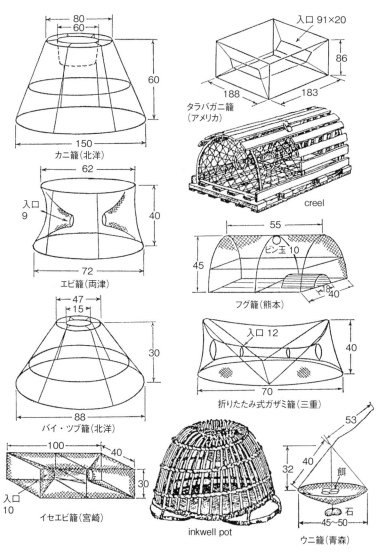

1. 各種の籠 (単位：cm)
(かご漁業，1981)

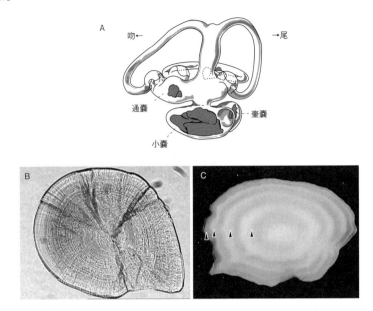

2. 内耳と耳石
B：日輪，C：年輪．（A：増補改訂版 魚類生理学の基礎，2013，B：魚類生態学の基礎，2010，C：ヒラメ・カレイのおもてとうら，2013）

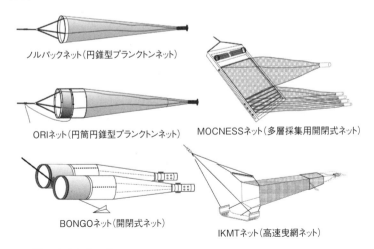

3. プランクトンネット

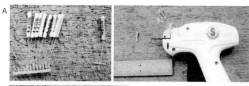

4. 標識

A：アンカータグ（左）とタグガン（右），B：矢じり型（マグロ用）（下がタグ），C：標識されたヒラメ．(A・B：あぁ，そうなんだ！魚講座，2010，C：ヒラメ・カレイのおもてとうら，2013)

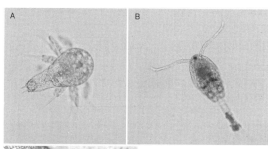

5. カイアシ類

A：ノープリウス（幼生），B：成体，
C：寄生性カイアシ類（サケジラミ *Lepeophtherius salmonis*），
〔写真提供：大村卓朗（A・B），Alan Pike（C）〕．

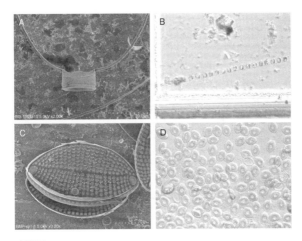

6. 珪藻類
浮遊珪藻
A：*Chaetoceros affinis*（電子顕微鏡），B：*Skeletonema* sp.（光学顕微鏡）．
付着珪藻
C：*Cocconeis sublitoralis*（電子顕微鏡），D：*Cocconeis* sp.（光学顕微鏡）．
〔写真提供：河村知彦〕

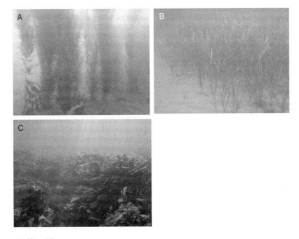

7. 藻　場
A：ガラモ場，B：アマモ場，C：造成藻場（アラメ）．
〔写真提供：増田玲爾（A），千葉晋（B），高見秀輝（C）〕

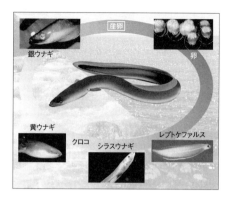

8. ウナギの生活史

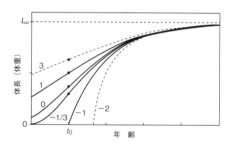

9. 成長式
(水圏生物科学入門, 2009)

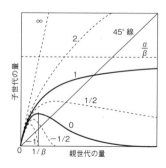

10. 再生産曲線
(水圏生物科学入門, 2009)

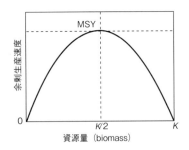

11. シェーファーモデルと MSY
（水圏生物科学入門, 2009）

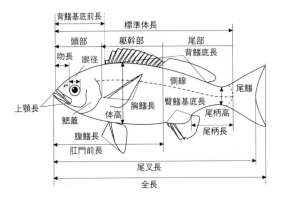

12. 体　長
（魚類生態学の基礎, 2010）

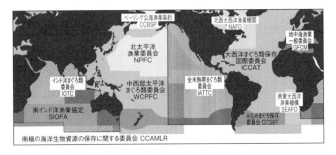

13. 主な地域漁業管理機関と対象水域
（平成 27 年度水産白書, 2015 を改変）

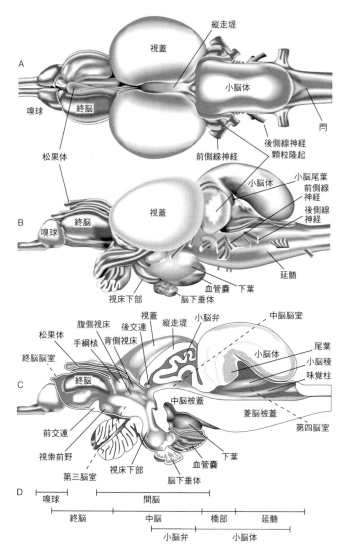

14. ニジマスの脳

A：背面図．門は延髄と脊髄の境界の目安．B：左側面図．C：正中矢状断面図．
D：代表的な脳領域のおおまかな区分．脳室は破線で示した．
(増補改訂版 魚類生理学の基礎, 2013)

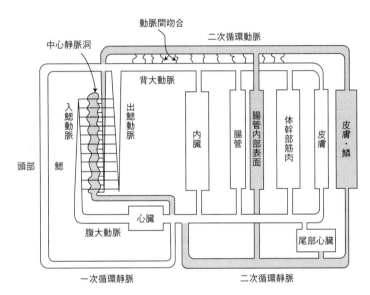

15. 魚類循環系の模式図
(増補改訂版 魚類生理学の基礎, 2013)

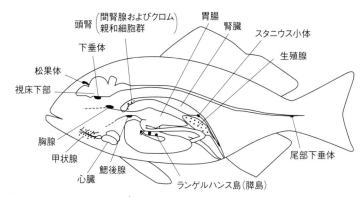

16. 魚類の内分泌系
(増補改訂版 魚類生理学の基礎, 2013)

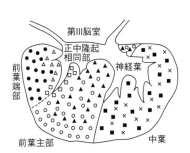

17. 真骨魚類の下垂体
●：プロラクチン産生細胞, △：副腎皮質刺激ホルモン産生細胞,
□：甲状腺刺激ホルモン産生細胞, ▲：成長ホルモン産生細胞,
○：生殖腺刺激ホルモン産生細胞（主としてFSHは下垂体周辺部，
LHは中心部に分布), ■：黒色素胞刺激ホルモン産生細胞,
×：ソマトラクチン産生細胞.
(増補改訂版 魚類生理学の基礎, 2013)

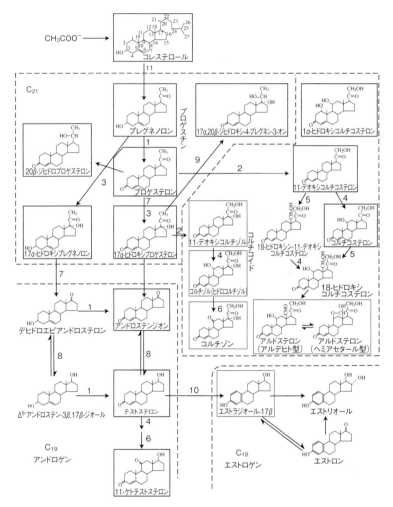

18. 魚類のステロイドホルモンの生合成経路

1：3β-水酸基脱水素酵素, 2：21-水酸化酵素, 3：17α-水酸化酵素, 4：11β-水酸化酵素, 5：18-水酸化酵素, 6：11β-水酸基脱水素酵素, 7：C17-20-側鎖切断酵素, 8：17β-水酸基脱水素酵素, 9：20β-水酸基脱水素酵素, 10：芳香化酵素, 11：コレステロール側鎖切断酵素.
(増補改訂版 魚類生理学の基礎, 2013)

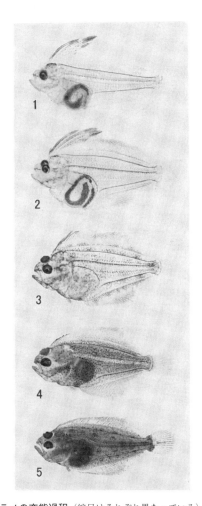

19. ヒラメの変態過程（縮尺はそれぞれ異なっている）
1：外観が左右対称な変態前の仔魚．2：右眼が移動を始め，背鰭前端の鰭条は伸び続けている．3：右眼は移動を続け背鰭前端の鰭条は短縮を始める．4：右眼はおおむね左側に移り鰭条の短縮も完了．5：成魚型の色素胞が発達して変態を完了した稚魚．
（増補改訂版 魚類生理学の基礎，2013）

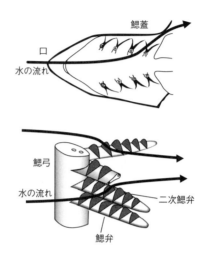

20. 鰓の構造
上：魚の背面から見た鰓の配置．下：鰓の立体図．
(増補改訂版 魚類生理学の基礎, 2013)

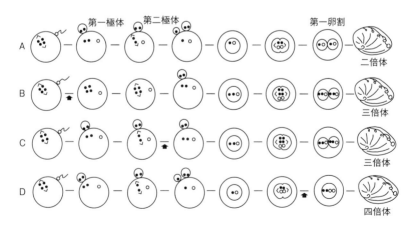

21. 三倍体，四倍体の作出原理
(魚類のDNA, 1997)

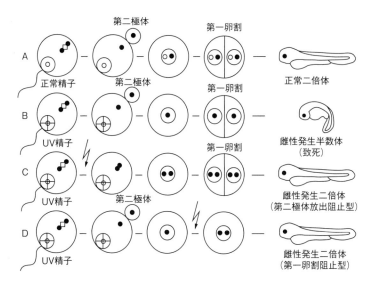

22. 雌性発生二倍体の作出原理
（魚類のDNA，1997）

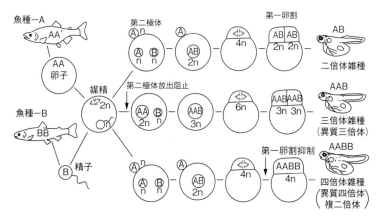

23. 異種間交雑と倍数体誘起
（水産増養殖と染色体操作，1989）

24. 代表的な魚介類筋肉の成分組成

種名	水分	タンパク質	脂質	糖質	灰分	ナトリウム	カリウム	カルシウム	リン	鉄	レチノール	αカロテン	βカロテン	B$_1$	B$_2$	ナイアシン	C	備考
	(g)					(mg)					(μg)			(mg)				
アジ	74.4	20.7	3.5	0.1	1.3	120	370	27	230	0.7	10	Tr	Tr	0.10	0.20	5.4	Tr	マアジ
アユ (天然)	77.7	18.3	2.4	0.1	1.5	70	370	270	310	0.9	35	(0)	(0)	0.13	0.15	3.1	2	
アユ (養殖)	72.0	17.8	7.9	0.6	1.7	55	360	250	320	0.8	55	(0)	(0)	0.15	0.14	3.5	2	
イワシ	64.4	19.8	13.9	0.7	1.2	120	310	70	230	1.8	40	Tr	Tr	0.03	0.36	8.2	Tr	マイワシ
ウナギ	62.1	17.1	19.3	0.3	1.2	74	230	130	260	0.5	2,400	0	1	0.37	0.48	3.0	2	
カツオ	72.2	25.8	0.5	0.1	1.4	43	430	11	280	1.9	5	0	0	0.13	0.17	19.0	Tr	春獲り
サケ	72.3	22.3	4.1	0.1	1.2	66	350	14	240	0.5	11	0	0	0.15	0.21	6.7	1	シロサケ
サバ	65.7	20.7	12.1	0.3	1.2	140	320	9	230	1.1	24	0	0	0.15	0.28	10.4	Tr	マサバ
サンマ	55.8	18.5	24.6	0.1	1.0	130	200	32	180	1.4	13	0	0	0.01	0.26	7.0	Tr	
タイ	72.2	20.6	5.8	0.1	1.3	55	440	11	220	0.2	8	0	0	0.09	0.05	6.0	1	マダイ (天然)
タラ	80.4	18.1	0.2	0.1	1.2	130	350	41	270	0.2	56	0	0	0.07	0.14	1.1	0	スケトウダラ
ニシン	66.1	17.4	15.1	0.1	1.3	110	350	27	240	1.0	18	0	0	0.01	0.23	4.0	Tr	
ヒラメ	76.8	20.0	2.0	Tr	1.2	46	440	22	240	0.1	12	0	0	0.04	0.11	5.0	3	天然
フグ	78.9	19.3	0.3	0.2	1.3	100	430	6	250	0.2	3	0	0	0.06	0.21	5.9	Tr	トラフグ (天然)
ブリ (天然)	59.6	21.4	17.6	0.3	1.1	32	380	5	130	1.3	50	—	—	0.23	0.36	9.5	2	
ブリ (養殖)	60.8	19.7	18.2	0.3	1.0	37	310	12	200	0.9	28	0	0	0.16	0.19	9.1	2	
マグロ (赤身)	70.4	26.4	1.4	0.1	1.7	49	380	5	270	1.1	83	0	0	0.10	0.05	14.2	2	クロマグロ
マグロ (脂身)	51.4	20.1	27.5	0.1	0.9	71	230	7	180	1.6	270	0	0	0.04	0.07	9.8	4	クロマグロ
アサリ	90.3	6.0	0.3	0.4	3.0	870	140	66	85	3.8	2	1	21	0.02	0.16	1.4	1	
ハマグリ	88.8	6.1	0.5	1.8	2.8	780	160	130	96	2.1	7	0	25	0.08	0.16	1.1	1	
ホタテガイ	82.3	13.5	0.9	1.5	1.8	320	310	22	210	2.2	10	1	150	0.05	0.29	1.7	3	
イカ	79.0	18.1	1.2	0.2	1.5	300	270	14	250	0.1	13	0	0	0.05	0.04	4.2	1	スルメイカ
エビ	76.1	21.6	0.6	Tr	1.7	170	430	41	310	0.5	0	0	49	0.11	0.06	3.8	Tr	クルマエビ
カニ	84.0	13.9	0.4	0.1	1.6	310	310	90	170	0.5	Tr	—	—	0.24	0.60	8.0	Tr	ズワイガニ
タコ	81.1	16.4	0.7	0.1	1.7	280	290	16	160	0.6	5	—	—	0.03	0.09	2.2	Tr	マダコ
ナマコ	92.2	4.6	0.3	0.5	2.4	680	54	72	25	0.1	0	0	5	0.05	0.02	0.1	0	

Tr ：微量に含まれているが最小記載量に達していない．
0 ：測定していないが文献などにより含まれていないと推定されるもの．
— ：測定しなかったもの，または測定困難なもの．

(水圏生物科学入門，2009)

25. 魚介類のエキス成分組成

(mg/100 g)

化合物名	メバチ[*1]	マダイ[*2]	ネズミザメ[*3]	アオリイカ[*4]	イセエビ[*5]
主要遊離アミノ酸					
タウリン	6	138	44	310	201
グルタミン酸	1	5	12	4	9
プロリン	1	2	7	1,029	114
グリシン	6	12	21	896	1,191
アラニン	11	13	19	178	92
バリン	6	3	7	11	25
ロイシン	6	4	8	5	18
リシン	4	11	3	6	15
アルギニン	1	2	6	689	515
ヒスチジン	231	4	8	1	+
ジペプチド					
カルノシン	2	+	−		
アンセリン	919	+	1,060		
ヌクレオチド					
ATP	4	11	−	3	13
ADP	9	6	7	40	120
AMP	20	10	5	249	92
IMP	363	342	112	+	101
グアニジル化合物					
クレアチン	530	718	507		
クレアチニン	−	17	33		
メチルアミン					
TMAO	130	246	1,100	624	282
TMA	+	+		+	1
グリシンベタイン				732	501
ホマリン				6	152
有機酸					
乳酸	920			+	
コハク酸				4	
その他					
尿素			1,520		

空欄:未検討,+:痕跡,−:未検出.

(水圏生物科学入門, 2009)

26. 魚肉全脂質の脂肪酸組成

(重量%)

	部位	脂質含量	14:0	15:0	16:0	16:1n-9	17:0	18:0	18:1n-9	18:2n-6	18:3n-3 +20:1n-9	18:3n-3	20:4n-6	20:5n-3	22:1n-9	22:5n-3	22:6n-3
マアジ[*1]	普通筋	3.9	2.6	0.8	18.4	5.5	6.8	7.3	17.2	0.8	—	2.5	2.1	6.7	2.6	3.2	21.2
	血合筋	12.5	2.7	0.1	17.4	5.9	1.1	8.0	19.3	0.8	—	2.4	2.3	11.0	3.1	3.1	20.5
マサバ[*2]	普通筋	6.6	2.6	0.9	19.1	3.7	3.0	7.1	20.9	2.3	—	3.5	3.3	5.2	1.2	2.2	18.8
	血合筋	11.6	1.9	0.8	15.8	6.6	3.8	6.2	17.0	2.3	—	3.3	3.6	5.9	0.9	2.0	23.2
サンマ[*3]	普通筋	9.5	5.8	0.6	9.7	4.9	1.5	2.2	6.9	1.5	—	21.2	0.4	7.5	17.5	1.6	14.7
	血合筋	20.9	5.7	0.5	8.9	5.1	1.3	1.6	6.4	2.3	—	21.1	0.3	7.3	19.9	1.8	13.8
マイワシ[*4]	普通筋	2.4	4.5	0.8	19.1	6.3	1.8	4.4	10.2	1.5	—	4.7	2.0	13.4	2.2	2.1	21.3
	血合筋	11.2	5.0	0.7	14.9	4.4	1.4	5.0	10.3	1.4	—	4.5	2.0	14.4	2.4	1.9	20.4
ブリ[*5]	普通筋	14.5	4.8	0.6	16.6	7.2	2.0	4.7	16.1	1.8	—	5.7	1.6	10.3	3.9	3.4	16.5
	血合筋	22.3	4.2	0.7	15.4	6.6	2.0	4.1	17.0	1.9	—	4.8	1.6	11.1	3.6	3.5	18.1
カツオ[*6]	普通筋	3.9	2.4	0.6	15.4	6.3	2.8	5.8	30.7	3.4	—	3.6	2.4	4.0	1.1	1.6	13.5
	血合筋	6.7	2.1	0.7	17.6	6.5	2.9	7.1	29.6	3.2	—	3.6	1.8	3.5	1.8	1.5	12.9
マダイ[*7]	普通筋	4.6	4.9	0.4	17.3	7.1	—	4.2	15.3	2.1	1.5	5.2	1.6	11.4	2.2	3.5	20.8
	血合筋	33.2	5.1	0.6	16.5	7.3	1.2	4.3	15.5	3.2	1.6	5.6	1.6	11.4	2.4	3.6	19.8
ニシン	普通筋	17.0	6.6	0.4	12.5	8.1	1.3	1.7	25.7	0.9	0.3	—	1.1	8.7	—	1.4	4.1
クロマグロ	普通筋	1.4	4.5	0.6	22.1	2.8	0.8	6.1	21.7	0.8	—	—	1.0	6.4	—	1.4	17.1
ビンナガ	普通筋	—	3.7	1.0	29.3	6.3	1.2	6.1	16.6	0.7	—	—	1.2	6.5	2.0	0.8	17.6
アユ	普通筋	—	2.6	0.6	27.1	4.4	2.1	7.5	17.8	0.9	—	1.1	3.6	4.6	—	1.3	22.0
メバチ	普通筋	—	3.3	0.9	23.6	5.9	2.0	5.3	30.0	0.9	0.4	3.3	2.7	5.1	—	1.0	12.8
ギンダラ	普通筋	—	4.1	0.7	14.8	11.6	1.0	3.8	38.0	2.1	1.3	—	1.0	4.0	—	—	2.2
オヒョウ	普通筋	—	—	0.6	17.6	13.5	0.9	3.7	26.1	1.6	1.1	0.4	2.9	7.7	4.4	2.3	3.4
マダラ[*8]	普通筋	2.3	1.6	—	16.0	4.1	0.4	4.3	15.2	0.5	0.4	2.8	3.5	16.5	0.5	2.0	29.5
ニジマス[*9]	普通筋	2.8	2.2	—	20.2	5.8	0.3	4.1	25.9	12.1	—	4.4	1.1	3.1	—	1.0	14.8
アユ[*10]	普通筋	5.6	3.8	—	25.1	12.1	—	2.8	26.2	8.7	—	2.5	0.1	4.2	2.7	1.8	7.6
ヒメマス	普通筋	—	8.6	1.9	14.2	0.5	0.4	2.6	19.2	7.4	0.4	22.4	4.2	4.3	12.1	1.6	6.5
マッコウクジラ	体油	—	7.5	1.0	10.0	15.4	—	1.2	26.2	0.5	—	16.7	—	—	—	—	—
ゴマフアザラシ	皮下脂肪	—	1.7	0.2	3.2	9.5	0.4	0.7	16.2	0.6	0.2	8.4	0.4	10.6	1.6	14.6	26.2
大豆油		—	—	—	10.4	—	—	4.0	23.5	53.5	8.3	—	—	—	—	—	—
牛脂		—	3.3	—	26.6	4.4	1.3	18.2	41.2	3.3	—	—	—	—	—	—	—

[*1], 6月, 鹿児島県 ; [*2], 11月 ; [*3], 9月, 北海道 ; [*4], 6月神奈川県 ; [*5], 1月 ; [*6], 7月, 千葉県 ; [*7], 7月, 青森県 ; [*8], 11月, 養殖 ; [*9], 11月, 養殖 ; [*10], 7月養殖

—, 未検出.

(水圏生化学の基礎, 2008)

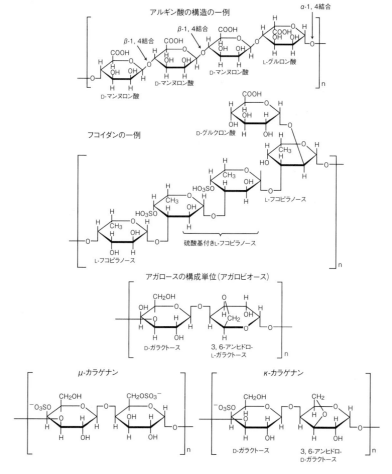

27. 海藻の多糖類
(水圏生物科学入門, 2009)

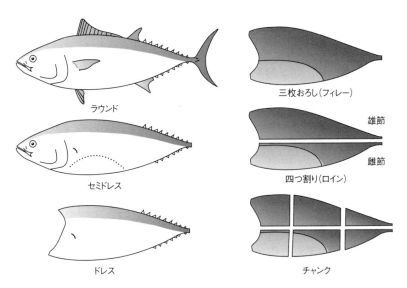

28. 魚の処理
(食材魚介大百科1 マグロのすべて (平凡社), 2007 を改変)

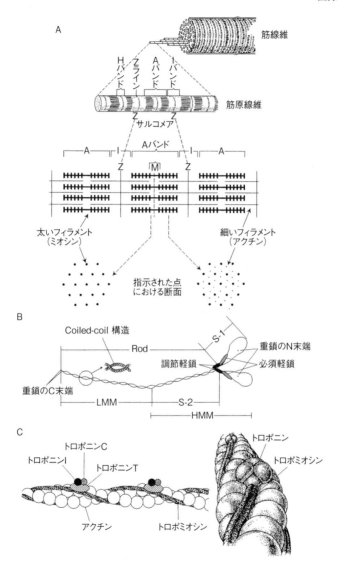

29. 筋肉の構造

A：筋原線維構造の模式図，B：ミオシン分子の模式構造，C：細いフィラメントの構造
(A：水産食品の加工と貯蔵，2005，B・C：かまぼこ，2003)

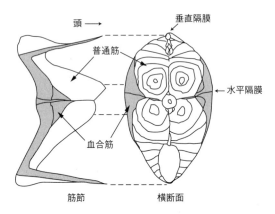

30. 魚類の筋肉の構造
(水圏生化学の基礎, 2008)

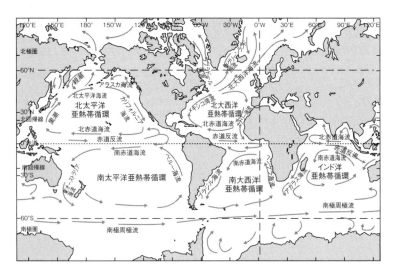

31. 世界の海洋表層の主要な海流分布
(海洋科学入門, 2014)

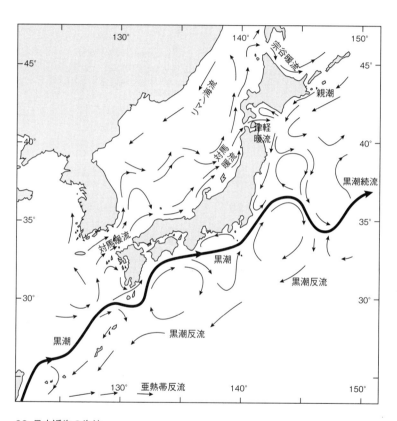

32. 日本近海の海流
(海洋科学入門, 2014)

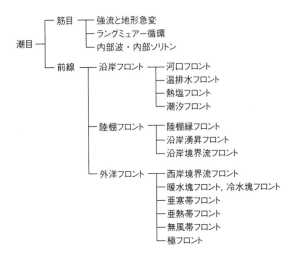

33. 潮目の分類
(潮目の科学, 1990)

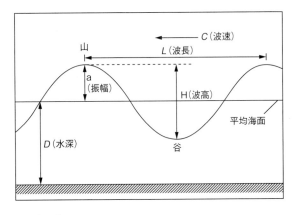

34. 波　動
(海の科学 第3版, 2011)

新・英和和英水産学用語辞典　定価は函に表示

2017年9月20日　初版発行

編　集　公益社団法人　日本水産学会
東京都港区港南 4-5-7
東京海洋大学内

発行者　片　岡　一　成

発行所　株式会社恒星社厚生閣
〒160-0008　東京都新宿区三栄町 8
tel　03-3359-7371　fax　03-3359-7375
http://www.kouseisha.com/

© 日本水産学会　2017　印刷・製本：(株)ディグ

ISBN978-4-7699-1614-7 C3562

JCOPY　＜(社)出版者著作権管理機構　委託出版物＞

本書の無断複写は著作権上での例外を除き禁じられています．複写される場合は，その都度事前に，(社)出版者著作権管理機構（電話 03-3513-6969, FAX03-3513-6979, e-maili:info@jcopy.or.jp）の許諾を得て下さい．